U0891854

高等学校交通运输与工程类专业规划教材

钢结构设计原理

任青阳　严仁章　刘小渝　主编
陈志华　周建庭　主审

人民交通出版社股份有限公司
China Communications Press Co.,Ltd.

内 容 提 要

本书为高等院校土木工程类专业的本科教材，主要讲述了钢材的特性、钢结构连接以及钢结构构件的基本理论和计算方法等基础知识，是根据国家住房和城乡建设部现行《钢结构设计规范》(GB 50017—2003)和交通运输部最新颁布的《公路钢结构桥梁设计规范》(JTG D64—2015)而编写的。

本书共分为6章：绪论，钢结构的材料，钢结构的连接，受弯构件，轴心受力构件，拉弯和压弯构件。

本书可作为高等院校大类招生土木工程专业的本科教材，也可以供从事土木工程的建筑工程和交通工程领域的技术人员参考使用。

图书在版编目(CIP)数据

钢结构设计原理 / 任青阳，严仁章，刘小渝主编
. — 北京 ：人民交通出版社股份有限公司，2017.8
ISBN 978-7-114-13960-4

Ⅰ. ①钢… Ⅱ. ①任… ②严… ③刘… Ⅲ. ①钢结构—结构设计—高等学校—教材 Ⅳ. ①TU391.04

中国版本图书馆 CIP 数据核字(2017)第 151102 号

高等学校交通运输与工程类专业规划教材

书　　名：钢结构设计原理
著 作 者：任青阳　严仁章　刘小渝
责任编辑：卢俊丽
出版发行：人民交通出版社股份有限公司
地　　址：(100011)北京市朝阳区安定门外外馆斜街3号
网　　址：http://www.ccpress.com.cn
销售电话：(010)59757973
总 经 销：人民交通出版社股份有限公司发行部
经　　销：各地新华书店
印　　刷：北京市密东印刷有限公司
开　　本：787×1092　1/16
印　　张：22.25
字　　数：550 千
版　　次：2017 年 8 月　第 1 版
印　　次：2021 年 5 月　第 4 次印刷
书　　号：ISBN 978-7-114-13960-4
定　　价：48.00 元
(有印刷、装订质量问题的图书由本公司负责调换)

高等学校交通运输与工程（道路、桥梁、隧道与交通工程）教材建设委员会

序

沿着考古和历史学家用材料划分时代的轨迹，人类经历了石器、青铜和生铁时代，走进了我们熟悉而陌生的钢铁时代。如果用专业的比强度概念（材料强度f/材料密度γ）来评价结构材料的优劣时，结构钢当显优秀。简单的钢构件采用可靠的连接组合成不同形式的钢结构，覆盖了交通、工业、民用、军事等几乎所有的结构领域。进入21世纪，随着我国冶金技术的快速发展，具有高强度（$f_y > 460\text{MPa}$）、高韧性和良好焊接性能的高性能钢已成功应用在超高层建筑、奥运场馆和长江上跨度超千米的公铁两用悬索桥上，为世界所瞩目。

钢结构设计原理是钢结构设计的入门教材，国外类似的教材日本称“钢构造学”，美国称“应用钢结构设计”（Applied Structural Steel Design），本质上都是讲结构原理，重点在应用。掌握应用力学是学习钢结构的基础。达芬奇曾说过“数学是力学的天堂”，借用推之可以体会“应用力学是钢结构学的一片蓝天”。现代钢结构离不开焊接，焊接是发生在接头区域的再冶金过程，不但有材料微观组织的变化，而且会有缺陷和损伤发生，传统力学的完美无缺在这个区域内是苍白的，学好钢结构应该具备损伤与断裂力学的基本知识。传统的钢结构教材多以专业划分，建筑钢结构与桥梁钢结构因规范背景所异很少交叉，本书作者在教材编写中作了跨专业的有益尝试，虽涉及不同规范，但重在原理，有利于人才的全面培养。正如著名国际结构大师林同炎所说的“工程师需用规范但非墨守陈规”。

钢结构设计安全的前提是对其丧失承载力行为的充分认识，除强度破坏外，钢结构整体与局部丧失稳定、疲劳与脆断（含应力腐蚀断裂）往往是在低应力状态下发生的，不可轻视。

感谢教材的编写者，因为一本好的教材不但能够引领初学者走上了专业道路，还可以伴随着他的成长，成为终生的良师益友。巴黎埃菲尔铁塔的设计者同时是一位出色的桥梁钢结构设计师，用工程师命名钢结构，“古斯塔夫·埃菲尔”创下了奇迹。愿更多的年轻学子超过他。

范文理

2017年12月

前言

钢结构具有轻质高强、计算可靠、绿色环保等众多其他工程结构不可替代的优点，因此发展钢结构是在践行绿色发展的基本理念。我国钢产量已连续近20年稳居世界第一，钢材质量逐步提升，完全具备应用于土木工程结构的条件。目前在钢材产能过剩的社会背景下，发展钢结构也是钢铁行业去库存、去产能的重要抓手，是建筑供给侧改革的重要举措。第十二届全国人民代表大会第四次会议上，李克强总理指出要大力发展钢结构和装配式建筑，钢结构的发展正形成以政府为引导、市场为主导的新型推广应用机制。国家明确提出未来政府投资、主导的公共或公益性建筑全面采用钢结构，社会投资的工业厂房和公共建筑优先采用钢结构。此外，交通运输部于2016年7月也发布了《关于推进公路钢结构桥梁建设的指导意见》（交公路发〔2016〕115号），决定推进公路钢结构桥梁建设，新建大跨、特大跨径桥梁将以钢结构为主，新改建其他桥梁钢结构比例将明显提高。因此，土木工程钢结构的发展正面临前所未有的重大机遇。

在人才培养方面，为响应“加强基础，淡化专业，因材施教，分流培养”的16字教学改革方针，培养“厚基础，宽口径”的复合型人才，大学教育应注重专业基础的教育教学。《钢结构设计原理》正好是土木工程专业的一门非常重要的专业基础课程，本书即为培养大类招生的土木工程专业而编写。

本书主要按照住房和城乡建设部颁布的《钢结构设计规范》（GB 50017—

2003)和交通运输部最新颁布的《公路钢结构桥梁设计规范》(JTG D64—2015)编写,旨在介绍钢结构连接及基本构件的设计计算原理,同时介绍了不同工程领域的具体计算公式,可作为高等院校大类招生土木工程专业的本科教材,也可以供从事土木工程中建筑工程和交通工程领域的技术人员参考使用。

本书正文分为6章,包括:绪论、钢结构的材料、钢结构的连接、受弯构件、轴心受力构件、拉弯和压弯构件。

本书主要由任青阳、严仁章、刘小渝等共同编写完成。在本书的编写过程中引用了同行专家论著中的成果,在此表示感谢。特别感谢天津大学陈志华教授、重庆交通大学周建庭教授为本书的编写提供了诸多有益建议,并分别从建筑工程和桥梁工程两个专业角度共同审阅了全书。感谢姚茜、李学文、唐银等对书稿的整理工作。

由于编者水平有限,书中难免存在谬误之处,恳请读者批评指正,将有关意见及建议告知我们。

主　编

2017 年 7 月

目录

第1章
绪　　论

1.1　钢结构的特点及应用

钢结构是指由钢材制成的工程结构,通常由型钢和钢板等制成的梁、桁架、柱、板等构件组成,各部分之间用焊缝、螺栓或铆钉连接,有些钢结构还部分采用钢丝绳、钢绞线、钢拉杆以及钢丝束等拉索构件。

钢结构与钢筋混凝土结构、木结构、砌体结构和钢-混凝土组合结构等都是工程结构的不同分支。它们之间有许多共性,例如在结构体系、内力分析和设计程序等方面大体是相同的,但由于材料性质的不同、原材料和构件截面形状的不同,也有其特殊性,例如在结构形式、构件计算方法、构件连接方法和构造处理方法等方面有着显著的差别。学习钢结构应注意它的特点。

1.1.1　钢结构的特点

钢结构和其他材料的结构相比具有下列特点:

1)强度高,重量轻

钢材强度较高,弹性模量亦高,因而钢结构构件小而轻。当今有多种强度等级的钢材,即使强度较低的钢材,其密度与强度的比值一般也小于混凝土和木材,从而在同样受力情况下钢结构自重小，可以做成跨度较大的结构。由于杆件小，所占空间少，亦便于运输和安装。但也正由于钢材强度高，钢结构构件截面较小，受压时易被稳定承载力和刚度要求所控制，使其强度难以得到充分的利用。

2）材质均匀，可靠性高

钢材组织均匀，非常接近于各向同性匀质体。钢材由钢厂生产，控制严格，质量比较稳定。钢结构在使用阶段能处于理想弹性工作状态，且由于钢材的弹性模量较大，变形小，使得钢结构的实际工作性能比较符合目前采用的理论计算结果，计算的不确定性因素较少，所以钢结构的计算可靠性较高。

3）塑性和韧性好

钢结构的抗拉和抗压强度相同，塑性好，结构在一般条件下不会因超载而突然破坏，只是变形增大，应力重分配，应力变化趋于平缓。钢材的韧性好，适于承受冲击和动力荷载，其良好的耗能能力和延性使钢结构具有较好的抗震性能，为钢结构的安全性和可靠性提供了充分的保证。

4）便于机械化制造

钢结构由轧制型材和钢板在工厂制成，便于机械化制造，生产效率高，速度快，成品精确度较高，质量易于保证，是工程结构中工业化程度最高的一种结构。

5）安装方便，施工期限短

钢结构构件在工厂批量生产后可运至现场拼装，采用螺栓连接、焊缝连接等方式连接成整体，实现工厂制造、现场拼装的施工方法。因结构较轻，故安装方便，施工期限短，降低造价，可尽快地发挥投资的经济效益。

6）密封性好

钢材本身因组织非常致密，当采用焊接连接，甚至铆钉或螺栓连接时，都容易达到紧密不渗漏的效果。因此，钢结构的密封性较好，容易做成密不漏水和密不漏气的常压和高压容器结构和大直径管道，常用于工业构筑物中。

7）绿色环保

由于废旧钢材可以回收冶炼而重复利用，所以钢结构是一种节能环保并能循环使用的建筑结构，相比于钢筋混凝土结构，可减少大量的建筑垃圾，符合可持续发展的战略。

8）耐热性较好

结构表面温度在200℃以内时，钢材强度变化很小，因而钢结构适用于热车间。但结构表面长期受辐射热达150℃时，应采用隔热板加以防护。

9）防火性差

钢结构防火性较差，钢材表面温度达300～400℃以后，其强度和弹性模量显著下降，600℃时几乎降到零。当防火要求较高时，需要采取保护措施，如在钢结构外面包混凝土或其他防火板材，或在构件表面喷涂一层含隔热材料和化学助剂等的防火涂料，以提高耐火等级。

10）耐锈蚀性差

钢结构耐锈蚀性较差，特别是在潮湿、有腐蚀性介质的环境中，容易锈蚀，需要定期维护，增加了维护费用。在工业发达的国家，腐蚀造成的直接经济损失占国民经济总产值的1%～4%，每年腐蚀生锈的钢铁约占产量的20%，约有30%的设备因腐蚀而报废。因此，处于较强腐蚀性介质内的建筑物不宜采用钢结构。

11) 钢结构的低温冷脆趋势

钢材在低温下塑性和韧性都有所降低,可能发生脆性断裂,出现结构的突然性破坏。

1.1.2　钢结构的应用范围

由于钢材和钢结构有上述特点,钢结构常用于各种工程结构中。钢结构的合理应用范围大体如下:

1) 民用建筑钢结构

民用建筑钢结构以房屋钢结构为主要对象,按耗钢量大小大致分为普通钢结构、重型钢结构和轻型钢结构。其中,重型钢结构是指采用大截面和厚度的钢结构,如高层钢结构、重型厂房和某些公共建筑等;轻型钢结构是指采用轻型屋面和墙面的门式刚架房屋、某些多层建筑、薄壁压型钢板拱壳屋盖等,网架、网壳等空间结构也可属于轻型钢结构范畴。按照中国钢结构协会的分类标准,民用建筑钢结构主要包括大跨度空间钢结构(图 1-1)、高层钢结构(图 1-2)、钢-混凝土组合结构(图 1-3)、索膜钢结构(图 1-4)、钢结构住宅(图 1-5)、幕墙钢结构(图 1-6)等。

图 1-1　大跨度空间结构(国内最大跨度双螺旋单层网壳——于家堡综合交通枢纽站)

图 1-2　高层钢结构(天津 117 大厦)

图 1-3　钢-混凝土组合结构

图 1-4　索膜钢结构(伦敦千年穹顶)

图1-5 钢结构住宅

图1-6 幕墙钢结构

我国是钢材产量大国，国家鼓励建筑结构积极用钢的形势促进了建筑钢结构的蓬勃发展，近年来各地政府更是争相出台关于“加快推进钢结构建筑发展”的方针政策，这意味着建筑钢结构的应用前景将更加广泛。为实现钢结构的产业创新发展，化解我国目前产能严重过剩的矛盾，在推广和扩大钢结构在民用建筑中的应用过程中，应加强科技导向的规划和指导作用，促进钢结构的可持续发展。如高层和超高层建筑宜优先采用合理的钢结构或钢-混凝土组合结构体系，大跨度建筑积极采用空间网格结构、索膜结构等预应力钢结构体系，结合市场需求，积极开发钢结构的住宅建筑体系，并实现产业化，加快推进以标准化设计、工厂化生产、装配化施工、一体化装修、信息化管理为核心的钢结构产业“五化一体”建设，推进形成建筑钢结构产业系统化标准体系。

(1)大跨度空间钢结构

随着结构跨度增大，结构自重在全部荷载中所占的比重也就越大，结构本身之效能将主要用于抵抗自身之荷载，如能减轻自重可获得明显的经济效益。对于大跨度空间钢结构，一方面结构呈现空间三维受力特性，所有构件均能较大程度发挥作用；另一方面钢结构轻质高强，可有效减轻结构自重，使得大跨度空间结构的跨越能力不断提高。大跨度空间结构主要应用于体育场馆、展览馆、会展中心、航站楼、火车站房等，常用的结构体系有空间网格结构(网架结构和网壳结构)、拱架结构、索网结构、张弦结构等，如2008北京奥运会羽毛球馆的椭球形钢结构屋盖采用了新型弦支穹顶结构(图1-7)，长轴方向最大尺寸为141m，短轴方向最大尺寸为105m。

(2)高层建筑钢结构

高层建筑已成为现代化城市的一个标志。钢材强度高和钢结构重量轻的特点对高层建筑具有重要意义。强度高则构件截面尺寸小，可提高有效使用面积。重量轻可大大减轻构件、基础和地基所承受的荷载，降低基础工程等的造价。当今世界上最高的50幢建筑中，钢结构和钢-混凝土组合结构占80%以上。1974年建成的纽约西尔斯大厦，共110层，总高度达443m，为全钢结构建筑。近年来，我国的高层建筑钢结构也建设了很多例，1997建成的上海金茂大厦(图1-8)，为88层，总高度为420.5m；同年8月在上海浦东开工兴建的上海环球金融中心(图1-9)，为98层，总高度为460m。在建的苏州中南中心，建筑总高度达729m，为目前在建全国第一高楼；武汉绿地中心建筑总高度636m，为在建的华中第一高楼；天津117大厦于2008年开工建设，结构高596.5m，成为当时仅次于迪拜哈利法塔的世界第二高楼、中国在建结构第一高楼，该结构采用了巨型框架-核心筒-巨型斜撑多重结构抗侧力体系，其中钢结构主要应用在外框巨柱、核心筒内钢板剪力墙、四周巨型斜撑等,总用钢量约15万t。这表明完全由我国自己来建造超高层钢结构是可以做到的。

a)效果图　　b)内景图

图1-7　2008北京奥运会羽毛球馆

图1-8　上海金茂大厦

图1-9　上海环球金融中心

(3)钢-混凝土组合结构

钢材轻质高强使得钢结构构件的壁厚较小,导致结构的局部稳定性较差,而混凝土抗压能力强而抗拉效果差,将钢与混凝土两种材料组合起来形成的钢-混凝土组合结构,规避了两种材料的弱点,充分发挥各自的优点,从而可使得结构效能大为提高,如钢板混凝土组合楼板、钢-混凝土组合梁、型钢混凝土结构、钢管混凝土柱等。组合结构在我国许多高层建筑中已经得到了广泛应用,如深圳平安国际金融中心(图1-10)、天津津塔(图1-11)、北京国贸大厦(图1-12)、广州周大福金融中心(图1-13)等工程。

图 1-10　深圳平安国际金融中心(高 600m)

图 1-11　天津津塔(高 336.9m)

图 1-12　北京国贸大厦(高 330m)

图 1-13　广州周大福金融中心(广州东塔)(高 530m)

(4)钢结构住宅

工业发达国家钢结构住宅所占建筑总面积的比例从 20 世纪 90 年代的 5% 发展到了现在的 25% 以上,日本等国家已达到 50% 以上。1996 年原建设部编制了《1996—2010 年建筑技术政策》，提出合理使用钢材、发展钢结构制造和安装新技术等要求；2001 年年底发布了《钢结构住宅建筑产业化技术导则》，组织钢结构住宅建筑体系及关键技术研究课题，开展试点工程；2005 年颁布了《钢结构住宅国家标准图》；2009 年我国第一部《钢结构住宅设计与施工规程》颁布实施。系列政策、规范、指导文件的落地实施标志着我国的钢结构住宅将面临前所未有的发展新机遇。

钢结构住宅体系主要分为钢框架体系（图 1-14）、钢支撑框架体系、钢框架-混凝土剪力墙体系、错层桁架体系、巨型结构加子结构体系等。从构件的截面形式上可分为：热轧 H 形截面、焊接 H 形截面、焊接箱形截面、冷弯薄壁方钢管内灌混凝土、冷弯 C 形截面、圆钢管内灌混凝土等。我国在北京、天津、上海、山东莱芜、安徽马鞍山、广州、深圳等地开展中低层和高层钢结构试点工程，已经建成 300 万～500 万 m^2 住宅。如北京某青年公寓（图 1-15）建筑面积为 12 万 m^2，由 6 栋单身公寓和公共建筑组成，结构形式为混凝土核心筒加钢框架，梁柱构件采用热轧 H 型钢、楼板采用组合混凝土压型钢板、外墙采用粉煤灰砌块加加气混凝土板、内墙采用防火石膏板加轻钢龙骨。此住宅楼的施工工期仅为 20d，为砖混结构的一半。

图 1-14　钢框架住宅体系

图 1-15　北京某青年公寓钢结构住宅

2）工业建筑钢结构

当工业建筑的跨度和柱距较大，或者设有大吨位吊车，结构需承受大的动力荷载时，往往部分或全部采用钢结构（图 1-16）。为了缩短施工工期，尽快发挥投资效益，近年来我国的普通工业建筑也大量采用钢结构，一般工业建筑钢结构主要包括单层厂房、双层厂房、多层厂房等。对于起重量较大或工作较繁忙的重型工作车间一般采用承重钢骨架，如冶金工厂的平炉车间、初轧车间、混凝土炉车间，重型机械厂的铸钢车间、水压机车间和锻压车间，造船厂的船体车间，电厂的锅炉框架，飞机制造厂的装配车间以及其他工厂跨度较大车间的屋架、吊车梁等。

图 1-16　轻钢结构厂房

3）桥梁钢结构

桥梁是为道路跨越天然或人工障碍物而修建的建筑物。随着经济的快速发展，在市政建设、过水桥、高速公路、高速铁路、跨海大桥等大型交通工程的桥梁建设中,采用钢结构作为建筑主体已日益普遍。钢结构桥梁一般由上部钢结构、下部钢结构和附属构造物组成。常见的钢结构桥梁包括钢梁桥、钢桁桥、钢拱桥、斜拉桥、悬索桥等。著名的杭州钱塘江大桥是我国最早自行设计的钢桥。此后的武汉长江大桥、南京长江大桥均为钢结构桥梁,其规模和难度都举世闻名。2009 年建成通车的朝天门长江大桥(图 1-17)主跨 552m,是世界上跨度最大的钢桁架拱桥。

近年来,伴随钢管混凝土组合结构的不断应用,受力形式以受压为主的钢管混凝土拱桥应用越来越广泛,世界第一座钢管混凝土拱桥是苏联跨越列宁格勒涅瓦河拱桥(跨度 101m),我国的第一座钢管混凝土拱桥是 1990 年建成的四川旺苍大桥(图 1-18),其后在不到 30 年的时间内陆续建成了 200 余座钢管混凝土拱桥。

图 1-17　朝天门长江大桥(世界最大跨径钢桁架拱桥)

图 1-18　旺苍大桥(国内首座钢管混凝土拱桥)

此外,当陆地运输不甚繁忙,河流上有船舶航行而固定式桥梁不能建造在通航净空以上时,就需要建造开启桥,从而解决水陆交通。为了减轻开启结构的重量,开启桥大多采用钢结构,常用的开启桥有立转桥(图 1-19)、升降桥(图 1-20)和平转桥(图 1-21)三种。当桥梁位于繁华市区时,为了避免视觉上的单调性,桥梁除满足交通功能外还可挖掘其观光功能,如目前世界上唯一一座"功能和景观结合"的桥轮合一的天津慈海桥(图 1-22),集交通、商业、观光等功能于一体,为城市桥梁设计开辟了新的思路。该桥采用新型斜拉桥和摩天轮复合结构体系,主要由主桥、摩天轮和引桥等部分组成,摩天轮和主桥采用钢结构。

图 1-19　立转开启桥(天津解放桥)

图 1-20　升降开启桥(天津海门大桥)

4)高耸钢结构

高耸结构主要有塔架和桅杆等,它们的高度大,构件的横截面尺寸较小,风荷载和地震常常起主要作用,自重对结构的影响较大,常采用钢结构,如无线电桅杆、微波塔、广播和电视发射塔架、高压输电线路塔架、火箭发射塔等。典型高耸钢结构如图 1-23 ~ 图 1-25 所示。

图 1-21 平转开启桥(天津金汤桥)

图 1-22 新型斜拉桥与摩天轮组合结构

图 1-23 广州电视塔(中国最高电视塔,610m)

图 1-24 天宫二号运载火箭发射塔

5)密闭容器和大直径管道钢结构

钢结构还可用于要求密闭的容器制造中,如油库、油罐、煤气库、高炉、热风炉、水塔以及各种管道,这些结构均采用板壳结构。三峡水利枢纽工程中的发电机组采用的压力钢管内径达 12.4m。典型的结构示例如图 1-26 ~ 图 1-28 所示。

6)水工钢结构

我国近年来大力加快基础建设,在建和将建大量的水利枢纽,钢结构在水利工程中占有相当大的比重,如水工钢闸门(图 1-29)、升船机(图 1-30)等,可充分发挥钢结构重量轻的特点,降低启闭设备的造价和运转所耗费的动力。

图 1-25 高压输电线路塔架

7)设备钢结构

设备钢结构是指大型设备中的钢结构部分,根据技术人员的经验,以下结构可划入设备钢结构范畴:架桥机的塔架钢结构、起重机的起重大梁、起重机车身、大型设备支架等,属于对精密性、材质、连接等要求较高的精密钢结构之一。对于成套设备来说,是最主要的受力部分,在功能上起到结构性作用。

图 1-26　钢板仓钢结构

图 1-27　水塔钢结构

图 1-28　管道钢结构

图 1-29　水工钢闸门

8）建筑小品钢结构

建筑小品往往会成为一个城市、地区的形象名片，因此对其建筑艺术造型要求甚高。钢结构连接方便，加工技术成熟，易于造型，加上结构自身轻盈简洁，很多建筑小品用钢结构制作。如图 1-31 为位于天津市空港经济区森林公园的环境提升雕塑钢结构工程照。该结构地上部分高 13m，由 26 层 500mm 高焊接箱形钢梁依次向上叠加构成，每层梁为由五段圆弧与一直线段组成的闭合曲线，从地上第 1 层到第 26 层分别以一固定点为基点沿顺时针方向连续旋转 13°，并以 1/0.95 为比例因子连续放大形成，平面投影最大外轮廓尺寸约为 40.5m，整个雕塑盘旋向上扩展，形态优美，寓意天津市空港经济区的发展蒸蒸日上。图 1-32 为天津文化中心迎宾塔，该塔采用全铸钢结构，占地面积 $314m^2$，是以正弦曲线为基础的呈波浪造型的标志塔，主体结构由横向波浪构件、16 根竖向立柱和塔内轮辐构件组成，成为展示天津的重要窗口。图 1-33 为一拟建张拉整体塔雕塑模型，该模型运用了先进的张拉整体结构思想，结构轻盈。

图 1-30　升船机钢结构

图 1-31　天津滨海新区环境提升雕塑钢结构

图 1-32　天津文化中心迎宾塔(全铸钢结构)

图 1-33　张拉整体塔钢结构

9)其他钢结构

钢结构由于自重轻、安装拆卸方便,还常用于一些可拆卸或移动的结构中,如施工用的脚手架(图 1-34)和钢栈桥(图 1-35)、货架(图 1-36)、移动式平台(图 1-37)、流动式展览馆(图 1-38)等。

图 1-34　脚手架钢结构

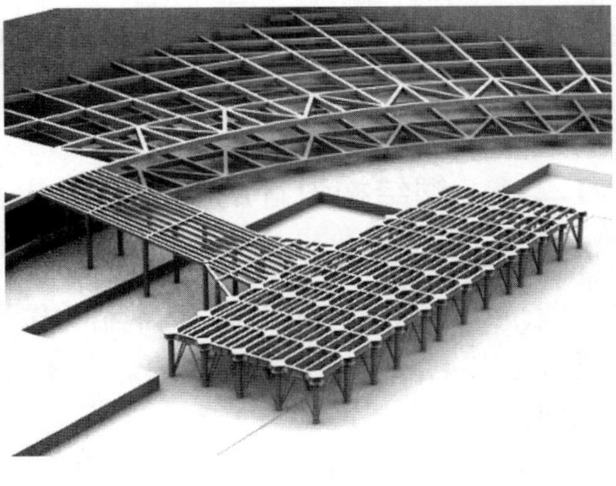

图 1-35　钢栈桥

此外,根据钢结构应用领域的不同,还可分为煤炭电力钢结构,如干煤棚、储煤仓等;地下钢结构,如钢管桩、钢板桩等;农业领域的移动喷灌设施(图 1-39),为近年快速发展起来的大型农业喷灌设备。对于急需早日交付使用的工程，也可优先采用钢结构，充分发挥钢结构施工工期短和重量轻便，易于运输的优点。

图 1-36　货架钢结构

图 1-37　移动式平台钢结构

图 1-38　流动式展览馆

图 1-39　大型农业喷灌机跨钢结构

综上所述，钢结构是在各种工程中广泛应用的一种重要的结构形式。随着我国经济建设的发展和钢产量的提高，钢结构将会发挥日益重要的作用。

1.2　钢结构设计的基本要求和方法

1.2.1　钢结构设计的基本要求

钢结构作为工程结构的一个分支，在设计过程中必须遵循一定的原则以保证钢结构能完成所要求的功能需求。与此同时，钢结构作为一种国家积极推广的绿色结构，还应做到安全适应、技术先进、经济合理和质量可靠。总体来看，无论钢结构应用于哪种领域，均需要满足下列基本要求：

（1）安全性。钢结构在正常施工和正常使用条件下，应能承受可能出现的各种荷载与作用，在恐怖袭击等偶然事件发生时和发生后，仍应能保持必要的整体稳定性。

（2）适用性。结构在正常使用条件下，满足预定使用要求的能力，如在正常使用荷载作用下不产生影响使用的过大变形或振幅。

(3)耐久性。结构在正常维护条件下,随时间变化仍能满足预定的功能要求,完好使用到设计规定的年限。

上述钢结构的安全性、适用性、耐久性总称为结构的可靠性,良好的钢结构设计应能满足上述功能要求,以保证钢结构是安全可靠的。当然,钢结构特点的充分发挥,除了在结构本身设计时考虑可靠性要求外,在钢结构的制作、运输与安装方面也应加强设计。例如:结构方案设计时,尽可能采用结构效能高的新型结构形式或结构体系,简化力流在结构内的传递路径,减轻结构自重,节约钢材,从而降低成本;钢结构构件设计时,尽可能将尺寸模数化、标准化,以方便钢结构的工厂化生产、运输和安装,提高钢结构的施工质量;钢结构连接设计时,尽可能采用高强度螺栓连接、焊缝连接等连接方式,提高现场施工效率;钢结构材料选取设计时,尽可能选取经济指标较好的优质钢材、合金钢、耐候钢等,以充分发挥钢结构的优势;钢结构外观设计时,尽可能注意美观,满足一定的美学要求等。

1.2.2 钢结构设计方法

为保证钢结构满足预定的各种功能,并做到安全适用、技术先进、经济合理和质量可靠,在结构设计阶段必须借助合理的设计方法对钢结构进行计算分析。目前,我国钢结构设计仍大多采用基于构件的设计方法,即结构设计计算的目的在于保证结构构件在使用荷载作用下既满足使用要求,又符合经济要求。结构计算的一般过程是根据拟定的结构方案和构造,按所承受的荷载进行内力计算,确定出各杆件的内力,再根据选用的材料特性,对整个结构和构件及其连接进行验算,看其是否满足经济、安全、适应等方面的要求。但结构计算时选用的荷载作用与结构实际承受的荷载情况存在一定差异,同时由于施工误差导致结构尺寸存在偏差,实际钢材的特性也存在一定的变异性以及计算理论的误差均会导致结构计算结果与结构实际力学性能存在差异。为了保证安全,结构设计计算时必须考虑一定的安全储备。目前有两种设计方法来考虑钢结构设计计算时的安全储备,即容许应力方法和概率极限状态方法。

1)容许应力设计法

容许应力设计法是一种传统的设计方法,这种方法是把影响结构的各种因素都当作不变的定值,将材料可以使用的最大强度除以一个笼统的安全系数作为容许达到的最大应力——容许应力。其表达式见式(1-1):

$$\sigma \leqslant \frac{f_y}{K} = [\sigma] \tag{1-1}$$

式中:f_y——钢材的屈服强度;

K——安全系数。

这种方法的优点是表达简洁、计算比较简单,曾长期被采用。但容许应力法的缺点是,由于笼统地采用了一个安全系数,将使各构件的安全度各不相同,从而使整个结构的安全度一般取决于安全度最小的构件。容许应力设计法目前还被许多国家采用,我国桥梁工程中的《公路钢结构桥梁设计规范》(JTG D64—2015)和建筑钢结构的现行规范《钢结构设计规范》(GB 50017—2003)中规定不能按极限平衡或弹塑性分析的结构,仍然采用该方法,如对钢构件或连接的疲劳强度计算。

2)概率极限状态设计法

由于影响结构功能的各种因素,如荷载大小、材料强度、截面尺寸、计算模型、施工质量等都是不确定的随机变量,因此结构设计只能做出一定的概率保证。

随着概率论在土木工程领域的广泛应用,概率设计法在20世纪60年代末期有了重大突破,其表现在提出了一次二阶矩法。该方法既有确定的极限状态,又可给出不超过该极限状态的概率,因而是一种较为完善的概率极限状态设计方法。但由于在分析中简化了基本变量关系的变化,将一些复杂关系进行了线性化,因此该法仍为近似的概率极限状态设计法,即半概率极限状态设计法。我国的《公路钢结构桥梁设计规范》和《钢结构设计规范》均主要采用了这一方法(钢结构疲劳计算除外),设计过程中将少量的设计参数,如钢材的设计强度、风雪荷载等采用概率分析确定其设计值,大多数荷载及其他不定性参数由于缺乏统计资料而仍采用经验值,同时结构构件的抗力和作用效应之间并未进行综合的概率分析。运用完全的、真正的全概率法,目前尚不具备条件,还需进行深入的研究。

(1)结构的极限状态

当整个结构或结构的一部分超过某一特定状态就不能满足设计规定的某一功能要求时,此特定状态为该功能的极限状态。从安全可靠的角度,结构能有效地、安全可靠地工作,完成预定的各项功能,则结构处于有效状态;反之,结构不能有效工作,失去完成预定功能的能力,则结构处于失效状态。有效状态和失效状态的分界,称为极限状态。极限状态是一种界限,是结构在工作阶段从有效状态变为失效状态的分界,是结构开始失效的标志。结构的极限状态可分为下列两类:

①承载能力极限状态。这种极限状态对应于结构或结构构件达到最大承载能力或出现不适于继续承载的变形,包括以下几个方面:

整个结构或结构的一部分作为刚体失去平衡(如倾覆等);

结构构件或连接因超过材料强度而破坏(包括疲劳破坏),或因过度变形而不适于继续承载;

结构转变为机动体系;

结构或结构构件丧失稳定(如压屈等);

地基丧失承载能力而破坏(如失稳等)。

②正常使用极限状态。这种极限状态对应于结构或结构构件达到正常使用或耐久性能的某项规定限值,包括以下几个方面:

影响正常使用或外观的变形;

影响正常使用或耐久性能的局部损坏(包括裂缝);

影响正常使用的振动;

影响正常使用的其他特定状态。

结构的工作性能可用结构的功能函数 Z 来描述,设计结构时,可取荷载效应 S 和结构抗力 R 两个基本随机变量来表达结构的功能函数,即

$$Z = g(R,S) = R - S \tag{1-2}$$

显然,Z 也是随机变量,有以下三种情况:

$Z > 0$,结构处于可靠状态;

$Z = 0$,结构达到极限状态;

$Z < 0$,结构处于失效状态。

由于 R 和 S 受到许多随机性因素影响而具有不确定性,$Z \geq 0$ 不是必然性的事件,因此,科

学的设计方法是以概率为基础来度量结构的可靠性。

(2)可靠度

按照概率极限状态设计法，结构的可靠度定义为：结构在规定的时间内，规定的条件下，完成预定功能的概率。它是对结构可靠性的定量描述。这里的“完成预定功能”指对某项规定功能而言结构不失效。结构在规定的设计使用年限内应满足以下功能：

在正常施工和正常使用时，能承受可能出现的各种作用；

在正常使用时具有良好的工作性能；

在正常维护下具有足够的耐久性能；

在设计规定的偶然事件发生时及发生后，仍能保持必需的整体稳定性。

规定的设计使用年限（设计基准期）是指设计规定的结构或结构构件不需进行大修即可按其预定目的使用的年限。我国建筑结构的设计基准期为50年，桥梁工程结构的设计基准期为100年。

若以 P_r 表示结构的可靠度，则有

$$P_r = P(Z \geqslant 0) \tag{1-3}$$

以 P_f 为结构的失效概率，则有

$$P_f = P(Z < 0) \tag{1-4}$$

显然

$$P_r = 1 - P_f \tag{1-5}$$

因此，结构可靠度的计算可转换为失效概率的计算。可靠的结构设计指的是使失效概率小到可以接受程度的设计，绝对可靠的结构（失效概率等于零）是不存在的。由于与 Z 有关的多种影响因素都是不确定的，其概率分布很难求得，目前只能用近似概率设计方法，同时采用可靠指标表示失效概率。

(3)可靠指标

为了使结构达到安全可靠与经济上的最佳平衡，必须选择一个结构的最优失效概率或目标可靠指标，但这是一个非常复杂困难的工作。目前，我国与其他许多国家一样，采用“校准法”求得目标可靠指标，即通过对原有规范做反演分析，找出隐含在现有工程中相应的可靠指标值，经过综合分析，确定设计规范采用的目标可靠指标值。《工程结构可靠性设计统一标准》(GB 50153—2008)规定了各类工程结构构件持久设计状况承载能力极限状态的可靠指标最小值，表1-1为房屋建筑结构构件的可靠指标，表1-2为公路桥梁结构的目标可靠指标。钢结构连接的承载能力极限状态经常是强度破坏而不是屈服，可靠指标应比构件的高，如房屋建筑钢结构中一般推荐用4.5。

房屋建筑结构构件的可靠指标 表1-1

破坏类型	安全等级		
	一级	二级	三级
延性破坏	3.7	3.2	2.7
脆性破坏	4.2	3.7	3.2

(4)概率极限状态设计表达式

结构构件的极限状态设计表达式，应根据各种极限状态的设计要求，采用有关的荷载代表

值、材料性能标准值、几何参数标准值及各种分项系数表达。

公路桥梁结构的目标可靠指标 表 1-2

构件破坏类型	安全等级		
	一级	二级	三级
延性破坏	4.7	4.2	3.7
脆性破坏	5.2	4.7	4.2

①承载能力极限状态。

对于承载能力极限状态，应按荷载相应的荷载效应设计值采用公式(1-6)进行设计。其中荷载效应设计值应根据不同的设计状况计算，对持久设计状况和短暂设计状况，应采用荷载效应的基本组合；对偶然设计状况，应采用荷载效应的偶然组合；对地震设计状况，应采用作用效应的地震组合。

$$\gamma_0 S_d \leqslant R_d \tag{1-6}$$

式中，R_d 为结构构件的抗力设计值，$R_d = R_k/\gamma_R$；R_k 为结构构件抗力标准值；γ_R 为抗力分项系数，对于 Q235 钢，$\gamma_R = 1.087$，对于 Q345、Q390 和 Q420 钢，$\gamma_R = 1.111$。

a. 基本组合。

Ⅰ工程结构的基本组合效应值可按下式确定：

$$S_d = S\left(\sum_{i\geqslant 1}\gamma_{Gi}G_{ik} + \gamma_P P + \gamma_{Q1}\gamma_{L1}Q_{1k} + \sum_{j>1}\gamma_{Qj}\psi_{cj}\gamma_{Lj}Q_{jk}\right) \tag{1-7}$$

式中：$S(\cdot)$——作用组合的效应函数；

G_{ik}——第 i 个永久作用的标准值；

P——预应力作用的有关代表值；

Q_{1k}——第 1 个可变作用（主导可变作用）的标准值；

γ_{Gi}——第 i 个永久作用的分项系数；

γ_P——预应力作用的分项系数；

γ_{Q1}——第 1 个可变作用（主导可变作用）的分项系数；

γ_{Qj}——第 j 个可变作用的分项系数；

γ_{L1}、γ_{Lj}——第 1 个和第 j 个考虑结构设计使用年限的荷载调整系数，当设计使用年限与设计基准期相同时，取 $\gamma_L = 1.0$；

ψ_{cj}——第 j 个可变作用的组合值系数。

Ⅱ当作用与作用效应按线性关系考虑时，基本组合的效应设计值可按下式确定：

$$S_d = \sum_{i\geqslant 1}\gamma_{Gi}S_{G_{ik}} + \gamma_P S_P + \gamma_{Q1}\gamma_{L1}S_{Q_{1k}} + \sum_{j>1}\gamma_{Qj}\psi_{cj}\gamma_{Lj}S_{Q_{jk}} \tag{1-8}$$

式中：$S_{G_{ik}}$——第 i 个永久作用标准值的效应；

S_P——预应力作用有关代表值的效应；

$S_{Q_{1k}}$——第 1 个可变作用（主导可变作用）标准值的效应；

$S_{Q_{jk}}$——第 j 个可变作用标准值的效应。

b. 偶然组合。

Ⅰ工程结构的偶然组合效应设计值可按下式确定：

$$S_d = S\left[\sum_{i\geqslant 1}G_{ik} + P + A_d + (\psi_{f1} \text{ 或 } \psi_{q1})Q_{1k} + \sum_{j>1}\psi_{qj}Q_{jk}\right] \tag{1-9}$$

式中：A_d——偶然作用设计值；

ψ_{f1}——第 1 个可变作用的频遇值系数；

ψ_{q1}、ψ_{qj}——第 1 个和第 j 个可变作用的准永久值系数。

Ⅱ当作用与作用效应按线性关系考虑时，偶然组合的效应设计值可按下式确定：

$$S_d = \sum_{i\geqslant 1} S_{G_{ik}} + S_P + S_{A_d} + (\psi_{f1} \text{或} \psi_{q1}) S_{Q_{1k}} + \sum_{j>1} \psi_{qj} S_{Q_{jk}} \tag{1-10}$$

式中：S_{A_d}——偶然作用设计值的效应。

c. 地震作用组合。

地震组合的效应设计值，宜根据重现期为 475 年的地震作用确定。

Ⅰ工程结构的地震组合的效应设计值可按下式确定：

$$S_d = S(\sum_{i\geqslant 1} G_{ik} + P + \gamma_{\mathrm{I}} A_{Ek} + \sum_{j\geqslant 1} \psi_{qj} Q_{jk}) \tag{1-11}$$

式中：γ_{I}——地震作用重要性系数；

A_{Ek}——根据重现期为 475 年的地震作用确定的地震作用的标准值。

Ⅱ当作用与作用效应按线性关系考虑时，地震组合的效应设计值可按下式确定：

$$S_d = \sum_{i\geqslant 1} S_{G_{ik}} + S_P + \gamma_{\mathrm{I}} S_{A_{Ek}} + \sum_{j\geqslant 1} \psi_{qj} S_{Q_{jk}} \tag{1-12}$$

式中：$S_{A_{Ek}}$——地震作用标准值的效应。

②正常使用极限状态。

工程结构构件应根据不同设计目的，分别选用荷载效应的标准组合、频遇组合和准永久组合进行设计，使变形、裂缝等荷载效应的设计值符合下式的要求：

$$S_d \leqslant C \tag{1-13}$$

式中：S_d——变形、裂缝等荷载效应的设计值；

C——设计对变形、裂缝等规定的相应限值。

钢结构的正常使用极限状态只涉及变形验算，仅需考虑荷载的标准组合，C 即对应［V］（结构或构件的容许变形值）。

a. 钢结构的标准组合效应设计值可按下式确定：

$$S_d = S(\sum_{i\geqslant 1} G_{ik} + P + Q_{1k} + \sum_{j>1} \psi_{cj} Q_{jk}) \tag{1-14}$$

b. 当作用与作用效应按线性关系考虑时，钢结构标准组合的效应设计值可按下式确定：

$$S_d = \sum_{i\geqslant 1} S_{G_{ik}} + S_P + S_{Q_{1k}} + \sum_{j>1} \psi_{cj} S_{Q_{jk}} \tag{1-15}$$

上式中的 $S_{G_{ik}}$、$S_{Q_{jk}}$，此时则对应永久荷载和可变荷载标准值在结构或结构构件中产生的变形值，$S_{Q_{1k}}$ 为起控制作用的第 1 个可变荷载的标准值在结构或结构构件中产生的变形值（该值使计算结果为最大）。

③不同工程结构对概率极限状态的特殊规定。

建筑结构与桥梁结构采用的设计基准期、服役期间承受的荷载以及结构的安全重要性等方面均存在较大差异，为了保证工程结构设计的安全可靠性，不同种类的工程结构在进行结构计算时，需结合自身的特点提出专门的规定。以下针对建筑钢结构和公路桥梁钢结构在进行概率极限状态法设计计算过程中的重要参数及计算方法做简要说明。

a. 结构重要性系数 γ_0。

结构重要性系数是对不同安全等级的工程结构，为使其具有规定的可靠度而采用的系数。建筑结构和公路桥梁结构均根据结构破坏可能产生后果的严重性或结构类型将其划分为三级,划分方法分别见表 1-3、表 1-4。

钢结构的重要性系数 γ_0 是根据不同工程结构的安全等级来确定的,取值方法如下:

建筑钢结构中,对安全等级为一级或设计使用年限为 100 年及以上的结构构件,不应小于 1.1;对安全等级为二级或设计使用年限为 50 年的结构构件,不应小于 1.0;对设计使用年限为 25 年的结构构件,不应小于 0.95;对安全等级为三级或设计使用年限为 5 年的结构构件,不应小于 0.9。

建筑结构安全等级 表 1-3

安全等级	破坏后果	示例
一级	很严重:对人的生命、经济、社会或环境影响很大	大型的公共建筑等
二级	严重:对人的生命、经济、社会或环境影响较大	普通的住宅和办公楼等
三级	不严重:对人的生命、经济、社会和环境影响较小	小型的或临时性储存建筑等

公路桥涵结构安全等级 表 1-4

安全等级	类型	示例
一级	重要结构	特大桥、大桥、中桥、重要小桥
二级	一般结构	小桥、重要涵洞、重要挡土墙
三级	次要结构	涵洞、挡土墙、防撞护栏

公路桥梁钢结构中,根据《公路桥涵设计通用规范》(JTG D60—2015)规定,对应于设计安全等级一级、二级和三级分别取 1.1、1.0 和 0.9。

b. 设计表达式及分项系数。

房屋建筑钢结构在承载能力极限状态设计中进行基本组合设计时,作用组合的效应设计值应取式(1-7)和式(1-16)的最不利值,当作用与作用效应按线性关系考虑时,作用组合的效应设计值应取式(1-8)和式(1-17)的最不利值。

$$S_{\mathrm{d}} = S(\sum_{i\geqslant 1}\gamma_{\mathrm{G}i}G_{i\mathrm{k}} + \gamma_{\mathrm{P}}P + \gamma_{\mathrm{L}}\sum_{j\geqslant 1}\gamma_{\mathrm{Q}j}\psi_{\mathrm{c}j}Q_{j\mathrm{k}}) \tag{1-16}$$

$$S_{\mathrm{d}} = \sum_{i\geqslant 1}\gamma_{\mathrm{G}i}S_{\mathrm{G}_{ik}} + \gamma_{\mathrm{P}}S_{\mathrm{P}} + \gamma_{\mathrm{L}}\sum_{j\geqslant 1}\gamma_{\mathrm{Q}j}\psi_{\mathrm{c}j}S_{\mathrm{Q}_{jk}} \tag{1-17}$$

房屋建筑钢结构的荷载情况复杂,活荷载与恒荷载在结构中产生的荷载效应往往难以界定孰轻孰重,因此,从安全角度出发,应轮换考虑恒荷载与各项活荷载分别起控制作用时的计算结果。

式(1-7)和式(1-8)为活荷载起控制作用的情况,此时,当永久荷载效应对结构构件的承载力不利时,永久荷载分项系数 γ_{G} 取 1.2;当永久荷载效应对结构构件的承载能力有利时,γ_{G} 一般情况下取 1.0。γ_{Q_1} 为起控制作用的活荷载效应的分项系数,在一般情况下应取 1.4,对标准值大于 4.0kN/m^2 的工业房屋楼面结构的活荷载,γ_{Q_1} 取 1.3,当不确定起控制作用的活荷载时,应依次变换活荷载;γ_{Q_i} 为第 i 个可变荷载分项系数,当其对结构构件的承载能力不利时,一般情况下取 1.4,当可变荷载效应对结构构件的承载能力有利时,应取 0。

式(1-16)和式(1-17)为永久荷载起控制作用的情况,此时,当永久荷载效应对结构构件的承载力不利时,永久荷载分项系数 γ_{G} 取 1.35;当永久荷载效应对结构构件的承载能力有利时,取为 1.0。当可变荷载对结构构件的承载能力不利时,取 $\gamma_{\mathrm{Q}i}=1.4$,当可变荷载效应对结构构件的承载能力有利时,取 $\gamma_{\mathrm{Q}_i}=0$。

对于一般排架、框架结构,可以采用简化设计表达式,由可变荷载效应控制的组合可按式(1-18)计算,由永久荷载效应控制的组合仍按式(1-17)采用。

$$S_d = \gamma_0(\gamma_G S_{G_k} + \psi\sum_{i=1}^{n}\gamma_{Q_i}S_{Q_{ik}}) \tag{1-18}$$

式中:ψ——简化设计表达式中采用的荷载组合系数,一般情况下可取 $\psi = 0.9$,当只有一个可变荷载时,取 $\psi = 1.0$。

公路桥梁钢结构在承载能力极限状态设计中进行基本组合设计时,可直接按照式(1-7)或式(1-8)计算荷载组合效应值。但考虑到一般情况下,公路桥梁钢结构在结构承载能力极限状态设计时预加力不作为作用,而将预应力作为结构抗力,荷载作用组合效应可按式(1-19)和式(1-20)计算。公路桥梁钢结构永久作用的分项系数按表1-5选用。

$$S_d = S(\sum_{i\geqslant1}\gamma_{G_i}G_{ik} + \gamma_{Q_1}\gamma_{L_1}Q_{1k} + \psi_c\gamma_L\sum_{j>1}\gamma_{Q_j}Q_{jk}) \tag{1-19}$$

当作用与作用效应按线性关系考虑时,公路桥梁钢结构基本组合的效应设计值可按下式确定:

$$S_d = \sum_{i\geqslant1}\gamma_{Gi}S_{G_{ik}} + \gamma_{Q_1}\gamma_{L_1}S_{Q_{1k}} + \psi_c\gamma_L\sum_{j>1}\gamma_{Q_j}S_{Q_{jk}} \tag{1-20}$$

公路桥梁钢结构永久作用分项系数 γ_G 表1-5

编号	作用类别	当作用效应对结构的承载力不利时	当作用效应对结构的承载力有利时
1	钢结构重力(包括结构附加重力)	1.1~1.2	1.0
2	预加力	1.2	1.0
3	土的重力	1.2	1.0
4	土侧压力	1.4	1.0
5	水的浮力	1.0	1.0
6	基础变位	1.0	1.0

1.3 钢结构的发展

新中国成立初期,随着经济建设的发展,钢结构得到一定程度的应用。但由于受到钢产量的制约,钢结构仅在重型厂房、大跨度公共建筑、铁路桥梁以及塔桅结构中采用。随着我国改革开放进程的逐步深入,我国的钢产量已连续近20年稳居世界第一,2015年我国钢产量在下降的趋势中仍达到11.235亿t,其中粗钢产量占全球比重49.5%,钢结构在诸多领域都得到了长足的发展,钢结构产业正在成为国民经济的重要产业之一。在钢材产能过剩的大背景下,国家政策大力支持钢结构的发展,从原来的"节约用钢""合理用钢",到现在的"积极用钢"。

在大跨径结构方面,钢结构桥梁建设和发展是举世瞩目的。1995年建成的上海杨浦大桥,采用双塔双索面斜拉桥,主跨跨长为620m。1999年建成的江阴长江大桥,主跨采用悬索桥,跨长1 385m。2003年建成的上海卢浦大桥是一座主跨达550m的全钢结构中承式系杆拱桥,目前在同类桥梁中居世界第一。2005年建成通车的润扬长江大桥,其中南汊主桥采用单孔双铰钢箱梁悬索桥,主跨径1 490m,为目前中国第一、世界第三。2008年建成的苏通长江大桥,主桥采用双塔双索面钢箱梁斜拉桥,其主孔跨度1 088m,在同类桥梁中列世界第二。这些桥梁的建成标志着我国已有能力建造多种形式的现代化桥梁。此外,大跨度会展中心、体育场馆、机场航站楼等建筑也有了前所未有的发展。在大跨度建筑中,网架、网壳等结构的广泛应用,已受到世界各国的瞩目。上海体育馆马鞍形环形大悬挑空间钢结构屋盖、上海浦东国际机场航站楼张弦梁屋盖、2008北京奥运会国家体育场“鸟巢”(图1-40)以及我国首个百米级新型复合式索穹顶——天津理工大学体育馆(图1-41)等钢结构的建成,更标志着我国的大跨度空间钢结构已进入世界先进行列。高层和超高层房屋、多层房屋、单层轻型房屋、大型客机检修库、自动化高架仓库、粮仓、海上采油平台以及水工枢纽中的闸门、升船机等,都已采用钢结构。市场经济的发展与不断成熟为钢结构的发展创造了条件,因此,我国钢结构正处于迅速发展的前期。

图1-40　鸟巢

a)效果图

b)局部图

图1-41　天津理工大学体育馆(国内首个百米级索穹顶)

1.3.1　钢结构的发展新环境

1)建筑钢结构发展新机遇

发展钢结构是在践行绿色发展理念,是钢铁行业去库存、去产能的重要抓手,是建筑行业供给侧改革的重要举措,但我国的钢结构发展仍较为缓慢。以2015年为例,我国建筑业房屋建筑施工面积为124.3亿m^2,建筑业总产值180 757亿元,建筑钢结构行业的总产值约为4 906亿元,约占建筑业总产值的2.7%,占比极低。因此,为贯彻落实《国务院关于化解产能严重过剩矛盾的指导意见》(国发〔2013〕41号)和2015年11月4日国务院常务会议关于开展钢结构应用和试点的有关要求,2016年各地政府结合地区实际情况,争相出台“关于加快钢结构推广应用及产业创新发展的指导意见”,要求拓宽钢结构推广应用领域,促进建筑业转型升级和钢铁企业转型升级;2016年3月5日第十二届全国人民代表大会第四次会议上李克强总理指出要积极推广绿色建筑和建材,大力发展钢结构和装配式建筑,提高建筑工程标准和质量。一系列政策指导意见释放出相同的信号:钢结构的发展将形成以政府为引导、市场为主导的新型推广应用机制,最终实现部品完整、上下贯通的钢结构产业链,钢结构的发展再次迎来春天。

在具体措施方面，将明确钢结构重点推广应用范围，推动政府投资、主导的公共或公益性建筑全面采用钢结构，社会投资的工业厂房和公共建筑优先采用钢结构，如政府投资、主导的办公楼、保障性住房、医院、学校、体育馆、科技馆、博物馆、图书馆、展览馆、棚户区改造、危旧房改造、历史建筑保护维护加固，大跨度、大空间和单体面积超过 2 万 m^2 的公共建筑，从规划设计开始全面应用钢结构。社会投资的文化体育、教育医疗、商业仓储等公共建筑，100m 以上的超高层建筑和进入市级特色工业园区的工业厂房（除特殊功能需求外）优先采用钢结构。鼓励房地产开发企业建设钢结构住宅小区，有序推进轻钢结构农房建设。

因此，为推广钢结构在房屋建筑领域的应用发展，顺应绿色发展、技术进步、建筑换代，国家将给予钢结构产业以政策倾斜，房屋建筑钢结构将面临前所未有的机遇。

2）公路桥梁钢结构发展新机遇

钢结构由于自重轻、易于工厂化制造、装配化安装等诸多优点备受世界桥梁界的青睐。钢结构桥梁和混凝土桥梁是现代桥梁结构的两种基本结构形式。钢结构桥梁在法国、日本、美国的占比分别为 85%、41% 和 35%；截至 2015 年年底，我国公路钢结构桥梁占比却不足 1%，远远落后于发达国家。

随着钢铁产能的提高和钢结构桥梁建设技术的进步，我国已经具备推广钢结构桥梁的物质基础和技术条件。当前，钢铁产能过剩、钢材价格下降，是推进钢结构桥梁建设、提升公路桥梁建设品质的良好契机。为适应世界发展潮流和改善当前经济形势，推进钢结构桥梁的建设，交通运输部于 2016 年 7 月发布了《关于推进公路钢结构桥梁建设的指导意见》（交公路发〔2016〕115 号），决定推进钢箱梁、钢桁梁、钢 – 混凝土组合梁等公路钢结构桥梁建设，提升公路桥梁品质和耐久性，降低全寿命周期成本，发挥钢结构桥梁性能优势，助推公路建设转型升级，到“十三五”末，实现公路钢结构桥梁设计、制造、施工、养护技术成熟，技术标准体系完备，专业化队伍和技术装备满足钢结构桥梁建设养护需要。在这一政策指引下，新建大跨、特大跨径桥梁将以钢结构为主，新改建其他桥梁钢结构比例将明显提高。

在具体措施方面，《关于推进公路钢结构桥梁建设的指导意见》要求，一是加强方案比选，鼓励选用钢结构桥梁；二是合理选型，更好地发挥钢结构桥梁的优势；三是重视钢结构桥梁的构造设计；四是全面提高结构可维护性；五是推进钢结构桥梁工业化、标准化、智能化建造；六是完善相关标准定额，针对钢结构桥梁推广使用过程中的问题，及时修订完善相关标准规范；七是加强专业人才培养等措施保证钢结构桥梁建设的顺利推进。

因此，在国家战略导向下，钢结构在公路桥梁中的应用将逐渐引起中国桥梁界的重视，尤其是“十三五”期间一批交通基础设施重大规划、“一带一路”及长江经济带战略的启动，势必给桥梁钢结构带来前所未有的机遇，钢结构在交通领域的重要地位也将重新树立。

1.3.2　钢结构发展过程中的共性问题

钢结构行业通常分为轻型钢结构、高层钢结构、住宅钢结构、空间钢结构和桥梁钢结构五大子类。统计信息显示，钢结构在房屋建筑和公路桥梁中的占比极低，钢结构在推广应用过程存在一些阻碍，一是技术因素，二是人才因素。

钢结构产业技术要求高，但配套标准相对缺乏，现行《钢结构设计规范》（GB 50017—2003）和《公路钢结构桥梁设计规范》（JTG D64—2015）是指导设计房屋建筑钢结构和桥梁钢结构的主要标准，但由于实际工程结构具有复杂多样性，新型钢结构及节点的力学性能、复杂结构的施工关键技术在对应规范中往往难以找到确定的条文规定。以钢结构住宅为例，钢结构住宅虽在一些城市进行了试探性建设，但仍没能在全国范围内普遍推广。究其原因，主要在于与其配套的设施、户型和外墙板以及内装的匹配问题。我国在钢结构住宅配套围护产品方面，尚未形成统一的标准和产业链，在国家标准和行业标准中，对其性能没有统一的指标要求。钢结构产业的发展需打通其上、下游，加快完善钢结构相应行业的技术标准体系，出台成体系的设计、施工及验收规范。

目前，我国的设计、制作、施工单位中熟悉钢结构知识的人才稀缺，已成为影响多层钢结构迅速发展的主要因素。由于缺乏足够和优质的科研技术人员，钢结构在建筑工程和桥梁工程中应用的相关研究也十分欠缺，这也导致钢结构的应用缺乏相应的规范和标准。

此外，很多钢结构工程的设计存在不合理现象，这导致了钢材的使用量大大超标，以及使用过低或过高性能钢材而造成建筑不达标或者产生浪费等问题。

1.3.3 钢结构发展方向

随着2008北京奥运会、2010上海世博会的召开，2022北京冬奥会的成功申报以及一大批国家战略层次的高品质交通路网重点工程的建设，钢结构在我国必定进入蓬勃发展的快车道。但由于钢结构发展过程中还存在的一些问题，可以预见钢结构在未来将在以下方面得到发展：

1）高性能钢材的应用

逐步发展高强度低合金钢材，除Q235钢、Q345钢外，Q390钢和Q420钢在钢结构中的应用尚有待进一步研究，并应不断研制新品种的钢材。

2）钢结构设计方法的改进

概率极限状态设计方法还有待发展，因为它的计算可靠度还只是构件或某一截面的可靠度，而不是结构体系的可靠度，同时也不适用于疲劳计算的反复荷载或动力荷载作用下的结构。结构的优化设计问题也有待进一步研究。

3）结构形式的革新

促进结构形式改革的重要因素之一是推广高强钢索的应用，如索膜结构和张拉整体结构的出现。钢-混凝土组合结构的应用也日益推广，但结构的革新仍有待进一步发展。

4）钢结构的加工制造产业化

钢结构制造工业的机械化水平还需要进一步提高。

5）装配式钢结构

国外的装配式钢结构体系在模数化设计、标准化生产、装配化施工，节能、防火和抗震等方面已非常成熟，尤其是与之配套的墙体、楼板等围护部件的应用也非常完善，施工周期特别短，而我国的钢结构住宅发展势头良好，相应的配套技术值得我们借鉴和学习。

6）钢结构节点

钢结构主要节点有螺栓球节点、焊接球节点、铸钢节点、树状节点和各种特殊节点等。

7）BIM（Building Information Modeling，建筑信息模型）在钢结构中的应用

充分利用“互联网+”带来的新机遇，加快推进技术深度应用，搭建建筑科技产业信息协作平台和BIM产业协同管理平台，将市场需求、科技创新、产品开发、设计服务、材料供应、生

产能力和安装计划等大数据有效整合，着力解决钢结构产业信息不畅、上下游脱节、资源分散、资金流通不畅等问题，从组织模式上实现对钢结构产业链的重塑。

【思考题】

1.1　钢结构有哪些优缺点？在我国钢结构主要用于哪些领域？

1.2　工程结构必须具备哪些功能？

1.3　结构有哪两种极限状态？

1.4　目前我国钢结构设计采用的方法是什么？

1.5　钢结构还存在哪些问题有待解决？

第2章

钢结构的材料

2.1 钢材的主要性能

2.1.1 对钢结构用材的基本要求

钢材的种类繁多,性能差别很大,适用于钢结构的钢材只有碳素钢及合金钢中的少数几种。用作钢结构的钢材必须符合下列要求:

1)较高的抗拉强度 f_u 和屈服强度 f_y

钢材的屈服强度 f_y 是衡量结构承载能力的指标,提高 f_y 可减轻结构自重,节约钢材和降低造价;f_u 是衡量钢材经过较大变形后的抗拉能力,它直接反映钢材内部组织的优劣,同时提高 f_u 值可以增加结构的安全保障;f_u 与 f_y 的差值衡量钢结构的安全储备。

2)较高的塑性和韧性

塑性和韧性分别用来衡量钢材在静力荷载和动荷载作用下变形能力。塑性好,结构在静载和动载作用下具有足够的应变能力,可减轻结构脆性破坏的倾向,同时可通过较大的塑性变形调整局部应力。韧性好,结构具有较好的抵抗重复荷载作用的能力。

3)良好的工艺性能

良好的工艺性能包括冷加工、热加工、可焊性能以及 Z 向性能。良好的工艺性能不但易于加工成各种形式的结构，而且不致因加工而对结构的强度、塑性和韧性等造成较大的不利影响。

4) 良好的耐久性能

钢结构易于腐蚀，良好的耐久性能主要是指钢材良好的耐腐蚀性能，即要求钢材具备在外界环境作用下仍能维持其原有力学性能及物理性能基本不变的能力。

5) 良好的耐疲劳性能及较高的环境适应能力

要求钢结构材料本身具有良好的抗动力荷载性能及较强的适应低、高温等环境变化的能力。

2.1.2 钢材的破坏形式

钢材有两种性质完全不同的破坏形式，即塑性破坏和脆性破坏。

塑性破坏又称为延性破坏，是由于变形过大，超过了材料或构件可能的应变能力而产生的破坏，而且仅在构件的应力达到了钢材的抗拉强度 f_u 后才发生。破坏前，构件产生较大的塑性变形，断裂后的断口呈纤维状，色泽发暗，有时能看到滑移的痕迹。在塑性破坏前，构件发生较大的塑性变形，且变形持续的时间较长，容易及时被发现而采取补救措施，不致引起严重后果。另外，塑性变形后出现内力重分布，使结构中原先受力不等的部分应力趋于均匀，从而提高了结构的承载能力。

脆性破坏前塑性变形很小，甚至没有塑性变形，计算应力可能小于钢材的屈服点 f_y，断裂从应力集中处开始。冶金和机械加工过程中产生的缺陷，特别是缺口和裂纹，常是断裂的发源地。破坏前没有任何预兆，破坏是突然发生的，断口平直并呈有光泽的晶粒状。由于脆性破坏前没有明显的预兆，无法及时察觉和采取补救措施，而且个别构件的断裂常会引起整体结构塌毁，后果严重，损失较大。因此，在设计、施工和使用过程中，应特别注意防止钢结构的脆性破坏。

2.1.3 钢材的主要机械性能

钢材的主要机械性能也称为力学性能，通常是指钢材在标准条件（20℃ ±5℃）下均匀拉伸、冷弯和冲击等单独作用下显示的各种机械性能。钢材通常有五大主要的机械性能指标，即通过一次拉伸试验可得到抗拉强度、伸长率和屈服点三项基本性能；通过冷弯试验可得到钢材的冷弯性能；通过冲击韧性试验可得到冲击韧性。

1) 单向均匀拉伸时钢材的性能

钢材的各项力学性能指标一般通过标准试件的单向拉力试验获得，标准试件的制作和试验方法需按照相关国家标准《金属材料　拉伸试验　第 1 部分：室温试验方法》（GB 228.1—2010）规定进行。单向拉伸试验用标准试件要求表面光滑，没有孔洞、刻槽等缺陷，试件的标定长度取其直径的 5 倍或 10 倍，如图 2-1 所示。钢材标准试件在常温、静载情况下，单向均匀受拉试验时的 σ-ε 曲线如图 2-2 所示，由此曲线可获得钢材的主要力学性能指标。

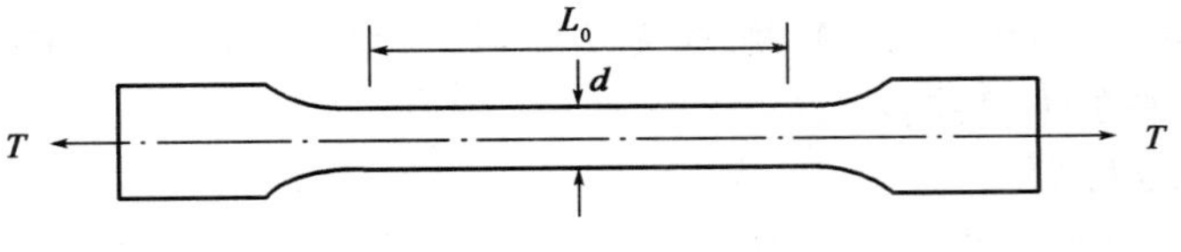

图 2-1　标准试件

(1)强度性能

如图 2-2 所示 σ-ε 曲线可分为五个阶段:

①弹性阶段(OPE 段)。

图 2-2 中 OP 段为直线,表示钢材具有完全弹性性质,这时应力可由弹性模量 E 定义,即 $\sigma = E\varepsilon$,而 $E = \tan\alpha$,P 点应力 f_p 称为比例极限。钢材的弹性模量承受钢种的变化很小,在钢结构设计中统一取 $E = 2.06 \times 10^5 \mathrm{N/mm^2}$。曲线 PE 段仍具有弹性,但呈非线性,即为非线性弹性阶段,这时的模量称为切线模量,$E_t = \mathrm{d}\sigma/\mathrm{d}\varepsilon$,$E$ 点的应力 f_e 称为弹性极限。弹性极限和比例极限相距很近,实际上很难区分,所以通常将弹性极限 f_e 以内的线段(OPE 段)近似看成直线段,并且只有在此阶段卸荷时,材料才不会留下残余变形。

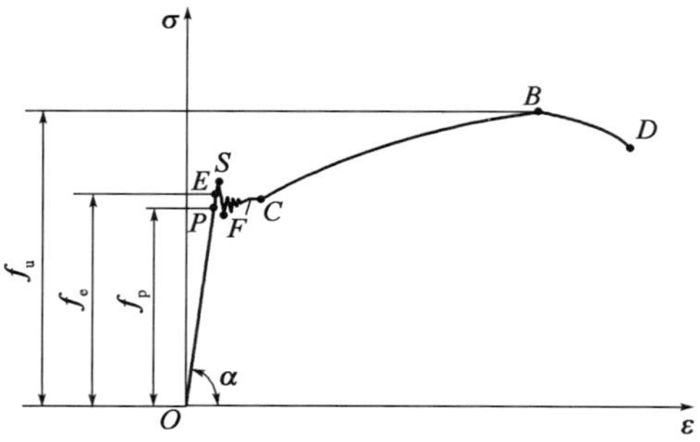

图 2-2 碳素结构钢材的应力应变曲线

②弹塑性阶段(ES 段)。

随着荷载的增加,曲线出现 ES 段,这时表现为非弹性性质,即卸荷曲线成为与 OP 平行的直线,留下永久性的残余变形。

③屈服阶段(SC 段)。

对于低碳钢,出现明显的屈服台阶 SC 段,即在应力保持不变的情况下,应变继续增加。进入塑性流动范围时,曲线波动较大,以后逐渐趋于平稳,其最高点 S 和最低点 F 分别称为上屈服点和下屈服点。上屈服点和试验条件(加荷速度、试件形状、试件对中的准确性)有关;下屈服点稳定,设计中以下屈服点为依据,即以下屈点对应的应力规定为钢材的屈服强度 f_y。

对于没有缺陷和残余应力影响的试件,比例极限和屈服点比较接近,且屈服点前的应变很小(低碳钢约为 0.15%)。为了简化计算,通常假定屈服点前钢材为完全弹性的,屈服点后则为完全塑性的,这样就可把钢材视为理想的弹-塑性体,其应力-应变曲线表现为双直线,如图 2-3 所示。当应力达到屈服点后,将使结构产生很大的在使用上不容许的残余变形(低碳钢 $\varepsilon_c = 2.5\%$),表明钢材的承载力达到了最大限度。因此,在设计时,取下屈服点 f_y 为钢材可以达到的最大应力。

高强度钢材没有明显的屈服点和屈服台阶(图 2-4)。这类钢的屈服条件是根据试验分析结果人为规定的,故称为条件屈服点(或屈服强度)。条件屈服点是以卸荷后试件中残余应变为 0.2% 所对应的应力定义的,可用 $f_{0.2}$ 表示。由于这类钢材不具有明显的塑性平台,设计中不宜利用其塑性。

④强化阶段(CB 段)。

当应力超过屈服台阶后,钢材内部组织得到调整,强度逐渐提高,材料出现应变硬化,曲线上升,直至曲线最高处的 B 点,这点的应力 f_u 称为抗拉强度或极限强度。此时钢材的塑性变形非常大,应变值 ε 达到 20% 甚至更大,故无实际意义,设计时以屈服点 f_y 作为强度限值时,抗拉强度 f_u 成为材料的强度储备。

⑤颈缩阶段(BD 段)。

当应力达到 B 点时,试件局部开始出现横向收缩,发生颈缩现象,随后变形剧增,直至 D 点而断裂。

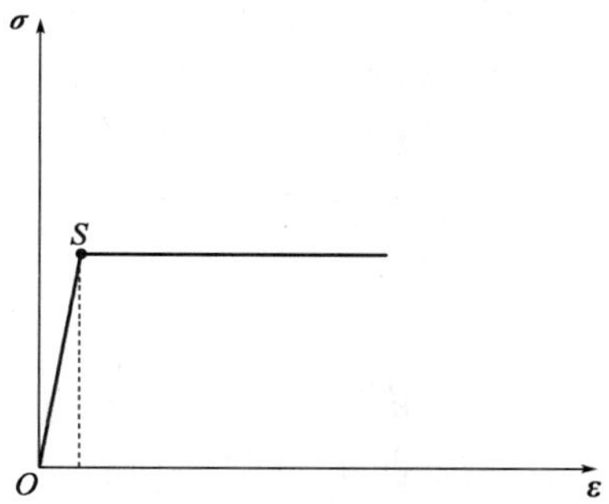

图 2-3 理想弹塑性体的应力-应变曲线

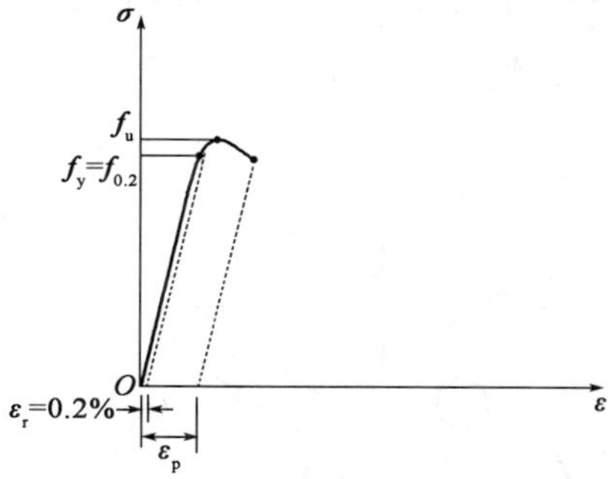

图 2-4 高强度钢的应力-应变曲线

(2)塑性性能

试件被拉断时的绝对变形值与试件原标距之比的百分数,称为伸长率。当试件标距长度与试件直径 d(圆形试件)之比为 10 时,以 δ_{10}表示;当比值为 5 时,以 δ_5 表示。同一试件的 δ_5 比 δ_{10}要偏大一些,通常应用 δ_5 的情况较普遍。伸长率代表材料在单向拉伸时的塑性应变的能力,伸长率大的钢材,对调整构件中局部超屈服应力、结构中塑性内力重分布和减少脆性破坏都有重要意义。伸长率按式(2-1)计算。

$$\delta = \frac{L_1 - L_0}{L_0} \times 100\% \tag{2-1}$$

式中:L_1——试件拉断后标距的长度;

L_0——试件原标距长度。

断面收缩率是衡量钢材塑性性能的另一指标,即材料受拉力断裂时断面缩小的面积与原面积之比值,用 ψ 表示,按式(2-2)计算,单位为%。

$$\psi = \frac{A_0 - A_1}{A_0} \times 100\% \tag{2-2}$$

式中:A_0——试件原始截面积;

A_1——试件拉断后颈缩处的截面积。

(3)物理性能指标

钢材在单向受压(粗而短的试件)时,受力性能基本和单向受拉时相同。受剪的情况也相似,但屈服点 f_{vy} 及抗剪强度 f_{vu} 均较受拉时小,剪变模量 G 也低于弹性模量 E。

钢材和钢铸件的弹性模量 E、剪变模量 G、线膨胀系数 α 和质量密度 ρ 列于表 2-1。

钢材和钢铸件的物理性能指标 表 2-1

弹性模量 E (N/mm^2)	剪变模量 G (N/mm^2)	线性膨胀系数 α (℃$^{-1}$)	质量密度 ρ (kg/m^3)
2.06×10^5	0.79×10^5	1.2×10^{-5}	7.85×10^3

2)冷弯性能

冷弯性能由冷弯试验来确定(图 2-5),试验时,按照有关规定的弯心直径在试验机上采用冲头加压,使试件弯成 180°,如试件外表面不出现裂纹和分层,即为合格。冷弯试验不仅能直接检验钢材的弯曲变形能力和塑性性能，还能检验钢材内部的冶金缺陷，如硫、磷偏析和硫化物与氧化物的掺杂情况，这些都将降低钢材的冷弯性能。因此，冷弯性能是鉴定钢材在弯曲状态下的塑性应变能力和钢材质量的综合指标，当重要结构中要求具备良好的冷热加工性能时，应有冷弯合格保证。

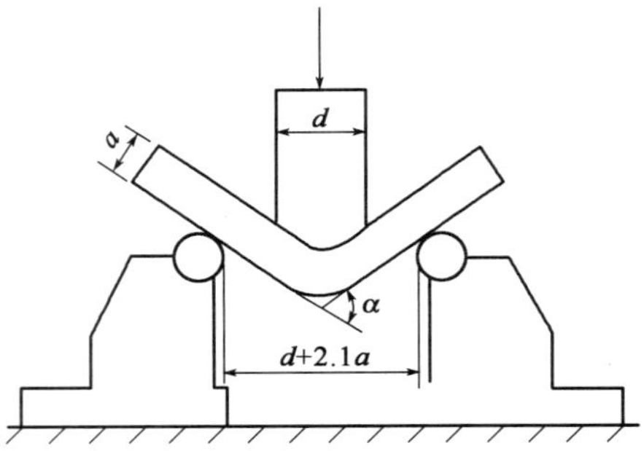

图 2-5　钢材冷弯试验示意图

3）冲击韧性

冲击韧性是钢材抵抗冲击荷载的能力，它用材料断裂时所吸收的总能量（包括弹性和非弹性）来量度，其值为图 2-2 中 σ-ε 曲线与横坐标所包围的总面积，总面积越大韧性越高，故韧性是钢材强度和塑性性能的综合指标。通常钢材强度提高，韧性降低，表示钢材趋于脆性。

钢材的冲击韧性数值随试件缺口形式和试验机型号不同而异。现行国家标准《碳素结构钢》（GB/T 700—2006）规定采用国际上通用的夏比（Chapy）V 形缺口试件［图 2-6a）］在夏比试验机上进行试验，试件折断消耗的功用 C_v 表示，单位为 J。缺口试样一次冲击弯曲试验原理如图 2-7 所示。质量 m 的摆锤，举至高度 H_1 时的势能 mgH_1（g 为重力加速度）；将摆锤释放冲断试件，摆锤失去一部分能量，这部分能量就是冲断试件所做的功［式（2-3）］。剩余的能量 mgH_2 使摆锤扬起高度 H_2。

$$C_v = mgH_1 - mgH_2 \tag{2-3}$$

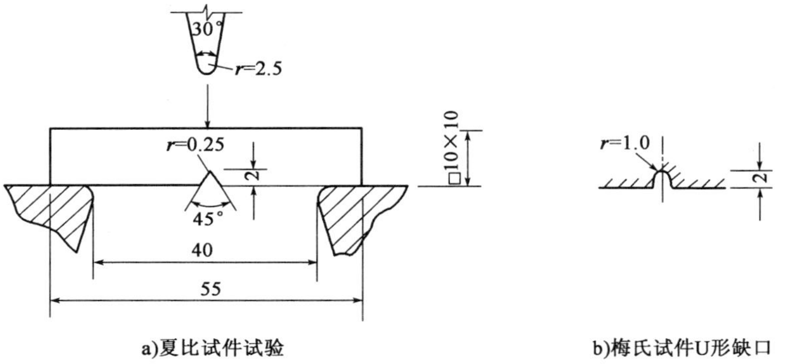

图 2-6　冲击韧性试验示意图（尺寸单位：mm）

我国过去长期以来皆采用梅氏（Mesnager）试件［图 2-6b）］在梅氏试验机上进行试验，所得结果以单位截面积上所消耗的冲击功 α_K 表示，单位为 J/cm²。由于夏比试件比梅氏试件具有更为尖锐的缺口，更接近构件中可能出现的严重缺陷，近年来用 C_v 表示材料冲击韧性的方法日趋普遍。

由于低温对钢材的脆性破坏有显著影响，在寒冷地区建造的结构不但要求钢材具有常温（20℃）时的冲击韧性指标，还要求具有 0℃ 和负温（－20℃ 或 －40℃）时的冲击韧性指标，以保证结构具有足够的抗脆性破坏能力。

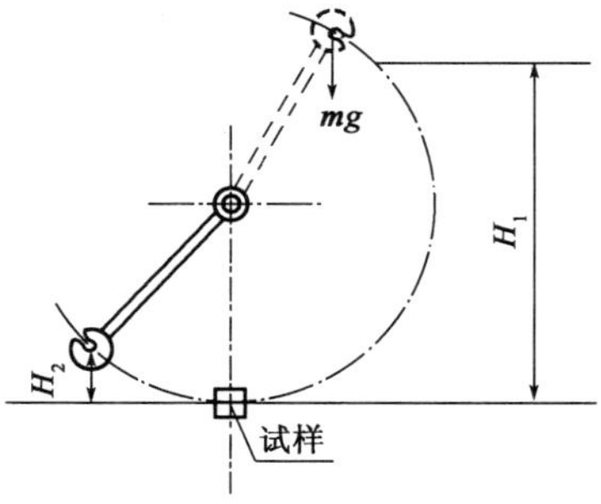

图 2-7　摆锤冲击试验原理示意图

2.1.4 钢材的可焊性

钢材的可焊性是指在给定的构造形式和焊接工艺条件下获得符合质量要求的焊缝连接的性能。钢材的焊接性能可用试验焊缝的试件进行试验，以测定焊缝及其热影响区钢材的疲劳强度、塑性和冲击韧性等。

钢材的可焊性受碳含量和合金元素含量的影响。碳含量在0.12%～0.20%范围内的碳素钢，可焊性最好。碳含量再高可造成焊缝和热影响区变脆。Q235B的碳含量就定在这一适宜范围。Q235A的碳含量略高于B级，且不作为交货条件，这一钢号通常不能用于焊接构件。提高钢材强度的合金元素大多也对可焊性有不利影响。衡量低合金钢的可焊性可以用下列公式计算其碳当量：

$$C_E = C + \frac{Mn}{6} + \frac{1}{5}(Cr + Mo + V) + \frac{1}{15}(Ni + Cv) \tag{2-4}$$

当 C_E 不超过0.38%时，钢材的可焊性很好，Q235和Q345钢属于这一类。当 C_E 大于0.38%但未超过0.45%时，钢材淬硬倾向逐渐明显，需要采用适当的预热措施并注意控制施焊工艺。预热的目的在于使焊缝和热影响区缓慢冷却，以免因淬硬而开裂。当 C_E 大于0.45%时，钢材的淬硬倾向明显，需采用较高的预热温度和严格的工艺措施来获得合格的焊缝。《钢结构焊接规范》(GB 50661—2011)规定了常用结构钢材最低施焊温度表要求，例如厚度不超过40mm的Q235钢和厚度不超过20mm的Q345钢，在温度不低于0℃时一般不需预热。除碳当量外，预热温度还与钢材厚度及构件变形受到约束的程度有直接关系。因此，重要结构施焊时实际采用的焊接方法最好由工艺试验确定。

综上所述，钢材可焊性的优劣实际上是指钢材在采用一定的焊接方法、焊接材料、焊接工艺参数及一定的结构形式等条件下，获得合格焊缝的易难程度。可焊性稍差的钢材，要求更为严格的工艺措施。

2.1.5 钢材性能的鉴定

由前述可知，反映钢材质量的主要力学指标有：屈服强度、抗拉强度、伸长率、冷弯性能及冲击韧性。此外，钢材的工艺性能和化学成分也是反映钢材性能的重要内容。根据《钢结构工程施工质量验收规范》(GB 50205—2001)的规定，对进入钢结构工程实施现场的主要材料需进行进场验收，即检查钢材的质量合格证明文件、中文标识及检验报告，确认钢材的品种、规格、性能是否符合现行国家标准和设计要求。对属于下列情况之一的钢材，应进行抽样复验，其复验结果应符合现行国家产品标准和要求。

(1)国外进口钢材；

(2)钢材混批；

(3)板厚等于或大于40mm，且有 Z 向性能要求的厚板；

(4)建筑结构安全等级为一级，大跨度钢结构中主要受力构件所采用的钢材；

(5)设计有复验要求的钢材；

(6)对质量有疑义的钢材。

复检时，各项试验都应按有关的国家标准《金属材料　拉伸试验　第1部分：室温试验方法》(GB/T 228.1—2010)、《金属材料夏比摆锤冲击试验方法》(GB/T 229—2007)和《金属材料弯曲试验方法》(GB/T 232—2010)的规定进行。试件的取样则按国家标准《钢及钢产品 力学性能试验取样位置及试样制备》(GB/T 2975—1998)和《钢和铁 化学成分测定用试样的取样和制样方法》(GB/T 20066—2006)的规定进行。做热轧型钢的力学性能试验时,原则上应该从翼缘上切取试样。这是因为翼缘厚度比腹板大,屈服点比腹板低,并且翼缘是受力构件的关键部位。钢板的轧制过程使它的纵向力学性能优于横向,因此,采用纵向试样或横向试样,试验结果会有差别。国家标准中要求钢板、钢带的拉伸和弯曲试验取横向试件,而冲击韧性试验则取纵向试件。钢材质量的抽样检验应由具有相应资质的质检单位进行。

2.2 影响钢材力学性能的因素

2.2.1 化学成分

钢是由各种化学成分组成的,化学成分及其含量直接影响到钢的颗粒组织和结晶构造,从而对钢的性能(特别是力学性能)产生重要的影响。铁(Fe)是钢材的基本元素,纯铁质软,在碳素结构钢中约占99%;碳和其他元素仅占1%,但对钢材的力学性能却产生着决定性的影响。其他元素包括硅(Si)、锰(Mn)、硫(S)、磷(P)、氮(N)、氧(O)等。低合金钢中还含有少量(低于5%)合金元素,如铜(Cu)、钒(V)、钛(Ti)、铌(Nb)、铬(Cr)等。

在碳素结构钢中,碳是仅次于纯铁的主要元素,它直接影响钢材的强度、塑性、韧性和可焊性等。随着碳含量的增加,钢的强度提高,而塑性、韧性和疲劳强度下降,同时恶化钢的可焊性和抗腐蚀性。因此,尽管碳是使钢材获得足够强度的主要元素,但在钢结构中采用的碳素结构钢,对含碳量要加以限制,一般不应超过0.22%,在焊接结构中还应低于0.20%。

硫和磷(特别是硫)是钢中的有害成分,它们降低钢材的塑性、韧性、可焊性和疲劳强度。在高温时,硫使钢变脆,称之热脆;在低温时,磷使钢变脆,称之冷脆。一般硫、磷的含量应不超过0.045%。但是,磷可提高钢材的强度和抗锈性,可使用的高磷钢,磷含量可达0.12%,这时应减少钢材中的含碳量,以保持一定的塑性和韧性。

氧和氮都是钢中的有害杂质。氧的作用和硫类似,使钢热脆;氮的作用和磷类似,使钢冷脆。由于氧、氮容易在熔炼过程中逸出,一般不会超过极限含量,故通常不要求做含量分析。

硅和锰是钢中的有益元素,它们都是炼钢的脱氧剂。它们使钢材的强度提高,含量适宜时,对塑性和韧性无显著的不良影响。在碳素结构钢中,硅的含量应不大于0.3%,锰的含量为0.3%~0.8%。对于低合金高强度结构钢,锰的含量可达1.0%~1.6%,硅的含量可达0.55%。

钒和钛是钢中的合金元素,能提高钢的强度和抗腐蚀性能,又不显著降低钢的塑性。

铜在碳素结构钢中属于杂质成分,它可以显著地提高钢的抗腐蚀性能,也可以提高钢的强度,但对可焊性有不利影响。

2.2.2 钢材的冶炼和轧制

钢材的生产需经过冶炼、浇铸、轧制和矫正等工序才能完成，多道工序对钢材的力学性能有一定的影响。冶炼过程中钢材常见的冶金缺陷包括偏析、非金属夹杂、气孔、裂纹及分层等。偏析是指钢材中化学成分不一致和不均匀，特别是硫、磷偏析严重造成钢材的性能恶化，使钢材的塑性、韧性、冷弯性能和可焊性变差；非金属夹杂是指钢中含有硫化物与氧化物等杂质，如硫化物易导致钢材热脆，氧化物则严重降低钢材力学性能及工艺性能；气孔是浇铸钢锭时，由氧化铁与碳作用所生成的一氧化碳气体不能充分逸出而形成的；裂纹将严重影响钢材的冲击韧性、冷弯性能及抗疲劳性能；分层是钢材在厚度方向不密合，形成多层的现象，分层将大大降低钢材的冲击韧性、冷弯性能、抗脆断能力及疲劳强度，尤其是在承受垂直于板面的拉力时易产生层状撕裂。冶金缺陷对钢材性能的影响，不仅表现在结构或构件受力时，也表现在加工制作过程中。

轧制是在高温和压力作用下将钢锭热轧成钢板和型钢的生产工艺。它不仅改变钢的形状和尺寸，而且能消除钢锭中的小气泡、裂纹、疏松等缺陷，使金属组织更加致密，改善钢材的内部组织，从而改善钢材的力学性能。钢材的力学性能与轧制方向和压缩比相关，如压缩比大的小型钢材薄板、小型钢等的强度、塑性、冲击韧性等性能优于压缩比小的大型钢材。故规范中钢材的力学性能标准往往根据其性能进行分组。另外，顺着轧制方向的力学性能优于垂直于轧制方向的力学性能。轧制后是否热处理及处理方式也将影响钢材的力学性能，如轧制后采用淬火后回火的调质工艺处理，不仅可改善钢的组织，消除残余应力，还可显著地提高钢材强度。

2.2.3 复杂应力和应力集中

钢材的工作性能和力学性能指标都是以轴心受拉杆件中应力沿截面均匀分布的情况作为基础的。实际上钢结构的构件中可能存在孔洞、槽口、凹角、截面突然改变以及钢材内部缺陷等。此时，构件中的应力分布将不再保持均匀，而是在某些区域产生局部高峰应力，在另外一些区域则应力降低，形成所谓的应力集中现象（图2-8）。

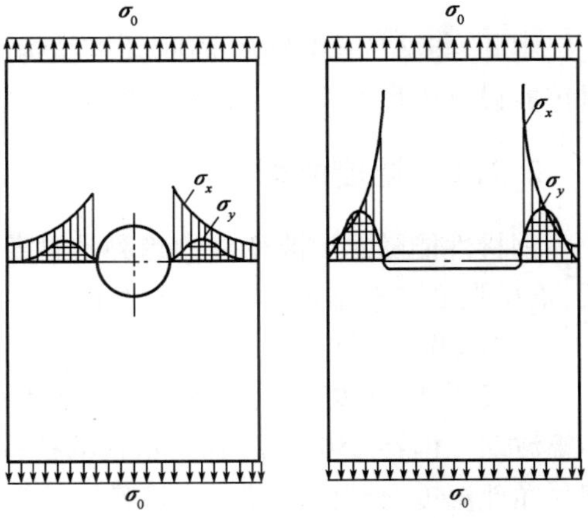

图2-8 孔洞及槽孔处的应力集中

高峰区的最大应力与净截面的平均应力之比称为应力集中系数。研究表明，在应力高峰区域总是存在着同号的双向或三向应力，这是因为由高峰拉应力引起的截面横向收缩受到附近低应力区的阻碍而引起垂直于内力方向的拉应力 σ_y，在较厚的构件里还产生 σ_z，使材料处于复杂受力状态。由能量强度理论得知，这种同号的平面或立体应力场有使钢材变脆的趋势。应力集中系数越大，变脆的倾向越严重。但由于钢材塑性较好，在一定程度上能使应力进行重分配，应力分布严重不均的现象趋于平缓。故受静荷载作用的构件在常温下工作时，在计算中可不考虑应力集中的影响。但在负温环境或动力荷载作用下工作的

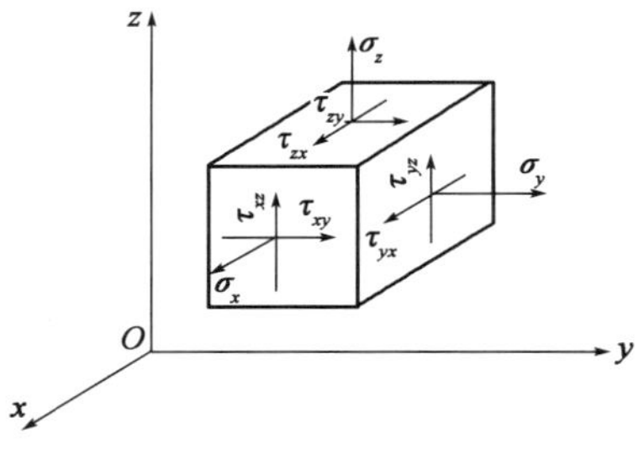

图 2-9　复杂应力状态

结构，应力集中的不利影响将十分突出，往往是引起脆性破坏的根源，故在设计中应采取措施避免或减小应力集中，并选用质量优良的钢材。

在单向拉伸试验中，应力达到屈服点，钢材即进入塑性状态。在复杂应力状态下（图 2-9），钢材由弹性状态转入塑性状态的条件是按能量强度理论计算的折算应力 σ_{eq}［式(2-5)］达到 f_y，而不能以某一方向的应力是否达到 f_y 来判别。

$$\sigma_{eq}=\sqrt{\sigma_x^2+\sigma_y^2+\sigma_z^2-(\sigma_x\sigma_y+\sigma_y\sigma_z+\sigma_z\sigma_x)+3(\tau_{xy}^2+\tau_{yz}^2+\tau_{zx}^2)}=f_y \tag{2-5}$$

当 $\sigma_{eq}<f_y$ 时，为弹性状态；当 $\sigma_{eq}\geqslant f_y$ 时，进入塑性状态，材料屈服。

由式(2-5)可以看出，如果三向应力同号，且绝对值又接近时，即使三向应力都很大，远远大于屈服点，但由于差值不大，折算应力小，材料就不易进入塑性状态，可能直至材料破坏还未进入塑性状态，因此同号应力状态容易产生脆断。相反，如果存在异号应力，且同号的两个应力又相差较大时，就较容易进入塑性状态，可能最大应力尚未达到 σ_z 时，材料就已进入塑性了，说明钢材处于异号应力状态时，容易发生塑性破坏。

如三向应力中一向应力很小或为零时，则属于平面应力状态，此时式(2-5)为：

$$\sigma_{eq}=\sqrt{\sigma_x^2+\sigma_y^2-\sigma_x\sigma_y+3\tau_{xy}^2}=f_y \tag{2-6}$$

对于普通梁，一般只存在正应力 σ 和剪应力 τ，则：

$$\sigma_{eq}=\sqrt{\sigma^2+3\tau^2}=f_y \tag{2-7}$$

当只有剪应力时，$\sigma=0$ 由此得：

$$\sigma_{eq}=\sqrt{3}f_{vy}=f_y \tag{2-8}$$

则 $f_{vy}=f_y/\sqrt{3}=0.58f_y$，因此，《钢结构设计规范》和《公路钢结构桥梁设计规范》均规定钢材抗剪设计强度为抗拉设计强度的 0.58 倍。

2.2.4　温度的影响

钢材性能随温度改变总的趋势是温度升高，钢材强度降低，应变增大；反之，随着温度的降低，钢材强度略有增加，同时钢材会因塑性和韧性降低而变脆。

1)“蓝脆”现象

一般在 200℃ 以内钢材的性能变化不大，随温度的上升，钢材强度微降，塑性微增，性能有小幅波动。但在 250℃ 左右时，钢材的抗拉强度有所提高，而塑性和冲击韧性变差，钢材变脆，钢材在此温度范围内破坏时常呈脆性破坏特征，成为“蓝脆”（表面氧化呈蓝色）。在蓝脆温度范围内进行热加工，钢材易产生裂纹。温度超过 300℃ 以后，屈服点和极限强度明显下降，达到 600℃ 时强度几乎等于零。钢材力学性能随温度上升变化曲线如图 2-10 所示。当温度在 260～320℃ 时，在应力持续不变的情况下，钢材以很缓慢的速度继续变形，此种现象称为徐变现象。当钢结构长期受辐射热达150℃以上,或可能受灼热熔化金属侵害时,钢结构应考虑设置隔热保护层。

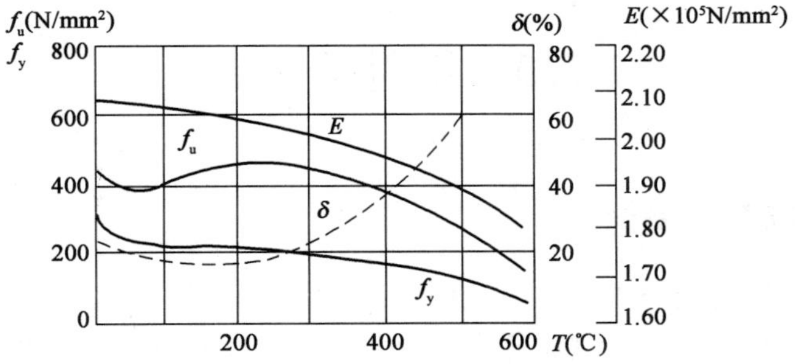

图2-10 温度对钢材力学性能的影响曲线

2)低温冷脆

当温度从常温开始下降时,钢材的强度稍有提高,但脆性倾向变大,塑性和冲击韧性下降,当温度下降到某一数值时(冷脆临界温度),钢材的冲击韧性突然显著下降,使钢材产生脆性断裂,该现象叫低温冷脆。图2-11为钢材冲击韧性与温度的关系曲线,随着温度的降低冲击韧性迅速下降,材料将由塑性破坏转变为脆性破坏,这一转变是在温度区间 $T_1 \sim T_2$ 内完成的,该区间称为钢材的脆性转变温度区,在此区间内曲线的反弯点所对应的温度 T_0 称为转变温度。冷脆临界温度 T_1 与钢材韧性有关,韧性越好的钢材冷脆临界温度越低,钢材在整个使用过程中,可能出现的最低温度应高于钢材的冷脆临界温度。

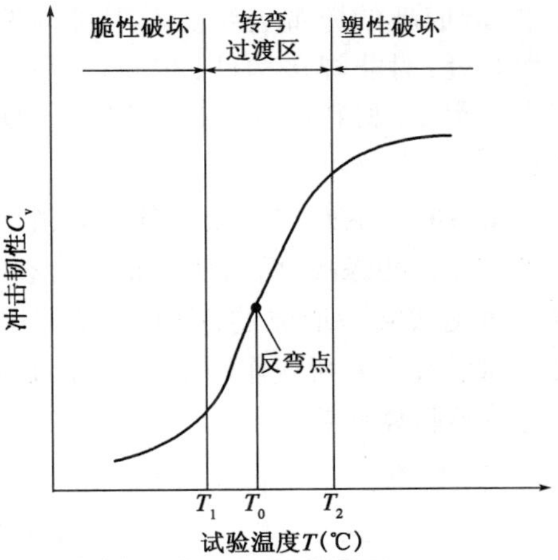

图2-11 冲击韧性与温度的关系曲线

2.2.5 钢材的硬化

1)冷作硬化

钢材在常温下加工称为冷加工。冷拉、冷弯、冲孔、机械剪切等冷加工使钢材产生很大塑性变形,从而提高了钢的屈服点,同时降低了钢的塑性和韧性,这种现象称为冷作硬化(或应变硬化)。冷作硬化会增加结构脆性破坏的危险,对直接承受动载的结构尤为不利。因此,钢结构一般不利用冷作硬化来提高强度,对重要结构还要采取刨边或扩钻等措施来消除冷作硬化的影响。

2)时效硬化

在高温时熔化于铁中的少量碳和氮,随着时间的增长逐渐从纯铁中析出,形成自由碳化物和氮化物,使钢材的强度提高,塑性、韧性下降,这种现象称为时效硬化,俗称老化。不同种类钢材的时效硬化过程可从几小时到数十年不等。

3)人工时效

时效硬化的过程一般很长,但如在材料塑性变形后加热,可使时效硬化发展特别迅速,这种方法称为人工时效。对特别重要的结构钢材可在人工时效处理后再检测其冲击韧性,以保证结构具有足够的抗脆性破坏能力。

此外还有应变时效,是指应变硬化(冷作硬化)后又加时效硬化。

2.3 钢材的疲劳

2.3.1 疲劳断裂的概念

钢结构的疲劳断裂是指裂纹在连续重复荷载作用下不断扩展以至断裂的脆性破坏,塑性变形极小,破坏前没有明显破坏预兆,危险性较大。出现疲劳断裂时,截面上的应力低于材料的抗拉强度,甚至低于屈服强度。钢材的疲劳破坏属于反复荷载作用下的脆性破坏。

钢材的疲劳破坏是经过长时间的发展过程才出现的,是钢材内部损伤积累的结果。钢材的疲劳破坏过程经历了三个阶段:裂纹的形成、裂纹的缓慢扩展和最后迅速断裂。对于钢结构,实际上只有后两个阶段,因为结构中总会有内在的微小缺陷。钢材内部的微小缺陷在连续反复荷载作用下发展为微观裂纹;同时已有微观裂纹或加载使杂质附近发生应力集中,造成新的微观裂纹。对焊接构件,裂纹的起源常在焊趾处或焊缝中的孔洞、夹渣以及欠焊等处;对非焊接构件,在冲孔、剪切、气割等处也存在微观裂纹。反复荷载下微裂纹尖端应力集中、材料硬化,裂纹开展,出现宏观裂纹,宏观裂纹发展使断面削弱,进而发生脆性断裂。

疲劳断裂的断口一般可分为光滑区和粗糙区两部分(图 2-12)。光滑区的形成是因为裂纹多次开合的缘故,而粗糙区是因为裂纹扩展到一定程度导致截面削弱过甚,以致不足以抵抗破坏而突然断裂形成的,类似于拉伸试件的断口,比较粗糙。由于疲劳破坏是由裂缝发展所致,因此,若反复荷载作用下无拉应力,则裂缝一直处于闭合状态,将不会疲劳破坏,所以无拉应力时不验算疲劳。

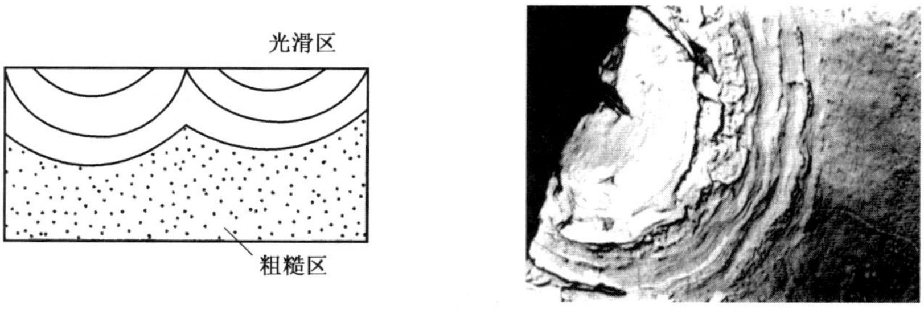

a)示意图　　b)微观图

图 2-12　疲劳破坏断口

钢结构的疲劳破坏通常属于高周疲劳,即结构应变小,破坏前荷载循环次数多。《钢结构设计规范》规定直接承受动力荷载重复作用的钢结构构件(如吊车梁、吊车桁架等)及其连接,当应力变化的循环次数 $n \geq 5 \times 10^4$ 时,应进行疲劳计算;对于大多数公路桥梁结构,汽车荷载将导致结构发生疲劳破坏,因此,《公路钢结构桥梁设计规范》规定应对车辆荷载作用下的结构疲劳进行验算。

2.3.2 与疲劳破坏有关的几个概念

1)应力集中

应力集中是影响疲劳性能的重要因素。应力集中越严重,钢材越容易发生疲劳破坏。应力集中的程度由构造细节所决定,包括微小缺陷、孔洞、缺口、凹槽及截面的厚度和宽度是否有变化等,对焊接结构表现为零件之间相互连接的方式和焊缝的形式。因此,对于相同的连接形式,构造细节处理的不同,也会对疲劳强度有较大的影响。根据试验研究结果,《钢结构设计规范》将构件和连接形式按应力集中的影响程度由低到高分为八类(详见附表6-1),第一类是没有应力集中的主体金属,如轧制的型钢;第八类是应力集中最严重的角焊缝;第二至第七类则是有不同程度应力集中的主体金属。

2)应力循环特征

连续重复荷载之下,应力从最大到最小重复一周叫作一个循环。应力循环特征常用应力比$\rho=\sigma_{min}/\sigma_{max}$来表示,拉应力取正值,压应力取负值,如图2-13所示。当$\rho=-1$时,称为完全对称循环[图2-13a)];当$\rho=0$时,称为脉冲循环[图2-13b)];当$\rho=1$时,称为静荷载[图2-13c)];当$0<\rho<1$时,称为同号应力循环[图2-13d)];当$-1<\rho<0$时,称为异号应力循环[图2-13e)]。

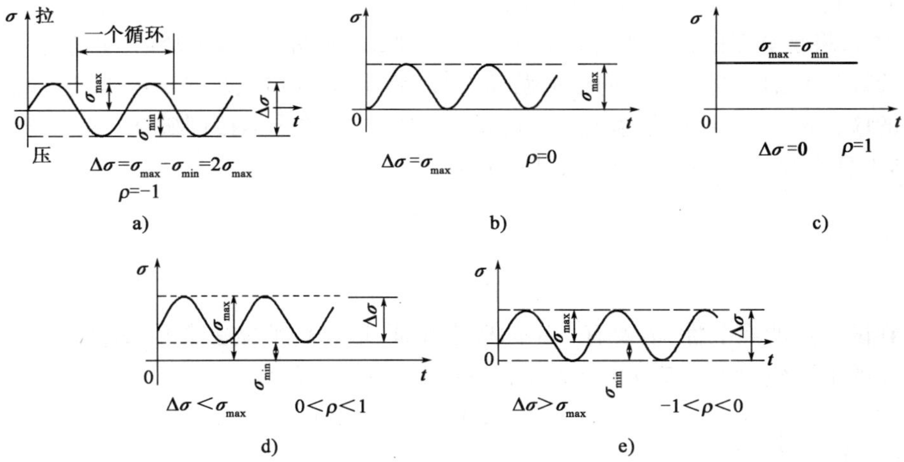

图2-13 疲劳应力谱

3)应力幅

应力幅表示应力变化的幅度,用$\Delta\sigma=\sigma_{max}-\sigma_{min}$表示,应力幅总是正值。应力幅在整个应力循环过程中保持常量的循环称为常幅应力循环,如图2-14a)所示;若应力幅是随时间随机变化的,则称为变幅应力循环,如图2-14b)所示。

焊接结构的疲劳计算宜以应力幅为准则,原因在于焊接加热及焊接后的冷却,将在截面上产生垂直于截面的残余应力。裂纹的起源和发展常在焊趾或焊缝内部缺陷处,而焊缝处及其附近主体金属的残余拉应力通常达到钢材的屈服点f_y。在反复荷载作用下,循环应力开始处于增大阶段时,焊缝附近的高峰应力将不再增加(只是塑性范围内加大),即$\sigma_{max}=f_y$;随后,循环应力下降到σ_{min},再升至$\sigma_{max}=f_y$,即不论应力比ρ值如何,焊缝附近的实际应力循环情况均形成在拉应力范围内的$\Delta\sigma=f_y-\sigma_{min}$的循环。因此,对于焊接结构,只要应力幅相同,对构件

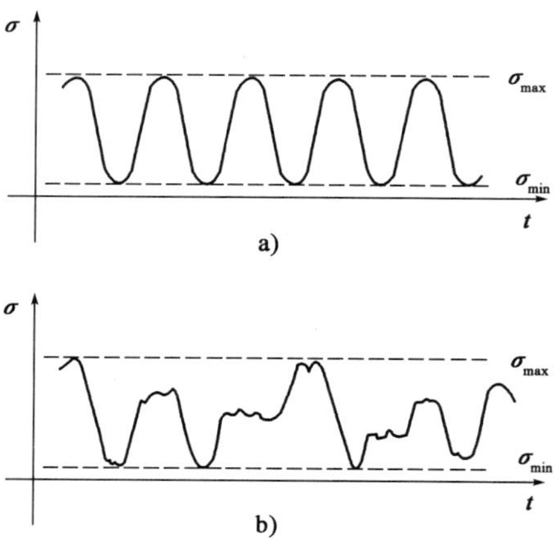

图 2-14　疲劳应力谱

疲劳的实际效果就相同，而和应力循环特征 ρ 与名义最大应力无关。应力幅才是决定疲劳的关键，这就是应力幅准则。

对于非焊接结构，由试验可知，对于 $\rho \geq 0$ 的应力循环，该准则完全适用；对于 $\rho < 0$ 的应力循环，该准则偏于安全。因此《钢结构设计规范》取下式计算非焊接结构应力幅：

$$\Delta\sigma = \sigma_{max} - 0.7\sigma_{min} \tag{2-9}$$

此式在应力循环同号时稍偏安全。

4）疲劳寿命（致损循环次数）

疲劳寿命指在连续反复荷载作用下应力的循环次数，一般用 n 表示。应力幅越大，产生疲劳破坏的应力循环次数越少；应力幅越小，产生疲劳破坏的应力循环次数越多，当应力幅小到一定程度，即使经无限多次应力循环也不会产生疲劳破坏。

2.3.3　疲劳曲线（$\Delta\sigma$-n 曲线）

对不同的构件和连接用不同的应力幅进行常幅循环应力试验，即可得到疲劳破坏时不同的循环次数 n，将足够多的试验点连接起来就可得到 $\Delta\sigma$-n 曲线[图 2-15a）]即疲劳曲线，该曲线是疲劳验算的基础。对应一定的致损循环次数（疲劳寿命）N_1，在 $\Delta\sigma$-n 曲线上就存在一个与之对应的应力幅值，在该应力幅值之下循环 N_1 次时，构件或连接即破坏。采用双对数坐标时，所得结果呈直线关系[图 2-15b）]，其方程为：

$$\lg n = b - m\lg(\Delta\sigma) \tag{2-10}$$

或

$$n(\Delta\sigma)^m = 10^b = C \tag{2-11}$$

考虑到试验点的离散性，需要有一定的概率保证，取平均值减去 2 倍 $\lg n$ 的标准差 $2\sigma_n$ 作为疲劳强度的下限值[图 2-15b）实线下方的虚线]，下限方程为：

$$\lg n = b - m\lg(\Delta\sigma) - 2\sigma_n \tag{2-12}$$

式中：b——n 轴上的截距；

m——直线对纵坐标的斜率（绝对值）；

σ_n——标准差，由试验数据及统计理论公式得出，它表示 $\lg n$ 的离散程度。

若 $\lg n$ 呈正态分布，公式（2-12）的保证率是 97.7%；若呈 t 分布，则约为 95%。

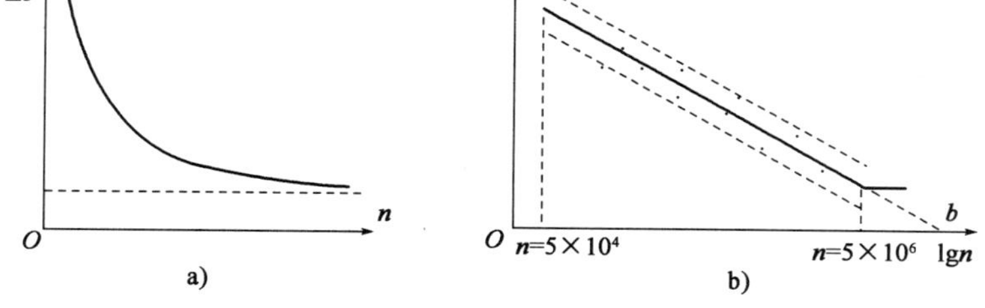

图 2-15　$\Delta\sigma$-n 曲线

2.3.4 疲劳计算及容许应力幅

一般钢结构都是按照概率极限状态进行设计的，但对疲劳部分，《钢结构设计规范》和《公路钢结构桥梁设计规范》均规定按容许应力原则进行验算。这是由于现阶段对疲劳裂缝的形成、扩展以至断裂这一过程的极限状态定义以及有关影响因素研究不足的缘故。

应力幅值由重复作用的可变荷载产生，所以疲劳验算按可变荷载标准值进行。由于验算方法以试验为依据，而疲劳试验中已包含了动力的影响，故计算荷载时不再乘以吊车动力系数。

常幅疲劳按下式进行验算：

$$\Delta\sigma \leqslant [\Delta\sigma] \tag{2-13}$$

式中：$\Delta\sigma$——对焊接部位为应力幅 $\Delta\sigma=\sigma_{max}-\sigma_{min}$；对非焊接结构，由于非焊接部位的残余应力比焊接部位小，一般不存在很高的残余拉应力，故其疲劳寿命 n 除与应力幅有关外，也与其最大应力或应力比有关，所以采用折算应力幅 $\Delta\sigma=\sigma_{max}-0.7\sigma_{min}$，应力以拉为正，压为负；

$[\Delta\sigma]$——常幅疲劳的容许应力幅，按构件和连接的类别以及预期的循环次数由公式(2-12)计算。

由式(2-12)可得：

$$\Delta\sigma=\left(\frac{10^{b-2\sigma_n}}{n}\right)^{\frac{1}{m}}=\left(\frac{C}{n}\right)^{\frac{1}{m}} \tag{2-14}$$

$$C=10^{b-2\sigma_n}$$

取此 $\Delta\sigma$ 作为容许应力幅，并将 m 调成整数，记为 β，则：

$$[\Delta\sigma]=\left(\frac{C}{n}\right)^{\frac{1}{\beta}} \tag{2-15}$$

式中：n——应力循环次数；

C、β——参数，根据附表6-1的构件和连接类别按表2-2采用。

参数 C、β 值 表2-2

构件和连接类别	1	2	3	4	5	6	7	8
$C(\times10^{12})$	1 940	861	3.26	2.18	1.47	0.96	0.65	0.41
β	4	4	3	3	3	3	3	3

由式(2-15)可知，只要确定了系数 C 和 β，就可根据设计基准期内可能出现的应力循环次数 n 确定容许应力幅 $[\Delta\sigma]$，或根据设计应力幅水平预估应力循环次数 n。对于不同的焊接构件和连接形式，按试验数据回归的直线方程，其斜率不尽相同。为设计方便，《钢结构设计规范》按连接方式、受力特点和疲劳强度，并适当考虑 $[\Delta\sigma]$-n 曲线簇的等间距布置归纳分类，给出了各类结构和连接类别的 $\Delta\sigma$-n 曲线（图2-16）和系数 C、β（表2-2）。根据应力幅原则，只要应力幅超过容许值就会产生疲劳裂纹，但由于裂纹形成的同时，残余应力自行释放，在全压应力循环中，不出现拉应力，裂纹不会断续发展，则对这一部位不必进行疲劳计算。

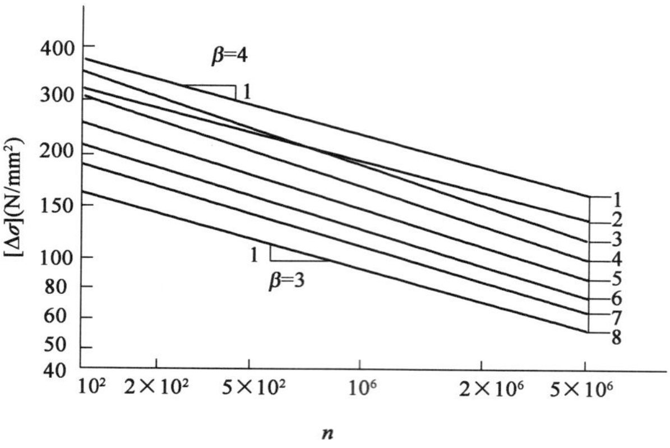

图 2-16 各类结构和连接类别的 $\Delta\sigma$-n 曲线

2.3.5 变幅疲劳

大部分结构实际所承受的循环应力都不是常幅的。以吊车梁为例,吊车运行时并不总是满载,小车在吊车桥上所处的位置也在变化,吊车的运行速度及吊车的维修情况也经常不同。因此,吊车梁每次的荷载循环都不尽相同。吊车梁实际处于欠载状态的变幅疲劳下。对于重级工作制(A6、A7、A8 级)吊车梁和重级、中级工作制(A4、A5 级)吊车桁架,规范规定其疲劳可作为常幅疲劳按下式计算:

$$\alpha_f \Delta\sigma \leqslant [\Delta\sigma]_{2\times10^6} \tag{2-16}$$

式中:$\Delta\sigma$——变幅疲劳的最大应力幅;

$[\Delta\sigma]_{2\times10^6}$——循环次数 $n=2\times10^6$ 次的容许应力幅,由式(2-12)计算;

α_f——中、重级吊车荷载折算成 $n=2\times10^6$ 时的欠载效应等效系数,根据对国内吊车荷载谱的调查统计结果,重级工作制硬钩吊车为 1.0,重级工作制软钩吊车为 0.8,中级工作制吊车为 0.5。

根据试验,不同钢种的不同静力强度对焊接部位的疲劳强度无显著影响,只是轧制钢材(残余应力较小)、经焰切的钢材及经过加工的对接焊缝,疲劳强度有随钢材强度提高而稍有增加的趋势,但这些连接和主体金属一般不在构件疲劳计算中起控制作用,故可认为,疲劳容许应力幅与钢种无关。

2.3.6 钢结构桥梁抗疲劳设计

《公路钢结构桥梁设计规范》中列出了车辆荷载作用下的钢结构疲劳验算细则,要求承受汽车荷载的结构构件与连接,应按疲劳细节类别进行疲劳验算。与建筑钢结构不同的是,《公路钢结构桥梁设计规范》在表达形式上按照分项系数的设计表达式进行设计。根据钢结构桥梁中的材料、连接性质等,《公路钢结构桥梁设计规范》给出对应于 2.0×10^6 次常幅疲劳循环的疲劳应力强度(类似于《钢结构设计规范》中的容许应力幅[$\Delta\sigma$]),称为疲劳细节类别($\Delta\sigma_C$、$\Delta\tau_C$),并以此作为抗疲劳计算的依据。根据桥梁钢结构中的计算要求,抗疲劳设计过程中的疲劳荷载计算共涉及三种计算模型,分别如下所述:

1）疲劳荷载计算模型Ⅰ

该模型采用等效的车道荷载，集中荷载为 $0.7P_k$，均布荷载为 $0.3q_k$。P_k 和 q_k 按公路—Ⅰ级车道荷载标准取值；应考虑多车道的影响，横向车道布载系数应按现行《公路桥涵设计通用规范》（JTG D60—2015）的相关规定选用。

2）疲劳荷载计算模型Ⅱ

该模型采用双车模型，两辆模型车轴距与轴重相同，其单车的轴重与轴距布置如图2-17所示。加载时，两模型车的中心距不得小于40m。

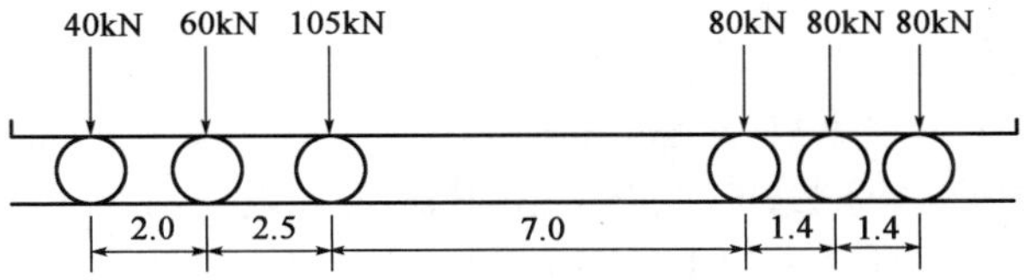

图2-17 疲劳荷载计算模型Ⅱ（尺寸单位：m）

3）疲劳荷载计算模型Ⅲ

该模型采用单车模型，模型车轴载及分布规定如图2-18所示。

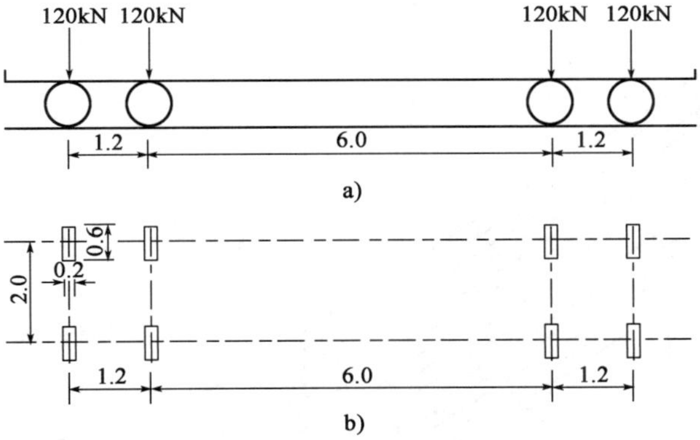

图2-18 疲劳荷载计算模型Ⅲ（尺寸单位：m）

疲劳荷载计算模型Ⅰ对应于无限寿命设计方法，这种方法考虑的是构件永不出现疲劳破坏的情况。疲劳荷载计算模型Ⅱ是根据原交通部2007年下达的年度公路工程标准制修订项目《公路桥梁疲劳设计荷载标准》的研究结论给出的。因此，当构件和连接不满足疲劳荷载模型Ⅰ验算要求时，应按模型Ⅱ验算。疲劳荷载计算模型Ⅲ是在欧洲规范疲劳荷载模型3的基础上修改车轮着地面积得到的，主要用于桥面系构件的验算。

疲劳荷载计算模型Ⅱ以及疲劳荷载计算模型Ⅲ加载虽然仅按单车道加载，但在计算中通过系数考虑了多车道效应。模型Ⅰ和Ⅱ中已考虑了行驶在良好状态路面上时形成的动力效应。但当车辆行驶接近伸缩缝时，应额外增加一个放大系数。放大系数应按式（2-17）取值。

$$\Delta\phi = \begin{cases} 0.31 - \dfrac{D}{6} & (D \leqslant 6\text{m}) \\ 0 & (D > 6\text{m}) \end{cases} \tag{2-17}$$

式中：D——验算截面到伸缩缝的距离（m）。

确定了桥梁钢结构的疲劳荷载计算模型之后,就可以根据极限状态设计方法对疲劳强度进行验算,当采用疲劳荷载计算模型Ⅰ时,应按下列公式验算:

$$\gamma_{\mathrm{Ff}}\Delta\sigma_{\mathrm{p}} \leqslant \frac{k_{\mathrm{s}}\Delta\sigma_{\mathrm{D}}}{\gamma_{\mathrm{Mf}}} \tag{2-18}$$

$$\gamma_{\mathrm{Ff}}\Delta\tau_{\mathrm{p}} \leqslant \frac{k_{\mathrm{s}}\Delta\tau_{\mathrm{L}}}{\gamma_{\mathrm{Mf}}} \tag{2-19}$$

$$\Delta\sigma_{\mathrm{p}} = (1+\Delta\phi)(\sigma_{\mathrm{pmax}} - \sigma_{\mathrm{pmin}}) \tag{2-20}$$

$$\Delta\tau_{\mathrm{p}} = (1+\Delta\phi)(\tau_{\mathrm{pmax}} - \tau_{\mathrm{pmin}}) \tag{2-21}$$

式中: γ_{Ff}——疲劳荷载分项系数,取 1.0;

γ_{Mf}——疲劳抗力分项系数,对重要构件取 1.35,对次要构件取 1.15;

k_{s}——尺寸效应折减系数,按《公路钢结构桥梁设计规范》附录 C 计算,未说明时,取 1.0;

$\Delta\sigma_{\mathrm{p}}$、$\Delta\tau_{\mathrm{p}}$——按疲劳荷载计算模型Ⅰ计算得到的正应力幅和剪应力幅(MPa);

$\Delta\sigma_{\mathrm{D}}$——正应力常幅疲劳极限(MPa),根据疲劳细节类别按图 2-19 取用;

$\Delta\tau_{\mathrm{L}}$——剪应力常幅疲劳截止限(MPa),根据疲劳细节类别按图 2-20 取用;

σ_{pmax}、σ_{pmin}——将疲劳荷载模型按最不利情况加载于影响线得出的最大和最小正应力(MPa);

τ_{pmax}、τ_{pmin}——将疲劳荷载模型按最不利情况加载于影响线得出的最大和最小剪应力(MPa)。

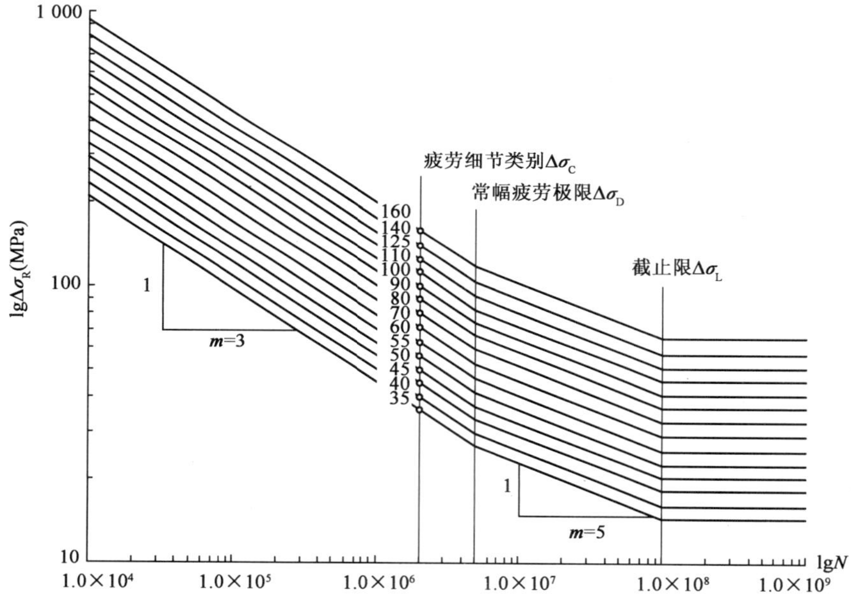

图 2-19 正应力常幅疲劳强度曲线

注:标识细节类别的数字代表 2.0×10^{6} 次循环疲劳强度的参考值 $\Delta\delta_{\mathrm{R}}$(MPa)。

当采用疲劳荷载计算模型Ⅱ时,应按下列公式验算:

$$\gamma_{\mathrm{Ff}}\Delta\sigma_{\mathrm{E2}} \leqslant \frac{k_{\mathrm{s}}\Delta\sigma_{\mathrm{C}}}{\gamma_{\mathrm{Mf}}} \tag{2-22}$$

$$\gamma_{\mathrm{Ff}}\Delta\tau_{\mathrm{E2}} \leqslant \frac{\Delta\tau_{\mathrm{C}}}{\gamma_{\mathrm{Mf}}} \tag{2-23}$$

$$\Delta\sigma_{E2} = (1+\Delta\phi)\gamma(\sigma_{pmax}-\sigma_{pmin}) \quad (2\text{-}24)$$

$$\Delta\tau_{E2} = (1+\Delta\phi)\gamma(\tau_{pmax}-\tau_{pmin}) \quad (2\text{-}25)$$

式中：$\Delta\sigma_C$、$\Delta\tau_C$——疲劳细节类别(MPa)；

$\Delta\sigma_{E2}$、$\Delta\tau_{E2}$——按 2.0×10^6 次常幅疲劳循环换算得到的等效常值应力幅(MPa)；

γ——损伤等效系数。

当采用疲劳荷载计算模型Ⅲ时，应按下列公式验算：

$$\gamma_{Ff}\Delta\sigma_{E2} \leqslant \frac{k_s\Delta\sigma_C}{\gamma_{Mf}} \quad (2\text{-}26)$$

$$\gamma_{Ff}\Delta\tau_{E2} \leqslant \frac{\Delta\tau_C}{\gamma_{Mf}} \quad (2\text{-}27)$$

$$\left(\frac{\gamma_{Ff}\Delta\sigma_{E2}}{k_s\Delta\sigma_C/\gamma_{Mf}}\right)^3 + \left(\frac{\gamma_{Ff}\Delta\tau_{E2}}{\Delta\tau_C/\gamma_{Mf}}\right)^5 \leqslant 1.0 \quad (2\text{-}28)$$

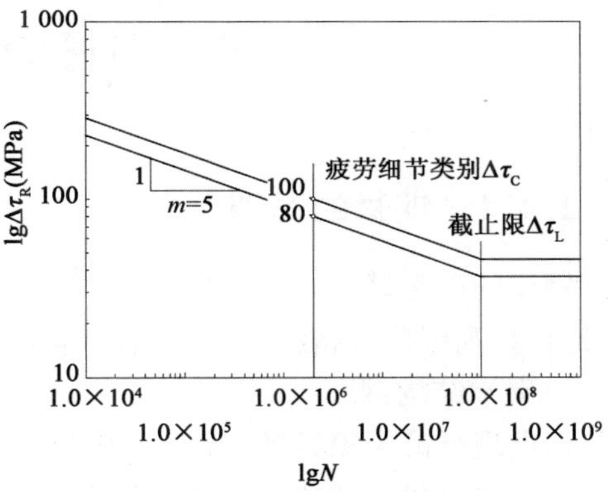

图 2-20 剪应力常幅疲劳强度曲线

注：标识细节类别的数字代表 2.0×10^6 次循环疲劳强度的参考值 $\Delta\tau_R$(MPa)。

$$\Delta\sigma_{E2} = (1+\Delta\phi)\gamma(\sigma_{pmax}-\sigma_{pmin}) \quad (2\text{-}29)$$

$$\Delta\tau_{E2} = (1+\Delta\phi)\gamma(\tau_{pmax}-\tau_{pmin}) \quad (2\text{-}30)$$

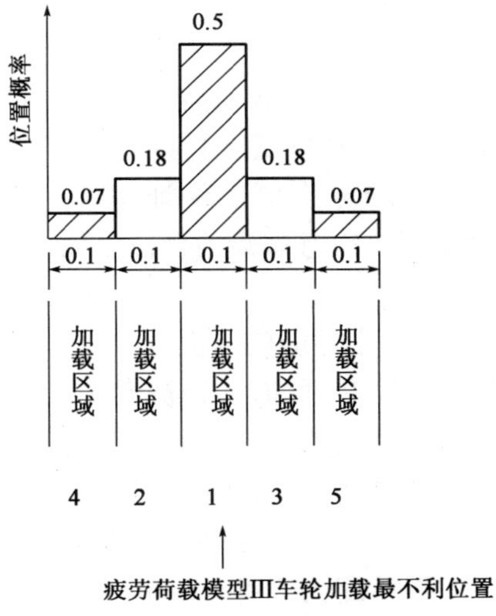

图 2-21 车轮横向位置概率(尺寸单位：m)

采用疲劳荷载计算模型Ⅲ计算正交异形板疲劳应力时，正交异性板各疲劳细节对车载不敏感而仅对轮载敏感，且由于正交异性板各疲劳细节的有效影响面范围狭小，变化幅度大，因此，疲劳细节还对轮载的横向位置十分敏感，在计算中应按图 2-21 考虑车轮在车道上的横向位置概率，其中加载区域 1 应布置在横向最不利位置。具体加载步骤为：

(1)首先建立正交异性板的局部有限元模型，计算各疲劳细节的影响面；

(2)找出疲劳影响线上应力数值最大的点，该点所对应的影响线为加载区域 1，加载区域 1 向两侧横向偏移0.1m 对应的影响线分别为加载区域2 和 3，加载区域 1 向两侧横向偏移 0.2m 对应的影响线分别为加载区域 4 和 5；

(3)将荷载模型Ⅲ的轮载分别加载于加载区域 1 ~ 加载区域 5，并分别算出对应的 $\sigma_{pmax,i}$ 和 $\sigma_{pmin,i}$，其中 i 为区域编号。按轮载落入各区域的概率算得 $\Delta\sigma_{E2}$。

$$\Delta\sigma_{E2} = (1+\Delta\phi)\gamma\sqrt[3]{0.5\omega_1^3+0.18\omega_2^3+0.18\omega_3^3+0.07\omega_4^3+0.07\omega_5^3} \quad (2\text{-}31)$$

$$\omega_i = \sigma_{pmax,i}-\sigma_{pmin,i}(i=1,2,3,4,5) \quad (2\text{-}32)$$

对非焊接构件以及消除残余应力后的焊接构件，当疲劳荷载为拉-压循环时，与建筑钢结构中的疲劳验算相类似，仍考虑到应用应力幅准则时偏于安全，对最小应力考虑一定的折减，但折减系数取为0.6，则 $\Delta\sigma_p=\sigma_{pmax}+0.6|\sigma_{pmin}|$。

2.4 钢材的类别及钢材的选用

2.4.1 钢材的类别

钢材的种类繁多，按用途可分为结构钢、工具钢和特殊钢等。结构钢常用的是碳素结构钢、低合金高强度结构钢、优质碳素结构钢和高强钢索等。

1）碳素结构钢

根据现行的国家标准《碳素结构钢》（GB/T 700—2006）的规定，碳素结构钢的牌号由代表屈服点的字母Q、屈服点的数值、质量等级符号（A、B、C、D）和脱氧方法符号四个部分按顺序组成。

碳素结构钢分为Q195、Q215、Q235、Q255和Q275五种，屈服强度越大，其含碳量、强度和硬度越大，塑性越低。其中Q235在使用、加工和焊接方面的性能都比较好，是钢结构中常用的钢材之一。但是Q235中的沸腾钢脱氧不充分，含氧量较高，内部组织不够致密，硫、磷的偏析大，冲击韧性较低，冷脆性和时效倾向亦大，在低温时和动力荷载作用下容易发生脆断，因而《公路钢结构桥梁设计规范》规定在钢结构桥梁中对其使用范围加以限制，比如不宜用于需要验算疲劳的，以及虽不需要验算疲劳但工作温度低于-20℃时的焊接结构；也不宜用于需要验算疲劳且工作温度等于或低于-20℃时的非焊接结构。

碳素结构钢的质量等级分为A、B、C、D四级，由A到D表示质量由低到高。不同质量等级钢材对化学成分和力学性能的要求不同。A级无冲击功规定，对冷弯试验只在有要求时才进行，其碳、锰、硅含量也可以不作为交货条件；B级、C级、D级分别要求保证20℃、0℃、-20℃时，夏比V形缺口冲击功C_v不小于27J（纵向），都要求提供冷弯试验的合格保证，以及碳、锰、硅、硫和磷等含量的保证。

所有钢材交货时，供方应提供屈服点、极限强度和伸长率等力学性能的保证。

按钢材的冶炼方法，钢可分为转炉钢和平炉钢，转炉钢质量较差，目前已经被淘汰。钢材冶炼过程中按脱氧方法，可分为沸腾钢、镇静钢、半镇静钢和特殊镇静钢，分别用汉字拼音字首F、Z、b和TZ表示。对Q235，A、B级钢可以是Z、b或F，C级钢只能是Z，D级钢只能是TZ。Z和TZ可以省略不写。如Q235-AF表示屈服强度为235N/mm^{2}的A级沸腾钢；Q235-Bb表示屈服强度为235N/mm^{2}的B级半镇静钢；Q235-C表示屈服强度为235N/mm^{2}的C级镇静钢。

2）低合金高强度结构钢

低合金钢是在冶炼过程中添加一种或几种少量合金元素，其总量低于5%的钢材。低合金钢因含有合金元素而具有较高的强度。根据现行国家标准《低合金高强度结构钢》（GB/T 1591—2008）的规定，其牌号与碳素结构钢牌号的表示方法相同，常用的低合金钢有Q345、Q390、Q420等。低合金钢交货时供货方应提供屈服强度、极限强度、伸长率和冷弯试验等力学性能保证；还要提供碳、锰、硅、硫、磷、钒、铝和铁等化学成分含量的保证。

低合金钢的牌号仍有质量等级符号，分为A、B、C、D、E五个等级。E级主要是要求提供-40℃时的冲击韧性。

低合金高强度结构钢一般为镇静钢，因此钢的牌号中不注明脱氧方法，如 Q345-B 表示屈服强度为 345N/mm^2 的 B 级镇静钢；Q390-D 表示屈服强度为 390N/mm^2 的 D 级特殊镇静钢。

碳素结构钢和低合金钢都可以采取适当的热处理（如调质处理）进一步提高其强度。例如用于制造高强度螺栓的 45 号优质碳素钢以及 40 硼（40B）、20 锰钛硼（20MnTiB），就是通过调质处理提高强度的。

3）优质碳素结构钢

优质碳素结构钢可以不进行热处理或热处理（退火、正火或高温回火）状态两种形式交货，要求热处理状态交货的应在合同中注明，未注明者，按不进行热处理交货。如用于高强度螺栓的 45 号优质碳素结构钢需经热处理，强度较高，对塑性和韧性又无显著影响。

4）高强钢丝和钢索

拉索从用途上可分为建筑结构用索和桥梁用索；从索体材料的构成要素进行分类，大致可分为钢丝绳、钢绞线、钢丝束和钢拉杆。

（1）钢丝绳

钢丝绳主要由绳芯、绳股和高强钢丝三个基本元件组成，钢丝绳索体通常有单股钢丝绳、密封钢丝绳、多股钢丝绳（图 2-22）。钢丝绳的基本元件——高强钢丝是由优质碳素钢经过多次冷拔而成，分为光面钢丝和镀锌钢丝两种类型。钢丝强度的主要指标是抗拉强度，其值在 1 570 ~ 1 700N/mm^{2}范围内，而屈服强度通常不做要求。根据国家有关标准，对钢丝的化学成分有严格要求，硫、磷的含量不得超过 0.03%，铜含量不超过 0.2%，同时对铬、镍的含量也有控制要求；高强钢丝的伸长率较小，最低为 4%，但高强钢丝（和钢索）却有一个不同于一般结构钢材的特点——松弛，即在保持长度不变的情况下所承受拉力随时间延长而略有降低。

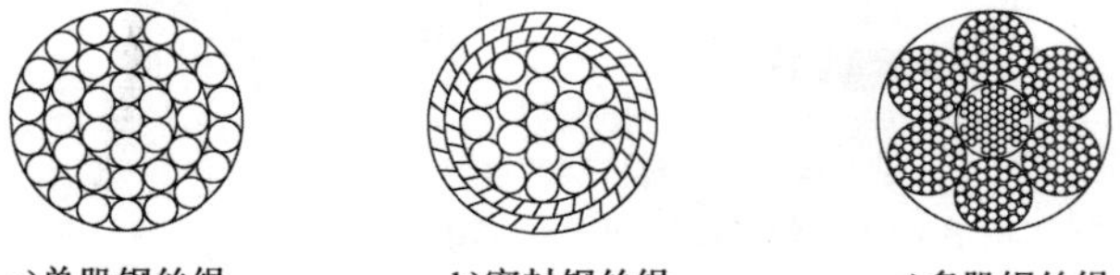

a)单股钢丝绳　b)密封钢丝绳　c)多股钢丝绳

图 2-22　钢丝绳索体截面形式

（2）钢绞线

钢绞线一般由七根钢丝捻成，一根在中心，其余六根在外层向同一方向缠绕，标记为 1 ×7，公称直径为 12.5 ~ 15.7mm；也有多根钢丝如 19 根、37 根等捻成的钢绞线；国内常用 1 ×7 钢绞线，或由多根 1 ×7 钢绞线平行组成的钢绞线束。钢绞线可采用的类型有镀锌钢绞线、高强度低松弛预应力热镀锌钢绞线、铝包钢绞线、涂塑钢绞线、无黏结钢绞线和 PE 钢绞线等，并常采用如图 2-23 所示的索体截面形式。强度等级按公称抗拉强度分为 1 270MPa、1 370MPa、1 470MPa、1 570MPa、1 670MPa、1 770MPa、1 870MPa 和 1 960MPa 等级别。钢绞线的弹性模量 $E = (1.85 \sim 1.90) \times 10^5$MPa。钢绞线工作应力较高，能适当减少钢材用量。

（3）钢丝束

钢丝束有平行钢丝束和半平行钢丝束之分。平行钢丝束是将若干根钢丝平行并拢、扎紧、穿入聚乙烯套管，在张拉结束后采用柔性防护而成，适合于现场制作。半平行钢丝束拉索在工厂内全部制造完成，产品以盘卷的成品方式提供，适合于工地现场安装架设。钢丝束拉索广泛用于各种建筑顶层索结构和斜拉索桥、拱桥、悬索桥、人行天桥、水管、煤气管道的越江工程等。

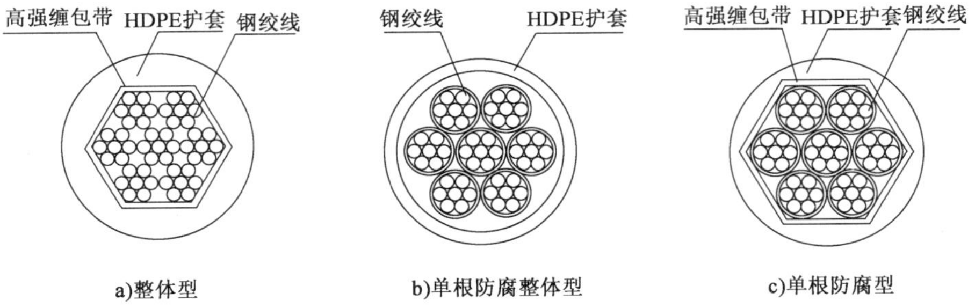

图 2-23　钢绞线索体截面形式

目前,工程中应用比较普遍的是半平行钢丝束,为热挤聚乙烯护层扭绞拉索。制作过程如下:将若干根高强度钢丝采用同心绞合方式一次扭绞成型,绞合角为 3° ±0.5°,扭绞后在钢丝束外面绕包高强度复合包带,然后在钢丝束上热挤高密度聚乙烯防护层,拉索进行精确下料后两端加装冷、热锚具进行预张拉,拉索以成盘或成圈方式包装。其截面如图 2-24 所示。

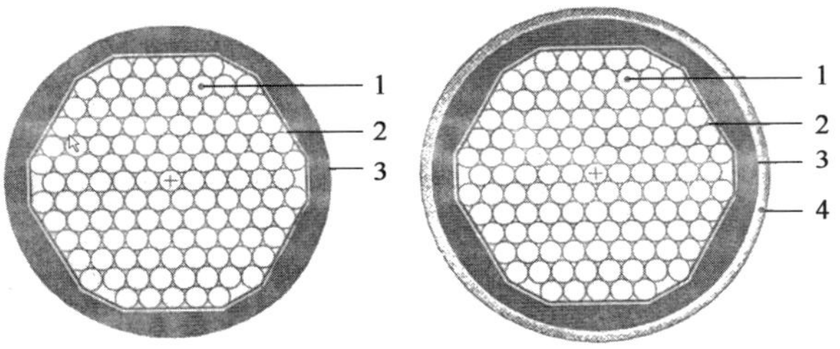

图 2-24　带挤包护层的钢丝束断面结构图

1-高强钢丝;2-缠绕细钢丝或纤维增强聚酯带;3-黑色聚乙烯护套;4-彩色聚乙烯护套

钢丝束的钢丝采用热镀锌的 5mm 或 7mm 的高强钢丝,宜选用高强度、低松弛、耐腐蚀的钢丝,标准强度不得低于 1 570MPa,强度等级有 1 570MPa、1 670MPa、1 770MPa、1 870MPa 和 1 960MPa等级别,弹性模量一般不小于 1.90×10^5MPa。钢丝束的优点是能充分发挥拉索轴向拉力和高弹性模量的力学性能。

(4)钢拉杆

钢拉杆是由合金钢或者不锈钢制成,材料屈服强度在 460MPa 以上,比一般的优质碳素钢高出 30% 左右。高强度钢拉杆主要部件为圆杆,并辅以调节套筒、护套和接头拉环等零部件组合而成,如图 2-25 所示。建筑用钢拉杆的主要结构形式有 OO 型、UU 型和 OU 型。钢拉杆与钢结构之间为铰接或销轴连接,其主要受力形式为轴向受拉,在建筑结构体系中不承受弯矩和剪力,强度潜力得到充分作用。钢拉杆具有强度高、重量轻、耐疲劳等特性,可广泛应用于空间结构、桥梁、船用吊机等领域。

(5)新型防腐拉索

近年来,由于恶劣环境的影响,拉索在使用过程中出现了腐蚀现象,为了杜绝拉索的腐蚀给结构带来的潜在危险,一些具有防腐功能的新型拉索应运而生,如高钒索(Galfan 拉索)和封闭索。其中,Galfan 拉索主要由锚具和锌-5%铝-稀土合金镀层钢绞线两部分组成。锌-5%铝-稀土合金镀层钢绞线是拉索的承载主体,锚具的作用是将锌-5%铝-稀土合金镀层钢绞线同建筑结构连接起来,同时还起到调节拉索长度和施加预应力的作用。拉索的主体钢绞线由镀层钢丝组成,Galfan 拉索对原材料纯度有严格的要求:锌的纯度要达到99.995%,铝的纯度不低于99.8%。热浸镀用的锌-5%铝-稀土合金必须用预合金化的母合金重熔。封闭索是由异形(如梯形、X形、Z形等)钢丝和圆形钢丝共同捻制而成,异形钢丝相邻层捻向相反。封闭索除了具有防腐能力强的特点外,还具有破断力大、耐磨性能好和抗旋转性能好等优点。

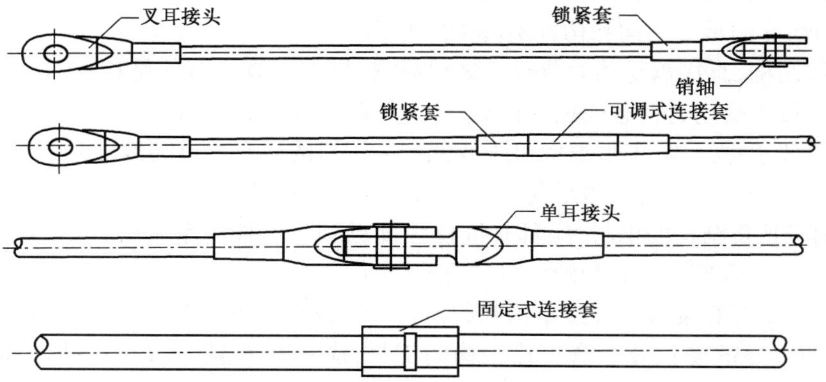

图 2-25　高强钢拉杆结构图

2.4.2　钢材的选择

钢材选用的原则是既要使结构安全可靠和满足使用要求,又要最大可能节约钢材和降低造价。为保证承重结构的承载力和防止在一定条件下可能出现的脆性破坏,应综合考虑下列因素,选用合适的钢材牌号和材性。

1)结构的重要性

结构和构件按其用途、部位和破坏后果的严重性可以分为重要、一般和次要三级,同类别的结构或构件应选用不同的钢材。例如大跨度结构应选用质量好的钢材;一般屋架、梁和柱等属于一般的结构,楼梯、栏杆、平台等则是次要的结构,可采用质量等级较低的钢材。

2)荷载的性质

结构承受的荷载可分为静力荷载和动力荷载两种。对承受动力荷载的结构应选用塑性、冲击韧性好的质量高的钢材,如 Q345-C 或 Q235-C;对承受静力荷载的结构可选用一般质量的钢材如 Q235-BF。

3)连接方法

钢结构的连接有焊接和非焊接之分,焊接结构由于在焊接过程中的不均匀加热和冷却使构件内不可避免地会产生焊接残余应力、焊接残余变形和其他焊接缺陷,因此,应选择碳、硫、磷含量较低,塑性、韧性和可焊性都较好的钢材。当焊接结构采用 Z 向钢时,其材质应符合现行国家标准《厚度方向性能钢板》(GB/T 5313—2010)的规定。对非焊接结构,如高强度螺栓连接的结构,这些要求就可放宽。

4)结构的工作环境

结构所处的环境如温度变化、腐蚀作用等对钢材性能的影响很大。在低温下工作的结构，尤其是焊接结构，应选用具有良好抗低温脆断性能的镇静钢，结构可能出现的最低温度应高于钢材的冷脆转变温度。当周围有腐蚀性介质时，应对钢材的抗锈蚀性作相应要求。

5)钢材厚度

厚度大的钢材由于轧制时压缩比小，不但强度低，而且塑性、冲击韧性和可焊性也较差，因此，厚度大的焊接结构应采用材质较好的钢材。

根据以上原则，建筑钢结构常选用的钢材有 Q235、Q345、Q390、Q420 钢，结合建筑钢结构的特点及工作环境，《钢结构设计规范》对建筑用钢材做出如下规定：

(1)下列情况的承重结构和构件不应采用 Q235 沸腾钢。

对于焊接结构，直接承受动力荷载或振动荷载，且需验算疲劳的结构；工作环境温度低于 -20℃时的直接承受动力荷载或振动荷载，但可不验算疲劳强度的结构，以及承受静荷载的受弯及受拉的重要承重结构；工作温度等于或低于 -30℃的所有承重结构。对于非焊接结构，工作温度等于或低于 -20℃的直接承受动力荷载且需要验算疲劳的结构。

(2)对用于承重结构的钢材，应具有抗拉强度、屈服点、伸长率和硫、磷含量的合格保证，对焊接结构还应具有冷弯试验和碳含量的合格保证。

(3)对于需要验算疲劳的焊接结构和起重量大于或等于 50t 的中级工作制吊车梁，以及承受静力荷载的重要的受拉及受弯焊接结构的钢材，应具有常温(+20℃)冲击韧性的合格保证，即应选用各钢号的 B 级钢材。当结构工作温度不高于 0℃但高于 -20℃时，Q235 钢和 Q345 钢应具有 0℃冲击韧性的合格保证，即选用 Q235-C 和 Q345-C 钢；对 Q390 和 Q420 钢应具有 -20℃冲击韧性的合格保证，即应选用 Q390-D 和 Q420-D 钢。当结构工作不高于 -20℃，对 Q235 钢和 Q345 钢应具有 -20℃冲击韧性的合格保证，即应选用 Q235-D 和 Q345-D 钢；对 Q390 钢和 Q420 钢应具有 -40℃冲击韧性的合格保证，即应选用 Q390-E 和 Q420-E 钢。对于需要验算疲劳的非焊接结构的钢材应具有常温冲击韧性的合格保证。当结构工作温度不高于 -20℃时，对 Q235 钢和 Q345 钢应具有 0℃冲击韧性的合格保证；对 Q390 钢和 Q420 钢应具有 -20℃冲击韧性的合格保证。

公路桥梁承受车辆的冲击荷载，桥梁结构用钢要求有一定的强度、韧性和良好的抗疲劳性能，并且对钢材的表面质量要求较高。因此，桥梁钢结构采用的钢材有普通低合金高强度结构钢 Q345(16Mn，16Mnq)钢、Q390(15MnV，15MnVq)钢和普通碳素结构钢(Q235 钢)，其中 Q235 钢一般仅用于临时结构、施工支架和加固构件等中。公路桥梁的支座通常承受较大的冲击力，选材时应避免采用强度较低、塑性较差、冲击功很低的铸钢，多推荐选用 ZG230-450、ZG270-500 和 ZG310-570 三个牌号的铸钢。

此外，《公路钢结构桥梁设计规范》对公路桥梁结构用钢材的冲击韧性作出了规定：对需要验算疲劳的焊接结构，当桥梁的工作温度 t 处于 0℃ $\geq t >$ -20℃范围内时，Q235 和 Q345 的冲击韧性应满足表 2-3 中质量等级 C 的要求，而 Q390 和 Q420 的冲击韧性应满足质量等级 D 的要求；当桥梁工作温度 $t \leq$ -20℃时，Q235 和 Q345 的冲击韧性应满足表 2-3 中质量等级 D 的要求，而 Q390 和 Q420 的冲击韧性应满足质量等级 E 的要求。对需要验算疲劳的非焊接结构，当桥梁工作温度 $t \leq$ -20℃时，Q235 和 Q345 的冲击韧性应满足表 2-3 中质量等级 C 的要求，而 Q390 和 Q420 的冲击韧性应满足质量等级 D 的要求。

钢 材 冲 击 韧 性　　表2-3

钢材牌号	Q235		Q345		Q390		Q420	
质量等级	C	D	C	D	D	E	D	E
试验温度(℃)	0	-20	0	-20	-20	-40	-20	-40
冲击韧性(J)	27	27	34	34	34	27	34	27

2.4.3 型钢的规格

钢结构构件一般宜直接选用型钢,这样可减少制造工作量,降低造价。型钢尺寸不够合适或构件很大时则用钢板制作。构件间或直接连接或附以连接钢板进行连接。所以,钢结构中的元件是型钢及钢板。型钢有热轧及冷成型两种(图2-26和图2-27),现分别介绍如下。

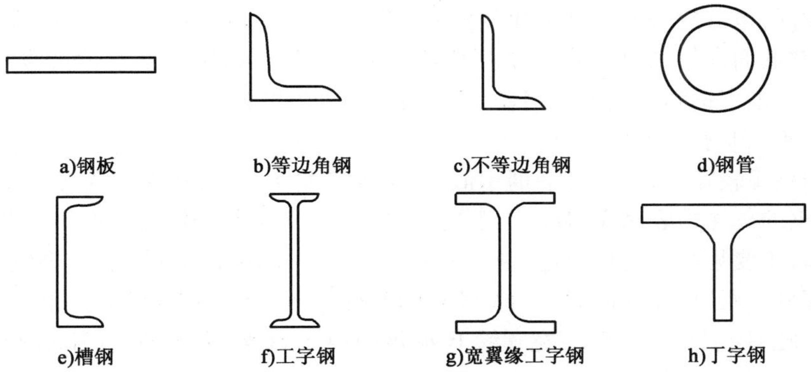

图2-26　热轧型钢截面

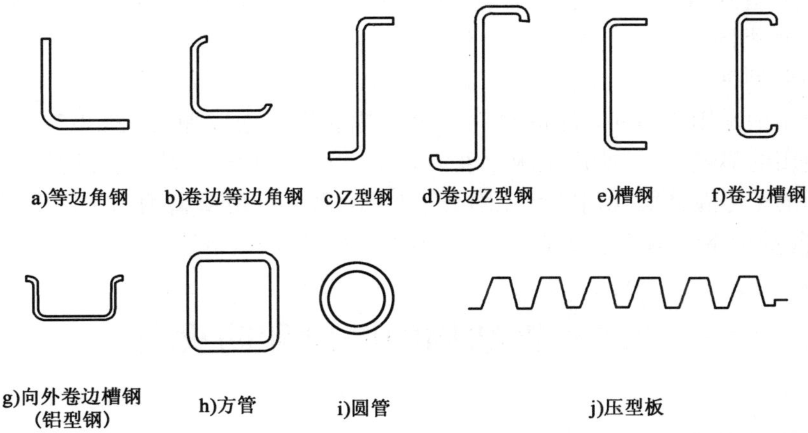

图2-27　冷弯型钢的截面形式

1)热轧钢板

热轧钢板分厚板及薄板两种,厚板的厚度为4.5~60mm,薄板厚度为0.35~4mm。前者广泛用来组成焊接构件和连接钢板,后者是冷弯薄壁型钢的原料。在图纸中钢板用"厚×宽×长(单位为mm)"前面附加钢板横断面的方法表示,如:12×800×2100等。

2)热轧型钢

钢结构常用的热轧型钢包括角钢、槽钢、工字钢、H型钢、T型钢及钢管等。

(1)角钢

角钢有等边角钢和不等边角钢两种。等边角钢(也叫等肢角钢),以边宽和厚度表示,如L100×10为肢宽100mm、厚10mm的等边角钢。不等边角钢(也叫不等肢角钢)则以两边宽度和厚度表示,如L100×80×8等。

(2)槽钢

我国槽钢有两种尺寸系列,即热轧普通槽钢与热轧轻型槽钢。前者的表示法如[30a,指槽钢外廓高度为30cm且腹板厚度为最薄的一种;后者的表示法例如[25Q,表示外廓高度为25cm。

(3)工字钢

与槽钢相同,也分成普通工字钢和轻型工字钢两种。普通工字钢和轻型工字钢用号数表示,号数即为其截面高度的厘米数。普通工字钢的型号较大(20号以上)时,腹板厚度分a、b及c三种。普通工字钢和轻型工字钢表示法如:I32c,I32Q等。

(4)H型钢和剖分T型钢

H型钢的翼缘较宽,形式与工字钢相似,故早期有将H型钢称为宽翼缘工字钢。与工字钢相比,H型钢的翼缘内表面无斜度、上下表面平行,便于与其他构件连接;从材料分布形式来看,工字钢材料主要集中在腹板附近,越向两侧延伸,钢材越少,而在轧制H型钢中,材料分布侧重在翼缘部分。所以,H型钢的截面特性要明显优越于传统的工字钢、槽钢、角钢及它们的组合截面。热轧H型钢分为三类:宽翼缘H型钢(HW)、中翼缘H型钢(HM)和窄翼缘H型钢(HN)。其表示方法是先用符号HW、HM和HN表示H型钢的类别,后面加"高度(mm)×宽度(mm)"。剖分T型钢也分为三类,即宽翼缘剖分T型钢(TW)、中翼缘剖分T型钢(TM)和窄翼缘剖分T型钢(TN)。剖分T型钢系由对应的H型钢沿腹板中部对等剖分而成,其表示方法与H型钢类同。

3)冷弯薄壁型钢

冷弯薄壁型钢是用2~6mm厚的薄钢板经冷弯或模压而成型的(图2-27)。压型钢板是近年来开始使用的薄壁型材,所用钢板厚度为0.4~2mm,用作轻型屋面等构件。

热轧型钢的型号及截面几何特性见附表7-1~附表7-7,薄壁型钢的常用型号及截面几何特性见《冷弯薄壁型钢结构技术规范》(GB 50018—2002)的附录。

2.5 钢结构的防腐和防火

2.5.1 钢结构防腐

钢材表面与环境中的腐蚀介质接触时会发生化学或电化学反应而锈蚀,使钢材的性能退化,甚至破坏。实际工程中有很多钢构件的破坏就是由腐蚀引起的。因此,在设计钢结构工程时,除在结构选型、截面组成以及钢材材质上予以注意外,尚应根据结构构件的重要性和所处环境采用相应的防腐措施。

钢结构的防腐方法一般有两种:一是改变钢材的组织结构,在钢材冶炼过程中加入铜、镍、铬、锡等元素，提高钢材的抗腐蚀能力；二是在钢材表面覆盖各种保护层，把钢材与腐蚀介质隔离。第一种方法造价较高，使用范围较小，例如不锈钢；第二种方法造价较低，效果较好，应用范围广。

钢材表面覆盖的保护层分为金属保护层和非金属保护层两种，可通过化学方法、电化学方法和物理方法实现。要求保护层致密无孔，不透过介质，同时与基体钢材结合强度高，附着黏结力强，硬度高、耐磨性好，且能均匀分布。对于金属保护层，可采用电镀、热浸、扩散、喷镀和复合金属等方法实现，如常用的镀锌檩条、彩色压型钢板等。对于非金属覆盖层，又可分为有机和无机两种，工程中常用有机涂料进行涂装。其施工过程分为表面除锈和涂料施工两道工序。涂料、除锈等级以及防腐蚀构造要求应符合现行国家标准《工业建筑防腐蚀设计规范》（GB 50046—2008）和《涂覆涂料前钢材表面处理表面清洁度的目视评定　第1部分：未涂覆过的钢材表面和全面清除原有涂层后的钢材表面的锈蚀等级和处理等级》（GB/T 8923.1—2011）的规定。

1）除锈方法

钢材的除锈好坏，是关系到涂料能否获得良好防护效果的关键因素之一，但这点往往被施工单位忽略。如果除锈不彻底，将严重影响涂料的附着力，并使漆膜下的金属继续生锈扩展，使涂层破坏失效。因此，必须彻底清除金属表面的铁锈、油污和灰尘等，使金属表面露出灰白色，以增强漆膜与构件的黏结力。目前常用的除锈去污方法有：

（1）抛丸除锈

利用机械设备的高速运转把一定粒度的钢丸靠抛头的离心力抛出，被抛出的钢丸与构件猛烈碰撞打击从而达到祛除钢材表面锈蚀的目的的一种方法。它使用的钢丸品种有铸铁丸和钢丝切丸两种，铸铁丸是利用熔化的铁水在喷射并急速冷却的情况下形成的粒度在2～3mm的铁丸，表面很圆整。它成本相对较低但耐用性稍差。在抛丸过程中经反复的撞击，铁丸会粉碎而当作粉尘被排除。钢丝切丸是将废旧钢丝绳的钢丝切成2mm的小段，它的表面带有尖角，除锈效果相对较好且不易破碎，使用寿命延长，但价格有所提高。后者的抛丸表面更粗糙一些。

（2）喷丸除锈

利用高压空气带出钢丸喷射到构件表面达到除锈的一种方法。将钢材或构件通过喷砂机将其表面的铁锈清除干净，露出金属本色。这种除锈方法比较彻底、效率较高，目前已经普遍采用。

（3）喷砂除锈

利用高压空气带出石英砂喷射到构件表面达到除锈的一种方法。石英砂的来源有河砂、海砂及人造砂等。砂的成本低且来源广泛，但对环境污染大；除锈完全靠人工操作，除锈后的构件表面粗糙度小，不易达到摩擦系数的要求。海砂在使用前应祛除其盐分。

喷丸与喷砂除锈均要求环境湿度小于85%。

（4）酸洗除锈

酸洗除锈亦称化学除锈，其原理是利用酸洗液中的酸与金属氧化物发生化学反应，使金属氧化物溶解，除去钢材表面的锈蚀和污物，使其表面全部呈铁灰色。酸洗后必须清洗干净，保证钢材表面无残余酸液存在。为防止构件酸洗后再度生锈，可采用压缩空气吹干后立即涂一层硼钡底漆。

但是酸洗不能够达到抛丸或喷丸的表面粗糙度效果，且在酸洗除锈后一定要大量清水清洗并钝化处理，它所形成的大量废水、废酸、酸雾造成环境污染，如果处理不当还会造成金属表面过蚀，形成麻点，目前很少采用。

(5)酸洗磷化处理

构件酸洗后，再用2%左右的磷酸作磷化处理。处理后的钢材表面有一层磷化膜，可防止钢材表面过早返锈，同时能与防腐涂料结合紧密，提高涂料的附着力，从而提高其防腐性能。其工艺过程为：去油—酸洗—清洗—中和—清洗—磷化—热水清洗—涂油漆。

(6)手工和动力除锈

手工除锈工效低，除锈不彻底，影响油漆的附着力，使结构容易透锈。这种除锈方法仅在条件有限时采用，比如个别构件的修整或安装工地的局部除锈处理等。其常用工具有砂轮机、铲刀、钢丝刷、砂布等，要求认真细致，直到露出金属表面为止。

综合来看，除锈效果以酸洗磷化处理效果最好，喷砂除锈、酸洗除锈次之，人工除锈最差。

2)除锈等级标准

国家现行标准《涂覆涂料前钢材表面处理表面清洁度的目视评定第1部分：未涂覆过的钢材表面和全面清除原有涂层后的钢材表面的锈蚀等级和处理等级》(GB/T 8923.1—2011)将除锈处理等级分成喷射清理、手工和动力工具清理、火焰清理三种类型：

(1)喷射清理，用字母"Sa"表示，分四个等级。

Sa1：轻度的喷射清理。在不放大的情况下观察时，表面应无可见的油、脂和污物，并且没有附着不牢的氧化皮、铁锈、涂层和外来杂质。

Sa2：彻底的喷射清理。在不放大的情况下观察时，表面应无可见的油、脂和污物，并且几乎没有氧化皮、铁锈、涂层和外来杂质。任何残留污染物应附着牢固。

Sa2 1/2：非常彻底的喷射清理。在不放大的情况下观察时，表面应无可见的油、脂和污物，并且没有氧化皮、铁锈、涂层和外来杂质。任何污染物的残留痕迹应仅呈现为点状或条纹状的轻微色斑。

Sa3：使钢材表观洁净的喷射清理。在不放大的情况下观察时，表面应无可见的油、脂和污物，并且应无氧化皮、铁锈、涂层和外来杂质。表面应具有均匀的金属色泽。

(2)手工和动力工具清理：以字母"St"表示，分为两个等级：

St2：彻底手工和动力除锈。钢材表面无可见的油脂、污垢，没有附着不牢的氧化皮、铁锈和油漆涂层等附着物。

St3：非常彻底手工和动力除锈。钢材表面应无可见的油脂、污垢，并且没有附着不牢的氧化皮、铁锈和油漆涂层等附着物。除锈比St2更为彻底，底材显露部分的表面应具有金属光泽。

(3)火焰清理，以字母"F1"表示，它包括在火焰加热作业后，以动力钢丝刷清除加热后附着在钢材表面的产物。只有一个等级：

F1：钢材表面应无氧化皮、铁锈和油漆涂层等附着物，任何残留的痕迹应仅为表面变色(不同颜色的暗影)。

3)防锈涂料的选取

涂料(俗称油漆)是一种含油或不含油的胶体溶液，涂在构件表面上后，可以结成一层薄膜来保护钢结构。防腐涂料一般由底漆和面漆组成，底漆主要起防锈作用，故称防锈底漆，它的漆膜粗糙,与钢材表面附着力强,并与面漆结合良好。面漆主要是保护下面的底漆,对大气和湿气有抗气候性和不透水性,它的漆膜光泽,既增加建筑物的美观,又有一定的防锈性能,并增强对紫外线的防护。

涂料的选择以货源广、成本低为前提,选取时应注意以下问题:

(1)根据结构所处的环境,选择合适的涂料。即根据室内外的温度和湿度、侵蚀介质的种类和浓度,选用涂料的品种。对于酸性介质,可采用耐酸性好的酚醛树脂漆;对于碱性介质,则应选用耐碱性好的环氧树脂漆。

(2)注意涂料的正确配套,使底漆和面漆之间有良好的黏结力。

(3)根据结构构件的重要性(是主要承重构件还是次要构件)分别选用不同品种的涂料,或用相同品种的涂料,但要调整涂覆层数。

(4)考虑施工条件的可能性,采用刷涂或喷涂方法。

(5)选择涂料时,除考虑结构使用性能、经济性和耐久性外,尚应考虑施工过程中的稳定性、毒性以及需要的温度条件等。此外,对涂料的色泽也应予以注意。

建筑钢结构常用的底漆和面漆分别见附表 11-1、附表 11-2。

4)涂料施工方法及涂层厚度

涂料施工气温应在 15 ~ 35℃之间,且宜在天气晴朗、通风良好、干净的室内进行。钢结构的底漆一般在工厂里进行,待安装结束后再进行面漆施工。涂料施工一般可以分为涂刷法和喷涂法两种。

(1)涂刷法

涂刷法是用漆刷将涂料均匀地涂刷在结构表面,涂刷时,应达到漆膜均匀、色泽一致、无皱皮、无流坠、分色线清楚整齐的要求。这是最常用的施工方法之一。

(2)喷涂法

喷涂法是将涂料灌入高压空气喷枪内,利用喷枪将涂料喷涂在构件的表面上,这种方法效率高、速度快、施工方便。

涂装的厚度按结构使用要求取用,无特殊要求时可按表 2-4 选用。

涂装厚度 表 2-4

涂层等级	控制厚度(μm)	涂层等级	控制厚度(μm)
一般性涂层	80 ~ 100	装饰性涂层	100 ~ 150

5)构造要求

(1)钢结构除必须采取防锈措施外,尚应在构造上尽量避免出现难于检查、清刷和油漆之处以及能积留湿气和大量灰尘的死角或凹槽。闭口截面构件应沿全长和端部焊接封闭。

(2)设计使用年限大于或等于 25 年的建筑物,对使用期间不能重新涂油漆的结构部位应采取特殊的防锈措施。

(3)柱脚在地面以下的部分应采用强度等级较低的混凝土包裹(保护层厚度不应小于 50mm),并应使包裹的混凝土高出地面不小于 150mm。当柱脚底面在地面以上时,则柱脚底面应高出地面不小于 100mm。

2.5.2 钢结构防火

钢结构虽然不燃,但是极易导热,当自身温度达到 540℃以上,其力学性能迅速下降,而当温度达到600℃时,钢材的强度几乎为零。裸钢的耐火极限通常只有15~30min。根据我国有关建筑防火设计规范的要求,建筑的柱、梁及楼板与屋顶承重构件的耐火极限的要求为0.5~3.0h不等。钢结构的防火要求应根据建筑物的耐火等级确定耐火极限。使钢结构失去承载能力的温度称为临界温度。耐火极限即钢结构从受火作用到达到临界温度所需要的时间,它与钢构件的吸热程度、传热速度和表面积大小等因素有关。无保护的钢结构的耐火极限为0.5h,因此,钢结构必须进行防火处理。钢结构的防火设计应符合现行国家标准《建筑设计防火规范》(GB 50016—2014)的要求。

钢结构的防火措施主要有两种:喷涂防火覆面材料和用防火板材围护钢结构构件以及用水喷淋系统进行防护。水喷淋系统是一种最有效的防火方法,但造价较高,一般用于钢结构的公共建筑和人流密集、对人身安全威胁较大的场合。现在更多的是采用喷涂钢结构防火涂料的方法保护钢结构,由于这种措施防火隔热性能好,施工不受结构几何形体限制,一般不需要增加辅助设施,易于实施,还有一定的美观装饰作用等得到了广泛的应用。但是,在钢结构防火涂料的选型、耐久性、施工质量等方面存在着一些问题,也给防火监督工作带来了一定困难。防火材料应选择绝热性好,具有一定抗冲击能力,能牢固地附着在构件表面上,又不腐蚀钢材,且经国家检测机构检测合格的钢结构防火涂料或不燃性板型材。钢结构的防火方法主要有以下几种:

1)外包层

钢结构的防火外包层一般可用混凝土现浇成型,也可采用喷涂防火材料或围护防火板材等形式。现浇的实体混凝土外包层通常可用钢丝网或钢筋来加强,以限制收缩裂缝并保证外壳强度。也可以在钢结构表面涂抹砂浆形成保护层。防火保护层的厚度应直接采用实际构件的耐火试验数据。当构件的截面形状和尺寸与试验标准构件不同时,应按《钢结构防火涂料应用技术规范》(CECS 24—1990)的方法推算保护层厚度。当采用黏结强度小于0.05MPa的钢结构防火涂料时,涂层内应设置与钢构件相连的钢丝网。

2)充水(水套)

空心型钢组成的钢结构内充水是防火的有效措施,这种方法能使钢结构在火灾时保持较低的温度。水在构件内循环,受热的水可经冷却后再循环,或由支管引入冷水进行循环。这种方法在国外已用在钢柱子的保护上。

3)钢结构防火涂料材料

目前,按《钢结构防火涂料》(GB 14907—2002)的分类,钢结构防火涂料根据其涂层的厚度和性能特点可分为超薄型、薄型和厚型三类。超薄型钢结构防火涂料(CB类)的涂层厚度不大于3mm,薄型钢结构防火涂料(B类)的涂层厚度为3~7mm,这两类涂料在火灾时能吸热膨胀发泡,形成泡沫状炭化隔热层,从而阻止热量向钢结构传递,延缓钢结构升温,起到防火保护作用。通常称这两种涂料为钢结构膨胀型防火涂料。

厚型钢结构防火涂料(H类)的涂层厚度为7~45mm,它们呈现粒状面,密度较小,涂层受热不发泡,依靠其较低的导热率来延缓钢结构温升,起到防火保护作用,耐火极限可达0.5~3.0h,通常称这种涂料为钢结构防火隔热涂料。两类涂料具有不同的性能特点,分别适用于不同场合。所有钢结构防火涂料又分为室内和室外两种使用类型。

钢结构防火涂料应根据结构所处环境、位置及设计要求认真选择,可参考以下选取原则:

(1)室外不宜使用膨胀型防火涂料。膨胀型防火涂料起先用于木结构,若用于室外,因耐候性差,易老化、起皮,潮湿、腐蚀环境中膨胀的可靠性不足,以及在高温火焰烧烤发泡过程中,树脂会分解产生浓烟和有毒气体等,因此若无特殊措施,在隧道、室外以及经常有人停留的建筑内,不宜使用膨胀型防火涂料。核能、电力、石化及化工等行业的工程应当主要以厚型防火涂料为主。

(2)慎重选用薄涂型钢结构防火涂料,严格控制超薄型钢结构防火涂料的选用。钢柱、钢楼板、钢质疏散楼梯等主要建筑构件可选用钢丝网片混凝土等防火保护材料,也可选用厚型钢结构防火涂料保护,慎重选用薄型钢结构防火涂料,严格控制超薄型钢结构防火涂料的选用。高层建筑钢结构及多层钢结构厂房,不宜使用薄涂型和超薄型钢结构防火涂料。

(3)根据建筑部位和耐火极限要求选用防火涂料。建筑物中的隐藏钢结构,对涂层的外观质量要求不高,应尽量采用厚型钢结构防火涂料。裸露的钢网架、钢屋架及屋顶承重结构,当规范规定的耐火极限要求在1.5h以下时,可选用薄涂型或超薄型钢结构防火涂料,耐火极限要求超过2.0h时,应选用厚型钢结构防火涂料。

【思考题】

2.1 结构钢材的破坏形式有哪几类?各有什么特征?

2.2 试述引起钢结构发生脆性破坏的因素。

2.3 解释下列名词:

(1)韧性

(2)时效硬化

(3)疲劳破坏

(4)伸长率

2.4 碳、硫、磷、氧、氮对钢材性能有什么影响?

2.5 温度对钢材性能有什么影响?

2.6 在选择结构用钢时应考虑哪些因素?

第3章

钢结构的连接

3.1 连接的类型

钢结构一般都是由各种型钢和钢板等连接成基本构件,再装配成空间整体结构。连接的构造和计算是钢结构设计的重要组成部分。连接方法及制造工艺对于保证钢结构建造的质量、速度和工程造价影响很大。

钢结构采用的连接方法有焊缝连接、铆钉连接和螺栓连接,如图3-1所示。

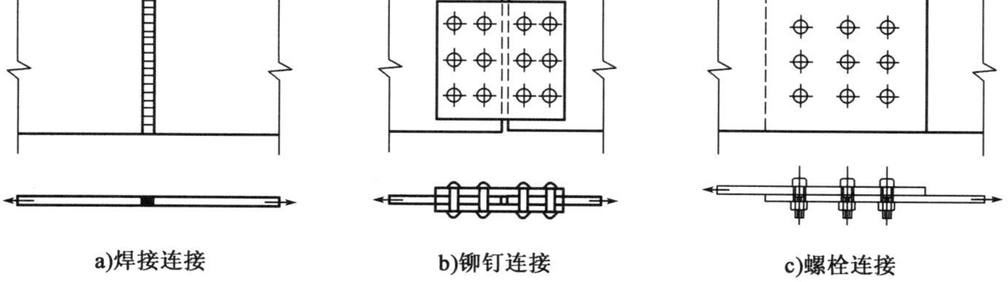

图3-1 钢结构的连接方法

1)焊缝连接

焊接是现代钢结构的主要连接方法。它的主要优点是不削弱构件截面(不必钻孔),可省去拼接板,因而构造简单、节约钢材、制造加工方便、密封性能好。它的缺点是由于焊件连接处局部受高温,冷却又很快、在热影响区形成的材质较差,同时,由于热影响区的不均匀收缩,易使焊件产生焊接残余应力以及残余变形,甚至可能造成裂缝,导致脆性破坏。

2)铆钉连接

铆钉连接包括制孔和打铆两个主要工序。被连接的板件按设计要求制成孔钉,孔径应比铆钉杆公称直径大1.0mm。打铆时先将铆钉加热到900~1 000℃,迅速插入钉孔,用风动铆钉枪或液压铆钉机把钉端打或压成铆钉头。铆合后的钉杆充满钉孔。由于钉杆冷缩,压紧被连接的板件,有利于铆接接头的整体工作。因此,铆钉连接的优点是塑性及韧性较好,质量也易检查和保证,可用于承受动载的重型结构。但是,由于铆接工艺复杂,连接件受钉孔削弱及需要拼接板,钉孔质量直接影响连接的强度,因此,费钢又费工。近30年来,在钢结构中已很少采用。

3)螺栓连接

螺栓连接就是先在连接件上钻孔,然后装入预制的螺栓,拧紧螺母即成,安装时不需要特殊设备,操作简单,又便于拆卸,故螺栓连接常用于结构的安装连接,需经常装拆的结构以及临时固定连接中。螺栓又分为普通螺栓和高强螺栓。高强螺栓连接紧密,耐疲劳,承受动载可靠,成本也不太高。目前,在一些重要的永久性结构的安装连接中,它已成为代替铆接的优良连接方法。

以下着重介绍在钢结构中,最常用的焊接方法、构造和计算问题,然后介绍常遇到的普通螺栓连接和高强螺栓连接的设计方法。

3.2 焊缝连接

3.2.1 焊缝连接方法

焊缝连接通常采用的方法主要有电弧焊(包括手工电弧焊)、自动(或半自动)埋弧焊和气体保护焊等。

1)电弧焊

电弧焊是钢结构中最常用的一种焊接方法,质量比较可靠。电弧焊是利用通电后在涂有药皮的焊条与焊件之间产生强大的电弧,电弧的温度可达3 000℃。在高温作用下,电弧周围的金属熔化成液态,形成熔池,同时焊条中的焊丝熔化进入熔池中,与焊件的熔融金属相互结合,冷却后形成焊缝。焊条药皮则在焊接过程中产生气体以保护电弧和熔化金属,并形成焊渣覆盖在焊缝表面,以防止氧、氮等有害气体与熔化金属结合形成脆性化合物。

电弧焊按操作方法可分为手工电弧焊(图3-2)和(半)自动埋弧焊(图3-3)。其中手工电弧焊施焊灵活,设备简单,适用于任意空间位置的焊接,特别是短焊缝的焊接,但生产效率低,劳动强度大,焊工的技术水平直接影响焊接的质量。(半)自动埋弧焊是电弧在焊剂层下燃烧的一种电弧焊,与手工电弧焊不同的是其焊丝不涂药皮,但施焊端为焊剂所覆盖,如图3-3所示。埋于焊剂下的焊丝和附近的焊剂在电弧作用下熔化,焊渣浮在熔化的焊缝金属上面,使熔化金属不与空气接触,并供给焊缝金属以必要的合金元素。随着焊机的自动移动,颗粒状的焊剂不断地由焊剂漏斗中漏下,电弧完全被埋在焊剂之内,同时焊丝自动地边熔化边下降。半自动与自动埋弧焊的区别在于焊机的推移过程需由人工控制。埋弧焊的电弧热量集中,熔深大,适于厚板的焊接,具有生产效率高,焊缝质量好,焊件变形小,热影响区范围小等优点。但埋弧焊对焊件边缘的装配精度要求比手工电弧焊高。

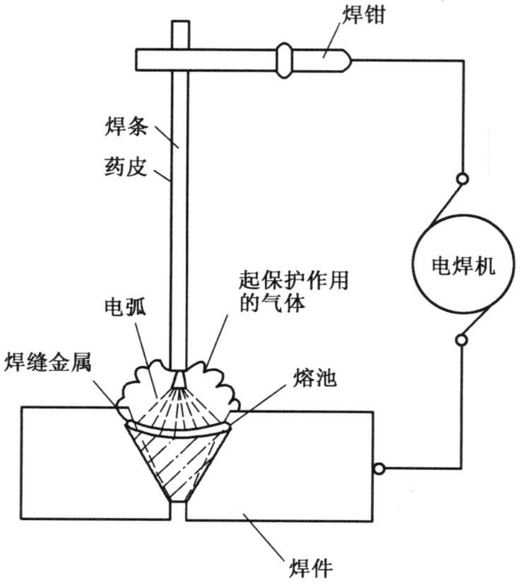

图 3-2　手工焊示意图

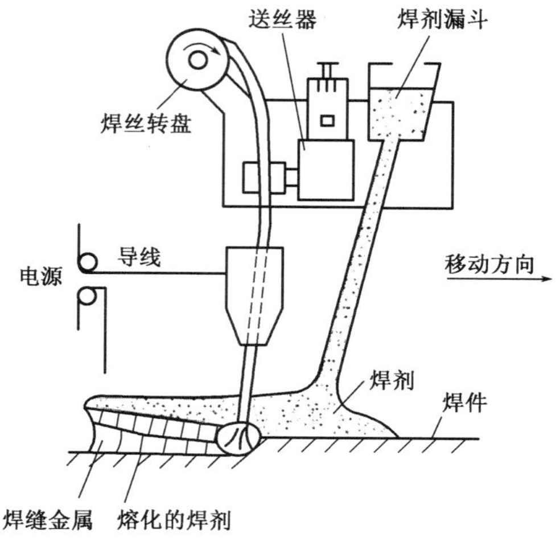

图 3-3　自动焊示意图

手工电弧焊所用焊条应与焊件钢材(或称主体金属)相适应,一般为:对 Q235 钢,采用 E43 型焊条(E4300-E4328);对 Q345 钢,采用 E50 型焊条(E5000-E5048);对 Q390(15MnV, 15MnVq)钢和 Q420(15MnVN,15MnVNq)钢,采用 E55 型焊条(E5500-E5518)。焊条型号中,字母 E 表示焊条,前 2 位数字为熔敷金属的最小抗拉强度(乘以 9.8N/mm^2 计,即分别为 420N/mm^2、490N/mm^2、540N/mm^2),第 3、4 位数字表示适用焊接位置、电流以及药皮类型等。不同钢种的钢材相焊接时,例如 Q235 钢与 Q345 钢相焊接,宜采用低组配方案,即采用与低强度钢材相适应的焊条。

埋弧焊所用焊丝和焊剂应与主体金属强度相适应,即要求焊缝与主体金属等强度。

2)电阻焊

电阻焊是利用电流通过焊件接触点表面时的电阻所产生的热量,来熔化焊件金属,再利用压力使其焊合。它适用于焊接厚度为 6 ~ 12mm 的钢板。

3)电渣焊

电渣焊是利用电流通过熔渣所产生的热阻,来熔化金属,使之焊合。特别适用于焊接 40mm 厚度以上的焊件,而且焊件可以不开坡口。

4)气体保护焊

气体保护焊是利用焊枪中喷出的二氧化碳或其他惰性气体及自动送入焊丝代替焊剂和焊条的一种焊接方法,喷出的惰性气体能在电弧周围形成局部的隔离区,防止有害气体侵入,保证了焊接过程的稳定性。气体保护焊中最常用的惰性气体是氩气,焊缝熔化区没有熔渣,焊工能够清楚地看到焊缝成型的过程；由于保护气体是喷射的，有助于熔滴的过渡；又由于热量集中，焊接速度快，焊件熔深大，所形成的焊缝强度比手工电弧焊高，塑性和抗腐蚀性好，适用于全位置的焊接。但不适用于在风较大的地方焊接。

3.2.2 焊缝缺陷及焊缝质量控制

1）焊缝缺陷

焊缝缺陷指焊接过程中产生于焊缝金属或附近热影响区钢材表面或内部的缺陷。常见的缺陷有裂纹、焊瘤、烧穿、弧坑、气孔、夹渣、咬边、未熔合、未焊透等（图3-4），以及焊缝尺寸不符合要求、焊缝成形不良等。

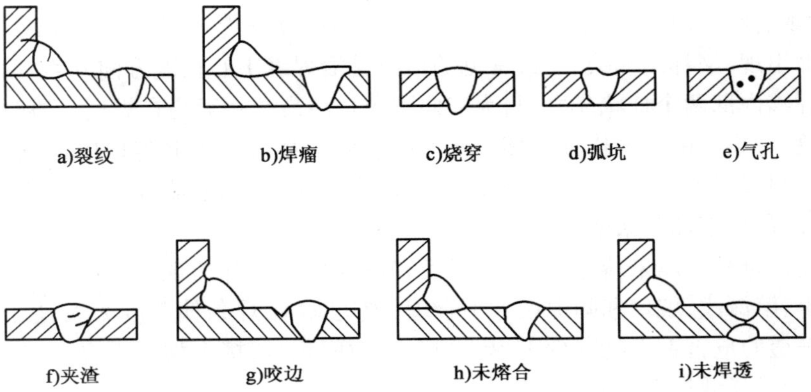

图3-4 焊缝缺陷

其中，焊瘤是由于焊缝中的液态金属流到加热不足未熔化的母材上，或从焊缝根部溢出，从而在冷却后形成未与母材熔合的金属瘤。焊条熔化过快、焊条质量欠佳（如偏芯），焊接电源不稳定及操作姿势不当等都容易带来焊瘤，例如横、立、仰焊都容易形成焊瘤。焊瘤常伴有未熔合、夹渣缺陷，易导致裂纹；同时，焊瘤改变了焊缝的实际尺寸，会带来应力集中。

咬边是指沿着焊趾，在母材部分形成的凹陷或沟槽，主要是由于电弧将焊缝边缘的母材熔化后没有得到熔敷金属的充分补充。电弧热量太高，焊接速度太小，焊条与工件间角度不正确，摆动不合理，电弧过长，焊接次序不合理等都会造成咬边。咬边减小了母材的有效截面积，降低了结构的承载能力，同时还会造成应力集中，发展为裂纹源。

弧坑是指焊缝表面或背面的局部低于母材。弧坑多是由于收弧时焊条（焊丝）未作短时间停留造成的，仰、立、横焊时，常在焊缝背面根部产生内凹。弧坑减小了焊缝的有效截面积，且弧坑常带有弧坑裂纹和弧坑缩孔。

烧穿是指焊接过程中，熔深超过工件厚度，熔化金属自焊缝背面流出，形成穿孔性缺陷。焊接电流过大，速度太慢，电弧在焊缝处停留过久，都会产生烧穿缺陷。工件间隙太大，钝边太小也容易出现烧穿现象。

气孔是指焊接时，熔池中的气体未在金属凝固前逸出，残存于焊缝之中所形成的空穴。其气体可能是熔池从外界吸收的，也可能是焊接冶金过程中反应生成的。气孔从其形状上分，有球状气孔、条虫状气孔；从数量上可分为单个气孔和群状气孔。群状气孔又有均匀分布气孔、密集状气孔和链状分布气孔之分。产生气孔的主要原因是母材或填充金属表面有锈、油污等，焊条及焊剂未烘干造成锈、油污及焊条药皮、焊剂中的水分在高温下分解为气体。气孔减少了焊缝的有效截面积，使焊缝疏松，从而降低了接头的强度，降低塑性，还会引起泄漏。气孔也是引起应力集中的因素。

夹渣是指焊后溶渣残存在焊缝中的现象。夹渣分为金属夹渣，如钨、铜等金属颗粒残留在焊缝之中；非金属夹渣，如未熔的焊条药皮或焊剂、硫化物、氧化物、氮化物残留于焊缝之中。夹渣的分布与形状有单个点状夹渣，条状夹渣，链状夹渣和密集夹渣。产生夹渣的原因包括坡口尺寸不合理、坡口有污物、多层焊时层间清渣不彻底、焊接线能量小、焊缝散热太快，液态金属凝固过快、焊剂化学成分不合理导致熔点过高、手工焊焊条摆动不良等。带有尖角的夹渣会产生尖端应力集中，尖端还会发展为裂纹源，危害较大。

裂纹是焊缝中原子结合遭到破坏，形成新的界面而产生的缝隙。根据裂纹尺寸大小分为宏观裂纹、微观裂纹、超显微裂纹。从产生温度上看，裂纹分为热裂纹和冷裂纹。热裂纹一般是焊接完毕即出现，又称结晶裂纹，最常见的情况是沿焊缝中心长度方向开裂，为纵向裂纹，有时也发生在焊缝内部两个柱状晶之间，为横向裂纹。冷裂纹一般是在焊后一段时间才出现，故又称延迟裂纹，冷裂纹引起的构件破坏是典型的脆断。裂纹是焊缝连接中最危险的缺陷。产生裂纹的原因很多，如钢材的化学成分不当；焊接工艺条件（如电流、电压、焊速、施焊次序等）选择不合适；焊件表面油污未清除干净等。

未焊透是指母材金属未熔化，焊缝金属没有进入接头根部的现象。产生未焊透的原因包括焊接电流小、熔深浅，坡口和间隙尺寸不合理、钝边太大，焊条偏芯度太大，层间及焊根清理不良等。未焊透的危害首先是减少了焊缝的有效截面积，使接头强度下降；其次，未焊透将引起应力集中，严重降低焊缝的疲劳强度。

未熔合是指焊缝金属与母材金属，或焊缝金属之间未熔化结合在一起的缺陷。按其所在部位，未熔合可分为坡口未熔合、层间未熔合和根部未熔合三种。产生未熔合缺陷的原因包括焊接电流过小，焊接速度过快，焊条角度不对，焊接处于下坡焊位置，母材未熔化时已被铁水覆盖，母材表面有污物或氧化物影响熔敷金属与母材间的熔化结合等。未熔合是一种面积型缺陷，坡口未熔合和根部未熔合对承载截面积的减小都非常明显，应力集中也比较严重，其危害性仅次于裂纹。

2）焊缝质量检验

焊缝缺陷的存在将削弱焊缝的受力面积，在缺陷处还会引起应力集中，对连接的强度、冲击韧性及冷弯性能等均有不利影响。因此，焊缝质量检验极为重要。

焊缝质量检验一般可用外观检查及内部无损检验，前者检查外观缺陷和几何尺寸，后者检查内部缺陷。无损检验目前广泛采用超声波检验，使用灵活、经济，对内部缺陷反应灵敏，但不易识别缺陷性质；有时还用磁粉检验、荧光检验等较简单的方法作为辅助；当前最明确可靠的检验方法是 X 射线或 γ 射线透照或拍片，X 射线应用较广。

《钢结构工程施工质量验收规范》（GB 50205—2001）规定焊缝按其检验方法和质量要求分为一级、二级和三级。三级焊缝只要求对全部焊缝作外观检查且符合三级质量标准；一级、二级焊缝除外观检查外，还要求一定数量的超声波检验并符合相应级别的质量标准。

3）焊缝质量等级的选用

钢结构中一般采用三级焊缝，可满足通常的强度要求；但其对接焊缝的抗拉强度有较大的变异性，《钢结构设计规范》与《公路钢结构桥梁设计规范》均规定其设计值只为主体钢材的

85%左右,因而对有较大拉应力的对接焊缝以及直接承受动力荷载构件的较重要的对接焊缝,宜采用二级焊缝;对抗动力和疲劳性能有较高要求处可采用一级焊缝。

具体来看,在《钢结构设计规范》中,对焊缝质量等级的选用有如下规定。

(1)需要进行疲劳计算的构件中,垂直于作用力方向的横向对接焊缝受拉时,应为一级;受压时,应为二级。

(2)在不需要进行疲劳计算的构件中,由于三级对接焊缝的抗拉强度有较大变异性,凡要求与母材等强度的受拉对接焊缝应不低于二级;受压时,难免在其他因素影响下使焊缝中有拉应力存在,故宜为二级。

(3)重级工作制和起重量 $Q \geqslant 50$t 的中级工作制吊车梁的腹板与上翼缘板之间以及吊车桁架上弦杆与节点板之间的 T 形接头焊透的对接与角接组合焊缝,不应低于二级。

(4)由于角焊缝的内部质量不易探测,故规定其质量等级一般为三级,对直接承受动力荷载且需要验算疲劳和起重量 $Q \geqslant 50$t 的中级工作制吊车梁,才规定角焊缝的外观质量应符合二级。

《公路钢结构桥梁设计规范》中规定焊缝应根据结构的重要性、荷载特性、焊缝形式、工作环境以及应力状态等情况,按下列原则分别选用不同的质量等级。

(1)在需要进行疲劳计算的结构中,凡对接焊缝均应焊透,其质量等级为:

①作用力垂直于焊缝长度方向的横向对接焊缝或 T 形对接与角接组合焊缝,受拉时,应为一级;受压时,不应低于二级。

②作用力平行于焊缝长度方形的纵向对接焊缝不应低于二级。

(2)不需要验算疲劳的构件中,凡要求与母材等强的对接焊缝应予焊透,其质量等级当受拉时,不应低于二级;受压时,不宜低于二级。

(3)对承受动力荷载且要求验算疲劳的结构部分焊透的对接与角接的组合焊缝、搭接连接采用的角焊缝以及不要求焊透的 T 形接头采用的角焊缝,焊缝质量等级不应低于二级。

3.2.3 焊缝连接形式及焊缝形式

1)焊缝连接形式

焊缝连接形式按被连接钢材的相互位置可分为对接、搭接、T 形连接和角部连接四种(图 3-5)。这些连接所采用的焊缝主要有对接焊缝和角焊缝。

对接连接主要用于厚度相同或接近相同的两构件的相互连接。如图 3-5a)所示为采用对接焊缝的对接连接,由于相互连接的两构件在同一平面内,因而传力均匀平缓,没有明显的应力集中,且用料经济,但是焊件边缘需要加工,被连接两板的间隙和坡口尺寸有严格的要求。

如图 3-5b)所示为用双层盖板和角焊缝的对接连接,这种连接传力不均匀、费料,但施工简便,所连接两板的间隙大小无需严格控制。

如图 3-5c)所示为用角焊缝的搭接连接,特别适用于不同厚度构件的连接。搭接连接时,板件传力不均匀,材料较费;但构造简单,施工方便,目前还在广泛应用。

T 形连接省工省料,常用于制作组合截面。当采用角焊缝连接时[图 3-5d)],焊件间存在缝隙,截面突变,应力集中现象严重,疲劳强度较低,可用于不直接承受动力荷载结构的连接中。对于直接承受动力荷载的结构,如重级工作制吊车梁,其上翼缘与腹板的连接,应采用如图 3-5e)所示的 K 形坡口焊缝进行连接。

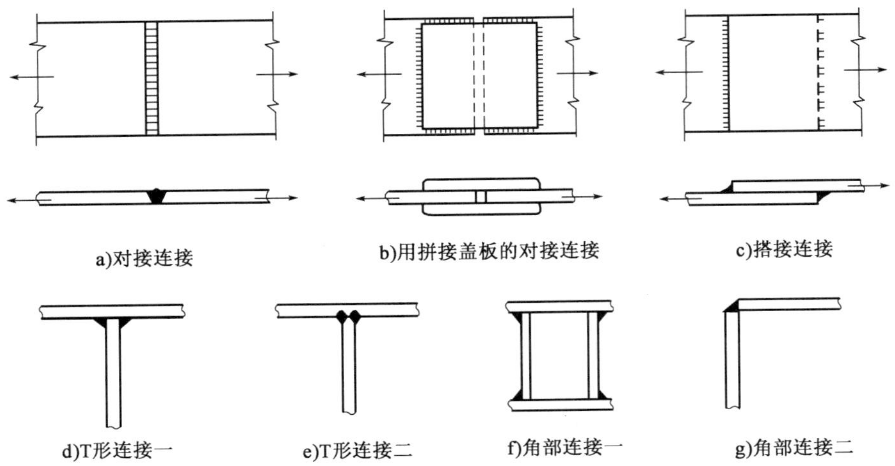

图 3-5　焊缝连接的形式

角部连接[图 3-5f)、g)]主要用于制作箱形截面。

2)焊缝形式

焊缝按构造可分为对接焊缝和角焊缝两种形式。

(1)对接焊缝

对接焊缝的焊件边缘常需加工坡口,故又称为坡口焊缝。对接焊缝按所受力的方向又分为正对接焊缝[图 3-6a)]和斜对接焊缝[图 3-6b)]。

(2)角焊缝

采用角焊缝连接的板件不必加工坡口,焊缝金属直接填充在由被连接板件形成的直角或斜角区域内。角焊缝[图 3-6c)]可分为正面角焊缝、侧面角焊缝和斜焊缝。

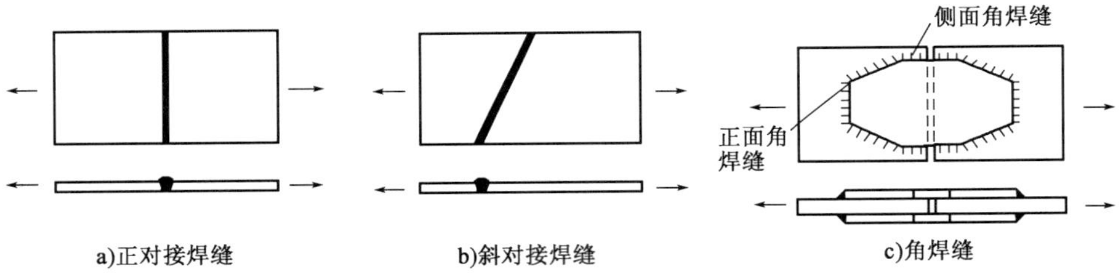

图 3-6　焊缝形式

焊缝沿长度方向的布置分为连续角焊缝和间断角焊缝两种(图 3-7)。连续角焊缝的受力性能较好,为主要的角焊缝形式。间断角焊缝的起、灭弧处容易引起应力集中,重要结构应避免采用,只能用于一些次要构件的连接或受力很小的连接中。间断角焊缝的间断距离 l 不宜过长,以免连接不紧密,潮气侵入引起构件锈蚀。一般在受压构件中,应满足 $l \leqslant 15t$;在受拉构件中 $l \leqslant 30t$,t 为较薄焊件的厚度。

3)焊缝的施焊位置

焊缝按施焊位置分为平焊、横焊、立焊及仰焊(图 3-8)。平焊(又称俯焊)施焊方便,质量最好。立焊和横焊的质量及生产效率比平焊差一些。仰焊的操作条件最差,焊缝质量不易保证,因此,应尽量避免采用仰焊。

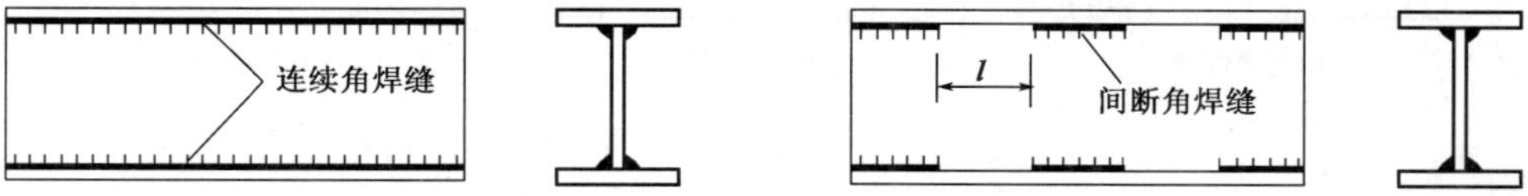

图 3-7　连续角焊缝和间断角焊缝

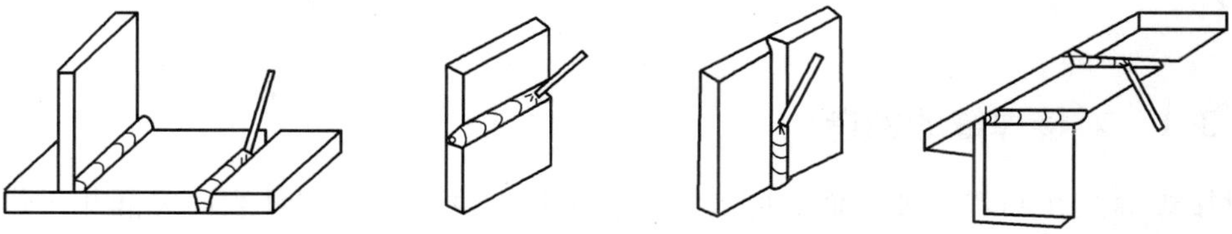

a)平焊　b)横焊　c)立焊　d)仰焊

图 3-8　焊缝施焊位置

3.2.4 焊缝图纸表示

为了在工程图纸中既简单明了又准确无误地表达所设计的焊缝，需要用统一的焊缝代号表示，焊缝代号由引出线、图形符号和辅助符号三部分组成，引出线由横线和带箭头的斜线组成。箭头指到图形上的相应焊缝处，横线的上面和下面用来标注图形符号和焊缝尺寸，当引出线的箭头指向焊缝所在的一面时，应将图形符号和焊缝尺寸等标注在水平横线的上面；当箭头指向对应焊缝所在的另一面时，则应将图形符号和焊缝尺寸标注在水平横线的下面。必要时，可在水平横线的末端加一尾部作为其他说明之用；图形符号表示焊缝的基本形式，如用⊿表示角焊缝，用 V 表示 V 形坡口的对接焊缝。辅助符号表示焊缝的辅助要求，如用旗形表示现场安装焊缝等。表 3-1 列出了一些常用焊缝代号，可供设计制图时参考。

焊 缝 代 号　　表 3-1

形式	角焊缝				对接焊缝	塞焊缝	三面缝焊
	单面焊缝	双面焊缝	安装焊缝	相同焊缝			
	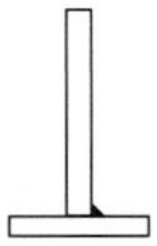	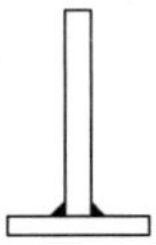			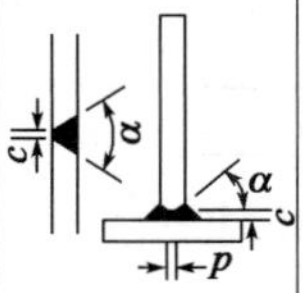		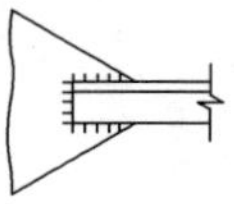
标注方法	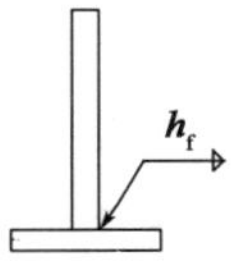	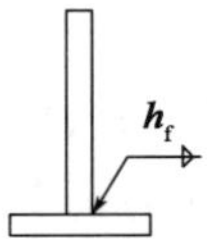	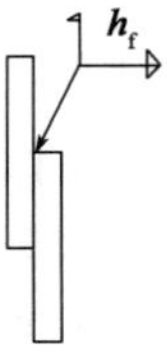	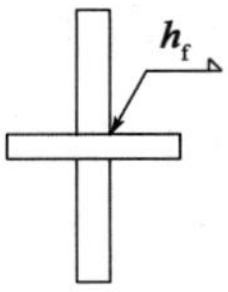	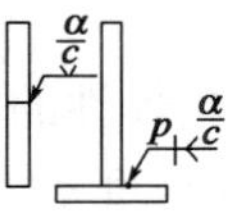		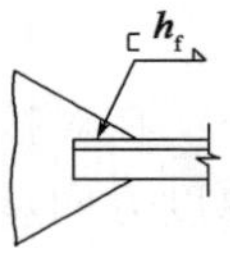

当焊缝分布比较复杂或用上述标注方法不能表达清楚时，在标注焊缝代号的同时，可在图形上加栅线表示，如图 3-9 所示，甚至可加注必要的说明，直至表达无歧义。

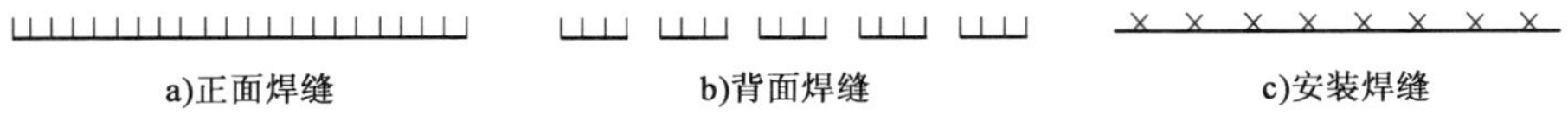

图 3-9　用栅线表示焊缝

3.3　对接焊缝的构造与计算

3.3.1　对接焊缝的构造

对接焊缝是在两焊件坡口面之间或一焊件的坡口面与另一焊件表面之间相对焊接的焊缝，应根据焊件厚度和施工条件将焊件边缘加工成适当形式和尺寸的坡口，以保证焊件在全厚度内焊透，故又叫坡口焊缝。焊缝金属填充在坡口内，所以对接焊缝是被连接焊件的组成部分。

对接焊缝的坡口形式与焊件厚度有关，常见的坡口形式有 V 形、U 形、X 形、K 形、单边 V 形等。当焊件厚度很小（$t \leqslant 10$mm）时，可用直边缝。对于一般厚度（$t = 10 \sim 20$mm）的焊件可采用具有斜坡口的单边 V 形或 V 形焊缝。斜坡口和离缝 c 共同组成一个焊条能够运转的施焊空间，使焊缝易于焊透；同时，沿焊件厚度方向通常有高度为 P、间隙为 c 的部分不开坡口，共同形成钝边具有托住熔化金属的作用。对于较厚的焊件（$t > 20$mm），则采用 U 形、K 形和 X 形坡口（图 3-10）。对于 V 形缝和 U 形缝，需对焊缝根部进行补焊。对接焊缝坡口形式的选用，应根据板厚和施工条件按现行标准《气焊、焊条电弧焊、气体保护焊和高能束焊的推荐坡口》（GB/T 985.1—2008）的要求进行。

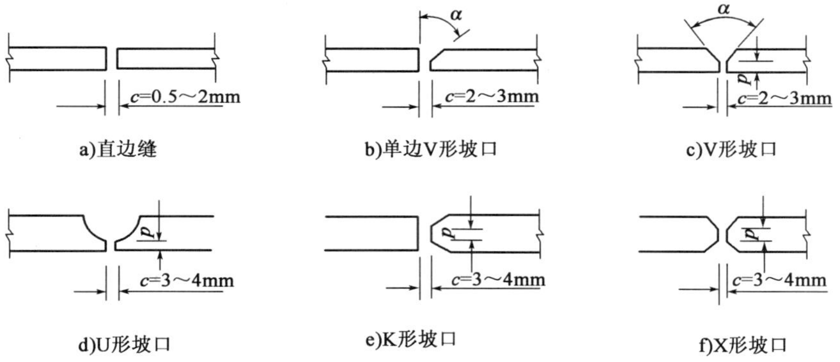

图 3-10　对接焊缝的坡口形式

在对接焊缝的拼接处，当焊件的宽度不同或厚度相差 4mm 以上时，应分别在宽度方向或厚度方向从一侧或两侧做成坡度不大于 1∶2.5 的斜角，直接承受动力荷载且需要进行疲劳计算时不大于 1∶4（图 3-11）；桥梁钢结构主要承受车辆荷载等动力往复荷载，因此，《公路钢结构桥梁设计规范》中规定此坡度应不大于 1∶5，以使截面过渡和缓，减小应力集中。当对接焊接的两钢板厚度之差不超过 4mm 时，则可采用焊缝表面斜坡来过渡。

在每条焊缝的两端起灭弧处，经常会出现弧坑和未熔透等缺陷，容易引起应力集中，对承载力影响极大，尤其是对承受动力作用的结构产生不利影响。因此，焊接时，一般应在焊缝两端设置引弧板（图 3-12），引弧板的钢材和坡口应与焊件相同，引弧板长度对手工焊不小于60mm，对自动焊不小于 150mm，焊接完成后将它割除，并将板边沿受力方向修磨平整。对受静力荷载的结构，设置引弧板有困难时，允许不设置引弧板，此时可令焊缝计算长度等于实际长度减 $2t$（此处 t 为较薄焊件厚度），在 T 形接头中，t 为腹板的厚度。

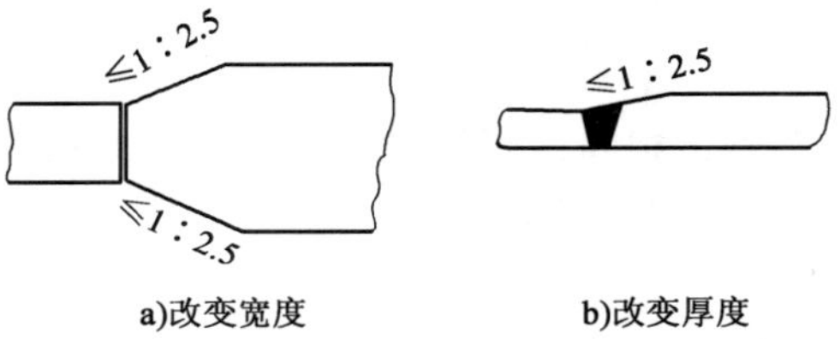

图 3-11 钢板拼接

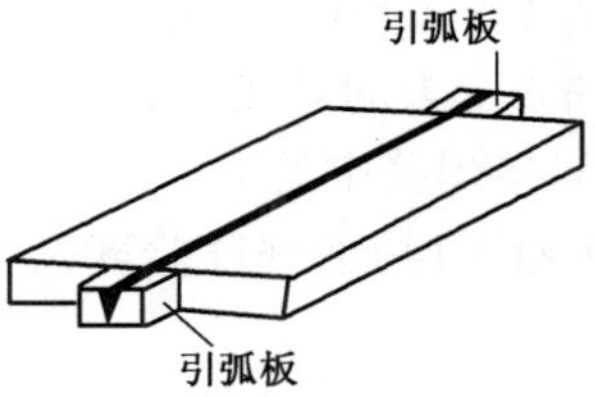

图 3-12 用引弧板焊接

对接焊缝分为焊透的对接焊缝和部分焊透的对接焊缝两种。

当垂直于焊缝长度方向受力时，未焊透处的应力集中会带来很不利的影响，因此，垂直于构件受力方向的对接焊缝必须焊透。当焊缝长度平行于受力方向时，焊缝只承受剪应力，可不要求焊透。

为了保证被焊构件全熔焊透，垂直于受力方向的对接焊缝一般要求双面施焊。在保证焊缝根部完全焊透的前提下也可采用单面施焊。

为避免焊缝集中而产生的不利影响，有关焊缝位置宜错开。受疲劳控制的焊缝应错开孔群和圆弧起点 100mm 以上。钢板的拼接采用对接焊缝时，纵横两方向的对接焊缝，可采用十字交叉[图 3-13a）]或 T 形交叉[图 3-13b）]。当为 T 形交叉时，交叉点间的距离不得小于200mm，且拼接料的长度和宽度均不得小于 300mm。对于焊透的 T 形连接焊缝，其构造要求如图 3-13b）所示。

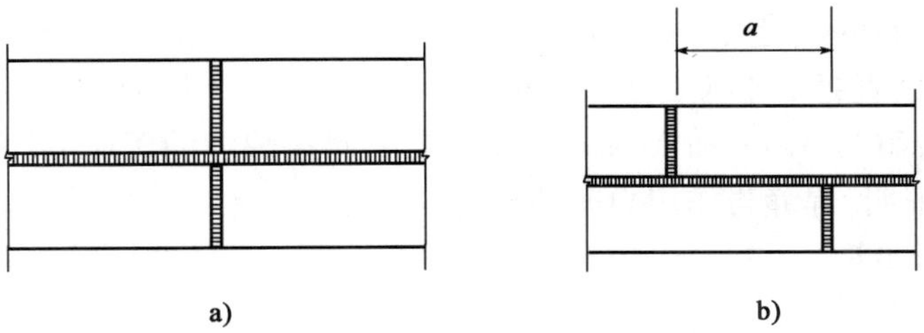

图 3-13 钢板拼接

焊缝的横截面形状应该是平顺的。外形骤然变化将引起局部应力集中，焊接处可能由于疲劳产生脆裂，使连接过早地破坏，因此，规定对焊缝表面应进行机械加工，使其匀顺过渡。

3.3.2 对接焊缝的计算

1）焊透的对接焊缝的计算

对接焊缝的强度与所用钢材的牌号、焊条型号及焊缝质量的检验标准等因素有关。如果焊缝中不存在任何缺陷，焊缝金属的强度是高于母材的。但由于焊接技术问题，焊缝中可能有气孔、夹渣、咬边、未焊透等缺陷。试验证明，焊接缺陷对受压、受剪的对接焊缝影响不大，故可认为受压、受剪的对接焊缝与母材强度相等，但受拉的对接焊缝对缺陷甚为敏感。当缺陷面积与焊件截面积之比超过5%时，对接焊缝的抗拉强度将明显下降。由于三级检验的焊缝允许存在的缺陷较多，故其抗拉强度为母材强度的85%，而一、二级检验的焊缝的抗拉强度可认为与母材强度相等。

由于对接焊缝是焊件截面的组成部分，焊缝中的应力分布情况基本上与焊件原来的情况相同，故计算方法与构件的强度计算一样。

（1）轴心受力的对接焊缝

假设对接焊缝中的应力分布与被连接构件的应力分布相同，则与轴向拉力或压力垂直的对接焊缝（图3-14）的强度验算，《钢结构设计规范》规定可按下式计算：

$$\sigma = \frac{N}{l_w t} \leqslant f_t^w \text{或} f_c^w \tag{3-1}$$

式中：N——轴心拉力或压力；

l_w——焊缝的计算长度，当未采用引弧板时，取实际长度减去$2t$；

t——在对接接头中连接件的较小厚度，在T形接头中为腹板厚度；

f_t^w、f_c^w——对接焊缝的抗拉、抗压强度设计值，详见附表1-2。

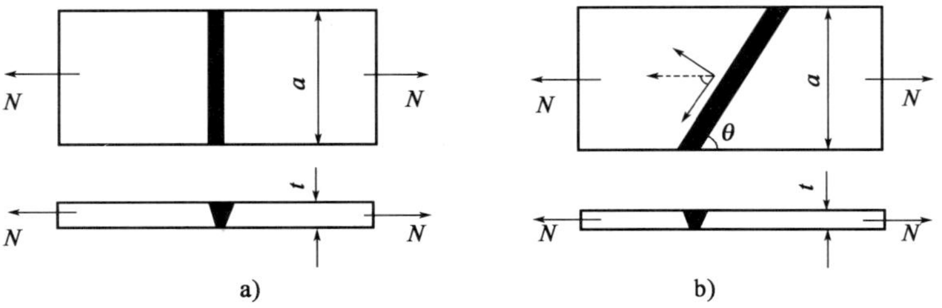

图3-14 对接焊缝受轴心力

由于一、二级检验的焊缝与母材强度相等，故只有三级检验的焊缝才需按式（3-1）进行抗拉强度验算。如果用直缝不能满足强度要求时，可采用如图3-14b）所示的斜对接焊缝，计算时，应把轴向拉力分解为$N\sin\theta$和$N\cos\theta$，分别验算斜对接焊缝的正应力[式（3-2）]和剪应力[式（3-3）]。计算证明，焊缝与作用力间的夹角θ满足$\tan\theta \leqslant 1.5$时，斜焊缝的强度不低于母材强度，可不再进行验算。

$$\sigma = \frac{N\sin\theta}{l_w t} \leqslant f_t^w \tag{3-2}$$

$$\tau = \frac{N\cos\theta}{l_w t} \leqslant f_v^w \tag{3-3}$$

公路桥梁钢结构中的焊缝抗拉、抗压强度符号分别为f_{td}、f_{cd}，详见附表1-2，其计算方法与《钢结构设计规范》中的规定相同，仅在计算荷载时引入了结构重要性系数γ_0，计算公式如下。

$$\gamma_0 \sigma = \gamma_0 \frac{N}{l_w t} \leqslant f_{td}^w \text{或} f_{cd}^w \tag{3-4}$$

[例题3-1] 试验算如图3-14所示钢板的对接焊缝的强度。图中$a=540\text{mm}$，$t=22\text{mm}$，轴心力的设计值为$N=2\ 150\text{kN}$。钢材为Q235-B，手工焊，焊条为E43型，三级检验标准的焊缝，施焊时加引弧板。

解:直缝连接其计算长度 $l_w = 540\text{mm}$。

焊缝正应力为:

$$\sigma = \frac{N}{l_w t} = \frac{2150 \times 10^3}{540 \times 22} = 181(\text{N/mm}^2) > f_t^w = 175\text{N/mm}^2$$

不满足要求,改用斜对接焊缝,取截割斜度为1.5∶1,即 $\theta = 56°$,焊缝长度为:

$$l_w = \frac{a}{\sin\theta} = \frac{540}{\sin 56°} = 650(\text{mm})$$

故此时焊缝的正应力为:

$$\sigma = \frac{N\sin\theta}{l_w t} = \frac{2\,150 \times 10^3 \times \sin 56°}{650 \times 22} = 125(\text{N/mm}^2) < f_t^w = 175\text{N/mm}^2$$

剪应力为:

$$\tau = \frac{N\cos\theta}{l_w t} = \frac{2\,150 \times 10^3 \times \cos 56°}{650 \times 22} = 84(\text{N/mm}^2) < f_v^w = 120\text{N/mm}^2$$

这就说明:当 $\tan\theta \leqslant 1.5$ 时,焊缝强度能够保证,可不必计算。

(2)承受弯矩和剪力共同作用的对接焊缝

如图3-15a)所示的对接焊缝受到弯矩和剪力的共同作用,由于焊缝截面是矩形,正应力与剪应力图形分别为三角形与抛物线形,最大正应力与最大剪应力不在同一点出现,其最大值应分别满足下列强度条件:

$$\sigma_{max} = \frac{M}{W_w} = \frac{6M}{l_w^2 t} \leqslant f_t^w \tag{3-5}$$

$$\tau_{max} = \frac{VS_w}{I_w t} = \frac{3}{2} \cdot \frac{V}{l_w t} \leqslant f_v^w \tag{3-6}$$

式中:W_w——焊缝截面抵抗矩;

S_w——焊缝截面面积矩;

I_w——焊缝截面惯性矩。

如图3-15b)所示是工字形截面梁的接头,采用对接焊缝,除应分别验算最大正应力和剪应力外,对于同时受较大正应力和较大剪应力处,例如腹板与翼缘的交接点,还应按下式验算折算应力:

$$\sqrt{\sigma_1^2 + 3\tau_1^2} \leqslant 1.1 f_t^w \tag{3-7}$$

式中:σ_1、τ_1——验算点处的焊缝正应力和剪应力;

1.1——考虑到最大折算应力只在局部出现,而将强度设计值适当提高的系数。

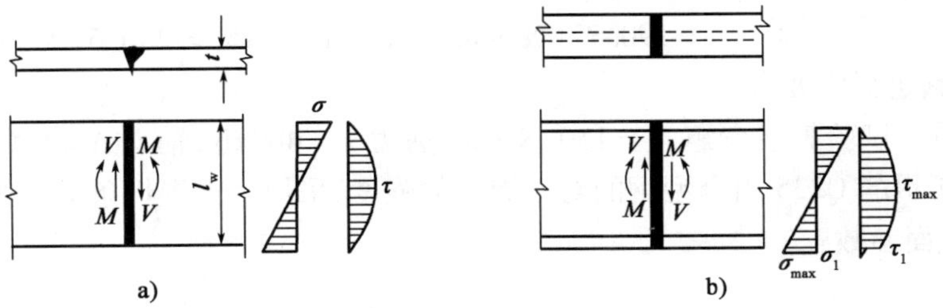

图3-15 对接焊缝受弯矩和剪力联合作用

与轴心受力的对接焊缝相类似，公路桥梁钢结构在验算弯矩和剪力共同作用的对接焊缝时，引入结构的重要性系数 γ_0，焊缝强度采用《公路钢结构桥梁设计规范》中的规定，详见附表1-2。

(3)承受轴力、弯矩和剪力共同作用的对接焊缝

当轴心力与弯矩、剪力共同作用时，焊缝的最大正应力应为轴心力和弯矩引起的应力之和，剪应力按式(3-6)验算，折算应力仍按式(3-7)验算。

[例题 3-2] 验算 Q235 热轧普通工字钢 I20a 的对接焊缝强度。如图 3-16 所示，对接截面承受弯矩 $M=45\text{kN}\cdot\text{m}$，剪力 $V=80\text{kN}$，采用手工焊焊条 E43 型(按Ⅱ级焊缝质量检验)。

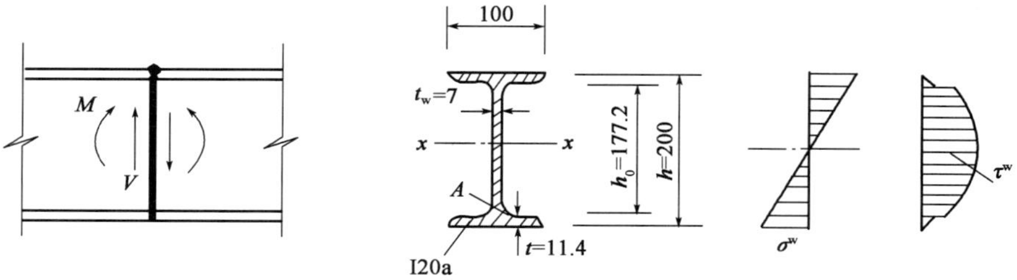

图 3-16　工字钢对接焊缝示意图(尺寸单位:mm)

解:由型钢表中查出 $I_x=2\,369\text{cm}^4$，$W_x=236.9\text{cm}^3$，$S_x=136.1\text{cm}^3$，$A_w=35.578\text{cm}^2$。

又 $I_w=I_x$，$W_w=W_x$，$S_w=S_x$。

由附表 1-2 查得 $f_c^w=f_t^w=215\text{N/mm}^2$，$f_v^w=125\text{N/mm}^2$，则:

$$\sigma^w=\frac{M}{W_w}=\frac{45\times10^6}{236.9\times10^3}=189.95(\text{N/mm}^2)<f_t^w=215\text{N/mm}^2$$

$$\tau^w=\frac{VS_w}{I_w d}=\frac{80\times10^3\times136.1}{2\,369\times7\times10}=65.66(\text{N/mm}^2)\leqslant f_v^w=125\text{N/mm}^2$$

此外，还要验算腹板边缘 A 点对接焊缝的折算应力。

$$\sigma_A^w=\frac{45\times8.86\times10^6}{2\,369\times10^3}=168.3(\text{N/mm}^2)$$

A 点以下翼缘焊缝截面对中和轴的面积矩

$$S_w=1.14\times10\times(10-0.57)=107.5(\text{cm}^3)$$

$$\tau_A^w=\frac{80\times10^3\times107.5}{2\,369\times7\times10}=51.86(\text{N/mm}^2)$$

所以

$$\sqrt{(\sigma_A^w)^2+3(\tau_A^w)^2}=\sqrt{168.3^2+3\times51.86^2}$$
$$=190.77(\text{N/mm}^2)<1.1\times215=236.5(\text{N/mm}^2)$$

对接焊缝满足强度要求。

[例题 3-3] 试验算在弯矩 $M=150\text{kN}\cdot\text{m}$，剪力 $V=400\text{kN}$，轴力 $N=600\text{kN}$ 的共同作用下，如图 3-17 所示的 Q235 组合型钢的对接焊缝的强度，采用手工焊焊条 E43 型。

解:焊缝截面参数:

截面积

$$A=480\times8+2\times250\times10=8.84\times10^3(\text{mm}^2)$$

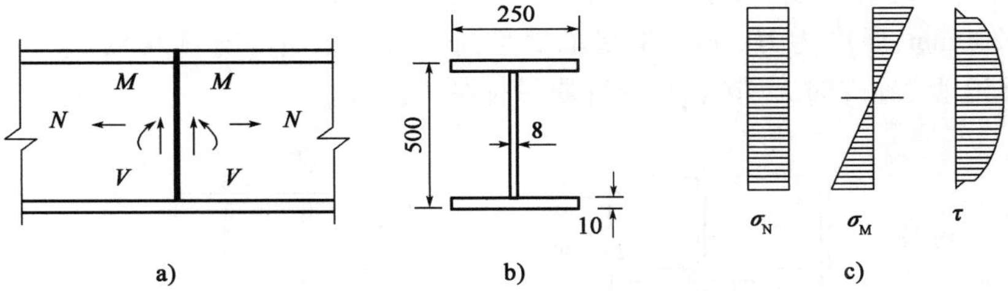

图 3-17 例题 3-3 图(尺寸单位:mm)

截面惯性矩

$$I_w = I_x = \frac{8 \times 480^3}{12} + 2 \times 250 \times 10 \times 245^2 = 3.74 \times 10^8 (mm^4)$$

$$W_w = W_x = \frac{I_x}{y_{max}} = \frac{3.74 \times 10^8}{250} = 1.496 \times 10^6 (mm^3)$$

面积矩

$$S_w = 250 \times 10 \times 245 + 240 \times 8 \times 120 = 842.9 \times 10^3 (mm^3)$$

腹板与翼缘交接处

$$W_1 = \frac{I_x}{y_1} = \frac{3.74 \times 10^8}{240} = 1.558 \times 10^6 (mm^3)$$

$$S_1 = 250 \times 10 \times (250 - 5) = 612.50 \times 10^3 (mm^3)$$

验算组合截面形焊缝的最大正应力:

$$\sigma_{max} = \sigma_N + \sigma_M = \frac{N}{A} + \frac{M}{W_w} = \frac{600 \times 10^3}{8.84 \times 10^3} + \frac{150 \times 10^6}{1.496 \times 10^6}$$

$$= 168 (N/mm^2) < f_t^w = 215 N/mm^2$$

验算组合截面形焊缝的最大剪应力:

$$\tau_{max} = \frac{VS_w}{I_w t_w} = \frac{400 \times 10^3 \times 842.9 \times 10^3}{3.74 \times 10^8 \times 8} = 113 (N/mm^2) < f_v^w = 125 N/mm^2$$

验算组合截面翼缘与腹板相交处的折算应力:

$$\sigma_1 = \frac{M}{W_1} = \frac{150 \times 10^6}{1.558 \times 10^6} = 93.3 (N/mm^2)$$

$$\tau_1 = \frac{VS_1}{I_w t_w} = \frac{400 \times 10^3 \times 612.50 \times 10^3}{3.74 \times 10^8 \times 8} = 82 (N/mm^2)$$

$$\sqrt{(\sigma_N + \sigma_1)^2 + 3\tau_1^2} = \sqrt{(68 + 93.2)^2 + 3 \times 82^2} = 217 (N/mm^2) < 1.1 f_t^w = 236.5 N/mm^2$$

验算中性轴的折算应力:

$$\sqrt{\sigma_N^2 + 3\tau_{max}^2} = \sqrt{68^2 + 3 \times 113^2} = 207 (N/mm^2) < 1.1 f_t^w = 236.5 N/mm^2$$

对接焊缝强度满足要求。

［**例题 3-4**］ 计算如图 3-18 所示对接焊缝，已知牛腿翼缘宽度为 130mm，厚度为 12mm，腹板高度为 200mm，厚度为 10mm。牛腿承受竖向力设计值为 $V=160\text{kN}$，$e=150\text{mm}$，钢材为 Q345，焊条 E50 型，施焊时无引弧板，焊缝质量标准为三级。

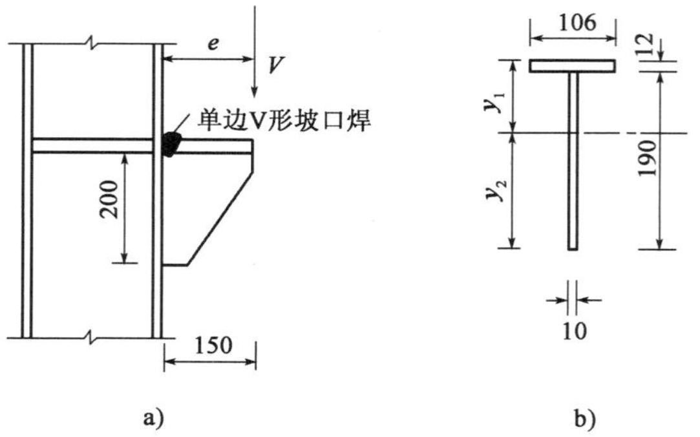

图 3-18　例题 3-4 图(尺寸单位:mm)

解：因施焊时无引弧板，翼缘焊缝的计算长度为 106mm，腹板焊缝的计算长度为 190mm。焊缝的计算有效截面如图 3-18b)所示。

焊缝有效截面形心轴计算：

$$y_1=\frac{10.6\times1.2\times0.6+19.0\times1.0\times\left(\frac{19}{2}+1.2\right)}{10.6\times1.2+19.0\times1.0}=6.65(\text{cm})$$

$$y_2=19.0+1.2-6.65=13.55(\text{cm})$$

焊缝有效截面惯性矩：

$$I_x=\frac{1}{12}\times19.0^3+19.0\times1\times\left(13.55-\frac{19}{2}\right)^2+\frac{10.6}{12}\times1.2^3+10.6\times1.2\times\left(6.65-\frac{1.2}{2}\right)^2=1350.34(\text{cm}^4)$$

剪力在焊缝形心处产生剪力 $V=160\text{kN}$，则弯矩 $M=V\cdot e=160\times0.15=24(\text{kN}\cdot\text{m})$

验算翼缘上边缘处焊缝拉应力：

$$\sigma_t=\frac{M\cdot y_1}{I_x}=\frac{24\times66.5\times10^6}{1\,350.34\times10^4}=118.2(\text{N/mm}^2)<f_t^w=265\text{N/mm}^2$$

验算腹板下端焊缝压应力：

$$\sigma_c=\frac{M\cdot y_2}{I_x}=\frac{24\times135.5\times10^6}{1\,350.34\times10^4}=240.8(\text{N/mm}^2)<f_t^w=310\text{N/mm}^2$$

T 形截面(或工字形截面)牛腿与柱连接的对接焊缝有着不同于一般工字形截面的特点，当其在邻近的竖向剪力作用下，由于翼缘在此方向的抗剪刚度很低，故一般考虑其承受剪力，即在计算时剪力全部由腹板上的焊缝平均承受，弯矩由整个截面焊缝承受。

$$\tau=\frac{V}{A_w}=\frac{160\times10^3}{190\times10}=84.2(\text{N/mm}^2)$$

腹板下端点正应力，剪应力均较大，故需验算腹板下端点的折算应力：

$$\sigma=\sqrt{240.8^2+3\times84.2^2}=281.5(\text{N/mm}^2)<1.1f_t^w=1.1\times265=291.5(\text{N/mm}^2)$$

焊缝强度满足要求。

2)部分焊透的对接焊缝

当受力很小,焊缝主要起联系作用,或焊缝受力虽然较大,但采用焊透的对接焊缝将使强度不能充分发挥时,可采用不焊透的对接焊缝。比如用四块较厚的板焊成箱形截面的轴心受压构件,显然用如图 3-19a)所示的焊透对接焊缝是不必要的;如采用角焊缝如图 3-19b)所示,外形又不平整;采用不焊透的对接焊缝如图 3-19c),可以省工省料,较为美观大方。

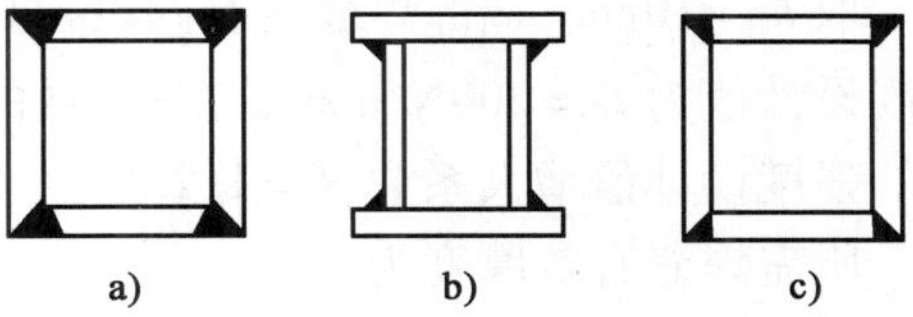

图 3-19 箱形截面轴心压杆的焊缝连接

部分焊透的对接焊缝必须在设计图上注明坡口的形式和尺寸。坡口形式分 V 形[图 3-20a)]、单边 V 形[图 3-20b)、e)]、U 形[图 3-20c)]和 J 形[图 3-20d)]。在转角处采用半 V 形和 J 形坡口时,不宜在板的厚度上开坡口,这样可避免焊缝收缩时板厚度方向产生裂纹。由图 3-20 可见,不焊透的对接焊缝实际上可视为在坡口内焊接的角焊缝,故其强度计算方法与后文第 3.4 节的直角角焊缝相同,但偏安全地取 $\beta_f = 1.0$。对 U 形、J 形和坡口角 $\alpha \geqslant 60°$ 的 V 形坡口,焊缝有效厚度 h_e 取焊缝根部至焊缝表面(不考虑余高)的最短距离 s,即 $h_e = s$。但对于 $\alpha < 60°$ 的 V 形坡口焊缝,考虑到焊缝根部处不易焊满,因而将 h_e 降低,取 $h_e = 0.75s$。对单边 V 形坡口焊缝,则取 $h_e = s - 3\text{mm}$。

当熔合线处焊缝截面边长等于或接近于最短距离 s 时[图 3-20b)、c)、d)],应验算焊缝在熔合线上的抗剪强度,其强度设计值取 0.9 倍角焊缝的强度设计值。

部分焊透对接焊缝的最小有效厚度为 $1.5\sqrt{t}$,t 为坡口所在焊件的较大厚度(单位取 mm)。

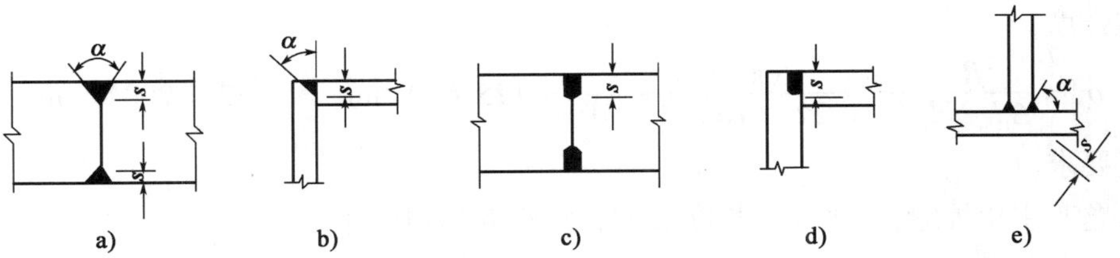

图 3-20 部分焊透对接焊缝的截面

[例题 3-5] 一工字形截面焊接组合梁,承受静力荷载,其端部支承加劲肋通过焊缝与梁的下翼缘板相连,需承受反力设计值 $R = 600\text{kN}$。梁端面及加劲肋尺寸如图 3-21 所示,钢材为 Q345,焊条为 E50 型,手工焊,请设计此连接焊缝。

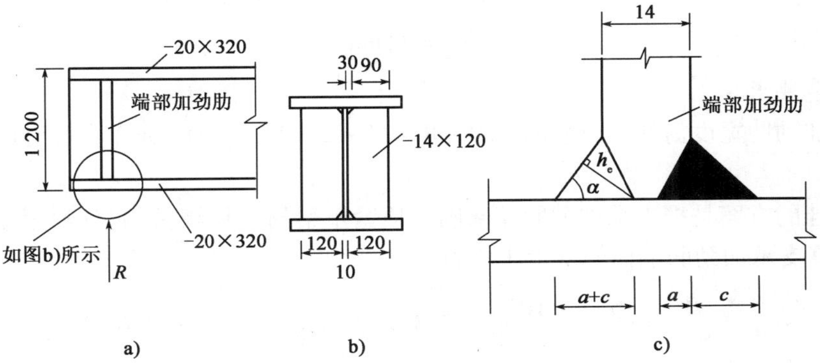

图 3-21 例题 3-5 图(尺寸单位:mm)

解：选用部分焊透的对接与角接组合焊缝 $h_e=s$，如图3-21c)所示。

假设坡口角度 $\alpha>60°$，则焊缝有效厚度：

$$最大\ h_f=1.2t_1=1.2\times14=16.8(\mathrm{mm})$$

$$最小\ h_f=1.5\sqrt{t_2}=1.5\sqrt{20}=6.7(\mathrm{mm})$$

取 $h_f=10\mathrm{mm}$；端部焊缝共有四段，每段计算长度为 $90-20=70(\mathrm{mm})$；Q345钢的角焊缝强度设计值为 $f_f^w=200\mathrm{N/mm^2}$；部分焊透的对接焊缝在垂直于焊缝长度方向受压，则正面角焊缝的强度设计值增大系数 $\beta_f=1.22$。

所需焊缝有效厚度为：

$$h_e=s\geqslant\frac{R}{\beta_f f_f^w\sum l_w}=\frac{600\times10^3}{1.22\times200\times4\times70}=8.8(\mathrm{mm})$$

由图3-21c)可见 $s=(a+c)\sin45°$，因而：

$$a+c=\frac{s}{\sin45°}=\frac{8.8}{0.707}=12.4(\mathrm{mm})$$

取 $a=9\mathrm{mm}$，坡口深度 $c=4\mathrm{mm}$，坡口角度 $\tan\alpha=a/c=9/4=2.25$，$\alpha=66°>60°$，与假设相同。

从坡口根部至焊缝表面的距离：

$$s=(a+c)\sin45°=(9+4)\times0.707=9.2(\mathrm{mm})$$

取 $h_e=s=10\mathrm{mm}>$ 最小 $h_e=1.5\sqrt{t_2}=1.5\sqrt{20}=6.7(\mathrm{mm})$，$l_w=90-2\times10=70(\mathrm{mm})$，与前面假设相一致。

焊缝强度：

$$\sigma=\frac{R}{\beta_f h_e\sum l_w}=\frac{600\times10^3}{1.22\times10\times4\times70}=175.6(\mathrm{N/mm^2})<f_f^w=200\mathrm{N/mm^2}$$

满足要求。

若本题改用角焊缝，焊缝计算长度取 $8h_f$，则所需焊脚尺寸：

$$h_f=\sqrt{\frac{R}{4\times0.7\times8\beta_f f_f^w}}=\sqrt{\frac{600\times10^3}{4\times0.7\times8\times1.22\times200}}=10.5(\mathrm{mm})$$

$$最小\ h_f=1.5\sqrt{t_2}=1.5\sqrt{20}=6.7(\mathrm{mm})$$

$$最大\ h_f=1.2t_1=1.2\times14=16.8(\mathrm{mm})$$

$$h_f=11\mathrm{mm}$$

满足构造要求。

但支承加劲肋宽度需加大，最小取 $30+8\times11+2\times11=140(\mathrm{mm})$。采用角焊缝显然不经济。

本题最佳的方案是把支承加劲肋端部刨平顶紧于梁的下翼缘板，充分利用端面支承支座反力 R。验算支承加劲肋端面的支承压应力：

$$\sigma_{ce}=\frac{R}{A_{ce}}=\frac{600\times10^3}{2\times90\times14}=238.1(\mathrm{N/mm^2})<f_{ce}=400\mathrm{N/mm^2}$$

满足要求。

3.4 角焊缝的构造与计算

3.4.1 角焊缝的受力特征和构造要求

对于不在同一平面上的焊件搭接或顶接须用角焊缝。例如,两块钢板的搭接[图3-22a)、c)],角钢和板的搭接[图3-22b)],组合梁腹板和翼缘的顶接[图3-22d)]等。角焊缝是在两焊件形成一定角度的相交面上焊接的焊缝,按受力方向和位置可分为垂直于受力方向的正面角焊缝、平行于受力方向的侧面角焊缝、倾斜于受力方向的斜向角焊缝、垂直于受力方向的角焊缝和平行于受力方向角焊缝组成的围角焊缝。由于角焊缝施焊时板边不需要加工坡口,施焊比较方便,故它也是钢结构中基本的焊缝连接形式之一,在工厂制造和现场安装中角焊缝应用广泛。

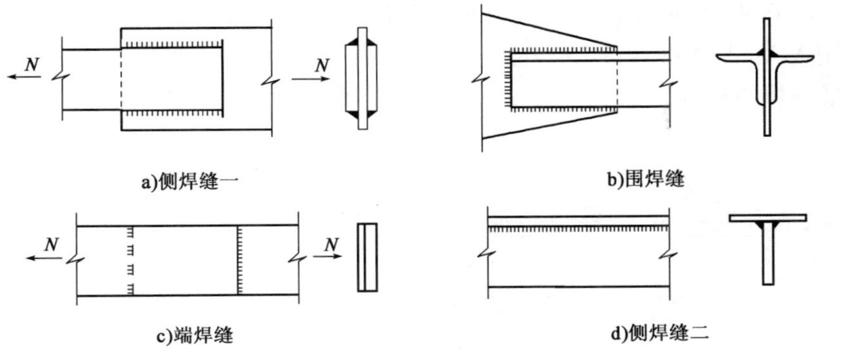

图3-22 角焊缝的连接形式

1)角焊缝的受力特征

角焊缝按截面形式可分为两焊脚边夹角为直角的直角角焊缝(图3-23)和夹角为锐角或钝角的斜角角焊缝(图3-24),当斜角角焊缝的夹角大于135°(《公路钢结构桥梁设计规范》规定大于120°)或小于60°时,除钢管结构外,不宜用作受力焊缝。

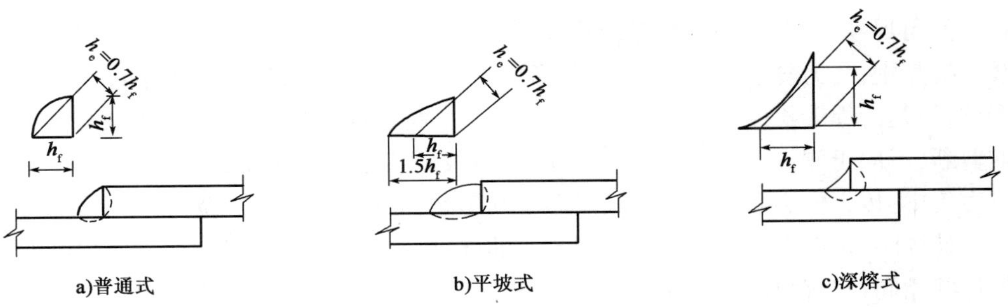

图3-23 直角角焊缝截面形式

直角角焊缝截面形式又分为普通式、平坡式和深熔式(图3-23)。普通式角焊缝较为常用,其截面为等腰三角形,斜边上的凸出部分和焊根处的熔深作为额外补强,计算时不予考虑。

但是，普通式焊缝截面传力不太平顺，焊根处应力集中影响比较严重，在动载作用下容易出现裂缝。所以，在承受动力荷载的构件连接中以采用力线弯折比较平缓的平坡式或深熔式截面较为有利。《钢结构设计规范》与《公路钢结构桥梁设计规范》规定在直接承受动力荷载的结构中，角焊缝表面应做成直线[图3-23b)]或凹形[图3-23c)]，对正面角焊缝焊脚尺寸比例宜为1:1.5（长边顺内力方向），对侧面角焊缝可为1:1。

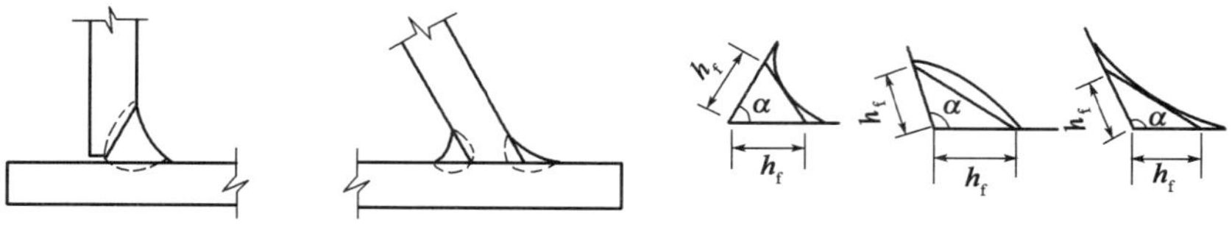

图3-24　斜角角焊缝截面形式

侧面角焊缝主要承受纵向剪应力，塑性较好，弹性模量低，强度也较低。传力线通过侧面角焊缝时产生弯折，因而应力沿焊缝长度方向的分布不均匀，呈两端大而中间小的状态。焊缝越长，应力分布不均匀性越显著，但临界塑性工作阶段时，产生应力重分布，可使应力分布的不均匀现象渐趋缓和。侧面角焊缝的剪切破坏通常发生在焊缝截面三角形的最小厚度的平面上（和两焊脚边成 $\alpha/2$ 角）（图3-25），故直角角焊缝计算的有效厚度 $h_e = h_f\cos45° \approx 0.7h_f$。$h_f$ 为角焊缝的焊边长度，称为焊脚尺寸。在施工图上都以焊脚尺寸 h_f 表示角焊缝的设计尺寸。

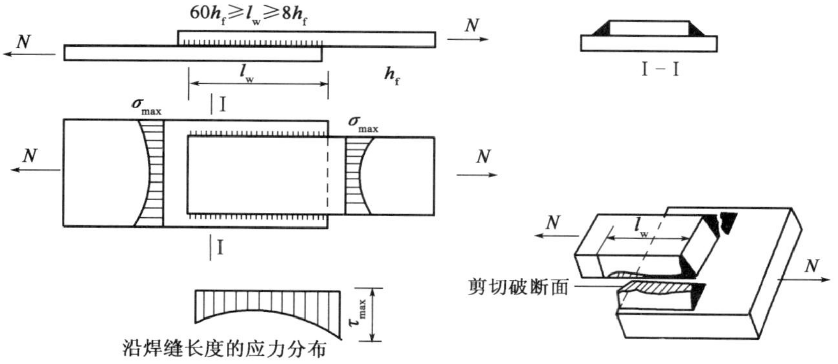

图3-25　侧面角焊缝受力情况和破坏情况

在正面角焊缝中，受力方向与焊缝垂直，在焊缝各截面上产生正应力和剪应力（图3-26），因力线弯折甚剧，受力复杂，常在焊缝根部形成很大的应力高峰，其应力集中程度要比侧面角焊缝严重，但是沿焊缝长度上应力分布比较均匀。根据试验结果，正面焊缝的破坏形式可能是拉断或剪断，不同于侧焊缝的纵向剪切破坏，其静载破坏强度要高于侧焊缝的抗剪强度，但因考虑应力集中、传力偏心和焊缝塑性较差等不利影响，《钢结构设计规范》规定，当直接承受动载的连接计算时，正面焊缝与侧焊缝采用统一的强度设计值来验算强度。正面焊缝有效厚度也与侧焊缝相同，对直角焊缝取 $h_e = 0.7h_f$（图3-23）。斜焊缝的受力性能和强度值介于正面角焊缝和侧面角焊缝之间。

2）角焊缝的构造要求

角焊缝的主要尺寸是焊脚尺寸 h_f 和焊缝计算长度 l_w。它们应该满足下列构造要求。

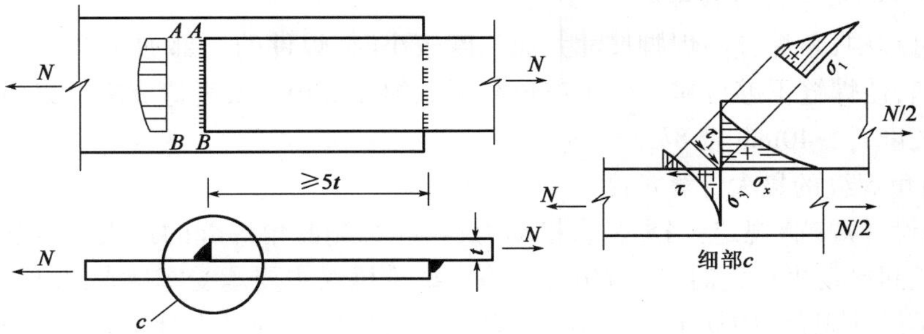

图 3-26 正面角焊缝的受力情况

(1)最小焊脚尺寸

角焊缝的焊脚尺寸不能过小,否则会因焊缝存在缺陷或尺寸不足而影响承载力;另外,若焊件较厚,焊脚尺寸小的焊缝冷却速度快,会在焊缝内部产生淬硬组织,容易形成收缩裂缝,降低塑性。因此,角焊缝的最小焊脚尺寸为 $h_f \geq 1.5\sqrt{t_{max}}$,$t_{max}$ 为较厚焊件厚度(单位为 mm)(图 3-27)。焊脚尺寸取整数,当自动焊熔深较大时,所取最小焊脚尺寸可减小 1mm;对 T 形连接的单面角焊缝,最小焊脚尺寸应增加 1mm;当 $t_{max} \leq 4$mm 时,取最小焊脚尺寸与焊件厚度相同;对角接和 T 形连接不开坡口的角焊缝,当 $t_{max} \leq 20$mm 时,$h_f \geq 6$mm;当 $t_{max} > 20$mm 时,$h_f \geq 8$mm。

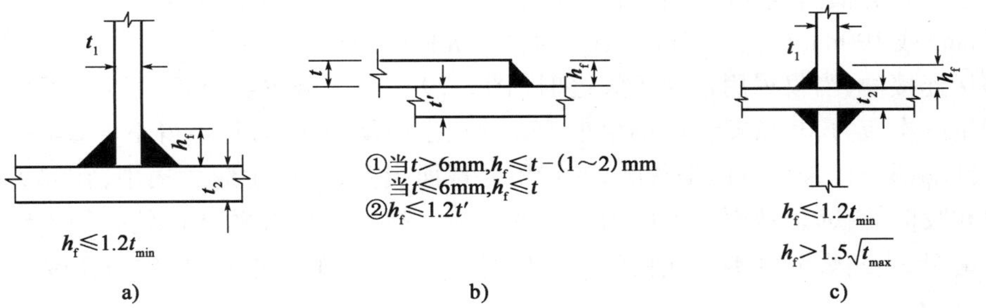

图 3-27 角焊缝最大焊脚尺寸

《公路钢结构桥梁设计规范》中规定角焊缝在满足受力计算的前提下,应尽可能用较小的尺寸。当焊件最大厚度 $t_{max}=12\sim16$mm 时,角焊缝的最小厚度为 6mm;当焊件最大厚度 $t_{max}=17\sim25$mm,角焊缝的最小厚度为 7 ~ 8mm。

(2)最大焊脚尺寸

角焊缝的焊脚尺寸不能过大,否则在施焊时导致热量集中,焊缝冷却收缩时容易产生较大的焊接残余变形和三向焊接残余应力,还使热影响区扩大,容易产生脆性断裂,还可能使较薄的焊件烧穿。并且当焊脚尺寸与板件边缘等厚时,易产生咬边现象。因此,要求最大焊脚尺寸 $h_f \leq 1.2t_{min}$,t_{min} 为薄焊件厚度(单位为 mm)(图 3-27)。对板件厚度为 t 的板边缘焊缝[图 3-27b)],当 $t>6$mm 时,根据焊工的施工经验,不易焊满全厚度,故要求 $h_f \leq t-(1\sim2)$mm;当 $t \leq 6$mm 时,通常采用小焊条施焊,易于焊满全厚度,取 $h_f \leq t$;如果另一焊件厚度 $t'<t$,还应满足 $h_f \leq 1.2t'$。

角焊缝的两焊脚尺寸一般相等,当焊件的厚度相差较大且焊脚尺寸不能满足最大、最小焊脚尺寸时,可采用不等焊脚尺寸。

(3)角焊缝的最小计算长度

在施焊过程中,角焊缝的焊脚尺寸大而长度较小时,焊件的局部加热严重,焊缝起灭弧会造成一定缺陷,使焊缝不够可靠。为了避免起灭弧的弧坑相距太近造成应力集中过大,规定最小焊缝计算长度 $l_w \geq 40$mm 及 $8h_f$。

(4)侧面角焊缝的最大计算长度

《钢结构设计规范》规定:当承受直接动力荷载时,侧面角焊缝的最大计算长度 $l_w \leq 40h_f$,当承受静力或间接动力荷载时,$l_w \leq 60h_f$;公路钢结构桥梁主要承受车辆荷载等疲劳荷载,《公路钢结构桥梁设计规范》中规定 $l_w \leq 50h_f$。规定侧面角焊缝的最大计算长度是由于到外力在侧焊缝内引起的剪应力,在弹性阶段沿焊缝长度方向的分布是不均匀的,如图 3-25 所示,两端大,中间小。焊缝越长,两端与中间的应力差值越大,为避免端部先坏,应加以限制。动载作用下情况更加不利,所以限制更严。若 l_w 超出上述规定,超长部分计算时不予考虑。但当作用力沿侧焊缝全长作用时,则计算长度不受此限制。

(5)搭接连接的计算长度

当板件端部仅有两条侧面角焊缝连接时(图 3-28),连接的承载力与 b/l_w 有关。b 为两侧焊缝的距离,即板宽,l_w 为侧面角焊缝的长度。当 $b/l_w > 1$ 时,连接的承载力随着 b/l_w 比值的增大而明显下降。这主要是由于应力传递的过分弯折使构件中应力分布不均匀的影响。为使连接强度不致过分降低,应使每条侧面角焊缝的长度不宜小于两侧焊缝之间的距离,即 $b \leq l_w$。

为了避免焊缝横向收缩时,引起板件拱曲太大,两侧焊缝之间的距离 b 也不宜大于 $16t_{min}$ ($t_{min} > 12$mm)或 190mm($t_{min} \leq 12$mm),t_{min} 为较薄焊件的厚度。

在搭接连接中,当仅采用正面角焊缝时(图 3-29),为了减少收缩应力以及因传力偏心在板件中产生的次应力,其搭接长度不得小于焊件较小厚度的 5 倍,且不得小于 25mm。

当板件端部搭接采用三面围焊时,在转角处截面突变,会产生应力集中,在起灭弧处可能出现弧坑和咬肉等缺陷,从而加大应力集中的影响。故所有围焊的转角处必须连续施焊。对于非围焊情况,当角焊缝的端部在板件转角处时,可连续地作长度为 $2h_f$ 的绕角焊(图 3-30)。

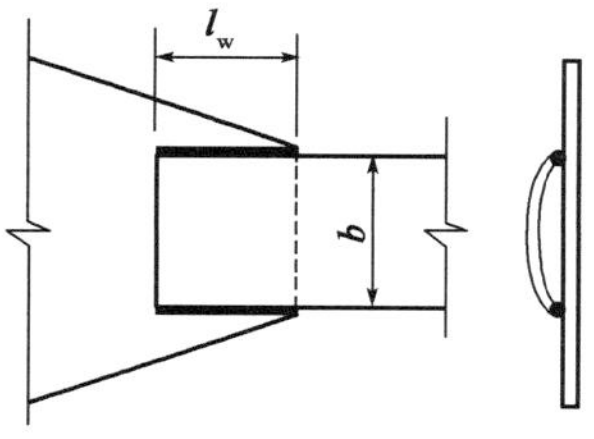

图 3-28　焊缝长度及两侧焊缝间距

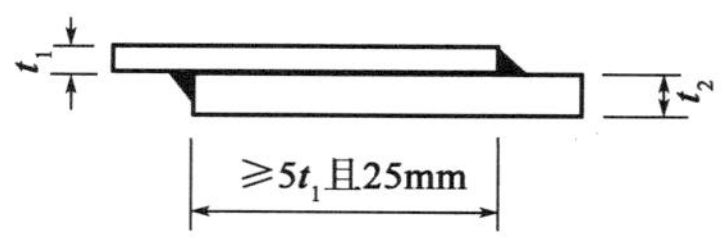

图 3-29　搭接长度

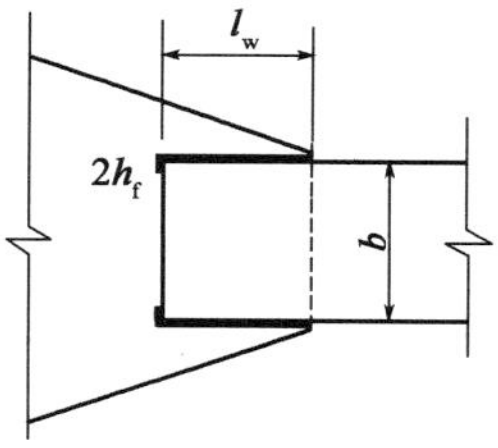

图 3-30　绕角焊

(6)间断角焊缝的计算长度

在次要构件或次要焊缝中,由于焊缝受力很小,若采用连续焊缝其计算焊角厚度小于最小容许厚度时,可采用间断焊缝(图 3-7)。为避免局部凸曲而对受力不利和潮气易于侵入引起锈蚀,《钢结构设计规范》规定各段间的净距受压时 $e < 15t_{min}$,或受拉时 $e < 30t_{min}$。对水工钢结构则不宜采用间断焊缝,以防锈蚀。

《公路钢结构桥梁设计规范》中规定,次要构件或次要焊缝连接采用断续角焊缝时,应符合下列规定:

①当部件受压时,其相邻两焊缝在端与端之间的净距 $e \leq 12t_{min}$ 或 240mm;当部件受拉时,

$e \leqslant 16t_{min}$ 或 360mm。

②当焊缝用于连接加劲肋和一受压或受剪的板或其他部件时，焊缝间的净距不得大于加劲肋间距的 1/4。

③布置在同一直线上的间断焊缝，在其所连部件的每一端均应设置焊端。

④在拼合构件中，板件用间段焊缝连接时，在其板端部每一边所布置的焊缝长度均不应小于该处最窄板件厚度的 3/4。

(7)斜角角焊缝的焊脚尺寸

用于受力连接的角焊缝，两焊角边的夹角宜采用 90°直角焊缝，而部分焊透的对接和 T 形对接与角接组合的角焊缝，其两焊角边的夹角可小于 60°，但应详细注明坡口细节。

两焊脚边夹角 $60° \leqslant \alpha \leqslant 135°$ 的 T 形接头的斜角角焊缝，采用与直角角焊缝相同的计算公式进行计算。但考虑到对斜角角焊缝研究很少，且采用的计算公式也是根据直角角焊缝的计算公式简化得到，因此，对斜角角焊缝不论其有效截面上的应力情况如何，一律取 $\beta_f = 1.0$。

在确定角焊缝计算厚度时，当根部间隙(图 3-31) b、b_1 或者 $b_2 \leqslant 1.5$mm 时，斜角角焊缝的有效厚度取为 $h_e = h_f \cos\dfrac{\alpha}{2}(\theta \geqslant 60°)$。当 b、b_1 或者 $b_2 > 1.5$mm 时，$h_e = \left[h_f - \dfrac{b(\text{或者}\ b_1、b_2)}{\sin\alpha}\right] \cdot \cos\dfrac{\alpha}{2}$。任何情况下 b、b_1 或者 b_2 不得大于 5mm。

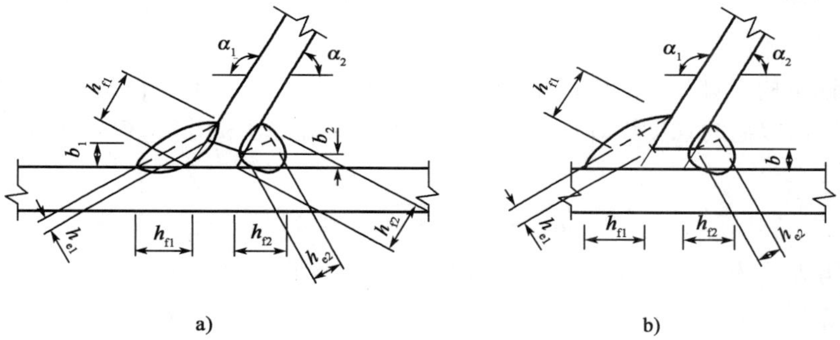

图 3-31 T 形接头角焊缝坡口细节图

3.4.2 角焊缝的强度计算

1)角焊缝计算的基本公式

直角角焊缝有两种计算方法：一种是世界各国多年惯用的不考虑角焊缝受力方向的单一应力法；另一种是近年来国际上采用的考虑角焊缝受力方向对焊缝承载力影响的折算应力法。针对我国的钢材和焊接工艺条件，对后一种计算方法进行了试验研究，证明了新公式的可靠性。两种计算方法的主要区别在于对角焊缝有效截面上的应力状态采用的假定不同，因而分析和计算方法也不同。按原方法的应力分析，虽然在轴力作用下侧焊缝和端焊缝在有效截面上的应力状态不一样，但为了计算方便，假定有效截面上只按均布的单一的角焊缝剪应力控制。按新方法的应力分析，端焊缝能提高 22% 的承载力，但端焊缝的刚度较大，有脆断倾向。故对于承受静载或间接承受动载的连接，宜用新的计算方法，而对于直接承受动载的连接仍采用原来的计算方法。但两种方法均用同一算式，只是对端缝的强度增大系数 β 取值不同，详见于后。

如图 3-32a)所示的角焊缝连接,在外力 N_x 作用下角焊缝有效截面($h_e l_w = 0.7h_f l_w$)上产生的应力 $\sigma_\perp$ 和 $\tau_\perp$ 分别为垂直于焊缝长度方向的正应力和剪应力[图 3-32b)]。在外力 N_y 的作用下产生的 $\tau_{//}$ 为平行于焊缝长度方向的剪应力。三向应力作用于一点,则该点处于复杂应力状态。国际标准化组织(ISO)推荐的角焊缝极限强度按式(3-8)计算。

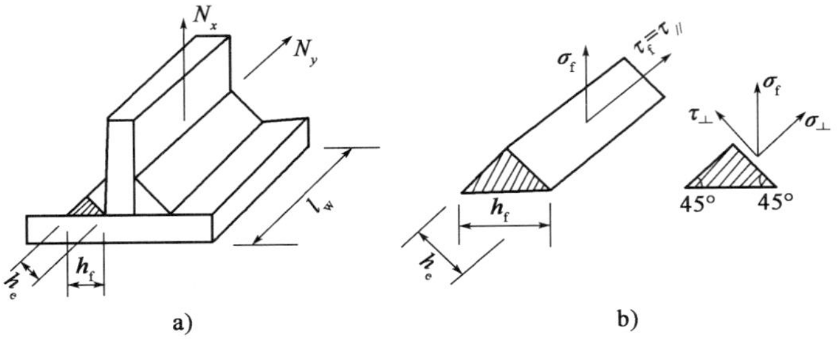

图 3-32 角焊缝有效截面上各种应力

$$\sqrt{\sigma_\perp^2 + 1.8(\tau_\perp^2 + \tau_{//}^2)} \leqslant f_u^w \tag{3-8}$$

式中:f_u^w——焊缝金属抗拉强度。

式(3-8)是针对 ST37(相当于 Q235 钢)提出的,对于其他钢种,式(3-8)左边的系数不是 1.8,而是在 1.7~3.0 之间变化。为使式(3-8)能够适用于较多的钢种,同时也为了与母材的能量强度理论的折算应力公式一致,欧洲钢结构协会(ECCS)采用了式(3-9)的形式。

$$\sqrt{\sigma_\perp^2 + 3(\tau_\perp^2 + \tau_{//}^2)} \leqslant f_u^w \tag{3-9}$$

我国的《钢结构设计规范》为了简化计算,在式(3-9)的基础上进行简化,假定焊缝在有效截面处破坏,但角焊缝的强度设计值采根据抗剪条件确定,即采用 f_f^w,得到角焊缝的强度条件表达式为:

$$\sqrt{\sigma_\perp^2 + 3(\tau_\perp^2 + \tau_{//}^2)} \leqslant \sqrt{3}f_f^w \tag{3-10}$$

式中:f_f^w——角焊缝的强度设计值(即侧面角焊缝的强度设计值),见附表 1-2。$\sqrt{3}f_f^w$ 相当于焊缝单向抗拉强度设计值 f_u^w。

现将式(3-10)转换为便于使用的计算式。如图 3-32b)所示,令 σ_f 为垂直于焊缝长度方向按焊缝有效截面计算的应力,则:

$$\sigma_f = \frac{N_x}{0.7h_f l_w} \tag{3-11}$$

将 σ_f 分解为正应力 $\sigma_\perp$ 和剪应力 $\tau_\perp$:$\sigma_\perp = \frac{\sigma_f}{\sqrt{2}}$,$\tau_\perp = \frac{\sigma_f}{\sqrt{2}}$,又把 $\tau_{//}$ 改称为 τ_f:$\tau_f = \tau_{//} = \frac{N_y}{0.7h_f l_w}$。将上述 $\sigma_\perp$、$\tau_\perp$、τ_f 代入式(3-10)中,得:

$$\sqrt{4\left(\frac{\sigma_f}{\sqrt{2}}\right)^2 + 3(\tau_f)^2} \leqslant \sqrt{3}f_f^w \tag{3-12}$$

令 $\beta_f = \sqrt{3/2} = 1.22$,则:

$$\sqrt{\left(\frac{\sigma_f}{\beta_f}\right)^2 + \tau_f^2} \leqslant f_f^w \tag{3-13}$$

式中：β_f——正面角焊缝的强度设计值增大系数。

式(3-13)就是角焊缝连接计算的基本公式，由该公式可知：对正面焊缝，当只有垂直于焊缝长度方向的轴心力 N_x 时($N_y=0$)，应满足：

$$\sigma_f=\frac{N_x}{0.7h_fl_w}\leqslant\beta_ff_f^w \tag{3-14}$$

对侧面焊缝，当只有平行于焊缝长度方向的轴心力 N_y 时($N_x=0$)，应满足：

$$\tau_f=\frac{N_y}{0.7h_fl_w}\leqslant f_f^w \tag{3-15}$$

对于承受静力荷载或间接承受动力荷载的结构，采用上述公式并令 $\beta_f=1.22$。对于直接承受动力荷载的结构，正面焊缝强度虽高，但应力集中现象较严重，又缺乏足够的研究，故规定取 $\beta_f=1.0$。在公路桥梁钢结构设计中，一般不考虑正面角焊缝强度设计值的提高，通常取 $\beta_f=1.0$，并引入结构重要性系数，得到《公路钢结构桥梁设计规范》中的直角角焊缝在各种应力综合作用下，作用力 N 与焊缝长度平行、作用于 N 与焊缝长度垂直的计算公式见式(3-16)~式(3-18)。

直角角焊缝在各种力综合作用下，σ_f 和 τ_f 共同作用处的计算公式，整理后可得：

$$\sqrt{\sigma_f^2+\tau_f^2}\leqslant f_{fd}^w \tag{3-16}$$

作用力 N 与焊缝长度平行，此时垂直于焊缝长度方向的应力 $\sigma_f=0$，则：

$$\tau_f=\frac{N}{h_e\sum l_w}\leqslant f_{fd}^w \tag{3-17}$$

作用力 N 与焊缝长度垂直，此时平行于焊缝长度方向的应力 $\tau_f=0$，则：

$$\sigma_f=\frac{N}{h_e\sum l_w}\leqslant f_{fd}^w \tag{3-18}$$

式中：f_{fd}^w——公路钢结构桥梁设计时采用的角焊缝抗拉、抗剪强度设计值，详见附表1-2。

当角焊缝承受斜向轴心力 N 时，如图3-33所示，N 与焊缝长度夹角为 θ，应先把 N 分解为 N_x(垂直于焊缝长度)和 N_y(平行于焊缝长度)，并求出相应的应力 σ_f 和 τ_f。

$$N_x=N\sin\theta,N_y=N\cos\theta,\sigma_f=\frac{N_x}{0.7h_fl_w},\tau_f=\frac{N_y}{0.7h_fl_w}$$

再将 σ_f 和 τ_f 代入基本公式 $\sqrt{\left(\frac{\sigma_f}{\beta_f}\right)^2+\tau_f^2}\leqslant f_f^w$，即可直接进行强度计算。也可以经过整理按下式计算：

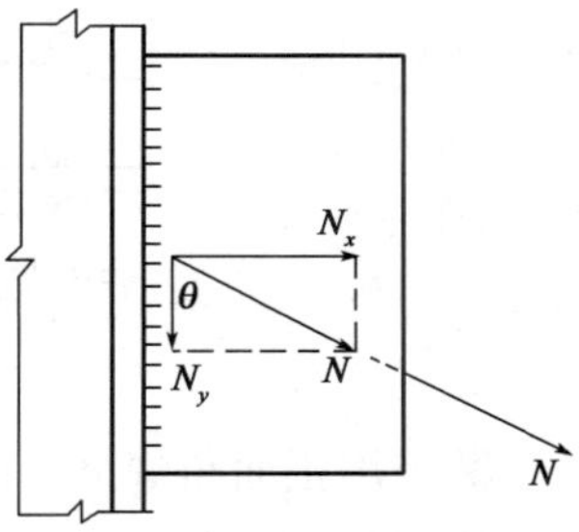

图3-33 角焊缝倾斜受力

$$\frac{N}{0.7h_fl_w\beta_{f\theta}}\leqslant f_f^w \tag{3-19}$$

式中，$\beta_{f\theta}$ 为斜向角焊缝强度增大系数，当承受静力或间接动力荷载时，由 $\beta_f=\sqrt{1.5}=1.22$，则相应的 $\beta_{f\theta}=1\Big/\sqrt{1-\frac{\sin^2\theta}{3}}$，其值在1[$\theta=0°$(侧面角焊缝受力)]与1.22[$\theta=90°$(正面角焊缝受力)]之间。当承受直接动力荷载和验算公路桥梁钢结构时，由于 $\beta_f=1.0$，相应的 $\beta_{f\theta}=1.0$。

2)常用连接方式的角焊缝计算

(1)受轴力作用焊件的拼接板连接

当焊件承受轴力作用,且轴力通过连接焊缝群形心时,焊缝有效截面上的应力可认为是均匀分布的。用拼接板将两焊件连成整体,需要计算拼接板和连接一侧(左侧或右侧)角焊缝的强度。

①采用侧面角焊缝。

如图3-34a)所示为矩形拼接板,侧面角焊缝连接。此时,外力与焊缝长度方向平行,可按式(3-20)计算:

$$\tau_f = \frac{N}{h_e \sum l_w} \leqslant f_f^w \tag{3-20}$$

式中:f_f^w——角焊缝的抗拉、抗剪强度设计值,见附表1-2,当验算公路桥梁钢结构中的焊缝强度时,采用对应的设计值f_{fd}^w;

h_e——角焊缝的有效厚度;

$\sum l_w$——连接一侧角焊缝的计算长度之和,若无设置引弧板,则为实际长度减去$2h_f$。

拼接盖板的宽度即为两条侧面角焊缝之间的距离,应根据强度条件和构造要求确定。根据强度条件,在钢材种类相同的情况下,拼接盖板的截面积应不小于被连接钢板的截面积。

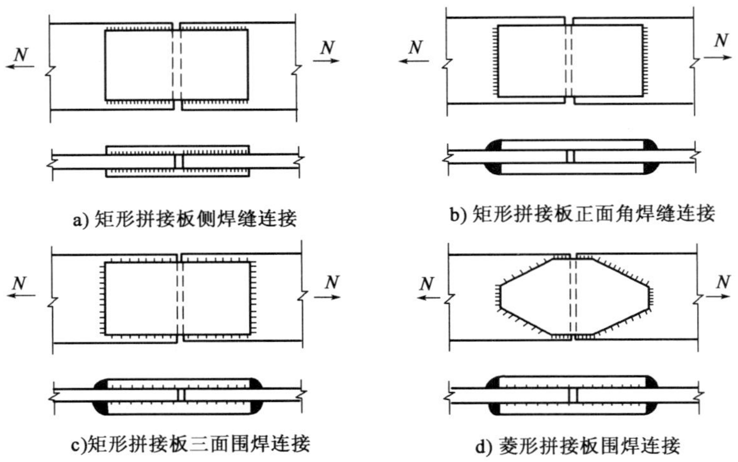

图3-34　轴心力作用下角焊缝连接

②采用正面角焊缝。

如图3-34b)所示为矩形拼接板,正面角焊缝连接。此时,外力与焊缝长度方向垂直,可按式(3-21)计算,桥梁钢结构则按式(3-22)计算,即不考虑正面角焊缝的强度增大系数。

$$\sigma_f = \frac{N}{h_e \sum l_w} \leqslant \beta_f f_f^w \tag{3-21}$$

$$\sigma_f = \frac{N}{h_e \sum l_w} \leqslant f_{fd}^w \tag{3-22}$$

③采用三面围焊缝。

如图3-34c)所示为矩形拼接板,三面围焊。由于正面角焊缝的刚度大,在较小变形时先分担内力,可先按式(3-21)或式(3-22)计算正面角焊缝所承担的内力 N_1,再由 $N_2 = N - N_1$ 按式(3-20)计算侧面角焊缝,但需注意有无引弧板的影响。

如三面围焊受直接动力荷载,或为公路桥梁钢结构,由于 $\beta_f = 1.0$,则也可按轴力由连接一侧角焊缝有效截面面积平均承担计算:

$$\frac{N}{h_e \sum l_w} \leqslant f_f^w \tag{3-23}$$

式中:$\sum l_w$——连接一侧所有焊缝的计算长度之和。

④采用菱形拼接盖板。

为使传力线平缓过渡,减小矩形拼接板转角处的应力集中,可改用菱形拼接板[图 3-34d)]。菱形拼接板正面角焊缝长度较小,为使计算简化,可忽略正面角焊缝及斜焊缝的 β_f 增大系数,不论何种荷载均按式(3-23)计算。

[例题 3-6] 试设计如图 3-35 所示一双层盖板的对接接头。已知钢板截面为 -230×14,盖板截面为 2-190×10,承受轴心力的设计值为 750kN(静力荷载),钢材为 Q235,焊条 E43 型,手工焊。

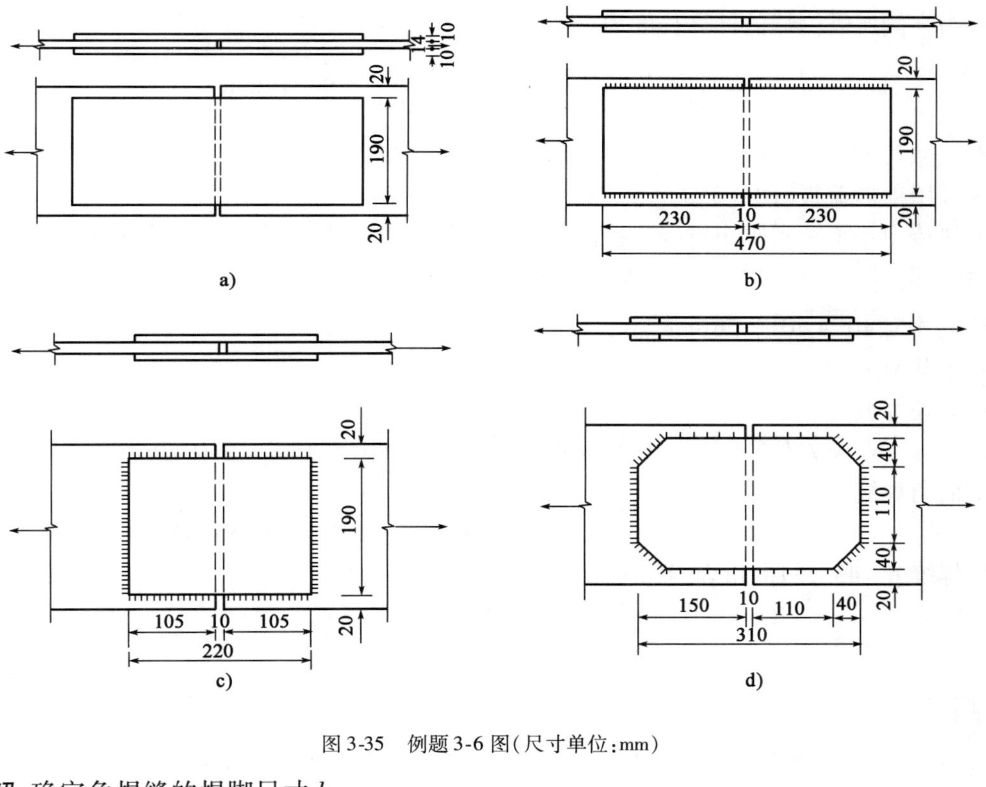

图 3-35 例题 3-6 图(尺寸单位:mm)

解:确定角焊缝的焊脚尺寸 h_f。

$$取\ h_f = 8\text{mm} \begin{cases} \leqslant h_{f\max} = t - (1 \sim 2)\text{mm} = 10\text{mm} - (1 \sim 2)\text{mm} = 8 \sim 9\text{mm} \\ < 1.2t_{\min} = 1.2 \times 10\text{mm} = 12\text{mm} \\ > h_{f\min} = 1.5\sqrt{t_{\max}} = 1.5 \times \sqrt{14} = 5.6\text{mm} \end{cases}$$

由附表 1-2 查得角焊缝强度设计值 $f_f^w = 160\text{N/mm}^2$。

①采用侧面角焊缝[图3-35b)]。

因用双层盖板,接头一侧共有4条焊缝,每条焊缝所需的计算长度为:

$$l_w=\frac{N}{4h_e f_f^w}=\frac{750\times10^3}{4\times0.7\times8\times160}=209.3(\mathrm{mm}),取\ l_w=210\mathrm{mm}$$

盖板总长 $L=(210+2\times8)\times2+10=462(\mathrm{mm})$,取 $L=470\mathrm{mm}$。

$$l_w=210\mathrm{mm}\begin{cases}<60h_f=60\times8=480(\mathrm{mm})\\>8h_f=8\times8=64(\mathrm{mm})\end{cases}$$

$$t=10\mathrm{mm}<12\mathrm{mm}\ 且\ b=190\mathrm{mm}\leqslant190\mathrm{mm}$$

$$l_w=210\mathrm{mm}>b=190\mathrm{mm}$$

满足构造要求。

②采用三面围焊[图3-35c)]。

承受静力荷载,正面角焊缝强度增大系数 $\beta_f=1.22$。

正面角焊缝所能承受最大内力为:

$$N'=2\times0.7\times h_f l'_w\beta_f f_f^w=2\times0.7\times8\times190\times1.22\times160=415\,386(\mathrm{kN})$$

接头一侧所需侧缝的计算长度为:

$$l'_w=\frac{N-N'}{4h_e f_f^w}=\frac{750\,000-415\,386}{4\times0.7\times8\times160}=93.4(\mathrm{mm})$$

盖板总长 $L=(93.4+8)\times2+10=212.8(mm)$,取 $220mm$。

③采用菱形盖板[图3-35d)]。

为使传力较平顺和减小拼接盖板四角处焊缝的应力集中,可将拼接盖板做成菱形。连接焊缝由三部分组成,取2条正面角焊缝 $l_{w1}=110mm$,4条侧焊缝 $l_{w2}=110-8=102(mm)$,4条斜焊缝 $l_{w3}=\sqrt{40^2+40^2}=56(mm)$。

其承载力分别为:

正面角焊缝

$$N_1=\beta_f h_e\sum l_w f_f^w=1.22\times0.7\times8\times2\times110\times160=240\,486(\mathrm{N})$$

侧面角焊缝

$$N_2=h_e\sum l_w f_f^w=0.7\times8\times4\times102\times160=365\,568(\mathrm{N})$$

斜焊缝 $\theta=45°$,斜向角焊缝强度增大系数为:

$$\beta_{f\theta}=1\bigg/\sqrt{1-\frac{\sin^2\theta}{3}}=1.10$$

则斜焊缝

$$N_3=h_e\sum l_w\beta_{f\theta}f_f^w=0.7\times8\times4\times56\times1.1\times160=220\,774(\mathrm{N})$$

连接一侧共能承受的内力为:

$$N_1+N_2+N_3=826.8(\mathrm{kN})>750\mathrm{kN}$$

所需拼接盖板总长:$L=(40+110)\times2+10=310(mm)$,比采用三面围焊的矩形盖板的长度有所增加,但减小了应力集中现象,改善了连接的工作性能。

(2)受轴力作用角钢的连接

钢桁架中角钢腹杆与节点板的连接一般采用两面侧焊或三面围焊，特殊情况也可采用 L 形围焊。腹杆受轴心力作用，为了避免焊缝偏心受力，焊缝所传递的合力的作用线应与角钢杆件的轴线重合。

①当采用两面侧焊连接角钢时，虽然轴心力通过角钢截面形心，但肢背焊缝和肢尖焊缝到形心的距离 $e_1 \neq e_2$［图 3-36a)］，受力大小不等。设肢背焊缝受力为 N_1，肢尖焊缝受力为 N_2，由平衡条件 $\sum M_a = 0$、$\sum M_b = 0$ 得：

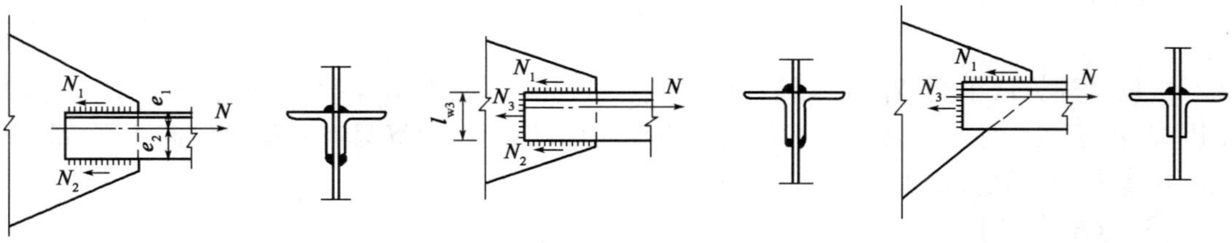

a)两面侧焊　　b)三面围焊　　c)L形焊

图 3-36　角钢角焊缝上受力分配

$$N_1 = \frac{e_2}{e_1 + e_2} N = k_1 N \tag{3-24}$$

$$N_2 = \frac{e_1}{e_1 + e_2} N = k_2 N \tag{3-25}$$

式中：k_1、k_2——角钢肢背、肢尖焊缝内力分配系数，见表 3-2。

角钢角焊缝的内力分配系数表　　表 3-2

角钢		等边角钢	不等边角钢(短边相连)	不等边角钢(长边相连)
连接情况		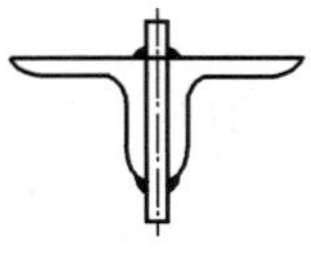	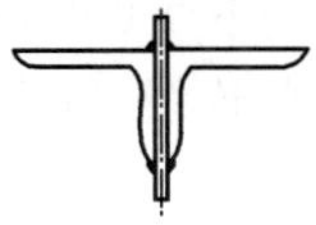	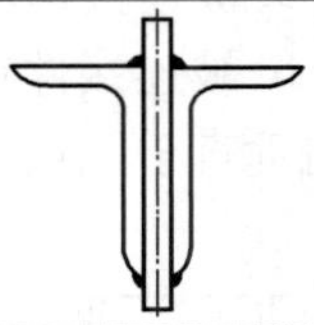
分配系数	角钢肢背 k_1	0.7	0.75	0.65
	角钢肢尖 k_2	0.3	0.25	0.35

求得各条焊缝所受轴力后，按构造要求假定肢背和肢尖焊缝的焊脚尺寸，即可对肢背、肢尖的焊缝强度进行验算：

$$\frac{N_1}{h_{e1} \sum l_{w1}} \leqslant f_f^w, \frac{N_2}{h_{e2} \sum l_{w2}} \leqslant f_f^w$$

式中：h_{e1}、h_{e2}——肢背、肢尖焊缝有效厚度；

$\sum l_{w1}$、$\sum l_{w2}$——肢背、肢尖焊缝计算长度之和，考虑到每条焊缝两端的起灭弧缺陷，计算长度为实际焊缝长度减 $2h_f$；对于绕角焊缝的侧面角焊缝计算长度等于其实际长度减去 h_f（绕角焊缝长度 $2h_f$ 不计）。

②当采用三面围焊［图 3-36b)］时，可先选定正面角焊缝的焊脚尺寸 h_f，并算出它所能承担的内力：

$$N_3 = 0.7h_f \sum l_{w3} \beta_f f_f^w$$

再通过平衡关系$\sum M_a=0$、$\sum M_b=0$,可以解得:

$$N_1=\frac{e_2N}{e_1+e_2}-\frac{N_3}{2}=k_1N-\frac{N_3}{2} \tag{3-26}$$

$$N_2=\frac{e_1N}{e_1+e_2}-\frac{N_3}{2}=k_2N-\frac{N_3}{2} \tag{3-27}$$

当杆件受力很小时,可采用L形围焊。对于L形的角焊缝[图3-36c)],同理,令式(3-27)中的$N_2=0$求得N_3后,得:

$$N_1=N-N_3 \tag{3-28}$$

根据上述方法求得N_1、N_3以后,再按式(3-17)计算侧面角焊缝,但对于三面围焊缝和L形围焊,由于在杆件端部转角处必须连续施焊,每条侧面角焊缝只有一端可能起灭弧,故每条侧面角焊缝的计算长度为实际长度减h_f。

(3)弯矩作用下角焊缝计算

当力矩作用平面与焊缝群所在平面垂直时,焊缝受弯(图3-37)。弯矩在焊缝有效截面上产生和焊缝长度方向垂直的应力σ_f,此弯曲应力呈三角形分布,边缘应力最大,图3-37b)给出焊缝有效截面,计算公式为:

$$\sigma_f=\frac{M}{W_w}=\frac{6M}{2h_el_w^2}\leqslant\beta_f f_f^w \tag{3-29}$$

式中:W_w——角焊缝有效截面的截面模量。

(4)扭矩作用下角焊缝计算

①焊缝群受扭。

当力矩作用平面与焊缝群所在平面平行时,焊缝受扭(图3-38)。计算时,采取下述假定:

a. 被连接构件是绝对刚性的,而角焊缝则是弹性的;

b. 被连接件在扭矩作用下绕焊缝有效截面的形心O旋转,焊缝有效截面上任一点的应力方向垂直于该点与形心O的连线,应力大小与其到形心距离r成正比。

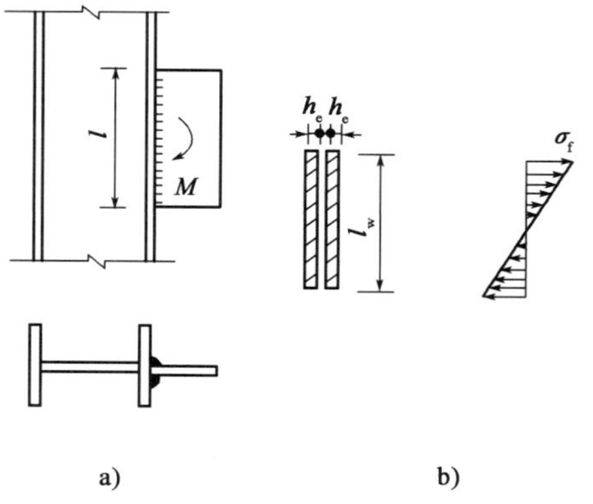

图3-37 弯矩作用时角焊缝的应力

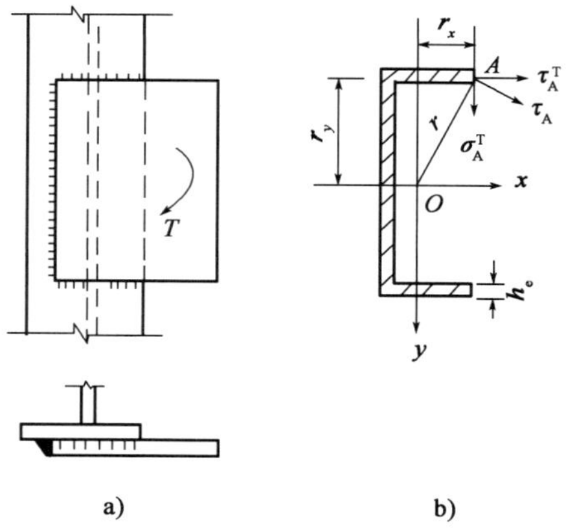

图3-38 扭矩作用时角焊缝的应力

按上述假定,焊缝有效截面上距形心最远点应力最大,为:

$$\tau_A=\frac{T\cdot r}{J} \tag{3-30}$$

式中:J——焊缝有效截面[图3-38b)]绕形心O的极惯性矩,$J=I_x+I_y$,I_x、I_y分别为焊缝有效

截面绕 x、y 轴的惯性矩；

r——距形心最远点到形心的距离；

T——扭矩设计值。

式(3-30)给出的应力与焊缝长度方向成斜角，记为 τ_A，它不便与其他应力叠加，因此，需将它分解到 x 轴方向(沿焊缝长度方向)和 y 轴方向(垂直焊缝长度方向)的分应力，即

$$\tau_A^T = \tau_A \cdot \cos\phi = \frac{T \cdot r_y}{J}$$

$$\sigma_A^T = \tau_A \cdot \sin\phi = \frac{T \cdot r_x}{J}$$

将 $\tau_f = \tau_A^T$、$\sigma_f = \sigma_A^T$ 代入式(3-13)，得：

$$\sqrt{\left(\frac{\sigma_A^T}{\beta_f}\right)^2 + (\tau_A^T)^2} \leqslant f_f^w \tag{3-31}$$

这种把角焊缝的应力分布按弹性考虑的计算方法，距形心 O 最远处的应力最大，起控制作用，而焊缝的其他部分都未充分利用，计算偏于保守。如根据应力重分布的概念进行分析计算，使焊缝的每一微段都达到角焊缝所能承受的强度设计值，则焊缝的承载能力比弹性计算方法可大大提高。因考虑应力重分布计算比较麻烦，不便应用，设计时可按上述算法，而把角焊缝的强度设计值适当提高。

②环焊缝受扭(图3-39)。

扭矩作用下，环形角焊缝有效截面只有剪应力沿切线方向(环向)作用，计算公式为：

$$\tau_f = \frac{T \cdot D}{2J} \leqslant f_f^w \tag{3-32}$$

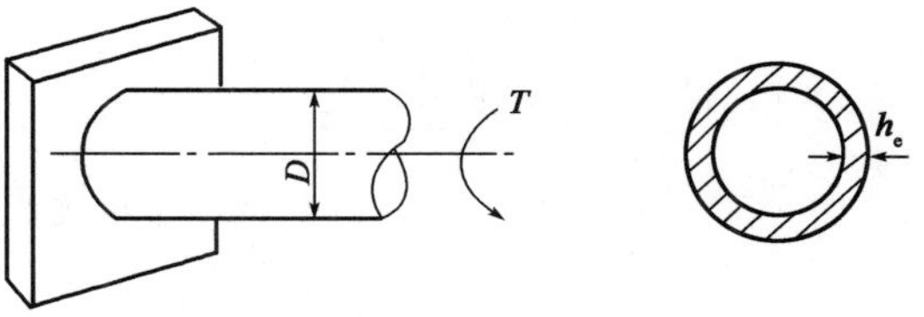

图3-39 环形焊缝受扭

式中：J——焊缝环形有效截面极惯性矩，焊缝有效厚度 $h_e < 0.1D$ 时，$J \approx 0.25\pi h_e D^3$；

D——可近似地取为管的外径。

(5)弯矩、剪力、轴力共同作用下角焊缝计算

将连接(图3-40)所受水平力 N，垂直力 V 平移到焊缝群形心，得到一弯矩 $M = V \cdot e$，剪力 V 和轴力 N。弯矩 M 作用下，焊缝有效截面上的应力为三角形分布，方向与焊缝长度方向垂直。剪力 V 在焊缝有效截面上产生沿焊缝长度方向均匀分布的应力。轴力 N 产生垂直于焊缝长度方向、均匀分布的应力。三种应力状态叠加后，危险点 A 的受力状态如图3-40所示。

$$\sigma_A^M = \frac{M}{W_w} = \frac{6M}{2h_e l_w^2};\tau_A^V = \frac{V}{2h_e l_w};\sigma_A^N = \frac{N}{2h_e l_w}$$

在公式(3-13)中代入 $\sigma_f = \sigma_A^M + \sigma_A^N$ 和 $\tau_f = \tau_A^V$，焊缝计算公式为：

$$\sqrt{\left(\frac{\sigma_A^M + \sigma_A^N}{\beta_f}\right)^2 + (\tau_A^V)^2} \leqslant f_f^w \tag{3-33}$$

(6)扭矩、剪力、轴力共同作用下角焊缝计算

扭矩、剪力和轴力共同作用的角焊缝(图3-41)中，计算步骤如下：

①求出焊缝有效截面的形心 O(图3-41)；

②将连接所受外力平移到形心 O，得一扭矩 $T = V(a + e)$，剪力 V，轴力 N；

③计算 T、V、N 单独作用下危险点 A 的应力：

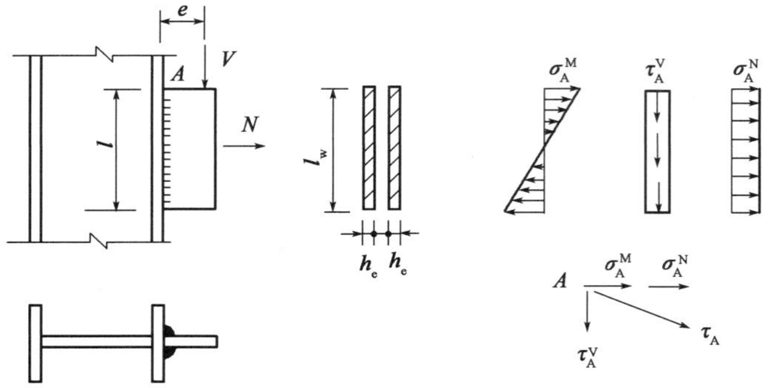

图 3-40 受弯、受剪、受轴心力的角焊缝应力

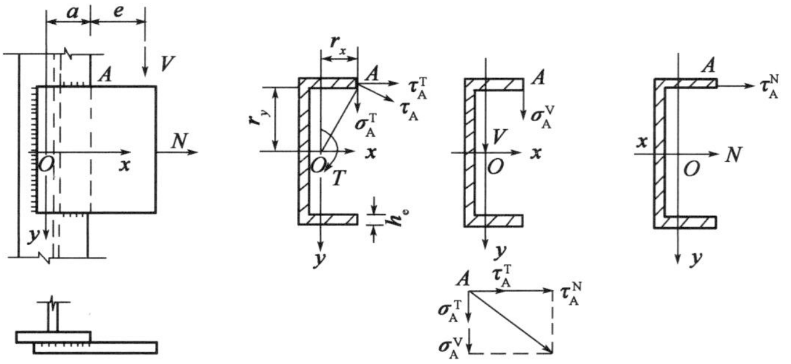

图 3-41 受扭、受剪、受轴心力的角焊缝应力

$$\sigma_A^V = \frac{V}{h_e \sum l_w};\tau_A^N = \frac{N}{h_e \sum l_w};\tau_A^T = \frac{T \cdot r_y}{J};\sigma_A^T = \frac{T \cdot r_x}{J}$$

④验算危险点焊缝强度：

$$\sqrt{\left(\frac{\sigma_A^T + \sigma_A^V}{\beta_f}\right)^2 + (\tau_A^T + \tau_A^V)^2} \leqslant f_f^w \tag{3-34}$$

上述计算过程中，假定轴心力产生的应力均匀分布。实际上，在如图 3-41 所示轴心力作用下，水平焊缝为正面角焊缝，而竖直焊缝为侧面角焊缝，由于正面角焊缝与侧面角焊缝刚度不同，两者单位长度分担的应力不同，前者较大，后者较小。水平轴力 N 作用时也存在同样的问题。假设轴心力产生的应力为平均分布，与前面基本公式推导中，考虑焊缝方向的方法不符。同样，在确定形心位置以及计算扭矩作用下所产生的应力时，也没有考虑焊缝方向，只是最后验算式中引进了系数 β_f，因此，上面的计算方法具有一定的近似性。

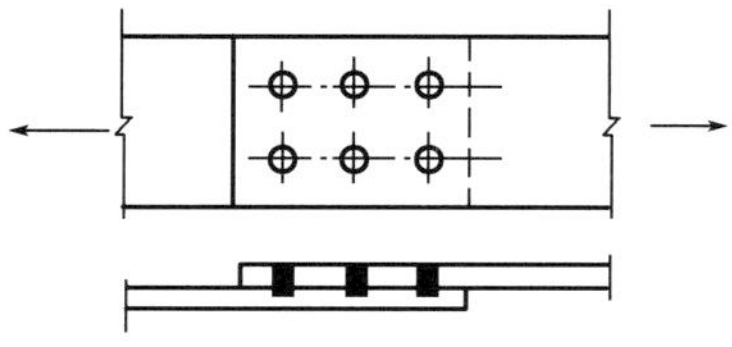

图 3-42 塞焊

(7)塞焊计算(图 3-42)

塞焊设计公式为：

$$\frac{4N}{n\pi d^2} \leqslant f_f^w \tag{3-35}$$

式中：n——塞焊点数；

d——孔径。

值得注意的是，上述计算过程中凡涉及正面角焊缝，在计算正面角焊缝所承受的内力时，对于承受直接动力荷载的构件，或是桥梁钢结构构件应取 $\beta_f = 1.0$，且外力 N 应计入钢结构桥

梁的重要性系数 γ_0。

[例题3-7] 试确定如图3-43所示承受静态轴心力的三面围焊连接的承载力及肢尖焊缝长度。已知角钢为2L125×10，与厚度为8mm的节点板连接，其搭接长度为300mm，焊脚尺寸 $h_f=8\text{mm}$，钢材为Q235-B，手工焊，焊条为E43型。

解：角焊缝强度设计值 $f_f^w=160\text{N/mm}^2$。由表3-2知焊缝内力分配系数为 $k_1=0.70$，$k_2=0.30$。正面角焊缝的长度等于相连角钢肢的宽度，即 $l_{w3}=b=125\text{mm}$。则正面角焊缝所能承受的内力 N_3 为：

$$N_3=2h_e l_{w3}\beta_f f_f^w=2\times0.7\times8\times125\times1.22\times160=273.3(\text{kN})$$

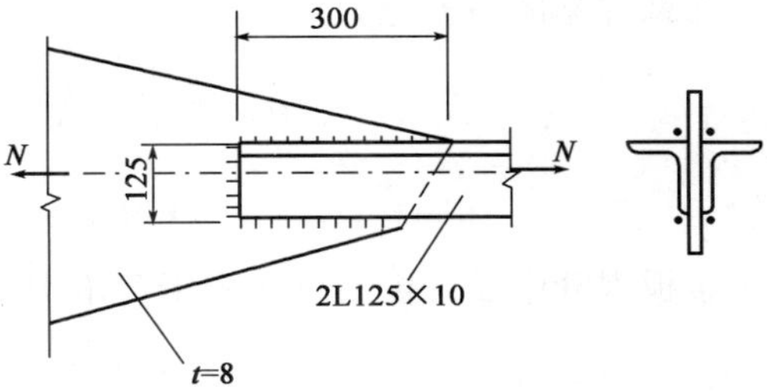

图3-43 例题3-7图（尺寸单位：mm）

肢背角焊缝所能承受的内力 N_1 为：

$$N_1=2h_e l_w f_f^w=2\times0.7\times8\times(300-8)\times160=523.3(\text{kN})$$

由式(3-26)知：

$$N_1=k_1N-\frac{N_3}{2}=0.70N-\frac{273.3}{2}=523.3(\text{kN})$$

则：

$$N=\frac{523.3+136.6}{0.70}=942.7(\text{kN})$$

由式(3-27)计算肢尖焊缝承受的内力 N_2 为：

$$N_2=k_2N-\frac{N_3}{2}=0.30\times942.7-136.6=146.2(\text{kN})$$

由此可算出肢尖焊缝所要求的实际长度为：

$$l'_{w2}=\frac{N_2}{2h_e f_f^w}+h_f=\frac{146.2\times10^3}{2\times0.7\times8\times160}+8=89.6(\text{mm})$$

由计算知该连接的承载力 $N\approx943\text{kN}$，肢尖焊缝长度应为90mm。

[例题3-8] 试验算如图3-44a)所示牛腿与钢柱连接角焊缝的强度。钢材为Q235，焊条为E43型，手工焊。荷载设计值 $N=365\text{kN}$，偏心距 $e=350\text{mm}$，焊脚尺寸，$h_{f1}=8\text{mm}$，$h_{f2}=6\text{mm}$。图3-44b)为焊缝有效截面。

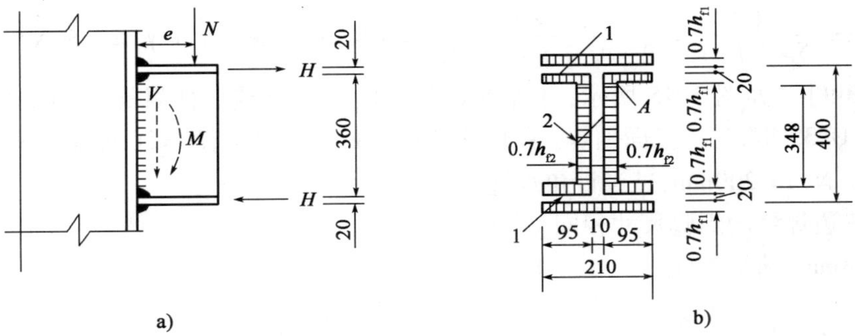

图3-44 工字形牛腿角焊缝计算（尺寸单位：mm）

解:将 N 移至角焊缝形心处会引起剪力:$V=N=365\text{kN}$,弯矩 $M=Ne=365\times0.35=127.8$($\text{kN}\cdot\text{m}$)。

①考虑腹板焊缝参加传递弯矩的计算方法。

全部焊缝有效截面对中和轴的惯性矩为:

$$I_w=2\times\frac{4.2\times348^3}{12}+2\times200\times5.6\times\left(\frac{400}{2}+\frac{5.6}{2}\right)^2++4\times95\times5.6\times\left(\frac{348}{2}+\frac{5.6}{2}\right)^2$$

$$=1.88\times10^8(\text{mm}^4)$$

翼缘焊缝的最大应力:

$$\sigma_{f1}=\frac{M}{I_w}\cdot\frac{h}{2}=\frac{127.8\times10^6}{1.88\times10^8}\times205.6$$

$$=139.8<\beta_f f_f^w=1.22\times160=195(\text{N/mm}^2)$$

腹板焊缝中设计控制点 A 由于弯矩 M 引起的应力:

$$\sigma_{f2}=\frac{174}{205.6}\times139.8=118.3(\text{N/mm}^2)$$

由于剪力 V 在腹板焊缝中产生的平均剪应力:

$$\tau_f=\frac{V}{\sum(h_e l_{w2})}=\frac{365\times10^3}{2\times0.7\times6\times348}=124.9(\text{N/mm}^2)$$

则腹板焊缝的强度(A 点为设计控制点)为:

$$\sqrt{\left(\frac{\sigma_{f2}}{\beta_f}\right)^2+(\tau_f)^2}=\sqrt{\left(\frac{118.3}{1.22}\right)^2+124.9^2}=159.12(\text{N/mm}^2)\leqslant f_f^w=160\text{N/mm}^2$$

②按不考虑腹板焊缝传递弯矩的计算方法。

翼缘焊缝所承受的水平力:

$$H=\frac{M}{h}=\frac{127.8\times10^6}{384}=332.8\text{kN}(h\text{ 值近似取为翼缘中线间距离})$$

翼缘焊缝的强度:

$$\sigma_f=\frac{H}{h_{e1}l_{w1}}=\frac{332.8\times10^3}{0.7\times8\times(200+2\times95)}=152.4(\text{N/mm}^2)<\beta_f f_f^w=195\text{N/mm}^2$$

腹板焊缝的强度:

$$\tau_f=\frac{V}{\sum(h_e l_{w2})}=\frac{365\times10^3}{2\times0.7\times6\times348}=124.9(\text{N/mm}^2)<f_f^w=160\text{N/mm}^2$$

[**例题 3-9**] 如图 3-45 所示,计算支托与柱的连接焊缝。柱翼缘板和支托板厚度 $t=12\text{mm}$,材料 Q235 钢,与柱三面围焊,手工焊。采用 E4311 焊条,$l_1=200\text{mm}$,$l_2=400\text{mm}$,作用力 $F=2\times10^5\text{N}$,$a=200\text{mm}$,试设计角焊缝。

解:设三边焊缝的焊脚尺寸相同。

取 $h_f=8\text{mm}$,满足条件:

$$h_f=8\text{mm}\begin{cases}>h_{f\min}=1.5\sqrt{t_{\max}}=1.5\sqrt{12}=5.2\text{mm}\\<f_{f\max}=t-(1\sim2)\text{mm}=12\text{mm}-(1\sim2)\text{mm}=10\sim11\text{mm}\end{cases}$$

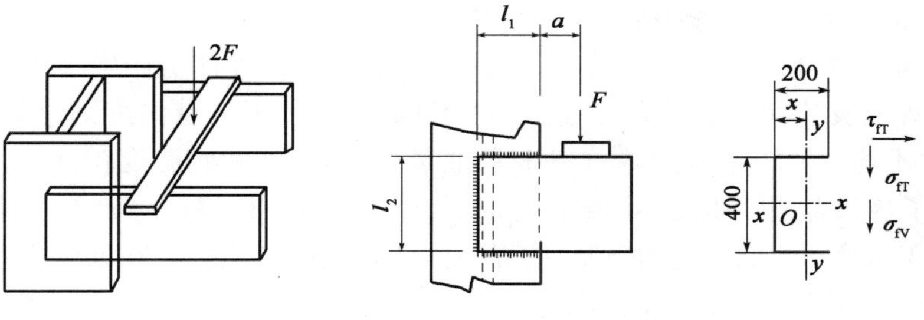

图 3-45 例题 3-9 图(尺寸单位:mm)

每条焊缝的计算长度均满足大于 $8h_f$ 和小于 $60h_f$ 的要求。

①几何特性计算。

确定焊缝重心 O 的坐标为 $\bar{x}=\dfrac{2\times0.7\times8\times192\times192/12}{0.7\times8\times(400+2\times192)}=47(\mathrm{mm})$

$$I_{wx}=0.7\times8\times(400^3/12+2\times192\times200^2)=1.16\times10^8(\mathrm{mm}^4)$$

$$I_{wy}=0.7\times8\times[400\times47^2+2\times192^3/12+2\times192\times(192/2-47)^2]=1.67\times10^7(\mathrm{mm}^4)$$

$$I_0=I_{wx}+I_{wy}=1.16\times10^8+1.67\times10^7=1.327\times10^8(\mathrm{mm}^4)$$

②内力计算。

$$T=Fe=F(a+l_1-x)=2\times10^5\times(200+200-47)=7.06\times10^7(\mathrm{N\cdot mm})$$

$$V=F=2\times10^5\mathrm{N}$$

③焊缝验算。

$$\tau_{fT}=\frac{Tr_y}{I_o}=\frac{7.06\times10^7\times200}{1.327\times10^8}=106(\mathrm{N/mm^2})$$

$$\sigma_{fT}=\frac{Tr_x}{I_o}=\frac{7.06\times10^7\times(192-47)}{1.327\times10^8}=77(\mathrm{N/mm^2})$$

$$\sigma_{fV}=\frac{V}{h_el_w}=\frac{2\times10^5}{0.7\times8\times(400+2\times192)}=46(\mathrm{N/mm^2})$$

则有:

$$\sqrt{\left(\frac{\sigma_{fT}+\sigma_{fV}}{\beta_f}\right)^2+(\tau_{fT})^2}\leqslant\sqrt{\left(\frac{77+46}{1.22}\right)^2+106^2}=146(\mathrm{N/mm^2})\leqslant f_f^w=160\mathrm{N/mm^2}(\text{可靠})$$

3.5 焊接残余应力和焊接残余变形

3.5.1 焊接残余应力的分类和产生的原因

焊接过程是一个先局部加热,然后再冷却的过程。焊件在焊接时产生的变形称为热变形,焊件冷却后产生的变形称为焊接残余变形,这时焊件中的应力称为焊接残余应力。焊接残余应力有纵向焊接残余应力、横向焊接残余应力和厚度方向的残余应力,这些应力都是由焊接加热和冷却过程中不均匀收缩变形引起的。

1)纵向焊接残余应力

焊接过程是一个不均匀加热和冷却的过程。在施焊时,焊件上产生不均匀的温度场,如图3-46所示,焊缝及其附近温度最高,达1 600℃以上,其邻近区域温度则急剧下降。不均匀的温度场产生不均匀的膨胀,高温处的钢材膨胀最大,但受到两侧温度较低、膨胀较小的钢材的限制,产生了热状态塑性压缩。焊缝冷却时,被塑性压缩的焊缝区趋向于缩得比原始长度稍短,这种缩短变形受到两侧钢材的限制,使焊缝区产生纵向拉应力。在低碳钢和低合金钢中,这种拉应力经常会达到钢材的屈服强度。

焊接残余应力是一种在没有外荷载作用下的内应力,因此,会在焊件内部自相平衡。这就必然在距焊缝稍远区段内产生压应力。如用三块板焊成的工字形截面,焊接残余应力的分布如图3-47所示。

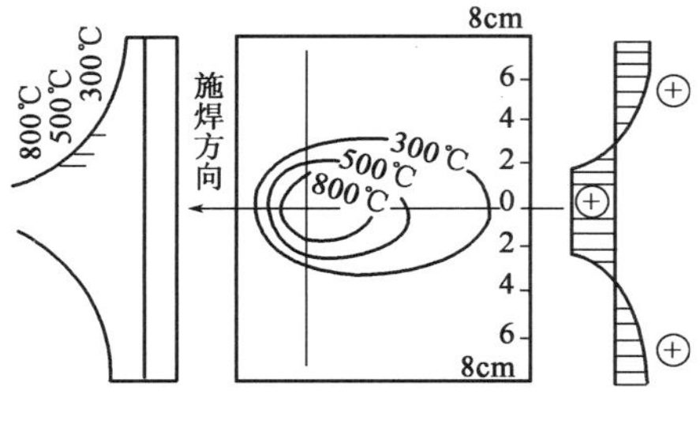

图3-46 焊接时焊缝附近的温度场

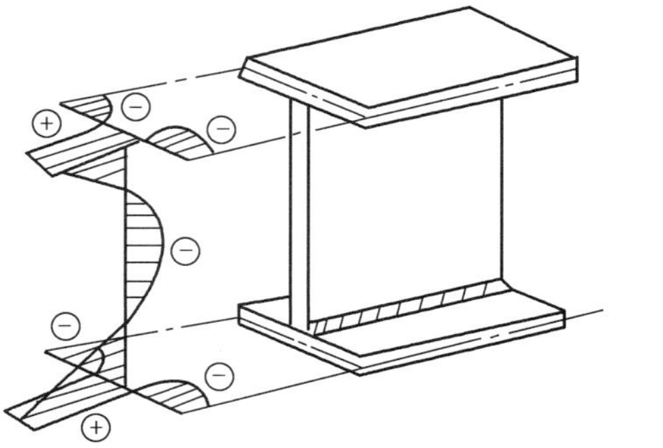

图3-47 焊缝纵向的残余应力

2)横向焊接残余应力

横向焊接残余应力产生的原因有二:一是由于焊缝纵向收缩,两块钢板趋向于形成反方向的弯曲变形,但实际上焊缝将两块钢板连成整体,不能分开,于是在焊缝中部产生横向拉应力,而在两端产生横向压应力[图3-48a)];二是焊缝在施焊过程中,先后冷却的时间不同,先焊的焊缝已经凝固,且具有一定的强度,会阻止后焊焊缝在横向的自由膨胀,使其发生横向的塑性压缩变形。当先焊部分冷却时,中间焊缝部分逐渐冷却,后焊部分开始冷却。后焊焊缝的收缩受到已凝固的焊缝限制而产生横向拉应力,同时在先焊部分的焊缝内产生横向压应力。由杠杆原理可知,横向残余应力分布如图3-48b)所示。

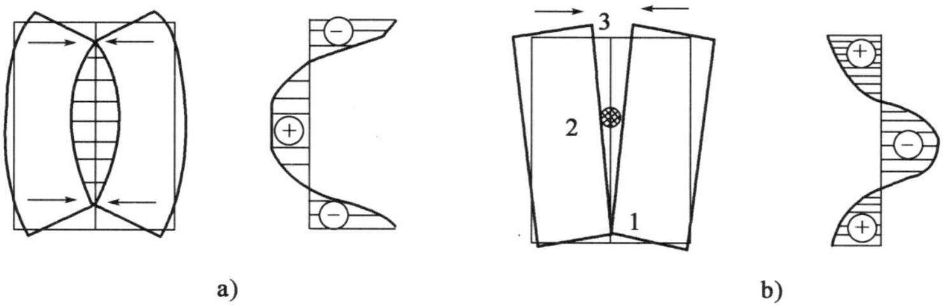

a) b)

图3-48 焊缝的横向残余应力

横向收缩引起的横向应力与施焊方向和先后次序有关(图3-49)。焊缝的横向残余应力是上述两种原因产生的应力合成的结果,如图3-49d)所示就是图3-49a)和图3-49b)应力合成的结果。

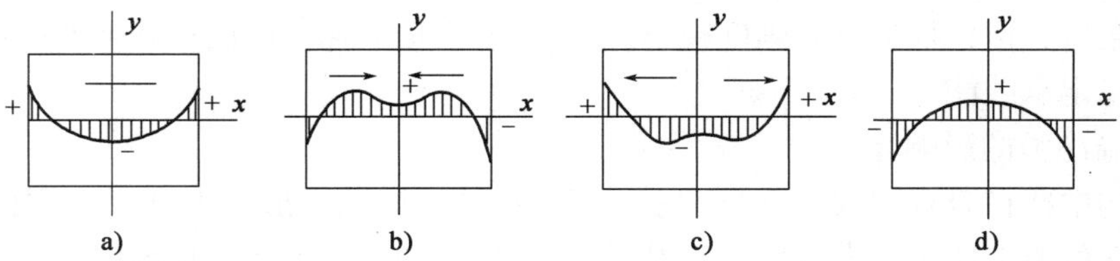

图 3-49 不同施焊方向时的横向残余应力

3）沿焊缝厚度方向的残余应力

在厚钢板的连接中，焊缝需要多层施焊。因此，除有纵向和横向焊接残余应力 σ_x、σ_y 外，还存在着沿钢板厚度方向的焊接残余应力 σ_z（图 3-50）。这三种应力形成比较严重的同号三轴应力，大大降低结构连接的塑性。

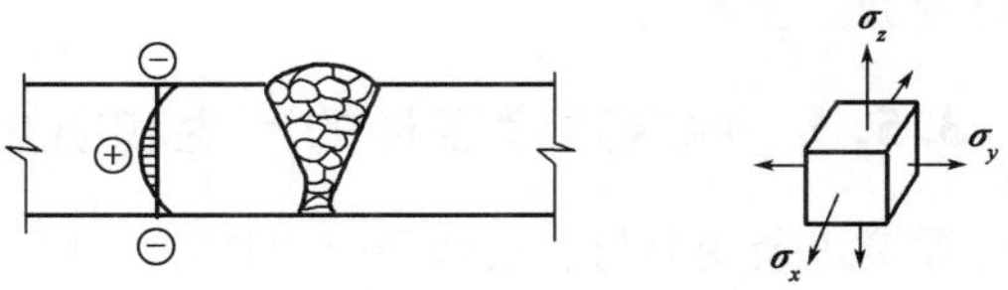

图 3-50 厚度方向的焊接应力

3.5.2 焊接残余应力的影响

1）对结构静力强度的影响

在静力荷载作用下，由于钢材具有一定塑性，焊接残余应力不会影响结构强度。因为当焊接残余应力加上外力引起的应力达到屈服点后，应力不再增大，外力由弹性区域承担，直到全截面达到屈服点为止。这一点可由图 3-51 做简要说明。

当构件无残余应力时，由图 3-51a）知其承载力为 $N = htf_y$；当构件有残余应力时，图 3-51b）给出了纵向残余应力的分布情况。当施加轴心拉力时，板中残余应力已达屈服强度 f_y 的塑性区域内的应力不再增大，外力 N 仅由弹性区域承担，焊缝两侧受压区的应力由原来的受压逐渐变为受拉，最后应力也达到 f_y。由于焊接残余应力在焊件内部自相平衡，残余压应力的合力必然等于残余拉应力的合力，其承载力仍为 $N = htf_y$。所以，有残余应力焊件的承载能力和没有残余应力的完全相同，可见残余应力不影响结构的静力强度。

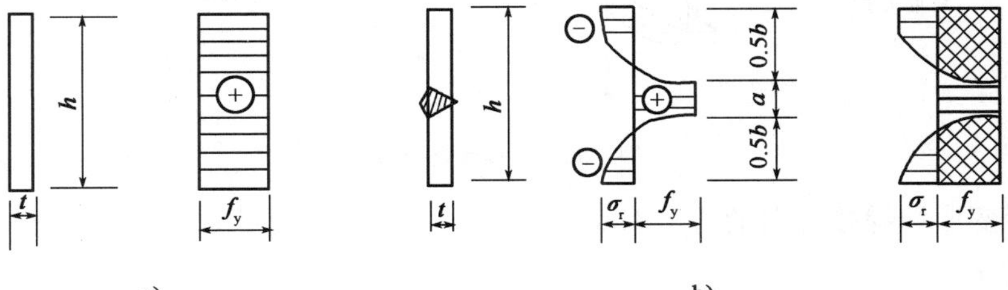

图 3-51 残余应力对静力强度的影响

2）对结构刚度的影响

焊接残余应力会降低结构的刚度。对无残余应力的轴心拉杆［图 3-51a）］，在拉力 N 作用下的应变为：$\varepsilon_0 = N/(htE)$；对有残余应力的轴心拉杆［图 3-51b）］，截面中部塑性区仅发生变形而不再承担外力，外力由两侧的弹性区承担（宽度 $b < h$），在拉力 N 作用下的应变为：$\varepsilon_1 = N/(btE)$。当拉力 N 相同时，$\varepsilon_1 < \varepsilon_0$，即残余应力使构件的变形增大，刚度降低。

3）对压杆稳定的影响

焊接残余应力使压杆的挠曲刚度减小，抵抗外力增量的弹性区面积和弹性区惯性矩减小，从而降低其稳定承载能力。

4）对低温冷脆的影响

焊接结构中存在着双向或三向同号拉应力场，材料塑性变形的发展受到限制，使材料变脆。特别是在低温下使裂纹容易发生和发展，更加速了构件的脆性破坏倾向。

5）对疲劳强度的影响

由第 2 章第 2.3 节对焊接结构疲劳应力幅的分析可知，焊缝及近旁高额的焊接残余拉应力对疲劳强度不利。

3.5.3 焊接残余变形的产生和防止

焊接残余变形与焊接残余应力相伴而生。在焊接过程中，由于焊缝的收缩变形，构件总要产生一些局部的鼓起、歪曲、弯曲或扭曲等，包括纵向收缩、横向收缩、角变形、弯曲变形、扭曲变形和波浪变形等（图 3-52）。这些变形应满足《钢结构工程施工质量验收规范》（GB 50205—2011）的规定，否则必须加以矫正，以保证构件的承载力和正常使用。

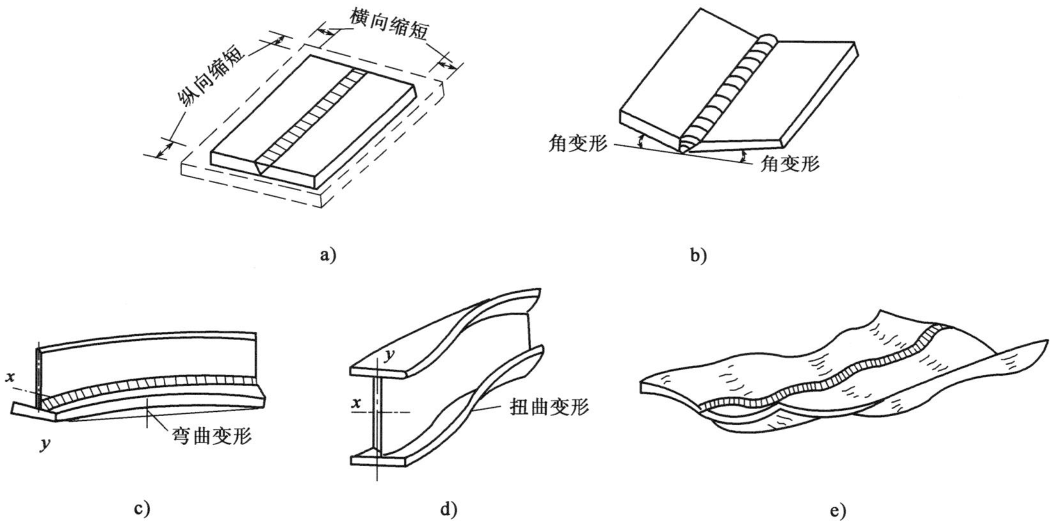

图 3-52　焊接残余变形

减少焊接变形和焊接应力的方法有：

1）设计措施

（1）尽可能使焊缝对称于构件截面的中性轴，以减小焊接变形，如图 3-53a）和图 3-53b）所示。

（2）采用适宜的焊脚尺寸和焊缝长度［图 3-53c）、d）］。

（3）焊缝不宜过分集中，当几块钢板交汇一处进行连接时，应采取图 3-53e）的方式。如采用图 3-53f）的方式，由于热量高度集中，会引起过大的焊接变形，同时焊缝及主体金属也会发生组织改变。

（4）尽量避免两条或三条焊缝垂直交叉。例如梁腹板加劲肋与腹板及翼缘的连接焊缝应中断,以保证主要的焊缝(翼缘与腹板的连接焊缝)连续通过[图 3-53g)、h)]。

(5)尽量避免在母材厚度方向的收缩应力[图 3-53j)],应采用图 3-53i)的形式。

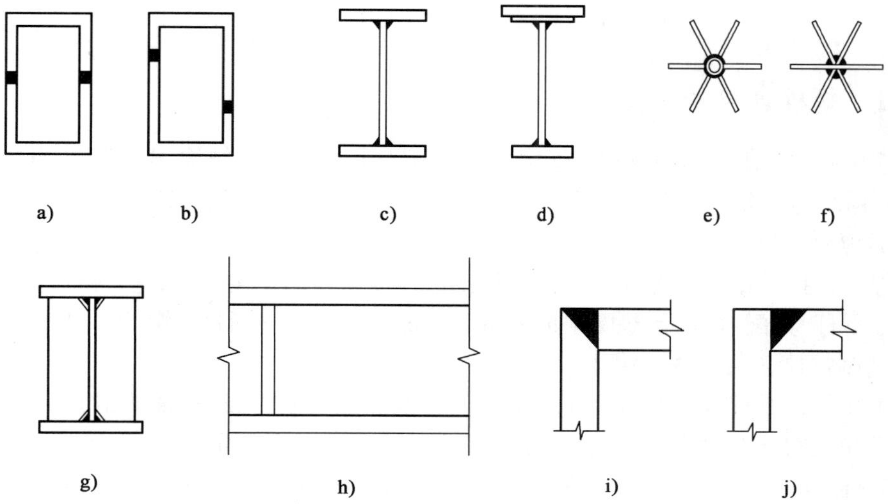

图 3-53 减小焊接应力和变形影响的设计措施

2)工艺措施

(1)采取合理的焊接次序,如钢板对接时采用分段焊[图 3-54a)],厚度方向分层焊[图 3-54b)],工字形截面采用对角跳焊[图 3-54c)],钢板分块拼焊[图 3-54d)]。

(2)施焊前给构件一个和焊接变形相反的预变形,使构件在焊接后产生的焊接变形与之正好抵消[图 3-55a)、b)]。这种方法可以减少焊接后的变形量,但不会根除焊接应力。

(3)对于小尺寸焊件,施焊前预热或施焊后回火(加热至 600℃左右),然后缓慢冷却,可以消除焊接残余应力。或对构件进行锤打,可减小焊接残余应力。另外,也可采用机械方法或氧-乙炔局部加热反弯[图 3-55c)]以消除焊接变形。

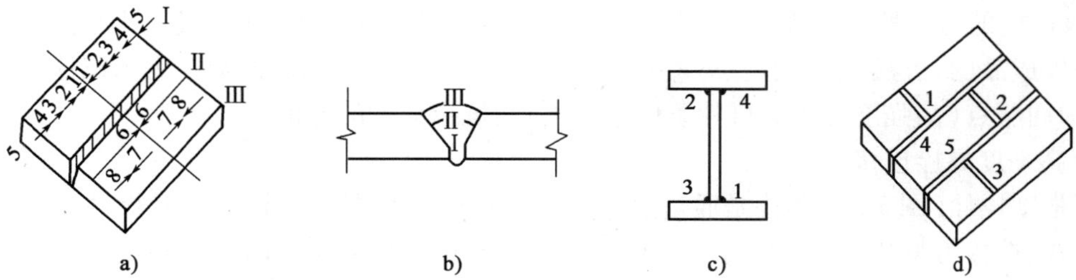

图 3-54 合理的焊接次序

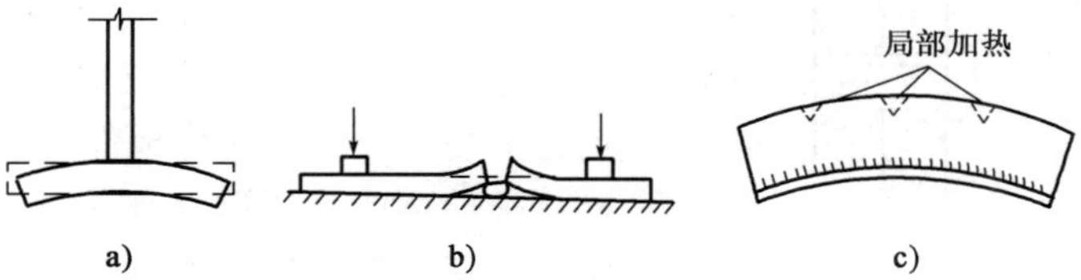

图 3-55 减少焊接残余变形的措施

3.6 螺栓连接

3.6.1 螺栓连接的分类

螺栓连接通常应用于结构的安装连接,需要周转使用的装拆式结构,以及钢结构与混凝土基础或墩台的锚固连接等。螺栓由螺杆和螺母所组成,有普通螺栓连接和高强度螺栓连接两大类。

1)普通螺栓连接

普通螺栓连接是用普通螺栓将构件或板部件连成整体的连接方式,它是由墩粗的头部、带螺纹的圆柱形杆身,配合螺母、垫圈组成并可拆卸的紧固件。普通螺栓分为A、B、C三级,A级与B级为精制螺栓,C级为粗制螺栓。

A级和B级精制螺栓的杆身在车床上经过切削加工精制而成,表面光滑,尺寸精确;螺栓孔是在装配好的构件上钻成或用钻模钻成(称为I类孔),成孔质量要求高,孔壁光滑,对孔准确,孔径与螺栓杆径相等(但分别允许正负公差)。A级螺栓是栓径$d \leqslant 24\text{mm}$、栓长$l \leqslant 150\text{mm}$及$10d$的螺栓(d、l分别为螺杆的公称直径与长度),而B级螺栓是栓径$d > 24\text{mm}$、$l > 150\text{mm}$及$10d$的螺栓。A、B级精制螺栓由于具有较高的精度,因而受剪性能好,连接变形小,抗疲劳性能较好,可以用在直接承受动力荷载的重要结构的普通螺栓连接上;但制作和安装复杂,价格较高,现很少在钢结构中使用。

C级粗制螺栓用未加工的圆钢压制而成,杆身粗糙,螺栓孔是在单个零件上一次冲成或不用钻模钻成(称为II类孔),孔径d_0比螺栓杆直径d大1.5~3mm。由于螺栓杆与孔壁之间有较大的间隙,承受剪力作用时,将会产生较大的剪切滑移,连接变形大;但采用C级螺栓的连接,安装方便,且能有效地传递拉力,故一般可用于沿螺栓杆轴受拉的连接,以及次要结构的抗剪连接或安装过程的临时固定。

螺栓的性能统一用材料性能等级来表示,A、B级精制螺栓的料性能等级有5.6级或8.8级,C级螺栓的材料性能等级有4.6级或4.8级。螺栓的性能等级"$m.n$级",小数点前的数字表示螺栓成品的抗拉强度不小于$m \times 100\text{N/mm}^2$,小数点及小数点后的数字表示螺栓材料的屈强比,即屈服点(高强度螺栓取材料条件屈服点)与抗拉强度的比值。

2)高强度螺栓连接

高强度螺栓(图3-56)连接是通过对高强度螺栓施加紧固轴力将构件或板件连成整体的连接方式,按传力特征可分为摩擦型连接和承压型连接两种类型。高强度螺栓摩擦型连接依靠高强度螺栓的紧固,在被连接件之间产生摩擦阻力来传递剪力,在受剪设计时,以剪力达到摩擦力为承载能力的极限状态,为了提高摩擦阻力,对被连接件的接触面应进行处理。高强度螺栓承压型连接依靠螺栓杆抗剪和螺杆与孔壁承压来传递剪力,受剪时,允许板件间发生相对滑移,以螺栓杆被剪坏或承压破坏作为连接承载能力的极限状态。承压型连接的承载力比摩擦型连接高,可节约螺栓,但剪切变形大;摩擦型连接的剪切变形小,

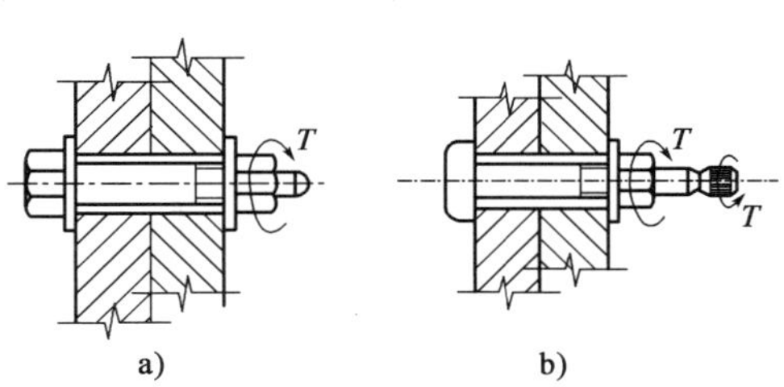

图3-56 高强度螺栓

弹性性能好,施工较简单,可拆卸,耐疲劳。

因此,高强度螺栓连接与普通螺栓连接的主要区别在于当承受剪力时,普通螺栓连接依靠杆身承压和螺栓抗剪传递剪力,而高强度螺栓连接除了材料强度高之外,还在扭紧螺母时给螺栓施加很大的预拉力,使被连接构件的接触面之间产生挤压力,从而沿接触面产生很大的摩擦力,这种摩擦力对外力的传递有很大的影响。

高强度螺栓由一个螺栓、一个螺母、两个垫圈组成,其全称为高强度螺栓连接副。连接副中所有材料均是同一批生产,并且用同一热处理工艺处理。高强度螺栓一般采用45号钢、40B钢和20MnTib钢加工而成,性能等级包括8.8级和10.9级两种,桥梁钢结构中以10.9级为主。

高强度螺栓承压型连接的螺栓孔径 d_0 比螺栓公称直径 d 大1.0~1.5mm;由于高强度螺栓摩擦型连接以被连接板件产生滑移前的摩擦阻力被克服作为承载极限状态,即由于预紧力的作用不会发生板件的相对滑移,因此,对螺栓孔径要求可适当放松,d_0 比 d 大1.5~2.0mm。

3)螺栓图例

在钢结构施工图中需要将螺栓、螺栓孔的施工要求,用图形表示清楚,以免引起混淆,常用螺栓及其孔眼图见表3-3。

螺 栓 连 接 表3-3

名称	永久螺栓	高强度螺栓	安装螺栓	圆形螺栓孔	长圆形螺栓孔
图例	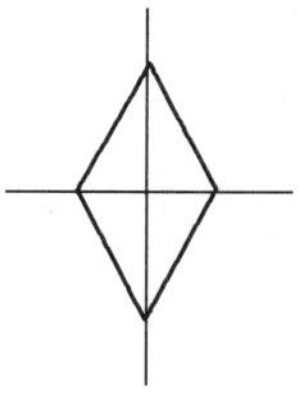	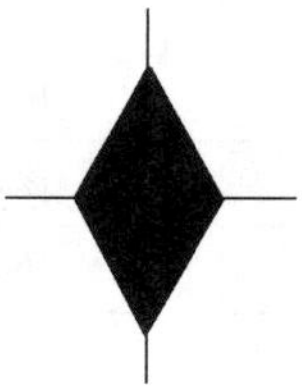	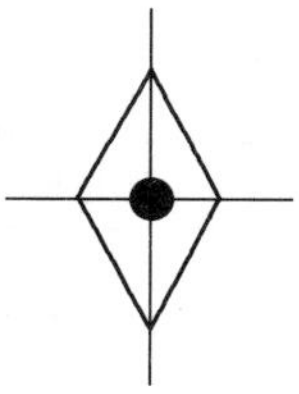	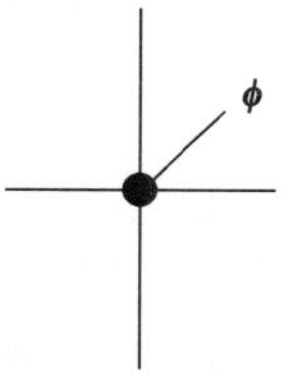	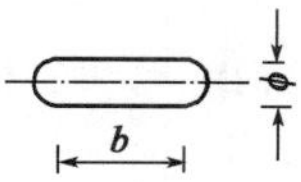

3.6.2 螺栓的排列

螺栓在构件上的排列可以是并列或错列两种形式,并列[图3-57a)]排列简单整齐,所用连接尺寸小,但由于螺栓孔的存在,对构件截面的削弱较大;错列[图3-57b)]可以减小螺栓孔对截面的削弱,但螺栓孔排列不如并列紧凑,连接板尺寸较大。总的来说,螺栓的排列应力求简单、统一而紧凑,同时应考虑下列要求。

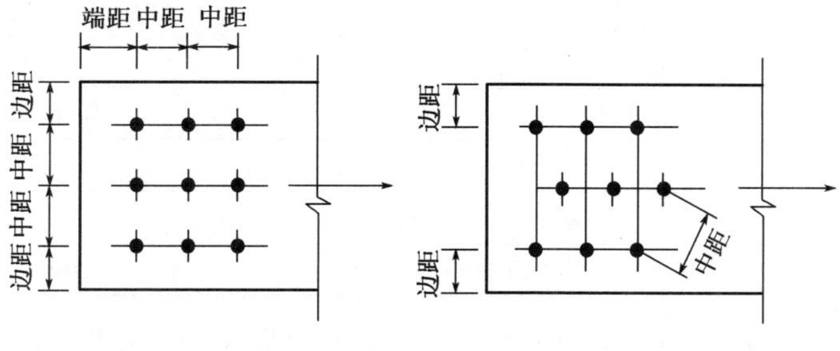

a) b)

图3-57 钢板上螺栓的排列

1)受力要求

对于受拉构件,在垂直于作用力方向,各排螺栓的中距及边距不应过小,以免使螺栓周围应力集中相互影响,且使钢板截面削弱太多,构件有可能沿直线或折线发生净截面破坏。对于受压构件,沿作用力方向螺栓中距不应过大,否则被连接的板件间容易发生凸曲现象;端距应按被连接件材料的抗压及抗剪切等强度条件确定,以使钢板在端部不致被螺栓撕裂。因此,从受力角度应规定螺栓的最大和最小容许间距。

2)构造要求

若螺栓的中距和端距过大,则构件接触面不够紧密,潮气易侵入缝隙而产生腐蚀,所以,构造上要规定螺栓的最大容许间距。

3)施工要求

为便于转动螺栓扳手,就要保证一定的作业空间。所以,施工上要规定螺栓的最小容许间距。

根据以上要求,《钢结构设计规范》和《公路钢结构桥梁设计规范》分别给出了钢板上螺栓的排列要求,见表3-4。选取时,应根据钢结构工程实际所属领域选择相应的参数。

《钢结构设计规范》中螺栓最大、最小容许间距 表3-4a)

<table>
<tr><th>名称</th><th colspan="3">位置和方向</th><th>最大容许距离
(取两者的较小值)</th><th>最小容许间距</th></tr>
<tr><td rowspan="5">中心间距</td><td colspan="3">外排(垂直内力或顺内力方向)</td><td>$8d_0$ 或 $12t$</td><td rowspan="5">$3d_0$</td></tr>
<tr><td rowspan="3">中间排</td><td colspan="2">垂直内力方向</td><td>$16d_0$ 或 $24t$</td></tr>
<tr><td rowspan="2">顺内力方向</td><td>受压</td><td>$12d_0$ 或 $18t$</td></tr>
<tr><td>受拉</td><td>$16d_0$ 或 $24t$</td></tr>
<tr><td colspan="3">沿对角线方向</td><td>—</td></tr>
<tr><td rowspan="4">中心至
构件边缘
距离</td><td colspan="3">顺内力方向</td><td rowspan="4">$4d_0$ 或 $8t$</td><td>$1.2d_0$</td></tr>
<tr><td rowspan="3">垂直内力
方向</td><td colspan="2">剪切或手工气割边</td><td>$1.5d_0$</td></tr>
<tr><td rowspan="2">轧制边、自动
气割或
锯割边</td><td>高强度螺栓</td><td>$1.5d_0$</td></tr>
<tr><td>其他螺栓</td><td>$2d_0$</td></tr>
</table>

《公路钢结构桥梁设计规范》中螺栓最大、最小容许间距 表3-4b)

<table>
<tr><th>名称</th><th colspan="2">位置和方向</th><th>最大容许距离
(取两者的较小值)</th><th>最小容许间距</th></tr>
<tr><td rowspan="5">栓、钉中心
间距</td><td colspan="2">沿对角线方向(拉或压)</td><td>—</td><td>$3.5d_0$</td></tr>
<tr><td colspan="2">靠边行列(拉或压)</td><td>$7d_0$ 或 $16t$</td><td rowspan="4">$3d_0$</td></tr>
<tr><td rowspan="3">中间行列</td><td>垂直内力方向(拉或压)</td><td>$24t$</td></tr>
<tr><td>顺内力方向(拉)</td><td>$24t$</td></tr>
<tr><td>顺内力方向(压)</td><td>$16t$</td></tr>
</table>

型钢上螺栓沿长度方向的排列除应满足表3-4中的最大或最小距离外,尚应充分考虑拧紧螺栓时的净空要求,如图3-58所示,见表3-5~表3-7。在H型钢截面上排列螺栓的线距,腹板上的 c 值可参照普通工字钢,翼缘上的 e 值可根据其外伸宽度参照角钢。

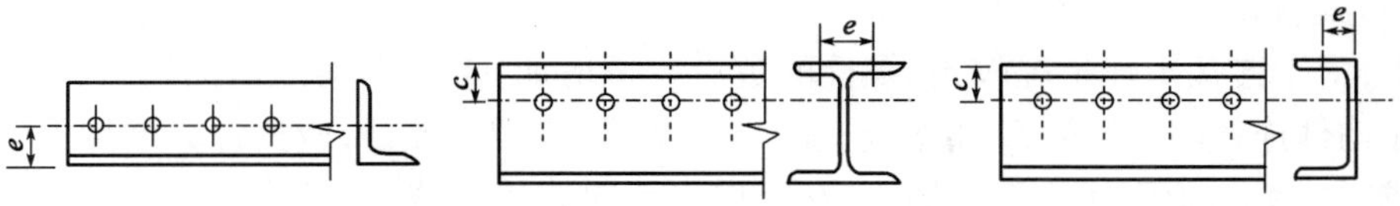

图 3-58 型钢上螺栓的排列

角钢上螺栓的容许间距(mm)　　表 3-5

肢宽		40	45	50	56	63	70	75	80	90	100	110	125
单行	e	25	25	30	30	35	40	40	45	50	55	60	70
	d_0	11.5	13.5	13.5	15.5	17.5	20	22	22	24	24	26	26

工字钢和槽钢腹板上螺栓容许间距(mm)　　表 3-6

工字钢号	12	14	16	18	20	22	25	28	32	36	40	45	50	56	63
线距 e_{min}	40	45	45	45	50	50	55	60	60	65	70	75	75	75	75
槽钢型号	12	14	16	18	20	22	25	28	32	36	40	—	—	—	—
线距 e_{min}	40	15	50	50	55	55	55	60	65	70	75	—	—	—	—

工字钢和槽钢翼缘上螺栓容许间距(mm)　　表 3-7

工字钢号	12	14	16	18	20	22	25	28	32	36	40	45	50	56	63
线距 e_{min}	40	40	50	55	60	65	65	70	75	80	80	85	90	95	95
槽钢型号	12	14	16	18	20	22	25	28	32	36	40	—	—	—	—
线距 e_{min}	30	35	35	40	40	45	45	45	50	56	60	—	—	—	—

注:1. 表中符号 d_0 为螺栓孔径,t 为各部分外层较薄钢板或型钢厚度。

2. 钢板边缘与刚性构件(如角钢、槽钢)相连的螺栓最大间距,可按中间排数值采用。

3. 表中所列“靠边行列”系指沿板边一行的螺栓线;对于角钢,距角钢背最近一行的螺栓线也作为“靠边行列”。

4. 有角钢镶边的翼肢上交叉排列的螺栓,其靠边行列最大中心间距可取 $14d_0$ 或 $32t$ 中的较小者。

5. 由两个角钢或两个槽钢中间夹以垫板或垫圈并用螺栓连接组成的构件,顺内力方向的螺栓之间的最大中心距,对受压或受压-拉构件规定为 $40r$,不应大于 160mm;对受拉构件规定为 $80r$,不应大于 240mm。其中,r 为一个角钢或槽钢平行于垫板或垫圈所在平面轴线的回转半径。

3.6.3 螺栓连接的构造要求

螺栓连接除了满足上述螺栓排列的容许距离外,根据不同情况尚应满足下列构造要求。

(1)为了使连接可靠,每一杆件在节点上以及拼接接头的一端,永久性螺栓数不宜少于两个。但根据实践经验,对于格构式构件的缀条,其端部连接可采用一个螺栓。

(2)对直接承受动力荷载的普通螺栓连接应采用双螺母或其他防止螺母松动的有效措施,例如采用弹簧垫圈或将螺母和螺杆焊死等方法。

(3)由于 C 级螺栓与孔壁有较大间隙,只宜用于沿其杆轴方向受拉的连接。承受静力荷载结构的次要连接、可拆卸结构的连接和临时固定构件用的安装连接中,也可采用 C 级螺栓承受剪力。

(4)型钢构件的拼接采用高强度螺栓连接时,由于型钢的抗弯刚度较大,不能保证摩擦面紧密贴合,故不能采用型钢作为拼接件,而应采用钢板。

(5)在高强度螺栓连接范围内,构件接触面的处理方法应在施工图中说明。在下列情况的连接中,由于连接工作情况较差,螺栓的数目应予增加:①一个构件借助填板或其他中间板件与另一构件连接时,螺栓(摩擦型连接的高强度螺栓除外)数目,应按计算增加10%;②当采用搭接或拼接板的单面连接传递轴心力,因偏心引起连接部位发生弯曲时,螺栓(摩擦型连接的高强度螺栓除外)数目,应按计算增加10%;③在构件的端部连接中,当利用短角钢连接型钢的外伸肢以缩短连接长度时,在短角钢两肢中的一肢上,所用的螺栓数目应按计算增加50%。

(6)高强度螺栓摩擦型连接因不发生相对滑移,刚度和整体性好,传力可靠,耐疲劳,特别适用于承受动力荷载的钢结构连接。虽然高强度螺栓承压型连接的承载能力高于摩擦型连接,但剪切变形大,不适用于承受动力荷载的钢结构中,因此,在桥梁钢结构中一般只使用高强度螺栓摩擦型连接。

3.7 普通螺栓连接的性能和计算

普通螺栓连接按螺栓传力方式,可分为抗剪螺栓连接、抗拉螺栓连接和同时抗剪与抗拉螺栓连接。当外力垂直于螺栓杆时,此螺栓为抗剪螺栓;当外力平行于螺栓杆时,此螺栓为抗拉螺栓。图3-59中的螺栓2为抗剪螺栓,当采用支托板承受剪力时,螺栓1则为抗拉螺栓连接;当支托板仅起临时安装作用或不设支托板时,图3-59中的螺栓1兼承受剪力和拉力。

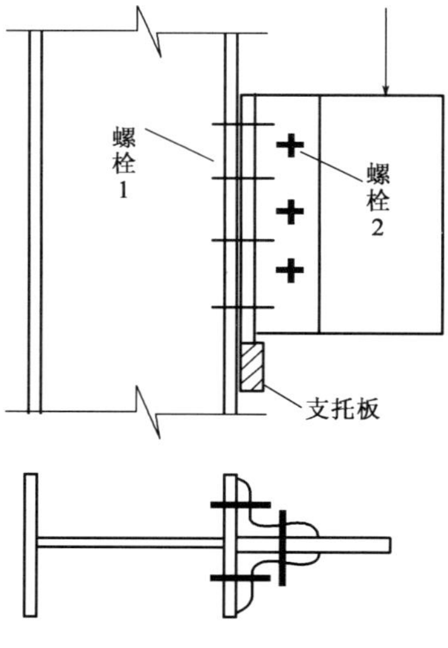

图3-59 抗剪螺栓和抗拉螺栓

3.7.1 抗剪螺栓连接

1)普通螺栓抗剪连接工作性能

螺栓连接中最常见的连接是抗剪连接,以图3-60a)所示的螺栓连接试件做抗剪试验,则可得出试件上 a、b 两点之间的相对位移 δ 与作用力 N 的关系曲线[图3-60b)]。由曲线可见,试件由零载一直加载至连接件破坏的全过程,经历了以下三个阶段。

(1)弹性阶段

施加荷载之初,连接中的剪力较小,荷载靠板件接触面间的摩擦力传递,螺栓杆与孔壁之间的间隙保持不变,连续工作处于弹性阶段,在 N-δ 图上呈现出01斜直线段。但由于板件间摩擦力的大小取决于拧紧螺母时在螺杆中的初始拉力,一般说来,普通螺栓的初应力很小,故此阶段很短,可略去不计。

(2)相对滑移阶段

当荷载增大,连接中的剪力达到板件间摩擦力的最大值,板件间产生相对滑移,其最大滑移量为螺栓杆与孔壁之间的间隙,直至螺栓杆与孔壁接触,表现为 N-δ 曲线上的12线段。

(3)弹塑性阶段

荷载继续增加,连接所承受的外力主要靠螺栓与孔壁接触传递。螺栓杆除主要受剪力外,还承受弯矩和轴向拉力，而孔壁则受到挤压。由于材料的弹性，也由于螺栓杆的伸长受到螺母的约束，增大了板件间的压紧力，使板件间的摩擦力增大，所以 N-δ 曲线上呈上升状态。达到"3"点时，表明螺栓或连接板达到弹性极限。

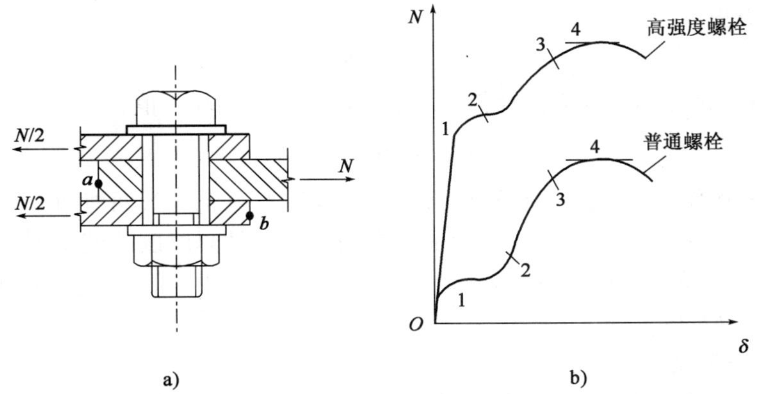

图 3-60 单个螺栓的抗剪试验结果

荷载继续增加，在此阶段荷载即使有很小的增量，连接的剪切变形也迅速加大，直到连接的最后破坏。N-δ 曲线上的最高点"4"所对应的荷载即为普通螺栓连接的极限荷载。

简单概括起来，抗剪螺栓连接在受力以后，当外力不大时，首先由构件间的摩擦力抵抗外力。不过摩擦力很小，随着外力的增大，构件很快就出现滑移使螺栓杆与孔壁接触，使螺栓杆受剪，同时孔壁受压。抗剪螺栓连接达到极限承载力时，可能的破坏形式有五种，如图 3-61 所示。其中，螺栓杆剪断、孔壁压坏和钢板被拉断需要通过计算来保证连接安全，后两种破坏形式通过构造要求来保证，即通过限制端距 $e \geqslant 2d_0$ 避免板端被剪断，通过限制板叠厚度 $\leqslant 5d_0$ 避免螺栓杆弯曲。

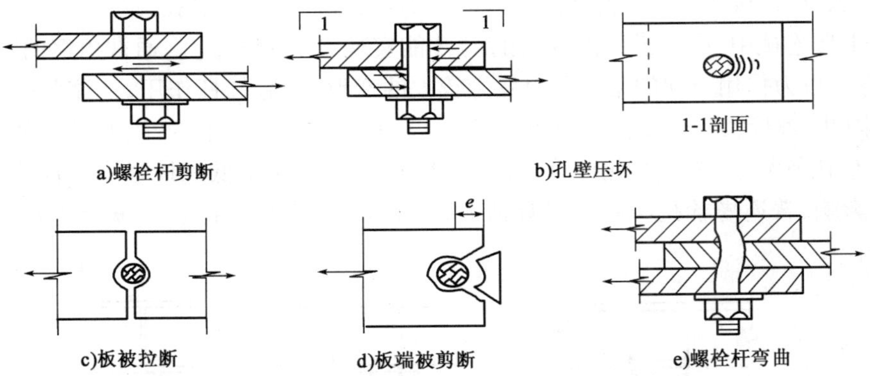

图 3-61 抗剪螺栓的破坏形式

2）单个抗剪螺栓的承载力

普通螺栓连接的抗剪承载力，应考虑螺栓杆受剪和孔壁承压两种情况。

（1）抗剪承载力设计值

假定螺栓受剪面上的剪应力是均匀分布的，则单个螺栓的抗剪承载力为：

$$N_{v}^{b}=n_{v}\cdot\frac{\pi\cdot d^{2}}{4}\cdot f_{v}^{b} \tag{3-36}$$

(2)承压承载力设计值

螺栓与孔壁的挤压应力分布很复杂,假定承压应力沿螺栓直径投影面均匀分布,则单个螺栓的承压承载力为:

$$N_{c}^{b}=d\cdot\sum t\cdot f_{c}^{b} \tag{3-37}$$

(3)一个抗剪螺栓的承载力设计值应取上面两式算得的较小值:

$$[N]_{v}^{b}=\min\{N_{v}^{b},N_{c}^{b}\} \tag{3-38}$$

上述式中:n_v——螺栓受剪面数(图3-62),单剪 $n_v=1$,双剪 $n_v=2$,四剪面 $n_v=4$;

$\sum t$——在不同受力方向中一个受力方向承压板件总厚度的较小值。图3-62b)中双剪面取 $\sum t=\min\{(a+c),b\}$,图3-62c)中四剪面取 $\sum t=\min\{(a+c+e),(b+d)\}$;

d——螺栓杆直径;

f_v^b、f_c^b——螺栓的抗剪、承压强度设计值,见附表1-3,公路桥梁钢结构设计时取 f_{vd}^b、f_{cd}^b。

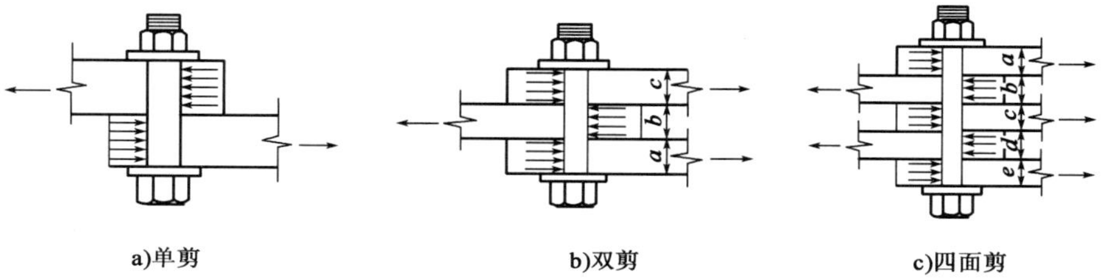

图3-62 抗剪螺栓连接的受剪面数

3.7.2 抗拉螺栓连接

在抗拉螺栓连接中,外力趋向于将被连接构件拉开而使螺栓受拉,最后导致螺栓被拉断而破坏。在T形连接中,必须借助附件(角钢)才能实现[图3-63a)]。通常角钢的刚度不大,受拉后,垂直于拉力作用方向的角钢肢会发生较大的变形,并起杠杆作用,在该肢外侧端部产生撬力 Q。因此,螺栓实际所受拉力为 $P_f=N+Q$。角钢的刚度越小,产生的撬力就越大。由于确定撬力 Q 比较复杂,为了简化计算,对普通螺栓连接,采用降低螺栓强度设计值的方法来考虑撬力的影响,普通螺栓抗拉强度设计值 f_t^b 取同样牌号钢材抗拉强度设计值 f 的0.8倍(即 $f_t^b=0.8f$)。

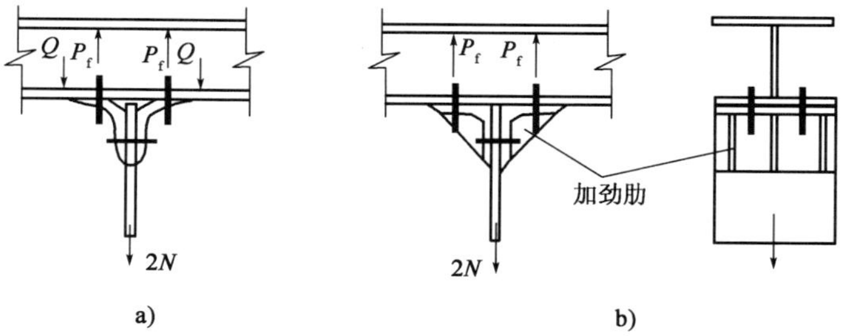

图3-63 抗拉螺栓连接

如果在构造上采取一些措施加强角钢的刚度，可使其不致产生撬力 Q，或产生撬力甚小，例如在角钢两肢间设置加劲肋[图 3-63b)]，就是增大刚度的一种有效办法。

此外，由于螺栓的螺纹是斜方向的，螺栓抗拉时采用有效直径 d_e，取 $d_e = d - 13\sqrt{3}t/24$，其中 t 为螺距。

单个螺栓抗拉承载力设计值为：

$$N_t^b = \frac{\pi \cdot d_e^2}{4} f_t^b = A_e f_t^b \tag{3-39}$$

式中：d_e、A_e——螺栓杆螺纹处的有效直径和有效截面面积，见表 3-8 和附表 8-1；

f_t^b——螺栓的抗拉强度设计值，公路桥梁钢结构设计时取 f_{td}^b，见附表 1-3。

普通螺栓规格表 表 3-8

螺栓直径 d(mm)	螺距 t(mm)	螺栓有效直径 d_e(mm)	螺栓有效面积 A_e(mm^2)	说　明
16	2	14.12	156.7	有效截面面积 $A_e = \frac{\pi(d - 13\sqrt{3}t/24)^2}{4}$
18	2.5	15.65	192.5	
20	2.5	17.65	244.8	
22	2.5	19.65	303.4	
24	3	21.19	352.5	
27	3	24.19	459.4	
30	3.5	26.72	560.6	
33	3.5	29.72	693.6	
36	4	32.25	816.7	
39	4	35.25	975.8	
42	4.5	37.78	1 121	

3.7.3 螺栓群抗剪连接计算

1)螺栓群在轴心力作用下的抗剪计算

螺栓群的抗剪连接承受轴心力，当连接处于弹性阶段时，螺栓群中各螺栓受力并不相等，两端大而中间小[图 3-64a)]；当螺栓群连接长度 l_1 不太大时，随着外力增加连接超过弹性变形而进入塑性阶段后，因内力重分布使各螺栓受力趋于均匀[图 3-64b)]。但当构件的节点处或拼接缝的一侧螺栓很多，且沿受力方向的连接长度 l_1 过大时，端部的螺栓会因受力过大而首先发生破坏，随后依次向内逐排破坏(即所谓解纽扣现象)。因此，当连接长度 l_1 较大时，应将螺栓的承载力乘以折减系数 β，β 值按式(3-40)计算。当外力通过螺栓群中心时，可认为所有的螺栓受力相同。

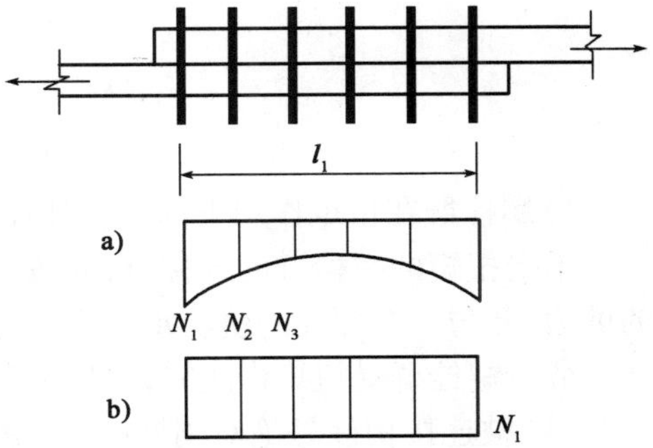

图 3-64 螺栓群受剪工作状态

$$\left.\begin{array}{ll}\text{当 } l_1 \leqslant 15d_0 \text{ 时,} & \beta = 1.0 \\ \text{当 } 15d_0 < l_1 \leqslant 60d_0 \text{ 时,} & \beta = 1.1 - \dfrac{l_1}{150d_0} \\ \text{当 } l_1 > 60d_0 \text{ 时,} & \beta = 0.7\end{array}\right\} \tag{3-40}$$

式中:d_0——螺栓孔径。

(1)螺栓数目

当外力通过螺栓群形心时,在连接长度范围内,计算时假定所有螺栓受力相等,按式(3-41)计算所需螺栓数目。

$$n = \frac{N}{\beta \cdot [N]_v^b}\text{(取整)} \tag{3-41}$$

式中:N——作用于螺栓群的轴心力设计值。

(2)构件(板件)净截面强度

由于螺栓孔削弱了板件的截面,为防止板件在净截面处被拉断,需要按式(3-42)验算净截面的强度。

$$\sigma = \frac{N}{A_n} \leqslant f \tag{3-42}$$

式中:A_n——构件净截面面积(图 3-65),A_n 的计算方法如下($t_1 \leqslant t_2$):

①并列[图 3-65a)]:

$$A_1 = A_2 = A_3 = t_1(b - 3d_0)$$

$$N_1 = N; N_2 = N - (N/9) \times 3; N_3 = N - (N/9) \times 6$$

②错列[图 3-65b)]

正截面 $A_1 = A_3 = t_1(b - 2d_0)$

齿形截面 $A_2 = t_1(l - 3d_0)$;其中,l 为折线长度(图 b 中的点划线)。

$$N_1 = N; N_2 = N; N_3 = N - (N/8) \times 3$$

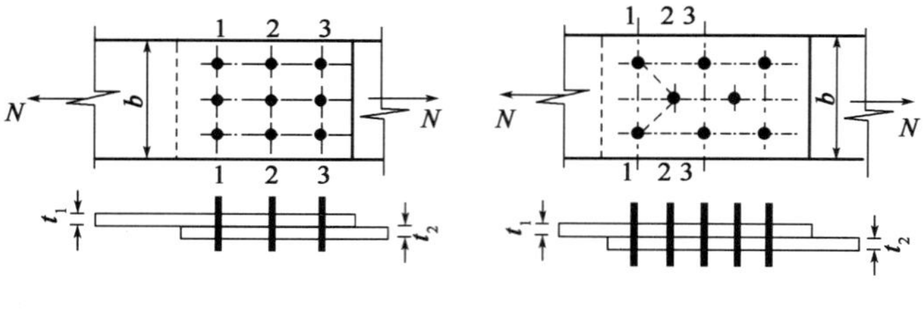

图 3-65 构件净截面面积

2)螺栓群在扭矩作用下的抗剪计算

承受扭矩的螺栓群的连接,可先按构造要求布置螺栓群,然后计算受力最大的螺栓所承受的剪力,并与一个螺栓的抗剪承载力设计值进行比较。

分析螺栓群受扭矩作用时,采用下列计算假定:

(1)被连接构件是绝对刚性的,而螺栓则是弹性的;

(2)各螺栓绕螺栓群形心 O 旋转(图 3-66),其受力大小与其至螺栓群形心 O 的距离 r 成正比,力的方向与其至螺栓群形心的连线相垂直。

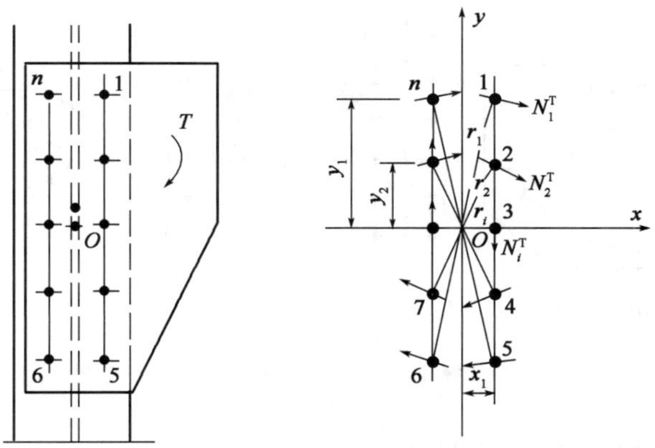

图 3-66 螺栓群受扭矩作用

如图 3-65 所示连接,螺栓群承受扭矩 T,使每个螺栓受剪。设各螺栓至其形心的距离分别为 r_1、r_2、r_3、…、r_n,所承受的剪力分别为 $N_1{}^{\mathrm{T}}$、$N_2{}^{\mathrm{T}}$、$N_3{}^{\mathrm{T}}$、…、$N_n{}^{\mathrm{T}}$。

根据平衡条件,各螺栓的剪力对螺栓群形心的力矩总和应等于外扭矩 T,得:

$$T = N_1^{\mathrm{T}} r_1 + N_2^{\mathrm{T}} r_2 + \cdots + N_n^{\mathrm{T}} r_n \tag{3-43}$$

根据螺栓受力大小与其至形心 O 的距离 r 成正比的条件得:

$$\frac{N_1^{\mathrm{T}}}{r_1} = \frac{N_2^{\mathrm{T}}}{r_2} = \cdots = \frac{N_n^{\mathrm{T}}}{r_n}$$

则

$$T = \frac{N_1^{\mathrm{T}}}{r_1}(r_1^2 + r_2^2 + \cdots + r_n^2) = \frac{N_1^{\mathrm{T}}}{r_1}\sum_{i=1}^{n} r_i^2 \tag{3-44}$$

或

$$N_1^{\mathrm{T}} = \frac{T \cdot r_1}{\sum r_i^2} = \frac{T \cdot r_1}{\sum x_i^2 + \sum y_i^2} \tag{3-45}$$

为便于计算,可将 N_1^{T} 分解为沿 x 轴和 y 轴上的两个分量:

$$N_{1x}^{\mathrm{T}} = \frac{T \cdot y_1}{\sum x_i^2 + \sum y_i^2} \tag{3-45a}$$

$$N_{1y}^{\mathrm{T}} = \frac{T \cdot x_1}{\sum x_i^2 + \sum y_i^2} \tag{3-45b}$$

设计时,受力最大的一个螺栓所承受的剪力 N_1^{T} 不应大于抗剪螺栓的承载力设计值 $[N]_{\mathrm{v}}^{\mathrm{b}}$,即

$$N_1^{\mathrm{T}} \leqslant [N]_{\mathrm{v}}^{\mathrm{b}} \tag{3-46}$$

3)螺栓群在扭矩、剪力和轴心力作用下的抗剪计算

在螺栓群受扭矩 T、剪力 V 和轴心力 N 共同作用的连接中(图 3-67),首先进行受力分析,判断受力最不利的螺栓;然后对此螺栓求矢量合力,要求此合剪力 N_1 不应大于抗剪螺栓的承载力设计值$[N]_{\mathrm{v}}^{\mathrm{b}}$,即

$$N_1 = \sqrt{(N_{1x}^{\mathrm{N}} + N_{1x}^{\mathrm{T}})^2 + (N_{1y}^{\mathrm{V}} + N_{1y}^{\mathrm{T}})^2} \leqslant [N]_{\mathrm{v}}^{\mathrm{b}} \tag{3-47}$$

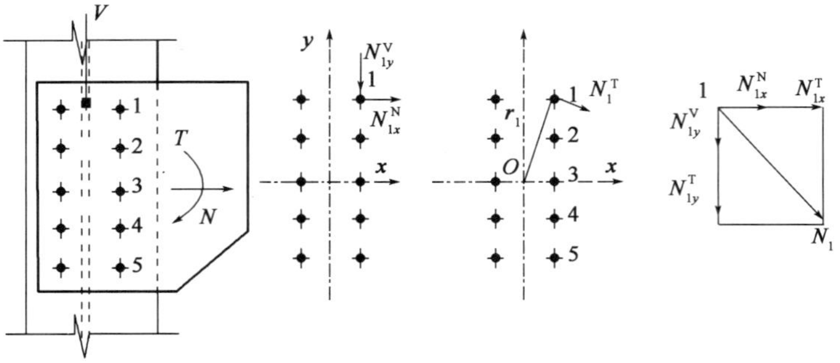

图 3-67　螺栓群受扭矩、剪力和轴心力共同作用

3.7.4　螺栓群抗拉连接计算

1）螺栓群在轴心力作用下的抗拉连接计算

当外力通过螺栓群形心时，假定所有螺栓受力相等，所需的螺栓数目为：

$$n = \frac{N}{N_t^b}(\text{取整}) \tag{3-48}$$

式中：N——螺栓群承受的轴心拉力设计值。

2）螺栓群在弯矩作用下抗拉连接计算

螺栓群在弯矩作用下上部螺栓受拉，因而有使连接上部分离的趋势，使螺栓群形心下移。在弯矩作用下，离中和轴越远的螺栓所受拉力越大，与螺栓群拉力相平衡的压力作用于下部的接触面上。受拉螺栓截面只是几个孤立的螺栓点，而受压区则是宽度较大的实体矩形截面，当以其形心位置作为中和轴时，所求得的受压区高度总是很小，中和轴通常在弯矩指向一侧最外排螺栓附件的某个位置，要精确确定中和轴的位置比较复杂。为便于计算，通常假定中和轴在最下排螺栓处[图 3-68c）]，即认为连接变形绕最下排螺栓形心水平线转运，螺栓拉力与纵坐标成正比，忽略力臂很小的受压区部分的力矩而只考虑受拉螺栓部分，得到：

$$N_1^M/y_1 = N_2^M/y_2 = \cdots = N_i^M/y_i = \cdots = N_n^M/y_n$$

$$\begin{aligned} M &= N_1^M \cdot y_1 + N_2^M \cdot y_2 + \cdots + N_i^M \cdot y_i + \cdots + N_n^M \cdot y_n \\ &= (N_1^M/y_1) \cdot y_1^2 + (N_2^M/y_2) \cdot y_2^2 + \cdots + (N_i^M/y_i) \cdot y_i^2 + \cdots + (N_n^M/y_n) \cdot y_n^2 \\ &= (N_i^M/y_i) \cdot \sum y_i^2 \end{aligned}$$

则弯矩作用下螺栓的最大拉力为：

$$N_1^M = \frac{M \cdot y_1}{m\sum y_i^2} \tag{3-49}$$

式中：m——螺栓排列的纵向列数（例如图 3-67 中，$m=2$）；

y_i——各螺栓到螺栓群中和轴的距离；

y_1——受力最大的螺栓到中和轴的距离。

设计时，要求受力最大的最外排螺栓 1 的拉力不超过一个螺栓的抗拉承载力设计值，即 $N_1^M \leqslant N_t^b$。

3）螺栓群在弯矩和轴力共同作用下抗拉连接计算

在螺栓群受弯矩 M 和轴心力 N 共同作用下的连接中[图 3-68a）]，首先进行受力分析，根据偏心距的大小可能出现小偏心受拉和大偏心受拉两种情况。

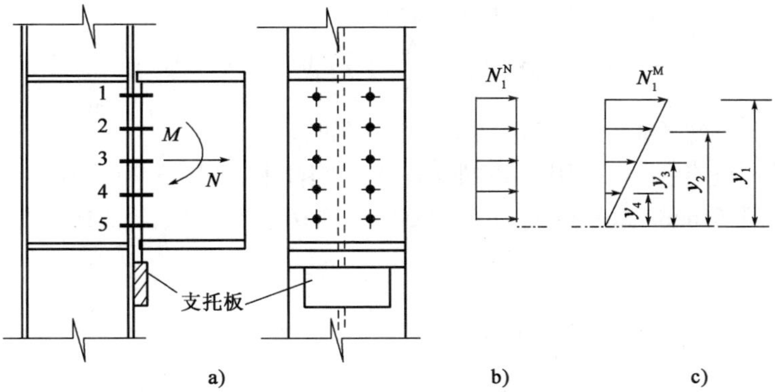

图3-68 弯矩和轴心力作用下的普通螺栓群

(1)小偏心受拉

小偏心受拉时[图3-69a)],所有螺栓均承受拉力作用,端板与柱翼缘有分离趋势,在计算时,轴心拉力由各螺栓均匀承受;而弯矩则引起以螺栓群形心处为中和轴的三角形应力分布,使上部螺栓受拉,下部螺栓受压;叠加后,(各 y 均自螺栓群形心点算起):则全部螺栓均为受拉。此时,最大和最小受力螺栓的拉力和满足设计要求的公式如下:

$$N_{\max} = \frac{N}{n} + \frac{N \cdot e' \cdot y'_1}{\sum y'^2_i} \leqslant N_t^b \tag{3-50}$$

$$N_{\min} = \frac{N}{n} - \frac{N \cdot e' \cdot y'_1}{\sum y'^2_i} \geqslant 0 \tag{3-51}$$

式(3-50)表示最大受力螺栓的拉力不超过一个螺栓的承载力设计值;式(3-51)则表示全部螺栓受拉,不存在受压区。由 $N_{\min} = \frac{N}{n} - \frac{N \cdot e' \cdot y'_1}{\sum y'^2_i} \geqslant 0$ 可得 $e' \leqslant \frac{\sum y'^2_i}{n y'_1}$,即为大、小偏心的判别依据。

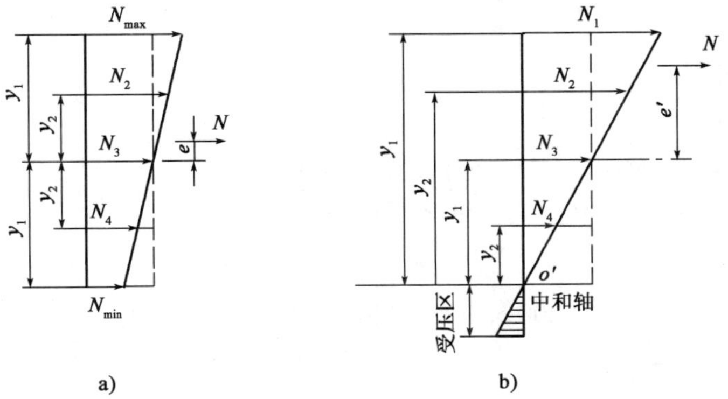

图3-69 偏心受拉作用的螺栓群

(2)大偏心受拉

当偏心距 $e' \geqslant \frac{\sum y'^2_i}{n y'_1}$ 时,则端板底部将出现受压区[图3-69b)]。此时,偏安全地取中和轴位于最下排螺栓形心处，按式(3-52)计算出受力最大螺栓的拉力(各 y 均自最下排螺栓形心点算起)N_1，要求 N_1 不应大于其抗拉承载力 N_t^b，即

$$N_1 = \frac{Ney_1}{\sum y_i^2} \leqslant N_t^b \tag{3-52}$$

式中，e 从最下排螺栓形心点算起，应注意与 e' 的区别。

[例题 3-10] 设有一牛腿，用 C 级螺栓连接于钢柱上，如图 3-70 所示。钢材为 Q235 钢，螺栓采用 M20，栓距 70mm，水平轴向力 $N = 200\text{kN}$，作用点距离螺栓群形心点 $e' = 60\text{mm}$，试验算螺栓强度。

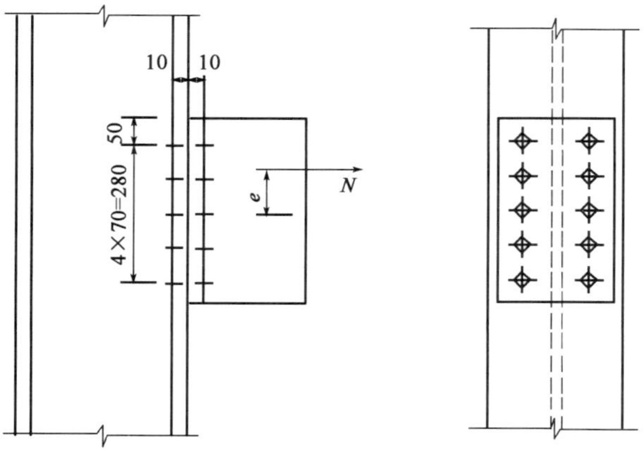

图 3-70 例题 3-10(例题 3-11)图(尺寸单位:mm)

解：由题意知：$d_e = 17.654\,5\text{mm}$，$f_t^b = 170\text{N/mm}^2$，则一个受拉螺栓的抗拉承载力为：

$$N_t^b = \frac{\pi d_e^2}{4} f_t^b = \frac{\pi \times 17.654\,5^2}{4} \times 170 = 41\,615(\text{N})$$

判断大小偏拉：

$$e' = 60\text{mm} < \frac{\sum y_i'^2}{n y_1} = \frac{4 \times (70^2 + 140^2)}{10 \times 140} = 70(\text{mm})$$

属于小偏心受拉。

最大承载力为：

$$N_{\max} = \frac{N}{n} + \frac{Ney_1'}{\sum y_i'^2} = \frac{200 \times 10^3}{10} + \frac{200 \times 10^3 \times 60 \times 140}{4 \times (70^2 + 140^2)} = 37\,143(\text{N}) < N_t^b = 41\,615\text{N}$$

最小承载力为：

$$N_{\min} = \frac{N}{n} - \frac{Ney_1'}{\sum y_i'^2} = \frac{200 \times 10^3}{10} - \frac{200 \times 10^3 \times 60 \times 140}{4 \times (70^2 + 140^2)} = 2\,857(\text{N}) > 0$$

满足要求。

[例题 3-11] 设有一牛腿，用 C 级螺栓连接于钢柱上，如图 3-70 所示。钢材为 Q235 钢，螺栓采用 M20，栓距 70mm，水平轴向力 $N = 150\text{kN}$，作用点距离螺栓群形心点 O 为 120mm，试验算螺栓强度。

解：由题意知：$d_e = 17.654\,5\text{mm}$，$f_t^b = 170\text{N/mm}^2$，则一个受拉螺栓的抗拉承载力为：

$$N_t^b=\frac{\pi d_e^2}{4}f_t^b=\frac{\pi\times17.654\,5^2}{4}\times170=41\,615(\mathrm{N})$$

判断大小偏拉：

$$e'=120\mathrm{mm}>\frac{\sum y_i'^2}{ny_1}=\frac{4\times(70^2+140^2)}{10\times140}=70(\mathrm{mm})$$

属于大偏心受拉。

最大承载力为：

$$N_{\max}=\frac{Ney_1}{\sum y_i^2}=\frac{150\times260\times280}{2\times(70^2+140^2+210^2+280^2)}=37\,143(\mathrm{N})<N_t^b=41\,615\mathrm{N}$$

满足要求。

3.7.5 剪力和拉力共同作用的螺栓群连接计算

在螺栓群受弯矩 M、剪力 V 和轴心力 N 共同作用的连接中(图 3-71),螺栓群承受剪力和拉力作用,这种连接可以有两种算法。

1)当不设置支托或支托仅起安装作用时

螺栓群受拉力和剪力共同作用,应按下式进行计算：

$$\sqrt{\left(\frac{N_v}{N_v^b}\right)^2+\left(\frac{N_t}{N_t^b}\right)^2}\leqslant1 \tag{3-53}$$

$$N_v\leqslant N_c^b \tag{3-54}$$

式中：N_v——受力最大的螺栓所受的剪力(一般假定剪力 V 由每个螺栓平均承担,即 $N_v=V/n$,n 为螺栓个数)；

N_t——受力最大的螺栓所受的拉力(螺栓承受轴心拉力 $M=Ne$ 和弯矩的共同作用,$N_t=\frac{N}{n}+\frac{My_1}{\sum y_i^2}$)。

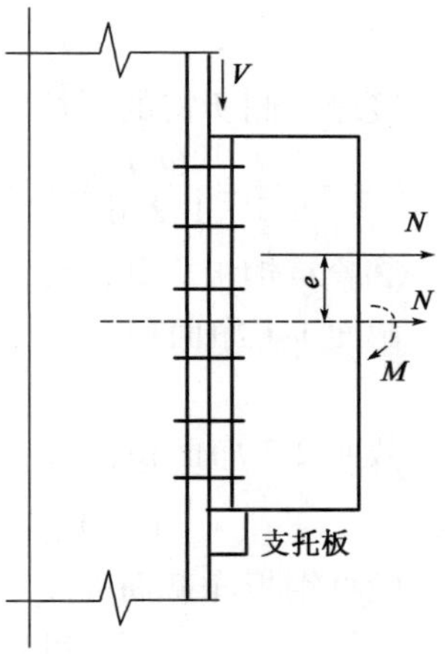

图 3-71 剪力和拉力作用下的螺栓群

2)假定支托承受剪力,螺栓仅承受弯矩

对于粗制螺栓,一般不宜受剪(承受静力荷载的次要连接或临时安装连接除外)。此时,可设置支托承受剪力,螺栓只承受拉力作用。

(1)支托焊缝计算。

$$\tau_f=\frac{\alpha\cdot V}{0.7h_f\sum l_w}\leqslant f_f^w \tag{3-55}$$

式中：α——考虑剪力对焊缝的偏心影响系数,可取 1.25～1.35。

(2)螺栓受拉按式(3-53)计算。

[例题 3-12] 设计一截面为 $-16\mathrm{mm}\times340\mathrm{mm}$ 的钢板拼接连接,采用两块拼接板 $t=9\mathrm{mm}$ 和精制螺栓连接,如图 3-72 所示。钢板和螺栓均用 Q235 钢,孔壁按 I 类孔制作。钢板承受轴心拉力 $N=680\mathrm{kN}$。

解：选用 5.6 级精制螺栓 M22,$d_0=d=22\mathrm{mm}$。

(1)按《钢结构设计规范》进行设计

从附表 1-3 查得 $f_v^b=190\mathrm{N/mm^2}$;$f_c^b=405\mathrm{N/mm^2}$;$f=215\mathrm{N/mm^2}$。

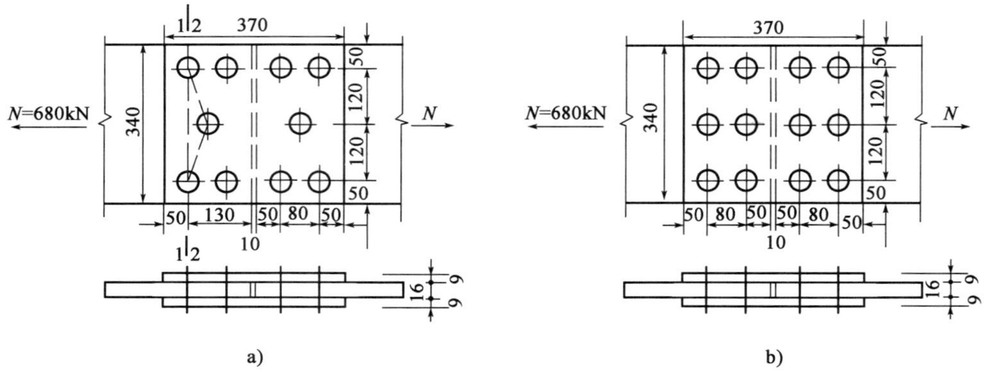

图 3-72　钢板拼接计算图(例题 3-12 图)(尺寸单位:mm)

①计算螺栓数量。

每个螺栓抗剪和承压承载力设计值分别为:

$$N_v^b = n_v \cdot \frac{\pi \cdot d^2}{4} f_v^b = 2 \times \frac{\pi \cdot 22^2}{4} \times 190 = 144.4(\mathrm{kN})$$

$$N_c^b = d \cdot \sum t \cdot f_c^b = 22 \times 16 \times 405 = 142.6(\mathrm{kN})$$

接缝一侧所需的螺栓数:

$n = \dfrac{N}{[N_v^b]} = \dfrac{680}{142.6} = 4.8$,取 5 个,连接构造如图 3-72a)所示。

②验算钢板净截面强度。

截面 1-1 净面积:

$$A_n^1 = 340 \times 16 - 2 \times 22 \times 16 = 4\,736(\mathrm{mm}^2)$$

截面 2-2 净面积:

$$A_n^2 = 16 \times [2 \times (50 + \sqrt{120^2 + 40^2}) - 3 \times 22] = 4\,592(\mathrm{mm}^2)$$

验算钢板净截面强度:

$$\frac{N}{A_n} = \frac{680\,000}{4\,592} = 148(\mathrm{N/mm^2}) < f = 215\mathrm{N/mm^2}(满足要求)$$

(2)按《公路钢结构桥梁设计规范》进行设计

从附表 1-3 查得,$f_{vd}^b = 165\mathrm{N/mm^2}$;$f_{cd}^b = 350\mathrm{N/mm^2}$;$f_d = 190\mathrm{N/mm^2}$。

①计算螺栓数量。

每个螺栓抗剪和承压承载力设计值分别为:

$$N_v^b = n_v \cdot \frac{\pi \cdot d^2}{4} f_{vd}^b = 2 \times \frac{\pi \cdot 22^2}{4} \times 165 = 125.4(\mathrm{kN})$$

$$N_c^b = d \cdot \sum t \cdot f_{cd}^b = 22 \times 16 \times 350 = 123.2(\mathrm{kN})$$

接缝一侧所需的螺栓数:

$n = \dfrac{N}{[N_v^b]} = \dfrac{680}{123.2} = 5.5$,取 6 个,连接构造如图 3-72b)所示。

②验算钢板净截面强度。

$$\frac{N}{A_n} = \frac{680\,000}{340 \times 16 - 3 \times 22 \times 16} = 155(\mathrm{N/mm^2}) < f_d = 190\mathrm{N/mm^2}(满足要求)$$

[例题 3-13] 验算如图 3-73 所示的搭接连接。一块支托板用 Q235 钢，支托板厚度 $t=10\text{mm}$，其上作用力 $P=60\text{kN}$，用 5.6 级精制螺栓 M20 连接。

解：由图 3-73 中构造可知，搭接连接中螺栓为承受扭矩和剪力作用的抗剪螺栓连接。

(1)按《钢结构设计规范》进行设计

由附表 1-3 查得 $f_v^b=190\text{N/mm}^2$；$f_c^b=405\text{N/mm}^2$。

每个螺栓的抗剪和承压的承载力设计值分别为：

$$N_v^b=n_v\cdot\frac{\pi\cdot d^2}{4}f_v^b=1\times\frac{\pi\cdot 20^2}{4}\times 190=59.69(\text{kN})$$

$$N_c^b=d\cdot\sum t\cdot f_c^b=20\times 10\times 405=81(\text{kN})$$

故按 $[N_v^b]=59.69\text{kN}$ 进行核算。

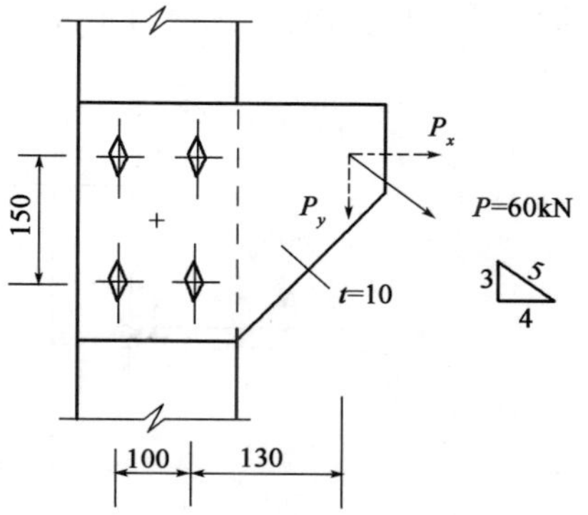

图 3-73 搭接连接的支托板计算图(尺寸单位:mm)

偏心力 P 对螺栓群转动中心的扭矩为：

$$P_x=\frac{4}{5}\times 60=48(\text{kN}),e_x=18\text{cm}$$

$$P_y=\frac{3}{5}\times 60=36(\text{kN}),e_y=7.5\text{cm}$$

$$T=P_xe_y+P_ye_x=48\times 7.5+36\times 18=1\,008(\text{kN}\cdot\text{cm})$$

扭矩作用下螺栓所受最大剪切力的各分力：

$$\sum x_i^2+\sum y_i^2=4\times 5^2+4\times 7.5^2=325(\text{cm}^2)$$

$$N_{1x}=\frac{T\cdot y}{\sum x_i^2+\sum y_i^2}=\frac{1\,008\times 7.5}{325}=23.26(\text{kN})$$

$$N_{1y}=\frac{T\cdot x}{\sum x_i^2+\sum y_i^2}=\frac{1\,008\times 5}{325}=15.51(\text{kN})$$

剪力作用下每个螺栓所受平均剪力的各分力：

$$N_{vx}=\frac{P_x}{n}=\frac{48}{4}=12(\text{kN});N_{vy}=\frac{P_y}{n}=\frac{36}{4}=9(\text{kN})$$

螺栓所受最大的合成剪切力：

$$N_{max}=\sqrt{(N_{1x}+N_{vx})^2+(N_{1y}+N_{vy})^2}$$

$$=\sqrt{(23.26+12)^2+(15.51+9)^2}$$

$$=42.94(\text{kN})<[N_v^b]\times 0.9=59.69\times 0.9=53.72(\text{kN})\text{(满足要求)}$$

(2)按《公路钢结构桥梁设计规范》进行设计

由附表 1-3 查得 $f_{vd}^b=165\text{N/mm}^2$；$f_{cd}^b=350\text{N/mm}^2$。

每个螺栓的抗剪和承压的承载力设计值分别为：

$$N_v^b=n_v\cdot\frac{\pi\cdot d^2}{4}f_{vd}^b=1\times\frac{\pi\cdot 20^2}{4}\times 165=51.84(\text{kN})$$

$$N_c^b=d\cdot\sum t\cdot f_{cd}^b=20\times 10\times 350=70(\text{kN})$$

故按 $[N_v^b]=51.84\text{kN}$ 进行核算。

$$N_{max}=42.94\text{kN}<[N_v^b]\times 0.9=51.84\times 0.9=46.66(\text{kN})\text{(满足要求)}$$

考虑搭接情况，应将螺栓的设计承载力乘以降低系数 0.9。

[**例题 3-14**]　试设计如图 3-74 所示次要结构钢板的对接接头,钢板为 $-18\text{mm}\times600\text{mm}$ 的对接钢材为 Q235,承受的荷载设计值为:扭矩 $T=48\text{kN}\cdot\text{m}$,剪力 $V=250\text{kN}$,轴力 $N=320\text{kN}$,采用 C 级螺栓,螺栓直径 $d=20\text{mm}$,孔径 $d_0=21.5\text{mm}$。

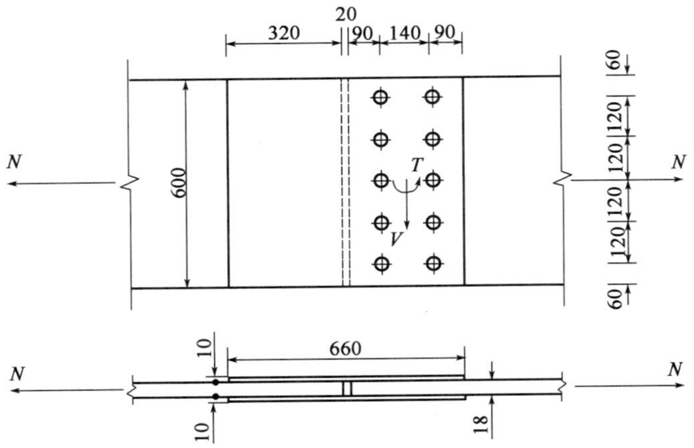

图 3-74　对接钢板计算简图(尺寸单位:mm)

解:(1)确定拼接板尺寸

采用 $2-10\text{mm}\times600\text{mm}$ 的拼接板,其截面面积大于钢板的面积,满足要求。

(2)螺栓计算

螺栓布置如图 3-74 所示。布置时,在满足容许的螺栓距离范围内,螺栓间的水平距离取较小值,目的是减少拼接板的长度,避免截面削弱过多。

按《钢结构设计规范》可计算单个螺栓的抗剪承载能力设计值为:

$$N_v^b = n_v \cdot \frac{\pi \cdot d^2}{4} f_v^b = 2 \times \frac{\pi \cdot 20^2}{4} \times 140 \times 10^{-3} = 87.9(\text{kN})$$

$$N_c^b = d \cdot \sum t \cdot f_c^b = 20 \times 18 \times 305 \times 10^{-3} = 109.8(\text{kN})$$

故按 $[N_v^b]=87.9(\text{kN})$ 进行核算。

在扭矩作用下,最外侧螺栓承受剪力最大,最大值为:

$$N_{1x} = \frac{T \cdot y}{\sum x_i^2 + \sum y_i^2} = \frac{48 \times 10^2 \times 24}{10 \times 7^2 + 4 \times (12^2 + 24^2)} = 34.2(\text{kN})$$

$$N_{1y} = \frac{T \cdot x}{\sum x_i^2 + \sum y_i^2} = \frac{48 \times 10^2 \times 3.5}{10 \times 7^2 + 4 \times (12^2 + 24^2)} = 5.0(\text{kN})$$

在剪力和轴心力作用下,每个螺栓承受的剪力分别为:

$$N_{vx} = \frac{V}{n} = \frac{320}{10} = 32(\text{kN});N_{vy} = \frac{N}{n} = \frac{250}{10} = 25(\text{kN})$$

螺栓所受最大的合成剪切力:

$$N_{\max} = \sqrt{(N_{1x}+N_{vx})^2 + (N_{1y}+N_{vy})^2} = \sqrt{(34.2+32)^2 + (5.0+25)^2}$$
$$= 72.8(\text{kN}) < [N]_v^b = 87.9\text{kN}$$

（3）钢板净截面强度验算

钢板1-1截面面积最小，而受力较大，应验算这一截面强度。

该界面的几何特性为：

$$A_n = t(b - n_1 d_0) = 1.8 \times (60 - 5 \times 2.15) = 88.7(\text{cm}^2)$$

$$I = \frac{tb^3}{12} = \frac{1.8 \times 60^3}{12} = 32\,400(\text{cm}^4)$$

$$I_n = 32\,400 - 1.8 \times 2.15 \times (12^2 + 24^2) \times 2 = 26\,827(\text{cm}^4)$$

$$W_n = \frac{I_n}{30} = \frac{26\,827}{30} = 894.29(\text{cm}^3)$$

$$S = \frac{tb}{2} \times \frac{b}{4} = \frac{1.8 \times 60^2}{8} = 810(\text{cm}^3)$$

钢板截面靠近最外边缘正应力：

$$\sigma = \frac{N}{A_n} + \frac{M}{W_n} = \frac{320 \times 10^3}{88.7 \times 10^2} + \frac{48 \times 10^6}{894.5 \times 10^3}$$

$$= 89.8(\text{N/mm}^2) < f = 215\text{N/mm}^2(\text{满足要求})$$

钢板截面靠近形心处的切应力：

$$\tau = \frac{VS}{It} = \frac{250 \times 10^3 \times 810 \times 10^3}{32\,400 \times 10^4 \times 18} = 32.7(\text{N/mm}^2) < 125\text{N/mm}^2(\text{满足要求})$$

钢板截面靠近形心处的折算应力：

$$\sigma_2 = \sqrt{\sigma^2 + 3\tau^2} = \sqrt{(320 \times 10^3/8\,870)^2 + 3 \times 34.7^2}$$

$$= 70.1(\text{N/mm}^2) < 1.1f = 1.1 \times 215 = 236(\text{N/mm}^2)(\text{满足要求})$$

若按《公路钢结构桥梁设计规范》验算，也按图3-74布置螺栓。

单个螺栓的抗剪承载能力设计值为：

$$N_v^b = n_v \cdot \frac{\pi \cdot d^2}{4} f_{vd}^b = 2 \times \frac{\pi \cdot 20^2}{4} \times 120 \times 10^{-3} = 73.4(\text{kN})$$

$$N_c^b = d \cdot \sum t \cdot f_{cd}^b = 20 \times 18 \times 265 \times 10^{-3} = 95.4(\text{kN})$$

故按$[N_v^b] = 73.4\text{kN}$进行核算。

$N_{max} = 76.8\text{kN} > [N_v^b] = 73.4\text{kN}$，不满足要求，这时可选择更大直径的螺栓以满足设计要求。

［例题3-15］ 图3-75所示的梁柱连接，采用普通C级螺栓，试设计此连接。已知：钢材为Q235，螺栓直径为20mm，焊条为E43型，手工焊。此连接承受的静力荷载设计值为：$V = 277\text{kN}$，$M = 38.7\text{kN} \cdot \text{m}$。

解： $f_v^b = 140\text{N/mm}^2$，$f_c^b = 305\text{N/mm}^2$，$f_t^b = 170\text{N/mm}^2$。

（1）假定支托板仅起安装作用

①单个普通螺栓的承载力。

抗剪

$$N_v^b = n_v \cdot \frac{\pi \cdot d^2}{4} f_v^b = 1 \times \frac{\pi \cdot 20^2}{4} \times 140 = 43.98(\text{kN})$$

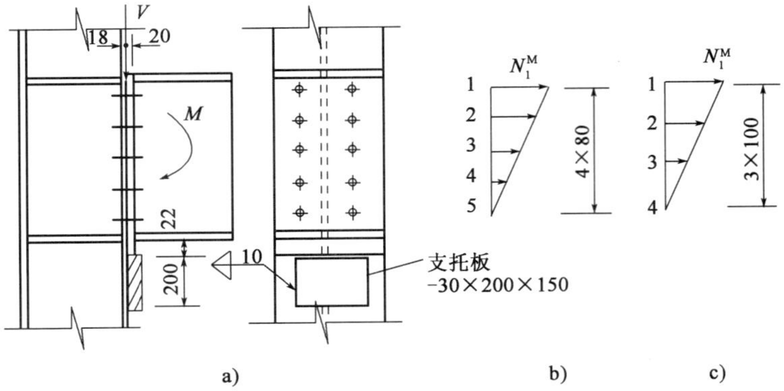

图 3-75 例题 3-15 图(尺寸单位:mm)

承压

$$N_c^b = d \cdot \sum t \cdot f_c^b = 20 \times 18 \times 305 = 109.8(\text{kN})$$

抗拉

$$N_t^b = \frac{\pi \cdot d_e^2}{4} f_t^b = A_e f_t^b = 2.448 \times 170 \times \frac{1}{10} = 41.62(\text{kN})$$

②按构造要求选定螺栓数目并排列。

假定用 10 个螺栓,布置成 5 排 2 列,排间距 80mm,如图 3-75b)所示。

③连接验算。

螺栓既受剪又受拉,受力最大的螺栓为“1”,其受力为:

$$N_v = \frac{V}{n} = \frac{277}{10} = 27.7(\text{kN})$$

$$N_t = \frac{M \cdot y_1}{m \sum y_i^2} = \frac{38.7 \times 32 \times 10^2}{2 \times (8^2 + 16^2 + 24^2 + 32^2)} = 32.25(\text{kN})$$

验算“1”螺栓受力:

$$\sqrt{\left(\frac{N_v}{N_v^b}\right)^2 + \left(\frac{N_t}{N_t^b}\right)^2} = \sqrt{\left(\frac{27.7}{43.98}\right)^2 + \left(\frac{32.25}{41.62}\right)^2} = 0.999 \leqslant 1.0$$

$$N_v = 27.7\text{kN} < N_v^b = 43.98\text{kN}$$

(2)假定支托板起承受剪力的作用

①单个螺栓承载力同(1)。

②按构造要求选定螺栓数目并排列。

支托承受剪力作用,螺栓数目可以减少,假定用 8 个螺栓,布置成 4 排 2 列,排间距 100mm,如图 3-75c)所示。

③连接验算。

螺栓仅受拉力,支托板承受剪力。

a. 螺栓验算。

$$N_t = \frac{38.7 \times 30 \times 10^2}{2 \times (10^2 + 20^2 + 30^2)} = 41.46(\text{kN}) < N_t^b = 41.62\text{kN}$$

可见,当利用支托传递剪力时,需要的螺栓数目减少。

b. 支托板焊缝验算。

取偏心影响系数 $\alpha = 1.35$，焊角尺寸为 $h_f = 10\text{mm}$。

$$\tau_f = \frac{\alpha \cdot V}{h_e \sum l_w} = \frac{1.35 \times 277 \times 10^3}{2 \times 0.7 \times 10 \times (200 - 20)} = 148.4(\text{N/mm}^2) \leqslant f_f^w = 160\text{N/mm}^2$$

式中，1.35 为考虑剪力 V 对焊缝的偏心作用。

3.8 高强度螺栓连接的构造和计算

3.8.1 高强度螺栓连接的性能

高强螺栓的形状、连接构造（如构造原则、连接形式、直径选择及螺栓排列要求等）和普通螺栓基本相同。高强螺栓由螺杆、螺母和垫圈组成。

普通螺栓连接在抗剪时依靠杆身承压和螺栓抗剪来传递剪力，扭紧螺母时螺栓产生的预拉力很小，其影响可以忽略。高强度螺栓除了材料强度高外还给螺栓施加很大的预拉力，使被连接构件的接触面之间产生较大挤压力，因而当构件有相对滑动趋势时会在接触面产生垂直于螺栓杆方向的摩擦力。这种挤压力和摩擦对外力的传递有很大影响。

高强度螺栓连接，从受力特征分为高强度螺栓摩擦型连接和高强度螺栓承压型连接。

1）高强度螺栓的预拉力

高强度螺栓分为大六角头型[图 3-56a）]和扭剪型[图 3-56b）]两种，扭剪型高强度螺栓与普通大六角头型高强度螺栓的区别在于，扭剪型的螺栓头为盘头，螺纹段端部有一个承受拧紧反力矩的十二角体和一个能在规定力矩下剪断的断颈槽。虽然这两种高强度螺栓预应力的具体施加方法不一样，但对螺栓施加预拉力的思路是一样的，都是通过扭紧螺母，使螺杆受到拉伸作用来实现的。大六角头型螺栓的预应力施加方法一般采用扭矩法和转角法，扭剪型螺栓施加预拉力一般采用扭剪法。

（1）扭矩法：采用可直接显示扭矩的特制扳手，根据事先试验测定的扭矩和螺栓拉力之间的关系施加扭矩，使之达到预定的预拉力。施工时控制的预拉力为设计预拉力的 1.1 倍。为了克服板件和垫圈等的变形，基本消除板件之间的摩擦，使拧紧力矩系数有较好的线性度，从而提高施工控制预拉力值的准确度，在安装大六角头高强螺栓时，应先拧紧力矩的 50% 进行初拧，然后按 100% 拧紧力矩进行终拧。对于大型节点，在初拧之后，还应按初拧力矩进行复拧，然后再进行终拧。扭矩法的优点是较简单、易实施、费用少，但由于连接件和被连接件的表面质量和拧紧速度的差异，测得的预拉力值误差大且分散，一般误差为 ±25%。

（2）转角法：分初拧和终拧两步。初拧是先用普通扳手使被连接构件相互紧密贴合，终拧就是以初拧的贴紧位置为起点，根据按螺栓直径和板叠厚度所确定的终拧角度，用强有力的扳手旋转螺母，拧至预定角度值时，螺栓的预拉力即达到了所需要的预拉力数值。

（3）扭剪法：是采用扭剪型高强度螺栓，该螺栓尾部设有梅花头[图 3-56b）]，拧紧螺母时，靠拧断螺栓梅花头切口处截面来控制预拉力值。安装时，用特制的电动扳手，有两个套头，一个套在螺母六角体上，另一个套在螺栓的十二角体上。拧紧时，对螺母施加顺时针力矩，对螺栓十二角体施加大小相等的逆时针力矩，使螺栓断颈部分承受扭剪，其初拧力矩为拧紧力矩的

50%，复拧力矩等于初拧力矩，终拧至断颈剪断为止，安装结束，相应的安装力矩即为拧紧力矩，安装后一般不拆卸。扭剪法配合扭剪型高强度螺栓副使用，具有强度高、安装简便和质量易于保证、可以单面拧紧、对操作人员没有特殊要求等优点。

高强度螺栓预拉力设计值与材料强度和螺栓有效截面积有关，取值时考虑：①螺栓材料抗力的变异性，引入折减系数0.9；②施加预拉力时，为补偿预拉力损失超张拉5%～10%，引入折减系数0.9；③在扭紧螺栓时，扭矩使螺栓产生的剪力将降低螺栓的抗拉承载力，引入折减系数1/1.2；④钢材由于以抗拉强度为准，引入附加安全系数0.9。由此，高强度螺栓预拉力为：

$$P = \frac{0.9 \times 0.9 \times 0.9}{1.2} \cdot f_u \cdot A_e = 0.608 f_u A_e \tag{3-56}$$

式中：f_u——螺栓材料经热处理后的最低抗拉强度，对于8.8级螺栓，$f_u = 830\text{N/mm}^2$；对于10.9级螺栓，$f_u = 1\,040\text{N/mm}^2$；

A_e——高强度螺栓螺纹处的有效截面积，见表3-8。

规范规定的高强度螺栓预拉力设计值，按式(3-56)计算，并取5kN的倍数，见表3-9。

一个高强度螺栓的预拉力 *P*(kN) 表3-9

螺栓的性能等级	螺栓的公称直径(mm)					
	M16	M20	M22	M24	M27	M30
8.8级	80	125	150	175	230	280
10.9级	100	155	190	225	290	355

2）高强度螺栓连接的摩擦面抗滑移系数

被连接板件之间的摩擦力大小，不仅和螺栓的预拉力有关，还与被连接板件材料及其接触面的表面处理有关。高强度螺栓应严格按照施工规程操作，不得在潮湿、淋雨状态下拼装，不得在摩擦面上涂红丹、油漆等，应保证摩擦面干燥、清洁。

《钢结构设计规范》与《公路钢结构桥梁设计规范》中给出了高强度螺栓连接的摩擦面抗滑移系数μ值，见表3-10。

《钢结构设计规范》中摩擦面的抗滑移系数μ 表3-10 a)

在连接处构件接触面的处理方法	构件的钢号		
	Q235钢	Q345钢、Q390钢	Q420钢
喷砂(丸)	0.45	0.50	0.50
喷砂(丸)后涂无机富锌漆	0.35	0.40	0.40
喷砂(丸)后生赤锈	0.45	0.50	0.50
钢丝刷清除浮锈或未经处理的干净轧制表面	0.30	0.35	0.40

《公路钢结构桥梁设计规范》中摩擦面的抗滑移系数μ 表3-10 b)

在连接处构件接触面的分类	μ	在连接处构件接触面的分类	μ
没有浮锈且经喷丸处理或喷铝的表面	0.45	喷锌的表面	0.40
涂抗滑型无机富锌漆的表面	0.45	涂硅酸锌漆的表面	0.35
没有扎钢氧化皮和浮锈的表面	0.45	仅涂防锈底漆的表面	0.25

3.8.2 高强度螺栓摩擦型连接计算

1)高强度螺栓摩擦型抗剪连接计算

高强度螺栓摩擦型连接单纯依靠被连接构件间的摩擦阻力传递剪力,高强度螺栓摩擦型连接承受剪力时的设计原则是使设计荷载引起的剪力不超过摩擦力作为承载能力极限状态的,而不考虑螺栓杆的受剪和承压作用。

(1)单个高强度螺栓的抗剪承载力设计值

$$N_v^b = 0.9 n_f \mu P \tag{3-57}$$

式中:0.9——抗力分项系数 γ_R 的倒数,即 $1/\gamma_R = 1/1.111 = 0.9$;

n_f——传力的摩擦面数;

μ——高强度螺栓摩擦面抗滑移系数,按表3-10采用;

P——一个高强度螺栓的预拉力,按表3-9采用。

(2)轴心力作用下的螺栓群计算

①螺栓数目:

$$n = \frac{N}{\beta \cdot N_v^b}\text{(取整)} \tag{3-58}$$

式中:N——作用于螺栓群的轴心力设计值;

β——螺栓的承载力折减系数;

N_v^b——按式(3-57)计算。

②板件净截面强度:

高强度螺栓摩擦型连接的板件净截面强度计算与普通螺栓连接不同,被连接钢板最危险截面在第一排螺栓孔处。在这个截面上,一部分剪力已由孔前接触面传递(图3-76)。规范规定孔前传力占该排螺栓传力的50%。这样截面1-1净截面传力为:

$$N' = N - 0.5\frac{N}{n} \times n_1 = N\left(1 - \frac{0.5 n_1}{n}\right) \tag{3-59}$$

式中:n——连接一侧的螺栓总数;

n_1——计算截面上的螺栓数。

连接构件(板件)净截面强度:

$$\sigma_n = \frac{N'}{A_n} \leqslant f \tag{3-60}$$

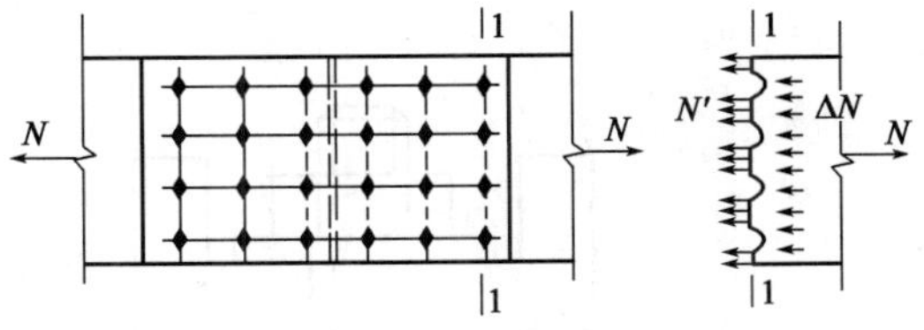

图3-76 高强度螺栓摩擦型连接孔前传力

(3)扭矩、剪力和轴心力作用下的螺栓群计算

螺栓群受扭矩 T、剪力 V 和轴心力 N 共同作用的高强度螺栓连接的抗剪计算与普通螺栓相同,只是用高强度螺栓摩擦型连接的承载力设计值。

[例题3-16] 验算如图3-77所示轴心受拉双拼接板的连接。已知:钢材为Q345,采用10.9级高强度摩擦型螺栓连接,螺栓直径M22,构件接触面采用喷砂处理。此连接承受的设计荷载为 $N = 1\ 550\text{kN}$。

解:由表3-10a)知,构件接触面抗滑移系数 $\mu = 0.50$;10.9级M22螺栓的预拉力 $P = 190\text{kN}$,螺栓孔径取 $d_0 = 24\text{mm}$。由附表1-1知,Q345钢板强度设计值 $f = 295\text{N/mm}^2$。

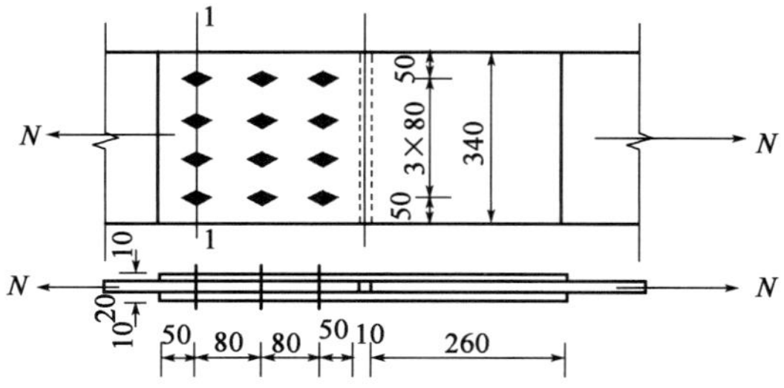

图 3-77　例题 3-16 图(尺寸单位:mm)

一个螺栓的抗剪承载力:

$$N_v^b = 0.9 n_f \mu P = 0.9 \times 2 \times 0.5 \times 190 = 171(\text{kN})$$

螺栓受力:

$$N_v = \frac{V}{n} = \frac{1\,550}{12} = 129.17(\text{kN}) < N_v^b = 171\text{kN}$$

钢板在 1-1 截面受力:

$$N' = N - 0.5\frac{N}{n} \times n_1 = 1\,550 - 0.5 \times \frac{1\,550}{12} \times 4 = 1\,291.7(\text{kN})$$

1-1 处净截面面积:

$$A_n = t(b - n_1 d_0) = 2.0 \times (34 - 4 \times 2.4) = 48.8(\text{cm}^2)$$

$$\sigma_n = \frac{N'}{A_n} = \frac{1\,291.7}{48.8} \times 10 = 264.7(\text{N/mm}^2) < f = 295\text{N/mm}^2$$

连接满足要求。

2)高强度螺栓摩擦型抗拉连接计算

(1)单个高强度螺栓摩擦型连接抗拉承载力设计值

高强度螺栓连接由于螺栓中的预拉力作用,构件间在承受外力作用前已经有较大的挤压力,高强度螺栓受到外拉力作用时,首先要抵消这种挤压力。如图 3-78a)所示,已施加预拉力的高强度螺栓未受外拉力之前的受力状态。摩擦面上作用存在压力 C,栓杆受预拉力 P,根据平衡条件得 $C = P$,即摩擦面上的承压力 C 等于预拉力 P。图 3-78b)表示是螺栓承受拉力 N_t 时的受力状态,此时螺栓受拉力 N_t 后,由于栓杆被拉长 Δ_t,栓杆中的拉力由原来的 P 增加到 P_f;原先被 P 压缩的板件相应地有一个压缩恢复量 Δ_c,板件间的承压力由原来的 C 将为 C_f。也即当螺栓受拉力 N_t 后,栓杆中的拉力将增加,而接触面间的承压力却随之降低。由受力平衡条件得:

$$P_f = N_t + C_f$$

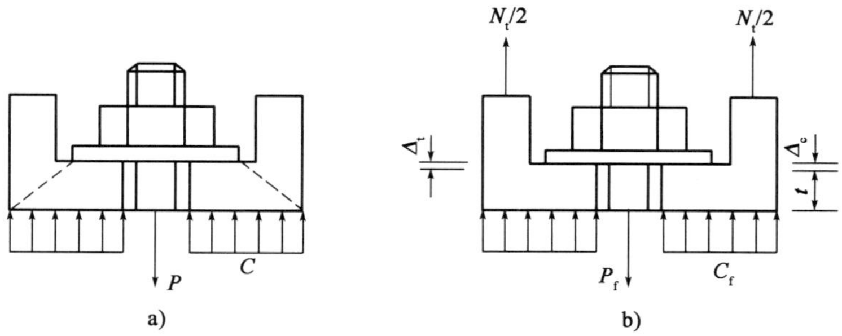

图 3-78　高强度螺栓的撬力影响

在板厚 t 范围内栓杆与板的变形相等,即 $\Delta_t = \Delta_c$。设螺栓杆的截面面积为 A_b,摩擦面面积为 A_p,螺栓和被连接板件的弹性模量都为 E,则:

$$\Delta_t = \frac{\sigma_t}{E}t = \frac{P_f - P}{A_b E}t$$

$$\Delta_c = \frac{\sigma_c}{E}t = \frac{C - C_f}{A_p E}t$$

则

$$\frac{P_f - P}{A_b} = \frac{C - C_f}{A_p}$$

把 $C = P$ 及 $C_f = P_f - N_t$ 代入上式中，得 $P_f = P + \frac{N_t}{A_p/A_b + 1}$，一般情况下，$A_p$ 比 A_b 大很多，例如取 $A_p/A_b = 10$ 时，$P_f = P + 0.09N_t$。因此，若取 $N_t = P$，则 $P_f = 1.09P$，即作用于螺栓连接的外拉力不超过 P 时，高强度螺栓杆内的拉力增加很少，可以认为栓杆内原预拉力几乎不变。

另外，由试验可知，当外加拉力大于螺栓的预应力时，卸荷后，螺杆中的预拉力会变小，即发生松弛现象。但当外加拉力小于螺杆预应力的80%时，无松弛现象发生，被连接板件接触面仍能保持一定的预紧力。因此，为使板件间保留一定的压紧力，单个高强度螺栓抗拉承载力设计值为：

$$N_t^b = 0.8P \tag{3-61}$$

式(3-61)的取值没有考虑杠杆作用而引起的撬力影响(图3-78)，对于刚度较小的T形连接的翼缘，受拉后翼缘弯曲变形，在其端部产生撬力 Q，使T形连接件起杠杆作用，降低抗拉能力。如图3-79所示试验曲线，撬力 Q 对螺栓破坏拉力值没有影响，却降低外力 N_t 的极限值，而且螺栓拉力的增量比刚性T形板时要大。关于撬力 Q 的影响，在设计时对普通螺栓连接采用降低抗拉设计强度的方法处理，而对高强度螺栓如果在设计中不计算撬力 Q，应使 $N \leqslant 0.5P$，或者增大T形连接件翼缘板的刚度。根据分析，当翼缘板的厚度 t_1 不小于2倍螺栓直径时，螺栓中可完全不产生撬力。实际上很难满足这一条件，于是可采用增设加劲肋的办法解决。

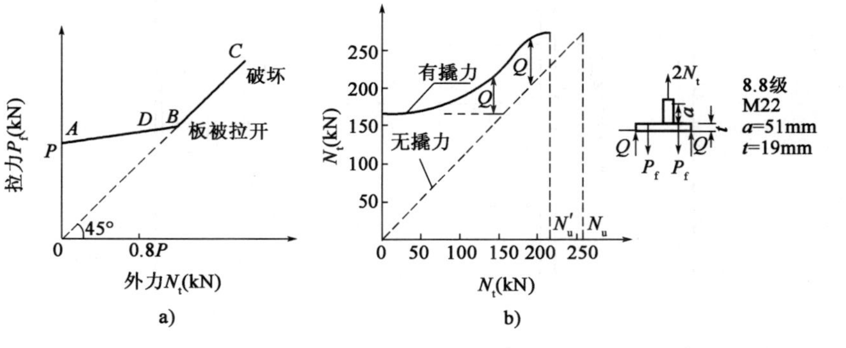

图3-79 高强度螺栓的撬力影响试验曲线

在直接承受动力荷载的结构中，由于高强度螺栓连接受拉时的疲劳强度较低，每个高强度螺栓的外拉力不宜超过 $0.6P$。当需考虑撬力影响时，外拉力还需降低。

(2)轴心拉力作用下高强度螺栓群摩擦型连接计算

因轴力通过螺栓群形心，每个螺栓所受外拉力相同，一个螺栓所受拉力为：

$$N_t = \frac{N}{n} \leqslant 0.8P \tag{3-62}$$

式中：n——螺栓数目。

(3)高强度螺栓群在弯矩和轴力作用下的计算

高强度螺栓群在弯矩 M 作用下(图 3-80),由于被连接构件的接触面一直保持紧密贴合,可以认为受力时中和轴在螺栓群的形心线处。如果以板不被拉开为承载能力的极限,在弯矩和轴力的作用下,最上端的螺栓拉力应按式(3-50)计算,只是弯曲中和轴取螺栓群形心线处。但对于承受静力荷载的连接,板被拉开并不等于达到承载能力的极限,可以像大偏心普通螺栓群一样按中和轴在最下排螺栓形心处计算。

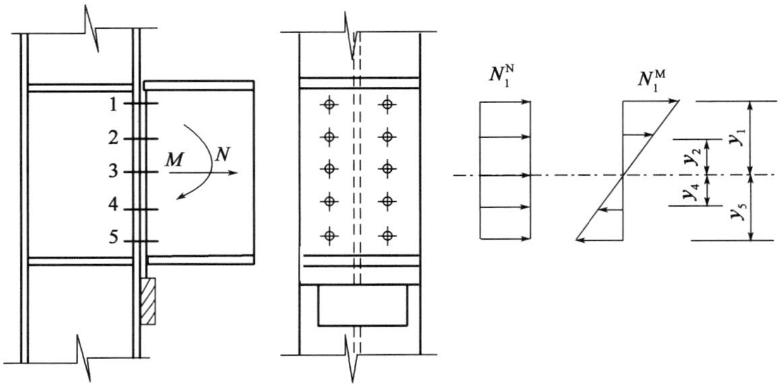

图 3-80　弯矩和轴心拉力作用下的高强度螺栓连接

[例题 3-17]　设有一牛腿,用高强度摩擦型螺栓连接于钢柱上,如图 3-81 所示。钢材为 Q235 钢,螺栓采用 8.8 级,M20,接触面喷砂处理,栓距 70mm,水平轴向力 $N=500\text{kN}$,作用点距离螺栓群形心点 $e'=60\text{mm}$,试验算螺栓强度。

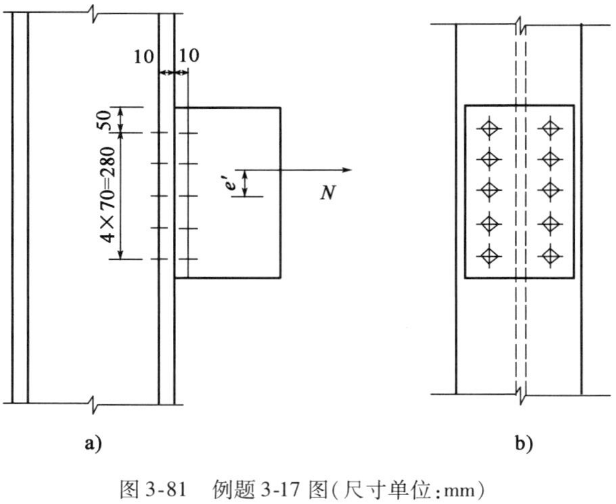

图 3-81　例题 3-17 图(尺寸单位:mm)

解:由题意知:$p=125\text{kN}$,$\mu=0.45$,则单个高强度螺栓的抗拉承载力为:

$$N_t^b=0.8P=0.8\times125\times10^3=100\times10^3(\text{N})$$

不论偏心力矩的大小,均可按普通螺栓小偏心受拉情况计算,则:

$$N_{max}=\frac{N}{n}+\frac{Ney_1'}{\sum y_i'^2}=\frac{500\times10^3}{10}+\frac{500\times10^3\times60\times140}{4\times(70^2+140^2)}=92\,857(\text{N})<N_t^b=100\,000\text{N}$$

满足要求。

3）高强度螺栓摩擦型连接同时承受剪力和拉力的计算

由于外拉力的作用，板件间的挤压力降低，每个螺栓的抗剪承载力也随之减少。当螺栓所受外拉力 $N_t \leqslant 0.8P$ 时，虽然螺杆中的预拉力 P 基本不变，但是板层间的压力减小到 $P-N_t$。试验表明，这时接触面的抗滑移系数 μ 也有所下降，而且 μ 值随 N_t 的增大而减小。从实用角度出发，将 N_t 乘以系数1.125，来考虑 μ 值降低的不利影响，而 μ 值仍用原值。因此，一个摩擦型连接高强度螺栓有外拉力作用时的抗剪承载力设计值为：

$$N_v^b = 0.9n_f\mu(P - 1.125 \times 1.111N_t) = 0.9n_f\mu(P - 1.25N_t) \tag{3-63}$$

3.8.3 高强度螺栓承压型连接计算

高强度螺栓承压型连接的传力特征是剪力超过摩擦力时，构件间发生相对滑移，螺栓杆身和孔壁接触，螺栓受剪同时孔壁承压。但是，另一方面，摩擦力随外力继续增大而逐渐减弱，到连接接近破坏时，剪力完全由杆身承担。高强度螺栓承压型连接以螺栓或钢板破坏为承载能力的极限状态，可能的破坏形式与普通螺栓相同。高强度螺栓承压型连接不应用于直接承受动力荷载的结构。

（1）在抗剪连接中，承压型连接的高强度螺栓承载力设计值的计算方法与普通螺栓相同，只是采用高强螺栓的抗剪、承压设计值。但当剪切面在螺纹处时，其受剪承载力设计值应按螺纹处的有效面积进行计算，即

$$N_v^b = n_v \cdot \frac{\pi \cdot d_e^2}{4} f_v^b$$

式中：f_v^b——高强度螺栓的抗剪设计值。

（2）在受拉连接中，承压型连接的高强螺栓抗拉承载力设计值的计算方法与普通螺栓相同，按式(3-39)进行计算。

（3）同时承受剪力和拉力的连接中，高强度螺栓承压型连接应按下式计算：

$$\sqrt{\left(\frac{N_v}{N_v^b}\right)^2 + \left(\frac{N_t}{N_t^b}\right)^2} \leqslant 1 \tag{3-64}$$

$$N_v^b = \frac{N_c^b}{1.2} \tag{3-65}$$

式中：1.2——折减系数，高强度螺栓承压型连接在施加预压力后，板的孔前有较高的三向压应力，使板的局部挤压强度大大提高，因此，N_c^b 比普通螺栓高。但当施加外拉力后，板件间的局部挤压力随外拉力的增大而减小，螺栓的 N_c^b 也随之降低且随外力变化。为计算简便，取固定值1.2考虑其影响。

单个螺栓承载力设计值见表3-11。

单个螺栓承载力设计值表 表3-11

序号	受力状态	受力状态	单个螺栓的承载能力设计值计算式	备注
1	普通螺栓	受剪	$N_v^b = n_v \cdot \frac{\pi \cdot d^2}{4} f_v^b$ $N_c^b = d \cdot \sum t \cdot f_c^b$	$[N]_v^b$ 取 N_v^b 和 N_c^b 中的较小值

续上表

序号	受力状态	受力状态	单个螺栓的承载能力设计值计算式	备注
1	普通螺栓	受拉	$N_t^b = \frac{\pi \cdot d_e^2}{4} f_t^b = A_e f_t^b$	
		兼受剪拉	$\sqrt{\left(\frac{N_v}{N_v^b}\right)^2 + \left(\frac{N_t}{N_t^b}\right)^2} \leqslant 1$ $N_v \leqslant N_c^b$	
2	高强度螺栓摩擦型连接	受剪	$N_v^b = 0.9 n_f \mu P$	
		受拉	$N_t^b = 0.8P$	
		兼受剪拉	$N_v^b = 0.9 n_f \mu (P - 1.25 N_t)$ $N_t \leqslant 0.8P$	$\frac{N_v}{N_v^b} + \frac{N_t}{N_t^b} \leqslant 1$
3	高强度螺栓承压型连接	受剪	$N_v^b = n_v \cdot \frac{\pi \cdot d^2}{4} f_v^b$ $N_c^b = d \cdot \sum t \cdot f_c^b$	①$[N]_v^b$ 取 N_v^b 和 N_t^b 中的较小值 ②当剪切面在螺纹处时 $N_v^b = n_v \cdot A_e f_v^b$
		受拉	$N_t^b = \frac{\pi \cdot d_e^2}{4} f_t^b = A_e f_t^b$	
		兼受剪拉	$\sqrt{\left(\frac{N_v}{N_v^b}\right)^2 + \left(\frac{N_t}{N_t^b}\right)^2} \leqslant 1$ $N_v^b \leqslant \frac{N_c^b}{1.2}$	

[例题 3-18] 设计牛腿与钢柱的连接(图 3-82)。已知:钢材为 Q345,采用 10.9 级高强螺栓,螺栓直径为 M20,构件接触面采用喷砂处理。支托起安装作用。此连接承受的设计荷载为$V = 300$kN,$M = 50$kN·m。

解:(1)按高强度螺栓摩擦型连接计算,取 10 个螺栓按 2 列 5 排布置,排间距为 80mm,如图 3-82b)所示。

①由表 3-10a)可知,10.9 级 M20 螺栓预拉力 $P = 155$kN,Q345 钢板接触面抗滑移摩擦系数取 $\mu = 0.50$。

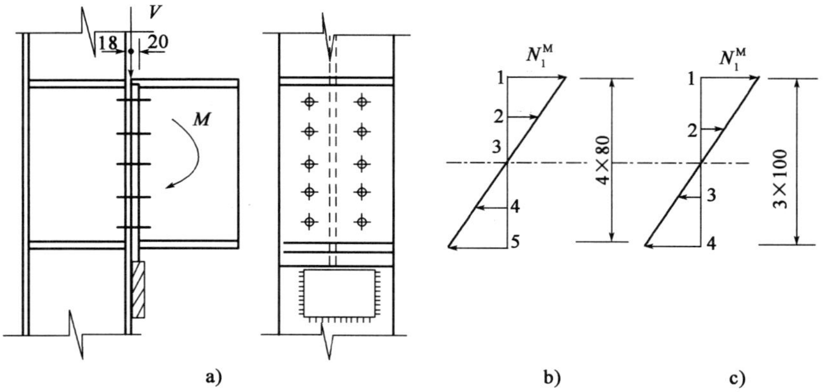

图 3-82 例题 3-18 图(尺寸单位:mm)

②螺栓受力计算。

最大拉力：

$$N_{\mathrm{t}}=\frac{M\cdot y_1}{m\sum y_i^2}=\frac{50\times16}{2\times(2\times8^2+2\times16^2)}\times100=62.5(\mathrm{kN})$$

最大剪力：

$$N_{\mathrm{v}}=\frac{V}{n}=\frac{300}{10}=30(\mathrm{kN})$$

③单个螺栓的承载力。

抗剪承载力：

$$N_{\mathrm{v}}^{\mathrm{b}}=0.9n_{\mathrm{f}}\mu P=0.9\times1\times0.5\times155=69.75(\mathrm{kN})$$

抗拉承载力：

$$N_{\mathrm{t}}^{\mathrm{b}}=0.8P=124(\mathrm{kN})$$

④螺栓验算：

$$\frac{N_{\mathrm{v}}}{N_{\mathrm{v}}^{\mathrm{b}}}+\frac{N_{\mathrm{t}}}{N_{\mathrm{t}}^{\mathrm{b}}}=\frac{30}{69.75}+\frac{62.5}{124}=0.43+0.5=0.93<1$$

(2)按高强度螺栓承压型连接计算，取8个螺栓按2列4排布置，排间距为100mm，如图3-82c)所示。

①由附表1-3知：$f_{\mathrm{v}}^{\mathrm{b}}=310\mathrm{N/mm^2}$，$f_{\mathrm{c}}^{\mathrm{b}}=590\mathrm{N/mm^2}$，$f_{\mathrm{t}}^{\mathrm{b}}=500\mathrm{N/mm^2}$。

②螺栓受力计算。

最大拉力：

$$N_{\mathrm{t}}=\frac{M\cdot y_1}{m\sum y_i^2}=\frac{50\times15}{2\times(2\times5.0^2+2\times15^2)}\times100=75.0(\mathrm{kN})$$

最大剪力：

$$N_{\mathrm{v}}=\frac{V}{n}=\frac{300}{8}=37.5(\mathrm{kN})$$

③一个螺栓的承载力设计值。

抗剪承载力(假定剪切面在螺纹处)：

$$N_{\mathrm{v}}^{\mathrm{b}}=n_{\mathrm{v}}\cdot\frac{\pi\cdot d^2}{4}f_{\mathrm{v}}^{\mathrm{b}}=1\times\frac{\pi\times20^2}{4}\times310\times10^{-3}=97.4(\mathrm{kN})$$

承压承载力：

$$N_{\mathrm{c}}^{\mathrm{b}}=d\cdot\sum t\cdot f_{\mathrm{c}}^{\mathrm{b}}=20\times18\times590\times10^{-3}=212.4(\mathrm{kN})$$

抗拉承载力：

$$N_{\mathrm{t}}^{\mathrm{b}}=\frac{\pi\cdot d_{\mathrm{e}}^2}{4}f_{\mathrm{t}}^{\mathrm{b}}=\frac{\pi\times17.65^2}{4}\times500\times10^{-3}=122.3(\mathrm{kN})$$

④验算螺栓承载力：

$$\sqrt{\left(\frac{N_v}{N_v^b}\right)^2 + \left(\frac{N_t}{N_t^b}\right)^2} = \sqrt{\left(\frac{37.5}{97.4}\right)^2 + \left(\frac{75.0}{122.3}\right)^2} = 0.72 < 1.0$$

$$N_v^b = 37.5\text{kN} < \frac{N_c^b}{1.2} = 177\text{kN}$$

可见,采用高强度螺栓承压型连接比摩擦型连接需要的螺栓数目少。

【思考题】

3.1 简述钢结构连接的类型及特点。

3.2 为何要规定角焊缝焊脚尺寸的最大和最小限值?

3.3 为何要规定侧面焊缝的最大和最小长度?

3.4 简述焊接残余应力产生的原因及对构件工作性能的影响。

3.5 为何要规定螺栓排列的最大和最小间距?

3.6 普通螺栓抗剪连接有哪些可能的破坏形式?如何防止?

3.7 抗剪连接螺栓中普通螺栓与摩擦型高强螺栓的性能有何不同?

3.8 已知 Q235 钢板截面 500mm × 20mm 用对接直焊缝拼接,采用手工焊焊条 E43 型,用引弧板,按Ⅲ级焊缝质量检验,试求焊缝所能承受的最大轴心拉力设计值。

3.9 焊接工字形截面梁,在腹板上设一道拼接的对接焊缝(图 3-83),拼接处作用荷载设计值:弯矩 M = 1 122kN · mm,剪力 V = 374kN,钢材为 Q235B,焊条为 E43 型,半自动焊,三级检验标准,试验算该焊缝的强度。

3.10 试设计如图 3-84 所示双角钢和节点板间的角焊缝连接。钢材 Q235-B,焊条 E43 型,手工焊,轴心拉力设计值 N = 500kN(静力荷载)。①采用侧焊缝;②采用三面围焊。

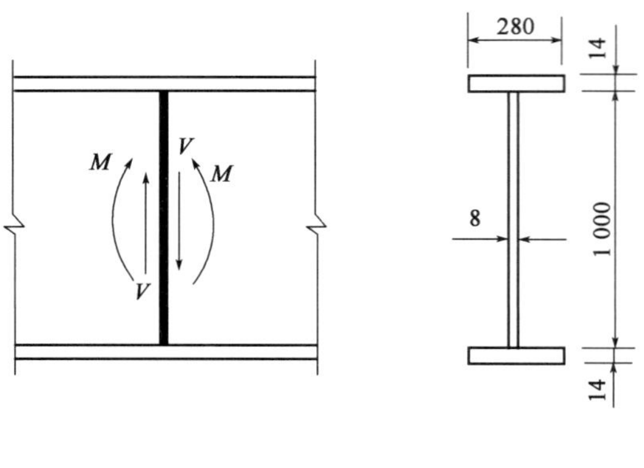

图 3-83 思考题 3.9 图(尺寸单位:mm)

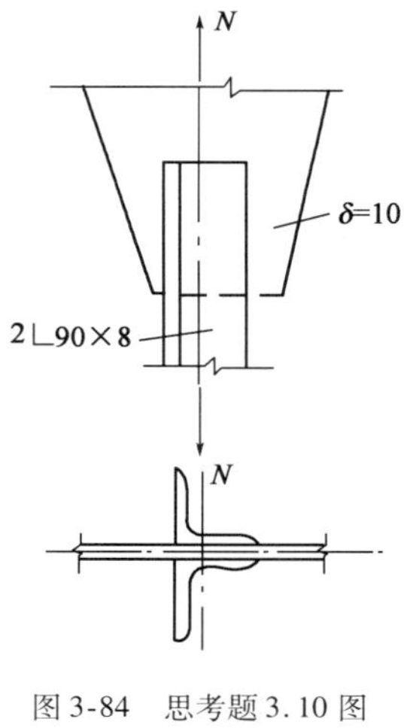

图 3-84 思考题 3.10 图

3.11 如图 3-85 所示焊接连接,采用三面围焊,承受的轴心拉力设计值 N = 1 000kN。钢材为 Q235B,焊条为 E43 系列型,试验算此连接焊缝是否满足要求。

3.12　试计算如图3-86所示钢板与柱翼缘的连接角焊缝的强度。已知$N = 390$kN(设计值),与焊缝之间的夹角$\theta = 60°$,钢材为Q235,手工焊、焊条E43型。

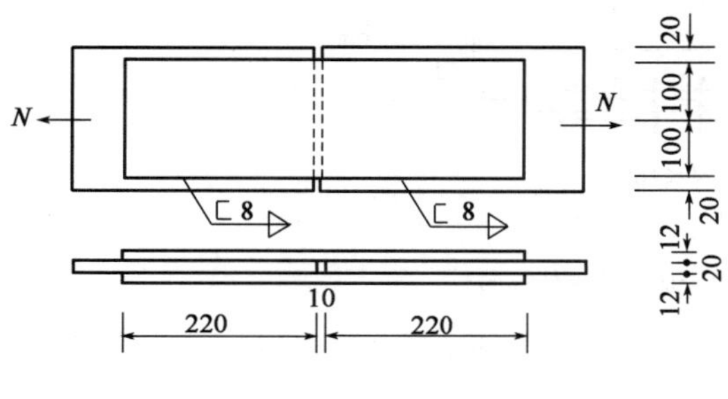

图3-85　思考题3.11图(尺寸单位:mm)

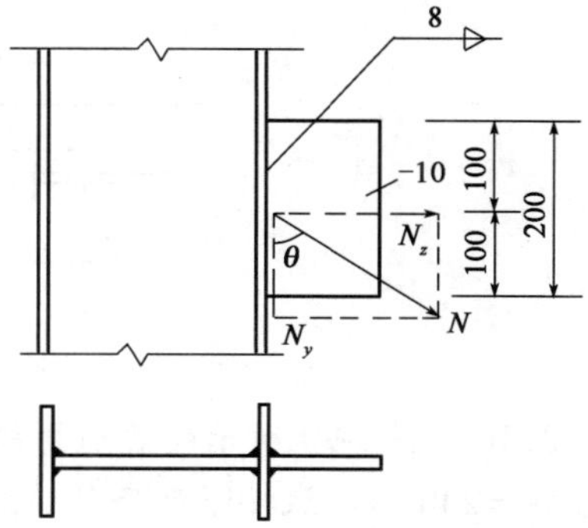

图3-86　思考题3.12图(尺寸单位:mm)

3.13　试设计如图3-87所示牛腿与柱的连接角焊缝①、②、③。钢材为Q235B,焊条E43型,手工焊。

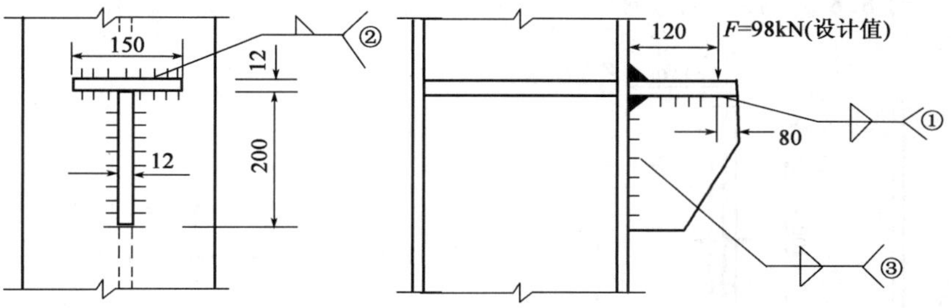

图3-87　思考题3.13图(尺寸单位:mm)

3.14　试求如图3-88所示连接的最大设计荷载。钢材为Q235B,焊条E43型,手工焊,角焊缝焊脚尺寸$h_f = 8$mm,$e_1 = 300$mm。

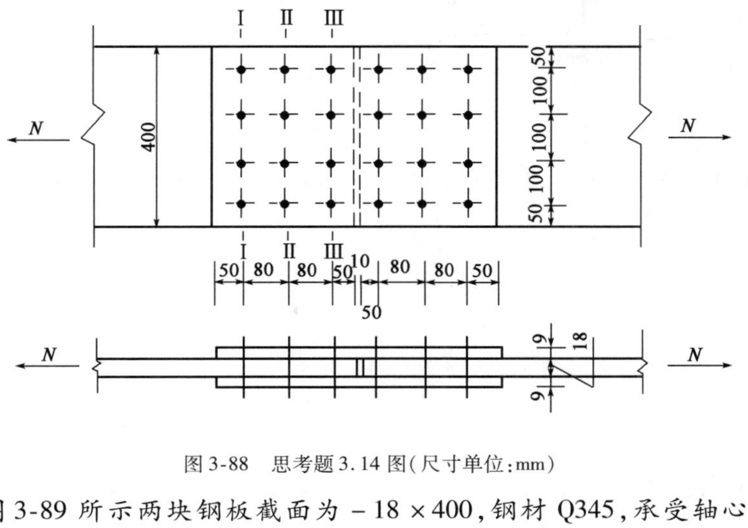

图3-88　思考题3.14图(尺寸单位:mm)

3.15　如图3-89所示两块钢板截面为-18×400,钢材Q345,承受轴心力设计值$N = 1\,180$kN,采用M22普通A级螺栓拼接,试设计此连接。

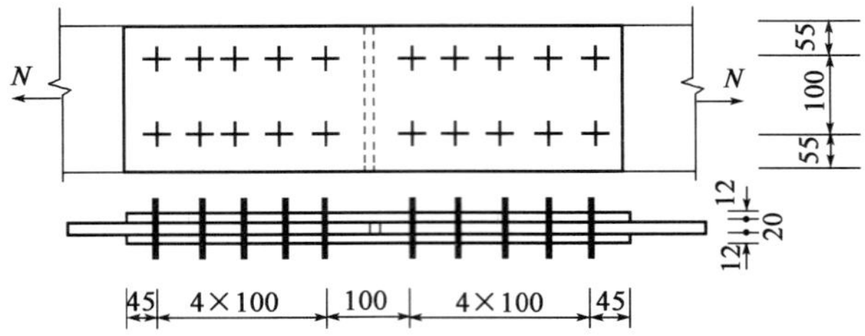

图 3-89　思考题 3.15 图(尺寸单位:mm)

3.16　图 3-90 所示的普通螺栓连接,材料为 Q235 钢,采用螺栓直径 20mm,承受的荷载设计值 $V=240\text{kN}$。试按下列条件验算此连接是否安全:

(1)假定支托承受剪力;

(2)假定支托不承受剪力。

3.17　某双盖板高强度螺栓摩擦型连接如图 3-91 所示。构件材料为 Q345 钢,螺栓采用 M20,强度等级为 8.8 级,接触面喷砂处理。试确定此连接所能承受的最大拉力 N。

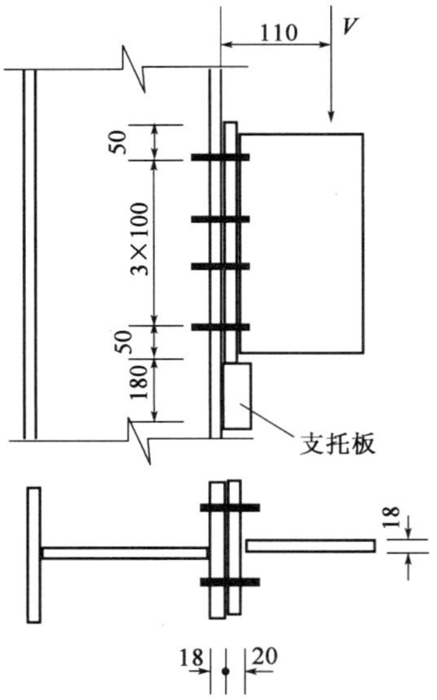

图 3-90　思考题 3.16 图(尺寸单位:mm)

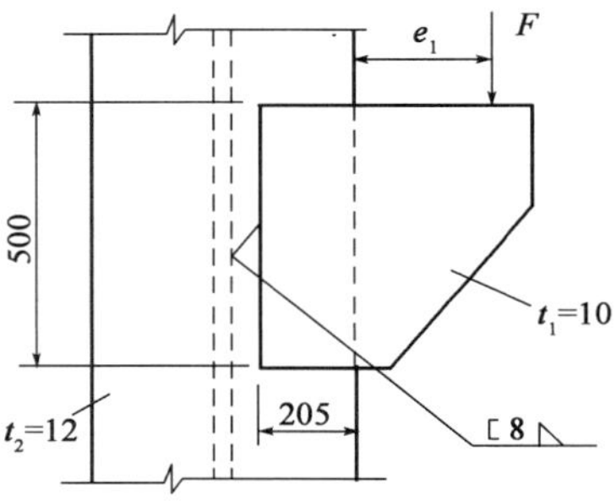

图 3-91　思考题 3.17 图(尺寸单位:mm)

第4章

受弯构件

4.1 受弯构件的形式和应用

承受横向荷载和弯矩的构件称为受弯构件，其形式有实腹式和格构式两大类。实腹式受弯构件一般称为梁。根据使用情况，只在一个主平面内受弯的梁称为单向受弯构件，在两个主平面内受弯的梁，称为双向受弯构件。梁是钢结构中最常用的基本构件之一，被广泛应用于各种结构中，例如工业与民用建筑中的楼盖梁、屋盖梁、工作平台梁、吊车梁以及桥梁、海上采油平台、水工钢闸门等结构中普遍采用的钢梁。按梁的受力，可分为简支梁、连续梁、悬臂梁等；按梁的截面沿构件轴线方向是否变化，可分为等截面梁和变截面梁，变截面梁有沿梁的轴线改变梁高和梁宽两种方式，其受力更合理，材料的利用更充分，节省钢材，但变截面梁的制作较复杂、成本较高。

钢梁按制作方法的不同，还可分为型钢梁和焊接组合梁两类，在钢结构桥梁中，常用的实腹式钢梁有轧制的型钢梁和钢板梁。

型钢梁构造简单、制造省工、成本较低，应优先采用；但当荷载较大或跨度较大时，由于轧制条件的限制，型钢的尺寸、规格不能满足梁承载能力和刚度的要求，必须采用焊接组合梁，所以它只能用于跨度不大的场合。

型钢梁有热轧型钢和冷弯薄壁型钢两种。常用的热轧型钢有热轧工字钢、H 型钢、槽钢等[图 4-1a) ~ c)],其中以 H 型钢的截面分布最为合理,翼缘内外边缘平行,与其他构件的连接较为方便,应优先采用;槽钢因其截面扭转中心在腹板外侧,弯曲时将产生扭转,受力不利,故只有在构造上使荷载作用线接近扭转中心,或采取保证截面不发生扭转的构造措施时才被采用;但由于轧制条件的限制,热轧型钢腹板较厚,用钢量较多。冷弯薄壁型钢梁的种类较多,目前我国广泛使用的有 C 型钢[图 4-1d)]和 Z 型钢[图 4-1e)],冷弯薄壁型钢是由钢板通过冷轧加工成形,其壁厚较薄,较为经济,但防腐要求较高。

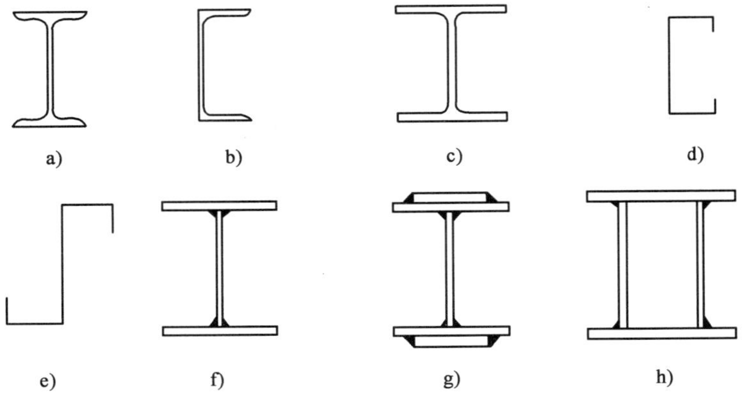

图 4-1　梁的截面形式

组合梁是由板和型钢连接而成,最典型的就是桥梁钢结构中的钢板梁[图 4-1f)],它主要是由三块钢板焊接或通过角钢和高强螺栓连接而成的工字形截面梁。当焊接组合梁翼缘需要很厚时,可采用两层翼缘板的截面[图 4-1g)],荷载很大而高度受到限制或梁的抗扭刚度要求较高时,可采用箱形截面[图 4-1h)]。组合梁的截面组成灵活,可使材料在截面上的分布更为合理,节省钢材。

根据工字形截面梁受弯时翼缘应力大、腹板应力小的受力特点,组合梁可做成异种钢梁,即翼缘采用强度较高的钢材,而腹板采用强度较低的钢材,或者将工字形的腹板沿梯形齿状切割成两半,然后错开半个节距,焊接成具有蜂窝状空洞而梁高增大的蜂窝梁(图 4-2)。在桥梁工程等结构中还常常采用钢-混凝土组合梁,钢-混凝土组合梁是在工字钢上翼缘铺设钢筋混凝土板,在钢梁的顶面每隔一定的距离设置纵向抗剪连接件,以保证二者整体弯曲(图 4-3),混凝土铺板基本受压,工字钢梁基本受拉,充分发挥两种材料的特性。

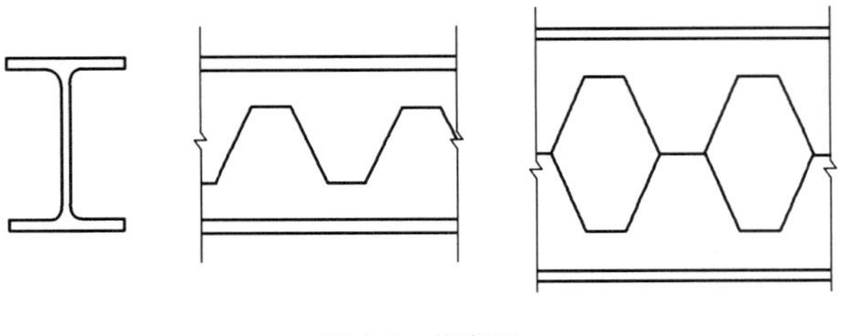

图 4-2　蜂窝梁

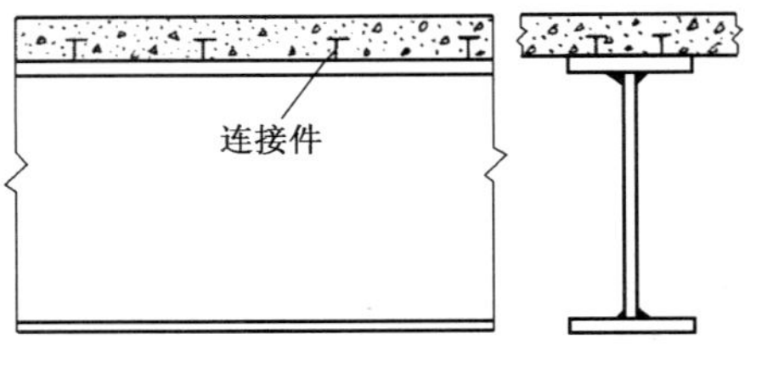

图 4-3　钢-混凝土组合梁

为了确保安全、经济、合理,梁的设计必须同时满足承载能力极限状态和正常使用极限状态的要求。梁同时承受弯矩、剪力以及局部范围的集中荷载作用,其承载能力极限状态计算包括强度、整体稳定和局部稳定三个方面。其中梁的强度包括抗弯强度、抗剪强度、局部承压强度和折算应力，均不超过相应的设计值。正常使用极限状态主要是指梁的刚度要求，即在荷载标准值的作用下，梁的最大挠度必须满足相关规范的要求。

4.2 受弯构件的强度及刚度

4.2.1 受弯构件的抗弯强度

一般的低碳钢和低合金钢试件受弯时，其工作性能与简单的拉伸试验相同，可视为理想的弹塑性材料，应变符合平截面假定。为分析钢梁在荷载作用下的破坏过程，以一双轴对称工字形等截面简支梁为例开展试验研究，如图 4-4 所示在梁上 B、C 位置作用两个集中荷载 P，梁 BC 段剪力为 0（忽略自重），而弯矩为常数，属于“纯弯曲”段。

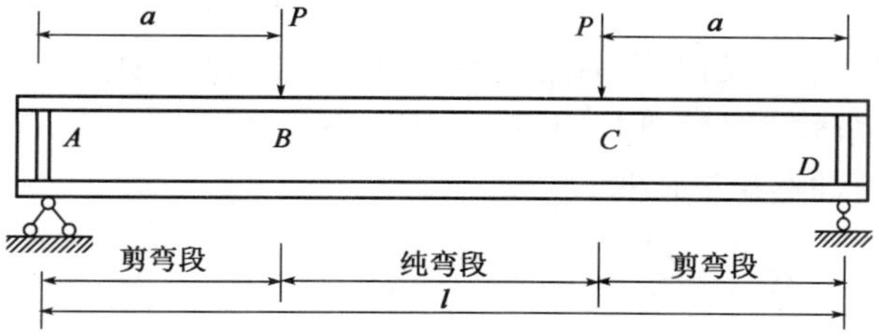

图 4-4 钢梁纯弯曲试验

根据试验，随着荷载的增加，梁弯曲应力的发展过程如图 4-5 所示，可分为三个阶段：

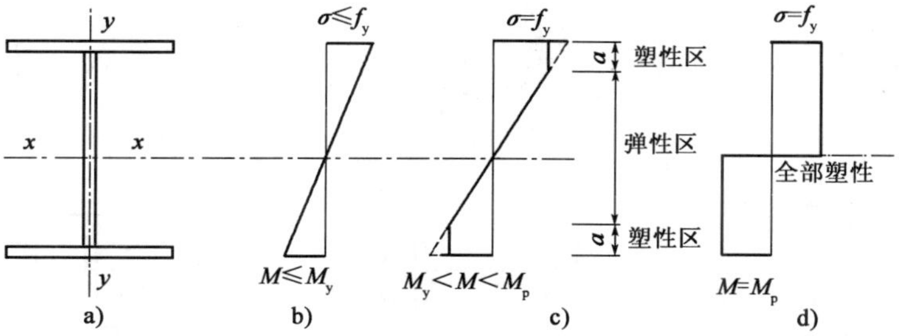

图 4-5 各受力阶段梁截面上的正应力分布

1）弹性工作阶段

荷载较小时，截面上各点的应力和应变都呈三角形分布，应力与应变成正比关系，即 $\sigma = E\varepsilon$，截面上下边缘的最大应力小于钢材的屈服强度 f_y［图 4-5b)］；荷载继续增加，截面边缘纤维应力达到屈服强度 f_y，此时的弯矩即为梁弹性工作阶段的最大弯矩。

$$M_e = f_y W_n \tag{4-1}$$

式中：W_n——梁的净截面抵抗矩，或称梁的截面模量。

对于需要计算疲劳和直接承受动力荷载的梁，常采用弹性方法设计，因此 M_e 是《钢结构设计规范》中直接承受动力荷载的钢梁抗弯强度计算的依据，也是《公路钢结构桥梁设计规范》中抗弯强度计算的依据。

2）弹塑性工作阶段

当梁边缘的最大正应力达到屈服点时，梁的承载力还远没有达到其极限承载力。随着荷载的进一步增加，由于钢材的塑性性质，边缘纤维进入屈服阶段，应力保持不变，应变继续增大。此时，在截面的上、下各有一个高为 a 的区域，在这个区域内，应变仍符合平截面假定，但应力不再随着应变的增加而增加，而是保持不变，形成塑性区[图 4-5c)]，梁处于弹塑性工作阶段，此时截面内对应的弯矩值即为《钢结构设计规范》中承受静力荷载或间接承受动力荷载的钢梁抗弯强度计算的依据。

3）塑性工作阶段

随着荷载的进一步增大，塑性区不断发展，弹性区不断减小。由于截面内部弹性区的约束，截面塑性区的塑性变形不能自由发展，钢梁仍能承受更大的荷载作用。当弹性区减小至完全消失时[图 4-5d)]，荷载不再增加，而变形继续发展，形成“塑性铰”，梁的承载力达到极限承载力。此时的弯矩称为梁塑性弯矩：

$$M_{\mathrm{p}} = f_{\mathrm{y}}(S_{1\mathrm{n}} + S_{2\mathrm{n}}) = W_{\mathrm{pn}} f_{\mathrm{y}} \tag{4-2}$$

式中：$S_{1\mathrm{n}}$、$S_{2\mathrm{n}}$——中和轴以上及以下净截面面积对中和轴的面积矩；

W_{pn}——梁的净截面塑性抵抗矩，$W_{\mathrm{pn}} = S_{1\mathrm{n}} + S_{2\mathrm{n}}$。

梁的塑性弯矩与弹性弯矩之比为：

$$\gamma_{\mathrm{F}} = \frac{M_{\mathrm{p}}}{M_{\mathrm{e}}} = \frac{W_{\mathrm{pn}}}{W_{\mathrm{n}}} \tag{4-3}$$

γ_{F} 称为截面的形状系数，与截面的几何形状有关，而与所用材料无关。一般截面的形状系数如图 4-6 所示。

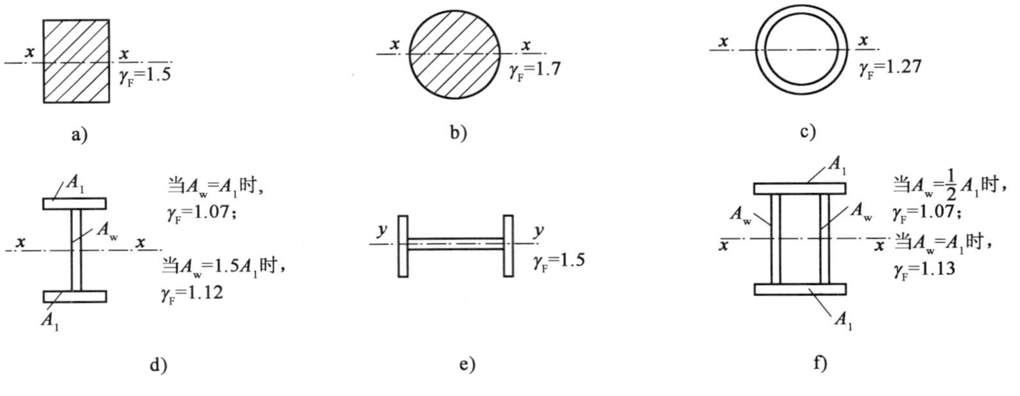

图 4-6　截面形状系数

在钢结构设计计算中，若全部采用弹性弯矩，则偏于保守；若全部采用塑性弯矩，虽然可以获得较大的经济效益，但过大的塑性变形将使其不适于继续承载，不能满足刚度的要求。故《钢结构设计规范》规定：对于不直接承受动力荷载的固端梁、连续梁以及实腹式构件在板件的宽厚比及钢材的力学性质满足一定要求时，可以采用塑性设计（即以塑性弯矩为极限弯矩），考虑截面内塑性变形的发展和由此引起的内力重分配，塑性铰截面的弯矩 M_x 应满足 $M_x \leqslant M_{\mathrm{p}}$，对需计算疲劳的梁，采用弹性设计；除以上两类构件外，一般的静定梁可以有限制地利用塑性，取截面的塑性发展深度 $a \leqslant \frac{1}{8}h$，h 为梁截面高度。采用塑性部分深入截面的弹塑性工作阶段作为设计准则。

4.2.2 受弯构件的强度计算

1）梁的抗弯强度计算

钢结构在进行钢梁设计时，考虑到若按塑性弯矩进行设计，可能使梁产生的挠度过大，受压翼缘过早失去局部稳定，因此《钢结构设计规范》只是有限制地利用塑性，抗弯强度按下列规定计算：

（1）单向弯曲时

$$\sigma = \frac{M_x}{\gamma_x W_{nx}} \leqslant f \tag{4-4}$$

（2）双向弯曲时

$$\sigma = \frac{M_x}{\gamma_x W_{nx}} + \frac{M_y}{\gamma_y W_{ny}} \leqslant f \tag{4-5}$$

式中：M_x、M_y——同一截面处绕 x 轴和 y 轴的计算弯矩（对工字形和 H 形截面：x 轴为强轴，y 轴为弱轴）；

W_{nx}、W_{ny}——对 x 轴和 y 轴的净截面模量；

γ_x、γ_y——考虑塑性部分深入截面的系数，称为截面塑性发展系数（对工字形截面：$\gamma_x = 1.05$，$\gamma_y = 1.20$；对箱形截面：$\gamma_x = \gamma_y = 1.05$；对其他截面见附录 3）；

f——钢材的抗弯强度设计值，见附表 1-1。

为避免梁强度破坏之前，其受压翼缘局部失稳，《钢结构设计规范》规定，当梁受压翼缘的自由外伸宽度与其厚度之比大于 $13\sqrt{235/f_y}$ 而不超过 $15\sqrt{235/f_y}$ 时，应取 $\gamma_x = 1.0$。f_y 为钢材牌号所指屈服点。对需要计算疲劳的梁，宜取 $\gamma_x = \gamma_y = 1.0$。

对于不直接承受动力荷载的固端梁和连续梁，允许按塑性方法进行设计。考虑截面内塑性变形的发展和由此引起的内力重分配，塑性铰截面的弯矩应满足下式：

$$M_x \leqslant W_{pnx} f \tag{4-6}$$

式中：W_{pnx}——梁对 x 轴的塑性净截面模量。

公路桥梁钢结构中常用的钢板梁在进行抗弯强度验算时采用边缘屈服准则，即截面上边缘纤维的应力达到钢材的屈服点时，就认为构件的截面已达到强度极限，除边缘屈服以外，其余区域应力仍在屈服点之下，即仅对截面进行弹性分析，此时对应的弯矩称为屈服弯矩，为了考虑翼缘局部屈曲的影响，在计算截面模量时考虑了有效截面的概念（见附录 12）。《公路钢结构桥梁设计规范》规定的钢板梁抗弯强度验算公式如下：

（1）单向弯曲时

$$\sigma = \gamma_0 \frac{M_x}{W_{x,eff}} \leqslant f_d \tag{4-7}$$

（2）双向弯曲时

$$\sigma = \gamma_0 \left(\frac{M_x}{W_{x,eff}} + \frac{M_y}{W_{y,eff}} \right) \leqslant f_d \tag{4-8}$$

式中：M_x、M_y——计算截面的弯矩设计值；

$W_{x,\mathrm{eff}}$、$W_{y,\mathrm{eff}}$——有效截面相对于 x 轴和 y 轴的截面模量，其中受拉翼缘应考虑剪力滞影响，受压翼缘应同时考虑剪力滞和局部稳定影响；

f_d——桥梁钢结构钢材的抗弯强度设计值，见附表1-1；

γ_0——结构重要性系数，它是对于不同设计安全等级的结构，为使其具有规定的可靠度而对作用组合效应设计值的调整系数，取值方法详见1.2.2节。

当梁的抗弯强度不满足要求时，最有效的方法是增大梁的高度。

2）梁的抗剪强度计算

实际工程中几乎不存在钢梁纯弯曲的状态，通常情况下梁同时承受弯矩和剪力的共同作用。H形截面梁腹板上剪应力分布如图4-7所示，截面上最大剪应力发生在腹板中和轴处。

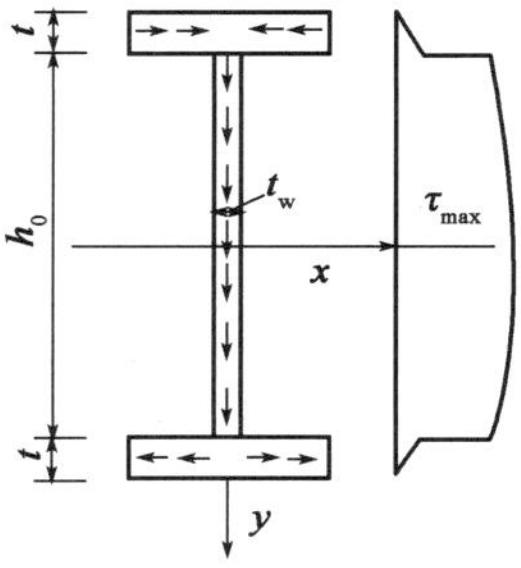

图4-7 腹板剪应力

《钢结构设计规范》规定，在主平面受弯的实腹式构件，以截面上最大剪应力达到钢材的屈服强度为承载力极限状态。其抗剪强度应按下式计算：

$$\tau = \frac{VS}{It_w} \leqslant f_v \tag{4-9}$$

式中：V——计算截面沿腹板平面作用的剪力；

S——计算剪应力处以上毛截面对中和轴的面积矩；

I——毛截面惯性矩；

t_w——腹板厚度；

f_v——建筑钢结构钢材的抗剪强度设计值，见附表1-1。

桥梁钢结构中的钢板梁在进行抗剪强度验算时，对于截面上有螺栓孔等造成不大的削弱时，仍用毛截面参数进行设计，截面参数为受拉翼缘考虑剪力滞影响以及受压翼缘同时考虑剪力滞和局部稳定影响后的有效截面。对应的验算公式如下式：

$$\tau = \frac{VS_{\mathrm{eff}}}{I_{\mathrm{eff}}t_w} \leqslant f_{vd} \tag{4-10}$$

式中：V——计算截面的剪力设计值，$V=\gamma_0 V_d$；

S_{eff}、I_{eff}——有效截面的面积矩和惯性矩。

当梁抗剪强度不满足要求时，最有效的方法是增大腹板面积，但腹板高度一般由梁的刚度条件和构造要求确定，故设计时，采用加大腹板厚度的方法来满足梁截面抗剪强度的要求。型钢由于腹板较厚，一般均能满足要求，因此，只在剪力最大截面处有较大削弱时，才需进行剪应力计算。

3）梁的局部承压强度

当梁上翼缘受有沿腹板平面作用的静力集中荷载，且该集中荷载处又未设置支承加劲肋时，或受有移动的集中荷载（如吊车的轮压）时，应验算腹板计算高度边缘的局部承压强度。

在集中荷载作用下，翼缘类似支承于腹板的弹性地基梁。腹板计算高度边缘的压应力分布如图4-8b）的曲线所示。

《钢结构设计规范》中假定集中荷载从作用处以1:2.5（在 h_y 高度范围）和1:1（在 h_R 高度范围）扩散，均匀分布于腹板计算高度边缘。腹板计算高度上边缘的局部承压强度应按下式计算：

$$\sigma_c = \frac{\psi F}{t_w l_z} \leqslant f \tag{4-11}$$

式中：F——集中荷载，对动力荷载应考虑动力系数；

ψ——集中荷载增大系数，对重级工作制吊车梁，$\psi = 1.35$，对其他梁，$\psi = 1.0$；

l_z——集中荷载在腹板计算高度上边缘的假定分布长度，按下式计算：跨中集中荷载 $l_z = a + 5h_y + 2h_R$，梁端支反力：$l_z = a + 2.5h_y + b$；

a——集中荷载沿梁跨度方向的支承长度，对钢轨上的轮压可取 50mm；

h_y——自梁顶面至腹板计算高度上边缘的距离；

h_R——轨道的高度，对梁顶无轨道的梁 $h_R = 0$；

b——梁端到支座板外边缘的距离，按实际取，但不得大于 $2.5h_y$。

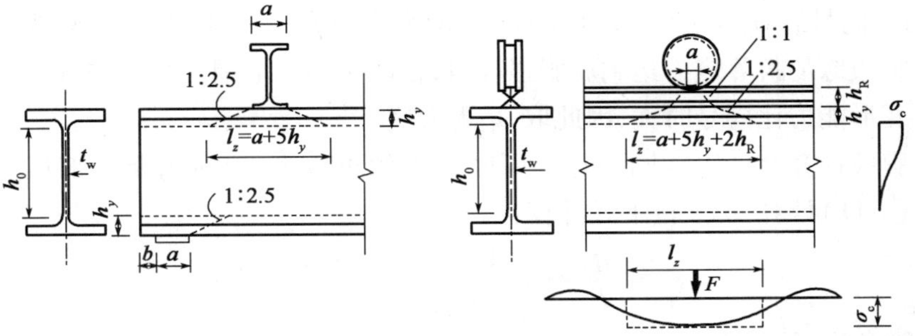

图 4-8 《钢结构设计规范》中钢梁腹板边缘局部压应力分布

腹板的计算高度 h_0，对轧制型钢梁，为腹板与上、下翼缘相接处两内弧起点间的距离；对焊接组合梁，为腹板高度；对铆接（或高强螺栓连接）组合梁，为上下翼缘和腹板连接的铆钉（或高强度螺栓）线间最近距离。

《公路钢结构桥梁设计规范》中规定钢板梁在集中荷载作用下局部承压验算仍可按式(4-11)进行，但需结合钢结构桥梁的受力特点取 $\psi = 1.0$，同时假定在翼缘高度范围内的集中荷载从作用处均以 1:1（不同于《钢结构设计规范》中的 1:2.5）扩散（图 4-9），均匀分布于腹板计算高度边缘。因此，《公路钢结构桥梁设计规范》中的有效分布长度 l_x 按图 4-9 中的计算方法计算。

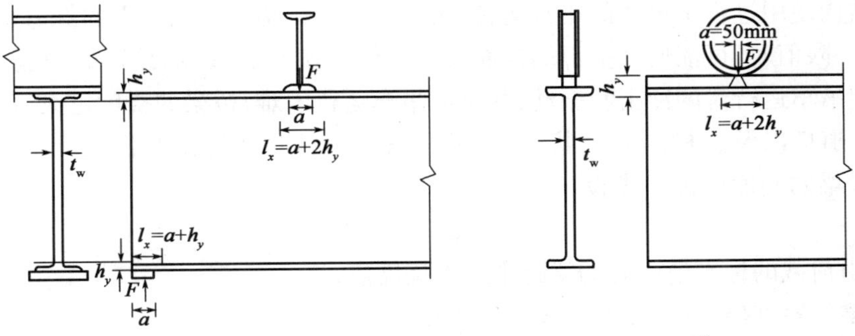

图 4-9 《公路钢结构桥梁设计规范》中局部承压有效分布长度示意图

当局部承压验算不满足要求时，对于静力集中荷载，一般需要在荷载作用处设置支承加劲肋，支承加劲肋与梁翼缘刨平顶紧或可靠连接时，可认为集中荷载通过支承加劲肋传递，因而不必验算腹板的局部压应力；对于移动荷载，实际工程中常采用的方法是加大腹板厚度。

4）折算应力

梁上一般同时作用有弯矩、剪力及集中荷载作用。在进行梁的强度计算时，不仅要验算截面上的最大正应力、最大剪应力是否满足要求，而且在梁的腹板计算高度边缘处，由于同时承受较大的正应力、剪应力以及局部压应力的作用，尽管其正应力和剪应力不是最大，但其折算应力则可能更危险，故应按材料力学第四强度理论来验算其折算应力：

$$\sigma_{eq} = \sqrt{\sigma^2 + \sigma_c^2 - \sigma\sigma_c + 3\tau^2} \leqslant \beta_1 f \tag{4-12}$$

式中：β_1——计算折算应力时的强度设计值增大系数（当 σ 与 σ_c 异号时，取 $\beta_1 = 1.2$；当 σ 与 σ_c 同号或 $\sigma_c = 0$ 时，取 $\beta_1 = 1.1$），增大系数 β_1 主要是为了考虑梁的某一截面腹板边缘的折算应力达到屈服强度时，仅限于局部范围。当 σ 与 σ_c 异号时，其塑性变形能力比同号时大，因此取 β_1 更大些。

σ、τ、σ_c——腹板计算高度边缘同一点上同时产生的正应力、剪应力及局部压应力，σ_c 按式（4-11）计算，σ、τ 按下式计算：

$$\sigma = \frac{My}{I_n};\tau = \frac{VS_1}{I_n t_w} \text{或} \tau = \frac{\gamma_0 V_d S_{1,eff}}{I_{eff} t_w} \tag{4-13}$$

式中：I_n——梁净截面惯性矩；

I_{eff}——梁有效截面惯性矩；

y——计算点至中和轴的距离。

公式（4-12）要求所有的应力发生在截面上的同一位置，公路桥梁钢结构从工程实用角度出发，不考虑折算应力强度的增大系数，采用式（4-14）验算折算应力。

$$\gamma_0\sqrt{\left(\frac{\sigma}{f_d}\right)^2 + \left(\frac{\tau}{f_{vd}}\right)^2} \leqslant 1 \tag{4-14}$$

式中：σ、τ——验算截面上同一点的正应力和剪应力。

4.2.3 受弯构件的刚度

梁的刚度用梁在标准荷载作用下的挠度来衡量。梁的刚度不足，梁的挠度超过某一限值时，将影响结构使用过程中设备的正常运转、装饰物与非结构构件以及人的舒适感。楼盖梁的挠度超过某一限值时，可能使其上部的楼面及下部的抹灰开裂，影响结构的功能；吊车梁挠度过大，会加剧吊车运行时的冲击和振动，甚至使吊车运行困难；桥梁的挠度过大，可能引起桥面铺装层、人行道板以及护栏的受力状态，会加剧汽车运行时的冲击和振动。《钢结构设计规范》规定一般梁的刚度可按下式验算：

$$v \leqslant [v] \tag{4-15}$$

式中：v——由荷载的标准值引起的梁跨中最大挠度值；

$[v]$——梁的容许挠度值，参照附表 2-1 采用。

承受多个集中荷载的梁，其挠度的精确计算较为复杂，但与最大弯矩相同的均布荷载作用下挠度接近。因此，可采用下列近似公式验算等截面简支梁的挠度。

$$\frac{v}{l}=\frac{5}{384}\times\frac{q_k l^3}{EI}=\frac{5}{48}\times\frac{q_k l^3}{8EI}\approx\frac{M_k l}{10EI}\leqslant\frac{[v]}{l} \tag{4-16}$$

式中：q_k——均布荷载标准值；

M_k——荷载标准值产生的最大弯矩；

I——跨中毛截面惯性矩。

公路钢结构桥梁中的钢板梁通过由不计冲击力的汽车车道荷载频遇值(频遇值系数为1.0)所引起的最大挠度 w 与计算跨径 l 之比不得超过规定限制$[w/l]$，来验算截面的挠度，其中$[w]$按附表2-2采用。

梁的挠度是构件的整体力学行为，所以计算中采用毛截面参数。

4.3 受弯构件的整体稳定性

4.3.1 整体稳定性的概念

钢梁同钢筋混凝土梁相比，为了充分发挥钢材的强度，其截面常设计成高而窄的形式，如图4-10所示的工字形截面梁，荷载作用在梁截面主轴 y-y 且通过其弯曲中心，梁在最大刚度平面内绕主轴 x-x 弯曲，梁处于平面弯曲状态。梁在弯矩的作用下，上翼缘受压、下翼缘受拉、腹板部分受压部分受拉，梁犹如受压构件和受拉构件的组合体。虽然受压的上翼缘在压应力的作用下，可能沿刚度较小的翼缘板平面外屈曲，但由于腹板和受拉的下翼缘在这个方向提供了连续的抗弯和抗剪约束，使其不可能发生平面外的屈曲。当外荷载增大到一定数值时，受压翼缘所受到的压应力将使翼缘板绕自身的强轴发生平面内的屈曲，对整个梁来说发生了侧向位移，并带动腹板和受拉的下翼缘发生侧向位移，由于受拉的下翼缘对这个侧向位移的约束作用，使整个截面发生侧向位移的同时，伴随着整个截面的扭转，继而丧失继续承载的能力，这种现象称为梁的弯扭屈曲或整体失稳。梁整体失稳时的最大弯矩称为临界弯矩，对应的应力称为临界应力。在梁所承受的弯矩达到临界弯矩之前，梁在弯矩作用平面内发生弯曲，当达到临界弯矩时，梁突然发生弯矩平面外的位移和扭转。如果临界应力低于钢材的屈服点，梁将在强度破坏前发生整体失稳也叫弹性弯扭失稳。与压弯构件在弯矩作用下平面外的失稳一样，梁的整体失稳是一种弯扭屈曲。

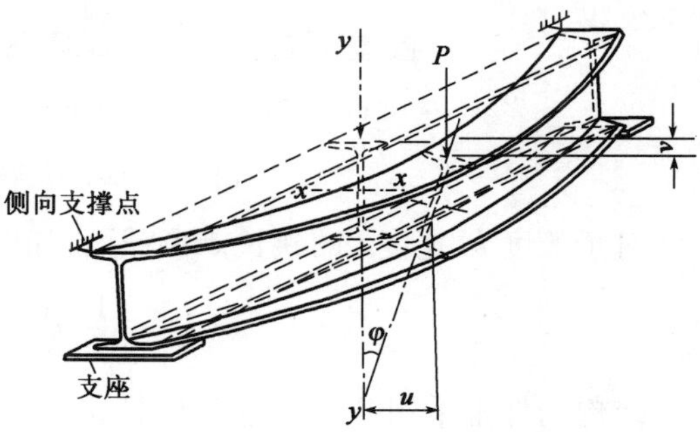

图4-10 钢梁丧失整体稳定性的现象

4.3.2 梁的扭转

梁在扭转荷载作用下，根据荷载和支撑条件不同，可分为自由扭转和约束扭转。

1)自由扭转

两端未受任何约束的构件，在大小相等、方向相反的扭矩作用下，截面上各点纤维在纵向均可自由伸缩，这种扭转称为自由扭转或圣维南扭转。这种扭转的特点是截面上只有扭转引起的剪应力，而无纵向正应力；沿杆件单位长度的扭转角 $d\varphi/dz$ 处处相等。

对于圆形杆件受扭矩 M_t 时，各截面仍保持平面，仅产生剪应力，剪应力的分布为：

$$\tau = \frac{M_t\rho}{I_\rho} \tag{4-17}$$

式中：I_ρ——圆截面的极惯性矩；

ρ——剪应力计算点到截面圆心的距离。

对于非圆形杆件受扭时，如图 4-11 所示，原来为平面的截面不再保持平面，产生翘曲变形，但各截面的翘曲变形相同，纵向纤维保持直线且长度保持不变。所谓翘曲变形，指杆件在扭矩作用下截面上各点沿杆件轴向产生了不同的纵向位移，截面不再为平面。

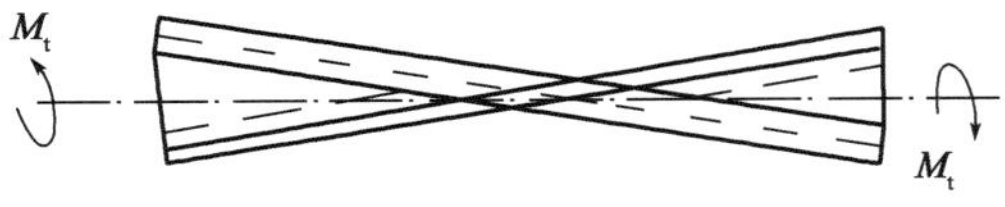

图 4-11　非圆形截面自由扭转

开口薄壁杆件自由扭转时，截面上剪应力在板厚范围内形成一个封闭的剪力流，如图 4-12 所示，其方向与板厚中心线平行，大小沿板厚方向呈线形变化，在板件中心线处为零，在板件边缘处最大，此时扭矩与单位扭转角的关系为：

$$M_t = GI_t\varphi' = GI_t\frac{d\varphi}{dz} \tag{4-18}$$

式中：G——材料的剪切模量；

M_t——截面上的扭矩；

$d\varphi/dz$——单位长度的扭转角；

φ——截面的扭转角；

I_t——截面的扭转常数或扭转惯性矩。

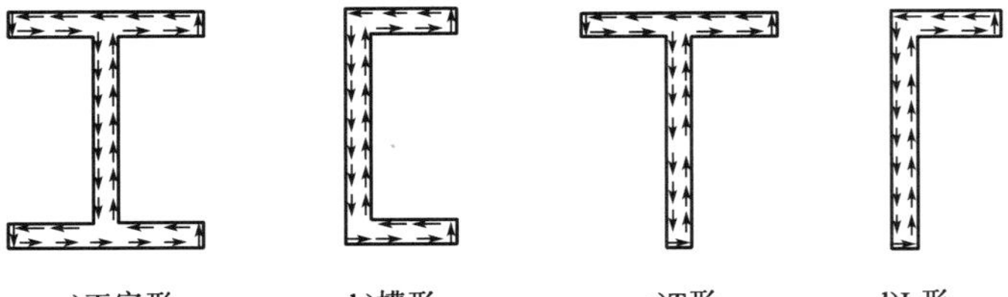

图 4-12　开口截面构件自由扭转时的剪力流

对于长度 b，宽度 t 的狭长矩形截面，如图 4-13 所示，扭转常数可近似取为：

$$I_t = \frac{1}{3}bt^3 \tag{4-19}$$

结构构件常采用开口薄壁截面杆，如工字形、H 形、槽形、T 形等截面，它们可视为由若干狭长矩形截面组成，总的扭转常数可近似取各板件的扭转常数之和。对于热轧型钢截面，由于其交接处有凸出部分截面，扭转常数有所提高，由试验表明，扭转常数可按下式进行修正：

$$I_t = \frac{\eta}{3}\sum_{i=1}^{n} b_i t_i^3 \tag{4-20}$$

式中：b_i、t_i——表示第 i 块板件的长度和宽度；

n——组成截面的板件总数；

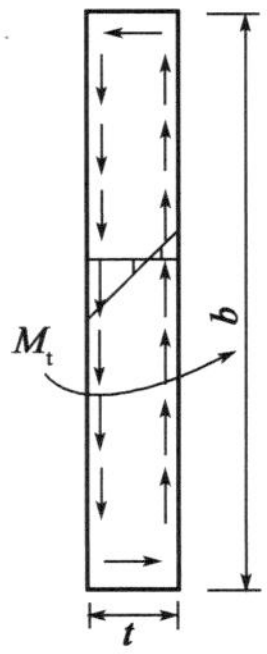

图 4-13　矩形截面扭转剪应力

η——修正系数，对工字钢 $\eta=1.25$，T 型钢 $\eta=1.15$，槽钢 $\eta=1.12$，角钢 $\eta=1.0$，多块板件组成的焊接组合截面 $\eta=1.0$。

板件的最大的剪应力值为：

$$\tau_{\max}=\frac{M_t t}{I_t} \tag{4-21}$$

式中：t——取各板件中宽度最大者。

对于由薄板组成的闭口截面构件自由扭转时（图 4-14），板件内的剪应力沿壁厚方向均匀分布，即横截面在一微元的 τt 为常数，方向为切线方向，则截面总扭转力矩为：

$$M_t=\oint\rho\tau t\mathrm{d}s=\tau t\oint\rho\mathrm{d}s \tag{4-22}$$

式中：ρ——截面形心至微段 ds 中心线的切线方向的垂直距离；

$\oint\rho\mathrm{d}s$——沿闭路曲线积分，为板件中心线所围成面积 A 的 2 倍。

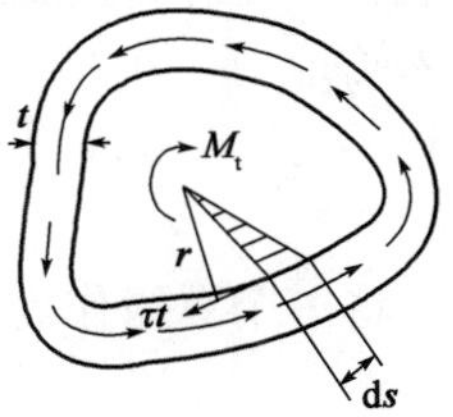

图 4-14　闭口截面的自由扭转

闭口截面任一点的剪应力按下式计算：

$$\tau=\frac{M_t}{2At} \tag{4-23}$$

式中：A——闭口截面板件中心线所围面的面积。

由此可见，闭口截面比开口截面的抗扭能力大得多。

2）约束扭转

构件受扭转作用时，截面上的各点纤维在纵向不能自由伸缩，即翘曲变形受到约束，这种扭转称为约束扭转或弯曲扭转，其特点是扭转不仅在截面上引起剪应力，还同时产生正应力。

在图 4-15a）中，左端为固定端，右端为自由端的双轴对称工字形截面悬臂构件，在自由端作用一扭矩 M_T 时，自由端可自由翘曲而固定端完全不能翘曲，因而翘曲变形受到约束，且中间各截面受到不同程度的约束。图 4-15c）中构件中央作用一扭矩 M_T，其两端作用一对大小为 $M_T/2$，与中央截面相反的扭矩，由此可见，此构件的中央截面因具有对称性完全不能翘曲。

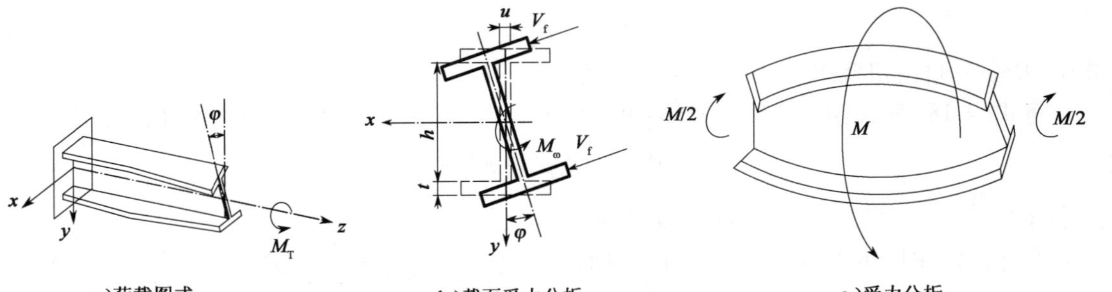

图 4-15　工字形截面梁的约束扭转

在约束扭转图中［图 4-15a）］，纵向纤维有伸长也有缩短，将不再保持直线而产生弯曲，如图 4-16 所示，工字形截面上、下翼缘产生了方向相反的侧向弯曲，由于侧向弯曲，在上、下翼缘将引起弯矩 M_f，从而产生纵向翘曲正应力，并伴随产生翘曲剪应力，翘曲剪应力绕剪心形成翘曲扭矩 M_ω。

以双轴对称工字形截面悬臂构件为例，推导翘曲扭矩 M_ω，如图 4-15b）所示。在扭矩 M_T 作用下，离固定端为 z 的截面上产生扭转角，由刚性周边假设（即在扭转前后截面的形状与垂直于构件轴线的截面投影的形状是相同的）可知，上翼缘在 x 方向的位移为：

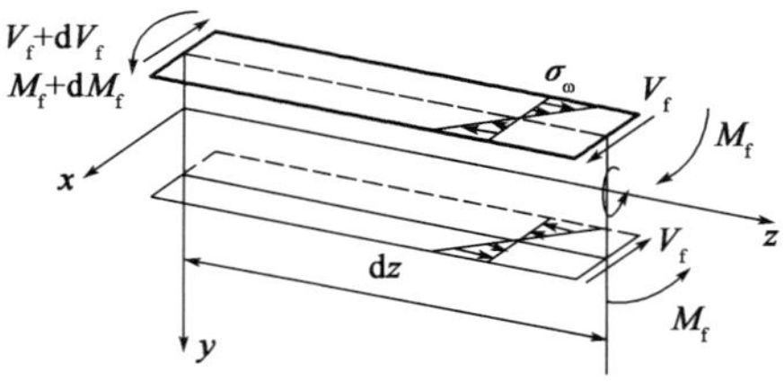

图 4-16 悬臂工字梁的约束上翼缘内力分析

$$\mu = \frac{h}{2}\varphi \tag{4-24}$$

曲率为：

$$\frac{d^2\mu}{dz^2} = \frac{h}{2}\varphi'' \tag{4-25}$$

将一个翼缘作为独立单元来考虑，如图 4-16 所示，根据弯矩与曲率的关系有：

$$M_f = -EI_t\frac{d^2\mu}{dz^2} = \frac{-h}{2}EI_t\varphi'' \tag{4-26}$$

式中：M_f——上翼缘的弯矩；

I_t——上翼缘对 y 轴的惯性矩。

再由图示的内力关系可知，上翼缘的水平剪力为：

$$V_f = \frac{dM_f}{dz} = \frac{-h}{2}EI_t\varphi''' \tag{4-27}$$

因为上下翼缘的弯矩等值，从而两翼缘的剪力也等值反向，剪力的合力为零，但对剪心形成扭矩：

$$M_\omega = V_f h = -EI_t\frac{h^2}{2}\varphi''' = -EI_\omega\varphi''' \tag{4-28}$$

式中：I_ω——翘曲常数或扇形惯性矩，单位长度的六次方，是截面的一种几何性质，双轴对称工字形有 $I_\omega = I_t\frac{h^2}{2} = I_y\frac{h^4}{4}$，其他截面形式的 I_ω 可查相关手册。

构件受约束扭转时，外扭矩 M 将由截面上的自由扭转扭矩 M_t 和翘曲扭矩 M_ω 共同平衡，即

$$M_T = M_t + M_\omega \tag{4-29}$$

式中：M_t——自由扭转扭矩，由式（4-18）计算。

将式（4-18）和式（4-28）代入式（4-29），可得开口薄壁杆件约束扭转的平衡微分方程：

$$M_T = GI_t\varphi' - EI_\omega\varphi''' \tag{4-30}$$

式中：GI_t、EI_ω——截面的扭转刚度和翘曲刚度。

在外扭矩作用下的约束扭转，构件截面中将产生 3 种应力：①由翘曲约束产生的翘曲正应力 σ_ω；②由自由扭转扭矩 M_t 产生的剪应力 τ_t；③由翘曲扭矩 M_ω 产生的翘曲的剪应力 τ_ω。对于工字形截面，约束扭转的剪应力如图 4-17 所示。

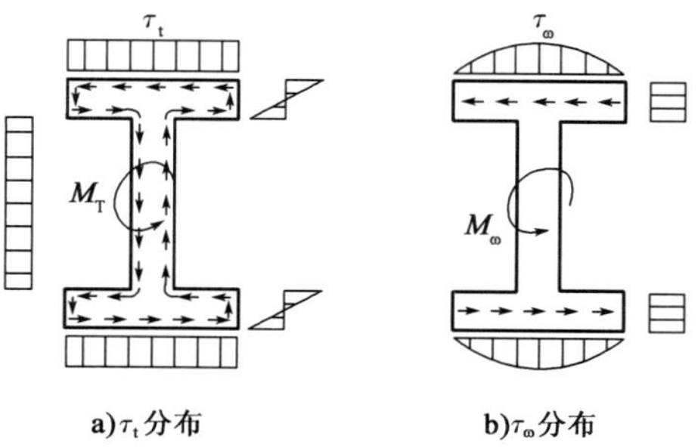

图 4-17 工字形截面约束扭转剪应力分布

对于双轴对称工字形截面，其翘曲正应力 σ_ω 按下式计算：

$$\sigma_{\omega} = \frac{M_{\mathrm{f}}x}{I_{\mathrm{t}}} = \frac{1}{2}Eh\varphi''x \tag{4-31}$$

其翘曲剪应力：

$$\tau_{\omega} = \frac{V_{\mathrm{f}}S_{\mathrm{t}}}{I_{\mathrm{t}}t} = \frac{1}{2}Eh\varphi'''S_{\mathrm{t}} \tag{4-32}$$

式中：S_{t}——翼缘计算剪应力处以左(或以右)对 y 轴的面积矩。

4.3.3 受弯构件的临界应力

当梁的受压翼缘屈曲时，将会产生侧向位移，而受拉翼缘却力图保持原来稳定的状态，致使梁最终的截面在产生侧向弯曲的同时伴随着扭转变形。如图 4-18 所示就是简支梁在均匀弯矩(纯弯曲)作用下的弯扭屈曲分析简图。这里的简支约束是指梁的梁端在 xOz 平面和 yOz 平面内能自由转动但梁端截面不能绕 z 轴扭转，即只能自由翘曲而不能扭转。图 4-18 中取 $Oxyz$ 为固定坐标，截面发生位移后的移动坐标相应取为 $O'\xi\eta\zeta$，假定截面剪力中心 S(对此双轴对称截面，其剪力中心 S 与形心 O 相重合)沿 x、y 轴方向的位移分别为 u、v。沿坐标轴的正向为正。截面的扭转角为 φ，右手螺旋方向旋转为正。在小变形情况下，xOz 和 yOz 平面内的曲率分别为$\frac{\mathrm{d}^2u}{\mathrm{d}z^2}$和$\frac{\mathrm{d}^2v}{\mathrm{d}z^2}$，并且认为 $\xi O'\zeta$ 和 $\eta O'\zeta$ 平面内的曲率分别与之相等。在角度方面可以近似采用 $\sin\theta \approx \mathrm{d}u/\mathrm{d}z \approx \theta$，$\sin\varphi \approx \varphi$，$\cos\theta \approx 1$ 和 $\cos\varphi \approx 1$。根据上述近似关系，依图 4-18 中的 1-1 剖面图可以得到：$M_{\xi} = M_x\cos\theta\cos\varphi \approx M_x$，$M_{\eta} = M_x\cos\theta\sin\varphi \approx M_x\varphi$，$M_{\zeta} = M_x\sin\theta \approx M_x\mathrm{d}u/\mathrm{d}z$。

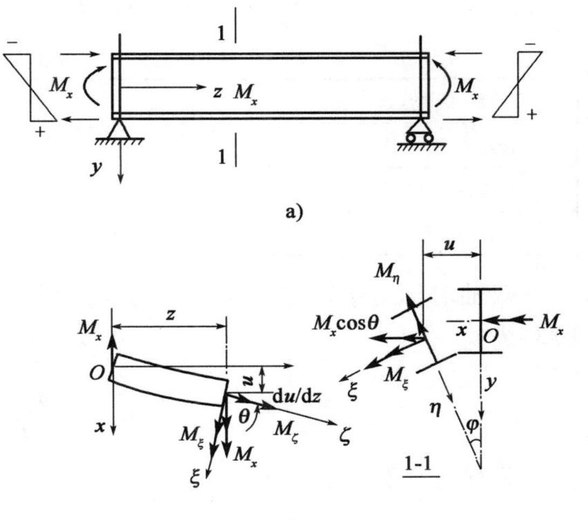

图 4-18 工字形截面简支梁整体弯扭失稳

根据材料力学中弯矩与曲率符号关系和内外扭矩间的平衡关系，可以写出如下三个微分方程：

$$EI_x\frac{\mathrm{d}^2v}{\mathrm{d}z^2} = -M_x = -M_{\zeta} \tag{4-33}$$

$$EI_y\frac{\mathrm{d}^2u}{\mathrm{d}z^2} = -M_{\eta} = -M_x\varphi \tag{4-34}$$

$$GI_{\mathrm{t}}\frac{\mathrm{d}\varphi}{\mathrm{d}z} - EI_{\omega}\frac{\mathrm{d}^3\varphi}{\mathrm{d}z^3} = M_{\xi} = M_x\frac{\mathrm{d}u}{\mathrm{d}z} \tag{4-35}$$

式(4-33)表示梁竖向弯曲变形与外荷载的微分关系，仅是竖向位移 v 的方程，与梁的整体失稳无关。而式(4-34)和式(4-35)中都含有未知量 φ 和 u，它们均与梁的整体失稳有关。

由简支梁的边界条件：当 $z=0$ 和 $z=l$ 时，$\varphi=0$ 和 $\mathrm{d}^2\varphi/\mathrm{d}z^2=0$，解上述微分方程可求得梁丧失整体稳定性时的弯矩 M_x，此值即为梁的临界弯矩 M_{cr}：

$$M_{\mathrm{cr}} = \frac{\pi}{l}\sqrt{EI_yGI_{\mathrm{t}}}\sqrt{1+\frac{\pi^2EI_{\omega}}{l^2GI_{\mathrm{t}}}} \tag{4-36}$$

对于单轴对称截面受一般荷载（包括横向荷载和端弯矩）的简支梁的弯扭屈曲临界弯矩的一般表达式为：

$$M_{cr}=c_1\frac{\pi^2EI_y}{l^2}\left[c_2a+c_3b+\sqrt{(c_2a+c_3b)^2+\frac{I_\omega}{I_y}\left(1+\frac{l^2GI_t}{\pi^2EI_\omega}\right)}\right] \tag{4-37}$$

式中：a——横向荷载作用点至截面剪心的距离，当荷载作用在剪心以下为正，反之为负；

b——反映截面不对称的程度，双轴对称截面 $b=0$，其他 $b=\frac{1}{2I_x}\int_A y(x^2+y^2)\mathrm{d}A-y_0$；

y_0——剪心至形心的距离，当剪心在形心之下时为正，反之为负，$y_0=\frac{I_2h_2-I_1h_1}{I_y}$；

I_1、I_2——受压翼缘和受拉翼缘对弱轴（y 轴）的惯性矩；

h_1、h_2——受压翼缘和受拉翼缘形心至整个截面形心的距离；

c_1、c_2、c_3——与荷载类型有关的参数，见表 4-1。

c_1、c_2、c_3 的取值表 表 4-1

荷载类型	c_1	c_2	c_3
跨中布置集中荷载	1.35	0.55	0.40
满跨均布荷载	1.13	0.46	0.53
纯弯曲	1.0	0	1.0

双轴对称工字形截面简支梁，在纯弯曲作用下，式（4-36）等同于式（4-37），式（4-36）可以改写为：

$$M_{cr}=\frac{\pi^2EI_y}{l^2}\sqrt{\frac{I_\omega}{I_y}+\frac{l^2GI_t}{\pi^2EI_y}} \tag{4-38}$$

为简化计算，现引用：

$$I_\omega=\frac{I_yh^2}{4} \tag{4-39}$$

$$I_y=\frac{t_1b_1^2}{6} \tag{4-40}$$

$$I_t=\frac{1.3}{3}(t_w^3h_0+2b_1t_w^3)\approx\frac{At_1^2}{3} \tag{4-41}$$

上述式中：b_1、t_1——工字形截面梁的翼缘宽度和厚度；

h_0、t_w——工字形截面梁的腹板高度和厚度；

A——梁的毛截面面积。

将 $E=2.06\times10^5\text{N/mm}^2$ 及 $E/G=2.6$，代入式（4-38）得

$$M_{cr}=\frac{10.17\times10^5}{\lambda_y^2}\times Ah\left[\sqrt{1+\left(\frac{\lambda_yt_1}{4.4h}\right)^2}\right] \tag{4-42}$$

4.3.4 影响受弯构件整体稳定的主要因素

（1）从式（4-36）可知，截面的侧向刚度 EI_y、抗扭刚度 GI_t 和翘曲刚度 EI_ω 越大，则临界弯矩 M_{cr} 越大；增大梁的侧向抗弯刚度比增大抗扭刚度和翘曲刚度对提高 M_{cr} 更为明显。

(2)梁两端的约束程度越高,临界弯矩越高;构件侧向支承点间的间距 l_1 越小,临界弯矩越大。

(3)梁的整体失稳是由于受压翼缘侧向弯曲引起的,受压翼缘越宽大的截面,其临界弯矩越高,故加强受压翼缘是提高梁的整体稳定的最有效方法。

(4)荷载的类型和作用位置对临界弯矩的影响,弯矩图越饱满,受压翼缘所受到的压应力越高,其临界弯矩越小;荷载作用在梁的上翼缘,当梁发生扭转时,则将加剧扭转,助长屈曲,降低临界弯矩;反之,当荷载作用在梁的下翼缘时,则会减缓扭转,提高临界弯矩。

为了提高梁的整体稳定性,可采取以下措施:

①加宽受压翼缘板,可使 I_x 和 I_y 都得到提高;

②增加横向联系,减小梁的侧向计算长度 l_1;

③当梁内无法增设侧向支撑时,宜采用闭合的箱形截面,工字形截面、槽形、T 形截面次之,避免选用 L 形截面;

④增加梁两端的约束,提高其整体稳定性;

⑤减少初始变形、初始偏心、残余应力等初始缺陷。

以上措施中,没有提到荷载的类型和作用位置,因为梁所受到的荷载并不是设计者能左右的。

4.3.5 受弯构件整体稳定性的计算

为了提高梁的整体稳定,保证梁在各种荷载作用下不发生整体失稳,当梁上有密铺的刚性铺板(如楼盖梁的楼面板或公路桥、人行天桥的桥面板等)时,应使之与梁的受压翼缘牢固连接,起到有效阻止受压翼缘侧向变形的作用;否则,应设置平面支撑,其中,横向支撑使主梁受压翼缘的自由长度由跨长减小为 l_1(次梁间距),纵向支撑是为保证钢梁的横向刚度。当符合下列情况之一时,可不计算梁的整体稳定性:

(1)有刚性铺板(各种钢筋混凝土板和钢板)密铺在梁的受压翼缘上并与其牢固连接,能阻止梁受压翼缘的侧向位移。

(2)H 型钢、等截面工字形等钢板简支梁受压翼缘的自由长度 l_1 与其宽度 b_1 之比不超过表 4-2 所规定的数值。对于跨中无侧向支撑点的梁,l_1 为其跨度,对于跨中有侧向支撑点的梁,l_1 为其受压翼缘侧向支撑点间的距离(梁的支撑处视为有侧向支撑)。

H 型钢或等截面工字钢简支梁不需计算整体稳定性的最大 l_1/b_1 值 表 4-2

钢　号	跨中无侧向支承点的梁		跨间受压翼缘有侧向支撑点的梁,无论荷载作用于何处
	荷载作用在上翼缘	荷载作用在下翼缘	
Q235	13.0	20.0	16.0
Q345	10.5	16.5	13.0
Q390	10.0	15.5	12.5
Q420	9.5	15.0	12.0

注:其他钢号的梁不需计算整体稳定性的最大 l_1/b_1 值,应取 Q235 钢的数值乘以 $\sqrt{235/f_y}$。

(3)箱形截面简支梁,其截面尺寸(图 4-19)应满足 $h/b_0 \leqslant 6$,且 $l_1/b_0 < 95(235/f_y) \approx 65(345/f_y)$[《公路钢结构桥梁设计规范》采用 $l_1/b_0 < 65(345/f_y)$]。

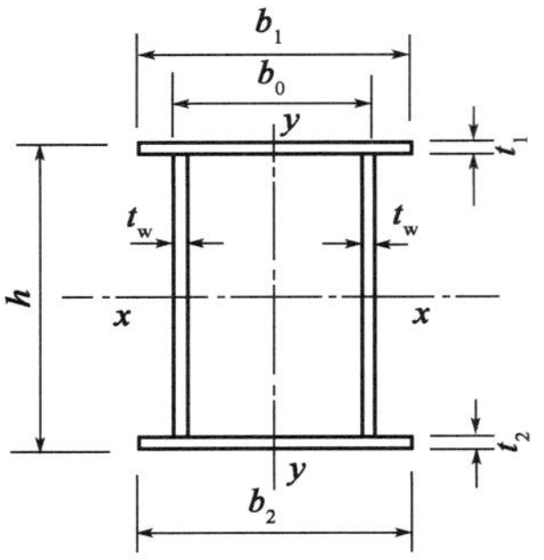

图 4-19　箱形截面

对不满足上述要求的梁，需进行整体稳定性计算。

1)《钢结构设计规范》中关于梁的整体稳定计算公式

假设梁的板件具有足够的刚度，不会在梁发生整体失稳之前产生屈曲变形。与压杆的稳定计算类似，梁的抗弯承载能力设计值为：

$$M_{cr} = \varphi_b f_y W_x \tag{4-43}$$

为保证梁在最大刚度平面内受弯矩 M_x 作用时不发生整体失稳，应使梁中的最大压应力不大于其临界应力，即应满足：

$$\sigma = \frac{M_x}{W_x} \leqslant \sigma_{cr} = \frac{M_{cr}}{W_x} = \varphi_b f_y \tag{4-44}$$

$$\varphi_b = \frac{\sigma_{cr}}{f_y} \tag{4-45}$$

考虑材料的抗力分项系数：

$$\sigma \leqslant \frac{\sigma_{cr}}{\gamma_R} = \frac{\sigma_{cr}}{f_y}\frac{f_y}{\gamma_R} = \varphi_b f \tag{4-46}$$

式中：φ_b——梁的整体稳定系数，详见附录 10。

实际工程中梁受纯弯曲的情况较少，当梁受任意横向荷载时，临界弯矩的理论值应按根据弹性稳定理论推导的临界弯矩通用计算公式计算，并可求得相应的稳定系数 φ_b。但这样的计算太复杂，为了方便设计，《钢结构设计规范》对常见的截面尺寸及荷载条件做了详细的说明，并通过大量电算及试验结果统计分析，得出了不同荷载作用下的稳定系数与纯弯曲作用下稳定系数的比值 β_b。另外，对于单轴对称工字形截面，引入了截面不对称系数 η_b 来考虑其对临界弯矩的影响。

对于等截面焊接工字形和轧制 H 型钢简支梁整体稳定系数 φ_b 可按附录 10.1 计算；对于轧制普通工字钢简支梁，其 φ_b 值可按附录 10.2 计算；对于轧制槽钢简支梁的整体稳定系数 φ_b 可按附录 10.3 采用；对于双轴对称工字形截面（含 H 型钢）悬臂梁的整体稳定系数 φ_b 可按附录 10.4 采用。

在计算梁的整体稳定系数时，对于承受均布弯矩的梁，当 $\lambda_y \leqslant 120\sqrt{235/f_y}$ 时，可按附录 10.5 计算。

计算出钢梁的整体稳定系数 φ_b 后，可根据《钢结构设计规范》中的规定按式(4-47)进行验算。

单向受弯时

$$\sigma = \frac{M_x}{\varphi_b W_x} \leqslant f \tag{4-47a}$$

双向受弯时

$$\frac{M_x}{\varphi_b W_x} + \frac{M_y}{\gamma_y W_y} \leqslant f \tag{4-47b}$$

式中：M_x、M_y——按受压最大纤维确定的对强轴和弱轴的毛截面模量；

φ_b——绕强轴确定的梁整体稳定系数。

稳定计算是梁的整体性问题，M_y 和 M_x 应如何配合，值得探讨。式(4-47b)是经验型公式，很难提出在各种不同的弯矩分布情况下计算 M_y 的确切位置。比较简单的方法就是取梁跨度中央 $l/3$ 范围内 M_y 的最大值。

受弯构件同时承受扭矩，应当按式(4-48)计算其整体稳定性。

$$\frac{M_x}{\varphi_b W_x} + \frac{B}{W_\omega} \leqslant f \tag{4-48}$$

式中：M_x——跨间对主轴 x 轴的最大弯矩；

B——双力矩设计值，由于扭矩通常由横向荷载偏心引起，双力矩和弯矩的最大值出现在同一截面；

W_ω——与弯矩引起的应力同一验算点处的毛截面扇形模量。

2)《公路钢结构桥梁设计规范》中关于梁的整体稳定计算公式

在桥梁钢结构中由于制造安装等原因，实际钢结构不可避免地存在结构与荷载的初偏心和残余应力等，实际钢桥的失稳破坏为弹塑性极值稳定问题。由于影响弹塑性极值稳定的因素很多、计算复杂，钢结构的实际失稳临界应力难以通过计算求得。为了解决钢桥的整体稳定设计问题，许多研究者在整体稳定性验算中主要考虑了梁在作用于其平面内的弯矩单独作用下，构件呈现弯扭失稳时的整体稳定折减系数。为保证梁不发生整体失稳，当等截面钢梁不满足可不计算梁整体稳定性的要求时，应按《公路钢结构桥梁设计规范》中有关梁的整体稳定验算公式进行梁整体稳定的计算。

单向受弯时

$$\frac{\gamma_0 \beta_{m,x} M_x}{\chi_{LT,x} M_{Rd,x}} \leqslant 1 \tag{4-49}$$

双向受弯时

$$\gamma_0 \left(\beta_{m,x} \frac{M_x}{\chi_{LT,x} M_{Rd,x}} + \frac{M_y}{M_{Rd,y}} \right) \leqslant 1 \tag{4-50a}$$

$$\gamma_0 \left(\frac{M_x}{M_{Rd,x}} + \beta_{m,y} \frac{M_y}{\chi_{LT,y} M_{Rd,y}} \right) \leqslant 1 \tag{4-50b}$$

$$M_{Rd,x} = W_{x,eff} f_d \tag{4-51}$$

$$M_{Rd,y} = W_{y,eff} f_d \tag{4-52}$$

$$\bar{\lambda}_{LT,x} = \sqrt{\frac{W_{x,eff} f_y}{M_{cr,x}}} \tag{4-53}$$

$$\bar{\lambda}_{LT,y} = \sqrt{\frac{W_{y,eff} f_y}{M_{cr,y}}} \tag{4-54}$$

式中：M_x、M_y——两个主平面内绕 x 轴和 y 轴的弯矩设计值；

$\beta_{m,x}$、$\beta_{m,y}$——等效弯矩系数，见第 6 章，按表 6-1 或表 6-2 取值计算；

$\chi_{LT,x}$、$\chi_{LT,y}$——两个主平面内弯矩单独作用下的弯扭屈曲整体稳定折减系数，与《钢结构设计规范》中的梁的稳定系数 φ_b 具有相似的物理意义，可参照附录 10，但相对长细比采用 $\bar{\lambda}_{LT,x}$、$\bar{\lambda}_{LT,y}$，截面类型按附表 4-3 采用；

$\bar{\lambda}_{LT,x}$、$\bar{\lambda}_{LT,y}$——弯扭相对长细比，按式(4-53)、式(4-54)计算。

$W_{x,eff}$、$W_{y,eff}$——有效截面相对于 x 轴和 y 轴的截面模量，其中受拉翼缘仅考虑剪力滞影响，受压翼缘同时考虑剪力滞和局部稳定影响；

$M_{cr,x}$、$M_{cr,y}$——两个主平面内弯矩单独作用下，考虑约束影响的构件弯扭失稳模态的整体弯扭弹性屈曲弯矩，可采用式(4-37)进行计算。

[例题 4-1] 试验算均布荷载作用下热轧工字钢简支梁的强度、刚度和整体稳定性。热轧工字钢简支梁的计算跨径 $l=6\text{m}$，截面采用 I36a，梁上作用均布荷载设计值 $q=30\text{kN/m}$，荷载标准值 $q_k=23\text{kN/m}$。该梁为顶棚次梁，未设加劲肋，跨中设置侧向支承，钢材为 Q235，恒载分项系数 $\gamma_G=1.2$。

解：根据已知条件，查附表 7-1 及附表 1-1 得：$A=76.44\text{cm}^2$，$W_x=878\text{cm}^3$，$I_x=15\ 796\text{cm}^4$，$t_w=10\text{mm}$，$g_k=60\text{kg/m}$，$S_x=508.8\text{cm}^3$，$f=215\text{N/mm}^2$，$f_v=125\text{N/mm}^2$，$E=2.06\times10^5\text{N/mm}^2$，$[v]=\dfrac{l}{250}$。

弯矩设计值：

$$M_{max}=\frac{1}{8}ql^2=\frac{1}{8}\times(30+60\times10^{-3}\times10\times1.2)\times6^2=138.24(\text{kN}\cdot\text{m})$$

剪力设计值：

$$V_{max}=\frac{1}{2}ql=\frac{1}{2}\times(30+60\times10^{-3}\times10\times1.2)\times6=92.16(\text{kN})$$

强度验算：

$$\sigma=\frac{M_{max}}{\gamma_x W_x}=\frac{138.24\times10^6}{1.05\times878\times10^3}=149.95(\text{N/mm}^2)<f=215\text{N/mm}^2(\text{满足要求})$$

抗剪强度：

$$\tau=\frac{V_{max}S_x}{I_x t_w}=\frac{92.16\times10^3\times508.8\times10^3}{15\ 796\times10^4\times10}=29.7(\text{N/mm}^2)<f_v=125\text{N/mm}^2(\text{满足要求})$$

梁上承受均布荷载，无需验算局部承压强度。

①刚度验算。

梁的刚度按荷载标准值由结构力学方法计算：

$$v_{max}=\frac{5}{384}\frac{q_k l^4}{EI_x}=\frac{5}{384}\times\frac{(23+0.6)\times6\ 000^4}{2.06\times10^5\times15\ 796\times10^4}=12(\text{mm})<\frac{l}{250}=24(\text{mm})$$

②整体稳定性验算。

跨中有侧向支撑，工字钢为 I36a，侧向支撑间的距离 $l_1=3\text{m}$，根据附录 10 查得 $\varphi_b=1.8>0.6$，计算 φ'_b：

$$\varphi'_b=1.07-\frac{0.282}{\varphi_b}=1.07-\frac{0.282}{1.8}=0.91<1$$

$$\frac{M_{max}}{\varphi'_b W_x}=\frac{138.24\times10^6}{0.91\times877.6\times10^3}=173.1(\text{N/mm}^2)<f=215\text{N/mm}^2$$

[例题 4-2] 某一计算跨度为 $l=16\text{m}$ 的简支钢板梁桥，其主梁的焊接工字形截面翼缘为焰切边，其主梁截面尺寸如图 4-20 所示，上下纵向联结系两相邻节点间距为 2.5m，钢材采用 Q235 钢；主梁跨中截面计算弯矩 $M_{l/2}=1\ 657.62\text{kN}\cdot\text{m}$，计算剪力 $V_{l/2}=88.62\text{kN}$；支座截面计算剪力 $V_0=369.48\text{kN}$。试进行主梁强度和整体稳定性验算。

解：如图 4-20 所示为等截面简支钢板梁的主梁截面尺寸。钢板梁的翼缘板考虑剪力滞影

响的有效宽度 b_e^s 按附录 12 计算，因 $\frac{b_i}{l}=250/16\ 000=0.015\ 6<0.05$，所以，$b_e^s=400\text{mm}$，$\rho^s=b_e^s/\text{b}=1.0$。

翼缘板考虑局部稳定影响的有效宽度 b_e^p 按附录 12 计算，工字形截面翼缘板为三边简支一边自由板，其弹性屈曲系数 $k=0.425$，由附录 12 计算相对宽厚比 $\bar{\lambda}_p=0.604>0.4$，等效相对初弯曲 $\varepsilon_0=0.163$，局部稳定折减系数 $\rho=0.81$。截面上翼缘受压需要同时考虑剪力滞影响和局部稳定影响：

$$b_e^{上}=\rho^s\rho b=1.0\times 0.81\times 400=324(\text{mm})$$

截面下翼缘受拉仅考虑剪力滞影响：

$$b_e^{下}=\rho^s b=1.0\times 400=400(\text{mm})$$

得到钢板梁的有效截面如图 4-21 所示。

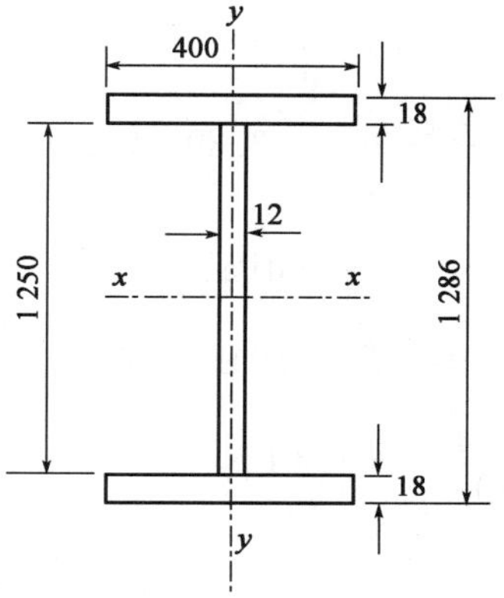

图 4-20 主梁截面图(尺寸单位:mm)

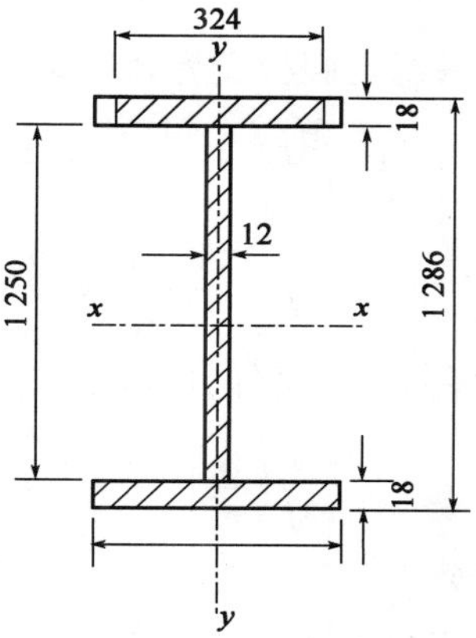

图 4-21 有效截面示意图(尺寸单位:mm)

有效截面中和轴距受压翼缘边缘距离为：

$$y_1=\frac{324\times 18\times 9+1\ 250\times 12\times(625+18)+400\times 18\times(1\ 286-9)}{324\times 18+1\ 250\times 12+400\times 18}=673.94(\text{mm})$$

有效截面惯性矩为：

$$I_{\text{eff}}=324\times 18\times(673.94-9)^2+\frac{1}{12}\times 12\times 1\ 250^3+12\times 1\ 250(673.94-625-18)^2+400\times 18\times(1\ 286-9-673.94)^2=7.16\times 10^9(\text{mm}^4)$$

有效截面中和轴以上部分面积对中和轴的面积距为：

$$S_{\text{eff}}=324\times 18\times(673.94-9)+(673.94-18)\times 12\times\frac{673.94-9}{2}=9.04\times 10^6(\text{mm}^3)$$

有效截面受压翼缘与腹板交界处以上部分对中和轴的面积距为：

$$S_1=324\times 18\times(673.94-9)=3.88\times 10^6(\text{mm}^3)$$

①主梁抗弯强度的验算。

取简支钢板梁的跨中截面为验算截面，计算弯矩 $M_{l/2}=1\ 657.62\text{kN}\cdot\text{m}$，则有：

$$\sigma=\frac{M_x}{W_{x,\text{eff}}}=\frac{M_{l/2}}{I_{\text{eff}}}y_1=\frac{1\ 657.62\times 10^6\times 673.94}{7.16\times 10^9}=156.02(\text{MPa})$$

查附表 1-1b)可知，厚度 18mm 的 Q235 钢板 $f_d=180\text{MPa}$，满足要求。

②主梁截面剪应力验算。

取支点截面为验算截面，这时计算剪力 $V_0=369.48\text{kN}$，腹板厚 $t_w=12\text{mm}$，则：

$$\tau=\frac{VS_{\text{eff}}}{I_{\text{eff}}t_{\text{w}}}=\frac{369.48\times10^3\times6.46\times10^6}{7.16\times10^9\times12}=27.78(\text{MPa})$$

查附表 1-1b）可知，厚度 12mm 的 Q235 钢板 $f_{\text{vd}}=110\text{MPa}$，满足要求。

③主梁截面折算应力的验算。

对于简支梁可取 1/4 跨处截面作为验算截面，且取该截面最大剪力 $V_{l/4}$ 和相应的弯矩 $M_{l/4}$ 来计算，则：

$$M_{l/4}=M_{l/2}\left(1-\frac{4x^2}{l^3}\right)=M_{l/2}\left[1-4\left(\frac{l/4}{l}\right)^2\right]=1\,657.62\times\left(1-\frac{1}{4}\right)=1\,243.22(\text{kN}\cdot\text{m})$$

$$V_{l/4}=\frac{1}{2}(V_0+V_{l/2})=\frac{1}{2}\times(369.48+88.62)=229.05(\text{kN})$$

截面受压翼缘与腹板交界处的应力为：

$$\sigma=\frac{M_x}{W_{x,\text{eff}}}=\frac{M_{l/4}}{I_{\text{eff}}}y=\frac{1\,243.22\times10^6\times(673.94-18)}{7.16\times10^9}=113.89(\text{MPa})$$

$$\tau=\frac{V_{l/4}S_1}{I_{\text{eff}}t_{\text{w}}}=\frac{229.05\times10^3\times3.88\times10^6}{7.16\times10^9\times12}=10.34(\text{MPa})$$

查附表 1-1b）可知，厚度为 12mm 的 Q235 钢板 $f_{\text{vd}}=110\text{MPa}$，$f_{\text{d}}=180\text{MPa}$，则：

$$\sqrt{\left(\frac{\sigma}{f_{\text{d}}}\right)^2+\left(\frac{\tau}{f_{\text{v}}}\right)^2}=\sqrt{\left(\frac{113.89}{190}\right)^2+\left(\frac{10.34}{110}\right)^2}=0.61<1$$

满足要求。

④整体稳定性验算。

主梁受压翼缘宽度 $b=400\text{mm}$，侧向固定点间距为上纵向联结系相邻节点间距 $l_0=2.5\text{m}$，则：

$$\frac{l_0}{b}=\frac{2\,500}{400}=6.25<16$$

由表 4-2 可知，主梁的整体稳定性满足要求。

4.4 板件的局部稳定性和组合梁腹板加劲肋的设计

4.4.1 局部稳定性概念

在组合梁的设计中，从梁的抗弯能力和整体稳定性出发，应将梁的截面面积尽可能分散，宜选用宽而薄的板组成截面，以达到用尽可能少的截面，获得尽可能大的截面抗弯惯性矩和抗扭惯性矩，节约钢材的目的。但如果采用的板件过于宽薄，板中压应力和剪应力达到某一数值后，板面突然偏离其平面位置，出现波形鼓曲（图 4-22），这种现象称为梁丧失局部稳定性。

薄板丧失局部稳定性通常是在薄板中面（“中面”指平分薄板厚度的平面）内法向压应力、剪应力、局部压应力或共同作用下发生的。如图 4-23 和图 4-24a）所示为四边简支矩形薄板失稳时的屈曲，板纵向均匀受压，若板的长边 a（受力方向）较短边 b 长很多，则板失稳时将沿长边方向屈曲成几个半波的正弦曲面，凸面与凹面的分界线（此直线无侧向位移，称为节线）垂直于压应力方向；当薄板在中面受弯曲应力或不均匀压应力作用时，其局部失稳与受均匀压应力类似，偏向于受压区或压应力较大一侧[图 4-24*c*)]；当薄板四边受均匀剪应力作用时，由于其主压应力和主拉应力方向与剪应力方向成 45°角，板的实际受力相当于一个对角线受压，另一个对角线受拉作用，板屈曲失稳成若干个斜向的菱形曲面[图 4-24*b*)]，节线与长边夹角为 35°～45°。

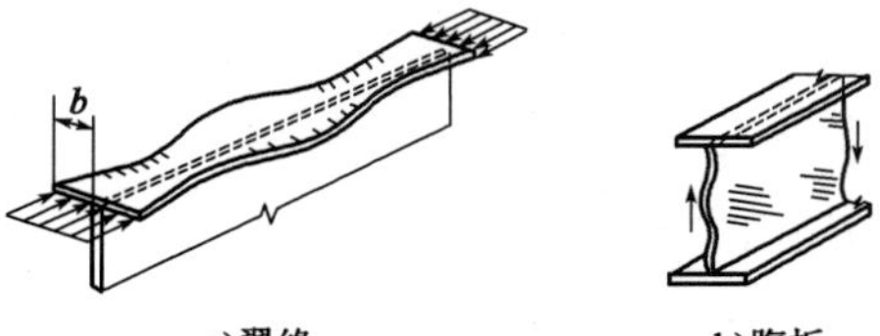

图 4-22　梁局部失稳

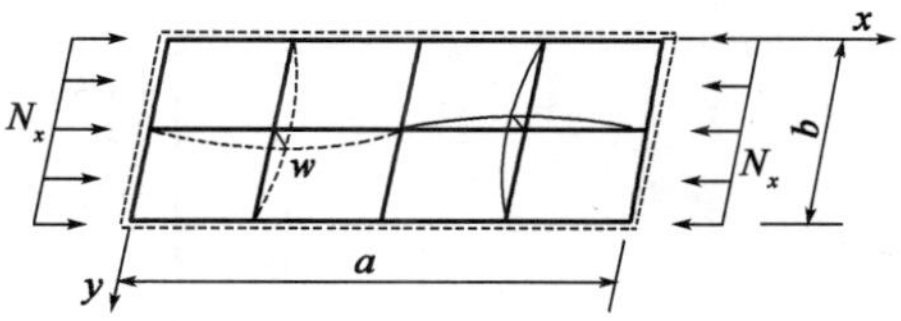

图 4-23　四边简支板在均匀压应力作用下的屈曲

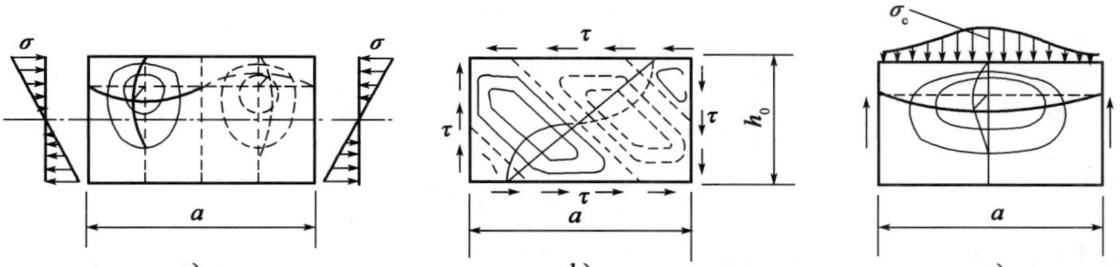

图 4-24　梁腹板的失稳形式

当薄板丧失局部稳定性后，屈曲部分将迅速退出工作，构件截面变为不对称，弯曲中心偏离荷载作用平面，构件发生扭转而加快整体失稳。虽然薄板失稳是板中面偏离其平面位置，发生波形鼓曲所致，但其实质是板的侧向刚度不够，不能阻止板的侧向屈曲，为了防止薄板失稳就必须增加板的侧向刚度，即增加板的厚度或在腹板的两侧设置加劲肋。由于梁的翼缘板宽度不大，通常是用增加板厚的方法来满足受压翼缘局部稳定性的要求。但对于组合梁的腹板，为了满足梁受弯的需要都设得比较高大，如果采用增加厚度的方法将很不经济，一般是采用设置加劲肋的方法来满足其局部稳定性的要求。加劲肋的作用是阻止腹板的侧向屈曲，但如果加劲肋恰好设置在腹板屈曲的节线上（节线的位置不能事先确定），就不能发挥作用，故在设置加劲肋时应尽量避免采用与节线平行的加劲肋。对于主要承受剪力的腹板（如简支梁靠近支座附近），腹板屈曲后的节线与梁轴线有一定倾斜，采用简单的横向加劲肋能有效地阻止腹板的侧向屈曲，提高其稳定性。但在梁的中部主要承受弯曲正应力区段，横向加劲肋有可能与节线重合，只能采用与节线垂直的纵向加劲肋来阻止梁的侧向屈曲，以提高腹板的侧向刚度和局部稳定性。

4.4.2　薄板稳定的临界应力

1）板件的弹性屈曲应力

薄板是指板厚 t 与板宽 b 之比小于 1/5 的板，如图 4-25 所示为一薄板在荷载作用下的受力示意图，当荷载达到一定值时，板由平面状态变为微弯曲状态，根据弹性力学小挠度理论，其

挠度 w 随 x 和 y 两个坐标值而变,薄板中面的屈曲平衡方程为:

$$D\left(\frac{\partial^4 w}{\partial x^4}+2\frac{\partial^4 w}{\partial x^2\partial y^2}+\frac{\partial^4 w}{\partial y^4}\right)+N_x\frac{\partial^2 w}{\partial x^2}-2N_{xy}\frac{\partial^2 w}{\partial x\partial y}+N_y\frac{\partial^2 w}{\partial y^2}=0 \tag{4-55}$$

式中:w——板件屈曲以后任一点的挠度;

D——板单位宽度的抗弯刚度,也称柱面刚度,$D=\frac{Et^3}{12(1-\nu^2)}$;

t——板厚;

ν——钢材的泊松比,取 0.3。

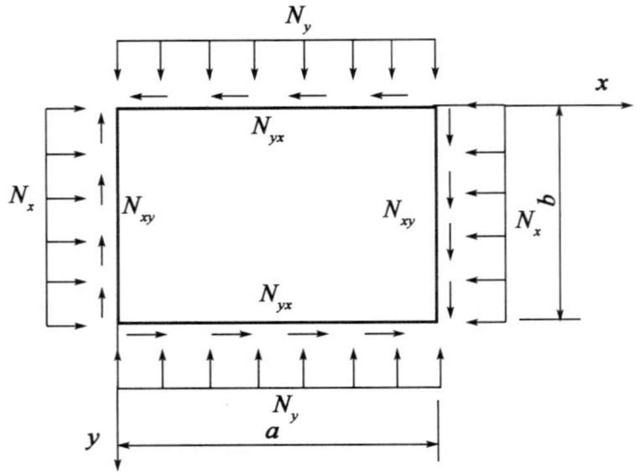

图 4-25　荷载作用下的板

对于图 4-25 所示的四边简支板,在单向荷载作用下,微分方程可简化为:

$$D\left(\frac{\partial^4 w}{\partial x^4}+2\frac{\partial^4 w}{\partial x^2\partial y^2}+\frac{\partial^4 w}{\partial y^4}\right)+N_x\frac{\partial^2 w}{\partial x^2}=0 \tag{4-56}$$

式(4-56)的解可用双重三角级数表示:

$$w=\sum_{m=1}^{\infty}\sum_{n=1}^{\infty}A_{\min}\sin\frac{m\pi x}{a}\sin\frac{n\pi y}{b} \tag{4-57}$$

式中:m——板屈曲时沿 x 方向的半波数;

n——板屈曲时沿 y 方向的半波数。

其边界条件为:当 x = 0,x = a,y = 0,y = a 时,挠度和弯矩均为 0,即

$$\begin{cases} w=0 \\ \dfrac{\partial^2 w}{\partial x^2}+\nu\dfrac{\partial^2 w}{\partial y^2}=0 \\ \nu\dfrac{\partial^2 w}{\partial x^2}+\dfrac{\partial^2 w}{\partial y^2}=0 \end{cases} \tag{4-58}$$

将式(4-57)和式(4-58)代入式(4-56),得微分方程的解为:

$$N_{xcr}=\frac{\pi^2 D}{b^2}\left(\frac{mb}{a}+\frac{n^2 a}{mb}\right)^2 \tag{4-59}$$

从式(4-59)可见,当 n = 1 时,即板屈曲时在 y 方向形成一个半波时,其临界力 N_{xcr}最小。

$$N_{xcr}=\frac{\pi^2 D}{b^2}\left(\frac{mb}{a}+\frac{a}{mb}\right)^2=k\frac{\pi^2 D}{b^2} \tag{4-60}$$

式中,$k=\left(\frac{mb}{a}+\frac{a}{mb}\right)^2$,称为板的屈曲系数或(凸曲系数),与板的边界条件(支承情况)和板所受荷载情况有关。当 x 方向半波数 m 取不同值时，可将 k 与 a/b 的关系绘成曲线，如图 4-26 所示。当 $a/b \geqslant 1$ 时，板屈曲成几个半波，只有当 $a/b < 1$ 时，其临界压力才有可能得到提高，系数 k 随 a/b 变化，但各条曲线均接近最小值 $k_{min} = 4.0$。对于其他支承和荷载情况，可推导出相同的形式，但 k 的表达式不同。可得薄板的临界应力为：

$$\sigma_{xcr} = \frac{N_{xcr}}{t} = k\frac{\pi^2 D}{b^2 t} = \frac{k\pi^2 E}{12(1-\nu^2)}\left(\frac{t}{b}\right)^2 \tag{4-61}$$

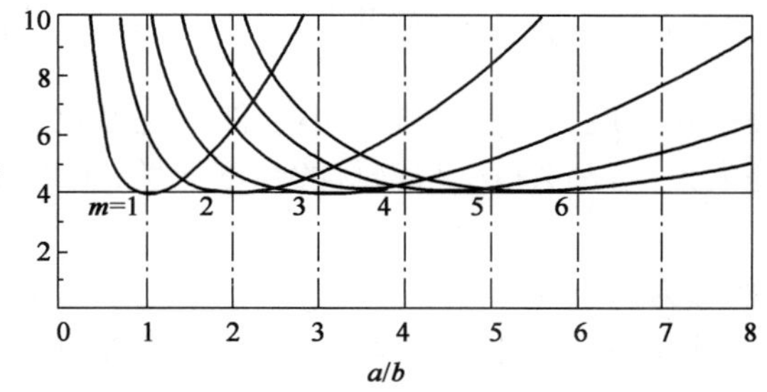

图 4-26　k 与 a/b 的关系曲线

式(4-61)也同样适用于薄板在中面内受弯、变剪、受不均匀压应力以及其他各种支承情况，只是屈曲系数 k 值有所不同。矩形薄板在各种常见支承条件和荷载作用下的屈曲系数 k 取值见表 4-3。

矩形板在常见支承条件下的屈曲系数值　　表 4-3

受载图式及支承条件	支承条件	稳定系数
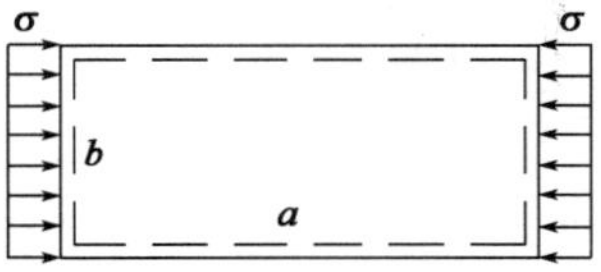	四边简支	$k_{\min} = 4$
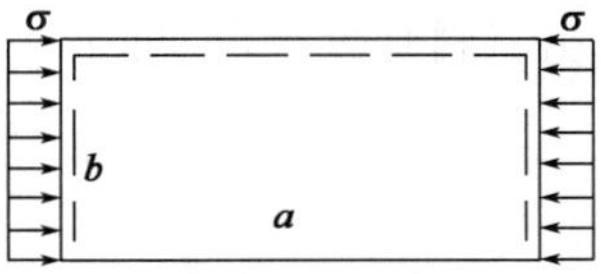	三边简支一边自由	$k = 0.425 + \left(\frac{a}{b}\right)^2$
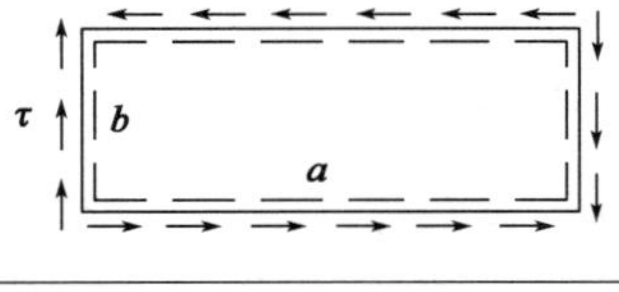	四边简支	$k = 4.0 + \frac{5.34}{(a/b)^2}$　$(a/b \leqslant 1)$ $k = 5.34 + \frac{4.0}{(a/b)^2}$　$(a/b \geqslant 1)$
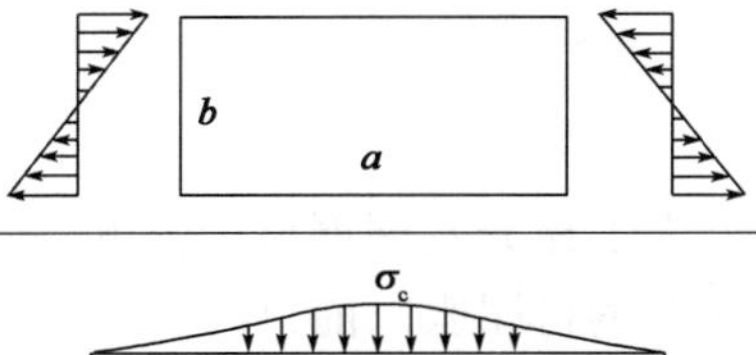	四边简支	$k_{\min} = 23.9$
	两边简支 两边固定	$k_{\min} = 39.6$
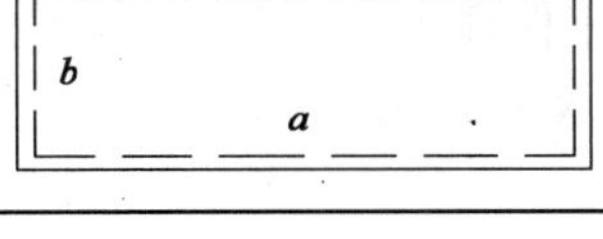	四边简支	$k = \left(4.5\frac{b}{a} + 7.4\right)\frac{b}{a}$　$(0.5 \leqslant a/b \leqslant 1.5)$ $k = \left(11 - 0.9\frac{b}{a}\right)\frac{b}{a}$　$(0.5 \leqslant a/b \leqslant 2.0)$

组合梁是由翼缘和腹板组成的，梁局部失稳时，还须考虑实际板件与板件之间的相互嵌固作用，引入弹性嵌固系数χ，弹性嵌固的程度取决于相互连接的板件的刚度。弹性嵌固板的屈曲应力比简支板要高。例如：工字形截面翼缘厚度比腹板厚度大，翼缘对腹板有嵌固作用，计算腹板屈曲时考虑大于1.0的嵌固系数；相反，腹板对翼缘的约束作用小，计算翼缘屈曲时不考虑嵌固系数，即取$\chi=1.0$。因此，可以用大于1的弹性嵌固系数χ对式(4-61)进行修正。这样，板的弹性屈曲应力为：

$$\sigma_{cr}=\frac{\chi k\pi^2 E}{12(1-\nu^2)}\left(\frac{t}{b}\right)^2 \tag{4-62}$$

由式(4-62)可知，提高临界应力的方法是减小板件的宽厚比、加强边界约束条件或减小板件的长宽比（效果不是太大）。另外，σ_{cr}与钢材的强度无关，采用高强度钢材并不能提高板的局部稳定性能。

2）板件的弹塑性屈曲应力

当板件的临界应力σ_{cr}超过钢材的比例极限f_p，就进入弹塑性工作阶段，板沿受力方向的弹性模量降低为切线模量E_t，而另一个方向仍为弹性模量E，这种情况称为正交异性板，其临界应力的精确计算较为复杂，一般是引入塑性系数η来考虑（塑性系数$\eta=E_t/E$，是一个小于1的值）。这样，在弹塑性状态下受力的板是属于正交异性板，它的屈曲应力可以用下式确定：

$$\sigma_{cr}=\frac{\chi\sqrt{\eta}k\pi^2 E}{12(1-\nu^2)}\left(\frac{t}{b}\right)^2 \tag{4-63}$$

塑性系数η可以按下式计算：

$$\eta=\frac{(f_y-\sigma)\sigma}{(f_y-f_p)f_p} \tag{4-64}$$

式中：f_p——板件的比例极限，由残余应力的峰值σ_{re}确定，即$f_p=f_y-\sigma_{re}$。

3）板件的局部稳定性设计准则

为防止板件局部失稳，有以下几种设计准则：

（1）使板件屈曲临界应力不小于材料的屈服强度，承载能力由材料强度控制，即

$$\sigma_{cr}\geqslant f_y \tag{4-65}$$

该准则主要用于确定钢梁的局部稳定设计。

（2）使板件屈曲临界应力不小于构件的整体稳定临界应力，承载能力由整体稳定控制，即

$$\sigma_{cr}\geqslant \varphi_b f_y \tag{4-66}$$

该准则主要用于计算轴心受压构件的局部稳定设计。

（3）使板件屈曲临界应力不小于实际工作应力，即

$$\sigma_{cr}\geqslant \sigma \tag{4-67}$$

4.4.3 梁受压翼缘的局部稳定

梁的受压翼缘主要承受由弯矩产生的均匀压应力的作用。为了充分发挥钢材的强度，翼缘应具有一定的厚度，使其临界应力不低于钢材的屈服强度，保证在钢材屈服以前，翼缘板不会局部失稳。由于梁翼缘的宽度一般不大，常采用限制宽厚比的方法来保证受压翼缘的局部稳定性。

受压翼缘的屈曲临界应力由式(4-63)计算，将$E=2.06\times10^5\text{N/mm}^2$及$\nu=0.3$代入式(4-63)得到翼缘的屈曲临界应力如下式：

$$\sigma_{cr} = 18.6k\chi\sqrt{\eta}\left(\frac{t}{b}\right)^2 \times 10^4 \quad (4\text{-}68)$$

1)《钢结构设计规范》对保证翼缘局部稳定的计算

通常认为梁的受压翼缘是一块支承在腹板上的双悬臂板(图4-27),可沿腹板与翼缘板连接处分拆成两块板,由于腹板较薄,对翼缘的约束作用不大,可近似地认为翼缘板简支在腹板上,因此,翼缘板可简化为三边简支,一边自由的板计算其局部稳定性。此时,$k=0.425+(b/a)^2$,一般 a 大于 b,按最不利情况考虑 $a/b=\infty$,取 $k_{min}=0.425$;支承翼缘板的腹板较薄,对翼缘板的约束作用不大,因此,取 $\chi=1.0$;当按弹塑性设计时,$\sigma_{cr}\geqslant f_y$,令 $\eta=0.25$,对于Q235钢,$f_y=235\text{N/mm}^2$,则代入式(4-68)计算后得翼缘板的宽厚比限值为:

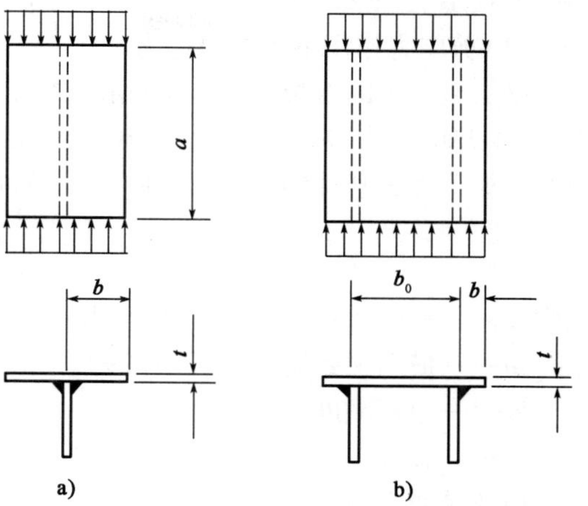

图4-27 梁的受压翼缘板

$$\frac{b}{t} \leqslant 13 \quad (4\text{-}69)$$

对其他钢种,有:

$$\frac{b}{t} \leqslant 13\sqrt{\frac{235}{f_y}} \quad (4\text{-}70)$$

式中:t——翼缘板厚度;

b——翼缘板自由外伸宽度,对焊接构件,取腹板边至翼缘板边缘的距离;对轧制构件,取内圆弧起点至翼缘板边缘的距离。

当梁在抗弯强度计算中,不考虑截面的塑性发展,即取 $\gamma_x=1.0$ 时,$\sigma_{cr}=0.95f_y$,$\eta=0.4$,受压翼缘板的宽厚比限值可放宽到:

$$\frac{b}{t} \leqslant 15\sqrt{\frac{235}{f_y}} \quad (4\text{-}71)$$

箱梁受压翼缘板在两腹板之间的翼缘部分,相当于四边简支单向均匀受压板,$k=4.0$,$\eta=0.25$,$\chi=1.0$,由 $\sigma_{cr}>f_y$ 得其宽厚比限值为:

$$\frac{b}{t} \leqslant 40\sqrt{\frac{235}{f_y}} \quad (4\text{-}72)$$

2)《公路钢结构桥梁设计规范》对保证翼缘局部稳定的计算

钢结构桥梁主体结构主要采用Q345及以上钢材,因此,钢结构桥梁受压翼缘板的宽厚比以Q345钢号作为标准,要求受压翼缘的宽厚比不应大于 $12\sqrt{345/f_y}$,且焊接钢板梁的受压翼缘外伸宽度不宜大于400mm;受拉翼缘板外伸宽度不应大于其厚度的 $16\sqrt{345/f_y}$ 倍;翼缘板的惯性矩宜满足 $0.1\leqslant I_{yc}/I_{yt}\leqslant 10$,其中,$I_{yc}$、$I_{yt}$ 分别为受压翼缘和受拉翼缘对竖轴的惯性矩。

4.4.4 梁腹板的局部稳定及加劲肋的设置

1)腹板局部稳定的临界应力

组合梁的腹板同时承受剪应力、弯曲应力和局部压应力的作用,前面已有所叙述,在不同的应力状态下，薄板的屈曲各不相同，下面分别讨论在各种应力状态下的临界应力。

(1)剪应力作用下的临界应力

梁支座附近的腹板区段，支承情况为两边简支，两边弹性嵌固于翼缘，主要承受剪应力作用[图4-24b)]，其主压应力大小与剪应力相等但作用方向与剪应力方向成45°角，并引起板的屈曲。如不考虑塑性的发展，在弹性阶段的临界剪应力可表示为：

$$\tau_{cr} = 18.6\chi k\left(\frac{t_w}{b}\right)^2 \times 10^4 \tag{4-73}$$

式中：b——板的边长 a 与 h_0 中较小者；

a——横向加劲肋间距(图4-29)；

h_0——腹板高度；

t_w——腹板厚度。

屈曲系数 k 与板的边长比有关，如图4-28所示。

令 $\lambda_s = \sqrt{f_{vy}/\tau_{cr}}$，称为腹板受剪时的通用高厚比或称正则化高厚比。$f_{vy}$ 为钢材的剪切屈曲强度，$f_{vy} = f_y/\sqrt{3}$，考虑翼缘对腹板的嵌固作用，取 $\chi = 1.23$，屈曲系数 k 由表4-3选取，$\eta = 0$，$\nu = 0.3$，$E = 2.06 \times 10^5 \text{N/mm}^2$，将上述各值代入后，腹板的通用高厚比为：

当 $a/h_0 \leqslant 1.0$ 时

$$\lambda_s = \frac{h_0/t_w}{41\sqrt{4 + 5.34(h_0/a)^2}}\sqrt{\frac{f_y}{235}} \tag{4-74a}$$

当 $a/h_0 > 1.0$ 时

$$\lambda_s = \frac{h_0/t_w}{41\sqrt{5.34 + 4(h_0/a)^2}}\sqrt{\frac{f_y}{235}} \tag{4-74b}$$

考虑到实际结构中板件的几何缺陷等影响系数，板件可能发生于各种工作状态的屈曲局部失稳，《钢结构设计规范》根据通用高厚比的范围不同，剪切临界应力的计算公式如下：

当 $\lambda_s \leqslant 0.8$ 时，临界剪应力 τ_{cr} 会进入塑性状态屈曲：

$$\tau_{cr} = f_v \tag{4-75a}$$

当 $0.8 < \lambda_s \leqslant 1.2$ 时，临界剪应力 τ_{cr} 会进入弹塑性状态屈曲：

$$\tau_{cr} = [1 - 0.59(\lambda_s - 0.8)]f_v \tag{4-75b}$$

当 $\lambda_s > 1.2$ 时，临界剪应力 τ_{cr} 会进入弹性状态屈曲：

$$\tau_{cr} = 1.1f_v/\lambda_s^2 \tag{4-75c}$$

由图4-28可见，临界剪应力随 a/h_0 的减小而提高，当 $a/h_0 > 2$ 后，稳定系数变化不大，即如果横向加劲肋的间距大于 $2h_0$，对进一步提高临界剪应力作用不大。因此，《钢结构设计规范》规定横向加劲肋最大间距为 $2h_0$(对无局部压应力的梁，当 $h_0/t_w \leqslant 100$ 时，可放宽至 $2.5h_0$)，如图4-29所示。

由此可见，当腹板不设横向加劲肋时，$a/h_0 \to \infty$ 时，$k = 5.34$，若要求 $\tau_{cr} \leqslant f_v$，则 λ_s 应不大于0.8，代入式(4-74)得 $h_0/t_w = 75.8\sqrt{235/f_y}$，考虑到区格的平均剪应力一般低于 f_v，故《钢结构设计规范》规定：

$$h_0/t_w \leqslant 80\sqrt{235/f_y} \tag{4-76}$$

当腹板的高厚比满足式(4-76)时，对仅承受剪应力作用的腹板，不会发生剪切失稳，可不设横向加劲肋。

《公路钢结构桥梁设计规范》中考虑翼缘板对腹板的嵌固作用和钢板初始缺陷的影响，认为对于 Q235 钢，当 $h_0/t_w \geqslant 68$，对于 Q345 钢，当 $h_0/t_w \geqslant 57$ 时，腹板才会发生剪切失稳，应考虑设置横向加劲肋。

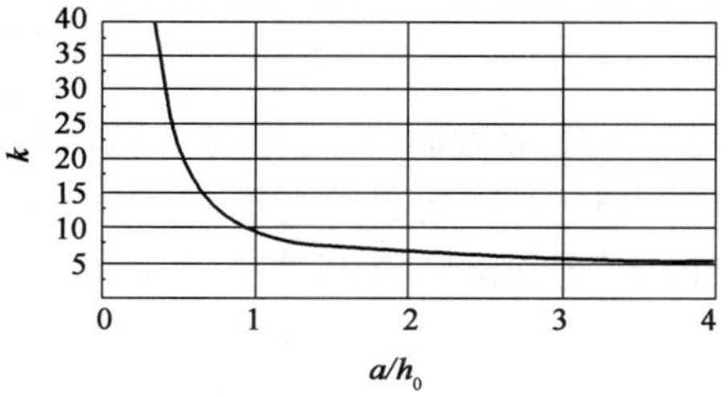

图 4-28　k 与 a/h_0 的关系

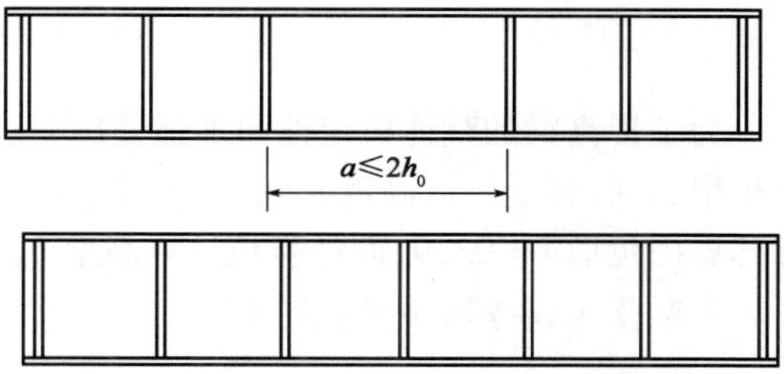

图 4-29　横向加劲肋的布置

(2)弯曲应力作用下的临界应力

在弯曲应力作用下，腹板的失稳形式如图 4-24a)所示，凹凸波形的中心靠近压应力合力的作用线。采用与受剪时一样的方法，引入抗弯计算的腹板通用高厚比的概念：

$$\lambda_b = \sqrt{\frac{f_y}{\sigma_{cr}}} \tag{4-77}$$

式中：f_y——钢材的屈服点；

σ_{cr}——理想平板受弯时的弹性临界应力。

临界应力的计算仍采用式(4-62)，但稳定系数的大小取决于板的边长比。图 4-28 给出了 k 与 a/h_0 关系，当边界条件为四边简支时，具体的稳定系数值见表 4-4。由图 4-30 及表 4-4 可见，当 $a/h_0 \geqslant 0.7$ 时，k 值的变化不大，$k_{min} = 23.9$，只有当 $a/h_0 < 0.7$ 后，稳定系数才显著提高，也就意味着只有配置相当密度的横向加劲肋才能提高受弯曲应力时腹板的临界应力，因此，比较有效的措施是在腹板受压区中部偏上的位置设置纵向加劲肋，以便有效地阻止腹板的屈曲。纵向加劲肋只需设置在梁受弯较大的区段。

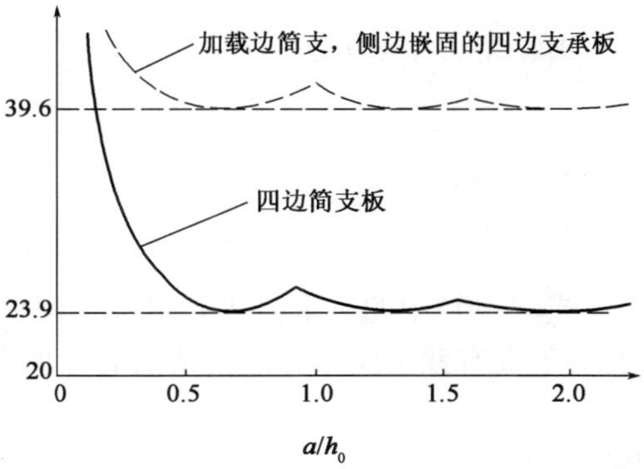

图 4-30　薄板受弯时的稳定系数

四边简支薄板受弯时的稳定系数 k 值　　表 4-4

a/b	0.4	0.5	0.6	0.667	0.75	0.8	1.0	1.33	1.5
k	29.1	25.6	24.1	23.9	24.1	24.4	25.6	23.9	24.1

注：b 为板的受载边宽度。

由于受拉翼缘刚度很大，梁腹板和受拉翼缘连接边的转动基本上被约束，可认为完全嵌固。受压翼缘对腹板的约束作用除和本身的刚度有关外，还与受压翼缘被限制转动的构造措施有关。当有刚性铺板密铺在受压翼缘上或受压翼缘与钢轨焊接时，受压翼缘的扭转受到约束，取嵌固系数 $\chi_b = 1.66$，则式(4-77)可变为式(4-78a)；当受压翼缘扭转没有受到约束时，取嵌固系数$\chi_b=1.23$，则式(4-77)可变为式(4-78b)。

$$\lambda_b=\frac{h_0/t_w}{177}\sqrt{\frac{f_y}{235}} \tag{4-78a}$$

$$\lambda_b=\frac{h_0/t_w}{153}\sqrt{\frac{f_y}{235}} \tag{4-78b}$$

为了提高梁的整体稳定性而加强受压翼缘的单轴对称工字形截面梁，受弯时中和轴不在腹板中央，腹板受压区高度h_c小于$h_0/2$，此时计算临界应力时，其稳定系数高于23.9，但在实际计算中仍取$k=23.9$，而把腹板计算高度h_0用$2h_c$代替，因此，可得到如下表达式。

当梁受压翼缘扭转受到约束时：

$$\lambda_b=\frac{2h_c/t_w}{177}\sqrt{\frac{f_y}{235}} \tag{4-79a}$$

当梁受压翼缘扭转未受到约束时：

$$\lambda_b=\frac{2h_c/t_w}{153}\sqrt{\frac{f_y}{235}} \tag{4-79b}$$

式中：h_c——梁腹板弯曲受压区高度，对双轴对称截面$2h_c=h_0$。

根据通用高厚比的范围不同，弯曲临界应力的计算公式为：

当$\lambda_b\leqslant0.85$时

$$\sigma_{cr}=f \tag{4-80a}$$

当$0.85<\lambda_b\leqslant1.25$时

$$\sigma_{cr}=[1-0.75(\lambda_b-0.85)]f \tag{4-80b}$$

当$\lambda_b>1.25$时

$$\sigma_{cr}=1.1f/\lambda_b^2 \tag{4-80c}$$

式(4-80)中的三个公式分别属于塑性、弹塑性和弹性范围，各范围之间的界线确定原则为：对于没有残余应力和几何缺陷的理想弹塑性板，并不存在弹塑性过渡区，塑性范围和弹性范围的分界点为$\lambda_b=1.0$，但由于实际板件内存在的缺陷影响，在$\lambda_b<1.0$时，临界应力已经开始下降，故《钢结构设计规范》取$\lambda_b=0.85$为塑性范围和弹塑性范围的分界点；考虑整体稳定性计算中，当其应力大于$0.6f_y$时，已进入弹塑性范围，相应的$\lambda_b=\sqrt{1/0.6}=1.29$，同样的原因，《钢结构设计规范》取$\lambda_b=1.25$为弹性范围和弹塑性范围的分界点。临界应力和通用高厚比的关系曲线如图4-31所示。

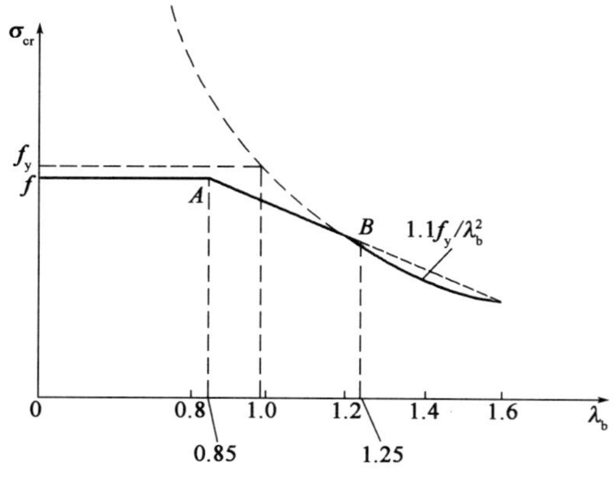

图4-31　临界应力与通用高厚比的关系

《公路钢结构桥梁设计规范》中考虑翼缘板对腹板的嵌固作用、腹板的初始缺陷和材料非弹性性能的影响，认为对于 Q235 钢，当 $h_0/t_w \geq 162$，对于 Q345 钢，当 $h_0/t_w \geq 136$ 时，梁才会发生弯曲失稳，应考在梁受弯较大的区段设置纵向加劲肋。

(3)局部压应力作用下的临界应力

在集中荷载作用处未设置支承加劲肋及吊车荷载作用的情况下，腹板将处于局部压应力的作用，其应力分布状态如图 4-24c)所示，在上边缘处最大，下边缘处为零。用于腹板抗局部压应力作用的通用高厚比为：

$$\lambda_c = \sqrt{\frac{f_y}{\sigma_{c,cr}}} \tag{4-81}$$

$$\sigma_{c,cr} = 18.6k\chi\left(\frac{t_w}{h_0}\right)^2 \times 10^4 \tag{4-82}$$

承受局部压应力时，翼缘板对腹板的嵌固系数 $\chi = 1.81 - 0.255h_0/a$，简化后，得腹板抗局部压应力作用的通用高厚比为：

当 $0.5 \leq a/h_0 \leq 1.5$ 时

$$\lambda_c = \frac{h_0/t_w}{28\sqrt{10.9 + 13.4(1.83 - a/h_0)^3}}\sqrt{\frac{f_y}{235}} \tag{4-83a}$$

当 $1.5 < a/h_0 \leq 2.0$ 时

$$\lambda_c = \frac{h_0/t_w}{28\sqrt{18.9 - 5a/h_0}}\sqrt{\frac{f_y}{235}} \tag{4-83b}$$

根据通用高厚比的范围不同，临界应力的计算公式为：

当 $\lambda_c \leq 0.9$ 时

$$\sigma_{c,cr} = f \tag{4-84a}$$

当 $0.9 < \lambda_c \leq 1.2$ 时

$$\sigma_{c,cr} = [1 - 0.79(\lambda_c - 0.9)]f \tag{4-84b}$$

当 $\lambda_c > 1.2$ 时

$$\sigma_{c,cr} = 1.1f/\lambda_c^2 \tag{4-84c}$$

局部压应力和弯曲应力均为正应力，但腹板中引起横向非弹性变形的残余应力不如纵向的大，故取 $\lambda_c = 1.2$ 作为弹塑性影响的下起始点，偏于安全取 $\lambda_c = 0.9$ 为弹塑性影响的上起始点。

根据临界屈曲应力不小于屈服应力的准则，按 $a/h_0 = 2$ 考虑得到不发生局压局部失稳的腹板高厚比限值如式(4-85)所示，《钢结构设计规范》偏于安全取式(4-86)。如不满足这一条件，应减小横向加劲肋的间距，或设置短加劲肋。

$$h_0/t_w \leq 84\sqrt{235/f_y} \tag{4-85}$$

$$h_0/t_w \leq 80\sqrt{235/f_y} \tag{4-86}$$

2)腹板加劲肋的设置

H 型钢和工字形梁的腹板厚度主要由抗剪强度确定，但如果按抗剪强度要求设计出的腹板的厚度会很小，如果采用加厚腹板的方式来保证局部稳定，显然是不经济的。因此，工程上常采用设置加劲肋的方式来保证腹板的局部稳定。与梁跨度方向垂直的称为横向加劲肋，沿着两跨度方向设置的称为纵向加劲肋，如图 4-32 所示。

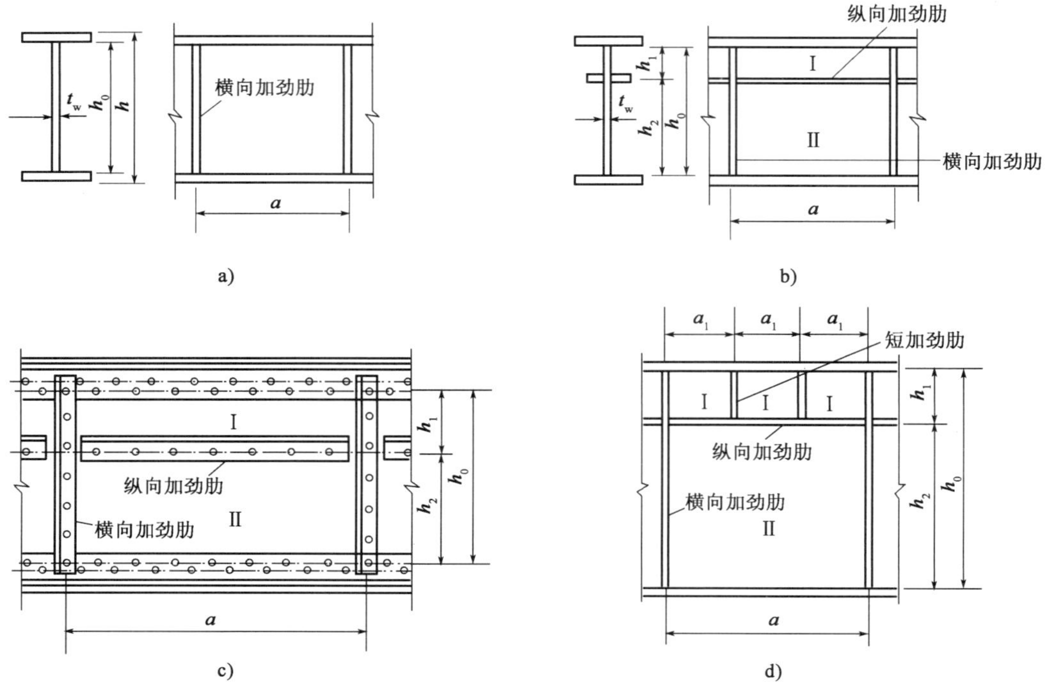

图 4-32　腹板加劲肋的布置

理论分析表明，防止腹板剪切失稳的有效措施是设置横向加劲肋，防止腹板弯曲失稳的有效措施是设置纵向加劲肋。建筑钢结构与桥梁钢结构根据结构的受力特点，分别对腹板的加劲肋布置做出了规定。

(1)《钢结构设计规范》中加劲肋的布置原则

①当 $h_0/t_w \leqslant 80\sqrt{235/f_y}$ 时，对有局部压应力（$\sigma_c \neq 0$）的梁，应按构造配置横向加劲肋；但对无局部压应力（$\sigma_c = 0$）的梁，可不配置加劲肋。

②当 $h_0/t_w < 80\sqrt{235/f_y}$ 及 $h_0/t_w \leqslant 170\sqrt{235/f_y}$（受压翼缘扭转受到约束，如连有刚性铺板、制动板或焊有钢轨时）或 $h_0/t_w \leqslant 150\sqrt{235/f_y}$（受压翼缘扭转未受到约束时），应配置横向加劲肋。

③$h_0/t_w > 170\sqrt{235/f_y}$（受压翼缘扭转受到约束，如连有刚性铺板、制动板或焊有钢轨时）或 $h_0/t_w > 150\sqrt{235/f_y}$（受压翼缘扭转未受到约束时），或按计算需要时，应配置横向加劲肋，并应在弯曲应力较大区格的受压区增加配置纵向加劲肋。局部压应力很大的梁，必要时，尚宜在受压区配置短加劲肋。

④任何情况下，h_0/t_w 均不应超过 250。

⑤梁的支座处和上翼缘受有较大固定集中荷载处，宜设置支承加劲肋。

(2)《公路钢结构桥梁设计规范》中加劲肋的布置原则

《公路钢结构桥梁设计规范》规定：当 $h_0/t_w \geqslant 68$（Q235 钢）和 $h_0/t_w \geqslant 57$（Q345 钢）时，梁会发生剪切失稳；当 $h_0/t_w \geqslant 162$（Q235 钢）和 $h_0/t_w \geqslant 136$（Q345 钢）时，梁会发生弯曲失稳。为防

止腹板发生局部失稳,应按以下规定设置腹板最小厚度并布置加劲肋:

①不设横向加劲肋及纵向加劲肋时,腹板的最小厚度应为 $\eta h_w/70$(Q235)或 $\eta h_w/60$(Q345);

②仅设横向加劲肋,但不设纵向加劲肋时,腹板的最小厚度应为 $\eta h_w/160$(Q235)或 $\eta h_w/140$(Q345),其加劲肋间距 a 应满足式(4-87)的要求,且不大于 $1.5h_w$;

$$\left(\frac{h_w}{100t_w}\right)^4\left[\left(\frac{\sigma}{345}\right)^2+\left(\frac{\tau}{77+58(h_w/a)^2}\right)^2\right]\leqslant 1 \qquad \left(\frac{a}{h_w}>1\right) \tag{4-87a}$$

$$\left(\frac{h_w}{100t_w}\right)^4\left[\left(\frac{\sigma}{345}\right)^2+\left(\frac{\tau}{58+77(h_w/a)^2}\right)^2\right]\leqslant 1 \qquad \left(\frac{a}{h_w}\leqslant 1\right) \tag{4-87b}$$

③设横向加劲肋和一道纵向加劲肋时,腹板的最小厚度应为 $\eta h_w/280$(Q235)或 $\eta h_w/240$(Q345),这种情况下,纵向加劲肋位于距受压翼缘 $0.2h_w$ 附近,如图 4-33a)所示,此时,横向加劲肋的间距 a 应满足式(4-88)要求,且不大于 $1.5h_w$;

$$\left(\frac{h_w}{100t_w}\right)^4\left[\left(\frac{\sigma}{900}\right)^2+\left(\frac{\tau}{120+58(h_w/a)^2}\right)^2\right]\leqslant 1 \qquad \left(\frac{a}{h_w}>0.8\right) \tag{4-88a}$$

$$\left(\frac{h_w}{100t_w}\right)^4\left[\left(\frac{\sigma}{900}\right)^2+\left(\frac{\tau}{90+77(h_w/a)^2}\right)^2\right]\leqslant 1 \qquad \left(\frac{a}{h_w}\leqslant 0.8\right) \tag{4-88b}$$

④设横向加劲肋和两道纵向加劲肋时,腹板的最小厚度应为 $\eta h_w/310$(Q235)或 $\eta h_w/310$(Q345),纵向加劲肋位于距受压翼缘 $0.14h_w$ 和 $0.36h_w$ 附近,如图 4-33b)所示,此时,横向加劲肋的间距 a 应满足式(4-89)要求,且不大于 $1.5h_w$。

$$\left(\frac{h_w}{100t_w}\right)^2\left[\left(\frac{\sigma}{3\,000}\right)^2+\left(\frac{\tau}{187+58(h_w/a)^2}\right)^2\right]\leqslant 1 \qquad \left(\frac{a}{h_w}>0.64\right) \tag{4-89a}$$

$$\left(\frac{h_w}{100t_w}\right)^4\left[\left(\frac{\sigma}{3\,000}\right)^2+\left(\frac{\tau}{140+77(h_w/a)^2}\right)^2\right]\leqslant 1 \qquad \left(\frac{a}{h_w}\leqslant 0.64\right) \tag{4-89b}$$

上述规定中,h_w 为腹板计算高度,对焊接梁为腹板的全高,对铆接梁为上、下翼缘角钢内排铆钉线的间距;η 为折减系数,$\eta=\sqrt{\tau/f_{vd}}$,且不得小于 0.85;τ 为基本组合下的腹板剪应力。

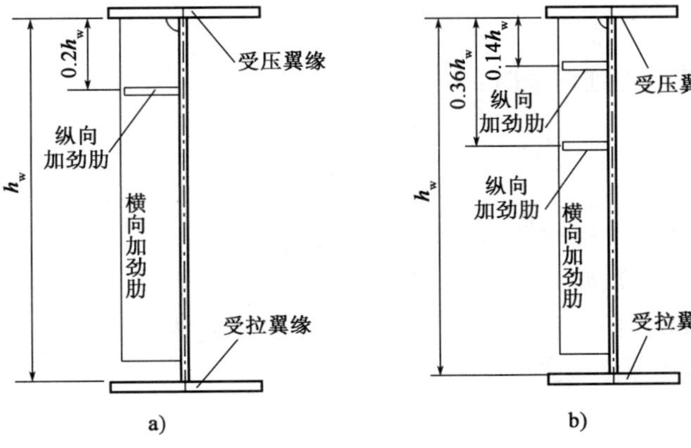

图 4-33　腹板加劲肋示意图

3）腹板局部稳定性验算

计算腹板的局部稳定时，应首先按相应规范布置加劲肋后进行局部稳定验算，若不满足要求，应调整加劲肋间距，重新验算。对于公路桥梁钢结构按照《公路钢结构桥梁设计规范》规定布置的加劲肋，其间距已考虑了局部稳定的影响，一般均能满足腹板的局部稳定性；建筑钢结构常用钢梁腹板较薄，且在多种应力共同作用失稳更为复杂，《钢结构设计规范》规定应对配置了加劲肋的腹板按区格再次验算其局部稳定性。下面主要介绍建筑钢结构中腹板的局部稳定性验算方法。

（1）仅配置横向加劲肋的腹板

如图4-32a）所示为仅配置横向加劲肋的情况，各区格的局部稳定应按下式计算：

$$\left(\frac{\sigma}{\sigma_{cr}}\right)^2+\left(\frac{\tau}{\tau_{cr}}\right)^2+\frac{\sigma_c}{\sigma_{c,cr}}\leqslant 1 \tag{4-90}$$

式中：　σ——所计算腹板区格内，由平均弯矩产生的腹板计算高度边缘的弯曲压应力；

τ——所计算腹板区格内，由平均剪力产生的腹板平均压应力，应按 $\tau=V/(h_w t_w)$ 计算，h_w 为腹板高度，t_w 为腹板厚度；

σ_c——腹板计算高度边缘的局部压应力，应按公式（4-11）计算，但取式中的 $\psi=1.0$；

τ_{cr}、σ_{cr}、$\sigma_{c,cr}$——各种应力单独作用下的临界应力，根据通用高厚比的范围不同，分别按式（4-75）、式（4-80）、式（4-84）计算。

（2）同时配置横向加劲肋和纵向加劲肋的腹板

如图4-32b）、c）所示为同时配置横向加劲肋和纵向加劲肋加强的腹板，其局部稳定性应按下列公式计算：

①受压翼缘与纵向加劲肋之间的区格。

$$\frac{\sigma}{\sigma_{cr1}}+\left(\frac{\tau}{\tau_{cr1}}\right)^2+\left(\frac{\sigma_c}{\sigma_{c,cr1}}\right)^2\leqslant 1.0 \tag{4-91}$$

式中，σ_{cr1}、$\sigma_{c,cr1}$、τ_{cr1} 分别按下列方法计算：

a. σ_{cr1} 按公式（4-80）计算，但式中的 λ_b 改用下列 λ_{b1} 代替。

当梁受压翼缘扭转受到约束时：

$$\lambda_{b1}=\frac{h_1/t_w}{75}\sqrt{\frac{f_y}{235}} \tag{4-92a}$$

当梁受压翼缘扭转未受到约束时：

$$\lambda_{b1}=\frac{h_1/t_w}{64}\sqrt{\frac{f_y}{235}} \tag{4-92b}$$

式中：h_1——纵向加劲肋至腹板计算高度受压边缘的距离。

b. τ_{cr} 按公式（4-75）计算，将式中的 h_0 改为 h_1。

c. $\sigma_{c,cr1}$ 按公式（4-80）计算，但式中的 λ_b 改用下列 λ_{c1} 代替。

当梁受压翼缘扭转受到约束时：

$$\lambda_{c1}=\frac{h_1/t_w}{56}\sqrt{\frac{f_y}{235}} \tag{4-93a}$$

当梁受压翼缘扭转未受到约束时：

$$\lambda_{c1} = \frac{h_1/t_w}{40}\sqrt{\frac{f_y}{235}} \tag{4-93b}$$

②受拉翼缘与纵向加劲肋之间的区格。

$$\left(\frac{\sigma_2}{\sigma_{cr2}}\right)^2 + \left(\frac{\tau}{\tau_{cr2}}\right)^2 + \frac{\sigma_{c2}}{\sigma_{c,cr2}} \leqslant 1 \tag{4-94}$$

式中：σ_2——所计算区格内由平均弯矩产生的腹板在纵向加劲肋处的弯曲压应力；

σ_{c2}——腹板在纵向加劲肋处的横向压应力，取$0.3\sigma_c$。

a. σ_{cr2}按公式(4-80)计算，但式中的λ_b改用下式的λ_{b2}代替。

$$\lambda_{b2} = \frac{h_2/t_w}{194}\sqrt{\frac{f_y}{235}} \tag{4-95}$$

b. τ_{cr2}按公式(4-75)计算，将式中的h_0改为$h_2 = h_0 - h_1$。

c. $\sigma_{c,cr2}$按公式(4-84)计算，将式中的h_0改为h_2，当$a/h_2 > 2$时，取$a/h_2 = 2$。

③在受压翼缘与纵向加劲肋之间设有短加劲肋的区格。

如图4-32d)所示为在受压翼缘与纵向加劲肋之间设置短加劲肋的腹板，其局部稳定性按式(4-91)计算。该式中的σ_{cr1}按与公式(4-80)相同的方法计算；τ_{cr1}按公式(4-75)计算，但将式中的h_0和a改为h_1和a_1（a_1为短加劲肋之间的间距）；$\sigma_{c,cr1}$按公式(4-80)计算，但式中的λ_b改用下列λ_{c1}代替。

当梁受压翼缘扭转受到约束时：

$$\lambda_{c1} = \frac{a_1/t_w}{87}\sqrt{\frac{f_y}{235}} \tag{4-96a}$$

当梁受压翼缘扭转未受到约束时：

$$\lambda_{c1} = \frac{a_1/t_w}{73}\sqrt{\frac{f_y}{235}} \tag{4-96b}$$

对$a_1/h_1 > 1.2$的区格，公式(4-96)右侧应乘以$\frac{1}{\sqrt{0.4 + 0.5a_1/h_1}}$。

4)加劲肋的构造和截面尺寸

如图4-34所示，加劲肋宜在腹板两侧成对配置，也可单侧配置，但支承加劲肋、重级工作制吊车梁的加劲肋不应单侧配置。横向加劲肋的间距a不得小于$0.5h_0$，也不得大于$2h_0$（对无局部压应力的梁，当$h_0/t_w \leqslant 100$时，可采用$2.5h_0$）。纵向加劲肋至腹板计算高度受压边缘的距离应在$h_c/2.5 \sim h_c/2$范围内。

图4-34 计算腹板加劲肋惯性矩时的轴线位置

为了保证加劲肋具有足够的刚度约束腹板的屈曲，加劲肋应有一定的截面尺寸和惯性矩。《钢结构设计规范》与《公路钢结构桥梁设计规范》均对加劲肋的构造和截面尺寸做了如下规定：

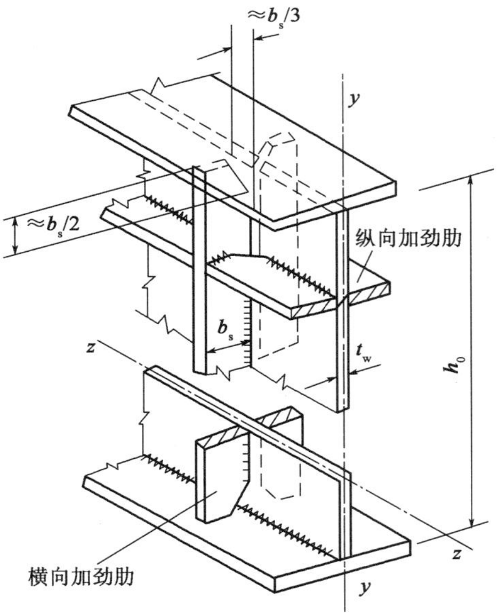

图 4-35　加劲肋的布置

(1)在腹板两侧成对配置的钢板横向加劲肋，其截面尺寸应符合下列公式要求：

外伸宽度：

$$b_s \geqslant \frac{h_0}{30} + 40 \quad (\text{mm}) \tag{4-97}$$

厚度：

$$t_s \geqslant \frac{b_s}{15} \tag{4-98}$$

(2)在腹板一侧配置的钢板横向加劲肋，其外伸宽度应大于按公式(4-97)算得的 1.2 倍，厚度不应小于其外伸宽度的 1/15。

(3)在同时设置横向加劲肋和纵向加劲肋加强的腹板中，横向加劲肋的截面尺寸除应符合上述规定外，其横向加劲肋的截面惯性矩 I_z 应符合下列要求(图 4-35)：

$$I_z \geqslant 3h_0 t_w^3 \tag{4-99}$$

(4)纵向加劲肋的截面惯性矩 I_y，应符合下列公式要求：

当 $a/h_0 \leqslant 0.85$ 时

$$I_y \geqslant 1.5 h_0 t_w^3 \tag{4-100}$$

当 $a/h_0 > 0.85$ 时

$$I_y \geqslant \left(2.5 - 0.45\frac{a}{h_0}\right)\left(\frac{a}{h_0}\right)^2 h_0 t_w^3 \tag{4-101}$$

(5)短加劲肋的最小间距为 $0.75h_1$。短加劲肋外伸宽度应取横向加劲肋外伸宽度的 0.7 ~ 1.0 倍，厚度不小于短加劲肋外伸宽度的 1/15。

对大型梁，采用型钢(H 型钢、工字钢、槽钢、肢尖焊于腹板的角钢)做成的加劲肋，其截面惯性矩不得小于相应钢板加劲肋的惯性矩。如图 4-34 所示，在腹板两侧成对配置的加劲肋，其截面惯性矩应按梁腹板中心线为轴线进行计算。在腹板一侧配置的加劲肋，其截面惯性矩应按与加劲肋相连的腹板边缘为轴线进行计算。

加劲肋的设计，除了满足上述截面尺寸要求外，对于焊接组合钢板梁还应符合以下对焊接钢板梁加劲肋的构造要求：

(1)为了避免三条焊缝交叉，减小焊接应力，横向加劲肋与翼缘板和腹板的焊接处，应将横向加劲肋端部切去不大于 5 倍腹板厚度或切角切除宽约 $b_s/3$(但不大于 40mm)、高约 $b_s/2$(但不大于 60mm)的斜角，使翼缘板与腹板的焊缝连续通过。

(2)纵向加劲肋与横向加劲肋相交时，横向加劲肋宜连续通过，两者相交处宜焊接或栓接。

(3)吊车梁横向加劲肋的上端应与上翼缘刨平顶紧，中间横向加劲肋下端一般在距受拉翼缘 50 ~ 100mm 处断开，以改善梁的抗疲劳性能。

(4)为避免焊缝过于集中,与腹板对接焊缝平行的横向加劲肋,到对接焊缝的距离不应小于 $10t_w$ 或不小于 100mm。

5)支承加劲肋的设置与计算

支承加劲肋是指承受固定集中荷载或者支座反力的横向加劲肋。此种加劲肋应在腹板两侧成对设置,并应进行整体稳定和端面承压计算,其截面通常较中间横向加劲肋大。支撑加劲肋必须有足够的刚度,端部必须磨光与翼缘顶紧,与受压翼缘也可以焊接。对于受拉翼缘,由于侧焊缝方向正好和拉应力正交,在使用过程中由于应力集中可能出现裂缝,因此,支撑加劲肋不得与受拉翼缘板焊接。

(1)支承加劲肋的稳定性计算

梁的支承加劲肋,应按承受梁支座反力或固定集中荷载的轴心受压构件计算其在腹板平面外的稳定性,计算时,取腹板的一部分与加劲肋共同受力。建筑钢结构与公路桥梁钢结构在稳定计算方面采用了不同的处理方式,下面分别叙述介绍。

①《钢结构设计规范》中关于支承加劲肋整体稳定计算方法。

《钢结构设计规范》规定按轴心压杆计算支承加劲肋在腹板平面外的稳定性,此压杆的截面包括加劲肋以及每侧各 $15t_w\sqrt{235/f_y}$ 范围内的腹板面积(图 4-36 中阴影部分),其计算长度近似取 h_0,则计算在其腹板平面外的稳定性公式为:

$$\frac{N}{\varphi A} \leqslant f \tag{4-102}$$

式中:N——支承加劲肋承受的集中荷载或支座反力;

A——支承加劲肋受压构件的截面面积;

φ——轴心压杆稳定系数,由 $\lambda = h_0/i_z$ 查附录 4 取值,i_z 为计算截面绕 z 轴的回转半径。

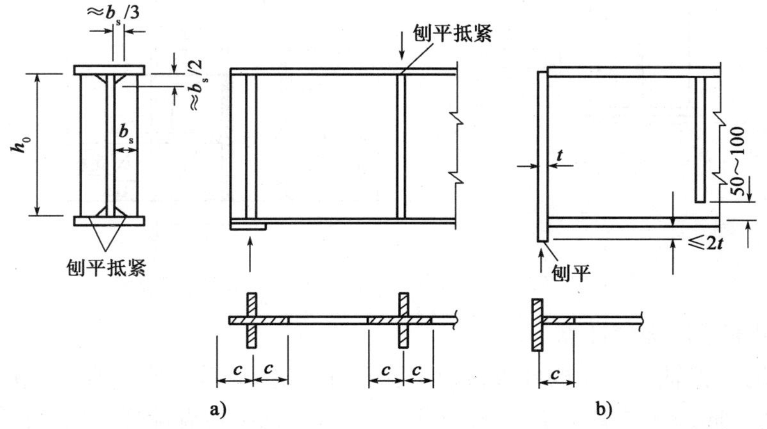

图 4-36 建筑钢结构支承加劲肋及腹板有效宽度示意图

②《公路钢结构桥梁设计规范》中关于支承加劲肋整体稳定的计算方法。

在桥梁钢结构中,腹板参与共同受力范围因钢材品种不同而有所变化,设计时,为了简化计算,统一规定为 24 倍板厚,即在支承加劲肋的两侧的腹板上各取 $12t_w$ 与支承加劲肋组成轴心受压构件,腹板参与工作有效面积与建筑钢结构有所差异。受压杆的压应力沿高度的分布近似三角形分布(图 4-37),取腹板最下缘处的最大有效断面平均压应力进行验算。因此,支承加劲肋连同附近腹板在腹板平面外的失稳应按下式验算：

$$\gamma_0 \frac{2R_v}{A_s + B_{ev}t_w} \leqslant f_d \tag{4-103}$$

式中：R_v——支座反力设计值；

A_s——支承加劲肋面积之和；

t_w——腹板厚度；

B_{ev}——腹板有效宽度，按式(4-104)计算，当设置一对支承加劲肋并且加劲肋距梁端距离不小于12倍腹板厚时，有效计算宽度按24倍腹板厚计算；设置多对支承加劲肋时，按每对支承加劲肋求得的有效计算宽度之和计算，但相邻支承加劲肋之间的腹板有效计算宽度不得大于加劲肋间距。

$$\begin{cases} B_{ev} = (n_s - 1)b_s + 24t_w & (b_s < 24t_w) \\ B_{ev} = 24n_s t_w & (b_s \geqslant 24t_w) \end{cases} \tag{4-104}$$

式中：n_s——支承加劲肋对数；

b_s——支承加劲肋间距。

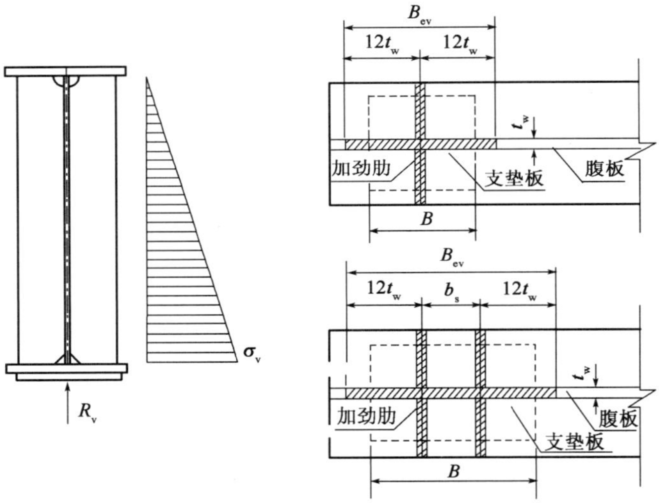

图4-37 桥梁钢结构支承加劲肋的腹板有效设计计算宽度

(2)端部局部承压强度计算

支承加劲肋除按轴心受压构件进行稳定验算外，还需要验算它与翼缘接触处的支承压应力，支承加劲肋一般刨平顶紧于梁的翼缘(图4-37)。《钢结构设计规范》在计算支承加劲肋的局部承压时采用的是端面承压面积，仅考虑加劲肋的有效面积(剖除切角后)，按公式(4-105)进行验算；《公路钢结构桥梁设计规范》在计算过程中考虑了加劲肋与腹板的共同工作，按公式(4-106)进行验算。

$$\sigma_{cc} = \frac{F}{A_{cc}} \leqslant f_{cc} \tag{4-105}$$

式中：F——集中荷载或支座反力设计值；

A_{cc}——端面承压面积，应为横向加劲肋切角厚端部净面积；

f_{cc}——钢材端面承压强度设计值，见附表1-1。

$$\gamma_0 \frac{R_v}{A_s + B_{eb}t_w} \leqslant f_{cd} \tag{4-106}$$

式中：R_v——支座反力设计值；

A_s——支承加劲肋面积之和；

t_w——腹板厚度；

B_{eb}——腹板局部承压有效计算宽度，$B_{eb}=B+2(t_f+t_b)$；

B——上支座宽度；

t_f——下翼板厚度；

t_b——支座垫板厚度；

f_{cd}——钢材端面承压强度设计值设计值，见附表1-1。

支承加劲肋与腹板的连接焊缝，应按传力需要进行计算。对突缘支座，其伸出长度不得大于其厚度的两倍。当上述支承加劲的稳定验算或局部承压强度验算不能满足要求时，则应增大加劲肋的厚度和宽度，但宽度不能超过翼缘板的宽度。

［**例题4-3**］ 已知条件与例题4-2相同，支点最大反力 $N=\gamma_0 N_d=369.48\text{kN}$。试按《公路钢结构桥梁设计规范》进行主梁局部稳定验算与加劲肋设计。

解：①受压翼缘的局部稳定性验算。

由图4-39可知，主梁受压翼缘伸出肢宽度为 $(b-t_w)/2=194\text{mm}$，而 $t_f=180\text{mm}$，

则主梁受压翼缘板外伸肢宽厚比为：

$$\frac{(b-t_w)/2}{t_f}=\frac{194}{18}=10.78<13\sqrt{\frac{235}{f_y}}<12\sqrt{\frac{345}{f_y}}=12\times\sqrt{\frac{345}{235}}=14.54$$

故主梁受压翼缘局部稳定性满足要求。

②腹板加劲肋的设置。

钢板梁腹板计算高度 $h_0=1\ 250\text{mm}$，腹板宽度 $t_w=12\text{mm}$。

$$\eta=\sqrt{\frac{\tau}{f_{vd}}}=\sqrt{\frac{38.87}{110}}=0.594<0.85$$

所以 η 取0.85，则

$$\frac{\eta h_0}{t_w}=\frac{0.85\times1250}{12}=88.54$$

钢板梁钢材为Q235钢，且满足 $70\leqslant\eta h_0/t_w\leqslant160$，按照《公路钢结构桥梁设计规范》对于加劲肋的设置要求，可仅设置横向加劲肋。

根据腹板所受剪力沿主梁跨长变化的特点，即简支梁梁端区段剪力较大，跨中区段剪力较小，故在梁端区段横向加劲肋布置间距较小，而在跨中区段布置间距较大。本算例从钢板梁加工方便考虑，先按等间距 a 布置横向加劲肋，然后根据计算结果进行调整。

由于需满足 $a\leqslant1.5h_w=1.5\times1250=1\ 875(\text{mm})$，所以取 $a=1.6\text{m}$。如图4-38所示，将半跨主梁划分成 $a=1.6\text{m}$ 的五个板段，由例4-2中已知的内力计算值算出各板段中点处的弯矩和剪力，然后按式(4-89a)进行验算（由于 $a/h_w=1.25>0.64$），计算结果见表4-5。

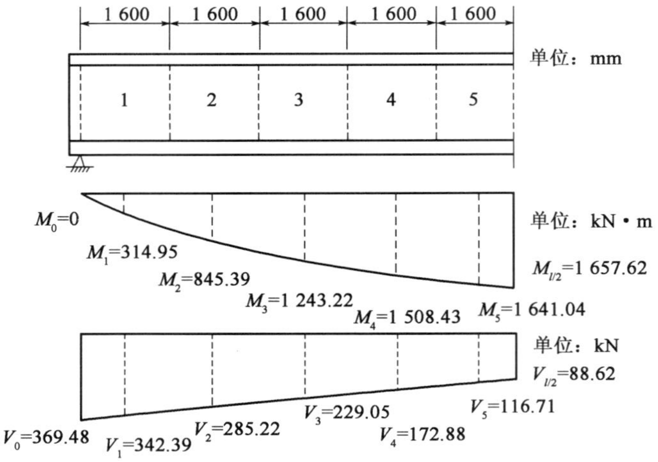

图 4-38　主梁腹板横向加劲肋设置及各板段内力图

横向加劲肋间距验算表　　表 4-5

板段标号	1	2	3	4	5
M_i(kN·m)	1 641.04	1 508.43	1 243.22	845.39	314.95
σ_i(MPa)	154.46	141.98	117.02	79.57	29.64
V_i(kN)	116.71	172.88	229.05	285.22	341.39
τ_i(MPa)	8.77	13.00	17.22	21.44	25.67
验算值	0.234	0.215	0.163	0.105	0.070

按表 4-5 计算结果，横向加劲肋间距验算值均小于 1.0，故取横向加劲肋间距 $a=1.6$m 进行布置是满足要求的。

③腹板加劲肋设计。

如图 4-39、图 4-40 所示，取横向加劲肋宽度为 90mm，厚度为 12mm，横向加劲肋在腹板两侧成对配置且与主梁受压翼缘及腹板之间采用半自动焊，而且与主梁受拉翼缘连接。横向加劲肋切出斜角边长为 $5t_w=5\times12=60$(mm)，满足要求。

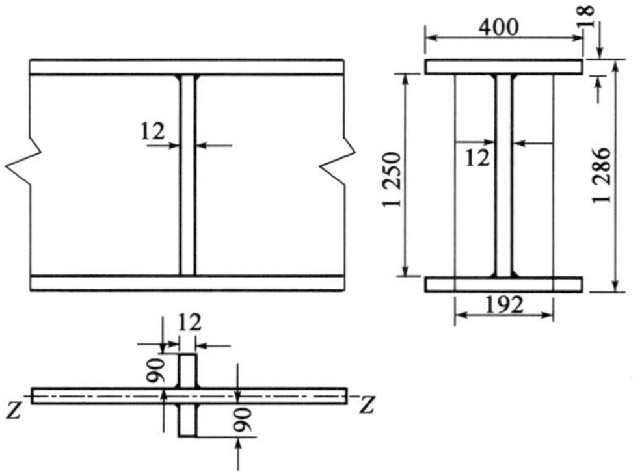

图 4-39　腹板加劲肋设计(尺寸单位:mm)

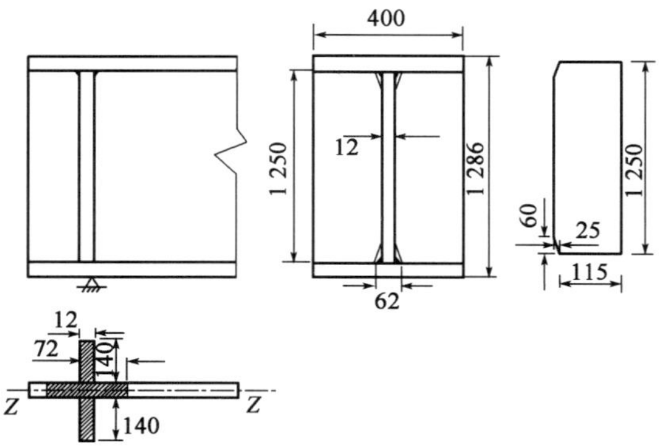

图 4-40　支承加劲肋设计(尺寸单位:mm)

横向加劲肋外伸宽度：

$$b_1 = 90\text{mm} > 40 + \frac{1}{30}h_0 = 40 + \frac{1}{30}\times 1\,250 = 81.67(\text{mm})$$

横向加劲肋厚度：

$$\delta_1 = 12\text{mm} > \frac{1}{15} \times 90 = 6(\text{mm})$$

腹板横向加劲肋惯性矩应满足：

$$I_z = 2 \times \left[\frac{12 \times 90^3}{12} + 12 \times 90 \times \left(\frac{90}{2} + \frac{12}{2}\right)^2\right] = 7.08 \times 10^6(\text{mm}^4) > 3h_0 t_w^3 = 3 \times 1\,250 \times 12^3$$

$$= 6.48 \times 10^6(\text{mm}^4)$$

故横向加劲肋设计尺寸满足相关要求。

④支承加劲肋的设计。

支承加劲肋初步设计尺寸为肢宽等于140mm，肢厚等于12mm。支承加劲肋的下端磨光并与主梁下翼缘顶紧焊接。

a. 按轴心受压构件验算支承加劲肋在腹板平面外的稳定性：

$$\frac{2R_v}{A_s + B_{ev}t_w} = \frac{2 \times 369.48 \times 10^3}{2 \times 140 \times 12 + 24 \times 12 \times 12} = 108.42(\text{MPa}) < f_d = 190\text{MPa}$$

满足稳定性要求。

b. 支承加劲肋端部局部承压强度验算：

根据支座处最大控制支反力，从公路桥梁梁板式橡胶支座产品目录中选择 GJ200 × 250 × h 系列支座，该支座沿纵桥向长度为250mm，则：

$$\frac{R_v}{A_s + B_{ev}t_w} = \frac{369.48 \times 10^3}{2 \times 140 \times 12 + (250 + 2 \times 18) \times 12} = 54.40(\text{MPa}) < f_{cd} = 280\text{MPa}$$

满足局部承压强度要求。

c. 支承加劲肋与钢梁腹板的角焊缝连接计算。根据构造要求确定焊脚尺寸：

$$h_{f\max} = 1.2t_{\min} = 1.2 \times 12 = 14.4(\text{mm})$$

$$h_{f\min} = 1.5\sqrt{t_{\max}} = 1.5 \times \sqrt{12} = 5.20(\text{mm})$$

故取 $h_f = 8\text{mm}$。

$$\frac{N}{0.7h_f\sum l_\omega} = \frac{369.48 \times 10^3}{2 \times 0.7 \times 8 \times (1\,250 - 2 \times 8)} = 26.73(\text{N/mm}^2) < f_f^\omega = 160\text{N/mm}^2$$

因此，支承加劲肋与钢梁腹板的角焊缝连接满足要求。

上述验算表明，该支承加劲肋满足设计规定。

4.5 型钢梁的设计

型钢梁也称为轧成梁，是利用现有的热轧型钢来承受横向荷载的作用，其中应用最广泛的是热轧工字钢和H型钢。型钢梁的设计较为简单，仅需要根据计算所得的梁承受的最大弯矩，计算所需要的截面抵抗矩，然后从型钢表中选择所需要的截面，并验算截面强度、整体稳定性和刚度。由于受轧制条件件的限制，型钢梁的翼缘和腹板均较厚。一般可以不验算截面的局部稳定性，并根据具体情况验算抗剪强度。

型钢梁的设计步骤：

(1)计算内力。

根据已知梁的设计荷载,计算梁的最大弯矩和剪力设计值。

(2)计算所需的截面抵抗矩。

根据梁所承受的最大弯矩设计值,选择弯矩最不利截面(对于单向弯曲梁,最不利截面在最大弯矩处),按抗弯强度要求估算所需的梁截面抵抗矩。

①梁截面抵抗矩为:$W_{nx}=\dfrac{M_x}{\gamma_x f}$。

②单向弯曲梁的整体稳定从构造上不能保证时:$W_x=\dfrac{M_x}{\varphi_b f}$;取①、②两者中的较大的值。

③对于双向弯曲梁,设计时尽可能从构造上保证整体稳定,以便按抗弯强度条件式(4-107)选择型钢截面,否则按式(4-108)试算。

$$W_{nx}=\frac{1}{\gamma_x f}\left(M_x+\frac{\gamma_x W_{nx}}{\gamma_y W_{ny}M_y}\right)=\frac{M_x+\alpha M_y}{\gamma_x f} \tag{4-107}$$

$$\frac{M_x}{\varphi_b W_x}+\frac{M_y}{\gamma_y W_y}\leqslant f \tag{4-108}$$

为了设计的经济合理,应避免在弯矩最不利截面上开孔,以免削弱截面。这样可以充分利用材料使梁的净截面抵抗矩等于计算截面抵抗矩,即 $W_{nx}=W_x$,根据计算所得截面抵抗矩从型钢表中选择适当截面,然后再验算弯曲正应力、局部压应力、刚度及整体稳定性。对于型钢梁,由于腹板较厚,可不验算剪应力、折算应力和局部稳定。

(3)当在最大弯矩截面处有螺栓孔削弱截面时,将计算所得的 W_{nx} 增大10% ~15%后,从型钢表中选择适当的型钢,并从型钢表中查出所需的截面特性。

(4)抗弯强度验算:按式(4-4)、式(4-5)验算梁的抗弯强度,按式(4-47)验算梁的整体稳定性,此时的弯矩应包括型钢梁实际自重所产生的弯矩。如果不满足,应重新选择截面。

(5)抗剪强度验算:按式(4-9)或式(4-10)验算梁的抗剪强度,此时的剪力应包括型钢梁实际自重所产生的剪力。

(6)局部承压强度验算:当梁承受集中力作用时,尚应按式(4-11)验算腹板计算高度上边缘的局部承压强度。

(7)折算应力验算:按式(4-12)或式(4-14)进行。

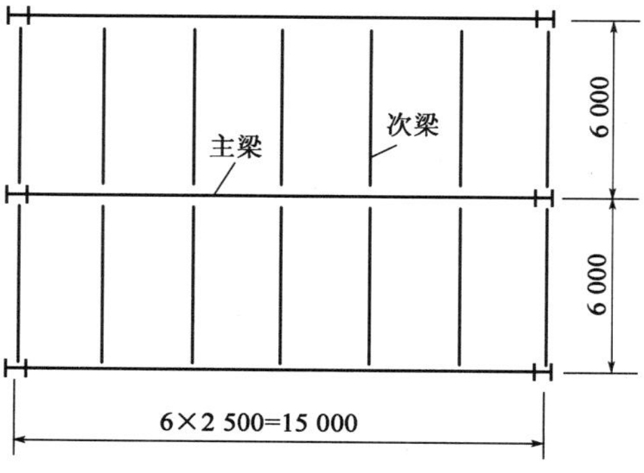

图4-41　梁格布置(尺寸单位:mm)

(8)挠度验算:按照《钢结构设计规范》规定,根据荷载标准值,按结构力学的方法计算构件的挠度值不大于附表2-1规定的挠度限值。

公路桥梁钢结构中型钢梁的设计计算步骤同上,只需将以上公式及所查附表换成《公路钢结构桥梁设计规范》中的相应计算公式及附表。

[**例题4-4**]　设计图4-41中工作平台的次梁。次梁跨度为6m,间距2.5m,预制钢筋混凝土铺板焊于次梁上翼缘,平台永久荷载(不包括次梁自重)为8.5kN/m^2,荷载分项系数为1.2,活荷载为20kN/m^2,荷载分项系数为1.4,钢材用Q235。

（若考虑次梁叠接在主梁上，其支撑长度 $a=15\text{cm}$，$[v]=l/400$）。

解：设计数据 $f=205\text{N/mm}^2$，$f_v=120\text{N/mm}^2$。

①次梁的荷载及内力。

均布荷载设计值：

$$g=(1.2\times8.5+1.4\times20)\times2.5=95.5(\text{kN/m})$$

最大弯矩：

$$M_x=\frac{1}{8}gl^2=\frac{1}{8}\times95.5\times6^2$$
$$=429.75(\text{kN}\cdot\text{m})$$

②初选截面。

承受跨中最大弯矩所需要的截面抵抗矩为：

$$W_x=\frac{M_x}{\gamma_x f}=\frac{429.75\times10^6}{1.05\times205}=1\,997\times10^3(\text{cm}^3)$$

选用 I50c，$W_x=2\,026\text{cm}^3$，$I_x=50\,639\text{cm}^4$，$A=139\text{cm}^2$，$r=14\text{mm}$，$t_w=16.5\text{mm}$，$b=170\text{mm}$，$t=20\text{mm}$，$g_1=109\text{kg/m}=1\,068.2\text{N/m}$，$S_x=1\,208.6\text{cm}^3$。

③强度验算。

a. 正应力验算。

次梁自重弯矩：

$$M_1=\frac{1}{8}\times1.2\times1.068\,2\times6^2=5.77(\text{kN}\cdot\text{m})$$

$$\sigma=\frac{M_x+M_1}{\gamma_x W_x}=\frac{(429.75+5.77)\times10^6}{1.05\times2\,026\times10^3}=204.7(\text{N/mm}^2)<f=205\text{N/mm}^2(\text{满足要求})$$

b. 剪应力验算。

支座剪力：

$$V=0.5(95.5+1.2\times1.068\,2)\times6=290.34(\text{kN})$$

$$\tau=\frac{VS}{It_w}=\frac{290.34\times10^3\times1\,208.6\times10^3}{50\,639\times10^4\times16.5}=42(\text{N/mm}^2)<f_v=120\text{N/mm}^2(\text{满足要求})$$

次梁承受均布荷载作用，其上翼缘没有局部集中荷载作用，可不验算局部压应力，但考虑次梁叠接在主梁上，应验算支座处腹板局部压应力。

支座反力：$F=R=290.34\text{kN}$，

由公式(4-11)可知，取集中荷载增大系数 $\psi=1.0$，设支承长度：$a=15\text{cm}$。

支承面至腹板边缘的垂直距离：

$$h_R=r+t=14+20=34(\text{mm})$$

$$l_z=a+5h_y=15+5\times3.4=32(\text{cm})$$

局部承压强度：

$$\sigma = \frac{\psi F}{t_w l_z} = \frac{1.0 \times 290.34 \times 10^3}{16.5 \times 320} = 67.2(\text{N/mm}^2) < f = 205\text{N/mm}^2$$

④整体稳定性验算。

由于次梁受压翼缘与刚性面板焊接(钢筋混凝土铺板焊于上翼缘),能保证其整体稳定性,按规范要求,可不验算整体稳定性。

⑤局部稳定性。

由于次梁采用型钢梁,可不验算其局部稳定性。

⑥刚度验算。

刚度验算按正常使用极限状态进行验算,采用荷载的标准组合:

$$q_k = (8.5 + 20) \times 2.5 + 1.068\,2 = 72.3(\text{kN/m}) = 72.3\text{N/mm}$$

$$v = \frac{5}{384}\frac{q_k l^4}{EI_x} = \frac{5}{384} \times \frac{72.3 \times 6\,000^4}{2.06 \times 10^5 \times 50\,639 \times 10^4} = 11.7(\text{mm}) < \frac{l}{400} = 15\text{mm}$$

4.6 焊接组合梁的截面选择和截面改变

焊接组合梁的设计主要分截面选择、截面验算和截面改变三个步骤。截面选择是根据梁的跨度与荷载所求得的最大弯矩设计值及剪力设计值以及强度、稳定性和刚度的要求,选择经济合理的截面尺寸;截面验算是校核已经选择完成的截面,看是否满足强度、稳定性和刚度的要求;截面改变是从经济的角度出发,在弯矩较小处减小梁的截面,以节约材料。

下面以钢结构中经常使用的焊接工字形钢板梁和箱形截面梁为例,说明焊接组合梁的截面选择和截面改变。

4.6.1 工字形截面选择

截面选择是整个焊接组合梁设计的关键,也是其余各部分设计的基础,而截面选择的关键又是截面高度的选择,截面选择是否合理、经济,都与梁高的选择密切相关。

1)梁高的选择

(1)最大梁高 h_{max}

最大梁高是满足建筑物净空要求允许的最大高度。在实际工程中,相对建筑物本身来说,建筑钢结构构件截面尺寸较小,一般不会受到建筑物净空要求的限制,而桥梁工程中的钢结构构件尺寸很大,所以梁高的选择应考虑建筑高度、梁的刚度、强度和经济条件的要求。通常主梁以截面应力控制设计时的用钢量比以刚度控制设计时的用钢量要省,为了有效地发挥钢材的作用和提高钢材的利用效率,节省钢材,主梁设计应该尽可能采用以截面应力为控制目标的设计方法。

如图 4-42 所示,假设以梁截面应力控制设计,设其最大容许拉应力和压应力分别为 σ_{ta} 和 σ_{ca},则:

$$y_t = \frac{\sigma_{ta}}{\sigma_{ta} + \sigma_{ca}} h_0 \tag{4-109}$$

$$y_c = \frac{\sigma_{ca}}{\sigma_{ta} + \sigma_{ca}} h_0 \tag{4-110}$$

$$\delta = \frac{y_t - y_c}{2} = \frac{\sigma_{ta} - \sigma_{ca}}{\sigma_{ta} + \sigma_{ca}} \times \frac{h_0}{2} \tag{4-111}$$

$$A_t y_t + h_0 t_w \delta - A_c y_c = 0 \tag{4-112}$$

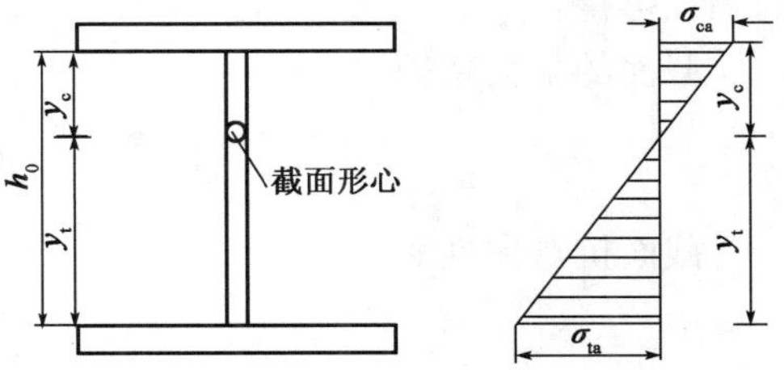

图 4-42 工字形截面应力分布

式中：h_0——腹板的高度；

t_w——腹板的厚度；

A_t——受拉翼缘的面积；

A_c——受压翼缘的面积；

y_t——受拉翼缘到截面形心的距离；

y_c——受压翼缘到截面形心的距离。

在理想状态下，截面中性轴位置和惯性矩 I 为：

$$I = A_c y_c^2 + \frac{1}{3} y_c^3 t_w + \frac{1}{3} y_t^3 t_w + A_t y_t^2 \tag{4-113}$$

如果截面设计弯矩为 M，根据截面内力与外力平衡原理可以得到：

$$A_c \sigma_{ca} y_c + \frac{\sigma_{ca}}{2} y_c \frac{2}{3} y_c + \frac{\sigma_{ta}}{2} y_t \frac{2}{3} y_t + A_t \sigma_{ta} y_t = M \tag{4-114}$$

将式(4-109)和式(4-110)代入上式，可以近似求得翼缘板所需的面积：

$$A_c = \frac{M}{\sigma_{ca} h_0} - \frac{h_0 t_w}{6} \cdot \frac{2\sigma_{ca} - \sigma_{ta}}{\sigma_{ca}} \tag{4-115}$$

$$A_t = \frac{M}{\sigma_{ta} h_0} - \frac{h_0 t_w}{6} \cdot \frac{2\sigma_{ta} - \sigma_{ca}}{\sigma_{ta}} \tag{4-116}$$

将上式代入主梁全截面面积计算公式 $A = A_c + A_t + h_0 t_w$，可以得到钢梁截面面积 A 与腹板高 h_0 的函数关系：

$$A = \frac{M}{\sigma_{ca} h_0} - \frac{h_0 t_w}{6} \cdot \frac{2\sigma_{ca} - \sigma_{ta}}{\sigma_{ca}} + \frac{M}{\sigma_{ta} h_0} - \frac{h_0 t_w}{6} \cdot \frac{2\sigma_{ta} - \sigma_{ca}}{\sigma_{ta}} + h_0 t_w \tag{4-117}$$

令 $dA/dh_0 = 0$，即可以得到最小截面面积相应的腹板高（成为经济腹板高度）h_0 值：

$$h_0 = \sqrt[3]{\frac{3(h_0/t_w)}{\sigma_{ta} + \sigma_{ca}} M} \tag{4-118}$$

式中：h_0/t_w——腹板宽厚比的限值，可以根据腹板加劲肋多少和腹板的抗剪能力确定。

以上是根据截面应力控制设计得到的最佳梁高。但是实际上主梁还必须满足刚度的要求，即主梁的活载挠度必须满足 $w \leqslant [w]$（w 为由荷载标准值引起的梁中最大挠度；$[w]$ 为梁的容许挠度值），见附表 2-2。

影响梁高的因素有很多，通常钢板梁桥中工字形截面梁的梁高 h 为 $L/25 \sim L/12$（L 为跨径），活载越大，要求的梁高越高，跨径越大，梁高与跨径之比 h/L 可以小一点。

（2）最小梁高 h_{min}

最小梁高指满足梁的刚度要求所必须的最小高度，即在充分利用材料强度的同时，又刚好满足梁的刚度要求。下面以承受均布荷载作用的简支梁为例，来说明最小梁高的计算方法。

假定一均布荷载 q_k 作用于长为 l，梁高为 h 的工字形简支梁上，则由结构力学和材料力学的知识可得：

截面的最大弯矩

$$M_{\max}=\frac{1}{8}q_{\mathrm{k}}l^2$$

截面抗弯惯性矩

$$I_x=W_x\frac{h}{2}$$

截面最大正应力

$$\sigma_{\max}=\frac{M_{\max}}{W_x}$$

截面最大挠度应满足：

$$v_{\max}=\frac{5q_{\mathrm{k}}l^4}{384EI}=\frac{5l^2}{48EI_x}\frac{q_kl^2}{8}=\frac{5}{48}\frac{M_{\max}l^2}{EW_x(h/2)}=\frac{5\sigma_{\max}l^2}{24Eh}\leqslant[v] \tag{4-119}$$

由式(4-119)可见，梁的刚度与梁高成反比，满足最大挠度要求的梁高即由刚度确定的最小梁高。为了既能充分发挥材料的强度又能满足梁的刚度要求，上式取等号，令 $\sigma_{\max}=f/1.3$ (1.3 为永久荷载分项系数和活荷载分项系数的平均值)，并整理得：

$$h_{\min}=\frac{5fl}{31.2}\left[\frac{1}{v/l}\right] \tag{4-120}$$

(3)经济梁高 h_{e}

确定经济梁高的条件是使梁的自重最轻，并不考虑梁高对于整个承重结构的影响，考虑这种影响，必须通过结构优化设计来解决。

经济梁高可用如下的经验公式计算：

$$h_{\mathrm{e}}=7\sqrt[3]{W_x}-30(\mathrm{cm}) \tag{4-121}$$

选择梁高时，应满足 $h_{\min}\leqslant h\leqslant h_{\max}$，还应注意梁高在 h_{e} 附近变动，对梁重的影响较小，根据统计，即使 h 与 h_{e} 相差20%左右，梁重也仅相差4%左右，而选择较小的梁高，对梁的稳定、减小整个结构的建筑高度、节省横向连接系钢材等有利，所以选择梁高时一般选择较经济梁高小，而接近最小梁高。

腹板高度 h_{w} 与梁高相差不大，一般可直接按上面所计算的梁高选取符合钢板规格的整数作为腹板的高度。钢板的宽度一般以50mm为级差。

2)腹板厚度 t_{w}

腹板的厚度应满足抗剪强度、腹板的局部稳定性、防锈和钢板规格的要求。从截面受力来看，腹板宜既薄又高，但高而薄的腹板受力后，容易丧失局部稳定性，为满足局部稳定性的要求，需设置加劲肋。

按主梁抗剪要求的腹板厚度：

$$\tau_{\max}=1.2\frac{V_{\max}}{h_{\mathrm{w}}t_{\mathrm{w}}}\leqslant f_{\mathrm{v}} \tag{4-122}$$

式中，假设腹板最大剪应力为平均剪应力的1.2倍，$V_{\max}$ 为梁的最大剪力。

由式(4-122)计算得到抗剪要求的最小厚度为：

$$t_{\mathrm{w}}\geqslant 1.2\frac{V_{\max}}{h_{\mathrm{w}}f_{\mathrm{v}}} \tag{4-123}$$

由上式计算所得的腹板厚度一般较小，为满足局部稳定和构造的要求，常按下列经验公式估算：

$$t_w = \frac{\sqrt{h_0}}{3.5} \tag{4-124}$$

一般情况下，腹板的厚度最好在 8 ~ 22mm 之间，对特别小跨度的梁，腹板厚度可采用 6mm，并应满足钢板供应规格的要求。腹板厚度确定后，腹板的高度可以根据主梁的剪力大小和腹板的高厚比 h_0/t_w 的限值来确定，其中 h_0/t_w 主要由腹板的局部稳定来控制，采用不同的加劲肋时腹板高厚比的限值也不同。

3）翼缘尺寸 b_1 和 t_1

翼缘的宽度 b_1、厚度 t_1 的确定，必须综合考虑翼缘的局部稳定和主梁的弯扭屈曲，确保钢梁的制作、运输、安装和运营等各种工作状态下，不出现翼板局部失稳和主梁的弯扭失稳。在运营阶段的梁端部支撑处也应阻止梁端部截面扭转。在设计构件截面和制作工艺时，宜避免和减少应力集中、残余应力以及次应力。

按《钢结构设计规范》设计时，由梁的抗弯强度条件 $\sigma = M_x/(\gamma_x W_x)$，求得需要的净截面抵抗矩 W_x，然后得到整个截面所需要的惯性矩为：

$$I_x = W_x \frac{h}{2} \tag{4-125}$$

$$I_x = I_w + I_t \tag{4-126}$$

式中：I_w——腹板提供的截面抵抗矩，由腹板尺寸而定，$I_w = \frac{1}{12}t_w h_0^3$；

I_t——翼缘提供的截面抵抗矩：

$$I_t \approx 2bt\left(\frac{h_0}{2}\right)^2 = I_x - I_w \tag{4-127}$$

考虑到 $h \approx h_0$，由式(4-127)可计算所需的翼缘板截面面积为：

$$b_1 t_1 = \frac{2(I_x - I_w)}{h_0^2} = \frac{W_{nx}}{h_0} - \frac{t_w h_0}{6} \tag{4-128}$$

以上公式同样适用于公路桥梁钢结构的设计中，只是公路桥梁钢结构中不考虑截面塑性发展系数，截面模量为有效截面模量。这样翼缘的宽度和厚度只需要确定一个，就能由式(4-128)确定另一个。

通常采用 $b_1 = (1/5 \sim 1/3)h$；从整体稳定性出发，b_1 应选择得越宽越好，但太宽应力沿板宽分布不均匀，为满足翼缘的局部稳定性，宜使受压翼缘的自由外伸宽度一般不宜大于 400mm，自由伸出肢宽 b 与其厚度 t_1 之比满足 $b/t_1 \leq 13\sqrt{235/f_y}$（钢桥中规定 $b/t_1 \leq 12\sqrt{345/f_y}$），当计算梁抗弯强度取 $\gamma_x = 1.0$ 时，b/t_1 可放宽至 $b/t_1 \leq 15\sqrt{235/f_y}$，受拉翼缘的伸出肢宽不应大于其厚度的 $16\sqrt{345/f_y}$，选择 b_1 和 t_1 时，注意尺寸要符合钢板的规格，一般取 b_1 为 10mm 的倍数，t_1 取 2mm 的倍数，且不小于 8mm。组成翼缘截面的板不宜超过两块。

［例题 4-5］ 试设计例 4-4 工作平台的主梁，如图 4-43 所示，主梁计算跨径为 15m，其余资料见例题 4-4。

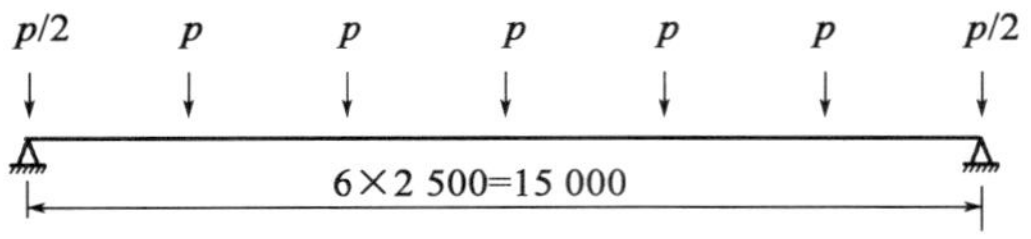

图 4-43　工字形简支梁(尺寸单位:mm)

解:(1)主梁荷载及内力。

由次梁传来的集中荷载:

$$p = 2V = 2 \times 290.15 = 580.3(\text{kN})$$

假设主梁自重为 3kN/m,加劲肋等的附加重量构造系数为 1.1,荷载分项系数为 1.2,则自重荷载的设计值为 $1.2 \times 1.1 \times 3 = 3.96(\text{kN/m})$。

跨中最大弯矩设计值:

$$M_x = \frac{5}{2} \times 580.3 \times 7.5 - 580.3 \times (5 + 2.5) + \frac{1}{8} \times 3.96 \times 15^2 = 6\,639.75(\text{kN} \cdot \text{m})$$

支座最大剪力设计值:

$$V = 3 \times 580.3 + \frac{1}{2} \times 3.96 \times 15 = 1\,770.6(\text{kN})$$

(2)截面设计及验算。

①截面选择。

考虑主梁跨度较大,翼缘板厚度在 16 ~ 40mm 范围内选用,$f = 205\text{N/mm}^2$,需要的净截面抵抗矩为:

$$W_{nx} = \frac{M_x}{\gamma_x f} = \frac{6\,639.75 \times 10^6}{1.05 \times 205} = 30\,847(\text{cm}^3)$$

计算梁的经济高度为:

$$h_e = 7\sqrt[3]{W_x} - 30 = 7 \times \sqrt[3]{30\,847} - 30 = 190(\text{cm})$$

因此,取梁腹板高 $h_0 = 190\text{cm}$。

计算腹板抗剪所需的厚度:

$$t_w \geqslant \frac{1.2V_{max}}{h_w f_v} = \frac{1.2 \times 1\,770.6 \times 10^3}{1\,900 \times 120} = 9.3(\text{mm})$$

由经验公式得:

$$t_w = \frac{\sqrt{h_0}}{3.5} = \frac{\sqrt{1\,900}}{3.5} = 12.5(\text{mm})$$

取腹板厚 $t_w = 14\text{mm}$,腹板采用 -1900×14 的钢板。

需要的净截面惯性矩:

$$I_{nx} = W_{nx}\frac{h_0}{2} = 30\,847 \times \frac{190}{2} = 2\,930\,465(\text{cm}^4)$$

腹板惯性矩为:

$$I_w = \frac{1}{12}t_w h_0^3 = \frac{1}{12} \times 1.4 \times 190^3 = 800\,217(\text{cm}^4)$$

所需翼缘板的面积:

$$bt = \frac{2(I_x - I_w)}{h_0^2} = \frac{2 \times (2\,930\,465 - 800\,217)}{190^2} = 118(\text{cm}^2)$$

取 $b = 500\text{mm}$,$t = 24\text{mm}$,梁高 $h = 24 + 24 + 1\,900 = 1\,948(\text{mm})$。

b 在 $h/5 \sim h/3 = 390 \sim 649$mm 之间。受压翼缘自由外伸宽度与厚度之比为：

$$\frac{(500-14)/2}{24} = 10 < 13$$

满足受压翼缘局部稳定性要求。所选截面如图 4-44 所示。

②梁截面特性计算。

$$I_x = \frac{1}{12}(50 \times 194.8^3 - 48.6 \times 190^3) = 3\,021\,397.5(\text{cm}^3)$$

$$W_x = \frac{I_x}{h/2} = 3\,021\,397.5 \times \frac{2}{194.8} = 31\,020.5(\text{cm}^3)$$

$$A = 50 \times 194.8 - 48.6 \times 190 = 506(\text{cm}^2)$$

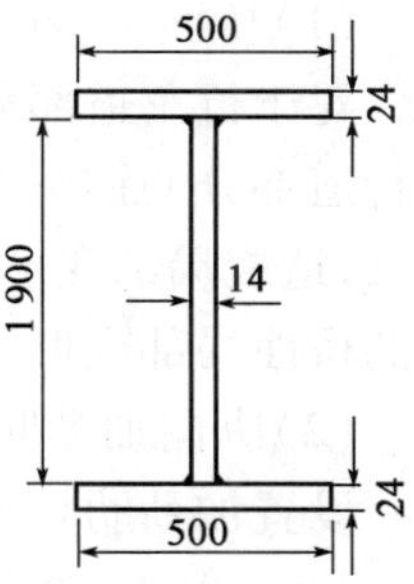

图 4-44 所选截面尺寸
（尺寸单位：mm）

③截面验算。

a. 受弯强度验算。

梁自重荷载：

$$g = 1.2 \times 1.1A\gamma = 1.2 \times 1.1 \times 0.050\,6 \times 7.85 \times 10 = 5.24(\text{kN/m})$$

$$M_x = \frac{5}{2} \times 580.3 \times 7.5 - 580.3(5+2.5) + \frac{1}{8} \times 5.24 \times 15^2 = 6\,675.75(\text{kN} \cdot \text{m})$$

支座最大剪力：

$$V_{\max} = 3 \times 580.3 + \frac{1}{2} \times 5.24 \times 15 = 1\,780.2(\text{kN})$$

$$\sigma = \frac{M_x}{\gamma_x W_x} = \frac{6\,675.75 \times 10^6}{1.05 \times 31\,020.5 \times 10^3} = 205(\text{N/mm}^2) = f = 205\text{N/mm}^2$$

b. 剪应力、刚度不需验算，因选择梁高及腹板厚度时已得到满足。

c. 整体稳定性验算：因次梁与刚性铺板连接，主梁的侧向支承点间距等于次梁的间距，即 $l_1 = 250$cm，则有 $l_1/b = 250/50 = 5 < 16.0$，故不需验算梁的整体稳定性。

4.6.2 箱形截面设计

箱形截面是一种闭口薄壁结构，其长度远大于横截面尺寸，并且壁厚又远小于截面宽度或高度。箱形截面梁具有良好的结构性能，其优点主要表现在：

(1)截面抗扭刚度和抗弯刚度大，在施工及使用过程中能保持良好的稳定性。

(2)具有结构轻的特点，适合预应力空间布束。

(3)重结构和传力结构结合，各部件共同受力，各梁肋的受力均匀，弯曲应力图形合理，截面利用效率较高，其材料的性能都能得到很好的发挥，达到经济效果。

钢箱梁的组成部分主要是顶、底板，腹板和加劲构件。钢箱梁的顶、底板是箱形结构体主要抵抗弯矩的构件，其中顶板又兼作桥面之用，在实际工程中常见的主要有混凝土桥面板和钢桥面板，这里我们主要以桥梁工程中的钢箱梁为例，对顶板的构造仅介绍正交异性桥面板。

在钢结构箱形截面梁的设计中，顶板往往是最先受到荷载作用的构件，如果仅按强度计算，则顶板只需 5～6mm 厚的钢板即可，但考虑到薄钢板刚度过小，在动力荷载作用下易产生过大的变形，因此，一般用厚度不小于 10mm 的钢板，同时为提高其局部稳定，常在钢板下密布了纵肋和垂直于纵肋的、分布较疏的横肋来加劲。试验和理论研究表明，正交异性钢板具有很高的承载能力，采用这种桥面板可以显著减轻钢梁的自重。

由于加劲钢板的纵、横肋刚度不同，所以各个方向的弹性性能也不同，这种具有“正交异性”的板通常称为正交异性板。

1）正交异性板的参数设计

（1）桥面顶板的厚度

对于行车道部分的钢桥面板顶板板厚不应小于14mm，加劲肋的最小板厚不应小于8mm。人行道部分的钢桥面板顶板板厚不应小于10mm。考虑到实际桥面荷载与标准设计荷载差别较大，造成局部变形过大，所以，有必要增加钢桥面板的厚度，提高钢箱梁的刚度，以减小重载下的桥面局部变形。目前，标准桥面板厚度采用16mm。

（2）纵向加劲肋

设置加劲肋是为了满足构件的局部稳定性。在公路桥梁钢结构中构件的尺寸一般都很大，因此，通常配置的加劲肋尺寸也较大，当构件内力较大时，加劲肋本身也存在稳定性问题，其失稳模态与加劲肋的相对宽厚比有关。公路桥梁钢结构中的钢板梁常采用的纵向加劲肋有板肋、L形肋、T形肋、球扁钢肋和闭口加劲肋等形式（图4-45），为保证加劲肋自身的局部稳定性，《公路钢结构桥梁设计规范》对受压板件加劲肋的几何尺寸做了如下规定：

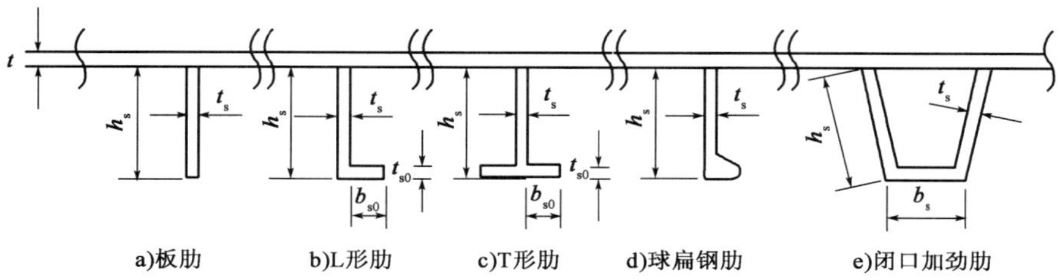

图4-45　加劲肋形式

①板肋的宽厚比应满足下列要求：

$$\frac{h_s}{t_s} \leqslant 12\sqrt{\frac{345}{f_y}} \tag{4-129}$$

②L形、T形钢加劲肋的尺寸比例应满足下列要求：

$$\frac{b_{s0}}{t_{s0}} \leqslant 12\sqrt{\frac{345}{f_y}} \tag{4-130}$$

$$\frac{h_s}{t_s} \leqslant 30\sqrt{\frac{345}{f_y}} \tag{4-131}$$

③符合现行《热轧球扁钢》（GB/T 9945—2012）的球扁钢加劲肋的尺寸比例应满足下列要求：

$$\frac{b_s}{t_s} \leqslant 18\sqrt{\frac{345}{f_y}} \tag{4-132}$$

④闭口纵向加劲肋应完全封闭，其与顶板焊接熔透深度不得小于纵向加劲肋厚度的80%，焊缝有效喉高不得小于纵向加劲肋的厚度。闭口加劲肋的几何尺寸应满足下列规定：

$$\frac{b_s}{t_s} \leqslant 30\sqrt{\frac{345}{f_y}} \tag{4-133}$$

$$\frac{h_s}{t_s} \leqslant 40\sqrt{\frac{345}{f_y}} \tag{4-134}$$

$$\frac{t_s a^3}{t^3 h_s} \leqslant 400 \tag{4-135}$$

上述式中：t——顶板厚度；

t_s——加劲肋腹板厚度；

h_s——对于开口加劲肋，表示腹板的竖向高度，对于闭口加劲肋，表示腹板斜向高度；

b_{s0}——L 形或 T 形加劲肋的翼缘外伸宽度；

t_{s0}——L 形或 T 形加劲肋翼缘的厚度；

a——加劲肋腹板最大间距。

纵肋宜等间距布置，不等间距布置时，最大间距不宜超过最小间距的 1.2 倍。应连续通过横向加劲肋或横隔板，加劲肋与顶板焊缝的过焊孔宜采用堆焊填实，焊缝应平顺。

(3)横向加劲肋

横肋一般皆为倒 T 形截面，其间距即为纵肋的跨径。计算截面考虑钢盖板形成的上翼缘，从而形成工字形截面。纵、横肋交叉部位一般皆在横肋中设切口。

对闭口纵向加劲肋，横向加劲肋或横隔板的间距不宜大于 4m。对开孔纵向加劲肋，横向加劲肋或横隔板的间距不宜大于 3m。

(4)受压加劲板的设计

受压加劲板在设计过程中除需满足上述几何尺寸要求外，还应满足下列要求：

①受压加劲板宜采用刚性加劲肋，构造布置困难或受力较小时可用柔性加劲肋。

②受压加劲板的刚性加劲肋，其纵、横向加劲肋的相对刚度应满足下列要求：

$$\gamma_l \geqslant \gamma_l^* \tag{4-136}$$

$$A_{s,l} \geqslant \frac{bt}{10n} \tag{4-137}$$

$$\gamma_t \geqslant \frac{1 + n\gamma_l^*}{4\left(\frac{a_t}{b}\right)^3} \tag{4-138}$$

$$\begin{cases} \gamma_l^* = \dfrac{1}{n}[4n^2(1 + n\delta_l)\alpha^2 - (\alpha^2 + 1)^2] & (\alpha \leqslant \alpha_0) \\ \gamma_l^* = \dfrac{1}{n}\{[2n^2(1 + n\delta_l) - 1]^2 - 1\} & (\alpha > \alpha_0) \end{cases} \tag{4-139}$$

$$\alpha_0 = \sqrt[4]{1 + n\gamma_l} \tag{4-140}$$

$$n = n_l + 1 \tag{4-141}$$

上述式中：γ_l——纵向加劲肋的相对刚度，$\gamma_l = \dfrac{EI_l}{bD}$；

γ_t——横向加劲肋的相对刚度，$\gamma_t = \dfrac{EI_t}{aD}$；

I_l——单根纵向加劲肋对加劲板 Y-Y 轴的抗弯惯性矩，如图 4-46 所示；

I_t——单根横向加劲肋对加劲板 Y-Y 轴的抗弯惯性矩，如图 4-46 所示；

t——母板厚度；

a——加劲板的计算长度(横隔板或刚性横向加劲肋的间距)，如图 4-47 所示；

b——加劲板的计算宽度(腹板或刚性纵向加劲肋的间距)，如图 4-47 所示；

a_t——横向加劲肋的间距，如图 4-47 所示；

α——加劲板的长宽比，$\alpha=\dfrac{a}{b}$；

δ_l——单根纵向加劲肋的截面面积与母板的面积之比，$\delta_l=\dfrac{A_{s,l}}{bt}$；

$A_{s,l}$——单根纵向加劲肋的截面面积；

D——单宽板刚度，$D=\dfrac{Et^3}{12(1-\upsilon^2)}$；

n_l——等间距布置纵向加劲肋根数。

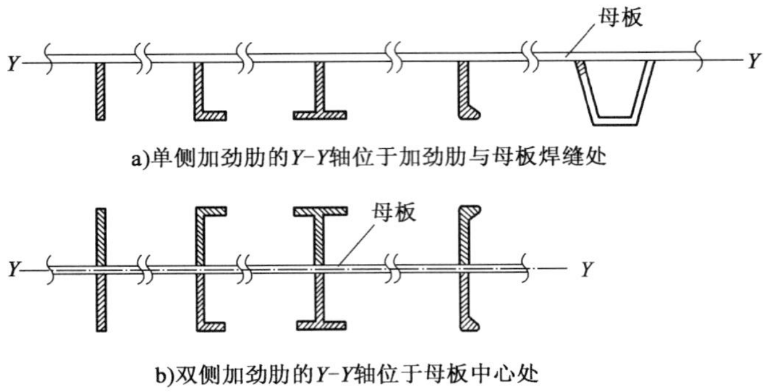

图 4-46　计算加劲肋抗弯惯矩的中性轴位置 Y-Y

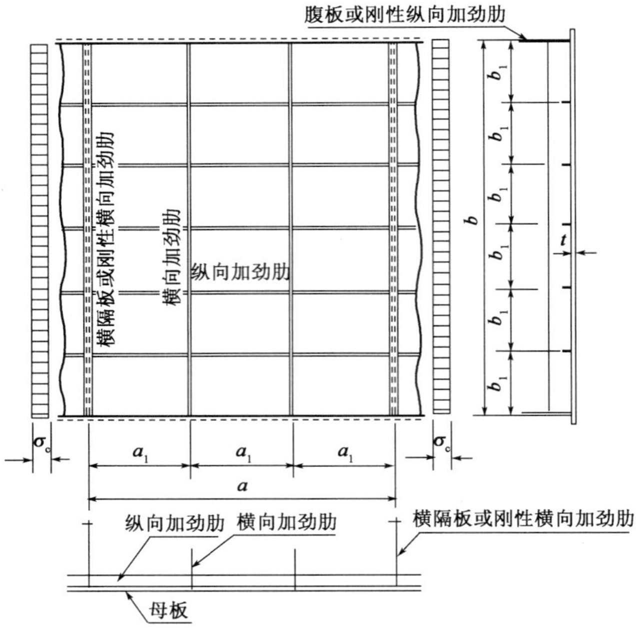

图 4-47　加劲板示意图

(5)挠跨比

在车辆荷载作用下，正交异性桥面顶板的挠跨比 D/L(图 4-48)不应大于 1/700。

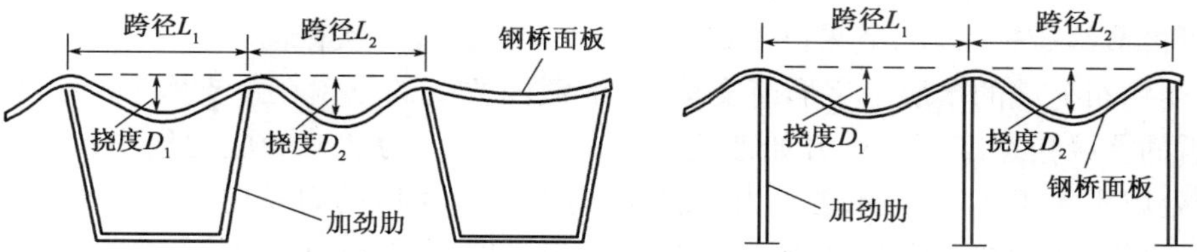

图4-48　正交异性板挠跨比

2)箱梁的翼缘板、腹板和横隔板

(1)翼缘和腹板

箱梁悬臂部分不设加劲肋时,受压翼缘的伸出肢宽不宜大于其厚度的12倍,受拉翼缘的伸出肢宽不宜大于其厚度的16倍。腹板间距大于翼缘板厚度的80倍或翼缘悬臂宽度大于翼缘板厚度的16倍时,应设置纵向加劲肋。受压翼缘加劲肋间距不宜大于翼缘板厚度的40倍,应力很小和由构造控制设计的情况下可以放宽到80倍。受拉翼缘加劲肋间距应小于翼缘板厚度的80倍。受压翼缘悬臂部分的板端外缘加劲肋应为刚性加劲肋。纵向腹板应避开行车轨迹带,宜设置在车道中部或车道线处。

(2)横隔板设计

在桥梁纵向,钢箱梁桥面板上的荷载由桥面板传给纵向加劲肋,再由纵向加劲肋传给横隔板,因此,横隔板相当于纵肋的弹性支撑,减小了纵向加劲肋的跨度和受压失稳时的自由长度,提高了箱梁的承载能力,减少屈曲现象的发生。

支点处必须设计横隔板,形心宜通过支座反力的合力作用点。横隔板支座处应成对设置竖向加劲肋。横隔板与底板的焊缝应完全熔透,人孔宜设置在支座范围以外的部分。对于非支点处横隔板与顶、底板和腹板可采用角焊缝连接,应有足够的刚度和强度。

4.6.3　截面验算

梁的截面尺寸初步选择以后,必须根据所选择的梁的实际截面尺寸,计算梁截面的惯性矩和抵抗矩,对梁进行验算,包括:

(1)梁的弯曲强度验算;

(2)梁的整体稳定性验算;

(3)梁的刚度验算即梁的挠度验算。

梁的验算不包括梁的抗剪强度验算,这是因为在梁的腹板尺寸选择的时候,已经满足了梁的抗剪强度要求,翼缘的局部稳定性在选择翼缘尺寸时已满足,腹板的局部稳定性设计参见本章4.4节内容。

4.6.4　组合梁截面沿梁跨长的改变

梁的弯矩沿梁的长度方向是变化的,因此,梁的截面如能随弯矩的变化而变化,则可节约钢材。但对于跨度较小的梁,加工量增加,不宜改变截面。

1)翼缘的改变

对于单层翼缘板的梁,翼缘改变是改变翼缘的宽度而不改变翼缘的厚度,翼板宽度的改变主要是改变上、下翼缘宽度。一般地，如果梁改变一次截面可节约钢材 10% ~20%。如再改变一次，可再节约 3% ~5%，效果已不显著。故一般只改变一次截面。

对承受均布荷载的单层工字形简支梁，一般截面改变的位置在距支座 $l/6$ 处开始比较经济，改窄后的翼缘板宽度 b_1' 应由开始改变处的弯矩确定。为了减少应力集中，宽板应从截面开始改变处以不大于 1∶2.5（承受动力荷载时，为 1∶8 ~1∶4）的斜角向弯矩较小的一侧过渡，与宽度为 b_1' 的窄板对接（图 4-49）所示。当两块板厚度相差 4mm 以上时，应分别在宽度方向或厚度方向将一侧或两侧做成坡度不大于 1∶5 的斜角，两块厚度相差不超过 4mm 的钢板用对接焊缝连接时，其较厚的板可不做斜角而直接用焊缝变厚来调整。

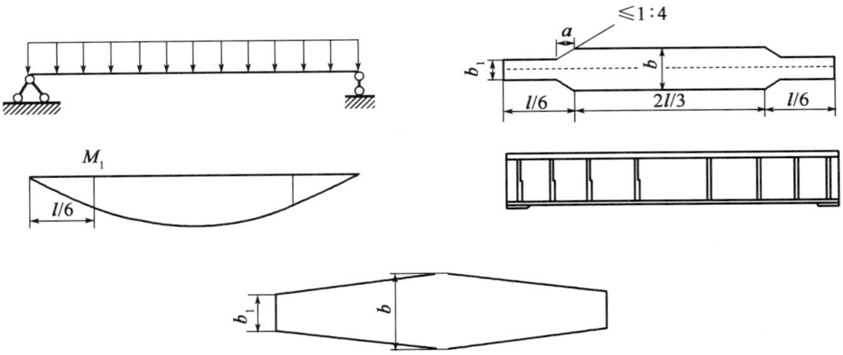

图 4-49　梁翼缘宽度的改变

通常组成钢板梁翼缘板截面的板不宜超过两块，同时焊接板束的侧面角焊缝宜采用自动焊或半自动焊，且由宽板至窄板的距离 a 不应小于 50mm。对于多层翼缘板的梁，可用截断外层板的方法来改变梁的翼缘板的面积（图 4-50），其理论截断点的位置由计算弯矩确定（满足抗弯强度的要求），为了保证理论截断点至梁跨中区段的外层翼缘板能起作用，外层钢板的实际截断点在理论截断点向外延伸一个自由外伸长度 l_1，l_1 应满足：

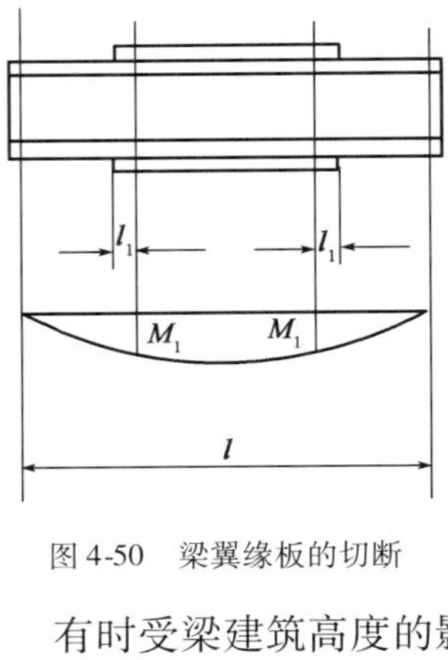

图 4-50　梁翼缘板的切断

端部有正面角焊缝时：当 $h_f \geqslant 0.75t_1$ 时，$l_1 \geqslant b_1$；当 $h_f < 0.75t_1$ 时，$l_1 \geqslant 1.5b_1$。

端部无正面角焊缝时：$l_1 \geqslant 2b_1$。

式中，b_1 和 t_1 分别为被截断的翼缘板的宽度和厚度；h_f 为侧面角焊缝和正面角焊缝的焊脚尺寸。

2）梁高的改变

有时受梁建筑高度的影响（如水工钢闸门，为减小门槽宽度，在支座附近减小梁高），简支梁可在接近支座位置改变梁的高度，而保持翼缘板宽度不变。改变后的梁高应满足梁抗剪强度的要求，即改变后的腹板高度应由梁端最大剪力计算确定，如图 4-51 所示。所以梁高改变通常从距支座（1/6 ~1/5）l 处开始，并以 1∶2.5（承受动力荷载时，不大于 1∶4）的斜度放坡。梁端部高度不宜小于跨中高度的一半。

组合梁截面改变后，梁内的应力分布也随之改变。在钢板梁变截面处，应对强度（包括折算强度）和刚度进行计算。梁的刚度因截面改变影响不大，可近似按等截面梁计算挠度。

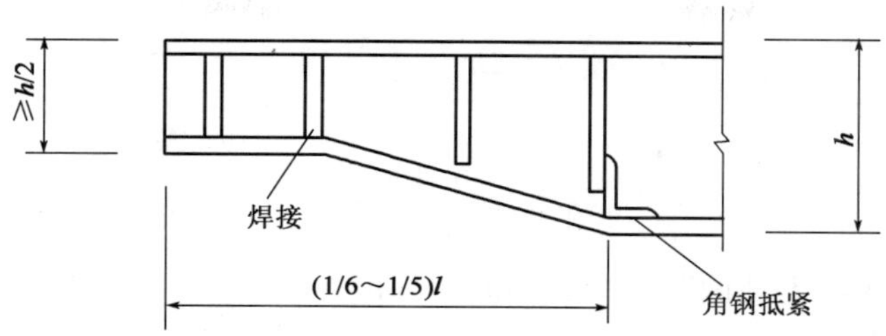

图 4-51 改变梁的高度

4.7 焊接组合梁的翼缘焊缝和梁的拼接

4.7.1 焊接组合梁翼缘焊缝的计算

焊接 H 形组合梁由三块钢板焊接而成，翼缘和腹板之间必须由焊缝连接成为整体，共同工作、共同变形。否则，在弯曲应力的作用下，各钢板将单独产生变形（上翼缘受压缩短，下翼缘受拉伸长，而腹板沿中性轴转动），沿着焊缝产生相互滑移，从而使梁的承载力大大降低。翼缘焊缝的主要作用就是阻止这种相互的滑移，使梁形成整体，共同工作。因此，焊缝所受的力就是翼缘板与腹板接触面间的水平剪力。桥梁工程中的上承式钢板梁，由于梁翼缘板上还承受均布荷载和集中力（如汽车轮压）的作用，上翼缘和腹板的连接焊缝还要受竖向剪应力的作用。

上翼缘和腹板的连接焊缝受到两个相互垂直方向的应力作用，其计算方法如下：

1）计算焊缝单位长度上的水平剪力

当梁弯曲时，由于相邻截面中作用在翼缘截面的弯曲正应力有差值，如图 4-52 所示，翼缘和腹板连接处将产生水平剪应力为：

$$\tau = \frac{VS_1}{I_x t_w} \tag{4-142}$$

式中：V——梁截面上所受的最大剪力计算值，一般取梁端的剪力计算；

S_1——上翼缘（或下翼缘）截面对钢板梁中性轴的毛截面惯性矩；

I_x——钢板梁对中性轴的毛截面惯性矩；

t_w——腹板的厚度。

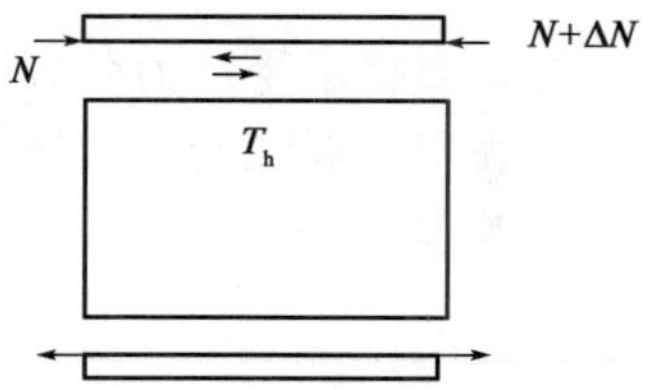

图 4-52 水平方向剪力

假定钢板梁翼缘板与腹板连接处的剪应力由焊缝承担且沿长度均匀分布，则单位长度上两条焊缝所承受的水平剪力为：

$$T_h = 2 \times \tau_1 \times t_w \times 1 = \frac{VS_1}{I_x} \tag{4-143}$$

当腹板与翼缘板之间的连接采用两面角焊缝连接且不承受局部承压时，角焊缝有效截面上承受的剪应力 τ_f，不应超过角焊缝的强度设计值 f_f^w：

$$\tau_{\mathrm{f}} = \frac{T_{\mathrm{h}}}{2h_{\mathrm{e}} \times 1} \leqslant f_{\mathrm{f}}^{\mathrm{w}} \tag{4-144}$$

则需要的焊脚尺寸为：

$$h_{\mathrm{f}} \geqslant \frac{VS_1}{1.4f_{\mathrm{f}}^{\mathrm{w}} I_x} \tag{4-145}$$

式中：S_1——所计算翼缘毛截面对梁中和轴的面积矩；

I_x——梁的毛截面惯性矩；

$f_{\mathrm{f}}^{\mathrm{w}}$——角焊缝强度设计值，见附表 1-2。

由上式求得的焊脚尺寸一般较小，但焊脚尺寸还需满足规范所规定的构造要求：$h_{\mathrm{f}} \geqslant 1.5\sqrt{t_1}$ 及 $h_{\mathrm{f}} \geqslant 6\mathrm{mm}$，全梁长度范围内均采用相同的焊脚尺寸连续施焊。

2）计算焊缝单位长度上的竖向压应力

在梁的翼缘上，承受集中荷载作用或承受有移动的集中荷载作用（如吊车梁上的轮压）而没有设置加劲肋时，翼缘焊缝除承受上面的沿焊缝长度方向的剪应力外，还须承受竖向局部压应力的作用。

（1）根据《钢结构设计规范》可得单位长度焊缝上承担的竖向压力为：

$$T_{\mathrm{v}} = \sigma_{\mathrm{c}} \times t_{\mathrm{w}} \times 1 = \frac{\psi F}{t_{\mathrm{w}} l_z} \times t_{\mathrm{w}} \times 1 = \frac{\psi F}{l_z} \tag{4-146}$$

式中符号的意义见 4.2.2 节"钢梁的强度计算"中式(4-11)。在 T_{v} 作用下产生的应力方向垂直于焊缝长度方向，其应力大小为：

$$\sigma_{\mathrm{f}} = \frac{T_{\mathrm{v}}}{2h_{\mathrm{e}} \times 1} = \frac{\psi F}{1.4h_{\mathrm{f}} l_z} \tag{4-147}$$

因此，在 T_{h} 和 T_{v} 共同作用下应满足：

$$\sqrt{\left(\frac{\sigma_{\mathrm{f}}}{\beta_{\mathrm{f}}}\right)^2 + \tau_{\mathrm{f}}^2} = \frac{1}{1.4h_{\mathrm{f}}}\sqrt{\left(\frac{\psi F}{\beta_{\mathrm{f}} l_z}\right)^2 + \left(\frac{VS_1}{I_x}\right)^2} \leqslant f_{\mathrm{f}}^{\mathrm{w}} \tag{4-148}$$

$$h_{\mathrm{f}} \geqslant \frac{1}{1.4f_{\mathrm{f}}^{\mathrm{w}}}\sqrt{\left(\frac{\psi F}{\beta_{\mathrm{f}} l_z}\right)^2 + \left(\frac{VS_1}{I_x}\right)^2} \tag{4-149}$$

对于直接承受动力荷载的梁，$\beta_{\mathrm{f}} = 1.0$；对其他梁，$\beta_{\mathrm{f}} = 1.22$。

当腹板与翼缘的连接焊缝采用焊透的 T 形对接与角接组合焊缝（图 4-53）时，其强度与主体金属等强，可不必计算。

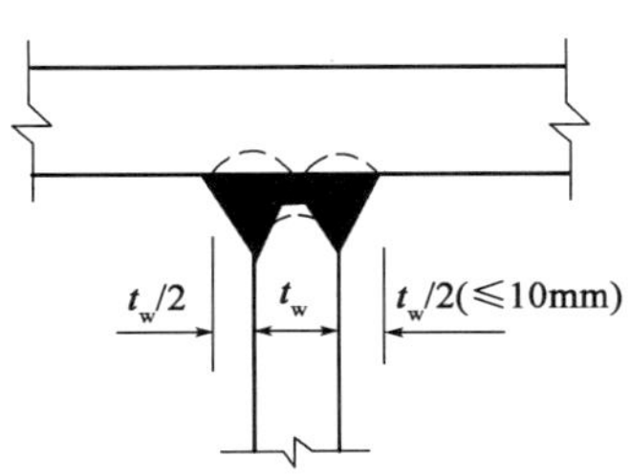

图 4-53　焊透的 T 形连接焊缝

（2）根据《公路钢结构桥梁设计规范》可得单位长度焊缝上局部承担的竖向压力。

当集中荷载直接作用在钢板梁的上翼缘时，考虑到腹板上缘不直接顶紧翼缘板，因此，由焊缝承受集中荷载作用下的竖向压应力。可把翼缘板视作弹性地基梁来分析，集中荷载在焊缝处的分布长度可按下式计算：

$$Z = c \cdot \sqrt[3]{\frac{I}{t_{\mathrm{w}}}} \tag{4-150}$$

式中：c——系数，焊接钢板梁为3.25；

I——钢板梁翼缘对其本身中性轴的毛截面惯性矩；

t_w——腹板厚度。

对焊接钢板梁来说，分布长度 Z 的值不应小于400mm，但不得大于计算车辆的轮轴间距。

当梁的上翼缘搁置有行车道板（如木桥面板或不与钢梁起联合作用的钢筋混凝土板等）时，集中荷载不直接作用在上翼缘板上，其荷载的分布长度 B 除 Z 外，应再加上荷载按45°角度由行车道板扩散至梁翼缘的分布长度，如图4-54所示，即

$$b = Z + \lambda = Z + a_0 + 2t \tag{4-151}$$

式中：a_0——车轮与桥面的着地长度，顺桥向时取为200mm；

t——行车道板的厚度。

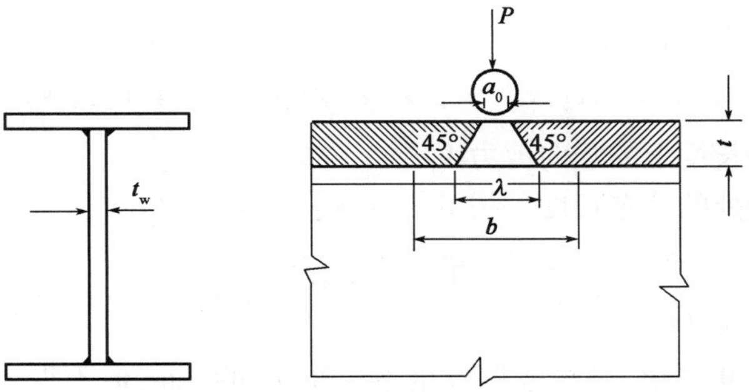

图4-54　集中荷载的分布长度

假定在焊缝处分布长度 B 上竖向应力均匀分布，则角焊缝单位长度上的竖向压力为：

$$V_1 = \frac{P}{b} \tag{4-152}$$

式中，当集中荷载直接作用在梁的翼缘板上时，$b = Z$；当集中荷载通过行车道板作用于翼缘板上时，$b = Z + a_0 + 2t$。

在桥梁钢板梁中单位长度上焊缝上受到两个互相垂直方向的力 T_1 和 V_1 作用，如果腹板的边缘不开坡口，两侧焊缝的有效厚度 h_e 与一般角焊缝相同，其焊缝强度应满足下式：

$$\sqrt{\left(\frac{T_h}{2 \times 0.7h_f \times 1}\right)^2 + \left(\frac{V_1}{2 \times 0.7h_f \times 1}\right)^2} \leqslant f_{vd}^w \tag{4-153}$$

故所需的焊脚尺寸 h_f 为

$$h_f \geqslant \frac{1}{1.4f_{vd}^w}\sqrt{T_h^2 + V_1^2} \tag{4-154}$$

如果腹板的边缘加工成K形坡口，则焊缝的有效厚度等于腹板厚度 t_w。

[例题4-6]　已知一简支工字形钢板梁，该梁上翼缘搁置有20cm的行车道板，其截面尺寸如图4-54所示，钢材为Q235钢，在梁的跨中作用有集中荷载 $P = 1\,000$kN，γ_0 取1.0，试对该钢板梁翼缘焊缝进行设计。

解：由图4-55中截面尺寸可得：

钢板梁对中性轴的毛截面惯性矩为：

$$I_x = \frac{1}{12} \times 1.2 \times 150^3 + 2.0 \times 32 \times \left(\frac{150 + 2.0}{2}\right)^2 \times 2 = 10.77 \times 10^5 (\text{cm}^4)$$

钢板梁翼缘对其本身中性轴毛截面的惯性矩为：

$$I' = \frac{2 \times 20 \times 320^3}{12} = 1.092 \times 10^8 (\text{mm}^4)$$

上翼缘（或下翼缘）截面对钢板梁中性轴的毛截面面积矩为：

$$S = 320 \times 20 \times (750 + 10) = 4.86 \times 10^6 (\text{mm}^3)$$

①计算焊缝单位长度上的水平剪力 T_1。

梁截面上所受的最大剪应力为：$V = 500\text{kN}$。

翼缘板与腹板连接处的水平剪应力为：

$$\tau = \frac{VS}{I_x t_w} = \frac{500 \times 10^3 \times 4.86 \times 10^6}{10.77 \times 10^5 \times 10^4 \times 12} = 18.80 (\text{N/mm}^2)$$

假定钢板梁与腹板连接处的剪应力由焊缝承担且沿长度均匀分布，则单位长度上两条焊缝所承受的水平剪应力为：

$$T_1 = 2\tau t_w \times 1 = 2 \times 18.80 \times 12 = 451.2 (\text{N})$$

②计算焊缝单位长度上的竖向剪力 V_1

集中荷载在焊缝处的分布长度可按下式计算：

$$Z = c \sqrt[3]{\frac{I'}{t_w}} = 3.25 \times \sqrt[3]{\frac{1.092 \times 10^5}{12}} = 678.5 (\text{mm}) > 400\text{mm}$$

计算出的分布长度 Z 值，对焊接钢板梁不应小于 400mm，但不得大于计算车辆的轮轴间距。因为梁的上翼缘有行车道板，集中荷载不直接作用于翼缘板上，其荷载的分布长度 b 除 Z 外，应加上荷载按 45°角度由行车道板扩散至梁翼缘的分布长度 c，如图 4-55 所示。

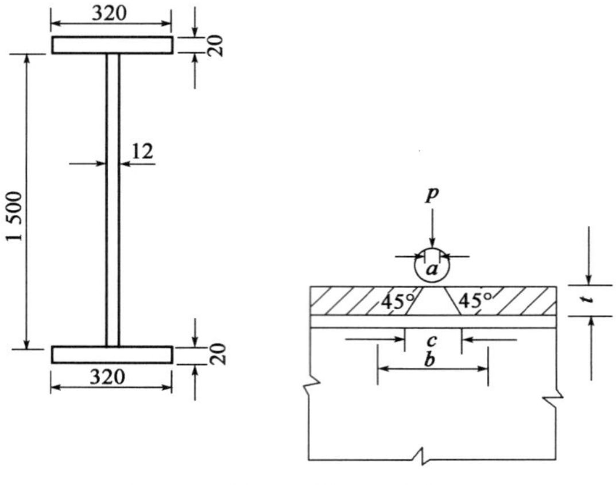

图 4-55　例题 4-6 图（尺寸单位：mm）

$$b = Z + c = Z + a + 2t = 678.5 + 200 + 200 \times 2 = 1\,278.5 (\text{mm})$$

假定在焊缝处分布长度 b 上竖向应力均匀分布，则角焊缝单位长度上的竖向压力为：

$$V_1 = \frac{P}{b} = \frac{1\,000}{1\,278.5} = 0.782 (\text{kN}) = 782 (\text{N})$$

③验算焊缝强度或计算焊脚尺寸 h_f

单位长度焊缝上受到的两个相互垂直方向的力 T_1 和 V_1 作用，如果腹板的边缘不开坡口，两侧焊缝的有效厚度 h_e 与一般角焊缝相同，其所需的焊脚尺寸 h_f 为：

$$h_f \geqslant \frac{1}{1.4 f_{vd}^{w}} \sqrt{T_1^2 + V_1^2} = \frac{1}{1.4 \times 110} \sqrt{327.49^2 + 782^2} = 5.5(\text{mm})$$

如果腹板的边缘加工成 K 形坡口，则焊缝的有效厚度等于腹板的厚度 t_w。

4.7.2 梁的拼接

组合梁的拼接分工厂拼接和工地拼接两种。当梁的尺寸超过钢材产品的供应规格时，须将钢材接长或拼大，这种拼接常在工厂内进行，称为工厂拼接；当梁的长度受到运输条件或安装条件（如起重能力）的限制时，必须将梁在工厂分段制造，运输至工地后再拼接，称为工地拼接。显然，工地拼接的工艺条件较工厂拼接的工艺条件差，应尽量避免。拼接部位应尽量设置在内力较小处，一般设置在梁跨的 $l/3$ 或 $l/4$ 处。

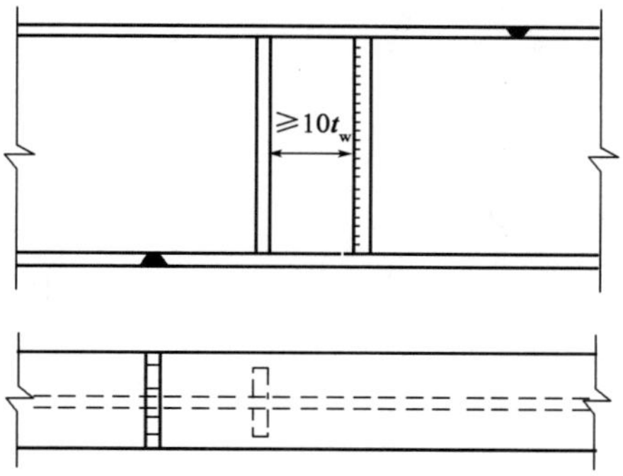

图 4-56 梁的工厂拼接

当组合梁在工厂拼接时，宜将翼缘板的拼接与腹板拼接错开（使薄弱点不集中在同一截面）并用对接焊缝拼接。为防止由于焊缝过于密集和交叉，引起应力集中，腹板的拼接焊缝还应与加劲肋之间至少相距 $10t_w$（图 4-56）。对接焊缝施焊时，宜加引弧板，其质量检查（钢结构工程施工质量验收规范）采用一级或二级质量检查，焊缝与主体金属等强。

当焊缝质量采用三级质量检查时，须按拼接处的弯矩和剪力验算腹板受拉边缘处的焊缝折算应力强度：

$$\sigma_{eq} = \sqrt{\sigma_1^2 + 3\tau_1^2} \leqslant 1.1 f_f^{\omega} \tag{4-155}$$

组合梁的工地拼接，应使翼缘和腹板基本上在同一截面断开［图 4-57a）］，以便于分段运输和安装，有时也将翼缘和腹板微错开［图 4-57b）］，有利于构件受力，但在运输和安装时，应对分段的突出部位特别保护，以免碰损。工地拼接时，梁不便翻身，应将上、下翼缘的拼接处都做成向上的 V 形剖口，便于俯焊，其施焊顺序应按［图 4-57a）］所示数字进行。为了使翼缘板和腹板在工地施焊时，有较大的自由变形，减小拼接处的焊接残余应力和残余变形，通常在厂内制造时，每段的翼缘焊缝在靠近拼接处预留 500mm 左右暂时不焊。

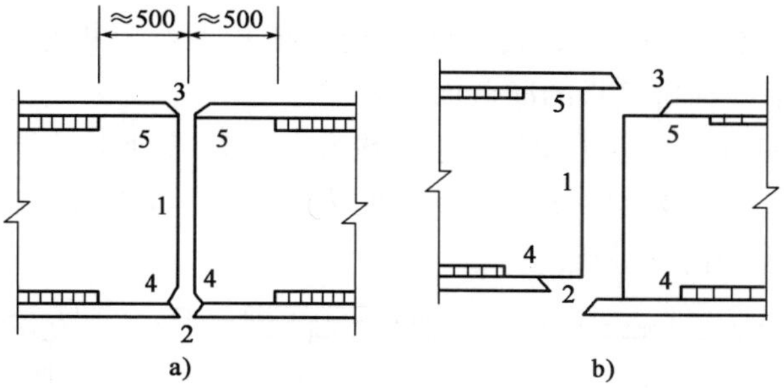

图 4-57 梁的工地拼接（尺寸单位：mm）

即使采取了以上的措施减小焊接的残余应力，但由于每段梁本身的刚度很大，焊缝的收缩仍然受到较大的约束，产生较大的焊接残余应力，如果再考虑到现场施工质量难以得到保证，而且在工程实践中也曾发生过由于梁的工地拼接焊缝质量很差而引起整个结构破坏的事故，因此,对于较重要或直接承受动力荷载的大型梁,其工地拼接宜采用高强度螺栓连接(图 4-58)。翼缘或腹板采用高强度螺栓连接时,常有等强设计(连接与主体金属等强)和按拼接处实际作用内力设计两种计算方法。

1)等强连接设计

等强设计多用于抗震设计或按塑性设计的梁的拼接,拼接处腹板和翼缘板承受的内力设计值为弯矩 $M = W_n f$、剪力 $V = A_{wn} f_v$。W_n 和 A_{wn} 分别为被拼接构件的净截面抵抗矩和腹板净截面面积。

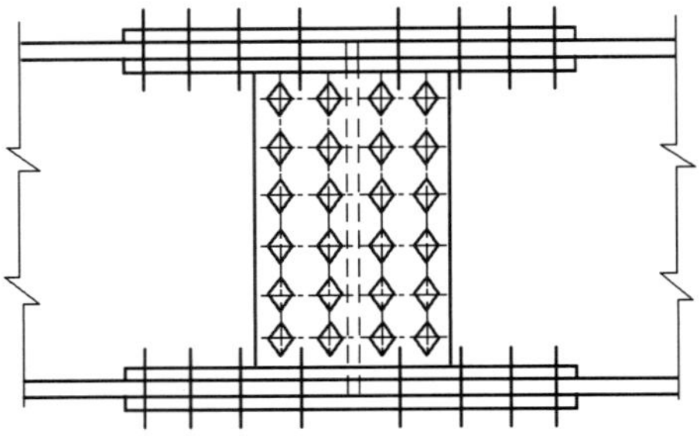

图 4-58 梁的高强度螺栓拼接

假设弯矩全部由翼缘连接承担,翼缘连接所需螺栓的个数为:

$$n_f \geqslant \frac{M}{(h - t_w) N_v^b} \tag{4-156}$$

式中:h——梁高;

t_w——翼缘厚度。

假设剪力全部由腹板连接承担,腹板连接所需的螺栓个数为:

$$n_w \geqslant \frac{V}{N_v^b} \tag{4-157}$$

式中:N_v^b——单个螺栓的抗剪承载力设计值。

翼缘和腹板拼接板的强度按与连接等强进行计算。

2)按实际内力设计

按实际内力设计拼接板时,假设弯矩按截面刚度向腹板和翼缘板分配:

$$M_w = \frac{M I_w}{I_w + I_f} \tag{4-158}$$

$$M_f = \frac{M I_f}{I_w + I_f} \tag{4-159}$$

式中:I_w、I_f——梁截面腹板和翼缘板对中和轴的惯性矩,翼缘连接所需螺栓的个数为:

$$n_f \geqslant \frac{M_f}{(h - t_w) N_v^b} \tag{4-160}$$

假设剪力全部由腹板连接承担,需验算腹板连接螺栓在弯矩和剪力的共同作用下,受力最大的螺栓强度 $N_{v,max} \leqslant N_v^b$ 和拼接板的净截面强度。

此外,当拼接采用对接焊缝连接时,由于翼缘和腹板连接处不易焊透,有时也采用拼接板拼接(图 4-59),其焊缝连接及其拼接板所承受的内力计算,可按采用高强度螺栓连接计算中按实际内力设计拼接板的情况进行。

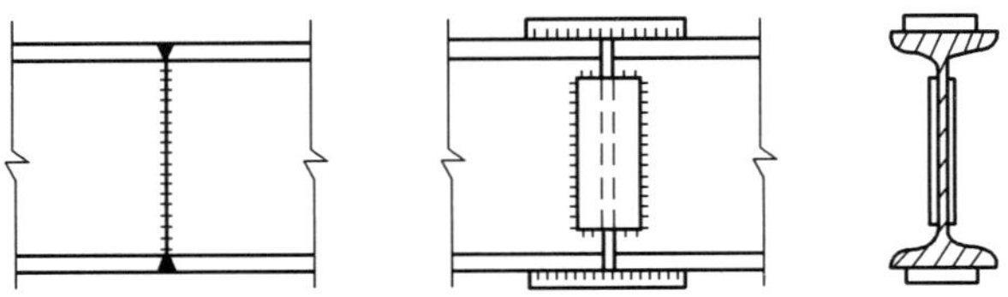

a)　　b)

图 4-59 梁的对接焊缝拼接

4.8 梁的支承

4.8.1 梁格布置

在设计梁式楼板或其他类似结构时，其支撑系统称为梁格。根据梁格所承受的荷载大小，梁格的布置主要有三种结构形式：简单式、普通式、复式梁格。

1）简单式梁格（纯主梁式）

如图4-60a）所示的简单式梁格布置中，荷载由板直接传递给主梁，再经主梁传递到承重结构上。简单式梁格只有在荷载和梁的跨度均不大的情况下使用才经济合理。

2）普通式梁格

随荷载和主梁间距的增大，荷载由板直接传递至主梁将不再经济合理，此时在主梁间加设次梁，荷载由板传递给次梁，次梁再传递给主梁，最后传递到承重结构上。普通式梁格适用于中等跨度的结构，是常用的一种梁格布置形式[图4-60b）]。

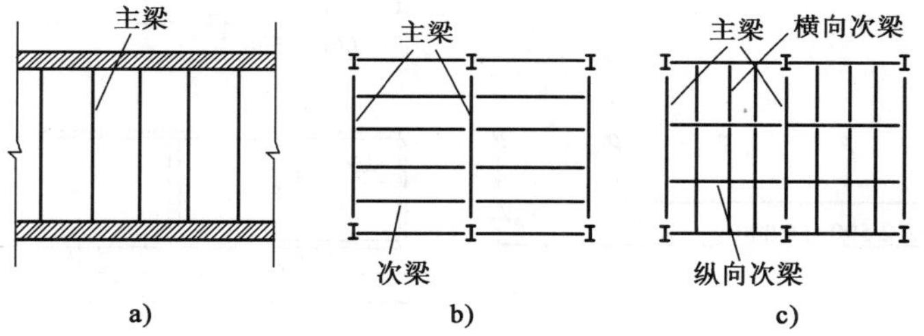

图4-60 梁格的布置

3）复式梁格

随荷载和主梁间距的进一步增大，为减少荷载传递路径，采用在主梁间加设纵向次梁，纵向次梁间加设横向次梁的复式梁格布置形式[图4-60c）]，荷载由板传递给横向次梁，横向次梁传递纵向次梁，再传递给主梁，最后传递到承重结构上。

[例题4-7] 已知某工作平台主梁截面尺寸如图4-61a）所示，主梁计算跨径为15m，支座处最大剪力为$V_{max}=1\ 490.05$kN，梁的自重$g=5.24$kN/m，主梁钢材为Q235钢，在主梁上每隔2.5m设置一道次梁，次梁传来的集中荷载：$P=580.3$kN，试对主梁做变截面设计并验算截面变化处的截面应力。

解：由题意可知主梁截面为变截面主梁，其计算简图如图4-62所示。

（1）主梁截面改变及验算。

①截面改变：

为节约钢材，在距支座$l/6=2.5$m处开始改变翼缘的宽度，如图4-63所示，所需翼缘的宽度由截面改变处的抗弯强度确定，截面改变点的弯矩和剪力为：

$$M_1=1\ 490.05\times2.5-\frac{1}{2}\times5.24\times2.5^2=3\ 708.75(\text{kN}\cdot\text{m})$$

$$V_1=1\ 490.05-5.24\times2.5=1\ 476.95(\text{kN})$$

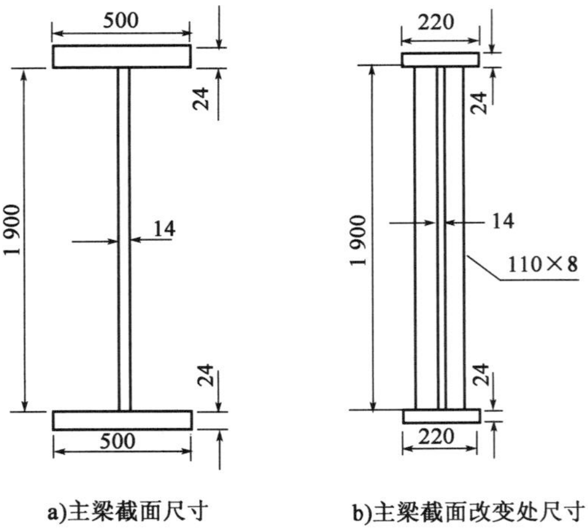

图 4-61　主梁截面尺寸(尺寸单位:mm)

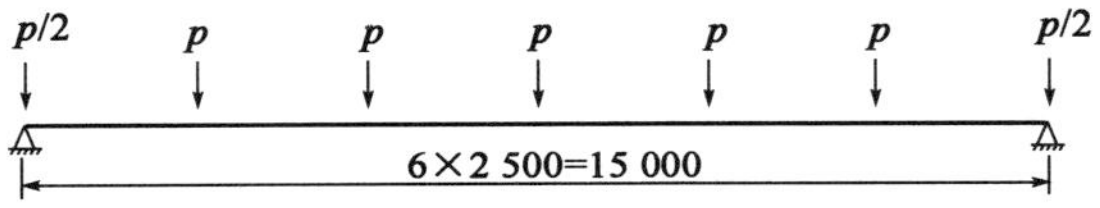

图 4-62　计算简图(尺寸单位:mm)

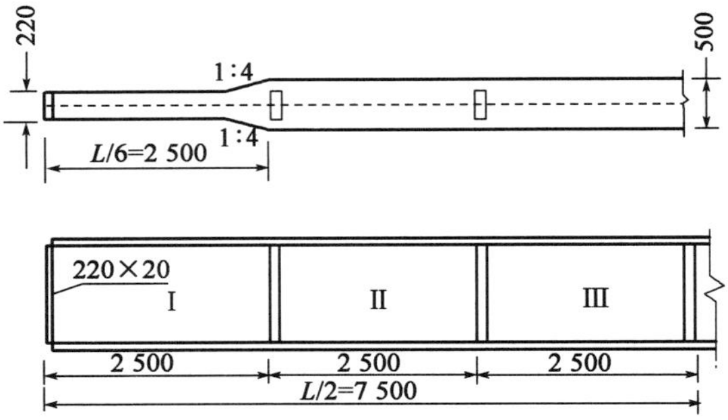

图 4-63　翼缘改变和腹板加劲肋的布置(尺寸单位:mm)

需要:

$$W_1=\frac{M_1}{\gamma_x f}=\frac{3\,708.75\times10^6}{1.05\times205}=17\,229.97(\text{cm}^3)$$

$$A_1=\frac{2(I_x-I_w)}{h_0^2}=\frac{W_1}{h_0}-\frac{1}{6}t_w h_w=\frac{17\,229.97}{190}-\frac{1}{6}\times1.4\times190=46.4(\text{cm}^2)$$

$A_1=b_1 t$,则 $b_1=46.4/2.4=19.3(\text{cm})$,取改变后的翼缘宽度为22cm。主梁截面变化处的尺寸如图4-61b)所示。

②截面改变处折算应力验算:

$$I_1=\frac{1}{12}\times1.4\times190^3+2\times22\times2.4\times(190/2+1.2)^2=1\,777\,485.5(\text{cm}^4)$$

$$S_1=22\times2.4\times96.2=5\,079.36(\text{cm}^3)$$

$$\sigma_1=\frac{M_1}{I_1}y_1=\frac{3\,708.75\times10^6}{1\,777\,485.5\times10^4}\times\frac{1900}{2}=198.2(\text{N/mm}^2)<f=205\text{N/mm}^2$$

$$\sigma_{\max}=\frac{M_1}{\gamma_x I_1}Y_1=\frac{3\,708.75\times10^6}{1.05\times1\,777\,485.5\times10^4}\times\left(\frac{1900}{2}+24\right)=193.5(\text{N/mm}^2)<f=205\text{N/mm}^2$$

$$\tau_1=\frac{V_1S_1}{I_1t_w}=\frac{1\,476.95\times10^3\times5\,079.36\times10^3}{1\,777\,485.5\times10^4\times14}=30.1(\text{N/mm}^2)$$

$$\sigma_z = \sqrt{\sigma_1^2 + 3\tau_1^2} = \sqrt{198.2^2 + 3 \times 30.1^2} = 204.9(\mathrm{N/mm^2}) < 1.1f = 225.5\mathrm{N/mm^2}$$

(2)主梁翼缘焊缝设计

支座最大剪力：$V_{\max} = 1\,490.05\mathrm{kN}$

则需要的焊缝厚度为：

$$h_f \geqslant \frac{1}{1.4f_f^w}\frac{V_{\max}S_1}{I_1} = \frac{1}{1.4 \times 160} \times \frac{1\,490.05 \times 10^3 \times 5\,079.36 \times 10^3}{1\,777\,485.5 \times 10^4} = 1.9(\mathrm{mm})$$

按构造要求：$h_f \geqslant 1.5\sqrt{22} = 7.03(\mathrm{mm})$，选取翼缘焊缝的焊脚尺寸 $h_f = 8\mathrm{mm}$。

(3)腹板加劲肋设计

根据腹板的局部稳定性要求，因 $80 < \frac{h_0}{t_w} = \frac{1\,900}{14} = 135.7 < 170$，按规范要求，应设置横向加劲肋，而不需设置纵向加劲肋。首先，按构造要求，在每根次梁下面和支座处设置加劲肋，即取加劲肋的间距为 $a = 2.5\mathrm{m}$，将半跨范围内划分为三个区段，分别验算每个区段的局部稳定性。

①加劲肋的设计。

在腹板两侧成对配置加劲肋：

加劲肋截面外伸宽度 $b_s \geqslant \frac{h_0}{30} + 40 = \frac{1\,900}{30} + 40 = 103(\mathrm{mm})$。

取 $b_s = 110\mathrm{mm}$，加劲肋的厚度 $t_s \geqslant \frac{b_s}{15} = \frac{110}{15} = 7.3(\mathrm{mm})$，取 $t_s = 8\mathrm{mm}$。

②区段Ⅰ。

区段左边截面内力：

$$M = 0, V_{\max} = 1\,490.05\mathrm{kN}$$

区段右边截面内力：

$$M_1 = 3\,708.75\mathrm{kN \cdot m}, V_1 = 1\,476.95\mathrm{kN}$$

区段截面平均内力：

$$M = 3\,708.05/2 = 1\,854.4(\mathrm{kN \cdot m})$$

$$V = (1\,490.05 + 1\,476.95)/2 = 1\,483.5(\mathrm{kN})$$

腹板计算高度边缘处由平均弯矩和剪力所引起的应力：

$$\sigma_1 = \frac{M_1}{I_1}y_1 = \frac{1\,854.4 \times 10^6}{1\,777\,485.5 \times 10^4} \times \frac{1\,900}{2} = 99.1(\mathrm{N/mm^2})$$

$$\tau_1 = \frac{V_1S_1}{I_1t_w} = \frac{1\,483.5 \times 10^3 \times 5\,079.36 \times 10^3}{1\,777\,485.5 \times 10^4 \times 14} = 30.3(\mathrm{N/mm^2})$$

临界应力计算：

a. σ_{cr}的计算。

$$\lambda_b = \frac{2h_c/t_w}{153}\sqrt{f_y/235} = \frac{190/1.4}{153} = 0.887 > 0.85$$

$$\sigma_{cr} = [1 - 0.75(\lambda_b - 0.85)]f = [1 - 0.75 \times (0.887 - 0.85)] \times 205 = 199.3(\mathrm{N/mm^2})$$

b. τ_{cr}的计算。

$$\frac{a}{h_0} = \frac{250}{190} = 1.32 > 1.0$$

$$\lambda_s = \frac{h_0/t_w}{41\sqrt{5.34+4(h_0/a)^2}}\sqrt{\frac{f_y}{235}} = \frac{190/1.4}{41\times\sqrt{5.34+4(190/250)^2}} = 1.2$$

$$\tau_{cr} = [1-0.59\times(\lambda_s-0.8)]f_v = [1-0.59(1.2-0.8)]\times 120 = 91.68(\text{N/mm}^2)$$

腹板局部稳定验算：

$$\left(\frac{\sigma_1}{\sigma_{cr}}\right)^2 + \left(\frac{\tau_1}{\tau_{cr}}\right)^2 = \left(\frac{99.1}{199.3}\right)^2 + \left(\frac{30.3}{91.68}\right)^2 = 0.36 < 1$$

区段Ⅰ的局部稳定满足要求。

③区段Ⅱ。

区段左边截面内力：

$$M_1 = 3\,708.75\text{kN}\cdot\text{m}, V_1 = 1\,476.95-580.3 = 896.65(\text{kN})$$

区段右边截面内力：

$$M_2 = 1\,490.05\times 5-\frac{1}{2}\times 5.24\times 5^2-580.3\times 2.5 = 5\,934(\text{kN}\cdot\text{m})$$

$$V_2 = 896.65-5.24\times 2.5 = 883.55(\text{kN})$$

区段截面平均内力：

$$M = (3\,708.85+5\,934)/2 = 4\,821.43(\text{kN}\cdot\text{m})$$

$$V = (896.65+883.55)/2 = 890.1(\text{kN})$$

$$S_1 = 50\times 2.4\times 96.2 = 11\,544(\text{cm}^3)$$

腹板计算高度边缘处由平均弯矩和剪力所引起的应力：

$$\sigma_1 = \frac{M_1}{I_1}y_1 = \frac{4\,821.43\times 10^6}{3\,021\,397.5\times 10^4}\times\frac{1\,900}{2} = 151.6(\text{N/mm}^2)$$

$$\tau_1 = \frac{V_1 S_1}{I_1 t_w} = \frac{890.1\times 10^3\times 11\,544\times 10^3}{3\,021\,397.5\times 10^4\times 14} = 24.3(\text{N/mm}^2)$$

临界应力计算：

a. σ_{cr}的计算。

$$\lambda_b = \frac{2h_c/t_w}{153}\sqrt{\frac{f_y}{235}} = \frac{190/1.4}{153} = 0.887 > 0.85$$

$$\sigma_{cr} = [1-0.75(\lambda_b-0.85)]f = [1-0.75\times(0.887-0.85)]\times 205 = 199.3(\text{N/mm}^2)$$

b. τ_{cr}的计算。

$$\frac{a}{h_0} = \frac{250}{190} = 1.32 > 1.0$$

$$\lambda_s = \frac{h_0/t_w}{41\sqrt{5.34+4(h_0/a)^2}}\sqrt{\frac{f_y}{235}} = \frac{190/1.4}{41\times\sqrt{5.34+4(190/250)^2}} = 1.2$$

$$\lambda_s = 1.2$$

$$\tau_{cr} = [1-0.59(\lambda_s-0.8)]f_v = [1-0.59\times(1.2-0.8)]\times 120 = 91.68(\text{N/mm}^2)$$

腹板局部稳定验算：

$$\left(\frac{\sigma_2}{\sigma_{cr}}\right)^2 + \left(\frac{\tau_2}{\tau_{cr}}\right)^2 = \left(\frac{151.6}{199.3}\right)^2 + \left(\frac{24.3}{91.68}\right)^2 = 0.65 < 1$$

区段Ⅱ的局部稳定满足要求。

④区段Ⅲ的局部稳定验算略。

4.8.2 主次梁的连接

主次梁的连接有叠接、等高连接和降低连接。

1)叠接

叠接就是次梁直接叠在主梁上,用焊缝或螺栓固定[图4-64a)]。施工简单方便,但由于次梁叠加在主梁上,因此所需建筑高度大。

2)等高连接

如图4-64b)~i)所示,次梁与主梁上翼缘位于同一高度,其上铺板。该连接的建筑高度取决于主梁的梁高。

3)降低连接

降低连接常用于复式梁格布置中[图4-64j)],横向次梁在低于主梁上翼缘的水平处与主梁相连,纵向次梁叠接在横向次梁上,其上翼缘与主梁上翼缘齐平。同样的建筑高度取决于主梁的梁高。

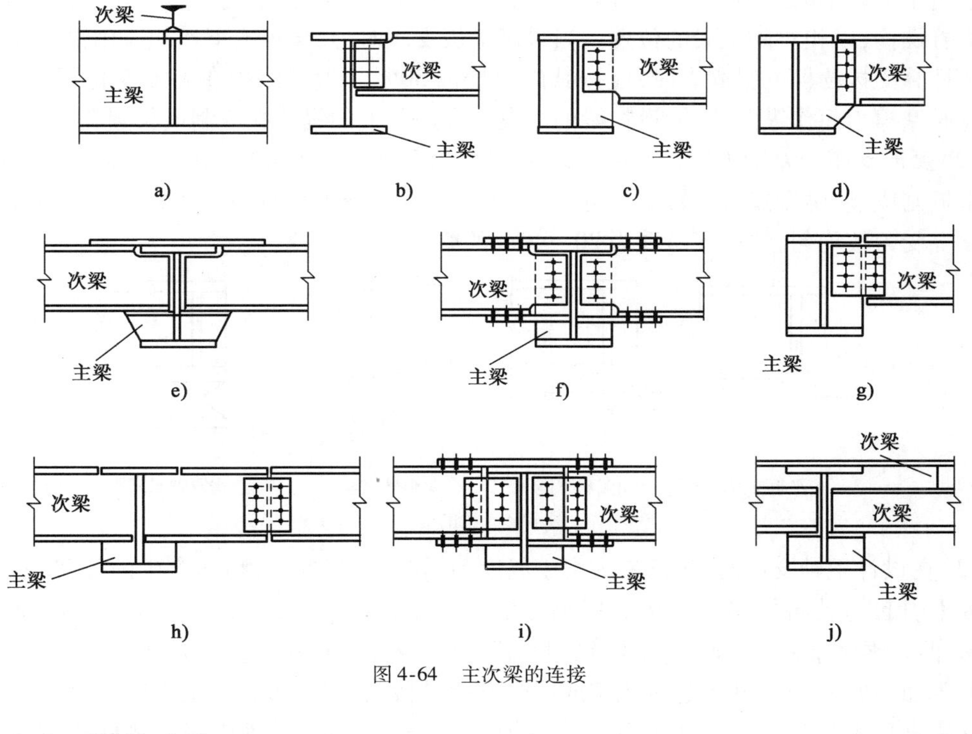

图4-64 主次梁的连接

4.8.3 梁的支座

在建筑钢结构中,梁通过在砌体、钢筋混凝土柱上的支座,将荷载传递给柱,再传递给基础和地基。《钢结构设计规范》对于支座的构造做了下列要求:

(1)支座与墩台间应保证有足够的承压面积;

(2)尽量使反力通过支座中心,承压应力分布比较均匀;

(3)对于简支梁,特别是大跨径梁,应保证因温度变化时,梁能自由的伸缩,以免梁内发生过大的附加应力,使其符合一般的简支条件。

在我国公路钢结构桥梁中,根据《公路钢结构桥梁设计规范》规定,支座应具有一定的刚度,底板厚度应根据支座反力对底板产生的弯矩计算确定,并且对于一般活动支座底板厚度不宜小于:热轧钢板的平板的支座为20mm,弧形支座支承中心处为40mm,辊轴及摇轴支座为40mm;铸件各部分加工后的尺寸也要符合规范规定,不宜小于30mm。同时支座底板长度,在顺桥方向,不宜超过墩台支承面至铰中心高度的2倍,在横桥方向,应使墩台支承面处的底板宽度与铰的长度之差不超过支承面至铰中心高度的2倍。

1)支座的构造形式

常用的支座形式主要有4种:平板支座、弧形支座、辊轴支座和铰轴式支座。现分别叙述如下:

(1)平板支座[图4-65a)],当梁的跨径小于20m时,一般采用构造简单的平板支座,需在梁的下面垫上钢板,通过钢板来保证梁的支承端对钢筋混凝土有足够的承压面积,但梁的端部不能自由移动或转动,当梁弯曲而引起梁端转动时,将使底板下的承压面积受力分布不均匀,严重时将导致混凝土被压坏。当梁跨度稍大时,宜在梁与底板之间加设一块较窄的中心垫板,以减小当梁端转动时反力作用点的偏移范围,使底板下的承压面积受力较为均匀。此外,尚需设置锚着螺栓,以相对固定梁的位置。当采用平板支座时,其垫板或下摆均应用锚栓固定于墩台上。计算受拔锚栓的锚固力时,应按其内力增加50%。为了使梁在温度变化很大时,梁端仍能克服摩擦力而作纵向移动,设在梁的下翼缘和底板上的锚栓孔应制成长圆孔。

(2)弧形支座(也叫切线式支座),如图4-65b)所示,由厚为40~50mm顶面切削成圆弧形的钢垫板制成,使梁端能自由转动并可产生适量的移动(摩阻系数约为0.2),并使下部结构在支承面上受力较均匀,常用于跨度为20~40m的梁。

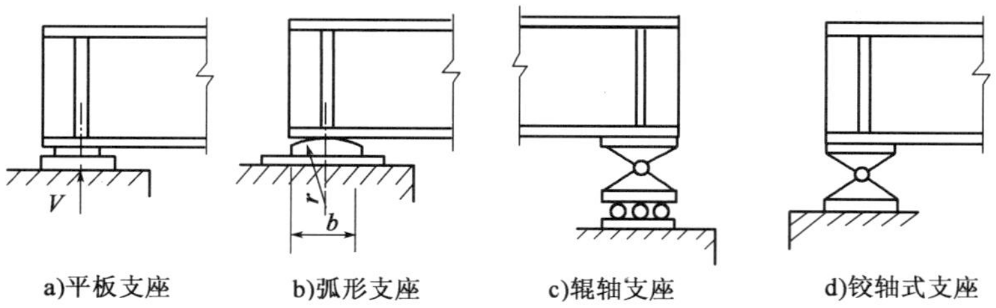

图4-65　梁的支座

(3)在设计辊轴支座时,应该考虑由于温度和活载(包括冲击力)所产生的位移,同时考虑上述因素引起的纵向位移后的偏心影响。辊轴支座如图4-65c)所示。辊轴直径应不小于150mm,但悬索桥索鞍上的辊轴可不受此限制。割边式辊轴经两边切割后的厚度应不小于直径的1/3,如支座平面尺寸不超过规定或不受限制时,宜少用割边式辊轴支座。桥梁上设置的辊轴支座宜采用单辊式支座,在选用多个辊轴时,宜选用偶数,辊轴应采用测杆联系。辊轴支座必须有防止横斜滑和纵向滚出的设施,不易养护的支座应在四面用防尘罩防护。

(4)铰轴式支座[图4-65d)]完全符合梁简支力学模型,可以自由转动,下面设置辊轴时称为辊轴支座,但构造复杂,造价较高。常用于跨径大于40m的梁。

2)支座的计算

(1)为了防止支承材料被压坏,支座板与支承结构顶面的接触面积按下式确定:

$$A = ab \geqslant \frac{V}{f_{cc}} \tag{4-161}$$

式中：V——支座反力；

f_{cc}——支座材料的承压强度设计值，见附表1-1；

a、b——支座垫板的长、宽。

厚度可偏安全地按悬臂板的最大弯矩 $M = Va/8$ 来计算：

$$t = \sqrt{\frac{6M}{bf}} \tag{4-162}$$

（2）弧形支座和辊轴支座中圆柱形弧面与平板为线接触，其支座反力 R 应满足下式要求：

$$R \leqslant 40ndlf^2/E \tag{4-163}$$

式中：d——对辊轴支座为辊轴直径，对弧形支座为弧形表面接触点曲率半径 r 的2倍；

n——辊轴数目，对弧形支座 $n=1$；

l——弧形表面或辊轴与平板的接触长度；

f——钢材的抗压强度设计值；

E——钢材的弹性模量。

（3）铰轴式支座的圆柱形枢轴，当两相同半径的圆柱形弧面自由接触的中心角 $\theta \geqslant 90°$ 时，其承压应力应按下式计算：

$$\sigma = \frac{2R}{dl} \leqslant f \tag{4-164}$$

式中：d——枢轴直径；

l——枢轴纵向接触面长度。

【思考题】

4.1　钢梁主要有哪几种截面形式？各种截面形式的适用条件是什么？

4.2　钢梁的强度计算包括哪些内容？怎样计算？

4.3　什么是梁的整体稳定性？影响梁的整体稳定性的因素是什么？如何提高梁的整体稳定性？

4.4　在梁的整体稳定性验算时，当稳定系数 $\varphi_b > 0.6$ 时，为什么要用 φ_b' 替代 φ_b 代入公式中进行计算？在什么情况下可不进行梁的整体稳定验算？

4.5　组合梁截面的选择包括哪些内容？梁高的选择又包括哪些内容？最大梁高、最小梁高及经济梁高是根据什么原则确定的？

4.6　薄板的失稳有哪几种形式？在不同的荷载作用下，会发生怎样的失稳？

4.7　组合梁腹板和翼缘板的失稳有何不同？在组合梁的设计中，如何保证组合梁腹板和翼缘板不发生失稳？为什么？

4.8　组合梁腹板在支承区段和跨中区段的局部失稳有何不同？为什么在这两个区段内要分别用横向加劲肋和纵向加劲肋来提高局部稳定性？

4.9　梁格布置有哪几种形式？各有何优缺点和适用范围？

4.10　已知焊接双轴对称工字形等截面简支梁的计算跨径 $l=7\text{m}$，跨中上翼缘作用有固定的集中荷载标准值 $P_k=328\text{kN}$，设计值 $P=394\text{kN}$，跨中设置有侧向支承点，腹板选用 -900×8，翼缘选用 -260×14，钢材选用 Q235 钢。不考虑自重的影响，试计算该梁的弯曲强度、抗剪强度、局部承压强度和刚度是否满足要求。

4.11　在集中荷载作用下，双轴对称焊接工字形截面简支梁的强度、刚度和整体稳定性验算。梁的计算跨径 $l=15\text{m}$，截面为双轴对称工字形截面，腹板选用 $-1\,500\times12$，翼缘选用 -400×20；梁上跨中作用集中荷载标准值 $P_k=650\text{kN/m}$，设计值 $P=845\text{kN}$。该梁为工作平台梁，跨中设置侧向支承，钢材为 Q345，集中荷载作用处设置有支承加劲肋。

4.12　某坡度为 1/2.5 的屋面，采用简支槽钢檩条如图 4-66 所示，水平檩距 0.75m 计算跨径 $l=6\text{m}$，跨中设一道拉条。檩条上活荷载标准值为 0.6kN/m，恒荷载标准值为 0.2kN/m（包括梁自重）。钢材选用 Q235 钢，檩条容许挠度 $[v]=1/150$，选用[10。试验算该檩条的强度和刚度。

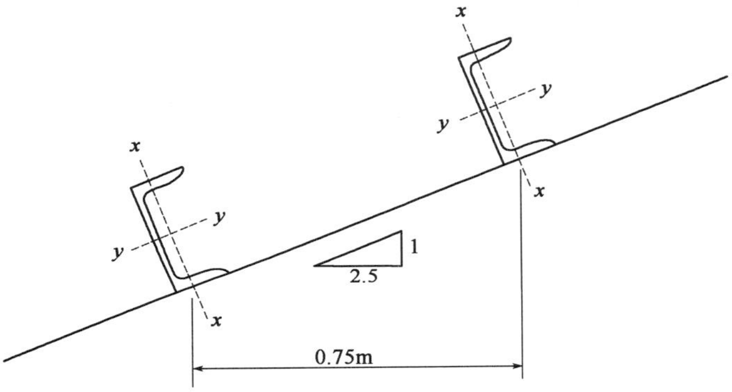

图 4-66　思考题 4.12 图

4.13　已知焊接双轴对称工字形等截面简支梁的计算跨径 $l=15\text{m}$，跨中无侧向支承点，腹板选用 -900×8，翼缘选用 -260×14，钢材选用 Q235。承受均布荷载作用（不考虑自重的影响），试根据该梁的弯曲强度、抗剪强度，计算该梁所能承受的最大均布荷载设计值。并验算该梁的整体稳定性和刚度是否满足要求，给出合理的解释。

4.14　单轴对称工字形等截面简支梁的整体稳定验算。现有简支钢梁，跨径为 $l=5\text{m}$，跨中无侧向支承点，钢梁截面尺寸：上翼缘为 -390×16，下翼缘为 -200×14，腹板为 $-1\,000\times8$。当集中荷载作用在跨中的上翼缘时，根据该梁的整体稳定性要求，计算该梁所能承担的最大集中荷载设计值 P。

条件同上题，试根据该梁的强度要求计算该梁所能承担的最大集中荷载设计值 P。

4.15　工作平台梁格体系设计。工作平台尺寸为 14m×12m，次梁跨度为 6m，次梁间距 2.0m，预制钢筋混凝土铺板焊于次梁上翼缘。平台永久荷载标准值（不包括次梁自重）为 7.5kN/m^2，荷载分项系数为 1.2，活荷载标准值为 16kN/m^2，荷载分项系数为 1.4，主梁跨度为 14m。（若考虑次梁叠接在主梁上，其支承长度 $a=15\text{cm}$，$[v]=l/400$）。材料用 Q235 钢材，焊条：E43，手工电焊，普通方法检查，要求拟出合理的平台结构布置方案，并扼要说明选型的理由与根据，按比例绘出结构布置简图并设计该平台。

第 5 章

轴心受力构件

5.1 概　　述

轴心受力构件是指承受通过构件截面形心轴线的轴向力作用的构件，当这种轴向力为拉力时，称为轴心受拉构件，简称轴心拉杆；当这种轴向力为压力时，称为轴心受压构件，简称轴心压杆。轴心受力构件广泛地应用于各种类型的钢结构承重构件中，如桁架、托架、塔架、网架和网壳等。这类构件，在节点处往往做成铰接连接，节点的转动刚度在确定杆件计算长度时予以适当考虑，一般只承受节点荷载。一些非承重构件，如支撑、缀条等，也常常由轴心受力构件组成。

轴心受力构件的截面形式有三种：第一种是热轧型钢截面，如图 5-1a）所示的工字钢、H 型钢、槽钢、角钢、T 型钢、圆钢、圆管、方管等，其中最常用的是工字钢和 H 型钢；第二种是冷弯薄壁型钢截面，如图 5-1b）所示的卷边或不卷边的冷弯角钢、槽钢和方管等；第三种是用型钢和钢板或钢板和钢板连接而成的组合截面，如图 5-1c）所示的实腹式组合截面和图 5-1d）所示的格构式组合截面等。

实腹式构件一般是组合截面，有时也采用轧制 H 型钢或圆管截面。格构式构件一般有两个或多个分肢格构式构件。在格构式构件截面中，通过分肢腹板的主轴叫作实轴，通过分肢缀件的主轴叫作虚轴。分肢通常采用轧制槽钢或工字钢,承受荷载较大时,可采用焊接工字形或槽形组合截面。缀件有缀条和缀板两种,一般设置在分肢翼缘两侧平面内,其作用是将各分肢连成整体,使其共同受力,并承受绕虚轴弯曲时产生的剪力。缀条由斜杆组成或由斜杆与横杆共同组成,缀条常采用单角钢,与分肢翼缘组成桁架体系,使承受横向剪力时有较大的刚度。缀板常采用钢板,与分肢翼缘组成刚架体系。在构件产生绕虚轴弯曲而承受横向剪力时,刚度比缀条格构式构件略低,所以通常用于受拉构件或压力较小的受压构件。实腹式构件比格构式构件构造简单,制造方便,整体受力和抗剪性能好,但截面尺寸较大时钢材用量较多,而格构式构件容易实现两主轴方向的等稳定性,刚度较大,抗扭性能较好,用料较省。

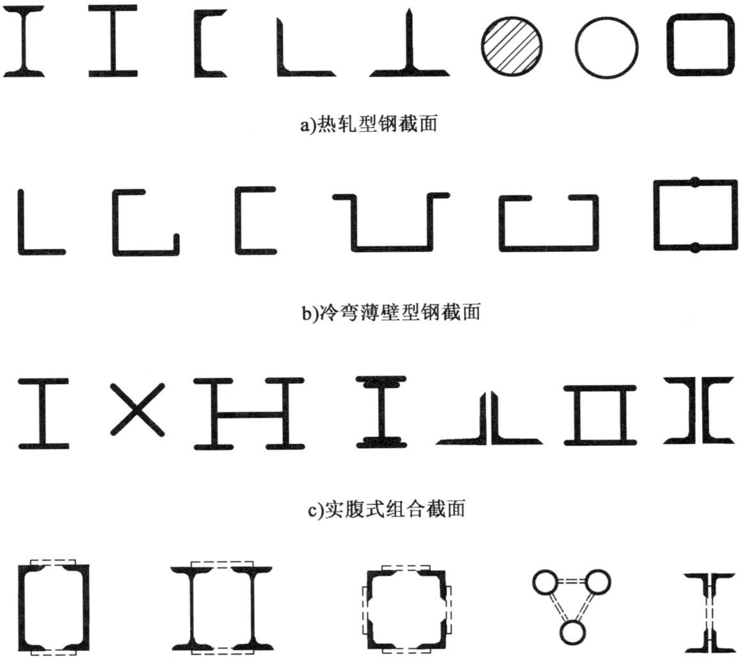

a)热轧型钢截面

b)冷弯薄壁型钢截面

c)实腹式组合截面

d)格构式组合截面

图 5-1　轴心受力构件的截面形式

轴心受力构件的截面必须满足强度、刚度要求,且制作简单、便于连接、施工方便。因此,一般要求截面宽度大而壁厚较薄,能提供较大的刚度,尤其是对于轴心受压构件,承载力一般由整体稳定控制,宽大的截面因稳定性能好,从而用料经济。但此时应注意板件的局部屈曲问题,因为板件的局部屈曲势必影响构件的承载力。

5.2　轴心受力构件的强度和刚度

5.2.1　轴心受力构件的强度计算

1)《钢结构设计规范》中关于轴心受力构件的强度计算方法

由钢材的应力-应变关系可知,当轴心受拉构件的截面平均应力达到钢材的抗拉强度 f_u

时，构件达到强度极限承载力。但在设计时，必须留有较多的安全储备，以防止构件被突然拉断。另外，当构件的平均应力达到钢材的屈服强度 f_y 时，由于构件塑性变形的发展，将使构件的变形过大以致达到不适于继续承载的状态。因此，轴心受力构件是以截面的平均应力达到钢材的屈服强度作为强度计算准则的。

对于无孔洞的轴心受力构件，以全截面平均应力达到屈服强度为强度极限状态，应按下式进行毛截面强度计算：

$$\sigma = \frac{N}{A} \leqslant f \tag{5-1}$$

式中：N——构件的轴心力设计值；

f——钢材抗拉强度设计值或抗压强度设计值；

A——构件的毛截面面积。

对于有孔洞的构件，在孔洞附近存在着高度的应力集中现象，如图 5-2a）所示。孔洞边缘的应力较早地达到屈服应力而发展塑性变形，由于应力重分布，净截面的应力最终可以均匀地达到屈服强度 f_y，如图 5-2b）所示。如果外力继续增加，一方面构件的变形过大，另一方面孔壁附近因塑性变形过大有可能被拉裂而降低了构件的承载力。因此，此类构件的强度应以净截面的平均应力不超过钢材的屈服强度为准则，计算公式为：

$$\sigma = \frac{N}{A_n} \leqslant f \tag{5-2}$$

式中：A_n——构件的净截面面积，其余同上。

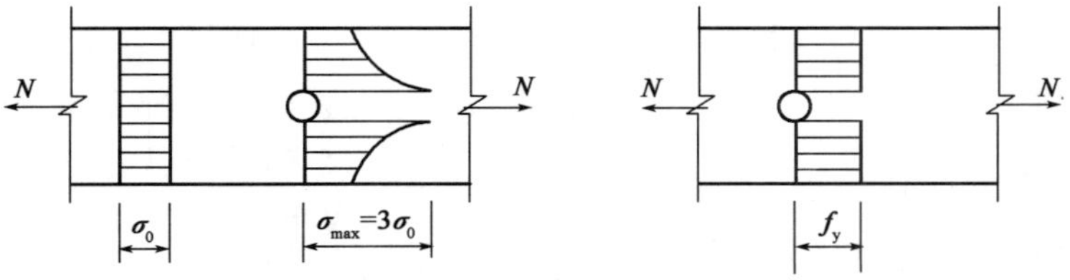

a)弹性状态应力　　b)极限状态应力

图 5-2　孔洞处截面应力分布

对于高强度螺栓摩擦型连接，验算净截面强度时应考虑一部分剪力已由孔前接触面传递，如图 5-3 所示。因此验算最外列螺栓处危险截面的强度时，应按式（5-3）计算。

$$\left(1 - 0.5\frac{n_1}{n}\right)N \leqslant A_n f \tag{5-3}$$

式中：N——构件的轴心力设计值，钢结构桥梁验算时，取 $N = \gamma_0 N_d$；

n——在节点或拼接处，构件一端连接的高强度螺栓数目；

n_1——所计算截面（最外列螺栓处）上的高强度螺栓数目；

0.5——孔前传力系数。

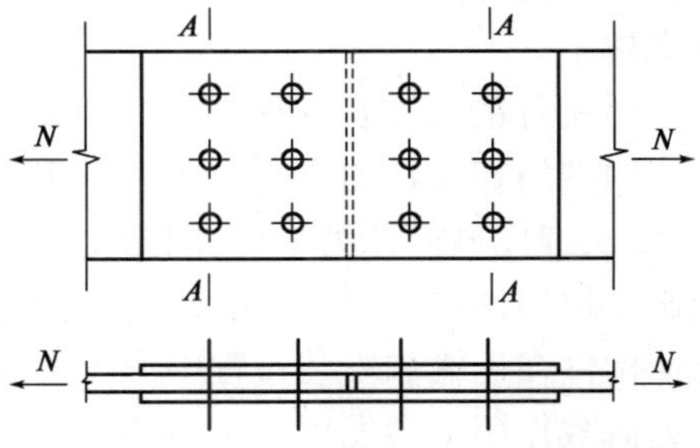

图 5-3　轴向力作用下的摩擦型高强度螺栓连接

2)《公路钢结构桥梁设计规范》中关于轴心受力构件的强度计算方法

公路桥梁钢结构中的钢桁架等轴心受力构件,在验算强度时仍可按照式(5-1)、式(5-2)的方法进行验算,但由于钢结构桥梁在进行构件整体验算时考虑了局部稳定对其强度的影响,因此,在进行轴心受压强度验算时,采用的是考虑了局部稳定影响的有效截面面积 $A_{\mathrm{eff,c}}$,同时,最不利截面处的轴心压力计算值应计入结构的重要性系数 γ_0,对应的验算公式为式(5-4)。轴心受拉构件由于不涉及稳定性问题,验算公式同《钢结构设计规范》。

$$\gamma_0 N_{\mathrm{d}} \leqslant A_{\mathrm{eff,c}} f_{\mathrm{d}} \tag{5-4}$$

式(5-4)中的 $A_{\mathrm{eff,c}}$ 为轴心受压构件的有效截面面积,采用考虑板件局部稳定折减系数 ρ 的有效宽度进行计算,详见附录 12 中公式附(12-3)。

局部稳定折减系数 ρ 一般采用佩利公式的表达式,计算公式如下:

$\bar{\lambda}_{\mathrm{p}} \leqslant 0.4$ 时　　$\rho = 1$

$$\bar{\lambda}_{\mathrm{p}} > 0.4 \text{ 时} \qquad \rho = \frac{1}{2}\left\{1 + \frac{1}{\bar{\lambda}_{\mathrm{p}}^2}\left(1 + \varepsilon_{0\mathrm{p}} - \sqrt{\left[1 + \frac{1}{\bar{\lambda}_{\mathrm{p}}^2}(1 + \varepsilon_{0\mathrm{p}})\right]^2 - \frac{4}{\bar{\lambda}_{\mathrm{p}}^2}}\right)\right\} \tag{5-5}$$

以图 5-4 所示 H 型钢截面为例说明单侧受压翼缘有效宽度 $b_{\mathrm{e,f}}^{\mathrm{p}}$ 计算式为:

$$b_{\mathrm{e,f}}^{\mathrm{p}} = \rho_{\mathrm{f}} b_{\mathrm{f}} \tag{5-6}$$

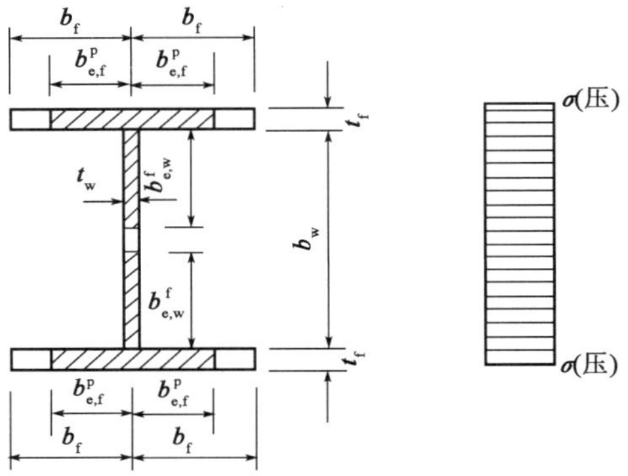

图 5-4　工字形截面翼缘板和腹板有效宽度

式中:ρ_{f}——翼缘板的局部稳定折减系数,按式(附 12-3)~式(附 12-5)计算,k 取 0.425;

b_{f}——单侧翼缘板宽度。

受压腹板有效宽度 $b_{\mathrm{e,w}}^{\mathrm{p}}$ 为:

$$b_{\mathrm{e,w}}^{\mathrm{p}} = \rho_{\mathrm{w}} b_{\mathrm{w}} \tag{5-7}$$

式中:ρ_{w}——腹板的局部稳定折减系数,按式(5-5)计算,k 取 4;

b_{w}——腹板宽度。

则 H 形截面轴心受压构件的有效截面面积 $A_{\mathrm{eff,c}}$ 为:

$$A_{\mathrm{eff,c}} = 4 b_{\mathrm{e,f}}^{\mathrm{p}} t_{\mathrm{f}} + b_{\mathrm{e,w}}^{p} t_{\mathrm{w}} \tag{5-8}$$

5.2.2　轴心受力构件的刚度计算

按照正常使用极限状态的要求,轴心受力构件应具有一定的刚度,防止产生过大的变形。轴心受力构件的刚度通常采用长细比 λ 来衡量,长细比越小,表示构件的刚度越大;反之,则刚度越小。

1)构件的容许长细比

构件的容许长细比[λ],是按照构件的受力性质、构件类别和荷载性质确定的。对于受压构件,长细比显得尤为重要,因为受压构件一旦发生弯曲变形后,因变形而增加的附加弯矩影响比受拉构件严重,长细比过大,会使稳定承载力降低很多。对于受拉构件,当长细比过大时,会使构件在运输和安装过程中产生弯曲或过大的变形,在使用期间会因其自重而明显下挠,在动力荷载作用下会发生较大的振动等危害。《钢结构设计规范》与《公路钢结构桥梁设计规范》在总结了钢结构长期使用经验的基础上，根据构件的重要性和荷载情况，分别规定了轴心受拉与轴心受压构件的容许长细比，分别按表 5-1 和表 5-2 中规定采用，总体来看，由于受压可能会出现稳定性问题，压杆容许长细比的规定更为严格。轴心受力构件对主轴 x 轴和 y 轴的长细比 λ_x、λ_y，分别应满足下式要求：

$$\lambda_x = \frac{l_{0x}}{i_x} \leqslant [\lambda], \lambda_y = \frac{l_{0y}}{i_y} \leqslant [\lambda] \tag{5-9}$$

式中：l_{0x}、l_{0y}——构件对主轴 x 轴和 y 轴的计算长度，取决于其两端支承情况；

i_x、i_y——截面对主轴 x 轴和 y 轴的回转半径。

《钢结构设计规范》中轴心受压构件容许长细比 表 5-1a)

项　次	构 件 名 称	容许长细比
1	柱、桁架和天窗架中的杆件	150
	柱的缀条、吊车梁或吊车桁架以下的柱间支撑	
2	支撑(吊车梁或吊车桁架以下的柱间支撑除外)	200
	用以减少受压构件长细比的构件	

注：1. 桁架(包括空间桁架)的受压腹杆，当其内力等于或小于承载能力的 50% 时，容许长细比可取为 200。
2. 计算单角钢受压构件的长细比时，应采用角钢的最小回转半径；但在计算单角钢交叉受压杆件平面外的长细比时，应采用与角钢肢边平行轴的回转半径。
3. 跨度等于或大于 60m 的桁架，其受压弦杆和端压杆的长细比宜取为 100，其他受压腹杆可取为 150(承受静力荷载或间接承受动力荷载)或 120(承受动力荷载)。

《钢结构设计规范》中轴心受拉构件容许长细比 表 5-1b)

项次	构 件 名 称	承受静力荷载或间接承受动力荷载的结构		直接承受动力荷载的结构
		一般建筑结构	有重级工作制吊车的厂房	
1	桁架的杆件	350	250	250
2	吊车梁或吊车桁架以下的柱间支撑	300	200	—
3	其他拉杆、支撑、系杆等(张紧的圆钢除外)	400	350	—

注：1. 承受静力荷载的结构中，可仅计算受拉构件在竖向平面内的长细比。
2. 在直接或间接承受动力荷载的结构中，单角钢受拉构件长细比的计算方法与表 5-1a)的注 2 相同。
3. 中、重级工作制吊车桁架下弦杆的长细比不宜超过 200。
4. 在设有夹钳或刚性料耙等硬钩吊车的仓房中，支撑(表中第 2 项除外)的长细比不宜超过 300。
5. 受拉构件在永久荷载与风荷载组合作用下受压时，其长细比不宜超过 250。
6. 跨度等于或大于 60m 的桁架，其受拉弦杆和腹杆的长细比不宜超过 300(承受静力荷载或间接承受动力荷载)或 250(承受动力荷载)。

《公路钢结构桥梁设计规范》中构件容许长细比 表 5-2

类　别	杆　　件	长　细　比
主桁架	受压弦杆 受压或受拉-压腹杆	100
	仅受拉力的弦杆	130
	仅受拉力的腹杆	180
联结系构件	纵向联结系、支点处横向联结系和 制动联结系的受拉或受压-拉构件	130
	中间横向联结系的受拉或受压-拉构件	150
	各种联结系的受拉构件	200

2）构件的计算长度

轴心受压构件中的计算长度，本书主要从桁架平面内、桁架平面外两个内容来讲解，其他构件的计算长度详见其他规范。

（1）构件在桁架平面内的计算长度

在理想铰接的桁架中，构件在桁架平面内的计算长度 l_0 应等于节点中心的距离，即构件的几何长度。但实际上，由于构件端部与节点板连接，节点本身具有刚度并对构件有嵌固作用。另外，当受压构件失稳，其端部绕节点转动时，汇集在节点上的其他构件将起约束作用，其中以受拉构件的作用最大。节点上汇集的受拉构件越多，其线刚度越大，产生的约束作用越大，受压构件在节点处的嵌固程度也越大，其计算长度越小，因此，受压构件的计算长度可视节点的嵌固程度确定，如下所述：

弦杆：由于弦杆本身的线刚度较大，其杆端嵌固程度很小，因此，可忽略腹杆或节点板对弦杆的约束影响，且认为相邻节间的受压弦杆和所计算的受压弦杆同时失稳。这样，各节间弦杆与两端铰接杆件的情况相同，其计算长度可取其几何长度 l_0（l_0 为杆件的几何长度）。

腹杆：由于中间腹杆线刚度比弦杆的小，且在下端相连的拉杆较多，节点板的刚性及弦杆对中间腹杆的约束作用较大，因此，中间腹杆在桁架平面内的计算长度一般小于其几何长度，取 $0.8l_0$；由于端部斜腹杆及端部竖腹杆所受的压力较大，其线刚度相对也大，且在下端相连的拉杆较少，故杆端的约束作用较小，因此，在桁架平面内其计算长度取 $0.9l_0$。

相交或交叉腹杆：多根腹杆相交或交叉时，一般忽略弦杆对腹杆的约束作用；另外，相交腹杆一般较细且有部分压杆，故相交点的嵌固作用也很小，因此，交叉腹杆在桁架平面内计算长度取相交点至杆端的较长段的长度。

（2）构件在桁架平面外的计算长度

构件在桁架平面外的几何长度应取侧向支撑点之间的距离。弦杆在桁架平面外的计算长度一般取纵向水平联结系与弦杆的连接点之间的距离。腹杆与弦杆的连接节点可认为是腹杆的侧向支撑点，因节点板侧向刚度小，在侧向相当于板铰，可不考虑其嵌固作用，腹杆在桁架平面外的计算长度取为腹杆的几何长度 l_0。对于交叉点互相连接的交叉腹杆，当受压腹杆与受拉腹杆交叉时，应考虑受拉腹杆对受压腹杆的支撑作用，则受压腹杆在桁架平面外的计算长度可取 $0.7l_0$。当受压腹杆不与受拉腹杆交叉时，则受压腹杆在桁架平面外的计算长度取 l_0。

纵向联结系和横向联结系构件的计算长度确定与桁架构件的计算长度类似，见表 5-3。在实际设计工作中，常根据构件的具体情况，按经验来确定受压杆件的计算长度。

桁架弦杆及腹杆的计算长度 l_0 的计算方法汇总于表 5-3。

杆件的计算长度 表 5-3

<table>
<tr><th colspan="3" rowspan="2">杆　　件</th><th colspan="2">平　　面</th></tr>
<tr><th>平面内</th><th>平面外</th></tr>
<tr><td rowspan="5">主桁</td><td colspan="2">弦杆</td><td>l_0</td><td>l_0</td></tr>
<tr><td colspan="2">端斜杆、端立杆、连续梁中间支点处立柱或斜杆作为桥门架时</td><td>$0.9l_0$</td><td>l_0</td></tr>
<tr><td rowspan="3">桁架的腹杆</td><td>无相交和无交叉</td><td>$0.8l_0$</td><td>l_0</td></tr>
<tr><td>与杆件相交或相交叉（不包括与拉杆相交叉）</td><td>l_1</td><td>l_0</td></tr>
<tr><td>与拉杆相交叉</td><td>l_1</td><td>$0.7l_0$</td></tr>
</table>

续上表

杆 件		平 面	
		平面内	平面外
纵向及横向联结系	无交叉	l_2	l_2
	与拉杆相交叉	l_1	$0.7l_2$
	与杆件相交或相交叉	l_1	l_2

注:1. l_0 为主桁各杆件的几何长度(即杆端节点中距),如杆件全长被横向结构分割时,则为其较长段长度;
2. l_1 为从相交点至杆端节点中较长段长度;
3. l_2 为纵向(横向)联结系杆件轴线与节点板连在主桁杆件的固着线交点之间的距离。

[例题 5-1] 下弦杆采用焊接连接,承受着间接的动力荷载,设计的轴心拉力值 $N=610\text{kN}$。下弦杆在桁架平面内和平面外的计算长度 $l_{0x}=3.0\text{m}$,$l_{0y}=12.0\text{m}$。采用钢材为Q235B,使用双角钢组成的T形截面,节点板的厚度采用12mm。确定此拉杆的截面尺寸设计。

解:查表可知:Q235钢材的抗拉强度设计值 $f=215\text{N/mm}^2$,桁架拉杆在承受间接动力荷载时,容许长细比 $[\lambda]=350$。采用焊接,故 $A_n=A$。

构件需要的截面面积:

$$A_n \geqslant \frac{N}{f}=\frac{610\times10^3}{215}=2\,837.2(\text{mm}^2)$$

截面需要的回转半径:

$$i_x \geqslant \frac{l_{0x}}{[\lambda]}=\frac{3\,000}{350}=8.6(\text{mm})$$

$$i_y \geqslant \frac{l_{0y}}{[\lambda]}=\frac{12\,000}{350}=34.3(\text{mm})$$

因需要的 $i_y\approx4i_x$,拟选用两个不等边角钢,短肢相并,如图5-5所示。查询附录7,选用2L100×63×10,其几何特性为:

$$A=3\,100.0\text{mm}^2>2\,837.2\text{mm}^2$$
$$i_x=17.5\text{mm}>8.6\text{mm}$$
$$i_y=51.0\text{mm}>34.3\text{mm}$$

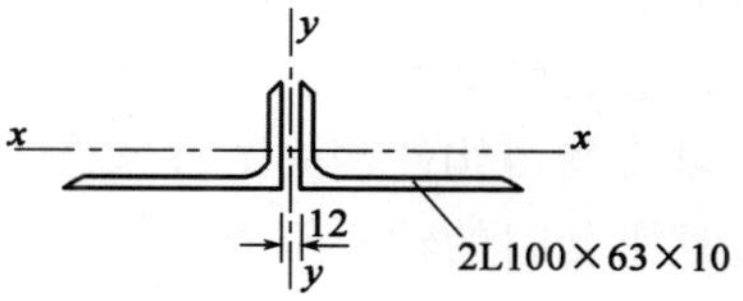

图5-5 例题5-1图

故都满足要求,不需要再进行验算。

[例题 5-2] 验算图5-6高强度螺栓(摩擦型连接)连接强度,其中螺杆直径为20mm,孔径为22mm,轴心拉力设计值为540kN,钢材使用Q235。

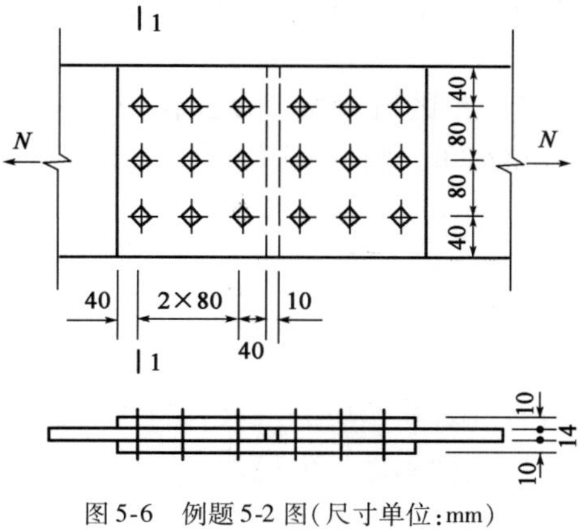

图5-6 例题5-2图(尺寸单位:mm)

解:已知采用摩擦型高强度螺栓来连接构件,按照图5-6所示的危险截面1-1来验算构件的强度。

$$N'=\left(1-0.5\frac{n_1}{n}\right)N$$
$$=\left(1-0.5\times\frac{3}{9}\right)\times540=450(\text{kN})$$

$$A_n=(240-3\times22)\times14=2\,436(\text{mm}^2)$$

净截面验算:

$$\sigma=\frac{N'}{A_n}=\frac{450\,000}{2\,436}=184.7(\text{N/mm}^2)<f$$

$= 215\text{N/mm}^2$（满足要求）

毛截面验算：

$$\sigma = \frac{N}{A} = \frac{540\ 000}{240 \times 14} = 160.7(\text{N/mm}^2) < f = 215\text{N/mm}^2(满足要求)$$

5.3 实腹式轴心受压构件的整体稳定

一般而言，设计轴心受拉构件时，应根据结构用途、构件受力大小和材料选用合理的截面形式，并对所选截面进行强度和刚度计算。而设计轴心受压构件时，除了使截面满足强度和刚度的要求之外，必须注意要使构件满足整体稳定和局部稳定的要求。实际上，只有长细比很小的以及有孔洞削弱的轴心受压构件，才有可能发生强度破坏。钢结构由于轻质高强，使得构件的截面尺寸较小，这就使得钢结构很容易发生失稳破坏，国内外因压杆失稳破坏导致钢结构倒塌的事故已有多起。特别是近年来，随着钢结构构件截面形式的不断丰富和高强钢材的应用，使得受压构件向着轻型、薄壁的方向发展，更容易引起压杆失稳。因此，多数情况下，轴心受压构件是由整体稳定控制其承载能力，而且轴心受压构件丧失整体稳定极具突然性，容易造成严重后果，在设计时应予以特别重视。

5.3.1 理想轴心受压构件的整体失稳现象

无缺陷的轴心受压构件，当轴心压力 N 较小时，构件只产生轴向压塑变形，保持直线平衡状态。若有外界干扰力，构件会产生微小弯曲。当压力 N 小于临界值，干扰力消失后，构件立即恢复到原来的平衡状态，称为稳定平衡。当压力 N 达到临界值，干扰力消失后，构件不能恢复到原来的直线平衡状态而转入微弯平衡状态，称为随遇平衡。此时，若压力继续增加，弯曲变形会突然增大，从而使构件丧失了承载能力，这种现象称为理想轴心受压构件的屈曲，即理想轴心受压构件丧失了整体稳定性。随遇平衡是从稳定平衡过渡到不稳定平衡的临界状态，随遇平衡时的轴心压力称为临界力 N_{cr}，相应的截面应力称为临界应力 σ_{cr}，σ_{cr} 通常情况下是小于钢材屈服应力 f_y 的。因此，构件在达到强度极限状态前就会丧失整体稳定。

无缺陷的轴心受压构件发生屈曲时，构件变形发生了质的变化，即构件变形由直线形式变为弯曲形式，且这种变化带有突然性，这种在丧失稳定过程中，构件平衡路径有分枝点的现象，称为第一类稳定问题或平衡分枝失稳。

轴心压杆的稳定问题是最基本的稳定问题，对压杆失稳现象的研究始于以欧拉为代表的科学家从力学和数学的角度进行深入研究。为了使研究变得简单，对轴心压杆做了如下假定：

（1）杆件为等截面理想直杆；

（2）压力作用线与杆件形心轴重合；

（3）材料为均质、各向同性且无限弹性，符合胡克定律；

（4）无初始应力影响。

在实际的工作当中，轴心压杆并不符合以上条件，并且存在着初始应力、初始偏心、初始弯曲等影响。因此，把符合上述假定的轴压构件称为理想杆件，这种构件的失稳也称为屈曲。在轴压作用下，如果构件发生屈曲，屈曲变形可能有以下三种形式：

第一种是弯曲变形，构件的轴线由直线变为曲线，如图 5-7a）所示。此时构件的截面只绕一个主轴回转，这种屈曲称为弯曲屈曲。当构件的抗扭刚度较大，以及双轴对称截面构件易发生这种弯曲屈曲。

第二种是扭转屈曲，如图 5-7b）所示，各个截面均绕构件纵轴扭转，这种屈曲称为扭转屈曲，主要发生在抗扭刚度较弱的轴心受压构件（如十字形截面）。

第三种是弯扭屈曲，即构件在发生弯曲变形的同时伴有扭转变形，如图 5-7c）所示，截面为单轴对称（如 T 形截面）轴心受压构件绕对称轴失稳时，由于截面形心与截面剪切中心不重合，在发生弯曲变形的同时必然伴随扭转变形。

轴心受压构件究竟以什么样的形式屈曲，主要取决于截面的形式和尺寸，构件的长度和构件端部的约束条件。

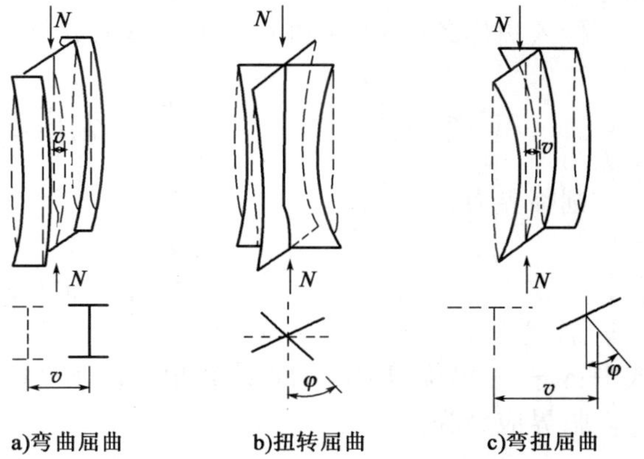

图 5-7 轴心受压构件的屈曲变形

5.3.2 理想轴心受压构件整体稳定临界力的确定

轴心受压构件在发生失稳时候的轴向力称为临界力。临界力大小和许多因素有关，并且各因素之间相互影响，下面主要介绍轴心压杆在三种屈曲模式下的临界力。

1）弯曲屈曲的临界力

如图 5-8 所示为一长 l、两端铰接的等截面理想轴心受压构件，当轴心力 N 达到临界力值时，构件处于微弯状态，现求解其弯曲屈曲的临界力 N_{cr}。

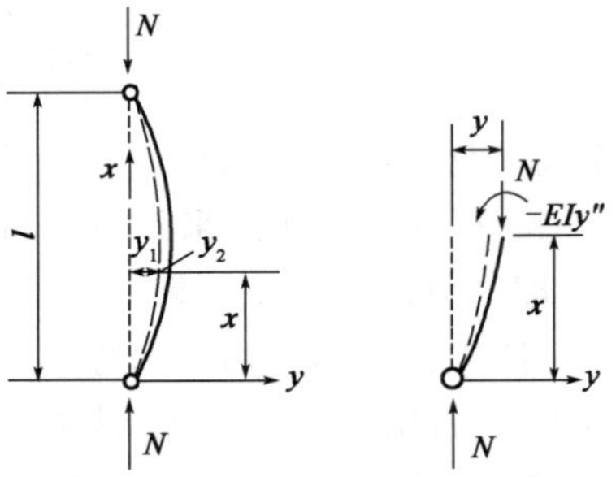

图 5-8 两端铰支轴心压杆的临界状态

轴心受压构件发生屈曲时，截面中将引起弯矩 M 和剪力 V，任一点由弯矩产生的变形为 y_1，由剪力产生的变形为 y_2，则图 5-8 中的总变形为 $y = y_1 + y_2$。

杆件弯曲变形后的曲率为：

$$\frac{d^2 y_1}{dx^2} = -\frac{M}{EI} \tag{5-10}$$

在剪力 V 作用下，杆件变形曲线因剪力影响而产生斜率的改变为：

$$\gamma = \frac{dy_2}{dx} = \frac{\beta}{GA}V = \frac{\beta}{GA}\frac{dM}{dx} \tag{5-11}$$

上述式中：A、I——杆件的截面面积和惯性矩；

E、G——材料的弹性模量和剪切模量；

β——与截面形状有关的系数。

由于 $M = Ny$，且 $\frac{d^2 y_2}{dx^2} = \frac{\beta}{GA}\frac{d^2 M}{dx^2}$，因而考虑剪力影响的平衡条件为：

$$\frac{d^2 y}{dx^2} = -\frac{N}{EI}y + \frac{\beta N}{GA}\frac{d^2 y}{dx^2}$$

即

$$y''\left(1-\frac{\beta N}{GA}\right)+\frac{N}{EI}y=0$$

令 $k^2=\dfrac{N}{EI\left(1-\dfrac{\beta N}{GA}\right)}$，则 $y''+k^2y=0$。

代入边界条件 $x=0$ 和 $x=l$ 时，$y=0$，满足上式的最小 k 值为：

$$k^2=\frac{N}{EI\left(1-\dfrac{\beta N}{GA}\right)}=\frac{\pi^2}{l^2}$$

则临界力为：

$$N_{cr}=\frac{\pi^2 EI}{l^2}\frac{1}{1+\dfrac{\pi^2 EI\beta}{l^2 GA}}=\frac{\pi^2 EI}{l^2}\frac{1}{1+\dfrac{\pi^2 EI}{l^2}\gamma_1} \tag{5-12}$$

式中：γ_1——单位剪力时的轴线转角，$\gamma_1=\beta/(GA)$。

临界应力为：

$$\sigma_{cr}=\frac{N_{cr}}{A}=\frac{\pi^2 E}{\lambda^2}\frac{1}{1+\dfrac{\pi^2 EA}{\lambda^2}\gamma_1} \tag{5-13}$$

式中：λ——构件的长细比。

通常剪切变形的影响较小。计算表明，对实腹式构件略去剪切变形，临界力只相差0.3%左右。若只考虑弯曲变形，则上述临界力公式即为著名的欧拉临界力公式：

$$N_E=\frac{\pi^2 EI}{l^2}=\frac{\pi^2 EA}{\lambda^2} \tag{5-14}$$

$$\sigma_E=\frac{\pi^2 E}{\lambda^2} \tag{5-15}$$

在上面的推导中，假定 E 为常量，因此，要求临界应力 σ_{cr} 不超过材料的比例极限 f_p。当杆件的临界应力 σ_{cr} 超过了材料的比例极限，进入弹塑性阶段后，一般采用两种理论来计算杆件的弹塑性临界力，即双模量理论和切线模量理论。采用切线模量理论更接近试验结果。

切线模量理论假定当轴心压力达到临界压力 N_{cr} 时，杆件仍保持顺直，但微弯时，轴心力增加了 ΔN 很小，但所增加的平均压应力恰好等于截面凸侧所产生的弯曲拉应力。因此，认为全截面都是应变和应力的增加，没有退降区，如图5-9所示，这就使切线模量 E_t 适用于全截面。

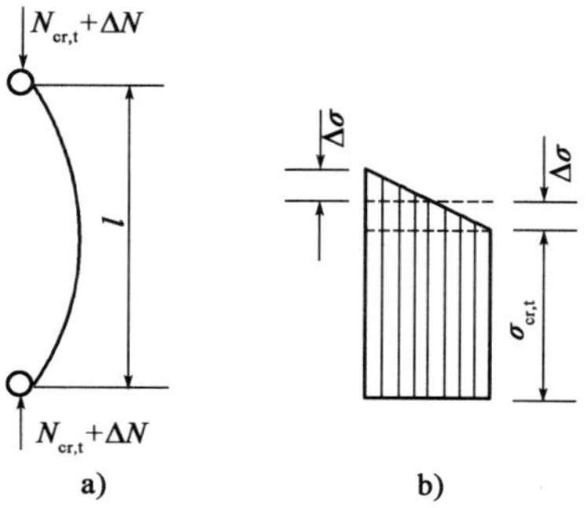

图5-9　切线模量理论

此时对应的临界力为：

$$N_{cr}=\frac{\pi^2 E_t I}{l^2} \tag{5-16}$$

临界应力为：

$$\sigma_{cr}=\frac{\pi^2 E_t}{\lambda^2} \tag{5-17}$$

在实际结构中，压杆端部不可能都为铰接。对任意端部支承的压杆，其临界力可用下式表达：

$$N_{cr}=\frac{\pi^2 EI}{(\mu l)^2}=\frac{\pi^2 EI}{l_0^2} \tag{5-18}$$

式中：l_0——计算长度，桁架结构中杆件的计算长度可按 5.2.2 节中规定取用，其他情况取 $l_0=\mu l$；

μ——计算长度系数。

引入计算长度系数之后，就可把两端非铰接的杆件变换为等效的两端铰接杆件，见表 5-4。

轴心受压构件的计算长度系数 μ　　表 5-4

两端支承情况	两端铰接	上端自由下端固定	上端铰接下端固定	两端固定	上端可移动不转动下端固定	上端可移动不转动下端铰接
屈曲形状	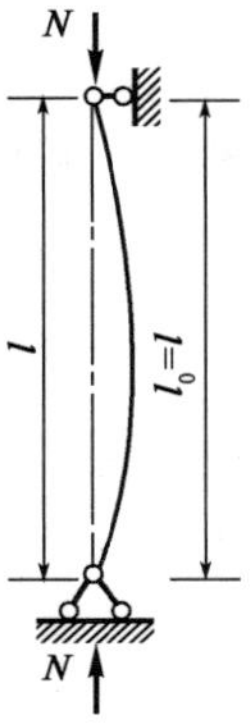	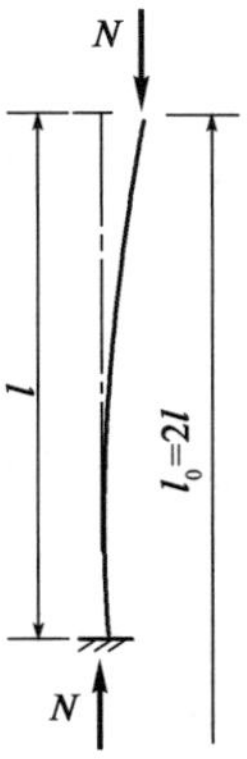	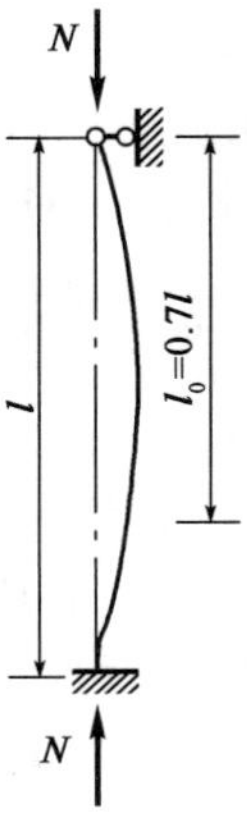	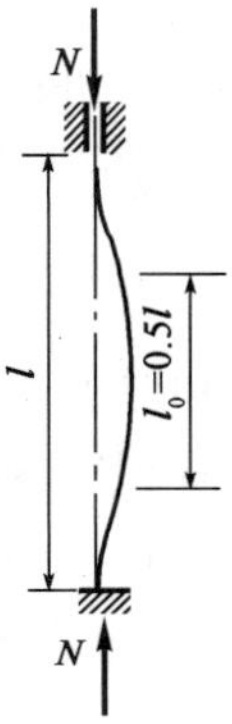	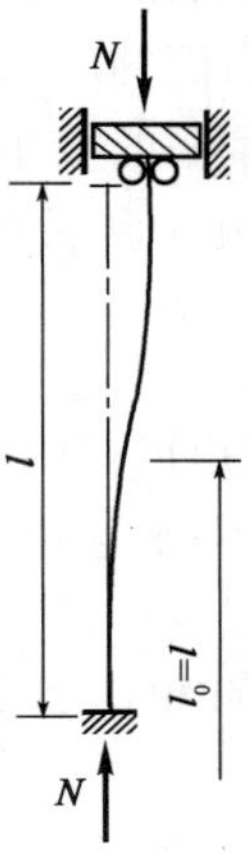	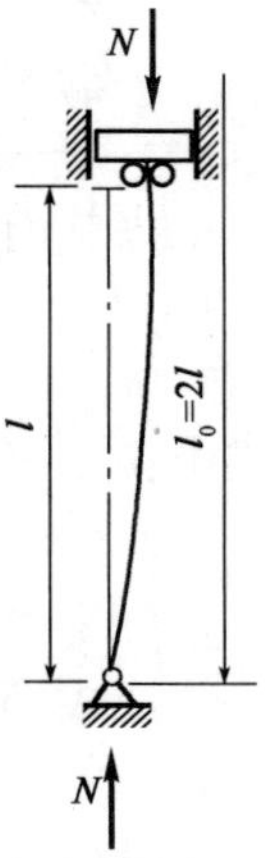
μ 理论值	1.0	2.0	0.7	0.5	1.0	2.0
μ 设计建议值	1	2	0.8	0.65	1.2	2

2）扭转屈曲的临界力

如图 5-10 所示为一双轴对称截面构件，在轴心压力 N 作用下，除可能沿 x 轴或 y 轴弯曲屈曲外，还可能绕 z 轴发生扭转屈曲。假定此构件两端为简支并符合夹支条件，即端部截面可自由翘曲，但不能绕 z 轴转动即为约束扭转。约束扭转时，构件纵向纤维发生弯曲，因此截面中必然产生正应力，称为翘曲正应力。由此伴生弯曲剪应力，称为翘曲剪应力。

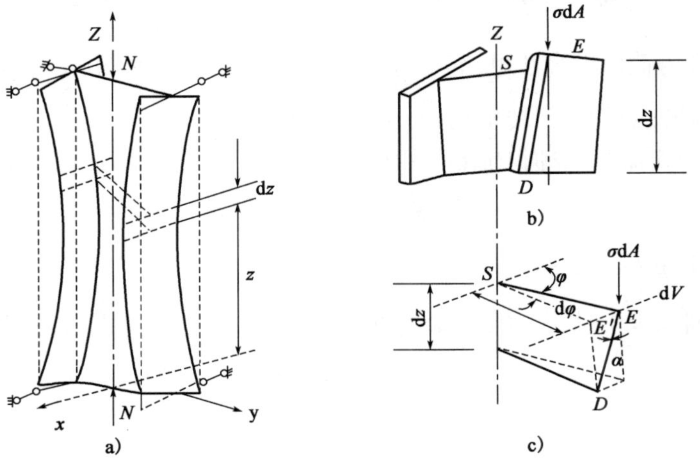

图 5-10　双轴对称截面的扭转屈曲

截面翘曲剪应力形成的翘曲扭矩,再加上自由扭转产生的扭矩,与外扭矩 M_T 相平衡,即

$$M_T = M_t + M_\omega \tag{5-19}$$

$$M_t = GI_t\varphi' \tag{5-20}$$

$$M_\omega = -EI_\omega\varphi''' \tag{5-21}$$

式中:M_T——纵向纤维倾斜时由外力 N 产生的扭矩;

M_t——自由扭转扭矩;

M_ω——翘曲扭矩;

φ——截面的扭转角;

I_ω——截面的扇形惯性矩(翘曲常数);

I_t——截面的抗扭惯性矩(扭转常数)。

当截面由几个狭长矩形板组成时(如工字形、H 形、T 形、槽形、角形等),I_t 可由下式计算:

$$I_t = \frac{k}{3}\sum_{i=1}^{n} b_i t_i^3 \tag{5-22}$$

式中:b_i、t_i——矩形板的宽度和厚度;

k——考虑连接处的有利影响系数,其值由试验确定(对角形截面 $k=1.0$;T 形截面 $k=1.15$;槽形截面 $k=1.12$;工字形和 H 形截面 $k=1.25$)。

把式(5-20)和式(5-21)代入式(5-19)中,得到约束扭转的平衡方程:

$$-EI_\omega\varphi''' + GI_t\varphi' = M_T \tag{5-23}$$

设杆件任意截面的扭转角为 φ,则长度为 dz 的微元段两个相邻截面的相对扭转角为 dφ,E、D 两点为两截面的对应点[图 5-10b)],ED 纤维发生倾斜,倾角为:

$$\alpha = \frac{EE'}{\mathrm{d}z} = r\frac{\mathrm{d}\varphi}{\mathrm{d}z}$$

式中:r——E 点到截面剪切中心的距离。

E 点处的微压力 $\sigma\mathrm{d}A$ 在微截面上的横向剪力为:

$$\mathrm{d}V = \sigma\mathrm{d}A\alpha = \sigma\mathrm{d}Ar\varphi'$$

此横向剪力对剪切中心的扭矩 $\sigma\mathrm{d}Ar^2\varphi'$,故全截面的扭矩为:

$$M_T = \int_A \sigma r^2\varphi'\mathrm{d}A = \sigma\varphi'\int_A r^2\mathrm{d}A = \sigma\varphi' A i_0^2 = N i_0^2\varphi'$$

$\int_A r^2\mathrm{d}A = Ai_0^2$ 为截面极惯性矩,其值等于 I_x+I_y;$i_0=\sqrt{(I_x+I_y)/A}$,称为截面对剪切中心(双轴对称截面即形心)的极回转半径。

将 M_T 代入式(5-23)中,即得轴心受压构件扭转屈曲的平衡微分方程:

$$-EI_\omega\varphi''' + GI_t\varphi' = Ni_0^2\varphi' \tag{5-24}$$

令 $k^2=\dfrac{Ni_0^2-GI_t}{EI_\omega}$,得 $\varphi'''+k^2\varphi'=0$。

代入边界条件[$z=0$ 时,$\varphi=0$(杆端夹支);$z=0$ 时,$\varphi''=0$(杆端自由翘曲)],满足上式的最小 k 值:

$$k^2 = \frac{\pi^2}{l^2} = \frac{Ni_0^2 - GI_t}{EI_\omega}$$

N 就是扭转屈曲临界力,用 N_z 表示:

$$N_z = \left(\frac{\pi^2 EI_\omega}{l^2} + GI_t\right)\frac{1}{i_0^2} \tag{5-25}$$

式(5-25)是根据弹性屈曲理论导出的，括号中的第二项为自由转动部分，与长度无关；而第一项为翘曲扭转部分，与长度有关。若将 l 改为计算长度 l_w，则式(5-25)可用于各种支承情况。

3）弯扭屈曲的临界力

如图 5-11 所示的单轴对称 T 形截面构件，当绕非对称轴（x 轴）屈曲时，截面上的剪应力的合力必然通过剪切中心，所以只有平移没有扭转，即发生弯曲屈曲［图 5-11a)］。当截面绕 y 轴（对称轴）发生平面弯曲变形时，横截面产生剪力（作用于形心 C）与内剪力流的合力（作用于剪心 S）不重合，必然伴随着扭转，这种现象称为弯扭屈曲（图 5-11）。

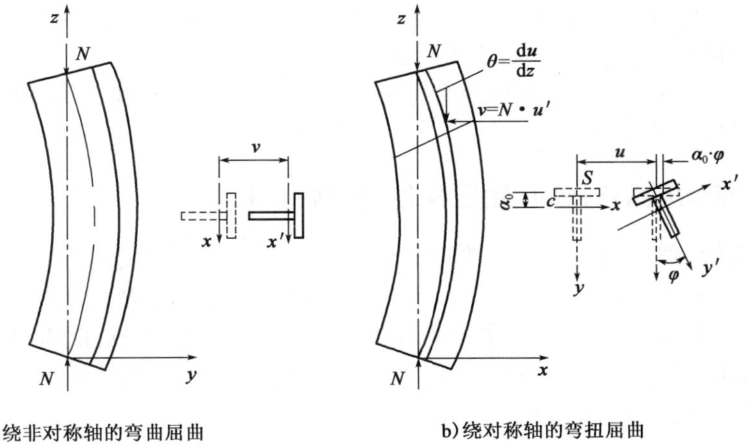

图 5-11　单轴对称截面轴心受压构件的屈曲

弯扭屈曲的轴心受压构件，在微弯和微扭状态下，可建立两个平衡方程。对 y 轴（对称轴）的弯矩平衡方程：截面剪切中心 S 沿 x 轴方向的位移为 u，由于扭转角 φ 使形心（即压力作用点）增加位移 $a_0\varphi$（a_0 为形心与剪心距离），故平衡方程为：

$$-EI_y u'' = N(u + a_0\varphi) \tag{5-26}$$

对 z 轴（构件轴线方向）的扭转平衡方程：由于产生侧向位移后，横向剪力（通过压力作用点）对剪心产生扭矩 Na_0u'，所以对纵轴扭矩的平衡方程应是在轴心受压构件扭转屈曲方程的基础上增加这一外扭矩，即

$$-EI_\omega\varphi''' + GI_t\varphi' = Ni_0^2\varphi' + Na_0u' \tag{5-27}$$

式中：i_0——截面对剪切中心的极回转半径，对单轴对称截面 $i_0^2 = a_0^2 + i_x^2 + i_y^2$。

对两端铰接且端截面可自由翘曲的弹性杆件，其挠度和扭转角均为正弦曲线分布，即 $u = C_1\sin\frac{\pi z}{l}$，$\varphi = C_2\sin\frac{\pi z}{l}$，代入式(5-26)和式(5-27)中，得：

$$\sin\frac{\pi z}{l}\left[\left(\frac{\pi^2 EI_y}{l^2} - N\right)C_1 - Na_0C_2\right] = 0$$

$$\frac{\pi}{l}\cos\frac{\pi z}{l}\left[-Na_0C_1 + \left(\frac{\pi^2 EI_\omega}{l^2} + GI_t - Ni_0^2\right)C_2\right] = 0$$

由于微变形状态，$\sin\frac{\pi z}{l}$ 和 $\cos\frac{\pi z}{l}$ 不能等于 0，故以上两式方括号中数值必然等于 0。因此，令

$N_{Ey}=\dfrac{\pi^2 EI_y}{l^2}$，$N_z=\left(\dfrac{\pi^2 EI_w}{l^2}+GI_t\right)\dfrac{1}{i_0^2}$得，$(N_{Ey}-N)C_1-Na_0C_2=0$，$-Na_0C_1+(N_z-N)i_0^2C_2=0$。

当 C_1 和 C_2 为非零解时，应使系数的行列式等于0，即

$$\begin{vmatrix} N_{Ey}-N & -Na_0 \\ -Na_0 & (N_z-N)i_0^2 \end{vmatrix}=0$$

得：

$$(N_{Ey}-N)(N_z-N)-N^2\left(\frac{a_0}{i_0}\right)^2=0 \tag{5-28}$$

上式解的最小值即为弯扭屈曲的临界力 N_{cr}。由此式可知，对双轴对称截面，因 $a_0=0$，得 $N_{cr}=N_{Ey}$或 $N_{cr}=N_z$，即临界力为弯曲屈曲和扭转屈曲临界力的较小者；对单轴对称截面，$a_0\neq 0$，N_{cr}比 N_{Ey}和 N_z 都小，a_0/i_0 值越大，小得越多。

式(5-28)可求解理想直杆的弹性弯扭屈曲临界力，如果杆件进入弹塑性阶段或再考虑初始缺陷，将使计算非常复杂。

5.3.3 初始缺陷对轴心受压构件稳定性的影响

上述介绍的是理想轴心受压构件的稳定问题，实际轴心受压钢构件的受力性能与理想轴心受压构件有很大的不同。以欧拉公式为例，严格说来，其假定均不成立，只不过影响的程度不同而已。实际上，轴心受压构件的受力性能受到许多因素的影响，既有研究表明，实际轴心受压构件必须考虑截面中的残余应力、杆轴的初弯曲、荷载作用点的初偏心以及杆端的约束条件等因素的影响，以下分别讨论。

1）力学缺陷对轴心受压构件稳定性的影响

构件中的力学缺陷主要是指残余应力，包括纵向残余应力、横向残余应力和沿厚度方向的残余应力。横向和沿厚度方向的残余应力的绝对值一般很小，而且对构件承载力的影响很小，故通常只考虑纵向残余应力。它的产生主要是由于钢材热轧以及板边火焰切割、构件焊接和校正调直等加工制造过程中不均匀的高温加热和冷却所引起的。其中，焊接残余应力的数值最大，通常可达到或接近钢材的屈服强度 f_y。

如图5-12a）所示的H型钢，在热轧后的冷却过程中，翼缘板端的单位体积的暴露面积大于腹板与翼缘交接处，冷却较快。腹板与翼缘的交接处，冷却较慢。同理，腹板中部也比其两端冷却较快。后冷却部分的收缩受到先冷却部分的约束，从而产生了残余拉应力，而先冷却部分则产生了与之平衡的残余压应力。因此，残余应力是构件尚未承受外荷载之前就已经存在的一种初应力，在一个截面上具有自相平衡的特点。

热轧或剪切钢板的残余应力较小，如图5-12b）所示，常可忽略。用这种带钢焊接组合而成的工字形钢截面，其焊缝处的残余拉应力可能达到屈服点，如图5-12c）所示。

对于火焰切割钢板，由于切割时热量集中在切割处的很小范围内，在板边缘的一定范围内可能产生高于屈服点的残余拉应力，板的中部则产生较小的残余压应力，如图5-12b）所示。用这种钢板焊接组合而成的H型钢截面，在翼缘板的焊缝处变号为残余拉应力，如图5-12d）所示。

下面分析残余应力对短柱稳定性的不利影响，通常是由短柱压缩试验进行测定。所谓短柱是指取一柱段，其长细比不大于10，不致在受压时发生屈曲破坏，又能够保证其中部截面反映实际的残余应力。

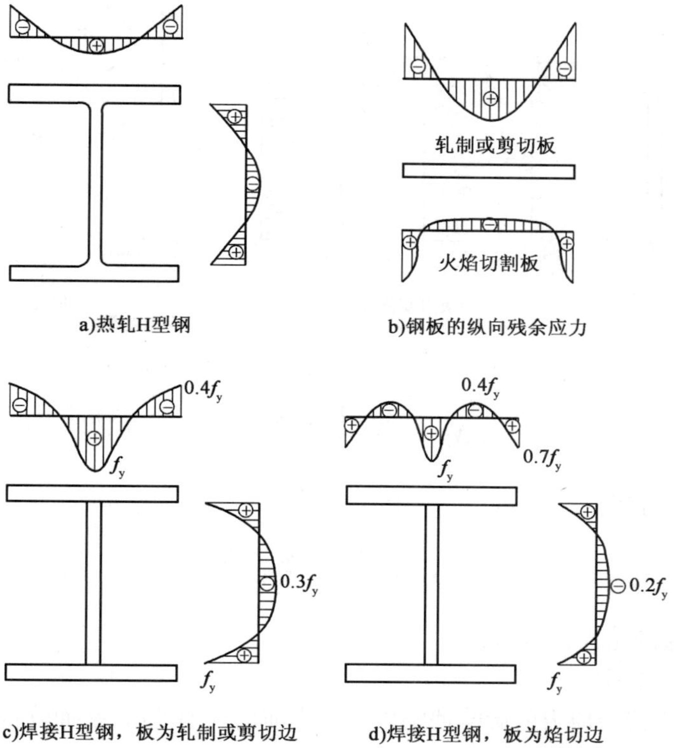

图 5-12　构件纵向残余应力的分布

如图 5-13a)所示为一工字形截面,为使问题简化起见,忽略影响不大的腹板残余应力的影响。如果短柱内不存在残余应力,则其应力-应变曲线与小试件测得的 σ-ε 曲线相同,接近理想的弹塑性体,如图 5-13c)虚线所示。但是,由于残余应力的存在,在轴心压力 N 的作用下,残余应力与截面上的平均应力 N/A 相叠加,将使截面的某些部位提前屈服并发展成塑性变形。假设两翼缘上的残余应力为线性分布,翼缘两外端的最大残余压应力为 $\sigma_r = 0.3f_y$,翼缘中点为最大残余拉应力。当 $N/A < 0.7f_y$ 时,截面上的应力处于弹性阶段。当 $N/A = 0.7f_y$ 时,与残余应力叠加后,翼缘端部应力达到屈服点 f_y,此时,短柱的平均应力-应变曲线开始弯曲,该点称为有效比例极限 $f_p = f_y - \sigma_r$。当 N/A 继续增加超过 $0.7f_y$ 后,截面的屈服逐渐向中间发展,弹性区逐渐减小,直到 $N/A = f_y$ 翼缘全部屈服为止。从图 5-13c)中可以看出,在 f_p 和 f_y 之间出现了一条渐变曲线,此即为残余应力使部分材料提前屈服的结果。由此可见,残余应力对短柱的 σ-ε 曲线的影响表现在降低了构件的比例极限;当外荷载引起的应力超过比例极限后,残余应力使构件的平均应力-应变曲线变成非线性关系,同时减小了截面的有效面积和有效惯性矩,从而降低了构件的稳定承载力。

若 $\sigma \leqslant f_p$,构件处于弹性阶段,可采用欧拉公式计算其临界力与临界应力。

若 $f_p \leqslant \sigma \leqslant f_y$,此时构件在弹塑性阶段工作,截面由变形模量不同的两部分组成,塑性区的变形模量为零,而弹性区的模量仍为 E。构件发生微小弯曲时,能够产生抵抗力矩的只是截面的弹性区。因此,只能按截面弹性区的有效截面惯性矩 I_e 代替全截面的惯性矩 I 来计算其临界力,即

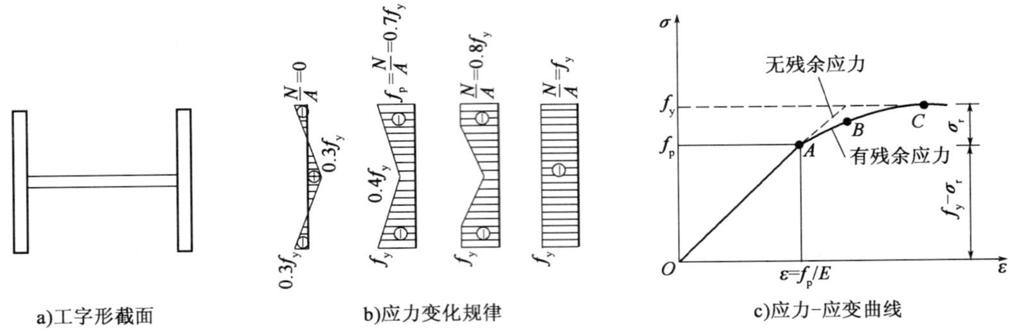

图 5-13　残余应力对轴心受压短柱平均应力-应变曲线的影响

$$N_{cr}=\frac{\pi^2 EI_e}{l_0^2}=\frac{\pi^2 EI}{l_0^2}\frac{I_e}{I} \tag{5-29}$$

相应的临界应力为：

$$\sigma_{cr}=\frac{N_{cr}}{A}=\frac{\pi^2 E}{\lambda^2}\frac{I_e}{I} \tag{5-30}$$

式中：I_e——弹性区的截面惯性矩；

I——全截面的惯性矩。

上式表明，由于残余应力的影响使构件截面提前出现塑性区，从而降低了构件的临界力或临界应力，其值为弹性欧拉临界值乘以小于 1 的折减系数 I_e/I。而比值 I_e/I 与残余应力的分布和大小，构件截面的形状以及构件屈曲时的弯曲方向有关。

现以图 5-14 所示的工字形截面为例，说明 I_e/I 比值的计算。截面的屈服区在翼缘两端有阴影部分，考虑到腹板靠近截面形心轴，计算时忽略其作用。截面弹性部分的翼缘宽度为 b_e，令 $\eta=b_e/b=b_e t/bt=A_e/A$，$A_e$ 为截面弹性部分的面积，则：

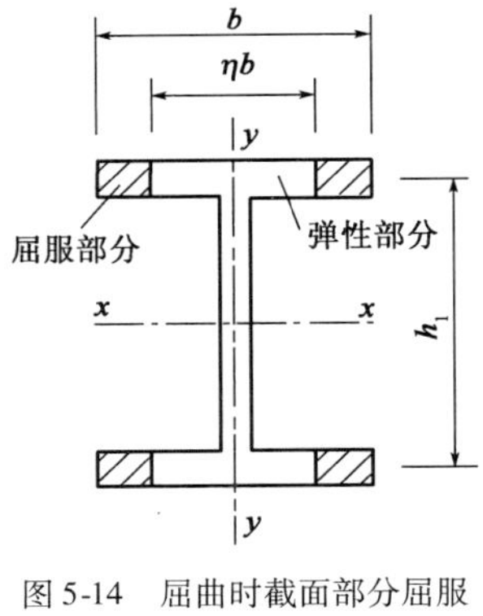

图 5-14　屈曲时截面部分屈服

绕强轴（x-x 轴）屈曲时

$$\frac{I_{ex}}{I_x}=\frac{2t(\eta b)h_1^2/4}{2tbh_1^2/4}=\eta \tag{5-31}$$

绕弱轴（y-y 轴）屈曲时

$$\frac{I_{ey}}{I_y}=\frac{2t(\eta b)^3/12}{2tb^3/12}=\eta^3 \tag{5-32}$$

比较式（5-31）和式（5-32）可知，残余应力对临界力的不利影响，随构件屈曲方向而不同。由于 $\eta<1$，故 $\eta^3\ll\eta$，可见这种截面（屈服区在翼缘的两端），残余应力的不利影响对弱轴屈曲要比对强轴屈曲严重得多。原因是远离弱轴的部分是残余应力最大的部分，而远离强轴的部分则兼有残余压应力和残余拉应力。

2）初弯曲对轴心受压构件屈曲的影响

实际轴心受压构件不可能是完全挺直的。在制造、运输和安装过程中，构件不可避免地会存在微小弯曲。由于构造、施工和加载等方面的原因，还可能产生一定程度的初偏心。初弯曲和初偏心统称为几何缺陷。有几何缺陷的轴心轴压构件，其侧向挠度从加载开始就不断增加，因此构件除轴心力作用外，还存在因构件弯曲而产生的弯矩，从而降低了构件的稳定承载力。

如图 5-15 所示，为两端铰接、有初弯曲的构件在未受力前就成弯曲状态，假设初弯曲形状为正弦曲线的一个半波，即

$$y_0 = v_0 \sin \frac{\pi z}{l} \tag{5-33}$$

式中：v_0——构件中央的初始挠度值。

在加载之前，构件任意点 C 处的曲率为 $-y_0''$，构件承受轴向压力 N 时，构件总挠度为 y，曲率为 $-y''$，在弹性弯曲状态下，根据内外力矩平衡条件可建立平衡微分方程为：

$$EIy'' + Ny = EIy_0'' \tag{5-34}$$

解此方程可得压杆的弹性挠度曲线为：

$$y = \frac{v_0}{1 - N/N_E} \sin \frac{\pi z}{l} \tag{5-35}$$

构件中央的最大挠度和最大弯矩分别为：

$$y_m = \frac{v_0}{1 - N/N_E}, M_m = Ny_m = \frac{Nv_0}{1 - N/N_E} \tag{5-36}$$

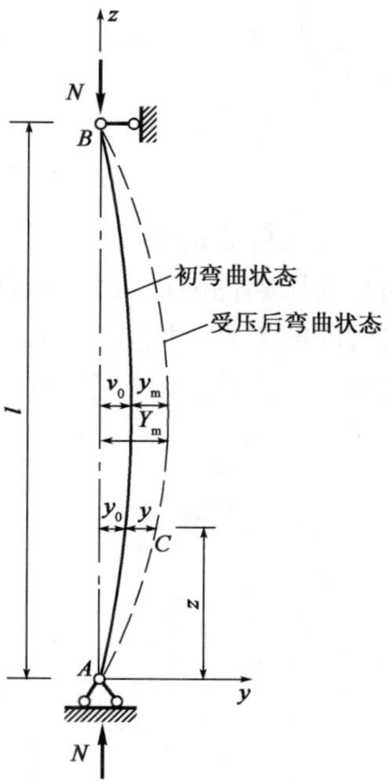

图 5-15　有初弯曲的轴心受压构件

式中，$N_E = \pi^2 EI/l^2$，称为欧拉临界力；令 $A_m = 1/(1 - N/N_E)$，称为初始挠度放大系数或弯矩放大系数，反映了初弯曲对弹性轴心受压构件的影响。任意截面的一阶弯矩为 $Nv_0 \sin(\pi z/l)$，二阶弯矩为 $A_m Nv_0 \sin(\pi z/l)$，二者之间的差别称为构件本身的二阶效应，简称 N-δ 效应。

由式(5-36)可知，构件的最大挠度 y_{max} 不是随着压力 N 按比例增加的，当压力达到构件的欧拉临界力 N_E，对于不同初弯曲的轴心受压构件，y_{max} 均达到无穷大。图 5-16 中的实线给出了 $v_0 = 1\text{mm}$ 和 $v_0 = 3\text{mm}$ 的轴心轴压构件的荷载-挠度曲线，对于弹性构件，曲线均以 $N = N_E$ 为水平渐进线。但在实际中的轴心受压构件，当其截面承受弯矩较大时，受力最大的截面边缘纤维开始屈服而进入塑性状态，使得构件的刚度降低，如图 5-16 中虚线所示。因此，初弯曲降低了轴心受压构件的承载力，其极限荷载与构件截面形式、长细比 λ、弯曲方向以及钢材的屈服强度 f_y 有关。

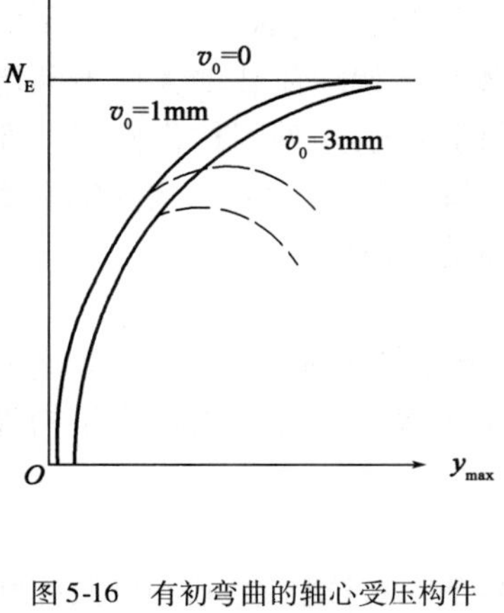

图 5-16　有初弯曲的轴心受压构件荷载挠度曲线

3）初偏心对轴心受压构件屈曲的影响

由于构造上的原因和构件截面尺寸的变异，作用在构件端部的轴压力实际上不可避免地会偏离截面的形心而形成初偏心 e_0，图 5-17 表示两端铰接、有初偏心 e_0 的轴心受压构件。在弹性弯曲状态下，可建立平衡微分方程如下：

$$EIy'' + Ny = -Ne_0 \tag{5-37}$$

令 $k^2 = N/EI$,可解得:

$$y = e_0\left(\cos kz + \frac{1 - \cos kl}{\sin kl}\sin kz - 1\right) \tag{5-38}$$

因此,构件中点的最大挠度为:

$$y_{\max} = e_0 \sec\frac{\pi}{2}\left(\sqrt{N/N_E} - 1\right) \tag{5-39}$$

有初偏心的轴心受压构件的荷载-挠度曲线如图 5-18 所示。从图 5-18 中可知,初偏心对轴心轴压构件的影响与初弯曲的影响类似,只是在影响的程度上有所差别,初弯曲对中等长细比构件的不利影响较大;初偏心的数值通常较小,除了对短杆有较明显的影响外,构件越长影响越小。因此,在研究实际构件的承载能力时,常把二者的影响一并考虑。

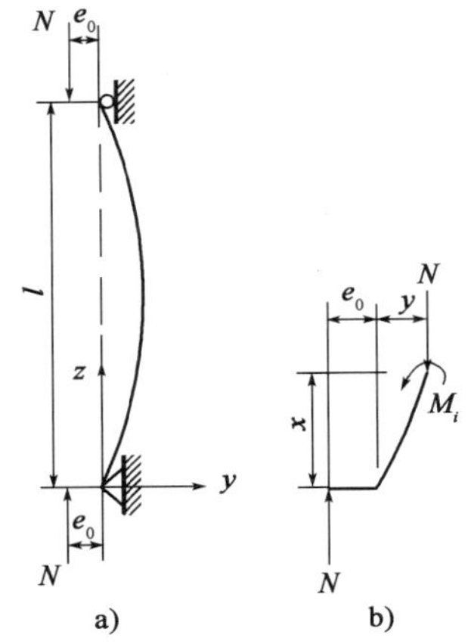

图 5-17　有初偏心的轴心受压构件

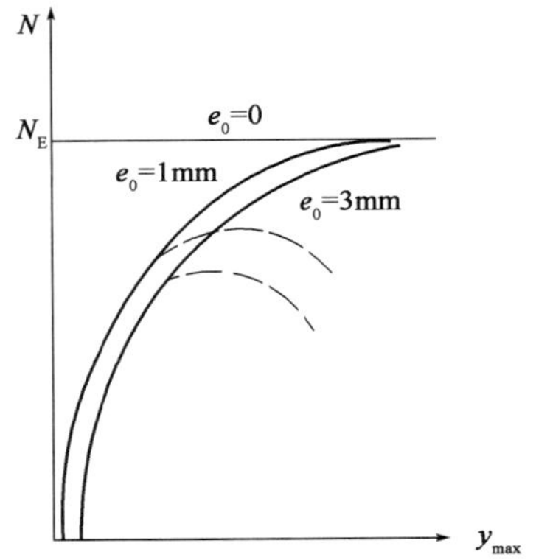

图 5-18　有初偏心的轴心受压构件荷载-挠度曲线

5.3.4　实际轴心受压构件整体稳定性计算

理想的轴心受压构件实际上是不存在的,总是存在各种初始缺陷,如初偏心、初弯曲、残余应力等。它们会在一定程度上影响轴心受压构件的稳定承载力,有的影响还很大,所以实际的轴心受压构件一经压力作用就产生挠度,其侧向弯曲变形从加载开始就随荷载增大而不断增加,其平衡路径没有分枝点,即构件的弯曲平衡形式没有发生质的变化,这种因构件侧向弯曲变形过大而丧失承载能力的现象,称为第二类稳定问题或称为极值点失稳。因此,实际轴心受压杆件除承受轴心力以外,还因为构件存在初始缺陷而变成偏心受压构件。

1)确定轴心受压构件整体稳定承载力的理论方法

轴心受压构件整体稳定的承载力与初始因素有关,这些初始因素对截面形状、尺寸和屈曲方向有很大关系,轴心受压构件的整体稳定承载力的计算非常烦琐复杂。确定轴心受压构件稳定承载力理论方法一般有以下三种:

(1)压屈曲理论

假定分析的对象为无缺陷的轴心受压构件,在弹性阶段主要是以欧拉临界力为基础,弹塑性阶段则以切线模量临界力为基础,提高安全系数值来考虑初始偏心、初始弯曲的不利影响。

这种理论采用压曲荷载(欧拉临界力或切线模量临界力)作为表征轴心受压构件承载力的指标(图 5-19 中的 N_{cr})。

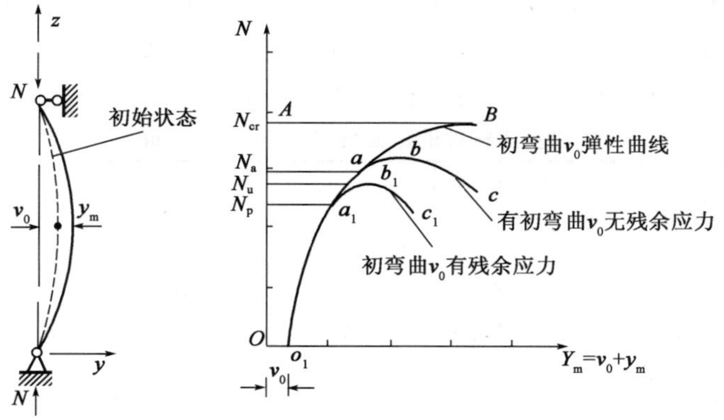

图 5-19 极限承载力理论

(2)边缘纤维屈服理论

假定分析对象为无残余应力的轴心受压构件,采用截面边缘纤维应力达到屈服点时的荷载作为表征轴心受压构件承载力的指标(图 5-19 中 N_a)。显然,边缘纤维屈服理论确定的轴心受压构件承载力并非最大承载力。因为边缘纤维屈服以后截面塑性还可以深入发展,压力还可以继续增加。为了方便,边缘屈服理论用构件的强度承载力代替了稳定承载力。

(3)压溃理论

也称之为最大强度理论或极限荷载理论,假定分析对象为有初始缺陷的轴心受压构件。综合考虑截面塑性深入发展,以构件最后破坏时所能承受的最大荷载值作为构件的极限承载能力值(图中 5-19 中 b 点)。

2)实际轴心受压构件的多柱子曲线

根据图 5-19 中两端铰接的轴心受压构件,可以把其划分为两类稳定问题,当构件处于无缺陷的理想轴心受压构件并且在弹性阶段失稳时,荷载-挠度曲线沿着 OAB 变化,其平衡状态在达到压曲荷载 N_{cr}时,由直线形式变成弯曲形式,这是第一类稳定问题。当轴心受压构件存在几何缺陷又有残余应力时,荷载-挠度曲线沿着 $o_1a_1b_1c_1$ 变化。其中 o_1a_1 为弹性阶段,在 a_1 点以后,构件截面开始进入弹塑性阶段。随着轴心荷载 N 的增加,截面塑性继续深入发展,挠度随 N 的增加而增加的速率加快,直到 b_1 点,继续增加 N 已经不能维持平衡,只能卸载,出现曲线下降段 b_1c_1。荷载-挠度曲线的极值点 b_1 表示由稳定问题变成不平衡问题,b_1 点对应的荷载 N_u 是临界荷载,即压溃荷载,它是构件不能维持内外力平衡时的极限承载力。当轴心受压构件有几何缺陷但是没有残余应力,荷载-挠度曲线沿 o_1abc 变化,其中 o_1a 为弹性阶段,a 点相应的荷载为边缘纤维屈服荷载。曲线 o_1abc 变化与 $o_1a_1b_1c_1$ 的变化类似,但是由于前者不存在残余应力,其极限荷载高于后者。实际轴心受压构件的平衡状态在失稳前后都是弯曲形式,没有发生突变,即属于前文所述的第二类稳定问题。具有初始缺陷的实际轴心受压柱的失稳按柱的压溃理论计算。

轴心受压柱的极限承载力取决于柱的初始弯曲、荷载的初始偏心、材料的不均匀性、截面形状和尺寸(表 5-5)、残余应力的分布峰值等因素。由于这些影响因素不会同时出现,计算中主要考虑初始弯曲和残余应力两个最不利因素，将相对初始弯曲的矢高（柱长的 $l/1\ 000$）作为"换算的几何缺陷"，对残余应力则根据杆件的加工条件来确定。然后将它视作压杆对待，采用数值积分法算出它的极限承载力，并以截面平均极限应力 σ_u 与屈服强度的比值 $\varphi=\sigma_u/f_y=N_u/Af_y$ 为纵坐标，以长细比 $\overline{\lambda}=\lambda\sqrt{f_y/235}$ 为横坐标，画出它的承载曲线（图 5-20）。该曲线是临界应力 σ_{cr} 与长细比 λ 之间的关系曲线，称为柱子曲线。

轴心受压构件的截面分类（板厚 $t<40$mm） 表 5-5

截面形式	对 x 轴	对 y 轴
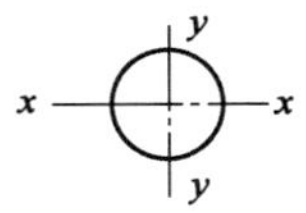 轧制	a 类	a 类
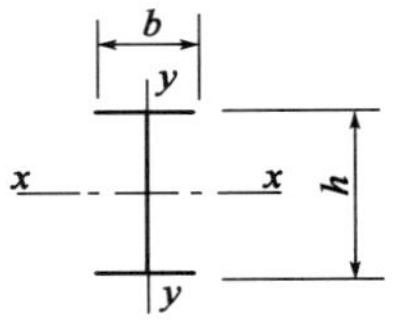 轧制，$b/h\leq0.8$	a 类	b 类
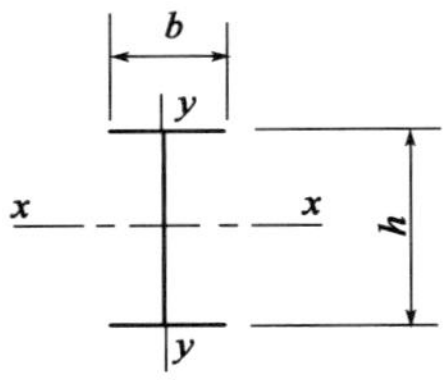 轧制，$b/h>0.8$；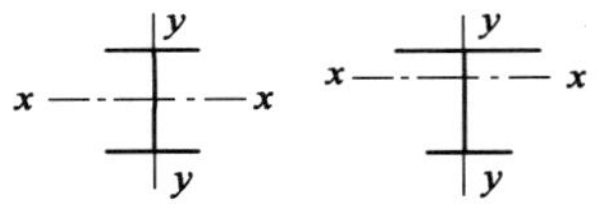 焊接，翼缘为焰切边；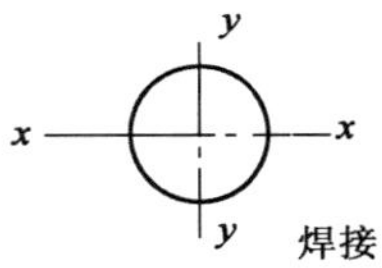 焊接；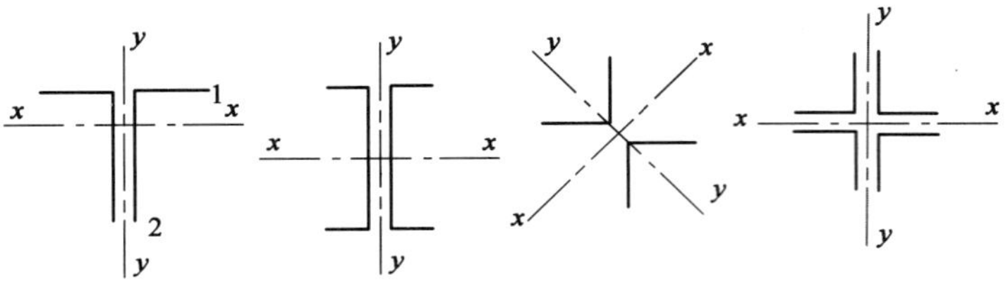 轧制；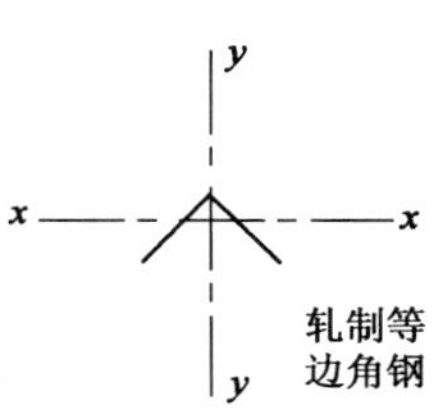 轧制等边角钢	b 类	b 类
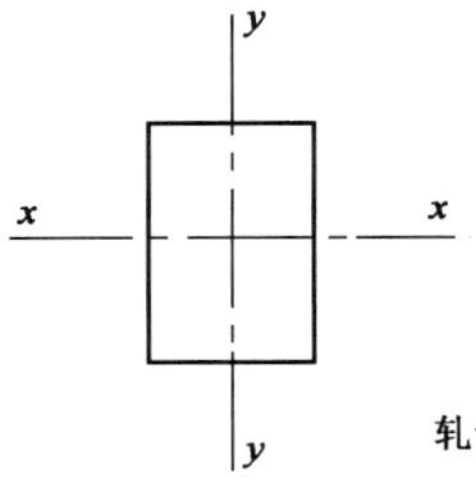 轧制，焊接（板件宽厚比>20）；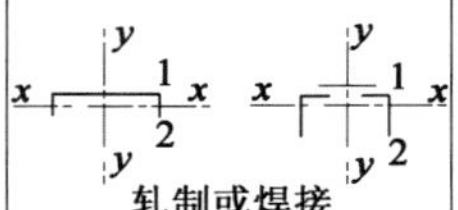 轧制或焊接	b 类	b 类

续上表

截面形式		对 x 轴	对 y 轴
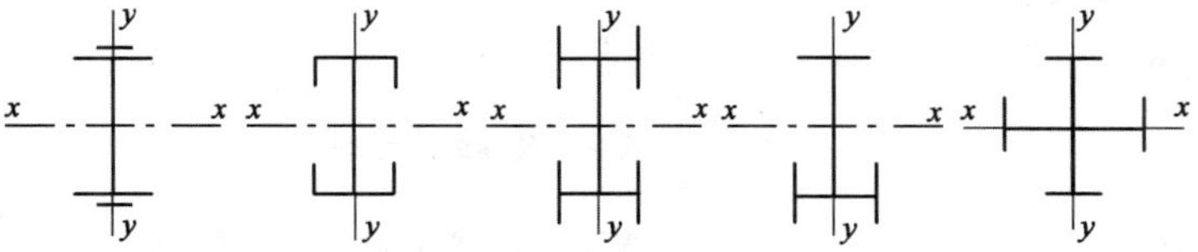 焊接	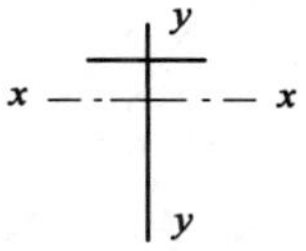 焊接，构件边缘的焰切	b 类	b 类
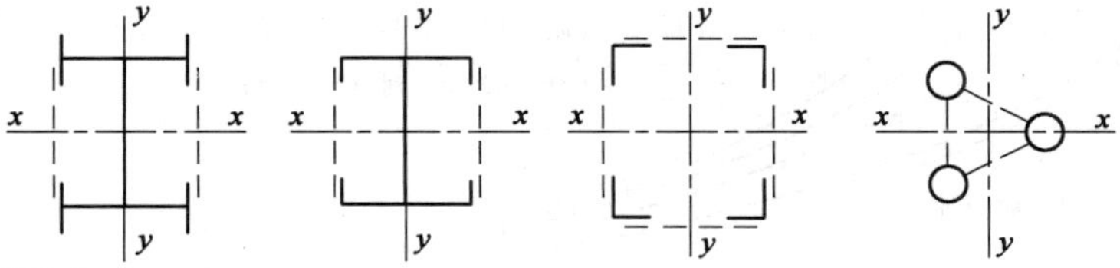 格构式			
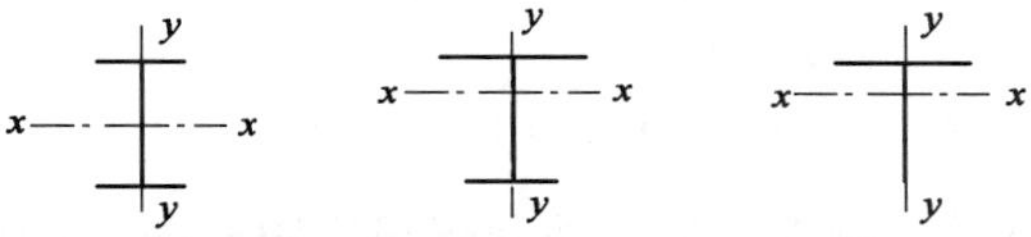 焊接，翼缘为轧制成剪切边		b 类	c 类
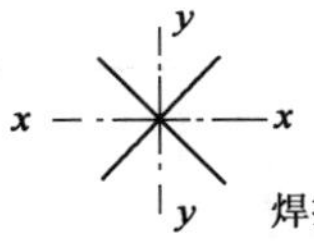 焊接，板件边缘轧制或剪切	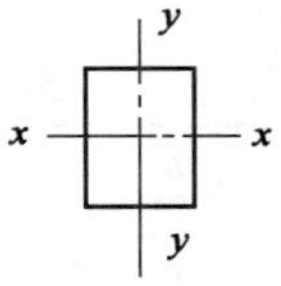 焊接，板件宽厚比≤20	c 类	c 类

如上所述，实际轴压柱的极限承载力与多因素有关，因此，各种不同截面形式和不同屈曲方向都有各自不同的柱子曲线，这些柱子曲线形成有一定宽度的分布带，如图 5-20 中的虚线围成的范围。如果用一条曲线来代表这个分布带，则变异系数太大，必然降低轴压杆的可靠度。为实用起见，可归并为几类代表性曲线，《钢结构设计规范》结合工程实际，将这些曲线合并归纳为 4 组，取每组中柱子曲线的平均值作为代表曲线，即图 5-20 中的曲线 a、b、c、d。在 $\lambda=40\sim120$ 的常用范围内，柱子曲线 a 比曲线 b 高 4% ~ 15%；而曲线 c 比曲线 b 低 7% ~ 13%；曲线 d 更低，主要用于厚板截面。

一般的截面属于 b 类。

轧制圆管以及轧制普通工字钢绕 x 轴失稳时，其残余应力影响很小，属于 a 类。

格构式构件绕虚轴的稳定计算，由于不宜采用截面发展塑性的最大强度准则，采用边缘屈服准则确定的 φ 值与曲线 b 接近，故属于 b 类。

当槽形截面用于格构式柱的分肢时，由于分肢的扭转变形收到缀材的牵制，所以计算分肢绕其自身对称轴失稳时，可用曲线 b。翼缘为轧制或剪切边的焊接工字形截面，绕弱轴失稳时边缘为残余压应力,使承载能力降低,故将其归入 c 类。

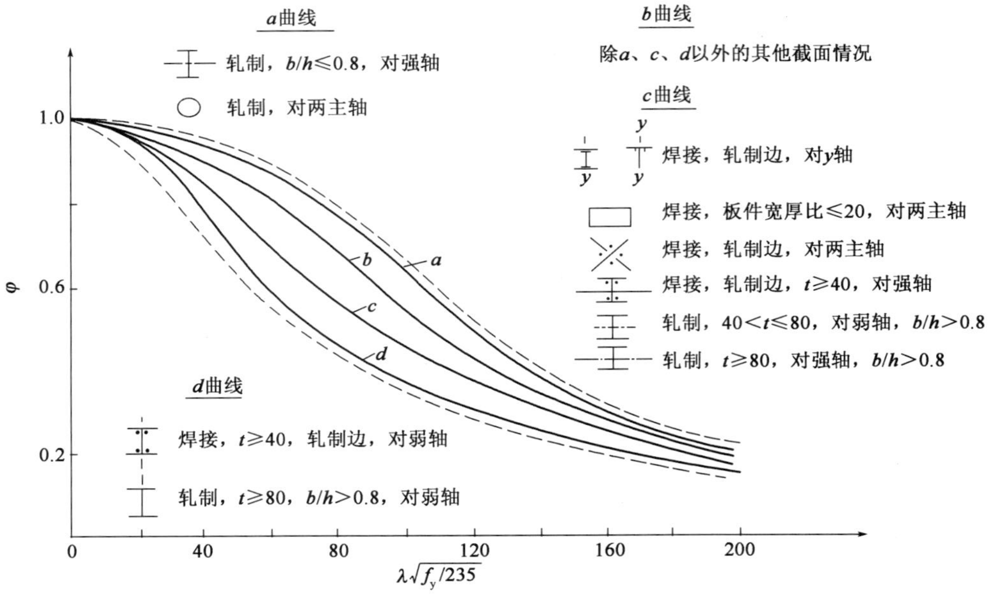

图 5-20 《钢结构设计规范》中的柱子曲线

板件厚度大于或等于 40mm 的轧制工字形截面和焊接实腹截面,残余应力不但沿板件宽度方向变化,在厚度方向的变化也比较显著。另外,厚板质量较差也会对稳定带来不利影响,故应按表 5-6 进行分类。

轴心受压构件的截面分类(板厚 $t \geqslant 40$mm)　　表 5-6

轧制工字形或H形截面 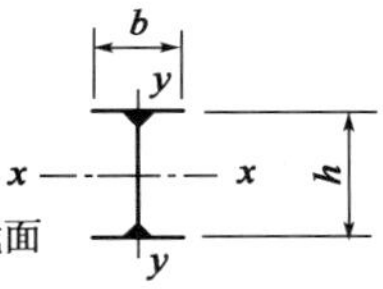	$t<80$	b 类	c 类
	$t \geqslant 80$	c 类	d 类
焊接工字形截面 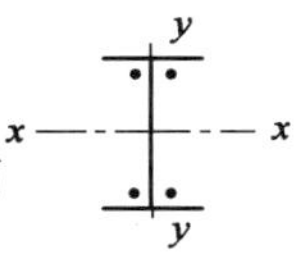	翼缘为焰切边	b 类	b 类
	翼缘为轧制或剪切边	c 类	d 类
焊接箱形截面 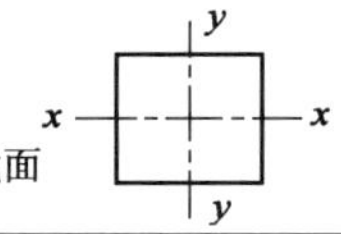	板件宽厚比 >20	b 类	b 类
	板件宽厚比 ≤20	c 类	c 类

3)《钢结构设计规范》中关于轴心受压构件的稳定计算方法

(1)计算公式

轴心受力构件的应力不应大于整体稳定的临界应力,考虑抗力分项系数 γ_R 后得到:

$$\sigma = \frac{N}{A} \leqslant \frac{\sigma_{cr}}{\gamma_R} = \frac{\sigma_{cr}}{f_y} \cdot \frac{f_y}{\gamma_R} = \varphi \cdot f \tag{5-40}$$

根据式(5-40),《钢结构设计规范》对轴心受压构件的整体稳定计算采用下列形式:

$$\frac{N}{\varphi A} \leqslant f \tag{5-41}$$

式中：φ——轴心受压构件的稳定系数，$\varphi = \sigma_{cr}/f_y$；

γ_R——抗力分项系数。

整体稳定系数 φ 值应根据表5-5、表5-6的截面分类和构件的长细比，按附录4查出来。

稳定系数 φ 值也可以拟合成伯利（Perry）公式的形式来表达，即

$$\varphi = \frac{\sigma_{cr}}{f_y} = \frac{1}{2}\left\{\left[1 + (1 + \varepsilon_0)\frac{\sigma_E}{f_y}\right] - \sqrt{\left[1 + (1 + \varepsilon_0)\frac{\sigma_E}{f_y}\right]^2 - 4\frac{\sigma_E}{f_y}}\right\} \tag{5-42a}$$

φ 值是按最大强度理论确定构件的极限承载力后再反算 λ 值。因此，式中的 ε_0 值实质为考虑初弯曲、残余应力等综合影响的等效初弯曲率。

《钢结构设计规范》中采用的四条柱子曲线对应 ε_0 值如下：

a类截面： $\varepsilon_0 = 0.152\bar{\lambda} - 0.014$

b类截面： $\varepsilon_0 = 0.300\bar{\lambda} - 0.035$

c类截面： $\begin{cases} \varepsilon_0 = 0.595\bar{\lambda} - 0.094 (\bar{\lambda} \leqslant 1.05) \\ \varepsilon_0 = 0.302\bar{\lambda} + 0.216 (\bar{\lambda} > 1.05) \end{cases}$

d类截面： $\begin{cases} \varepsilon_0 = 0.915\bar{\lambda} - 0.132 (\bar{\lambda} \leqslant 1.05) \\ \varepsilon_0 = 0.432\bar{\lambda} + 0.375 (\bar{\lambda} > 1.05) \end{cases}$

式中：$\bar{\lambda}$——无量纲长细比，$\bar{\lambda} = \frac{\lambda}{\pi}\sqrt{\frac{f_y}{E}}$。

上述 ε_0 值只适用于 $\bar{\lambda} > 0.215$（相当于 $\lambda > 20\sqrt{235/f_y}$）的情况，将以上 ε_0 值代入式(5-42a)，即得到当 $\bar{\lambda} > 0.215$ 时附表10-2中的 φ 值。

当 $\bar{\lambda} \leqslant 0.215$（即 $\lambda \leqslant 20\sqrt{235/f_y}$）时，伯利公式不再适用，《钢结构设计规范》采用一条近似曲线，使 $\bar{\lambda} = 0.215$ 与 $\bar{\lambda} = 0$（$\varphi = 1.0$）相衔接，即

$$\varphi = 1 - \alpha_1 \bar{\lambda}^2 \tag{5-42b}$$

系数 α_1 分别等于0.41（a类截面）、0.65（b类截面）、0.73（c类截面）和1.35（d类截面）。

（2）构件长细比 λ 的有关规定

①截面为双轴对称或极对称的构件：

$$\begin{cases} \lambda_x = \dfrac{l_{0x}}{i_x} \\ \lambda_y = \dfrac{l_{0y}}{i_y} \end{cases} \tag{5-43}$$

式中：l_{0x}, l_{0y}——构件对主轴 x 轴和 y 轴的计算长度；

i_x, i_y——构件截面对主轴 x 轴和 y 轴的回转半径。

对双轴对称十字形截面构件，在轴心压力作用下发生扭转屈曲，可采用扭转屈曲临界力与欧拉临界力相等，得到换算长细比 λ_z，由

$$N_z = \left(\frac{\pi^2 EI_\omega}{l_\omega^2} + GI_t\right)\frac{1}{i_0^2} = \frac{\pi^2 E}{\lambda_z^2}A$$

得到：

$$\lambda_z = \sqrt{\frac{Ai_0^2}{I_\omega/l_\omega^2 + GI_t/(\pi^2 E)}} = \sqrt{\frac{Ai_0^2}{I_\omega/l_\omega^2 + I_t/25.7}} \tag{5-44}$$

式中：i_0——截面对剪心的极回转半径，对双轴对称截面 $i_0^2 = i_x^2 + i_y^2$；

l_ω——扭转屈曲的计算长度，对两端铰接、端部截面可自由翘曲或两端嵌固、端部截面翘曲受到完全约束的构件，取 $l_\omega = l_{0y}$；

I_t——毛截面抗扭惯性矩；

I_ω——毛截面扇性惯性矩[对 T 形截面（轧制、双板焊接、双角钢组合）、十字形截面和角形截面，可近似取 $I_\omega = 0$]。

由换算长细比 λ_z 即可按弯曲失稳的柱子曲线获得稳定系数 φ 值。由于稳定系数 φ 中已考虑构件的初始缺陷和材料的非弹性，相当于扭转屈曲也间接考虑了这些非理想因素。

对常用的十字形双轴对称截面构件（图 5-21），换算长细比计算式（5-44）中 I_ω/l_ω^2 项影响甚小，通常可忽略不计，则：

$$\lambda_z = \sqrt{\frac{25.7Ai_0^2}{I_t}} = \sqrt{\frac{25.7(I_x + I_y)}{4 \times bt^3/3}} = 5.07b/t \tag{5-45}$$

故双轴对称的十字形截面轴心受压构件，只要 $\lambda_x = \lambda_y > \lambda_z$，就不会由扭转屈曲控制设计。

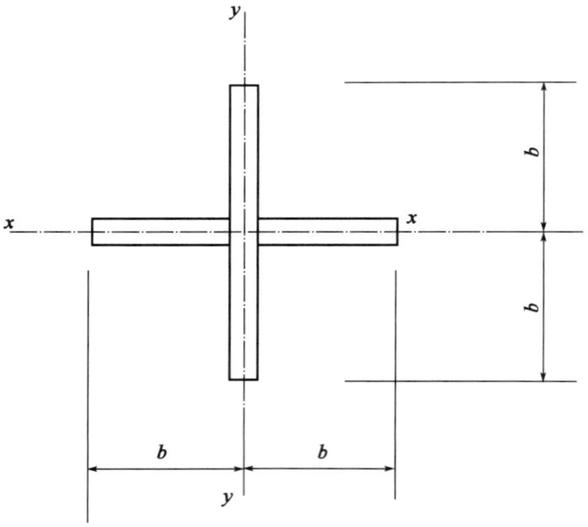

图 5-21　十字形截面

②截面为单轴对称的构件：

对于单轴对称截面，由于截面形心与剪心（即剪切中心）不重合，绕对称轴失稳时，在弯曲的同时总伴随着扭转，产生弯扭屈曲。在相同情况下，弯扭失稳比弯曲失稳的临界应力要低。因此，对 T 形和槽形等单轴对称截面绕对称轴失稳时，将完全弹性的弯扭屈曲临界力与欧拉临界力相比较，得到换算长细比，再以此计及扭转效应的换算长细比由弯曲失稳的柱子曲线获得稳定系数 φ 值。

令式（5-28）中的 $N = N_{cr} = \pi^2 EA/\lambda_{yz}^2$，$N_{Ey} = \pi^2 EA/\lambda_y^2$，$N_z = \pi^2 EA/\lambda_z^2$，可以解得单轴对称截

面轴心受压构件绕对称轴的换算长细比为：

$$\lambda_{yz}=\frac{1}{\sqrt{2}}\left[(\lambda_y^2+\lambda_z^2)+\sqrt{(\lambda_y^2+\lambda_z^2)^2-4\left(1-\frac{a_0^2}{i_0^2}\right)\lambda_y^2\lambda_z^2}\right]^{\frac{1}{2}} \tag{5-46}$$

式中：a_0——截面形心至剪心的距离；

i_0——截面对剪心的极回转半径；

λ_y——构件对对称轴的长细比；

λ_z——扭转屈曲的换算长细比；

A——毛截面面积。

单角钢截面和双角钢组合T形截面(图5-22)绕对称轴的换算长细比，可采用下列简化方法确定。

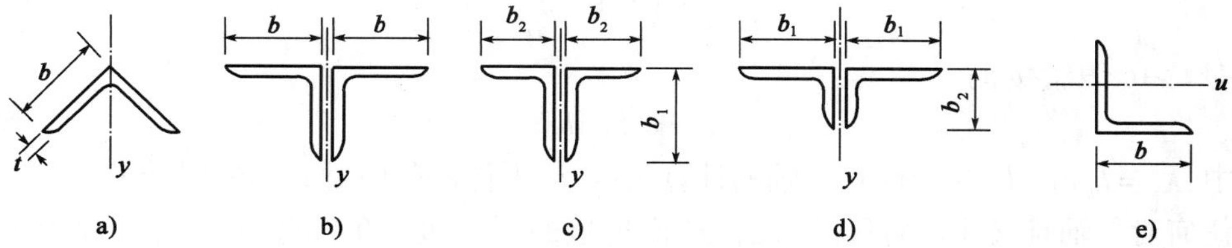

图5-22 单角钢截面和双角钢组合T形截面

a. 等边单角钢截面[图5-22a)]：

当 $b/t \leqslant 0.54 l_{0y}/b$ 时

$$\lambda_{yz}=\lambda_y\left(1+\frac{0.85b^4}{l_{0y}^2t^2}\right) \tag{5-47a}$$

当 $b/t > 0.54 l_{0y}/b$ 时

$$\lambda_{yz}=4.78\frac{b}{t}\left(1+\frac{l_{0y}^2t^2}{13.5b^4}\right) \tag{5-47b}$$

式中：b、t——角钢肢宽度和厚度。

b. 等边双角钢截面[图5-22b)]：

当 $b/t \leqslant 0.58 l_{0y}/b$ 时

$$\lambda_{yz}=\lambda_y\left(1+\frac{0.475b^4}{l_{0y}^2t^2}\right) \tag{5-48a}$$

当 $b/t > 0.58 l_{0y}/b$ 时

$$\lambda_{yz}=3.9\frac{b}{t}\left(1+\frac{l_{0y}^2t^2}{18.6b^4}\right) \tag{5-48b}$$

c. 长肢相拼的不等边双角钢截面[图5-22c)]：

当 $b_2/t \leqslant 0.48 l_{0y}/b_2$ 时

$$\lambda_{yz}=\lambda_y\left(1+\frac{1.09b_2^4}{l_{0y}^2t^2}\right) \tag{5-49a}$$

当 $b_2/t > 0.48 l_{0y}/b_2$ 时

$$\lambda_{yz}=5.1\frac{b_2}{t}\left(1+\frac{l_{0y}^2t^2}{17.4b_2^4}\right) \tag{5-49b}$$

d. 短肢相拼的不等边双角钢截面[图 5-22d)]：

当 $b_1/t \leqslant 0.56 l_{0y}/b_1$ 时，可近似取

$$\lambda_{yz} = \lambda_y \tag{5-50a}$$

其他情况

$$\lambda_{yz} = 3.7\frac{b_1}{t}\left(1 + \frac{l_{0y}^2 t^2}{52.7 b_1^4}\right) \tag{5-50b}$$

e. 单轴对称截面的轴心受压构件在绕非对称主轴以外的任一轴失稳时，应按照弯扭屈曲计算其稳定。当计算等边单角钢构件绕平行轴[图 5-22e)中的 u 轴]的稳定时，可用下式计算其换算长细比 λ_{uz}，并按 b 类截面确定 φ 值。

当 $b/t \leqslant 0.69 l_{0u}/b$ 时

$$\lambda_{uz} = \lambda_y\left(1 + \frac{0.25 b^4}{l_{0u}^2 t^2}\right) \tag{5-51a}$$

当 $b/t > 0.69 l_{0u}/b$ 时

$$\lambda_{uz} = 5.4 b/t \tag{5-51b}$$

式中，$\lambda_u = l_{0u}/i_u$，l_{0u} 为构件对 u 轴的计算长度，i_u 为构件截面对 u 轴的回转半径。

无任何对称轴且又非极对称的截面(单面连接的不等边单角钢除外)不宜用作轴心受压构件。

对单面连接的单角钢轴心受压构件，考虑折减系数后，可不考虑弯扭效应。当槽形截面用于格构式构件的分肢，计算分肢绕对称轴(y 轴)的稳定时，不必考虑扭转效应，直接由 λ_y 查出 φ_y 值。

4)《公路钢结构桥梁设计规范》中关于轴心受压构件的稳定计算方法

《公路钢结构桥梁设计规范》规定，轴心受压构件的稳定计算应考虑板件局部失稳与整体失稳的相关影响，采用有效截面和整体稳定系数的方法分别近似计算局部稳定和整体稳定对构件承载力的影响，见式(5-52)。

$$\frac{N}{\chi A_{\text{eff}}} + \frac{N e_y}{W_{x,\text{eff}}} + \frac{N e_x}{W_{y,\text{eff}}} \leqslant f_{\text{d}} \tag{5-52}$$

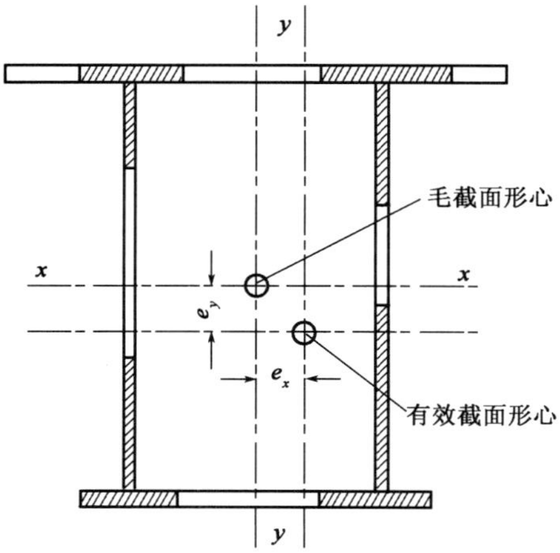

图 5-23　轴心受压构件有效截面偏心距

式中：N——轴心压力计算值($N = \gamma_0 N_{\text{d}}$)，当压力沿轴向变化时，取构件中间 1/3 部分的最大值；

χ——轴心受压构件整体稳定折减系数，取两主轴方向的较小值；

e_x、e_y——毛截面形心和有效截面形心在 x 轴、y 轴方向的投影距离，用于考虑有效截面偏心对构件强度和稳定承载力的影响如图 5-23 所示；

$W_{x,\text{eff}}$、$W_{y,\text{eff}}$——考虑局部稳定影响的有效截面相对于 x 轴和 y 轴的截面模量。

关于整体稳定系数 χ 的计算，《公路钢结构桥梁设计规范》考虑到实际钢结构不可避免地存在结构

与荷载的初始偏心和残余应力等,实际钢桥的失稳破坏为弹塑性极值稳定,仍采用压溃理论计算χ。因此,钢桥的稳定分析同样需要考虑结构的初始缺陷、几何非线性和材料非线性的影响。但构件处于弹塑性阶段时,应力-应变关系在发生变化,且考虑的因素较多,计算极限承载力极为困难。所以与《钢结构设计规范》相同,采用数值方法用计算机求解,并对比分析各个国家的轴心受压构件柱子曲线(图5-20),发现Eurocode中的柱子曲线与《钢结构设计规范》中的曲线比较接近。因此,《公路钢结构桥梁设计规范》最终参考了Eurocode中的相关规定,给出了整体稳定系数χ的计算方法,如式(5-53)。

显然,式(5-53b)与式(5-42a)类似,为构件不考虑局部失稳时计算整体稳定系数的伯利(Perry)公式,考虑到$\overline{\lambda}$较小时,Perry公式不再适用,采用一条直线($\chi = 1$,当$\overline{\lambda} \leqslant 0.2$时)与之相衔接。

$\overline{\lambda} \leqslant 0.2$时

$$\chi = 1 \tag{5-53a}$$

$\overline{\lambda} > 0.2$时

$$\chi = \frac{1}{2}\left[1 + \frac{1}{\overline{\lambda}^2}(1+\varepsilon_0) - \sqrt{\left[1 + \frac{1}{\overline{\lambda}^2}(1+\varepsilon_0)\right]^2 - \frac{4}{\overline{\lambda}^2}}\right] \tag{5-53b}$$

式中:$\overline{\lambda}$——相对长细比,$\overline{\lambda} = \sqrt{f_y/\sigma_{E,cr}} = (\lambda/\pi)\sqrt{f_y/E}$;

ε_0——考虑构件初弯曲、残余应力等综合影响的等效偏心率,$\varepsilon_0 = \alpha(\overline{\lambda} - 0.2)$;

α——轴心受压整体稳定折减系数的计算参数根据表5-7采用;

χ——轴心受压构件整体稳定折减系数,取两主轴方向的最小值。

轴心受压构件整体稳定折减系数的计算参数α表 表5-7

屈曲曲线类型	a	b	c	d
参数α	0.2	0.35	0.5	0.8

5.4 实腹式轴心受压构件的局部稳定

5.4.1 实腹式轴心受压构件局部稳定问题概述

如前所述,提高轴心受压构件整体稳定承载力的措施是尽可能采用宽展的截面以增大截面的惯性矩,从而达到节约钢材的目的。所以,实腹式轴心受压构件一方面采用钢板组合而成的工字形或箱形等截面形式,另一方面采用较薄的钢板组成构件。然而,组成实腹式轴心受压构件的板件本身也受到均匀轴心压应力,自身也存在稳定问题,而且板件越薄,越容易失稳。当其临界应力低于整体失稳的临界应力时,组成构件的板件失稳将在构件整体失稳之前发生,这种现象称为局部失稳。

板件的局部失稳并不一定导致整个构件丧失承载力,但是由于失稳的板件退出工作,将使受力的有效截面面积减小,同时可能使原本对称的截面变得不对称,从而促使构件整体破坏。因此,构件的局部稳定必须予以保证。

5.4.2 实腹式轴心受压构件局部失稳的临界应力

在组合构件中任取一板件，如图 5-24 所示。根据弹性理论，建立弹性失稳时的平衡微分方程详见本书 4.4.2 节，求解得到板件的临界应力公式为：

$$\sigma_{cr} = \frac{\chi k \pi^2 E}{12(1-\nu^2)}\left(\frac{t}{b}\right)^2 \tag{5-54}$$

式中各参数详见 4.4.2 节。

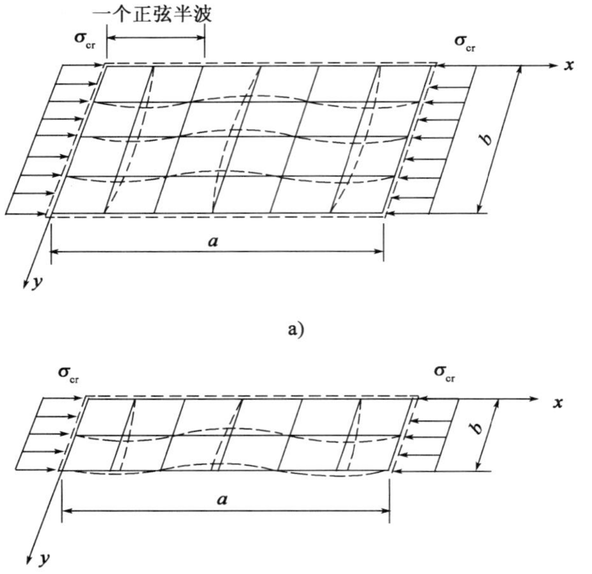

a)

b)

图 5-24 四边简支和三边简支一边自由板的屈曲

当板件在弹塑性阶段屈曲时，板件在受力方向的变形是非线性的，可用切线模量 $E_t = \eta E$ 来表示其应力-应变的变化规律，但在垂直于受力方向仍为线弹性。此时其临界应力用下式确定：

$$\sigma_{cr} = \frac{\chi k \pi^2 E\sqrt{\eta}}{12(1-\nu^2)}\left(\frac{t}{b}\right)^2 \tag{5-55}$$

式中，η 为弹性模量折减系数，根据轴心受压构件局部稳定的试验资料可取为：

$$\eta = 0.1013\lambda^2\left(1 - 0.0248\lambda^2\frac{f_y}{E}\right)\frac{f_y}{E} \tag{5-56}$$

从上式可知，组成受压构件的板件的厚宽比（t/b）越大，其临界力越大；反之，则越小。

5.4.3 实腹式轴心受压构件局部稳定的验算方法

为了保证实腹式轴心受压构件的局部稳定，通常采用限制其板件宽（高）厚比的方法来实现。确定板件宽（高）厚比限值的原则有两种：

（1）使构件应力达到屈服前其板件不发生局部屈曲，即局部屈曲应力不低于屈服应力；

(2)使构件整体屈曲前其板件不发生局部屈曲,即局部屈曲临界应力不低于整体屈曲临界应力,也称等稳定性准则。

《钢结构设计规范》和《公路钢结构桥梁设计规范》在规定轴心受压构件宽厚比限值时,主要采用准则(2),在长细比很小时参照准则(1)加以调整。当轴心受压构件采用轧制型钢,如工字钢、H 型钢、槽钢、T 型钢、角钢等,其翼缘和腹板一般都有较大厚度,宽(高)比相对较小,都能满足局部稳定要求,可不作验算。但对于焊接组合截面构件,一般采用限制板件宽(高)比的办法来保证局部稳定。

1)《钢结构设计规范》中轴心压杆局部稳定验算方法

根据局部稳定和整体稳定的等稳定性,应保证板件的局部稳定临界应力 σ_{cr} 不小于构件整体稳定的临界力 φf_y:

$$\frac{\chi k\pi^2 E\sqrt{\eta}}{12(1-\nu^2)}\left(\frac{t}{b}\right)^2 \geqslant \varphi f_y \tag{5-57}$$

(1)工字形截面

由于工字形截面[图 5-25a)]的腹板一般较薄,对翼缘板几乎没有嵌固作用,因此,翼缘可视为三边简支一边自由的均匀受压板,取屈曲系数 $k=0.425$,弹性嵌固系数 $\chi=1.0$。而腹板可视为四边简支板,屈曲系数 $k=4$。当腹板屈曲时,翼缘板作为腹板纵向边的支承,对腹板起到一定的弹性嵌固作用,可使腹板的临界应力提高,根据试验可取弹性嵌固系数 $\chi=1.3$。由式(5-57)可分别得到翼缘板外伸部分的宽厚比 b'/t 与长细比 λ 的关系曲线以及腹板高厚比 h_0/t_w 与长细比 λ 的关系曲线。两种曲线的关系式都较为复杂,为了便于应用,《钢结构设计规范》采用下列简化的直线式表达:

翼缘

$$\frac{b'}{t} \leqslant (10+0.1\lambda)\sqrt{\frac{235}{f_y}} \tag{5-58}$$

腹板

$$\frac{h_0}{t_w} \leqslant (25+0.5\lambda)\sqrt{\frac{235}{f_y}} \tag{5-59}$$

式中:λ——构件两方向长细比的较大值(当 $\lambda<30$ 时,取 $\lambda=30$;当 $\lambda>100$ 时,取 $\lambda=100$)。

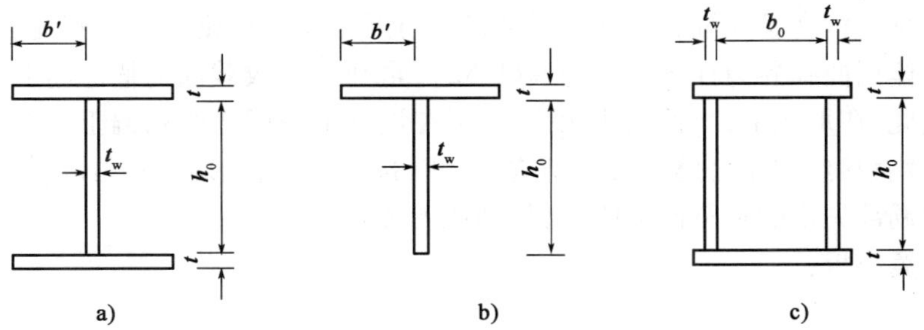

图 5-25 轴心受压构件板件宽厚比

(2)T 形截面

T 形截面[图 5-25b)]轴心受压构件的翼缘板外伸宽度 b' 与厚度 t 之比和工字形截面相同,其翼缘板 b'/t 限值按式(5-58)计算。

T形截面的腹板也是三边支承一边自由的板，但它受到翼缘弹性嵌固作用稍强，《钢结构设计规范》规定腹板高厚比 h_0/t_w 的限值按下列规定计算。

热轧剖分T型钢：

$$\frac{h_0}{t_w} \leqslant (15 + 0.2\lambda)\sqrt{\frac{235}{f_y}} \tag{5-60}$$

焊接T型钢：

$$\frac{h_0}{t_w} \leqslant (13 + 0.17\lambda)\sqrt{\frac{235}{f_y}} \tag{5-61}$$

式中，λ 的取值同上。

(3)箱形截面

箱形截面[图5-25c)]轴心受压构件的翼缘和腹板在受力状态上并无区别，均为四边支承板，翼缘和腹板的刚度接近，可取 $\chi = 1$。《钢结构设计规范》采用准则(1)，得到的宽厚比限值与构件的长细比无关，即

$$\frac{b_0}{t} \leqslant 40\sqrt{\frac{235}{f_y}} \tag{5-62}$$

$$\frac{h_0}{t_w} \leqslant 40\sqrt{\frac{235}{f_y}} \tag{5-63}$$

(4)圆管截面

圆管截面属于圆柱壳，根据弹性稳定理论，无缺陷的圆柱壳(外径为 D，管壁厚度为 t)在均匀轴心压力下的弹性屈曲临界应力为：

$$\sigma_{cr} = 1.21\frac{Et}{D} \tag{5-64}$$

由于壳体屈曲对缺陷的敏感性大，所以圆管的缺陷对 σ_{cr} 的影响显著，一般要将理论计算结果折减很多，并且局部屈曲往往发生在弹塑性阶段，弹性临界应力仍需加以修正。《钢结构设计规范》规定：

$$\frac{D}{t} \leqslant 100\left(\frac{235}{f_y}\right) \tag{5-65}$$

2)《公路钢结构桥梁设计规范》中轴心压杆局部稳定验算方法

公路桥梁钢结构在验算轴心压杆的局部稳定时所采用的原则仍是等稳定性原则，但由于轴心压杆的整体屈曲临界力计算公式为式(5-52)，是利用有效截面的概念将其表达成强度计算的形式。因此，在形式上，与长细比无关，为了在设计中使用方便和偏于安全，《公路钢结构桥梁设计规范》直接给出了公路桥梁钢结构中常用的H形和箱形截面形式的构件在轴心受压情况下不发生局部失稳的宽厚比限值(与长细比无关)。

H形截面翼缘板：

$$\frac{b}{t} \leqslant 12\sqrt{\frac{345}{f_y}} \tag{5-66}$$

H形截面腹板、箱形截面翼缘板和腹板：

$$\frac{b}{t} \leqslant 30\sqrt{\frac{345}{f_y}} \tag{5-67}$$

5.4.4 加强实腹式轴心受压构件局部稳定的措施

当工字形截面的腹板高厚比 h_0/t_w 不满足要求时，除了加厚腹板外，还可以采用有效截面的概念进行计算。《公路钢结构桥梁设计规范》在验算构件整体稳定时，采用了考虑板件局部失稳的有效截面 A_{eff}、W_{eff}，因此，公路桥梁钢结构在验算轴心压杆的整体稳定性时，已引入了板件局部失稳的概念；但是《钢结构设计规范》在验算构件整体稳定时是没有考虑板件的局部失稳因素的，因此，建筑钢结构中的轴心压杆不满足局部稳定要求时可采用有效截面，但计算方法不同于《公路钢结构桥梁设计规范》中的规定，计算时腹板截面面积仅考虑两侧宽度各为 $20t_w\sqrt{235/f_y}$ 的部分，如图 5-26 所示，但在计算构件的长细比和整体稳定系数 φ 时，仍采用全截面。

当腹板高厚比不满足要求时，还可以采用在腹板中部设置纵向加劲肋的方法予以加强，纵向加劲肋宜在腹板两侧成对配置。加劲肋单侧外伸宽度和厚度需满足：

$$b_z \geq 10t_w, t_z \geq 0.75t_w \tag{5-68}$$

纵向加劲肋通常在横向加劲肋之间设置，此时加强后的腹板仍按式(5-59)计算，但 h_0 应取翼缘与纵向加劲肋之间的距离，如图 5-27 所示。

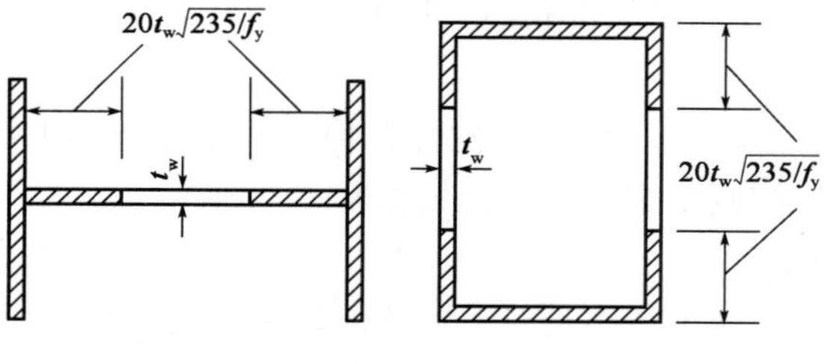

图 5-26 腹板屈曲的有效截面

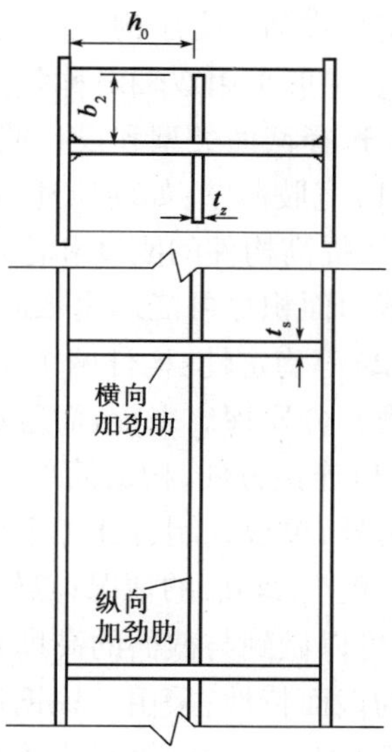

图 5-27 纵向加劲肋加强腹板

5.5 实腹式轴心受压构件的设计

实腹式轴心受压构件一般采用双轴对称截面，以避免弯扭失稳。常用截面形式有型钢截面和组合截面两种，如图 5-28 所示。

实腹式轴心受压构件进行截面选择时，一般应根据内力大小、两方向的计算长度以及制造加工、材料供应等情况综合进行考虑。

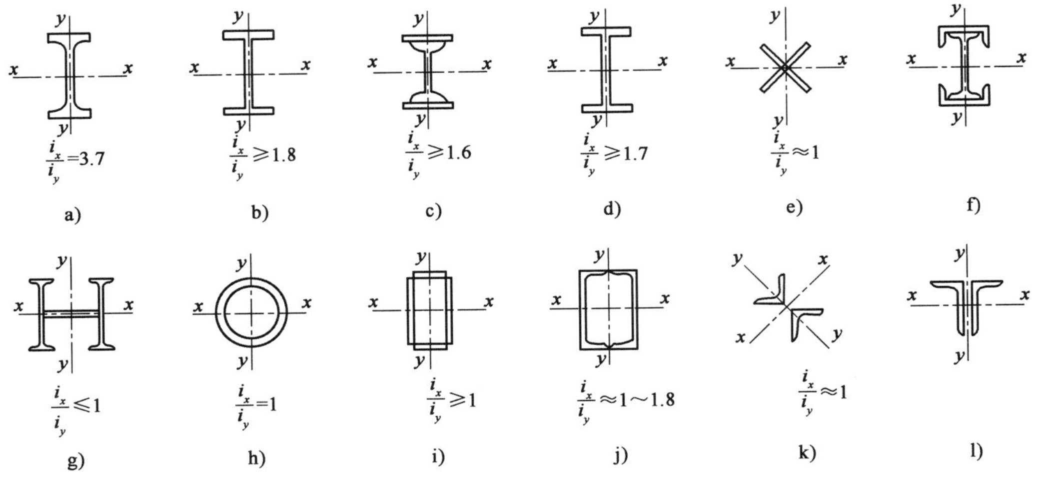

图 5-28 轴心受压实腹柱的截面形式

5.5.1 实腹式轴心受压构件截面设计原则

实腹式轴心受压构件的截面形式有型钢和组合截面两种类型，如图 5-1 所示，为了避免弯扭失稳，一般采用双轴对称截面。

在选择截面类型和设计截面尺寸时，应考虑以下几个原则：

(1)宽肢薄壁：如前所述，宽展的截面形式及尺寸，可以获得较大的截面惯性矩和回转半径，从而提高构件的刚度和稳定承载力。因此，在满足局部稳定(板件宽厚比限值)的前提下，应使截面面积尽可能远离截面形心。

(2)等稳定性：构件两个主轴方向等稳定，即 $\varphi_x=\varphi_y$，会使构件失稳时两主轴方向的稳定承载力充分发挥出来，从而避免仅由某个方向控制稳定承载力造成浪费。

(3)连接方便，构造简单，制造省工，取材方便。

另外，单根轧制普通工字钢由于对 y 轴的回转半径小于对 x 轴的回转半径，因而仅适用于计算长度 $l_{0x}\geqslant3l_{0y}$ 的情况；热轧宽翼缘 H 型钢(HW)的最大优点是制造省工、腹板较薄、翼缘较宽，可以做到与截面的高度相同，以使截面回转半径加大，从而减小构件的长细比，因而具有很好的截面特性；采用三块钢板焊接而成的工字形及十字形组合截面，易使截面分布合理，制造也不复杂；采用型钢组成的截面适用于承受压力很大的柱；圆管截面由于两个方向的回转半径相同，最适合于两个方向计算长度相同的轴心受压柱，但与其他构件的连接和构造稍复杂。

5.5.2 实腹式轴心受压构件截面设计

选择实腹式轴心受压构件截面时，首先应根据轴心压力的设计值和计算长度选定合适的截面形式，再初步确定截面尺寸，然后进行强度、刚度、整体稳定和局部稳定等验算。具体步骤如下：

(1)假定构件的长细比 λ，求出需要的截面面积 A。一般假定构件的长细比 $\lambda=50\sim100$，当压力大而计算长度小时，取较小值；反之，取较大值。根据 λ、截面分类和钢材级别可查得整

体稳定系数 φ，则所需要的截面面积为：

$$A_{\mathrm{req}} = \frac{N}{\varphi f} \tag{5-69}$$

（2）根据假定的 λ 值和等稳定条件，确定两个主轴所需要的回转半径。

$$i_{x,\mathrm{req}} = \frac{l_{0x}}{\lambda}, i_{y,\mathrm{req}} = \frac{l_{0y}}{\lambda} \tag{5-70}$$

（3）由计算的截面面积 A 和两个主轴的回转半径 i_x、i_y 优先选用轧制型钢，如普通工字钢、H 型钢等。当现有型钢规格不满足所需截面尺寸时，可以采用组合截面，此时需要首先初步选定截面的轮廓尺寸，一般是根据回转半径由下式确定所需截面的高度 h 和宽度 b：

$$h_{\mathrm{req}} \approx \frac{i_{x,\mathrm{req}}}{\alpha_1}, b_{\mathrm{req}} \approx \frac{i_{y,\mathrm{req}}}{\alpha_2} \tag{5-71}$$

式中，α_1 和 α_2 为系数，表示一种近似的数值关系，对于型钢截面可由附录 9 得。

（4）由所需要的 A、h、b 等，同时考虑构造要求、局部稳定以及钢材规格等，确定截面的初选尺寸。由于假定的 λ 值不一定恰当，初选的截面可能会使板件厚度过大或过小，此时可适当调整 h 和 b，一般 h_0 和 b 宜取 10mm 的倍数，t 和 t_w 宜取 2mm 的倍数且应符合钢板规格，t_w 应比 t 小，但一般不小于 4mm。

（5）依照上述步骤初选截面后，分别按式（5-1）、式（5-9）和式（5-41）等进行刚度、整体稳定和局部稳定的验算。如果截面有孔洞削弱，还应按式（5-2）进行强度验算。如果验算结果不完全满足要求，则应调整截面尺寸后重新验算，直到满足各项要求为止。

通常公路桥梁钢结构在设计时，可先根据整体稳定的要求来选择截面的形式和尺寸，然后验算局部稳定和刚度。在轴心受压构件整体稳定的计算公式中，大多数杆件的毛截面形心和有效截面形心在 x 轴、y 轴方向的投影距离 e_x、e_y 很小，可忽略 $Ne_y/W_{x,\mathrm{eff}}$ 和 $Ne_x/W_{y,\mathrm{eff}}$ 两项的影响，故可按公式 $N/A_{\mathrm{m}} \leqslant f_{\mathrm{d}}$ 拟定毛截面面积。轴心压力计算值 $N = \gamma_0 N_{\mathrm{d}}$ 和钢材的设计强度 f_{d} 已知，整体稳定折减系数 χ 与压杆的长细比 λ 有关，而 λ 又与截面的回转半径 i 有关。因此，在截面尺寸未确定之前 A_{m} 和 χ 均为未知数。常用的方法是先假定一个长细比 λ 值，选择截面形式，根据长细比和截面分类计算得到整体稳定折减系数 χ，由公式（5-52）计算得到 A_{m}，再进行强度、刚度、整体稳定和局部稳定验算。

5.5.3 实腹式轴心受压构件构造要求

当实腹式轴心受压构件的腹板高厚比 $h_0/t_w > 80\sqrt{235/f_y}$ 时，为防止腹板在施工和运输过程中发生变形，提高构件的抗扭刚度，应设置横向加劲肋。横向加劲肋一般双侧布置，间距不得大于 $3h_0$，双侧加劲肋的截面尺寸要求如下：

外伸宽度

$$b_s \geqslant \frac{h_0}{30} + 40(\mathrm{mm}) \tag{5-72}$$

厚度

$$t_s \geqslant \frac{1}{15}b_s \tag{5-73}$$

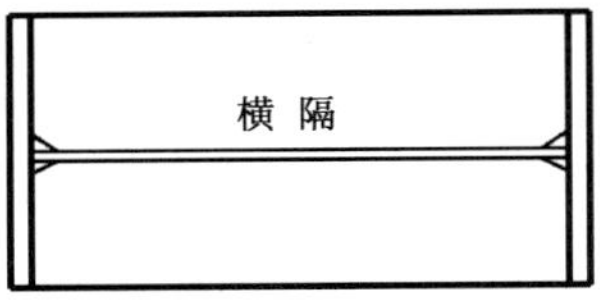

图 5-29　横隔

此外，为了保证构件截面几何形状不变，提高构件抗扭刚度，以及传递必要的内力，对大型实腹式构件（工字形或箱形），在受到较大横向力处和每个运输单元的两端应设置横隔（图 5-29），构件较长时还应设置中间横隔，横隔的间距不得大于构件较大宽度的 9 倍或 8m。

工字形截面实腹式构件的横隔只能用钢板，它与横向加劲肋的区别在于横隔与翼缘同宽，而横向加劲肋则通常较窄。箱形截面实腹式构件的横隔，有一边或两边不能预先焊接，可先焊两边或三边，装配后再在构件壁钻孔用电渣焊焊接其他边。

实腹式轴心受压构件翼缘与腹板的纵向连接焊缝受力很小，不必计算，可按构造要求确定焊缝尺寸。

例题 5-3 承受轴向压力计算值为 4 170kN 的焊接钢箱梁，杆长 $l=8\text{m}$，一端铰接，一端固定（图 5-30），钢材采用 Q345，容许最大长细比 $[\lambda]=100$，试用《公路钢结构桥梁设计规范》设计该轴心受压焊接钢箱梁构件。

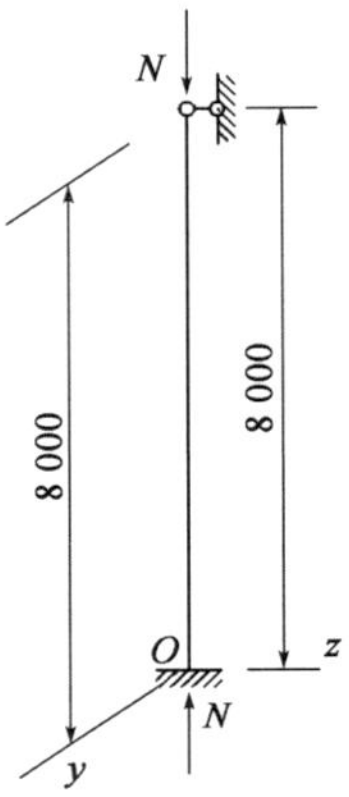

图 5-30　例题 5-3

解：(1) 初选截面尺寸

设选用的钢板厚度为 10 ~ 16mm，由附表 1-1 查询得 $f_d=275\text{MPa}$。

假定 $\lambda=60$，则弦杆的相对长细比为：

$$\bar{\lambda}=\frac{\lambda}{\pi}\sqrt{\frac{f_y}{E}}=\frac{60}{\pi}\times\sqrt{\frac{345}{2.06\times10^5}}=0.782>0.2$$

采用焊接钢箱梁截面，查询表 5-5 可知截面分类为 b 类，查询计算参数 $\alpha=0.35$，$\varepsilon_0=\alpha(\bar{\lambda}-0.2)=0.35\times(0.782-0.2)=0.20$，由此计算整体稳定折减系数 χ 为：

$$\chi=\frac{1}{2}\left\{1+\frac{1}{\bar{\lambda}^2}(1+\varepsilon_0)-\sqrt{\left[1+\frac{1}{\bar{\lambda}^2}(1+\varepsilon_0)\right]^2-\frac{4}{\bar{\lambda}^2}}\right\}$$

$$=\frac{1}{2}\left\{1+\frac{1}{0.782^2}(1+0.20)-\sqrt{\left[1+\frac{1}{0.782^2}(1+0.20)\right]^2-\frac{4}{0.782^2}}\right\}$$

$$=0.734$$

焊接钢箱梁所需的截面面积为：

$$A_{m,req}=\frac{N}{\chi f_d}=\frac{4\,170\times10^3}{0.734\times275}=20\,658.91(\text{mm}^2)$$

查询表 5-3 得弦杆计算长度 $l_{0x}=l_{0y}=0.8l=0.8\times8\,000=6\,400\text{mm}$，则所需截面回转半径为：

$$i_{y,req}=\frac{l_{0y}}{\lambda}=\frac{0.8\times8\,000}{60}=106.67(\text{mm}),\ i_{x,req}=\frac{l_{0x}}{\lambda}=\frac{0.8\times8\,000}{60}=106.67(\text{mm})$$

由构件截面形式及回转半径近似值得 $i_x=0.40h$，$i_y=0.40b$，则有：

$$h=\frac{106.67}{0.40}=266.675(\mathrm{mm}),b=\frac{106.67}{0.40}=266.675(\mathrm{mm})$$

选翼缘板宽度为 $b=400\mathrm{mm}$,腹板宽度为 $h=380\mathrm{mm}$,根据需要的截面面积 A 及大致的轮廓尺寸 $b\times h$,选取截面如下:

翼缘板　　400×16

腹板　　380×12

实际面积为:

$$A_m=2\times16\times400+2\times12\times380=21\,920(\mathrm{mm}^2)$$

(2)截面稳定验算

实际设计截面如图 5-31a)所示,翼缘板和腹板的有效宽度分别按附录 12 计算;

翼缘板:翼缘板为四边简支,弹性屈曲系数为 $k=4$,则:

$$\overline{\lambda}_{\mathrm{p}}=1.05\left(\frac{b-2t}{t_{\mathrm{f}}}\right)\sqrt{\frac{f_{\mathrm{y}}}{EK}}=1.05\times\frac{376}{16}\times\sqrt{\frac{345}{2.06\times10^5\times4}}=0505>0.4$$

故需要考虑局部屈曲对强度的影响,根据附表 12-3 有:

$$\varepsilon_0=0.8\times(\overline{\lambda}_{\mathrm{p}}-0.4)=0.8\times(0.505-0.4)=0.084$$

$$\rho=\frac{1}{2}\left\{1+\frac{1}{\overline{\lambda}_{\mathrm{p}}^2}(1+\varepsilon_0)-\sqrt{\left[1+\frac{1}{\overline{\lambda}_{\mathrm{p}}^2}(1+\varepsilon_0)\right]^2-\frac{4}{\overline{\lambda}_{\mathrm{p}}^2}}\right\}$$

$$=\frac{1}{2}\left\{1+\frac{1}{0.505^2}(1+0.084)-\sqrt{\left[1+\frac{1}{0.505^2}(1+0.084)\right]^2-\frac{4}{0.505^2}}\right\}$$

$$=0.902$$

翼缘板的有效宽度为 $b_{\mathrm{e}}=\rho b=0.902\times400=360.8(\mathrm{mm})$ 。

腹板:腹板为四边简支,弹性屈曲系数为 $K=4$,则:

$$\overline{\lambda}_{\mathrm{p}}=1.05\left(\frac{h}{t_{\mathrm{w}}}\right)\sqrt{\frac{f_{\mathrm{y}}}{EK}}=1.05\times\frac{380}{12}\times\sqrt{\frac{345}{2.06\times10^5\times4}}=0.68>0.4$$

故需要考虑局部屈曲对强度的影响,根据附表 12-3 有:

$$\varepsilon_0=0.8\times(\overline{\lambda}_{\mathrm{p}}-0.4)=0.8\times(0.68-0.4)=0.224$$

$$\rho=\frac{1}{2}\left\{1+\frac{1}{\overline{\lambda}_p^2}(1+\varepsilon_0)-\sqrt{\left[1+\frac{1}{\overline{\lambda}_p^2}(1+\varepsilon_0)\right]^2-\frac{4}{\overline{\lambda}_p^2}}\right\}$$

$$=\frac{1}{2}\left\{1+\frac{1}{0.68^2}(1+0.224)-\sqrt{\left[1+\frac{1}{0.68^2}(1+0.224)\right]^2-\frac{4}{0.68^2}}\right\}$$

$$=0.746$$

腹板有效宽度为 $h_{\mathrm{e}}=\rho h=0.746\times380=283.3(\mathrm{mm})$。

考虑局部稳定影响的焊接钢箱梁有效截面面积[图 5-31b)]:

$$A_{\mathrm{eff,c}}=2b_{\mathrm{e}}t+2h_{\mathrm{e}}t_{\mathrm{w}}=2\times16\times360.8+2\times12\times283.3=18\,344.8(\mathrm{mm}^2)$$

则,$\sigma=\dfrac{N}{A_{\mathrm{eff,c}}}=\dfrac{4\,170\times10^3}{18\,344.8}=227.3(\mathrm{MPa})<f_{\mathrm{d}}=275\mathrm{MPa}$,强度满足要求。

(3)整体稳定性验算

$$I_x=\frac{1}{12}(400\times412^3-376\times380^3)-2\times39.2\times16\times198^2-\frac{2\times12\times96.7^3}{12}=5.610\times10^8(\mathrm{mm}^4)$$

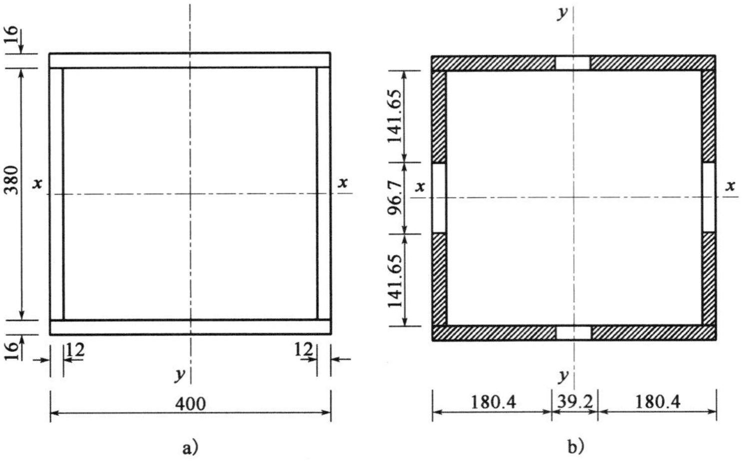

图 5-31 钢箱梁的截面尺寸及有效截面尺寸

$$I_y = \frac{1}{12}(400^3 \times 412 - 376^3 \times 380) - 2 \times 96.7 \times 12 \times 194^2 - \frac{2 \times 16 \times 39.2^3}{12} = 4.265 \times 10^8 (\mathrm{mm}^4)$$

$$i_x = \sqrt{\frac{I_x}{A_{\mathrm{eff,c}}}} = \sqrt{\frac{5.610 \times 10^8}{18\,344.8}} = 174.87(\mathrm{mm})$$

$$i_y = \sqrt{\frac{I_y}{A_{\mathrm{eff,c}}}} = \sqrt{\frac{4.265 \times 10^8}{18\,344.8}} = 152.5(\mathrm{mm})$$

$$\lambda_x = \frac{l_{0x}}{i_x} = \frac{0.8 \times 8\,000}{174.87} = 36.60$$

$$\lambda_y = \frac{l_{0y}}{i_y} = \frac{0.8 \times 8\,000}{152.5} = 41.97$$

$$\bar{\lambda} = \frac{\lambda_{\max}}{\pi}\sqrt{\frac{f_y}{E}} = \frac{41.97}{\pi} \times \sqrt{\frac{345}{2.06 \times 10^5}}$$

$$= 0.547 > 0.2$$

$$\varepsilon_0 = \alpha(\bar{\lambda} - 0.2) = 0.35 \times (0.547 - 0.2) = 0.121$$

计算整体稳定折减系数为：

$$\chi = \frac{1}{2}\left\{1 + \frac{1}{\bar{\lambda}^2}(1 + \varepsilon_0) - \sqrt{\left[1 + \frac{1}{\bar{\lambda}^2}(1 + \varepsilon_0)\right]^2 - \frac{4}{\bar{\lambda}^2}}\right\}$$

$$= \frac{1}{2}\left\{1 + \frac{1}{0.547^2}(1 + 0.121) - \sqrt{\left[1 + \frac{1}{0.547^2}(1 + 0.121)\right]^2 - \frac{4}{0.547^2}}\right\}$$

$$= 0.86$$

整体稳定性验算如下：

$$\frac{N}{\chi A_{\mathrm{eff,c}}} = \frac{4\,170 \times 10^3}{0.86 \times 18\,344.8} = 264.3(\mathrm{MPa}) < f_{\mathrm{d}} = 275\mathrm{MPa}(\text{满足要求})$$

(4)局部稳定性验算

钢箱梁截面翼缘板及腹板的局部稳定性验算如下：

翼缘板： $\frac{b}{t} = \frac{400}{16} = 25 < 40\sqrt{\frac{235}{f_y}} = 33.01$

腹板：
$$\frac{h_0}{t_w}=\frac{380}{12}=31.67<40\sqrt{\frac{235}{f_y}}=33.01$$

钢箱梁截面受压构件的局部稳定验算满足要求。

(5)刚度验算

$$\lambda=41.97<[\lambda]=100(\text{满足要求})$$

刚度满足要求。

[例题 5-4] 图 5-32a)所示为某工作平台柱，承受轴心压力设计值 $N=900\text{kN}$，柱上、下两端铰接。钢材为 Q345，截面无削弱。试设计该柱截面：①采用轧制工字钢；②采用焊接工字形截面(翼缘为剪切边)。

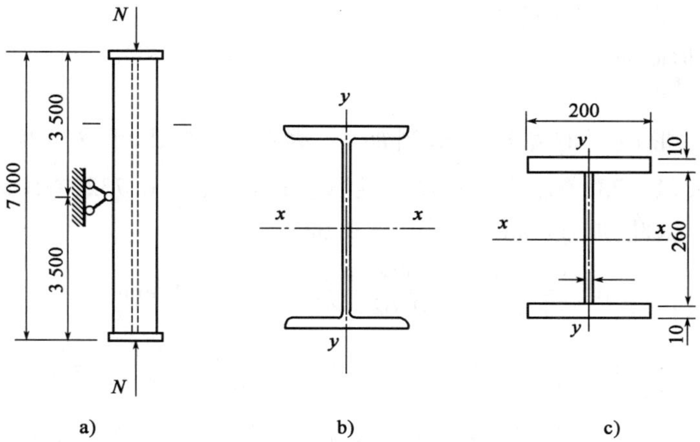

图 5-32 例题 5-4 图(尺寸单位：mm)

解：由于该柱两主轴方向的计算长度不等，故取图 5-32b)、c)所示的截面朝向，即取 x 轴为强轴，y 轴为弱轴。这样，$l_{0x}=7\,000\text{mm}$，$l_{0y}=3\,500\text{mm}$。

(1)轧制工字钢

①选择截面。

假定 $\lambda=100$，$\lambda\sqrt{f_y/235}=100\times1.21=121$，查附表 4-1(先按 $b/h<0.8$，即 a 类考虑)，$\varphi_x=0.488$；查附表 4-1(属于 b 类)，$\varphi_y=0.432$。因此，取 $\varphi=\min\{\varphi_x,\varphi_y\}=0.432$

$$A_{\text{req}}=\frac{N}{\varphi f}=\frac{900\times10^3}{0.432\times310}=6\,720(\text{mm}^2)$$

$$i_{x,\text{req}}=\frac{l_{0x}}{\lambda}=\frac{7\,000}{100}=70(\text{mm})$$

$$i_{y,\text{req}}=\frac{l_{0y}}{\lambda}=\frac{3\,500}{100}=35(\text{mm})$$

查附表 7-1 选择出同时满足 A_{req}、$i_{x,\text{req}}$ 和 $i_{y,\text{req}}$ 的工字钢，现试选 I56a：$A=135.38\text{cm}^2$，$i_x=22.01\text{cm}$，$i_y=3.18\text{cm}$，$b/h=\frac{166}{560}=0.296<0.8$。

②截面验算。

强度验算：因截面无削弱，无需进行强度验算。

整体稳定验算 $\lambda_x=\frac{l_{0x}}{i_x}=\frac{7\,000}{220.1}=31.8$，$\lambda_x\sqrt{\frac{f_y}{235}}=1.21\lambda_x=38.5$，查附表 4-1(a 类)得

$\varphi_x = 0.945$。

$$\lambda_y = \frac{l_{0y}}{i_y} = \frac{3\,500}{31.8} = 110.1, \lambda_y \sqrt{\frac{f_y}{235}} = 1.21\lambda_y = 133.2$$，查附表 4-1（b 类）得 $\varphi_y = 0.373$。

因此，取 $\varphi = = \min\{\varphi_x, \varphi_y\} = 0.373$。

$$\sigma = \frac{N}{\varphi A} = \frac{900 \times 10^3}{0.373 \times 135.38 \times 10^2} = 178.2(\text{N/mm}^2) < f = 310\text{N/mm}^2$$

局部稳定（宽厚比）验算：截面选用型钢，无需进行局部稳定验算。

刚度验算：$\lambda_x = 31.8 < [\lambda] = 150$，$\lambda_y = 110.1 < [\lambda] = 150$。

结论：各项验算通过，构件安全。

（2）焊接工字形截面

①试选截面。

由于焊接工字形截面的宽度可适当加大，因此，长细比可适当减小。假定 $\lambda = 60$，$\lambda\sqrt{f_y/235} = 60 \times 1.21 = 73$，查附表 4-1（绕 x 轴属于 b 类），$\varphi_x = 0.732$；查附表 4-1（绕 y 轴属于 c 类），$\varphi_y = 0.623$。因此，取 $\varphi = \min\{\varphi_x, \varphi_y\} = 0.623$。

$$A_{\text{req}} = \frac{N}{\varphi_{\min} f} = \frac{900 \times 10^3}{0.623 \times 310} = 4\,660(\text{mm}^2)$$

$$i_{x,\text{req}} = \frac{l_{0x}}{\lambda} = \frac{7\,000}{60} = 116.7(\text{mm}), h_{\text{req}} = \frac{i_{x,\text{req}}}{\alpha_1} = \frac{116.7}{0.43} = 271(\text{mm})$$

$$i_{y,\text{req}} = \frac{l_{0y}}{\lambda} = \frac{3\,500}{60} = 58.3(\text{mm}), b_{\text{req}} = \frac{i_{y,\text{req}}}{\alpha_2} = \frac{58.3}{0.24} = 243(\text{mm})$$

试选 $b = 200\text{mm}$，$h = 260\text{mm}$ 和翼缘厚度 $t = 10\text{mm}$，因此，所需的腹板厚度 t_w 为：

$$t_{\text{w,req}} = \frac{A_{\text{req}} - 2bt}{h - 2t} = \frac{4\,660 - 2 \times 200 \times 10}{200 - 2 \times 10} = 3.67(\text{mm})$$

按肢宽薄壁和腹板比翼缘薄的经济原则，取 $t_w = 6\text{mm}$。

②截面验算：

$$A = 2 \times 200 \times 10 + 260 \times 6 = 5\,560(\text{mm}^2)$$

$$I_x = \frac{1}{12} \times 6 \times 260^3 + 2 \times 200 \times 10 \times 135^2 = 81.688 \times 10^3(\text{mm}^4)$$

$$I_y = 2 \times \frac{1}{12} \times 10 \times 200^3 = 13.33 \times 10^6(\text{mm}^4)$$

$$i_x = \sqrt{\frac{I_x}{A}} = \sqrt{\frac{81.688 \times 10^6}{5\,560}} = 121.2(\text{mm})$$

$$i_y = \sqrt{\frac{I_y}{A}} = \sqrt{\frac{13.33 \times 10^6}{5\,560}} = 48.97(\text{mm})$$

强度验算：因截面无削弱，无需进行强度验算。

整体稳定验算：

$$\lambda_x = \frac{l_{0x}}{i_x} = \frac{7\,000}{121.2} = 57.8, \lambda_x \sqrt{\frac{f_y}{235}} = 1.21\lambda_x = 69.88$$，查附表 4-2（b 类）得 $\varphi_x = 0.752$

$$\lambda_y = \frac{l_{0y}}{i_y} = \frac{3\,500}{48.97} = 71.47, \lambda_y\sqrt{\frac{f_y}{235}} = 1.21\lambda_y = 86.48$$，查附表 4-3（c 类）得 $\varphi_y = 0.538$

因此，取 $\varphi = \min\{\varphi_x, \varphi_y\} = 0.538$

$$\sigma = \frac{N}{\varphi A} = \frac{900 \times 10^3}{0.567 \times 5\,040} = 300.8(\mathrm{N/mm^2}) < f = 310\mathrm{N/mm^2}$$

局部稳定（宽厚比）验算：

翼缘

$$\frac{b_1}{t} = \frac{200-6}{2\times 10} = 9.7 < (10+0.1\lambda)\sqrt{\frac{235}{f_y}} = (10+0.1\times 71.5)/1.21 = 14.2$$

腹板

$$\frac{h_0}{t_w} = \frac{260}{6} = 43.3 < (25+0.5\lambda)\sqrt{\frac{235}{f_y}} = (25+0.5\times 71.5)/1.21 = 50.2$$

刚度验算：

$$\lambda = \lambda_{\max} = 71.5 < [\lambda] = 150$$

结论：各项验算通过，构件安全。

［例题 5-5］ 钢屋架的上弦压杆，已知计算长度 $l_{0x} = 1\,400\mathrm{mm}$，$l_{0y} = 3\,000\mathrm{mm}$，承受的轴心压力设计值 $N = 850\mathrm{kN}$。采用双角钢 T 形截面（图 5-33），节点板厚度 12mm，钢材选用 Q235B。试确定此上弦杆的截面。

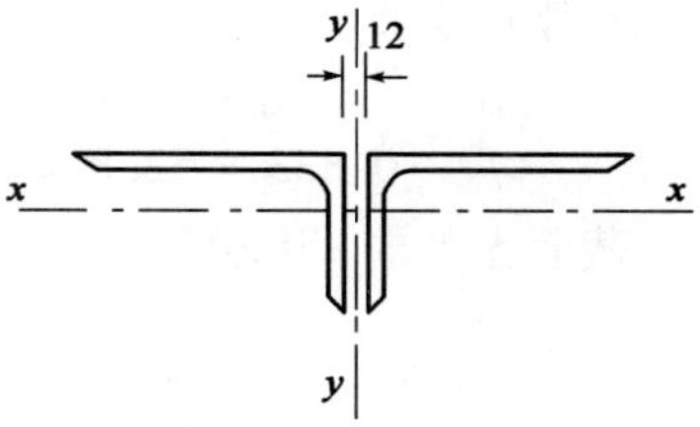

图 5-33 例题 5-5 图

解：①初选截面。

双角钢截面不论对 x 轴或 y 轴，都为 b 类截面。

假设 $\lambda = 45$。

需要截面回转半径：

$$i_x \geqslant \frac{l_{0x}}{\lambda} = \frac{1\,400}{45} = 31.1(\mathrm{mm})$$

$$i_y \geqslant \frac{l_{0y}}{\lambda} = \frac{3\,000}{45} = 66.7(\mathrm{mm})$$

查附表 4-2，$\lambda = 45$ 时，$\varphi = 0.878$。

需要的截面面积：

$$A \geqslant \frac{N}{\varphi f} = \frac{850\times 10^3}{0.878\times 215} = 4\,503(\mathrm{mm^2})$$

$i_y \approx 2i_x$，采用不等边角钢短肢相并（图 5-34）时，查附表 7-5，满足 $i_x = 31.1\mathrm{mm}$ 的最小角钢截面为 2L200 × 125 × 12，$A = 7\,580\mathrm{mm^2}$ 远大于 $4\,503\mathrm{mm^2}$，说明假设的长细比 $\lambda = 45$ 偏小。

重新假设 $\lambda = 60$，得 $\varphi = 0.807$。

需要的截面回转半径：

$$i_x \geqslant \frac{l_{0x}}{\lambda} = \frac{1\,400}{60} = 23.3(\mathrm{mm})$$

$$i_y \geqslant \frac{l_{0y}}{\lambda} = \frac{3\,000}{60} = 50.0(\mathrm{mm})$$

需要的截面面积：

$$A \geqslant \frac{N}{\varphi f} = \frac{850 \times 10^3}{0.807 \times 215} = 4\,899(\text{mm}^3)$$

按需要的截面积和回转半径查附表 7-5，需用不等边角钢截面 2L140 × 90 × 12，A = 5 280mm^2、i_x = 25.4mm、i_y = 68.9mm，均满足要求。

②截面验算。

$$\lambda = \frac{l_{0x}}{\lambda} = \frac{1\,400}{25.4} = 55.1 < [\lambda] = 150$$

$$\lambda = \frac{l_{0y}}{\lambda} = \frac{3\,000}{68.9} = 43.5 < [\lambda] = 150$$

不等边角钢短肢相并：

$$\frac{b_1}{t} = \frac{140}{12} = 11.7 < 0.56\frac{l_{0y}}{b_1} = 0.56 \times \frac{3\,000}{140} = 12.0$$

$$\lambda_{yz} = \lambda_y = 43.5$$

由 λ_x = 55.1，查附表 4，φ = 0.833。

整体稳定验算：

$$\frac{N}{\varphi f} = \frac{850 \times 10^3}{0.833 \times 52.8 \times 10^2} = 193.26(\text{N/mm}^2) < f = 215\text{N/mm}^2(\text{满足要求})$$

截面无削弱，不必验算强度。

5.6 格构式轴心受压构件设计

格构式轴心受压构件也称为格构式柱（图 5-34），一般采用两个肢件组成，其分肢通常采用槽钢或工字钢，肢件间用缀条或缀板连成整体，构件截面具有对称轴。缀条一般用单根角钢制成，而缀板常用钢板制成。

采用四根角钢组成的四肢格构式柱，适用于长度较大而受力较小的柱，四面皆以缀材相连，两个主轴均为虚轴；三面用缀材相连的三肢格构式柱，一般采用圆管作为肢件，受力性能好，两个主轴也均为虚轴。

5.6.1 格构式轴心受压构件的整体稳定

当格构式轴心受压构件丧失整体稳定时，发生扭转屈曲和弯扭屈曲的可能性不大，往往发生绕截面主轴的弯曲屈曲，因此，计算格构式轴心受压构件的整体稳定时，只需分别计算绕截面实轴（y 轴）和虚轴（x 轴）的抗弯曲屈曲的能力。其中，绕实轴的整体稳定计算方法与实腹式轴心受压构件相同，即分别采用式（5-41）和式（5-52）按 b 类截面（屈曲类型）进行计算，但绕虚轴的整体稳定临界力比长细比相同的实腹式轴心受压构件要低。

轴心受压构件整体弯曲后，沿构件各截面将产生弯矩和剪力。对实腹式轴心受压构件，由于抗剪刚度大，剪力引起的附加剪切变形很小，对构件临界力的降低不到 1%，可以忽略不计。但是对于格构式轴心受压构件，当绕虚轴发生弯曲失稳时，由于肢件之间并不是连续的板而只是每隔一定距离用缀材联系起来的,缀材抗剪切变形的能力小,因此,剪力产生的剪切变形大,对整体稳定承载力的不利影响必须予以考虑。

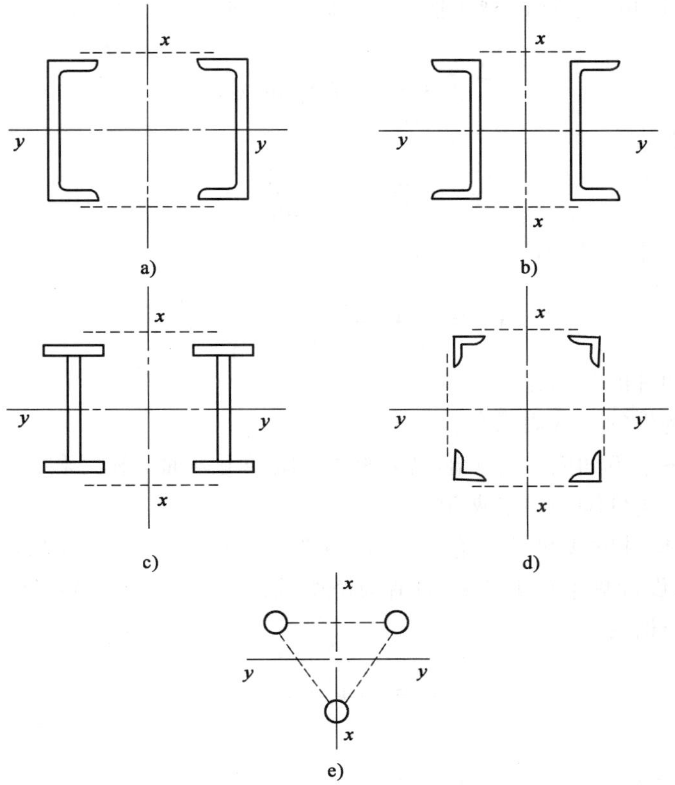

图 5-34 格构式轴心受压构件

通常采用换算长细比 λ_{0x},来考虑缀材剪切变形对格构式轴心受压构件绕虚轴的稳定承载能力的影响。

1)双肢格构式构件的换算长细比

(1)缀条式格构式构件

根据式(5-12),按弹性稳定理论分析可得轴心受压格构式构件绕虚轴(x 轴)弯曲屈曲的临界力为:

$$N_{cr}=\frac{\pi EA}{\lambda_x^2}\frac{1}{1+\dfrac{\pi^2 EA}{\lambda_x^2}\gamma_1}=\frac{\pi^2 EA}{\lambda_{0x}^2} \qquad (5\text{-}74)$$

式中:λ_{0x}——格构式构件绕虚轴的换算长细比;

γ_1——单位剪力作用下的轴线转角。

如图 5-35 所示,在单位剪力作用下一侧缀材所受剪力 $V_1=1/2$。假设一个节间内两侧斜缀条的面积之和为 A_1,其内力为 $N_d=1/\sin\alpha$;斜缀条长为 $l_d=l_1/\cos\alpha$,α 为斜缀条和柱轴线间的夹角,因此推导出斜缀条的轴向变形 Δ_d 为:

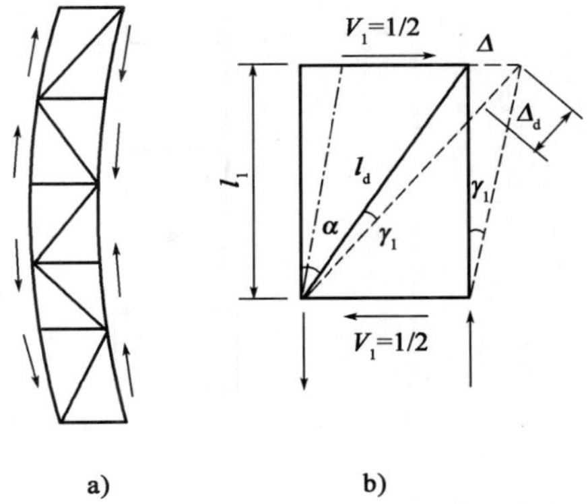

图 5-35 缀条柱的剪切变形

$$\Delta_d = \frac{N_d l_d}{EA_1} = \frac{l_1}{EA_1 \sin\alpha \cos\alpha}$$

假设变形和剪切角是有限的微小值，则由 Δ_d 引起的水平变位 Δ 为：

$$\Delta = \frac{\Delta_d}{\sin\alpha} = \frac{l_1}{EA_1 \sin^2\alpha \cos\alpha}$$

故剪切角 γ_1 为：

$$\gamma_1 = \frac{\Delta}{l_1} = \frac{1}{EA_1 \sin^2\alpha \cos\alpha}$$

将 γ_1 代入式(5-74)，得到下列公式：

$$\lambda_{0x} = \sqrt{\lambda_x^2 + \frac{\pi^2}{\sin^2\alpha\cos\alpha} \cdot \frac{A}{A_{1x}}} \tag{5-75}$$

式中：λ_x——整个构件的长细比；

A——整个构件的毛截面面积；

A_{1x}——构件一个节间内垂直于虚轴 x 的各斜缀条毛截面面积之和；

α——缀条与构件轴线间的夹角。

一般斜缀条与构件轴线间的夹角 α 在 40°～70°范围内，在此范围内，$\pi^2/(\sin^2\alpha\cos\alpha)$ 的值变化不大，《钢结构设计规范》和《公路钢结构桥梁设计规范》按 $\alpha=45°$ 计算时，取常数为 27，因此，对于双肢缀条格构式构件：

$$\lambda_{0x} = \sqrt{\lambda_x^2 + 27\frac{A}{A_{1x}}} \tag{5-76}$$

(2)缀板式格构式构件

缀板式格构式构件中缀板与肢件的连接可视作刚接，因此，分肢和缀板组成一个多层框架，假定变形时反弯点在各个节点的中点[图 5-36a)]。若只是考虑分肢和缀板在横向剪力作用下的弯曲变形，取分离体如图 5-36b)所示。

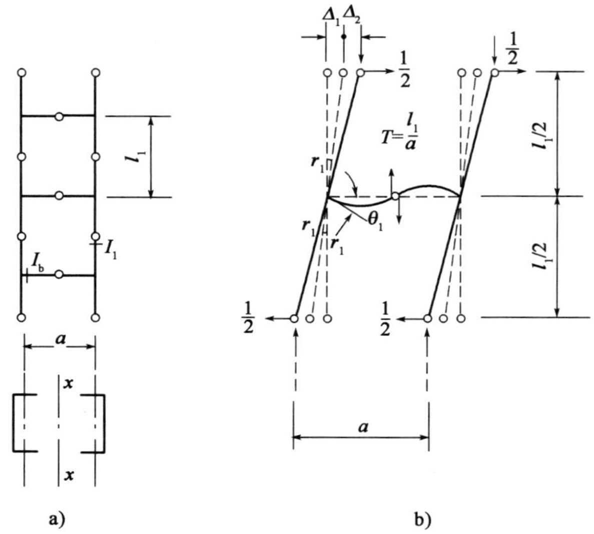

图 5-36　缀板柱的剪切变形

单位剪力作用下，缀板弯曲变形引起的分肢变位 Δ_1 为：

$$\Delta_1 = \frac{l_1}{2}\theta_1 = \frac{l_1}{2}\frac{al_1}{12EI_b} = \frac{al_1^2}{24EI_b}$$

分肢本身弯曲变形时的变位 Δ_2 为：

$$\Delta_2 = \frac{l_1^3}{48EI_1}$$

由此得剪切角 γ_1 为：

$$\gamma_1 = \frac{\Delta_1 + \Delta_2}{0.5l_1} = \frac{al_1}{12EI_b} + \frac{al_1^2}{24EI_1} = \frac{al_1^2}{24EI_1}\left(1 + 2\frac{I_1/l_1}{I_b/a}\right)$$

将 γ_1 值代入式(5-74)，并令 $K_1 = I_1/l_1$，$K_b = \sum I_b/a$，得换算长细比：

$$\lambda_{0x} = \sqrt{\lambda_x + \frac{\pi^2 Al_1^2}{24I_1}\left(1 + 2\frac{K_1}{K_b}\right)}$$

假设分肢截面面积 $A_1 = 0.5A$，$A_1 l_{01}^2/I_1 = \lambda_1^2$，则：

$$\lambda_{0x} = \sqrt{\lambda_x + \frac{\pi^2}{12}\left(1 + 2\frac{K_1}{K_b}\right)\lambda_1^2} \tag{5-77}$$

式中：λ_1——分肢的长细比[$\lambda_1 = l_{01}/i_1$，i_1 为分肢弱轴的回转半径，l_{01} 为相邻两缀板间净距离（焊接时）、相邻两缀板边缘螺栓的距离（螺栓连接时）]；

K_1——一个分肢的线刚度（$K_1 = I_1/l_1$，l_1 为缀板中心距，I_1 为分肢绕弱轴的惯性矩）；

K_b——两侧缀板线刚度之和（$K_b = \sum I_b/a$，I_b 为缀板的惯性矩，a 为分肢轴线间距离）。

根据《钢结构设计规范》的规定，缀板线刚度之和 K_b 应大于 6 倍的分肢线刚度，即 $K_b/K_1 \geq 6$。若取 $K_b/K_1 = 6$，则式(5-77)中的$\frac{\pi^2}{12}\left(1 + 2\frac{K_1}{K_b}\right) \approx 1$。因此，《钢结构设计规范》规定双肢缀板的换算长细比。采用如下简化式：

$$\lambda_{0x} = \sqrt{\lambda_x^2 + \lambda_1^2} \tag{5-78}$$

式中：λ_1——分肢的长细比，$\lambda_1 = l_{01}/i_1$；

l_{01}——缀板间的净距离；

i_1——分肢弱轴的回转半径。

如果在某些特殊情况无法满足 $K_b/K_1 \geq 6$ 的要求时，则换算长细比 λ_{0x} 应该按照式(5-77)计算。

2）三肢格构式构件的换算长细比

对于三肢组合的格构式轴心受压构件，可得出类似的对其虚轴的换算长细比公式，如式(5-79)所示。

$$\lambda_{0x} = \sqrt{\lambda_x^2 + \frac{42A}{A_1(1.5 - \cos^2\theta)}},\ \lambda_{0y} = \sqrt{\lambda_y^2 + \frac{42A}{A_1\cos^2\theta}} \tag{5-79}$$

式中：A_1——一个节间内构件截面中各斜缀条毛截面面积之和；

θ——构件截面内缀条所在平面与 x 轴的夹角。

3）四肢格构式构件的换算长细比

用缀条连接的四肢格构式轴心受压构件的换算长细比为:

$$\lambda_{0x}=\sqrt{\lambda_x^2+40\frac{A}{A_{1x}}},\lambda_{0y}=\sqrt{\lambda_y^2+40\frac{A}{A_{1y}}} \tag{5-80}$$

式中:A——整个构件的毛截面面积;

λ_x、λ_y——整个构件对 x 轴和 y 轴的长细比;

A_{1x}、A_{1y}——一个节间内分别垂直于 x 轴和 y 轴的两侧斜缀条毛截面面积之和。

5.6.2 格构式轴心受压构件分肢的稳定和强度计算

格构式轴心受压构件的分肢既是组成整体截面的一部分,在缀件节点之间又可看作单独的实腹式轴心受压构件,因此,应保证各分肢不先于构件整体失去承载能力。

由于初弯曲等缺陷的影响,可能使构件受力时呈弯曲状态,从而产生附加弯矩和剪力,附加弯矩使两分肢的内力不等,其强度或稳定的计算相当复杂。因此,《钢结构设计规范》规定,分肢的长细比满足下列条件时,可以不计算分肢的强度、刚度和稳定性:

当缀件为缀条时:

$$\lambda_1\leqslant 0.7\lambda_{max} \tag{5-81}$$

当缀件为缀板时:

$$\lambda_1\leqslant \max\{0.5\lambda_{max},40\} \tag{5-82}$$

式中:λ_{max}——构件两个方向长细比(对虚轴取换算长细比)的较大值,当 $\lambda_{max}<50$ 时,取 $\lambda_{max}=50$。

另外,当分肢采用焊接组合截面时,还应对其翼缘和腹板进行宽厚比验算,以满足局部稳定要求。

5.6.3 格构式轴心受压构件的缀材设计

格构式轴心受压构件绕虚轴弯曲屈曲时,纵向力将在垂直于构件轴线方向产生横向剪力,如图 5-37 所示,此剪力由缀材承受。因此,我们需要计算出横向剪力的值,然后再进行缀材的设计。

下面我们推导最大剪力的计算公式。

如图 5-37 所示一两端铰接轴心受压构件,绕虚轴弯曲时,假定挠曲线为正弦曲线,跨中最大挠度为 v_0,则沿杆长任一点的挠度为:

$$y=v_0\sin\frac{\pi z}{l}$$

任一点的弯矩为:

$$M=Ny=Nv_0\sin\frac{\pi z}{l}$$

相应的剪力为:

$$V=\frac{\mathrm{d}M}{\mathrm{d}z}=N\frac{\pi v_0}{l}\cos\frac{\pi z}{l}$$

由此可见,剪力按余弦曲线分布如图 5-37 所示,最大值在杆件的两端,即

$$V_{max}=N\frac{\pi v_0}{l} \tag{5-83}$$

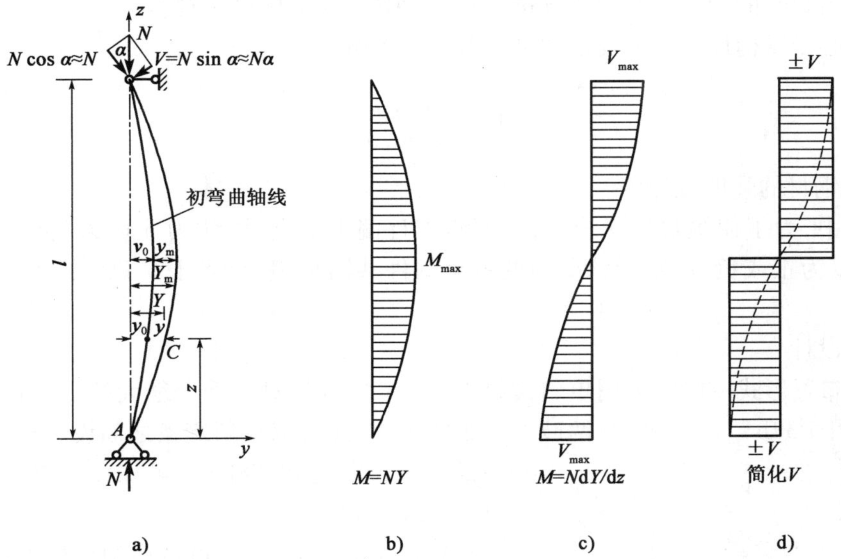

图 5-37 格构式轴心受压构件的弯矩和剪力

跨中点的挠度 v_0 可由边缘纤维屈服准则导出。当截面边缘最大应力达屈服点时：

$$\frac{N}{A}+\frac{Nv_0}{I_x}\frac{b}{2}=f_y$$

即

$$\frac{N}{Af_y}\left(1+\frac{v_0}{i_x^2}\frac{b}{2}\right)=1$$

上式中令 $\frac{N}{Af_y}=\varphi$，并取 $b\approx i_x/0.44$，得

$$v_0=0.88i_x(1-\varphi)\frac{1}{\varphi}$$

将 v_0 代入式(5-83)中，得

$$V_{max}=\frac{0.88\pi(1-\varphi)}{\lambda_x}\frac{N}{\varphi}=\frac{1}{k}\frac{N}{\varphi}$$

式中：$k=\frac{\lambda_x}{0.88\pi(1-\varphi)}$。

经过对双肢格构式构件的计算分析，在常用的长细比范围内，k 值与长细比 λ_x 并没有太大的关系，因此，可以将其取值为常数。对 Q235 钢构件，取 $k=85$；对于 Q345、Q390 钢和 Q420 钢构件，取 $k\approx85\sqrt{235/f_y}$。

因此，格构式轴心受压构件平行于缀材面的剪力为：

$$V=\frac{N}{85\varphi}\sqrt{\frac{f_y}{235}}$$

式中：φ——按虚轴换算长细比确定的整体稳定系数。

考虑初始缺陷的影响并经理论分析，令 $N=\varphi Af$，《钢结构设计规范》采用以下实用公式计算格构式轴心受压构件中可能发生的最大剪力设计值 V：

$$V=\frac{Af}{85}\sqrt{\frac{f_y}{235}} \tag{5-84}$$

式中：f——钢材的强度设计值。

在设计中，为了使缀材尺寸统一，方便施工且偏于安全，可认为此剪力沿构件全长为定值，方向可以为正或负，由承受该剪力的各个缀件共同承担，相当于简化为图 5-37c）的分布图形。

1）缀条设计

缀条的布置形式一般宜采用单斜式缀条[图 5-38a）]，对于受力很大的受压构件，可采用交叉缀条[图 5-38b）]。此外，当两肢的间距较大时，还可以在斜缀条之间设置横缀条来减小单肢的计算长度[图 5-38c）]，可加设节点板，节点板与肢件翼缘厚度相同。

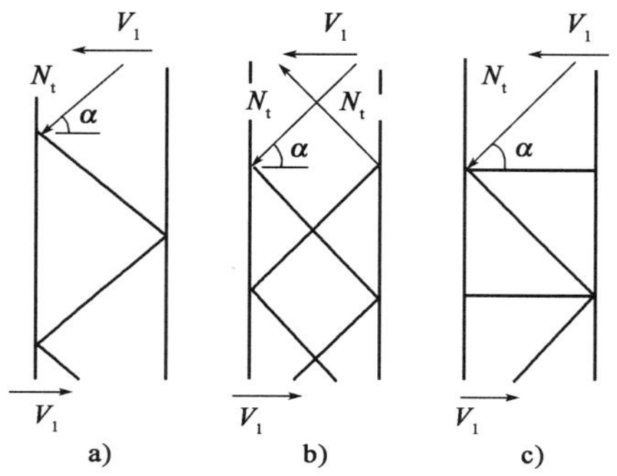

图 5-38　缀条布置

计算斜缀条的内力时，可将格构式构件侧面的缀条和单肢视作平行弦桁架来分析，此时缀条可看作桁架的腹杆，每根斜缀条的内力为：

$$N_1=\frac{V_1}{n\sin\alpha} \tag{5-85}$$

式中：V_1——分配到每一个缀条面的剪力；

n——承受剪力的斜缀条数，采用单斜式缀条时 $n=1$，交叉缀条时 $n=2$；

α——缀条的倾角。

由于构件弯曲变形的方向不定，因此剪力的方向可正可负，斜缀条可能受拉也可能受压，设计时应按轴心压杆选择截面。缀条一般采用单角钢，与构件分肢单面连接，考虑到受力时的偏心和受压时的弯扭，当按轴心受力构件设计时，应将钢材强度设计值乘以下列折减系数 γ_R。具体讲，计算构件的强度和连接时，$\gamma_R=0.85$。计算构件的稳定时：①等边角钢，$\gamma_R=0.6+0.0015\lambda$，但不大于 1.0；②长边相连的不等边角钢，$\gamma_R=0.70$；③短边相连的不等边角钢，$\gamma_R=0.5+0.0025\lambda$，但不大于 1.0。此处 λ 为缀条的长细比，对于中间无联系的单角钢压杆，按最小回转半径计算，当 $\lambda<20$ 时，取 $\lambda=20$。

横缀条主要用来减小单肢的计算长度，以提高分肢的稳定性，一般采用与斜缀条相同的截面，不进行计算。

所有缀条都应满足刚度（长细比）的要求，即 $\lambda\leq[\lambda]=150$。

2）缀板设计

当采用缀板时，可将格构式构件的缀板与两侧单肢视为多层刚架体系。假定各肢段的中点和各缀板的中点为反弯点。取如图 5-39 所示的隔离体，根据力的平衡条件，可得到每个缀板的剪力 V_{b1} 和缀板与分肢连接处的弯矩 M_{b1} 分别为：

$$V_{b1}=\frac{V_1 l_1}{a},M_{b1}=\frac{V_1 l_1}{2} \tag{5-86}$$

根据弯矩和剪力可验算缀板的弯曲强度、剪切强度以及缀板与分肢的连接强度。通常

M_{b1} 和 V_{b1} 不大,缀板尺寸按构造要求控制。一般轴心受压构件截面的高宽大致相等,当其 $\lambda_{0x} \approx \lambda_y$ 时,取缀板高度 $h_b \geq 2a/3$,厚度 $t_b \geq a/40$ 及 $t_b > 6$mm,就可以满足规范的要求,即在同一截面处各缀板的线刚度之和不得小于构件较大分肢线刚度的 6 倍。

缀板与构件分肢采用角焊缝连接,可以采用三面围焊,或只用缀板短部纵向焊缝与分肢相连,搭接长度一般为 20 ~ 30mm。

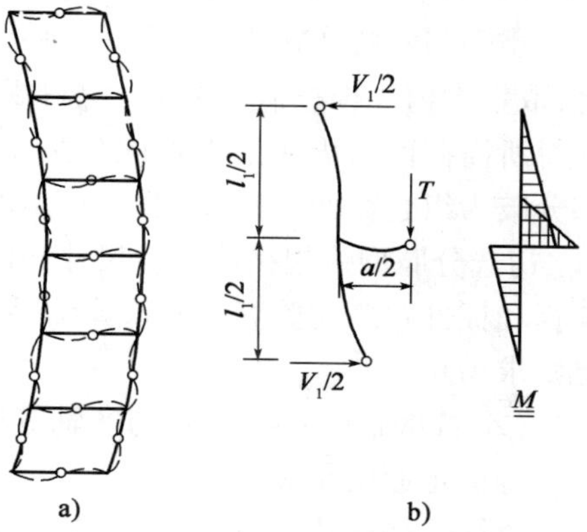

图 5-39 缀板的内力

一般情况下,格构式构件的缀板沿长度分段设置,施工缀条更简单。格构式受压构件或压弯构件的缀板净间距不宜大于 2.5s(s 为缀板两侧连接铆钉或焊缝间的距离)。实际上,当缀板满足刚度和连接要求时,其强度均较富裕。按内力计算所需的缀板尺寸翼板很小,因此,缀板的尺寸一般由构造要求来确定,见表 5-8。

缀板最小尺寸 表 5-8

名称		受压及拉-压构件		受拉构件		仅受结构重力辅助性构件
		主要的	次要的	主要的	次要的	
缀板长度	端缀板	1.25s	0.75s	1.25s	0.75s	0.75s
	中缀板	0.75s		0.75s		
缀板厚度(mm)		$s/5 \geq 8$	$s/6 \geq 6$	8	6	6
缀板一侧铆钉	最小数目	3	3	3	3	3
	最大间距	120	120	120	120	120

3)横隔设计

为了保证格构式构件在运输和吊装过程中具有必要的刚度,防止因碰撞而使构件截面发生歪扭变形,应设置用钢板或角钢做成的横隔。横隔分为隔板和隔材两种(图 5-40)。

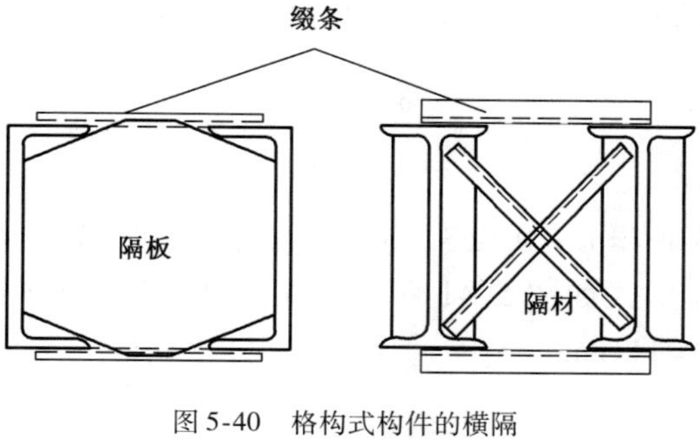

图 5-40 格构式构件的横隔

横隔沿构件纵向的设置为:

(1)每隔不超过 8m 或构件截面较大宽度的 9 倍处设置一个横隔;

(2)每个运输单元不得少于 2 个横隔;

(3)构件直接承受较大集中力处应设置横隔,以避免发生分肢局部受弯。

5.6.4 格构式轴心受压构件的截面设计

格构式轴心受压构件的设计需首先选择分肢截面和缀材的形式,一般而言,中小型构件可采用缀板或缀条的形式,大型构件宜采用缀条的形式。轴心压力较小时,分肢可采用槽钢;轴心压力很大时,常用角钢和钢板组成的槽形截面作分肢。现以常见的双肢格构式轴心受压柱为例,说明其截面设计的问题。

(1)按实轴(设为 y 轴)的整体稳定选择两单肢的截面。

步骤与实腹式构件的计算相同。先假定长细比 $\lambda_y=60\sim100$,当 N 较大时,取较小值;反之,取较大值。根据假定的 λ_y、钢材规格和截面类别查得整体稳定系数 φ 值,即可由式(5-69)求得所需截面面积 A_{req},注意此为两肢的总面积。而后可求出绕实轴的回转半径 $i_{y,req}=l_{0y}/\lambda_y$,如分肢为组合截面,则还应由 i_y 求出所需截面宽度 $b=i_{y,req}/\alpha_1$。这样就可根据需要的 A_{req} 和 $i_{y,req}$ 初选分肢型钢规格或截面尺寸,并进行实轴整体稳定和刚度验算,必要时,还应进行强度验算和板件宽厚比验算。若验算结果不完全满足要求,应重新假定 λ_y 再次试选截面,直到满足要求为止。

(2)按虚轴(设为 x 轴)与实轴等稳定原则确定两分肢间距。

等稳定原则是 $\lambda_{0x}=\lambda_y$。

对缀条格构式构件,根据预先确定的斜缀条的截面 A_{1x}(按 $A_{1x}=0.1A$ 预估计角钢型号)可以得到 $\lambda_{x,req}$:

$$\lambda_{x,req}=\sqrt{\lambda_y^2-27\frac{A}{A_{1x}}} \tag{5-87}$$

对缀板格构式构件,根据假定的分肢长细比 λ_1 就可以得到 $\lambda_{x,req}$:

$$\lambda_{x,req}=\sqrt{\lambda_y^2-\lambda_1^2} \tag{5-88}$$

由 λ_x 可求得所需 $i_{x,req}=l_{0x}/\lambda_{x,req}$,从而可以确定分肢间距 $h=i_{x,req}/\alpha_2$,并且注意两分肢翼缘间的净空应大于 100~150mm,以便于构件内表面的油漆。h 的实际尺寸应调整为 10mm 的倍数。

(3)初选截面后,按相关规定,分别进行刚度、整体稳定和分肢稳定的验算,并按前述有关内容进行缀件设计。如有孔洞削弱,还应按式(5-2)进行强度验算。如验算结果不完全满足要求,应调整截面尺寸并重新进行验算,直到满足要求为止。

[例题 5-6] 一管道支架,其中 $l_{0x}=6\,000$mm,$l_{0y}=3\,000$mm,其支柱的轴心压力(包括自重)设计值为 $N=1\,450$kN,柱两端铰接,钢材为 Q345 钢,焊条为 E50 型,截面无削弱。试设计成格构式轴心受压构件:①缀条柱;②缀板柱。

解:(1)缀条柱

①按实轴(y 轴)的稳定条件确定截面尺寸。

假定 $\lambda_y=40$,按 Q345 钢 b 类截面从附表 4-1 查得 $\varphi=0.863$。所需截面面积和回转半径分别为:查附录 7-3 普通槽钢表试选 2[18b,截面形式如图 5-41 所示。实际 $A=2\times29.3=58.6\text{cm}^2$,$i_y=6.84$cm,$i_1=1.95$cm,$z_0=1.84$cm,$I_1=111\text{cm}^4$。

验算绕实轴稳定:

$$\lambda_y=\frac{l_{0y}}{i_y}=\frac{300}{6.84}=43.86<[\lambda]=150(\text{满足要求})$$

查附表 4-1,得 $\varphi=0.841$(b 类截面),则

$$\frac{N}{\varphi A}=\frac{1\,450\times10^3}{0.841\times58.6\times10^2}=294(\text{N/mm}^2)<f=310\text{N/mm}^2(\text{满足要求})$$

②按绕虚轴(x 轴)的稳定条件确定分肢间距。

缀条确定为∟45×5,两个斜缀条毛截面面积之和 $A_{1x}=2\times4.29=8.58(\text{cm}^2)$。

按等稳条件 $\lambda_{0x}=\lambda_y$，得

$$\lambda_{x,\mathrm{req}} = \sqrt{\lambda_y^2 - 27\frac{A}{A_{1x}}} = \sqrt{43.86^2 - 27\times\frac{58.6}{8.58}} = 41.70$$

$$i_{x,\mathrm{req}} = l_{0x}/\lambda_{x,\mathrm{req}} = 600/41.7 = 14.39(\mathrm{cm})$$

$$h \approx i_{x,\mathrm{req}}/\alpha_2 = 14.39/0.44 = 32.7(\mathrm{cm})\text{，取整后 } h = 30\mathrm{cm}$$

两槽钢翼缘间净距 $=300-2\times70=160(\mathrm{mm})>150\mathrm{mm}$，满足构造要求。

验算绕虚轴稳定：

$$I_x = 2\times(111+29.3\times13.36^2) = 10\,371(\mathrm{cm}^4)$$

$$i_x = \sqrt{\frac{I_x}{A}} = \sqrt{\frac{10\,371}{58.6}} = 13.3(\mathrm{cm})$$

$$\lambda_x = \frac{l_{0x}}{i_x} = \frac{600}{13.5} = 45.1$$

$$\lambda_{0x} = \sqrt{\lambda_x^2 + \frac{27A}{A_{1x}}} = \sqrt{45.1^2 + 27\times\frac{58.6}{8.58}}$$

$$=47.1 < [\lambda] = 150$$

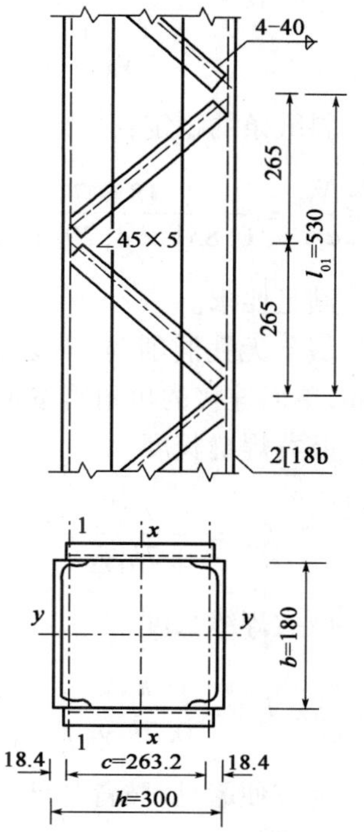

图5-41 缀条柱图(尺寸单位:cm)

查附表4-1，得 $\varphi=0.823$（b类截面）。

$$\frac{N}{\varphi A} = \frac{1\,450\times10^3}{0.823\times58.6\times10^2} = 301(\mathrm{N/mm^2}) < f = 310\mathrm{N/mm^2}\text{（满足要求）}$$

③分肢稳定。

$$\lambda_1 = \frac{l_{01}}{i_1} = (2\times26.5)/1.95 = 27.18 < 0.7\lambda_{\max} = 0.7\times46.47 = 32.53\text{（满足要求）}$$

因此，无需验算分肢刚度、强度和整体稳定；分肢采用型钢，也不必验算局部稳定。可认为所选截面满意。

④缀条设计。

缀条尺寸初步确定为角钢∟ 45×5，$A_{d1}=4.29\mathrm{cm}^2$，$i_{\min}=0.88\mathrm{cm}$。采用单缀条体系，$\theta=45°$，分肢 $l_{01}=53\mathrm{cm}$，斜缀条长度 $l_{d1}=26.32/\sin45°=37.22\mathrm{cm}$。

柱的剪力：

$$V = \frac{Af}{85}\sqrt{\frac{f_y}{235}} = \frac{58.6\times10^2\times315}{85}\sqrt{\frac{345}{235}} = 26\,313(\mathrm{N}),\ V_1 = \frac{V}{2} = 13\,157\mathrm{N}$$

斜缀条内力：

$$N_1 = \frac{V_1}{\sin\theta} = \frac{13\,157}{\sin45°} = 18\,607(\mathrm{N}),\ \lambda_1 = \frac{l_{d1}}{i_{\min}} = \frac{37.22}{0.88} = 42.3 < [\lambda] = 150$$

查附表 4-1，得 $\varphi=0.851$（b 类截面），强度设计值折减系数如下：

$$\gamma_R=0.6+0.0015\lambda=0.6+0.0015\times42.3=0.663$$

斜缀条的稳定：

$$\frac{N_1}{\varphi A}=\frac{18\,607}{0.851\times4.29\times10^2}=50.97(\mathrm{N/mm^2})<\gamma_R f=0.663\times310=206(\mathrm{N/mm^2})$$

满足要求。

缀条无孔洞削弱，不必验算强度。缀条的连接角焊缝采用两面侧焊，按构造要求取 $h_f=4\mathrm{mm}$；单面连接的单角钢按轴心受力计算连接时，$\gamma_R=0.85$。则：

肢背焊缝长度

$$l_{w1}=\frac{k_1N_1}{0.7h_f\gamma_R f_t^w}+2h_f=\frac{0.7\times18\,605}{0.7\times0.4\times0.85\times200\times10^2}+0.8=3.54(\mathrm{cm})$$

肢尖焊缝长度

$$l_{w2}=\frac{k_2N_1}{0.7h_f\gamma_R f_t^w}+2h_f=\frac{0.3\times18\,605}{0.7\times0.4\times0.85\times200\times10^2}+0.8=1.97(\mathrm{cm})$$

为方便起见，肢背与肢尖焊缝长度均取 4cm。

⑤横隔。

柱截面最大宽度为 30cm，要求横隔间距≤9×0.30＝2.7(m) 和 8m。柱高 6m，上下两端有柱头柱脚，中间三分点处设两道钢板横隔，与斜缀条节点配合设置。

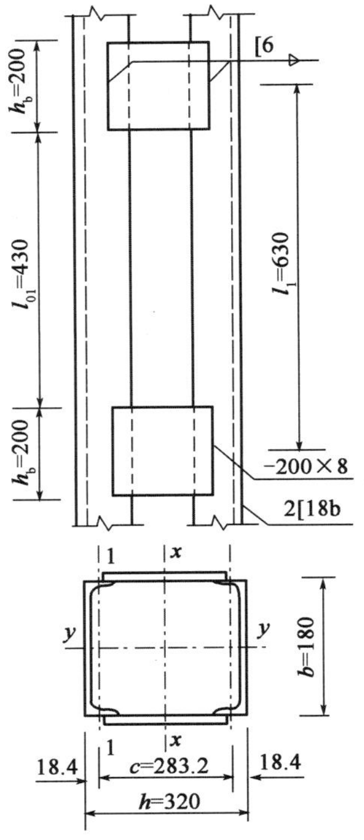

图 5-42 缀板柱图（尺寸单位：cm）

（2）缀板柱

①按绕实轴（y 轴）的稳定条件确定截面尺寸。

同缀条柱，选用 2[18b（图 5-42），$\lambda_y=48.86$。

②按绕虚轴（x 轴）的稳定条件确定分肢间距。

取 $\lambda_1=22$，基本满足 $\lambda_1\leqslant0.5\lambda_{max}=0.5\times43.86=21.93$，且不大于 40 的分肢稳定要求。

按等稳条件 $\lambda_{0x}=\lambda_y$，得：

$$\lambda_{x,req}=\sqrt{\lambda_y^2-\lambda_1^2}=\sqrt{43.86^2-22^2}=37.94$$

$$i_{x,req}=l_{0x}/\lambda_{x,req}=600/37.94=15.81(\mathrm{cm})$$

$h\approx i_{x,req}/\alpha_2=15.81/0.44=35.93(\mathrm{cm})$，取整后 $h=32\mathrm{cm}$

两槽钢翼缘间净距＝320－2×70＝180(mm)＞150mm，满足构造要求。

验算绕虚轴稳定：

缀板净距 $l_{01}=\lambda_1 i_1=22\times1.95=42.9(\mathrm{cm})$，取 43cm，则 $\lambda_1=l_{01}/i_1=43/1.95=22.05$。

$$I_x = 2 \times (111 + 29.3 \times 14.16^2) = 11\,972(\text{cm}^4)$$

$$i_x = \sqrt{\frac{I_x}{A}} = \sqrt{\frac{11\,972}{58.6}} = 14.29(\text{cm})$$

$$\lambda_x = \frac{l_{0x}}{i_x} = \frac{600}{14.29} = 41.99$$

$$\lambda_{0x} = \sqrt{\lambda_x^2 + \lambda_1^2} = \sqrt{41.99^2 + 22.05^2} = 47.43 < [\lambda] = 150$$

查附表4-2，得 $\varphi = 0.821$（b类截面）。

$$\frac{N}{\varphi A} = \frac{1450 \times 10^3}{0.821 \times 58.6 \times 10^2} = 301(\text{N/mm}^2) < f = 310\text{N/mm}^2(\text{满足要求})$$

$\lambda_{max} = 47.43$，$\lambda_1 = 22.05 < 0.5\lambda_{max} = 23.72$ 和40，满足要求。因此，无需验算分肢刚度、强度和整体稳定；分肢采用型钢，也不必验算局部稳定，可认为所选截面满意。

③缀板设计。

初选缀板尺寸：纵向高度 $h_b \geqslant 2a/3 = (2 \times 28.32)/3 = 18.88(\text{cm})$，厚度 $t_b \geqslant a/40 = 28.32/40 = 0.71(\text{cm})$，取 $h_b \times t_b = 200\text{mm} \times 8\text{mm}$。

相邻缀板净距 $l_{01} = 43\text{cm}$，相邻缀板中心距 $l_1 = l_{01} + h_b = 43 + 20 = 63(\text{cm})$。

柱的剪力同缀条柱，即 $V = 26\,313\text{N}$，每个缀板面剪力 $V_1 = 13\,157\text{N}$，则

$$M_{b1} = (V_1 l_1)/2 = (13\,157 \times 63)/2 = 414\,446(\text{N} \cdot \text{cm})$$

$$V_{b1} = (V_1 l_1)/a = (13157 \times 63)/28.32 = 29\,269(\text{N})$$

$$\sigma = \frac{6M_{b1}}{t_b h_b^2} = \frac{6 \times 414\,446 \times 10}{0.8 \times 10 \times (20 \times 10)^2} = 77(\text{N/mm}^2) < f = 215\text{N/mm}^2(\text{满足要求})$$

$$\tau = \frac{1.5V_{b1}}{t_b h_b} = \frac{1.5 \times 29\,269}{0.8 \times 20 \times 10^2} = 27(\text{N/mm}^2) < f_V = 215\text{N/mm}^2(\text{满足要求})$$

④缀板焊缝计算。

采用三面围焊。计算时，可偏于安全地考虑端部纵向焊缝，按构造要求取焊脚尺寸 $h_f = 6\text{mm}$，$l_w = 200\text{mm}$，则：

$$A_f = 0.7 \times 0.6 \times 20 = 8.4(\text{cm}^2)$$

$$W_f = 0.7 \times 0.6 \times 20^2/6 = 28(\text{cm}^3)$$

在弯矩和剪力共同作用下焊缝的应力为：

$$\sqrt{\left(\frac{\sigma_f}{\beta_f}\right)^2 + \tau_f^2} = \sqrt{\left(\frac{414\,446 \times 10}{1.22 \times 28 \times 10^3}\right) + \left(\frac{29\,269}{8.4 \times 10^2}\right)} = 126(\text{N/mm}^2) < f_f^w = 310\text{N/mm}^2$$

[例题5-7] 已知轴心压力计算值为745kN，构件全长 $l = 6\text{m}$，采用两端铰接，中间没有支撑，采用Q235钢，试用《公路钢结构桥梁设计规范》设计轴心受压格构式构件。

解:查询附表 1-2 可知,16 ~40mm 厚的 Q235 钢材抗压、抗弯强度设计值为 $f_d=180\text{MPa}$,抗剪强度设计值为 $f_{vd}=105\text{MPa}$;构件的容许最大长细比 $[\lambda]=100$。

(1)按实轴(y 轴)的稳定条件确定分肢截面尺寸

轴心受压格构式构件采用两个翼缘板向内的槽钢,并用缀板焊接而成,其构造如图 5-43 所示。

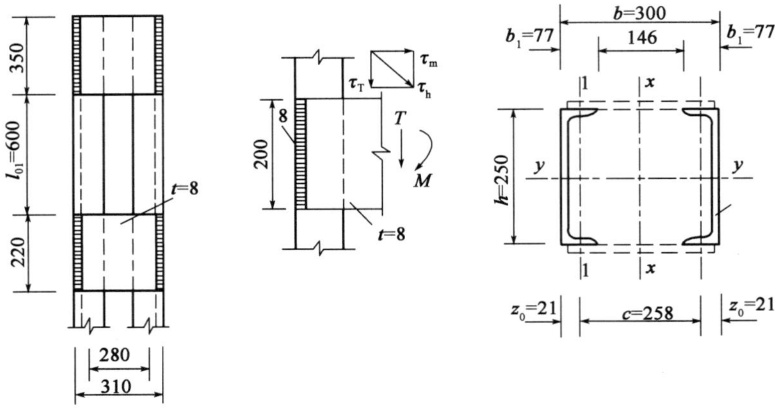

图 5-43 格构式构件的构造(尺寸单位:cm)

假定 $\lambda_y=60$,相对长细比 $\bar{\lambda}_y=\frac{\lambda_y}{\pi}\sqrt{\frac{f_y}{E}}=\frac{60}{\pi}\sqrt{\frac{235}{2.06\times10^5}}=0.65>0.2$,查询表 5-5 可知,截面类型为 c 类,再查表 5-7 可知整体稳定折减系数的计算参数 $\alpha_x=0.5$。

计算等效偏心率为

$$\varepsilon_{0y}=\alpha_y(\bar{\lambda}_y-0.2)=0.5\times(0.65-0.2)=0.225$$

轴心受压构件整体稳定折减系数为:

$$\begin{aligned}\chi_y&=\frac{1}{2}\left\{1+\frac{1}{\bar{\lambda}_y^2}(1+\varepsilon_{0y})-\sqrt{\left[1+\frac{1}{\bar{\lambda}_y^2}(1+\varepsilon_{0y})\right]^2-\frac{4}{\bar{\lambda}_y^2}}\right\}\\&=\frac{1}{2}\left\{1+\frac{1}{0.65^2}\times(1+0.225)-\sqrt{\left[1+\frac{1}{0.65^2}\times(1+0.225)\right]^2-\frac{4}{0.65^2}}\right\}\\&=0.752\end{aligned}$$

取 $e_x=e_y=0$,计算所需的截面面积和回转半径分别为:

$$A_{m,req}=N/\chi_y f_d=\frac{745\times10^3}{0.752\times180}=5\,504(\text{mm}^2)$$

$$i_{y,req}=\frac{l_{0y}}{\lambda_y}=\frac{6\times10^3}{60}=100(\text{mm})$$

根据 $A_{m,req}$、$i_{y,req}$ 查型钢表,试选 2[22a。每一槽钢的截面几何特征为 $A_1=3\,184\text{mm}^2$,$i_y=86.7\text{mm}$,$i_1=22.3\text{mm}$,$I_1=157.8\times10^4\text{mm}^4$,$b_1=77\text{mm}$(翼缘板宽度)。

①绕实轴方向的刚度。

$$\lambda_y = \frac{l_{0y}}{i_y} = \frac{6 \times 10^3}{86.7} = 69.2 < [\lambda] = 100$$

满足刚度要求。

②整体稳定性验算。

根据选择的实际截面尺寸，重新计算各计算参数如下：

$$\bar{\lambda}_y = \frac{\lambda_y}{\pi}\sqrt{\frac{f_y}{E}} = \frac{69.2}{\pi}\sqrt{\frac{235}{2.06 \times 10^5}} = 0.74 > 0.2$$

$$\varepsilon_{0y} = \alpha_y(\bar{\lambda}_y - 0.2) = 0.5 \times (0.74 - 0.2) = 0.27$$

$$\chi_y = \frac{1}{2}\left\{1 + \frac{1}{\bar{\lambda}_y^2}(1 + \varepsilon_{0y}) - \sqrt{\left[1 + \frac{1}{\bar{\lambda}_y^2}(1 + \varepsilon_{0y})\right]^2 - \frac{4}{\bar{\lambda}_y^2}}\right\}$$

$$= \frac{1}{2}\left\{1 + \frac{1}{0.74^2}(1 + 0.27) - \sqrt{\left[1 + \frac{1}{0.74^2}(1 + 0.27)\right]^2 - \frac{4}{0.74^2}}\right\}$$

$$= 0.696$$

进行轴心受压构件绕实轴（y 轴）的整体稳定性验算：

$$\frac{N}{\chi_y A_m} = \frac{745 \times 10^3}{0.696 \times 3\,184 \times 2} = 168.1(\text{MPa}) < f_d = 180\text{MPa}$$

满足要求。

（2）按绕虚轴（x 轴）的稳定条件确定分肢间距

取 $\lambda_1 = 40$，满足 $\lambda_1 \leqslant 40$ 的分肢稳定要求。按等稳定原则 $\lambda_{0x} = \lambda_y$，可得到：

$$i_{x,\text{req}} = \sqrt{\lambda_y^2 - \lambda_1^2} = \sqrt{69.2^2 - 40^2} = 56.5 < [\lambda] = 100$$

$$i_{x,\text{req}} = \frac{l_{0x}}{\lambda_{x,\text{req}}} = \frac{6 \times 10^3}{56.5} = 106.2$$

查图 5-28 得回转半径，$i_y = 0.385h$，$i_x = 0.44b$，则 $b \approx \frac{106}{0.44} = 241(\text{mm})$。

为便于在构件内部进行油漆养护，取构件的宽度 $b = 300\text{mm}$。则两槽钢翼缘板间的净距为 $300 - 2 \times 77 = 144(\text{mm}) > 100\text{mm}$，满足构造要求。

①虚轴方向的刚度。

两个槽钢采用缀板焊接，则缀板两侧焊缝间的距离取为 280mm，缀板间的净距取为 $l_{01} = 2.5 \times 280 = 700(\text{mm})$，则：

$$\lambda_1 = \frac{l_{01}}{i_1} = \frac{700}{22.3} = 31.4$$

$$I_x = 2\left[I_1 + A_1\left(\frac{b}{2} - z_0\right)^2\right] = 2\left[157.8 \times 10^4 + 3\,184 \times \left(\frac{300}{2} - 21\right)^2\right] = 109.13 \times 10^6(\text{mm}^4)$$

$$i_y = \sqrt{\frac{I_y}{A_m}} = \sqrt{\frac{109.13 \times 10^6}{2 \times 3\,184}} = 130.9(\text{mm})$$

$$\lambda_x = \frac{l_{0x}}{i_x} = \frac{6 \times 10^3}{130.8} = 45.8$$

由缀板换算长细比公式得到：

$$\lambda_{0x}=\sqrt{\lambda_y^2+\lambda_1^2}=\sqrt{45.9^2+31.4^2}=55.6<[\lambda]=100$$

满足刚度要求。

②整体稳定性验算。

构件绕虚轴(x 轴)的相对长细比为:

$$\bar{\lambda}_{0x}=\frac{\lambda_{0x}}{\pi}\sqrt{\frac{f_y}{E}}=\frac{55.6}{\pi}\sqrt{\frac{235}{2.06\times10^5}}=0.597>0.2$$

由轴心受压构件整体稳定折减系数的计算参数,查得 $\alpha_x=0.5$,再由等效偏心计算公式得到:

$$\varepsilon_{0x}=\alpha_x(\bar{\lambda}_{0x}-0.2)=0.5\times(0.597-0.2)=0.199$$

$$\chi_x=\frac{1}{2}\left\{1+\frac{1}{\bar{\lambda}_{0x}^2}(1+\varepsilon_{0x})-\sqrt{\left[1+\frac{1}{\bar{\lambda}_{0x}^2}(1+\varepsilon_{0x})\right]^2-\frac{4}{\bar{\lambda}_{0x}^2}}\right\}$$

$$=\frac{1}{2}\left\{1+\frac{1}{0.597^2}(1+0.199)-\sqrt{\left[1+\frac{1}{0.597^2}(1+0.199)\right]^2-\frac{4}{0.597^2}}\right\}$$

$$=0.784$$

$$\frac{N}{\chi_x A_m}=\frac{745\times10^3}{0.784\times3\ 184\times2}=149.4(\text{MPa})<f_d=180\text{MPa}$$

(3)局部稳定验算

$\lambda_1=31.4$,满足 $\lambda_1<40$ 和 $\lambda_1<\lambda_{0x}$的分肢稳定要求。分肢采用型钢,也不必进行验算局部稳定,所选截面满足要求。

(4)缀板设计

①初选缀板尺寸。

纵向高度 $h_b\geqslant\frac{2}{3}c=\frac{2}{3}\times(300-2\times21)=172(\text{mm})$,厚度 $t_b\geqslant c/40=6.45\text{mm}$,故中缀板取为 $h_{b1}\times t_{b1}=200\text{mm}\times8\text{mm}$,端缀板取为 $h_{b2}\times t_{b2}=350\text{mm}\times8\text{mm}$,缀板间净距 $l_{01}=600\text{mm}$。在全长 6m 的格构式构件上设置 2 对端缀板,6 对中缀板。

②缀板计算。

中缀板的中心距离 $l_1=l_{01}+l_{b1}=800\text{mm}$。

缀板线刚度之和与分肢线刚度比值 $\frac{\sum I_b/c}{I_1/l_1}=\frac{2\times8\times200^3\times800}{12\times157.8\times10^4\times258}=20.96>6$,满足缀板刚度要求。

作用在构件上的横向剪力 $V=\frac{Af_d}{85}\sqrt{\frac{f_y}{235}}=\frac{3\ 184\times2\times180}{85}=13.485\text{kN}$,每个缀板面剪力为 $V_1=6.742\text{kN}$,则缀板截面上的计算内力为:

弯矩

$$M_{b1}=\frac{V_1 l_1}{2}=\frac{6\ 742\times800}{2}=2.696\ 8\times10^6(\text{N}\cdot\text{mm})$$

剪力

$$V_{b1}=\frac{V_1 l_1}{c}=\frac{6\,742\times820}{258}=2.09\times10^4(\mathrm{N})$$

缀板强度验算如下：

$$\sigma=\frac{6M_{b1}}{t_b h_{b1}^2}=\frac{6\times2.696\,8\times10^6}{8\times200^2}=50.57(\mathrm{MPa})<f_d=180\mathrm{MPa}$$

$$\tau=\frac{1.5V_{b1}}{t_b h_{b1}}=\frac{1.5\times2.09\times10^4}{8\times200}=19.59(\mathrm{MPa})<f_d=105\mathrm{MPa}$$

满足缀板的强度要求。

③缀板焊缝计算。

取焊缝长度和缀板长度相同，即中缀板为200mm，端缀板为350mm，焊缝厚度等于缀板厚度 $h_f=8\mathrm{mm}$。

由缀板剪力产生的焊缝应力为：

$$\tau_T=\frac{1.5V_{b1}}{0.7h_f l_f}=\frac{1.5\times2.09\times10^4}{0.7\times8\times(200-2\times8)}=30.4(\mathrm{MPa})$$

由缀板弯矩产生的焊缝应力为：

$$\sigma_M=\frac{6M_{b1}}{0.7h_f l_f^2}=\frac{6\times2.696\,8\times10^6}{0.7\times8\times(200-2\times8)^2}=85.3(\mathrm{MPa})$$

$$\sqrt{\left(\frac{\sigma_M}{f_d}\right)^2+\left(\frac{\tau_T}{f_{vd}}\right)^2}=\sqrt{\left(\frac{85.3}{180}\right)^2+\left(\frac{30.4}{105}\right)^2}=0.31<1$$

故缀板焊缝满足要求。

【思考题】

5.1 轴心受压构件的刚度不影响其承载力，为什么要验算刚度？

5.2 为什么轴心受力构件强度验算用净截面，刚度验算却用毛截面？

5.3 轴心受压构件失稳的形式及其实质。

5.4 什么叫作轴心受压构件的等稳定设计？等稳定设计有何优点？

5.5 残余应力为什么会降低轴心受压构件的整体稳定承载力？

5.6 实腹式轴心受压构件设计的主要步骤有哪些？

5.7 宽厚比限制值的确定原则是什么？

5.8 格构式轴心受压构件绕虚轴失稳时，为何要用换算长细比？

5.9 格构式轴心受压构件设计的主要步骤有哪些？

5.10 格构式轴心受压构件为什么要设置横隔？如何设置？

5.11 有一实腹式轴心受压构件，焊接工字形截面，构件两端铰接，高6m，采用Q235钢。

E43 型焊条(自动焊),翼缘为焰切边,轴心压力设计值为 5 000kN。试设计该受压构件截面。

5.12　图 5-44a)、b)所示的两种轴焊接组合工字形截面,截面面积相等,且均为两端铰接,$l_{0x}=l_{0y}=8.7\text{m}$,翼缘为焰切边,钢材采用 Q345。试计算并比较两轴心受压柱所能承受的最大轴心压力设计值,并做局部稳定分析。

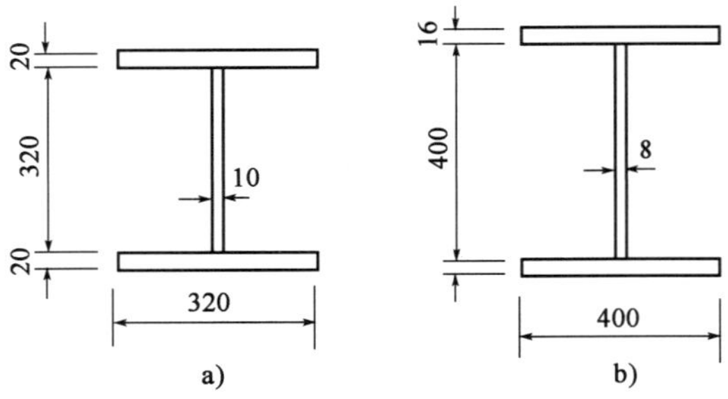

图 5-44　思考题 5.12 图(尺寸单位:mm)

5.13　如图 5-45 所示轴心受压柱,已知:$N=950\text{kN}$,钢材为 Q235,$A=56\text{cm}^2$,$I_x=5\ 251\text{cm}^4$,$I_y=1\ 775\text{cm}^4$,$l_{0x}=l_{0y}=4.4\text{m}$。求:①验算该柱是否安全;②如不安全,则在不改变柱截面尺寸和端支座的前提下采用合理的办法满足承载力要求,并计算采取措施后该柱的最大承载力 $N_{\max}$。

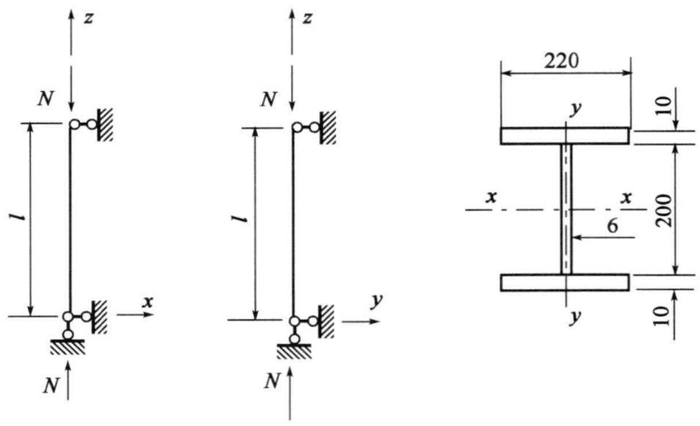

图 5-45　思考题 5.13 图(尺寸单位:mm)

5.14　设计一轴心受压缀条柱。柱肢采用角钢。已知:轴心压力设计值 $N=1\ 200\text{kN}$(包括自重),计算长度 $l_{0x}=20\text{m}$,$l_{0y}=10\text{m}$(x 轴为虚轴),材料为 Q235。

5.15　设计一轴心受压缀板柱。柱肢采用工字钢。已知轴心压力设计值 $N=2\ 000\text{kN}$(包括自重),计算长度 $l_{0x}=30\text{m}$,$l_{0y}=15\text{m}$(x 轴为虚轴),材料为 Q235。

5.16　某工作平台柱承受轴心压力设计值 $N=1\ 450\text{kN}$,柱两端铰接,柱高为 6m,$l_{0x}=l_{0y}=6\text{m}$,钢材采用 Q235,焊条为 E43 型(自动焊)。试设计:①缀条柱;②缀板柱。

第 6 章

拉弯和压弯构件

6.1 概　　述

压弯(或拉弯)构件是指同时承受轴心压力(或拉力)和绕截面形心主轴弯矩作用的构件，也常称为偏心受压构件(或偏心受拉构件)，如图 6-1 和图 6-2 所示。这类构件有三种类型：第一种是弯矩由偏心轴力引起的偏压(或拉)构件；第二种是弯矩作用在截面的一个主轴平面内的单向压弯(或拉弯)构件；第三种是弯矩同时作用在两个主轴平面的双向压弯(或拉弯)构件。由于压弯构件兼有受弯构件和轴心受压构件的性质，因此，压弯构件也称为梁柱。

钢结构中的桁架、塔架和网架等由杆件组成的结构，一般都将节点假定为铰接，对于这一类结构如果存在着非节点荷载，就会出现拉弯和压弯构件。另外，单层厂房柱、框架柱以及某些工作平台结构的支柱等构件都属于压弯构件的范畴。

与轴心受力构件一样，拉弯和压弯构件也可按截面形式分为实腹式构件和格构式构件两种，如图 6-3 所示。设计偏心受力构件时，应同时满足承载能力极限状态和正常使用极限状态。前者包括强度和稳定，后者通过刚度计算使构件的最大长细比不超过规定的容许值。具体来说，对拉弯构件的设计一般只需要考虑强度和刚度两个方面，而对于压弯构件则应同时满足强度、刚度和整体稳定的要求。此外，对实腹式截面构件还必须保证组成截面的板件的局部稳定，对格构式截面则必须保证分肢稳定。

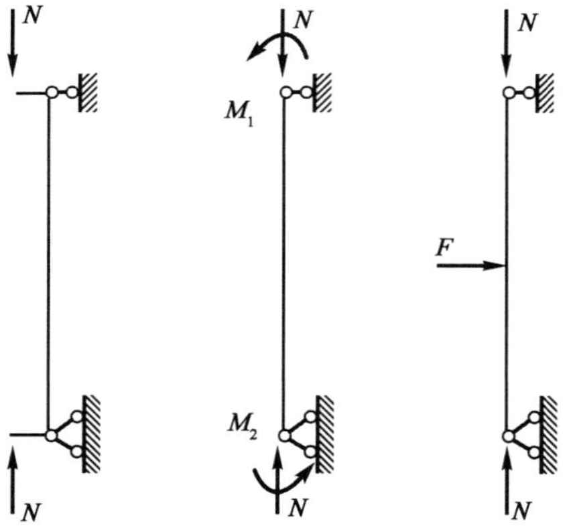

图 6-1　压弯构件

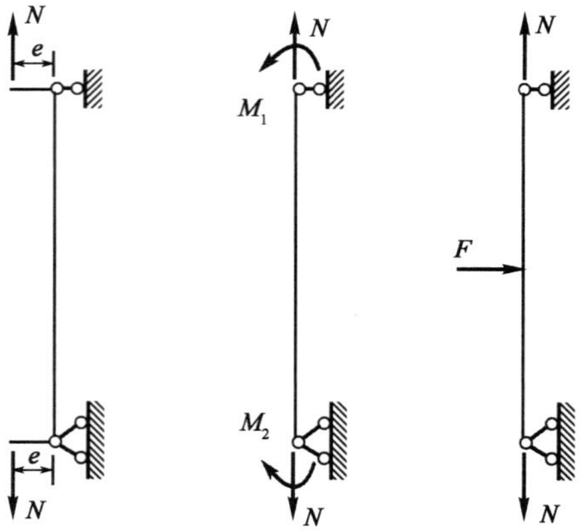

图 6-2　拉弯构件

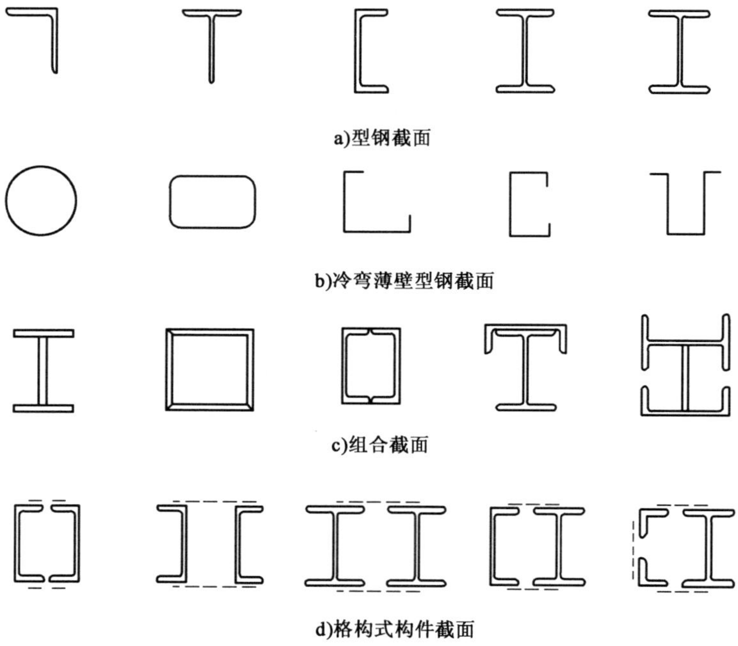

图 6-3　拉弯、压弯构件截面形式

6.2　拉弯和压弯构件的强度和刚度

对于拉弯构件和截面有孔洞等削弱过多的构件以及构件端部弯矩大于跨间弯矩的压弯构件，需要进行强度计算。

考虑钢材的塑性性能，拉弯和压弯构件是以截面出现塑性铰作为其强度极限状态的。在轴心压力 N 和弯矩 M 的共同作用下，矩形截面上应力的发展过程如图 6-4 所示。假设轴力不变而弯矩不断增加,截面上应力的发展经历四个阶段:①边缘纤维的最大应力达到屈服点[图6-4a)];②最大应力一侧部分截面发展塑性[图6-4b)];③两侧部分截面均发展塑性[图6-4c)];④全截面进入塑性状态出现塑性铰[图6-4d)],此时达到承载能力的极限状态。

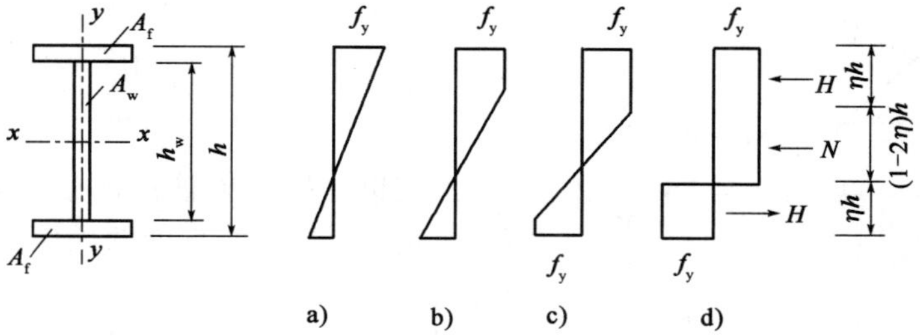

图6-4　压弯构件截面应力的发展过程

当全截面进入塑性状态时[图6-4d)],根据内外力的平衡条件,一对水平力 H 所组成的力偶与外力距 M 平衡,合力 N 应与外轴力平衡,可以获得轴心力 N 和弯矩 M 的关系式。为了简化,取图6-4中的 $h \approx h_w$,并令 $A_f = \alpha A_w$,则全截面面积 $A = (2\alpha + 1)A_w$。对于钢结构中常用的工字形截面,根据中和轴的位置内力计算分为两种情况。

(1)中和轴在腹板范围内($N \leqslant A_w f_y$)

$$N = \int_A \sigma \mathrm{d}A = (1 - 2\eta)ht_w f_y = (1 - 2\eta)A_w f_y \tag{6-1}$$

$$M = \int_A \sigma y \mathrm{d}A = A_f f_y h + \eta A_w f_y (1 - \eta)h = A_w h f_y (\alpha + \eta - \eta^2) \tag{6-2}$$

消去以上二式中的 η,并令:

$$N_p = Af_y = (2\alpha + 1)A_w f_y \tag{6-3}$$

$$M_{px} = W_{px} f_y = (\alpha A_w h + 0.25A_w h)f_y = (\alpha + 0.25)A_w h f_y \tag{6-4}$$

得到 N 和 M_x 的相关公式:

$$\frac{(2\alpha + 1)^2}{4\alpha + 1}\frac{N^2}{N_p^2} + \frac{M_x}{M_{px}} = 1 \tag{6-5}$$

(2)中和轴在翼缘范围内($N > A_w f_y$)

按上述相同方法可以得到:

$$\frac{N}{N_p} + \frac{4\alpha + 1}{2(2\alpha + 1)}\frac{M_x}{M_{px}} = 1 \tag{6-6}$$

1)《钢结构设计规范》中关于拉弯(压弯)构件强度的计算

观察式(6-5)和式(6-6)可以发现,轴力与弯矩的关系曲线均为曲线。图6-5中的实线即为工字形截面构件的弯矩绕强轴作用时的相关曲线,此曲线是外凸的,但腹板面积是 A_w 较小(即 $\alpha = A_f/A_w$ 较大)时,外凸不多,为了便于计算,同时考虑到分析中没有考虑附加挠度的不利影响,《钢结构设计规范》采用了直线相关公式(图6-5中的虚线),具体形式见式(6-7),这样做计算简便且偏于安全。

$$\frac{N}{N_p} + \frac{M_x}{M_{px}} = 1 \tag{6-7}$$

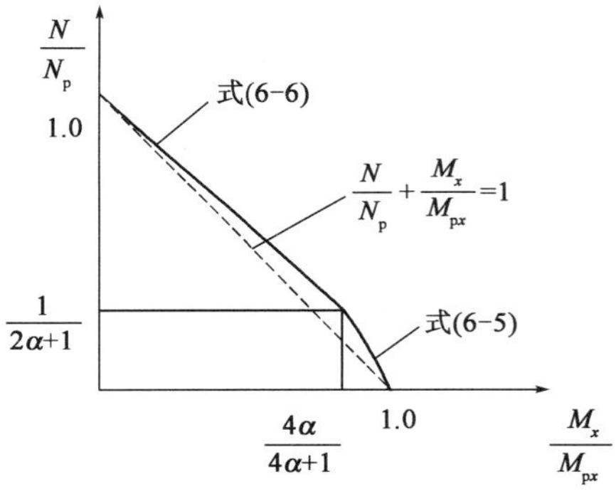

图 6-5　压弯构件强度计算相关曲线

考虑塑性部分发展，令 $N_p=A_n f_y$、$W_{px}=\gamma_x W_{nx} f_y$，再引入抗力分项系数，得到《钢结构设计规范》拉弯和压弯构件的强度计算式。对于弯矩作用在一个主平面内的单向拉弯、压弯构件：

$$\frac{N}{A_n}\pm\frac{M_x}{\gamma_x W_{nx}}\leqslant f \tag{6-8a}$$

上式也适用于单轴对称截面，弯曲正应力一项带有正负号，计算时，应使两项应力的代数和的绝对值最大。

对于弯矩作用在两个主平面内的双向拉弯、压弯构件：

$$\frac{N}{A_n}\pm\frac{M_x}{\gamma_x W_{nx}}\pm\frac{M_y}{\gamma_y W_{ny}}\leqslant f \tag{6-8b}$$

式中：A_n——构件净截面面积；

W_{nx}、W_{ny}——构件验算截面分别对 x 轴和 y 轴的净截面模量；

γ_x、γ_y——截面的塑性发展系数，按附录 3 采用。当压弯构件受压翼缘自由外伸宽度与厚度之比大于 $13\sqrt{235/f_y}$ 而小于 $15\sqrt{235/f_y}$ 时，$\gamma_x=1.0$；对直接承受动力荷载的构件，不宜考虑截面的塑性发展，取 $\gamma_x=\gamma_y=1.0$。

2)《公路钢结构桥梁设计规范》中关于拉弯(压弯)构件强度的计算

在公路桥梁钢结构设计中，通常以构件弹性受力阶段的截面边缘纤维屈服作为强度计算准则，并采用有效截面概念考虑局部稳定的影响，因此拉弯、压弯构件强度应满足：

$$\gamma_0\left(\frac{N_d}{A_{eff}f_d}+\frac{M_x+N_d e_y}{W_{x,eff}f_d}+\frac{M_y+N_d e_x}{W_{y,eff}f_d}\right)\leqslant 1 \tag{6-9}$$

式中：　N_d——轴心力设计值；

M_x、M_y——绕 x 轴和 y 轴的弯矩设计值；

$W_{x,eff}$、$W_{y,eff}$——有效截面相对于 x 轴和 y 轴的截面模量；

γ_0——结构重要性系数；

e_x、e_y——毛截面形心或有效截面形心在 x 轴和 y 轴方向上的投影距离，如图 6-6 所示。

拉弯构件和压弯构件的刚度要求与轴心受力构件相同，详见第 5 章。

[例题 6-1]　如图 6-7 所示的拉弯构件，承受的荷载设计值为：轴向拉力 1 100kN，横向均布荷载 10kN/m。试选择其截面，截面无削弱，材料为 Q345 钢。

解：(1)按《钢结构设计规范》设计

试采用普通工字钢 I28a，截面面积 $A=55.37\text{cm}^2$，自重 0.43kN/m，$W_x=508\text{cm}^3$，$i_x=11.34\text{cm}$，$i_y=2.49\text{cm}$。

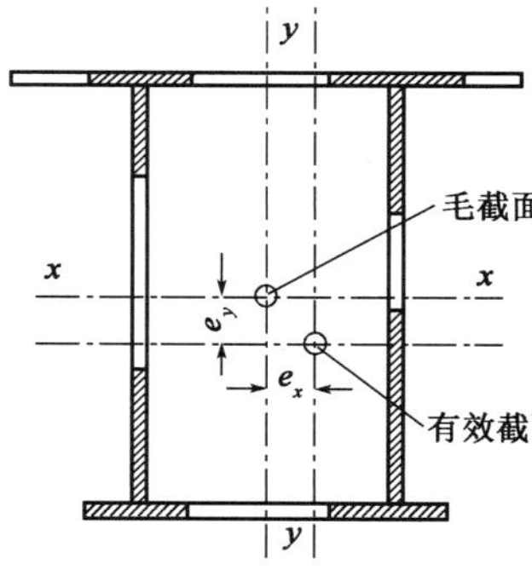

图 6-6　拉弯(压弯)构件有效截面偏心距

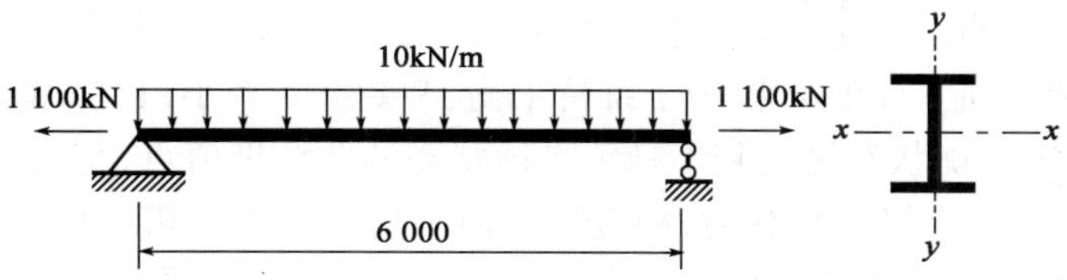

图 6-7 例题 6-1 图(尺寸单位:mm)

①验算强度:

构件截面最大弯矩

$$M_x=\frac{1}{8}ql^2=\frac{1}{8}(10+0.43\times1.2)\times6^2=47.3(\mathrm{kN\cdot m})$$

$$\frac{N}{A_\mathrm{n}}+\frac{M_x}{\gamma_x W_{nx}}=\frac{1\ 100\times10^3}{5\ 537}+\frac{47.3\times10^6}{1.05\times5.08\times10^5}=287(\mathrm{N/mm^2})<f=310\mathrm{N/mm^2}$$

②验算长细比:

$$\lambda_x=\frac{l_{0x}}{i_x}=\frac{6\ 000}{113.4}=52.9<[\lambda]=150$$

$$\lambda_y=\frac{l_{0y}}{i_y}=\frac{6\ 000}{24.9}=241<[\lambda]=350$$

满足要求。

(2)按《公路钢结构桥梁设计规范》设计

试选用工字钢 I32a。因为截面无削弱,所以有 $A_\mathrm{eff}=A=67.12\mathrm{cm}^2$,自重 0.53kN/m,$W_{x,\mathrm{eff}}=W_x=692\mathrm{cm}^3$,$i_x=12.85\mathrm{cm}$,$i_y=2.62\mathrm{cm}$,查表有 $f_\mathrm{d}=275\mathrm{MPa}$。

$$M_{x,\mathrm{eff}}=M_x=\frac{1}{8}ql^2=\frac{1}{8}\times(10+0.53\times1.2)\times6^2=47.9(\mathrm{kN\cdot m})$$

验算强度:

$$\gamma_0\left(\frac{N_\mathrm{d}}{A_\mathrm{eff}f_\mathrm{d}}+\frac{M_x}{W_{x,\mathrm{eff}}f_\mathrm{d}}\right)=1.0\times\left(\frac{1\ 100\times10^3}{6712\times275}+\frac{47.9\times10^6}{6.92\times10^5\times275}\right)=0.85<1$$

满足要求。

6.3 实腹式压弯构件的整体稳定

压弯构件的承载力通常由整体稳定性控制。对双轴对称截面一般将弯矩绕强轴作用,而单轴对称截面则将弯矩作用在对称轴平面内,使压力作用在分布材料较多的一侧。压弯构件可能在弯矩作用平面内弯曲失稳,也可能在弯矩作用平面外弯扭失稳,所以,压弯构件应分别计算弯矩作用平面内和弯矩作用平面外的稳定。

6.3.1 弯矩作用平面内的稳定计算

现以图 6-8a)所示的两端铰接的压弯构件为例,除轴心压力 N 外,两端各作用有弯矩 M。压弯构件由于轴心压力和弯矩的同时作用,在弯矩作用平面内一开始就产生弯曲变形,压力-挠度曲线如图 6-8b)中的 $oabc$ 所示。oa 段为弹性工作阶段,但由于附加弯矩 $N\cdot y$ 的存在而呈现非线性关系；a 点之后进入弹塑性工作阶段，曲线 ab 段呈现上升状，挠度随 N 的增加才能增加，此时平衡是稳定的；在 bc 段为了维持平衡，N 要不断减小，且挠度不断增加，平衡是不稳定的。b 点为稳定平衡状态过渡到不稳定平衡状态的曲线极值点，与之对应的 N_u 值为构件在弯矩作用平面内的稳定极限承载力，相应的截面平均应力称为极限应力。与有缺陷的轴心受压构件类似，压弯构件在弯矩平面内的失稳属于第二类稳定问题。

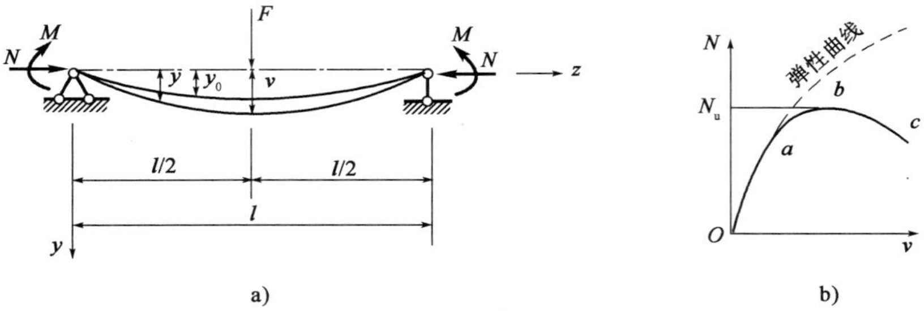

图 6-8　单向压弯构件在弯矩作用平面内的整体屈曲

目前，确定压弯构件弯矩作用平面内极限承载力的方法很多，可分为两大类。一类是边缘屈服准则的计算方法，一类是精度较高的数值计算方法。

1）边缘屈服准则

边缘纤维屈服准则的方法是用应力问题代替稳定计算的近似方法，即以构件截面应力最大边缘纤维开始屈服时的荷载，亦即构件在弹性阶段的最大荷载图 6-8b）中 a 点对应荷载，作为压弯构件的极限承载力。以图 6-8a）为例，该准则的表达式为：

$$\frac{N}{A} + \frac{M_{max}}{W_{1x}} = f_y \tag{6-10}$$

式中：N——轴心压力；

M_{max}——考虑 N 和初始缺陷影响后的最大弯矩；

A——构件的毛截面面积。

在轴心压力 N 和弯矩 M 共同作用下，构件中点的挠度为 v，在离端部 z 处的挠度为 y，此处的平衡方程为：

$$EI\frac{d^2y}{dz^2} + Ny = -M_x \tag{6-11}$$

令 $k^2 = \frac{N}{EI}$，$N_{Ex} = \pi^2\frac{EI}{l^2}$为欧拉临界力，则 $kl = \pi\sqrt{\frac{N}{N_{Ex}}}$，求解方程可得：

$$y = \frac{M_x}{N}\left[\frac{\sin kz + \sin k(l-z)}{\sin kl} - 1\right] \tag{6-12}$$

构件中点的最大挠度为：

$$v = \frac{M_x}{N}\left[\sec\left(\frac{\pi}{2}\sqrt{\frac{N}{N_{Ex}}}\right) - 1\right] \tag{6-13}$$

构件最大弯矩位于中部截面，其值为：

$$M_{max} = M + Nv = M\sec\left(\frac{\pi}{2}\sqrt{\frac{N}{N_{Ex}}}\right) \approx M\left(\frac{1}{1-\frac{N}{N_{Ex}}}\right) = M\eta_1 \tag{6-14}$$

式中：η_1——压弯构件的弯矩增大系数；

M——构件的端弯矩。

其他几种常见荷载作用下的压弯构件，其最大弯矩 $M_{x,\max,i}=\eta_i M_x$ 的近似值见表 6-1。

《钢结构设计规范》中压弯构件的最大弯矩与等效弯矩系数　　表 6-1

i	荷载作用简图	$M_{x,\max,i}=\eta_i M_x$	β_{mi}
1		$\left(\dfrac{1}{1-N/N_{Ex}}\right)M_x$	1
2	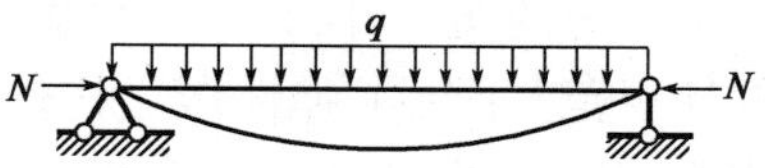	$\left(\dfrac{1}{1-N/N_{Ex}}\right)M_x$ 其中 $M_x=ql^2/8$	1
3	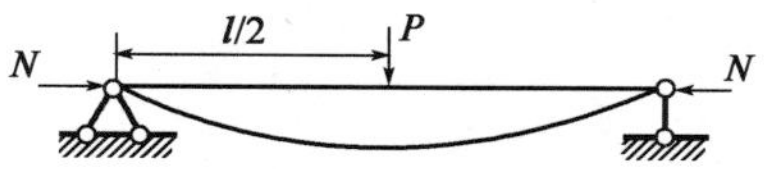	$\left(\dfrac{k_1}{1-N/N_{Ex}}\right)M_x$ 其中 $k_1=1-0.2N/N_{Ex}$ $M_x=Pl/4$	k_1
4	 $\lvert M_1\rvert>\lvert M_2\rvert$	$\left(\dfrac{k_2}{1-N/N_{Ex}}\right)M_x$ 其中 $k_2=0.65+0.35M_2/M_1$ 且 $k_2\geqslant 0.4$ $M_x=M_1$	k_2

引入等效弯矩系数 β_{mi}［式(6-15)］，将把各种荷载作用的弯矩分布形式转化为均匀受弯来对待，并考虑构件初始缺陷后，把最大弯矩值代入式(6-10)中，可得到式(6-16)。

$$\beta_{mi}=\frac{M_{x,\max,1}}{M_{x,\max,i}} \tag{6-15}$$

$$\frac{N}{A}+\frac{\beta_m M+Ne_0}{W_{1x}\left(1-\dfrac{N}{N_{Ex}}\right)}=f_y \tag{6-16}$$

式中，e_0 是用来考虑构件综合缺陷的等效初弯曲。当 $M=0$ 时，构件实际上即为带有缺陷偏心 e_0 的轴心受压构件，此时构件的临界力在《钢结构设计规范》中为 $N=N_x=\varphi_x Af_y$，在《公路钢结构桥梁设计规范》中为 $N=N_x=\chi A_{eff}f_y$，由上式可得：

$$e_0=\frac{(Af_y-N_x)(N_{Ex}-N_x)}{N_xN_{Ex}}\cdot\frac{W_{1x}}{A} \tag{6-17}$$

将式(6-17)代入式(6-16)，经整理后得：

$$\frac{N}{\varphi_x A}+\frac{\beta_{mx}M_x}{W_{1x}\left(1-\varphi_x\dfrac{N}{N_{Ex}}\right)}=f_y \tag{6-18}$$

2）最大强度准则

边缘纤维屈服准则认为，当构件截面受压最大纤维刚屈服，构件即失去承载能力而发生破坏，较适用于格构式构件。实腹式压弯构件当受压最大边缘刚屈服时尚有较大的强度储备，即容许截面发展塑性。因此，若要反映构件的实际受力情况，宜采用最大强度准则，即以具有各种初始缺陷的构件为计算模型，求解其极限承载力。图 6-8b）中的 b 点对应的荷载 N_u 值即为按最大强度准则确定的稳定承载力。由图 6-8b)可以看出,最大强度准则确定的 N_u 值比边缘屈服荷载 a 点大一些,但要比轴心压杆的欧拉力要小。研究表明,压弯构件的 N_u 值与构件的长细比、偏心率、支承情况、截面的形式和尺寸、材料的性质、荷载的形式等多因素有关,要确定出压弯构件的稳定性是非常复杂的。

另外,第 5 章介绍的具有初始缺陷(初弯曲、初偏心和残余应力)的轴心受压构件的稳定计算方法,实际上,考虑初弯曲和初偏心的轴心受压构件就是压弯构件。

3)《钢结构设计规范》中关于压弯构件平面内整体稳定的计算方法

《钢结构设计规范》将用数值方法得到的压弯构件的极限承载力 N_u 与边缘纤维屈服准则推导的相关公式(6-18)中的轴心压力 N 进行比较,对于粗短的实腹杆,式(6-18)偏于安全;而对于细长的实腹杆,则偏于不安全。因此,《钢结构设计规范》采用了弹性压弯构件边缘纤维屈服准则相关公式的形式,计算弯曲应力时,考虑了截面的塑性发展和二阶弯矩,对于初弯曲和残余应力的影响,用等效偏心距 e_0 综合考虑,提出一近似相关公式:

$$\frac{N}{\varphi_x A}+\frac{M_x}{W_{px}\left(1-0.8\dfrac{N}{N_{Ex}}\right)}\leqslant f_y \tag{6-19}$$

式中:W_{px}——截面塑性模量。

式(6-19)中的系数 0.8 是经数值运算和比较而得,发现 0.8 可使计算值与各种截面的理论值误差最小,即最优值。

式(6-19)仅适用于弯矩沿杆长均匀分布的两端铰接压弯构件。当弯矩为非均匀分布时,构件的实际承载能力将比式(6-19)计算值高。为了把式(6-19)推广应用于其他荷载作用时的压弯构件,《钢结构设计规范》对式(6-19)做了修正,用等效弯矩 $\beta_{mx}M_x$ 代替公式中的 M_x 来考虑这种有利因素,并考虑部分截面发展塑性,并引入材料抗力分项系数,得到验算实腹式压弯构件在弯矩作用平面内的稳定性公式:

$$\frac{N}{\varphi_x A}+\frac{\beta_{mx}M_x}{\gamma_x W_{1x}\left(1-0.8\dfrac{N}{N'_{Ex}}\right)}\leqslant f \tag{6-20}$$

式中:N'_{Ex}——$N'_{Ex}=\dfrac{\pi^2 EA}{1.1\lambda_x^2}$,为欧拉临界力除以抗力分项系数 $\gamma_R=1.1$,不分钢种;

φ_x——弯矩作用平面内的轴心受压构件稳定系数;

M_x——所计算构件范围内的最大弯矩;

β_{mx}——等效弯矩系数。

β_{mx} 可按以下规定采用:

(1)悬臂构件和在内力分析中未考虑二阶效应的无支撑框架和弱支撑框架柱,$\beta_{mx}=1.0$。

(2)框架柱和两端支承的构件:①无横向荷载作用时,$\beta_{mx}=0.65+0.35M_2/M_1$,$M_1$ 和 M_2 分别是构件两端的弯矩,且 $|M_1|\geqslant|M_2|$。当两端弯矩使构件产生同向曲率时,取同号;使构件产生反向曲率(有反弯点)时,取异号。②有端弯矩和横向荷载同时作用时,使构件产生同向曲率,取 $\beta_{mx}=1.0$;使构件产生反向曲率时,取 $\beta_{mx}=0.85$。③无端弯矩,但有横向荷载作用时,取 $\beta_{mx}=1.0$。

对于单轴对称截面压弯构件,当弯矩作用在对称轴平面内且使较大翼缘受压时,构件达到临界状态时的应力分布可能在拉、压两侧都出现塑性铰,也可能只在受拉一侧出现塑性铰。对于前者，平面内的稳定仍按式(6-20)验算；对于后者，因受拉塑性区的开展会导致构件失稳，因此，除按公式(6-20)计算外，还应按下式计算：

$$\left|\frac{N}{A}-\frac{\beta_{mx}M_x}{\gamma_x W_{2x}\left(1-1.25\frac{N}{N'_{Ex}}\right)}\right|\leqslant f \tag{6-21}$$

式中：W_{2x}——受拉一侧的边缘纤维毛截面模量；

系数1.25是经过与理论计算结果比较后引进的修正系数。

4)《公路钢结构桥梁设计规范》中关于压弯构件平面内整体稳定的计算方法

公路桥梁钢结构设计时，在进行压弯构件在弯矩作用平面内整体稳定性验算时，考虑到附加弯矩对压弯杆件挠度的增大，仍采用弯矩增大系数$1/(1-N_d/N_{cr,x})$来计入这一影响。借鉴《钢结构设计规范》中的计算方法，根据边缘纤维屈服准则并考虑附加弯矩的影响，压弯构件在弯矩作用平面内的整体稳定性验算公式为：

$$\gamma_0\left[\frac{N_d}{\chi_x N_{Rd}}+\beta_{m,x}\frac{M_x+N_d e_y}{M_{Rd,x}\left(1-\frac{N_d}{N_{cr,x}}\right)}\right]\leqslant 1 \tag{6-22}$$

$$N_{Rd}=A_{eff}f_d,\ M_{Rd,x}=W_{x,eff}f_d$$

式中：N_d——构件轴力设计值；

χ_x——轴心受压构件绕x轴弯曲失稳模态的整体稳定折减系数；

$N_{cr,x}$——轴心受压构件绕x轴弯曲失稳模态的整体稳定欧拉荷载，$N_{cr,x}=\pi^2EA/\lambda_x^2$；

$\beta_{m,x}$——相对M_x的等效弯矩系数，可按表6-2计算。

《公路钢结构桥梁设计规范》中压弯构件整体稳定等效弯矩系数 表6-2

弯矩分布	$\beta_{m,x}$、$\beta_{m,y}$
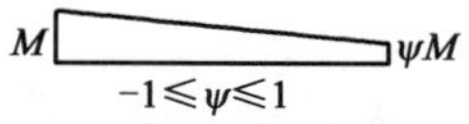	$0.65+0.35\Psi$
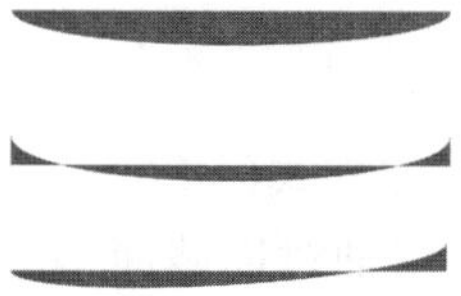	1.0
	0.95

6.3.2 弯矩作用平面外的稳定计算

开口薄壁截面压弯构件的抗扭刚度及弯矩作用平面外的抗弯刚度通常较小，当构件在弯矩作用平面外没有足够的支撑以阻止其产生侧向位移和扭转时，构件可能发生弯扭屈曲而破坏，这种弯扭屈曲又称为压弯构件弯矩作用平面外的整体失稳。如果压弯构件无初始缺陷，这种平面外的弯扭往往具有突发性,属于第一类稳定问题。

1)压弯构件平面外稳定计算相关方程

如图6-9所示的双轴对称工字形截面,两端铰接,但端截面可以自由翘曲,压力作用于 y 轴的 D 点上,偏心距为 e,杆件变形后,在离端部 z 处的挠度为 y,对 x 轴建立弯矩平衡方程:

$$-EI_x y'' = N(y-e) \tag{6-23}$$

上式表示杆件绕强轴发生了平面弯曲变形。

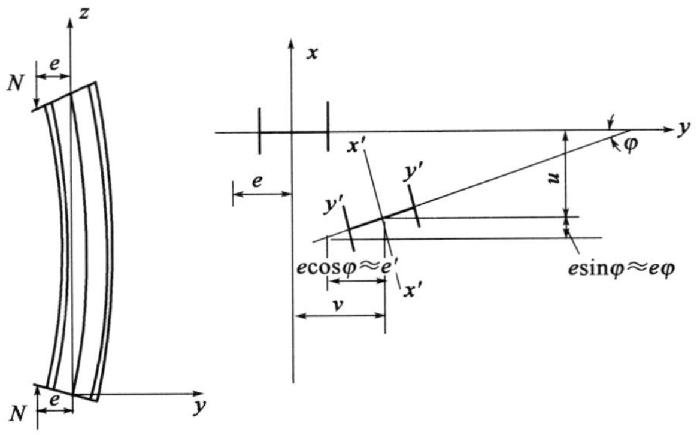

图6-9 工字形截面的位移和扭转

弯矩作用平面外的弯扭屈曲平衡方程包括以下两种:

(1)对 y 轴的弯矩平衡方程

截面剪心(即形心)的侧向位移为 x,由于扭角 φ 使压力作用点增加的位移为 $e\varphi$,故平衡方程为:

$$-EI_y x'' = N(x+e\varphi) \tag{6-24}$$

(2)对 z 轴(纵轴)的扭矩平衡方程

由于侧向位移,横向剪力对剪心产生扭矩 Nex',所以对纵轴扭矩的平衡方程应是在轴心压杆扭转屈曲平衡方程(5-23)的基础上增加外扭矩,即

$$-EI_\omega \varphi''' + GI_t \varphi' = Ni_0^2 \varphi' + Nex' \tag{6-25}$$

式(6-24)和式(6-25)与单轴对称截面轴心压杆的平衡方程式(5-26)、式(5-27)相似,只不过将前者的剪心与形心距离 a_0 改为偏心距 e 而已。因此,双轴对称截面偏心压杆的临界力计算式为:

$$(N_{Ey}-N)(N_z-N)-\left(\frac{Ne}{i_0}\right)^2=0 \tag{6-26}$$

上式的解即为偏心距为 e 的双轴对称截面偏心压杆的临界力:

$$N_{cr}=\frac{1}{2}\left[(N_{Ey}+N_z)-\sqrt{(N_{Ey}-N_z)^2+\left(\frac{2Ne}{i_0}\right)^2}\right] \tag{6-27}$$

如果偏心距 $e=0$,即构件的端弯矩 $M=0$,由式(6-27)可以得到轴心受压构件的临界力 $N_{cr}=N_{Ey}$ 或 $N_{cr}=N_z$。这里,绕截面弱轴弯曲屈曲的临界力为:

$$N_{Ey}=\frac{\pi^2 EI_y}{l_y^2} \tag{6-28}$$

绕截面纵轴扭曲屈曲的临界力为

$$N_z = \frac{GI_t + \dfrac{\pi^2 EI_\omega}{l_\omega^2}}{i_0^2} \tag{6-29}$$

式中：I_t——截面的抗扭惯性矩；

I_ω——截面的翘曲惯性矩；

i_0——截面的回转半径，$i_0^2=(I_x+I_y)/A$；

l_y、l_ω——构件的侧向弯曲自由长度和扭转自由长度，对于两端铰接的杆 $l_y=l_\omega=l$。

如果设端弯矩 $Ne=M_x$ 保持为定值，在 e 无限增加的同时 N 趋近于零，则由式(6-26)得到双轴对称纯弯曲梁的临界弯矩为：

$$M_{crx} = \sqrt{i_0^2 N_{Ey} N_z} \tag{6-30}$$

由此，式(6-26)可以改写为：

$$\left(1-\frac{N}{N_{Ey}}\right)\left(1-\frac{N}{N_{Ey}}\cdot\frac{N_{Ey}}{N_z}\right)-\frac{M_x^2}{M_{crx}^2}=0 \tag{6-31}$$

式中：N_{Ey}——构件轴心受压时绕 y 轴弯曲屈曲的临界力；

N_z——构件绕纵轴 z 轴扭转屈曲的临界力；

M_{crx}——构件绕 x 轴的均匀弯矩作用时的弯扭屈曲临界弯矩。

式(6-31)可绘制成图6-10形式的相关曲线。根据钢结构构件常用的截面形式分析，绝大多数情况下 N_z/N_{Ey} 都大于1.0，为安全起见取 $N_z/N_{Ey}=1.0$，则可得到判别构件弯矩作用平面外稳定性的直线相关方程为：

$$\frac{N}{N_{Ey}}+\frac{M_x}{M_{crx}}=1 \tag{6-32}$$

2)《钢结构设计规范》中压弯构件平面外稳定计算方法

式(6-32)是根据双轴对称理想压弯构件导出并经简化的理论相关公式，该公式形式简单，为一简单的直线式。理论分析和试验研究表明，该式同样适应于弹塑性压弯构件的弯扭屈曲计算。将该式中的 N_{Ey} 和 M_{crx} 分别用 $\varphi_y Af_y$ 和 $\varphi_b W_{1x} f_y$ 代入，引入等效弯矩系数 β_{tx}、截面影响系数 η 和抗力分项系数 γ_R，并整理后可以得到《钢结构设计规范》中计算压弯构件弯矩作用平面外整体稳定的验算公式：

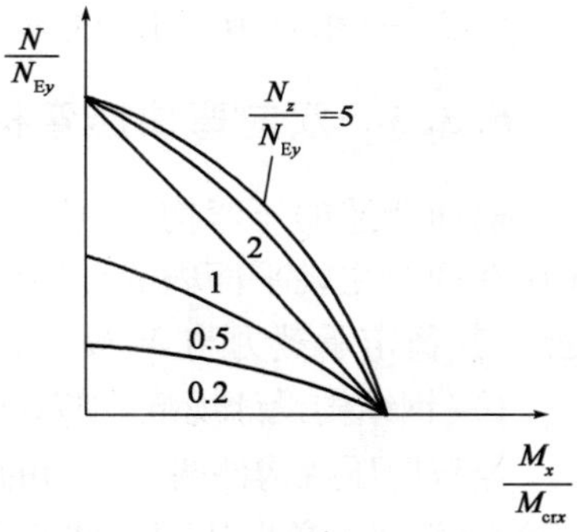

图6-10 单向压弯构件在弯矩作用平面外失稳的相关曲线

$$\frac{N}{\varphi_y A}+\eta\frac{\beta_{tx}M_x}{\varphi_b W_{1x}}\leqslant f \tag{6-33}$$

式中：M_x——所计算构件范围内(构件侧向支承点之间)的最大弯矩；

η——截面影响系数，箱形截面取 $\eta=0.7$，其他截面 $\eta=1.0$；

φ_y——弯矩作用平面外的轴心受压构件稳定系数。

φ_b——均匀弯曲的受弯构件整体稳定系数，对工字形截面和T形截面可按《钢结构设计规范》附录中的近似公式计算，对于箱形截面取 $\varphi_b=1.0$；

β_{tx}——弯矩等效系数。

β_{tx} 应根据所计算构件段的荷载和内力情况确定，按下列规定采用：

(1)在弯矩作用平面外有支撑的构件,应根据两相邻支撑点间构件段内的荷载和内力情况确定:

①构件段内无横向荷载作用时,$\beta_{tx}=0.65+0.35M_2/M_1$,$M_1$ 和 M_2 是构件段在弯矩作用平面内的端弯矩,且 $|M_1|\geqslant|M_2|$。当使构件段产生同向曲率时,取同号;产生反向曲率时,取异号。

②构件段内有端弯矩和横向荷载同时作用时,使构件段产生同向曲率 $\beta_{tx}=1.0$;使构件段产生反向曲率取 $\beta_{tx}=0.85$。

③构件段内无端弯矩但有横向荷载作用时,$\beta_{tx}=1.0$。

(2)弯矩作用平面外为悬臂构件,$\beta_{tx}=1.0$。

3)《公路钢结构桥梁设计规范》中压弯构件平面外稳定计算方法

公路桥梁钢结构中压弯构件在弯矩作用平面外的稳定性验算公式为:

$$\gamma_0\left[\frac{N_d}{\chi_z N_{Rd}}+\beta_{m,y}\frac{M_y+N_d e_z}{\chi_{LT,y}M_{Rd,y}\left(1-\frac{N_d}{N_{cr,y}}\right)}\right]\leqslant 1 \tag{6-34}$$

式中:N_d——构件轴力设计值;

χ_z——轴心受压构件绕 z 轴弯曲失稳模态的整体稳定折减系数;

$N_{cr,y}$——轴心受压构件绕 y 轴弯曲失稳模态的整体稳定欧拉荷载,$N_{cr,y}=\pi^2EA/\lambda_y^2$;

$\chi_{LT,y}$——M_y 作用下构件发生弯扭失稳模态的整体稳定折减系数,可按(5-52)计算;

$\beta_{m,y}$——相对 M_y 的等效弯矩系数,可按表6-2计算。

6.3.3 双向弯曲压弯构件的整体稳定

前面所述的压弯构件,弯矩仅作用在构件的一个主轴平面内,为单轴弯曲压弯构件。弯矩作用在两个主轴平面内为双向弯曲压弯构件,双向压弯构件的整体失稳常伴随着构件的扭转变形,其稳定承载力与 N、M_x 和 M_y 三者的比例有关,无法给出解析解,只能采用数值解。

1)《钢结构设计规范》中双向压弯构件整体稳定计算方法

当双向压弯构件两个方向的弯矩很小时,接近轴心受压构件的受力情况;当某一个方向的弯矩很小时,接近单向压弯构件的受力情况。为了设计方便,并与轴心受压构件和单向压弯构件计算衔接,采用相关公式计算。《钢结构设计规范》仅规定了双轴对称截面压弯构件的计算方法。

弯矩作用在两个主平面内的双轴对称实腹式工字形截面(含H形)和箱形(闭口)截面的压弯构件,其稳定按下列公式计算:

$$\frac{N}{\varphi_x A}+\frac{\beta_{mx}M_x}{\gamma_x W_{1x}\left(1-0.8\frac{N}{N'_{Ex}}\right)}+\eta\frac{\beta_{ty}M_y}{\varphi_{by}W_{1y}}\leqslant f \tag{6-35}$$

$$\frac{N}{\varphi_y A}+\frac{\beta_{my}M_y}{\gamma_y W_{1y}\left(1-0.8\frac{N}{N'_{Ey}}\right)}+\eta\frac{\beta_{tx}M_x}{\varphi_{bx}W_{1x}}\leqslant f \tag{6-36}$$

式中:M_x、M_y——所计算构件段范围内对 x 轴和 y 轴的最大弯矩;

φ_x、φ_y——对 x 轴和 y 轴的轴心受压构件稳定系数;

φ_{bx}、φ_{by}——均匀弯曲的受弯构件整体稳定系数,对工字形截面的非悬臂构件,φ_{bx} 可按受弯构件整体稳定系数近似公式计算,$\varphi_{by}=1.0$,对闭口截面,$\varphi_{bx}=\varphi_{by}=1.0$;

β_{mx}、β_{my}——等效弯矩系数，应按弯矩作用平面内稳定计算的有关规定采用；

$N'_{Ex}=\dfrac{\pi^2 EA}{1.1\lambda_x^2}$；

$N'_{Ey}=\dfrac{\pi^2 EA}{1.1\lambda_y^2}$；

β_{tx}、β_{ty}和 η——应按弯矩作用平面外稳定计算的有关规定采用。

2)《公路钢结构设桥梁计规范》中双向压弯构件整体稳定计算方法

在公路桥梁钢结构设计中，《公路钢结构桥梁设计规范》规定弯矩作用在两个主平面内的压弯构件整体计算应满足：

$$\gamma_0\left[\frac{N_d}{\chi_x N_{Rd}}+\beta_{m,x}\frac{M_x+N_d e_y}{M_{Rd,x}\left(1-\dfrac{N_d}{N_{cr,x}}\right)}+\beta_{m,y}\frac{M_y+N_d e_x}{\chi_{LT,y}M_{Rd,y}\left(1-\dfrac{N_d}{N_{cr,y}}\right)}\right]\leqslant 1 \tag{6-37}$$

$$\gamma_0\left[\frac{N_d}{\chi_y N_{Rd}}+\beta_{m,x}\frac{M_x+N_d e_y}{\chi_{LT,x}M_{Rd,x}\left(1-\dfrac{N_d}{N_{cr,y}}\right)}+\beta_{m,y}\frac{M_y+N_d e_x}{M_{Rd,y}\left(1-\dfrac{N_d}{N_{cr,y}}\right)}\right]\leqslant 1 \tag{6-38}$$

式中：N_d——所计算构件中间 1/3 范围内的最大轴力设计值；

其他参数详见 6.3.2 节。

6.4 实腹式压弯构件的局部稳定

实腹式压弯构件中组成截面的板件与轴心受压构件和受弯构件的板件相似，在均匀压应力下，或在不均匀压应力和剪应力作用下，当应力达到一定大小时，可能偏离其平面位置发生波状鼓曲，即板件发生屈曲，构件丧失局部稳定性。为了保证压弯构件中板件的局部稳定，《钢结构设计规范》和《公路钢结构桥梁规范》中都采用了限制板件高(宽)厚比的方法来保证压弯构件的局部稳定。《公路钢结构桥梁设计规范》中规定压弯构件的局部稳定计算与其轴心受压构件相同(见第 5 章)。《钢结构设计规范》中规定，压弯构件的受压翼缘与轴心受压构件的翼缘一样承受均匀压应力，因此，压弯构件翼缘的局部稳定计算方法与轴心受压构件相同；但压弯构件的腹板承受不均匀压应力和剪应力的共同作用，相比轴心受压构件更为复杂。下面重点介绍《钢结构设计规范》中压弯构件腹板的局部稳定计算方法。

为保证压弯构件中板件的局部稳定，《钢结构设计规范》采取了同轴心受压构件相同的方法，即不允许板件发生局部失稳的准则。该准则是令局部屈曲临界应力大于钢材屈服强度或大于构件的整体稳定临界应力。实用上是将保证局部稳定的要求转化为对板件翼缘和腹板的高厚比及宽厚比的限制。

6.4.1 翼缘的宽厚比

工字形和箱形截面压弯构件的最大受压翼缘主要承受正应力，剪应力很小，可忽略不计。当构件长细比较大，且以承受 N 为主时，最大压应力可能低于 f_y；当构件长细比较小或承受 M 为主时，其值可能较大，常达到甚至进入塑性区。当考虑截面部分塑性发展时，受压翼缘全部形成塑性区。可见，压弯构件翼缘的应力状态与轴心受压或受弯构件的受压翼缘基本相同，其翼缘在均匀压应力下丧失稳定也和这种构件一样。《钢结构设计规范》规定，工字形截面压弯构件受压翼缘自由外伸宽度 b 与其厚度 t 之比应满足 $b/t\leqslant 13\sqrt{235/f_y}$，当强度和稳定计算中取 $\gamma_x=1.0$ 时，宽厚比可放宽取为 $15\sqrt{235/f_y}$；对于箱形截面，即两边支撑翼缘板，应满足 $b_0/t\leqslant 40\sqrt{235/f_y}$。翼缘板自由外伸宽度 b 的取值对焊接结构，取腹板边至翼缘板(肢)边缘的距离；对轧制构件，取内圆弧起点至翼缘板(肢)边缘的距离。

6.4.2 腹板的高厚比

1)工字形截面

压弯构件腹板受非均匀正应力和均匀剪应力的共同作用，如图 6-11a)所示，它的临界状态缺乏比较精确的公式。把这种应力状态与梁腹板及轴心受压柱腹板的应力状态[图 6-11b)]和[图 6-11c)]进行比较，可见图 6-11a)介于图 6-11b)和图 6-11c)之间。图 6-11b)的梁腹板弹性稳定临界状态方程可写为：

$$\left(\frac{\sigma}{\sigma_{cr}}\right)^2+\left(\frac{\tau}{\tau_{cr}}\right)^2=1 \tag{6-39}$$

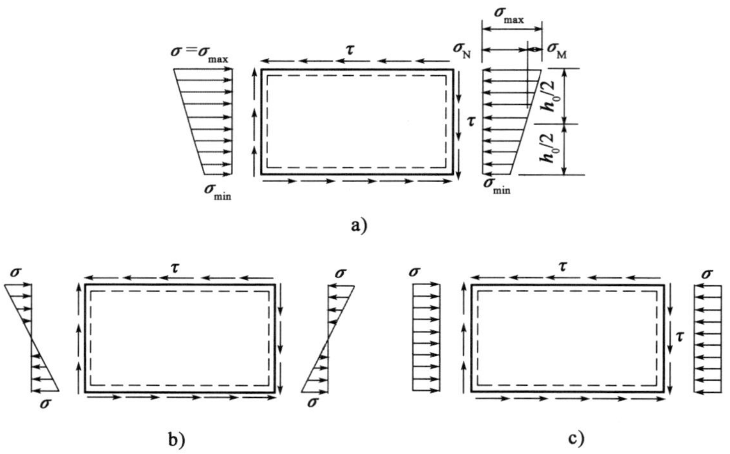

图 6-11 压弯构件腹板的受力状态

对于均匀正应力 σ 和剪应力 τ 的板件[图 6-11c)]，腹板弹性稳定临界状态方程可写为：

$$\frac{\sigma}{\sigma_{cr}}+\left(\frac{\tau}{\tau_{cr}}\right)^2=1 \tag{6-40}$$

对四边简支板在非均匀正应力和均匀剪应力共同作用下的弹性屈曲，《钢结构设计规范》采用了如下相关公式：

$$\left[1-\left(\frac{\alpha_0}{2}\right)^5\right]\times\frac{\sigma}{\sigma_{cr}}+\left(\frac{\alpha_0}{2}\right)^5\left(\frac{\sigma}{\sigma_{cr}}\right)^2+\left(\frac{\tau}{\tau_{cr}}\right)^2=1 \tag{6-41}$$

式中：α_0——与腹板边缘最大正应力 σ_{max} 和最小正应力 σ_{min} 有关的应力梯度系数，按式(6-42)计算，σ_{min} 为拉应力时，取负号；

τ——构件腹板上的平均剪应力；

σ——在弯矩和轴力共同作用下腹板边缘的最大压应力；

τ_{cr}——仅受均匀剪应力作用时腹板的临界剪应力，按式(6-43)计算；
σ_{cr}——腹板在弯矩和轴力共同作用下的临界应力，按式(6-44)计算。

$$\alpha_0 = \frac{\sigma_{max} - \sigma_{min}}{\sigma_{max}} \tag{6-42}$$

$$\tau_{cr} = k_s \frac{\pi^2 E}{12(1-\nu^2)}\left(\frac{t_w}{h_0}\right)^2 \tag{6-43}$$

$$\sigma_{cr} = k_b \frac{\pi^2 E}{12(1-\nu^2)}\left(\frac{t_w}{h_0}\right)^2 \tag{6-44}$$

对于压弯构件，腹板中的剪应力 τ 的影响不大，经分析，平均剪应力 τ 可取腹板弯曲应力 σ 的0.3倍，即 $\tau=0.3\sigma$，这样由式(6-41)可以得到腹板弹性屈曲临界应力：

$$\sigma_{cr} = k_e \frac{\pi^2 E}{12(1-\nu^2)}\left(\frac{t_w}{h_0}\right)^2 \tag{6-45}$$

式中：k_e——弹性屈曲系数，见表6-3。

屈曲系数 *k* 值 表6-3

α_0	0	0.2	0.4	0.6	0.8	1.0	1.2	1.4	1.6	1.8	2.0
k_e	4.00	4.44	4.99	5.69	6.60	7.81	9.50	11.87	15.18	19.52	23.92
k_p	4.00	3.91	3.87	4.24	4.68	5.21	5.89	6.69	7.58	9.74	11.30
h_0/t_w	56.24	55.64	55.35	57.92	60.84	64.21	68.23	72.67	77.40	87.76	94.54

式(6-45)得到的临界应力只适用于板的弹性屈曲，压弯构件在发生失稳时，截面的塑性将不同程度的发展。腹板的塑性发展深度与构件的长细比和板的应力梯度 α_0 有关，根据弹塑性稳定理论，腹板的弹塑性临界应力为：

$$\sigma_{cr} = k_p \frac{\pi^2 E}{12(1-\nu^2)}\left(\frac{t_w}{h_0}\right)^2 \tag{6-46}$$

式中，k_p 为塑性屈曲系数，k_p 已考虑了局部弹性模量改变的影响。当 $\tau=0.3\sigma$，截面塑性发展深度为 $0.25h_0$ 时，其值见表6-3。

式(6-46)中，如取临界应力 $\sigma_{cr}=235\text{N/mm}^2$，泊松比 $\nu=0.3$，$E=2.06\times10^5\text{N/mm}^2$，可以得到腹板高厚比 h_0/t_w 与应力梯度 α_0 之间的关系，列于表6-3。此关系可近似地用直线式表示如下：

当 $0\leqslant\alpha_0\leqslant1.6$ 时

$$\frac{h_0}{t_w} = 16\alpha_0 + 50$$

当 $1.6<\alpha_0\leqslant2.0$ 时

$$\frac{h_0}{t_w} = 48\alpha_0 - 1$$

对于长细比较小的压弯构件，整体失稳时截面的塑性深度实际上已超过 $0.25h_0$；对于长细比较大的压弯构件，截面塑性深度则不到 $0.25h_0$，甚至腹板受压最大的边缘还没有屈服，因此，h_0/t_w 之值宜随长细比的增大而适当放大。同时，当 $\alpha_0=0$ 时，应与轴心受压构件腹板高厚比的要求相一致；而当 $\alpha_0=2$ 时，应与受弯构件中考虑了弯矩和剪力联合作用的腹板高厚比的要求相一致，故《钢结构设计规范》规定工字形和 H 形截面压弯构件腹板高厚比限值为：

当 $0 \leqslant \alpha_0 \leqslant 1.6$ 时

$$\frac{h_0}{t_w} \leqslant (16\alpha_0 + 0.5\lambda + 25)\sqrt{\frac{235}{f_y}} \tag{6-47}$$

当 $1.6 < \alpha_0 \leqslant 2.0$ 时

$$\frac{h_0}{t_w} \leqslant (48\alpha_0 + 0.5\lambda - 26.2)\sqrt{\frac{235}{f_y}} \tag{6-48}$$

式中：λ——构件在弯矩作用平面内的长细比，当 $\lambda < 30$ 时，取 $\lambda = 30$；当 $\lambda > 100$ 时，取 $\lambda = 100$。

2）箱形截面

对于箱形截面，考虑到腹板的受力可能不均匀，翼缘对腹板的嵌固条件不如工字形截面，《钢结构设计规范》规定，h_0/t_w 值应满足式(6-47)和式(6-48)中右侧乘以 0.8 后的限值，使腹板厚一些（当限值小于 $40\sqrt{235/f_y}$，应采用 $40\sqrt{235/f_y}$）。同时，箱形截面压弯构件受压翼缘在两腹板之间的宽度 b_0 与其厚度 t 之比应满足下式要求：

$$\frac{b_0}{t} \leqslant 40\sqrt{\frac{235}{f_y}} \tag{6-49}$$

H 形、工字形和箱形截面受压构件的腹板，其高厚比不满足以上限值时，可用纵向加劲肋加强，或在计算构件的强度和稳定性时，对腹板的截面仅考虑计算高度边缘范围内两侧宽度各为 $20t_w\sqrt{235/f_y}$ 的部分（计算构件的稳定系数时，仍用全截面）。

用纵向加劲肋加强的腹板，其在受压较大翼缘与纵向加劲肋之间的高厚比，应满足以上限值要求。

纵向加劲肋宜在腹板两侧成对配置，其一侧外伸宽度不应小于 $10t_w$，厚度不应小于 $0.75t_w$。为了防止构件变形，每隔 4 ~ 6m 应设置横隔，每个运输单元不宜少于 2 个横隔。

3）T 形截面

在 T 形截面受压构件中，腹板高度与厚度之比，不应超过下列限值。

对于弯矩使腹板自由边受拉的压弯构件：

热轧 T 形钢

$$\frac{h_0}{t_w} \leqslant (15 + 0.2\lambda)\sqrt{\frac{235}{f_y}} \tag{6-50}$$

焊接 T 形钢（考虑焊接残余应力的影响，有所降低）

$$\frac{h_0}{t_w} \leqslant (13 + 0.17\lambda)\sqrt{\frac{235}{f_y}} \tag{6-51}$$

对于弯矩使腹板自由边受压的压弯构件：

当 $\alpha_0 \leqslant 1.0$ 时，因板中压应力分布不均匀的有利影响不大，其高厚比限制采用与翼缘相同的规定

$$\frac{h_0}{t_w} \leqslant 15\sqrt{\frac{235}{f_y}} \tag{6-52}$$

当 $\alpha_0 > 1.0$ 时，此有利影响较大，将其提高 20%

$$\frac{h_0}{t_w} \leqslant 18\sqrt{\frac{235}{f_y}} \tag{6-53}$$

4）圆管截面

一般圆管截面构件的弯矩不大，故其外径与厚度之比的限值与轴心受压构件的规定相同，即

$$\frac{D}{t} \leqslant 100\left(\frac{235}{f_{\mathrm{y}}}\right) \tag{6-54}$$

6.5 实腹式压弯构件的设计

6.5.1 压弯构件的计算长度

由于压弯构件的设计需要满足刚度要求和稳定性要求，因此，在构件设计之前应根据结构整体的布置情况确定压弯构件的计算长度。建筑钢结构中的框架柱是一种最为典型的压弯构件，本节以建筑钢结构中的框架柱为例，说明计算长度计算方法。框架柱在框架平面内的计算长度需通过对框架的整体稳定分析得到，框架平面外的计算长度则需根据支撑点的布置情况确定。

在进行框架的整体稳定分析时，一般取平面框架作为计算模型，不考虑空间作用。框架分为无支撑框架和有支撑框架，其中有支撑框架根据其抗侧移刚度的大小分为强支撑框架和弱支撑框架。

当支撑框架结构（支撑桁架、剪力墙、和电梯井等）的侧移刚度（产生单位侧移角的水平力）s_{b} 满足式(6-55)的要求时，为强支撑框架。

$$s_{\mathrm{b}} \geqslant 3\left(1.2\sum N_{\mathrm{b}i} - \sum N_{0i}\right) \tag{6-55}$$

式中：$\sum N_{\mathrm{b}i}$、$\sum N_{0i}$——第 i 层层间所有框架柱分别采用无侧移框架柱和有侧移框架柱计算长度系数算得的轴心受压稳定承载力之和。

当框架结构的侧移刚度 s_{b} 不满足式(6-55)的要求时，为弱支撑框架。强支撑框架失稳形式一般为无侧移的［图 6-12a）、b）］，弱支撑框架失稳形式为有侧移的［图 6-12c）、d）］。有侧移失稳的框架，其临界力比无侧移失稳框架低得多。因此，除非有阻止侧移的支撑体系（包括支撑架、剪力墙等），框架的承载能力一般按有侧移失稳时的临界力确定。

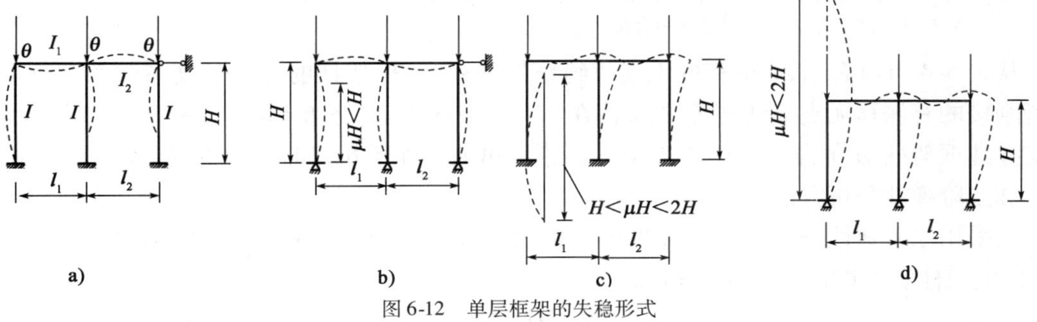

图 6-12　单层框架的失稳形式

框架柱在框架平面内的计算长度 H_0，可用下式表达：

$$H_0 = \mu H \tag{6-56}$$

式中：H——柱的几何长度；

μ——计算长度系数。

1）单层等截面框架柱在框架平面内的计算长度

确定单层框架柱的计算长度通常根据弹性稳定理论，并做如下近似假定：

①框架只承受作用于节点的竖向荷载，忽略横梁荷载和水平荷载产生梁端弯矩的影响。分析比较表明，在弹性工作范围内，此种假定带来的误差不大，可以满足设计工作的要求。但需注意，此假定只能用于确定计算长度，在计算柱的截面尺寸时，必须同时考虑弯矩和轴心力。

②整个框架同时丧失稳定，即所有框架柱同时达到临界荷载。

③失稳时，横梁两端的转角相等。

（1）无支撑纯框架

①一阶弹性分析方法。

框架柱的上端与横梁刚性连接，横梁对柱的约束作用取决于横梁的线刚度 I_1/l 与柱的线刚度 I/H 的比值 K_1，即

$$K_1 = \frac{I_1/l}{I/H} \tag{6-57}$$

对于单层多跨框架，K_1 值为与柱相邻的两根横梁的线刚度之和 $I_1/l_1 + I_2/l_2$ 与柱线刚度 I/H 之比，即

$$K_1 = \frac{I_1/l_1 + I_2/l_2}{I/H} \tag{6-58}$$

μ 值与框架柱柱脚和基础的连接形式及 K_1 值有关。表 6-4 为采用一阶弹性分析计算内力时单层等截面框架柱的计算长度系数 μ 值，它是在上述基础上用弹性稳定理论求得的。

有侧移单层等截面无支撑纯框架柱的计算长度系数 μ 表 6-4

柱与基础的连接	相交于上端的横梁线刚度之和与柱线刚度之比										
	0	0.05	0.1	0.2	0.3	0.4	0.5	1.0	2.0	5.0	≥10
铰接	—	6.02	4.46	3.42	3.01	2.78	2.64	2.33	2.17	2.07	2.03
刚接	2.03	1.83	1.70	1.52	1.42	1.35	1.30	1.17	1.10	1.05	1.03

注：1. 线刚度为截面惯性矩与构件长度之比。
2. 与柱铰接的横梁取其线刚度为零。
3. 计算框架的等截面格构式柱和桁架式横梁的线刚度时，应考虑缀材（或腹杆）变形的影响，将其惯性矩乘以 0.9。当桁架式梁高度有变化时，其惯性矩宜按平均高度计算。

从表 6-4 可以看出，有侧移的无支撑纯框架失稳时，框架柱的计算长度系数都大于 1.0。柱脚刚接的有侧移无支撑纯框架柱，μ 值在 1.0～2.03 之间[图 6-12c）]。柱脚铰接的有侧移无支撑纯框架柱，μ 值总是大于 2.0，其实际意义可通过如图 6-12d）所示的变形情况来理解。

②二阶弹性分析方法。

当采用二阶弹性分析方法计算框架柱内力且在柱顶施加按式（6-59）计算的假想水平力 H_{ni} 时，框架柱的计算长度系数 $\mu = 1.0$。

$$H_{ni} = \frac{\alpha_y Q_i}{250}\sqrt{0.2 + \frac{1}{n_s}} \tag{6-59}$$

式中：Q_i——第 i 层的总重力荷载设计值；

n_s——框架总层数，当$\sqrt{0.2+\frac{1}{n_s}}>1$时，取此根号值为1.0；

α_y——钢材强度影响系数(Q235 钢为1.0,Q345 钢为1.1,Q390 钢为1.2,Q420 钢为1.25)。

(2)有支撑框架

①强支撑框架。

对于无侧移的强支撑框架柱，柱子的计算长度系数μ将小于1.0[图6-12a)、b)]，可通过附表5-2查得。

②弱支撑框架。

弱支撑框架的轴压稳定系数φ直接按下式计算：

$$\varphi = \varphi_0 + (\varphi_1 - \varphi_0)\frac{s_b}{3(1.2\sum N_{bi} - \sum N_{0i})} \tag{6-60}$$

式中：φ_1、φ_0——按无侧移框架柱和有侧移框架柱计算长度系数算得的轴心压杆稳定系数。

在确定下列情况的框架柱计算长度系数时，应考虑：

a. 附有摇摆性(两端铰接柱)的无支撑纯框架柱和弱支撑框架柱的计算长度系数应乘以增大系数η。

$$\eta = \sqrt{1 + \frac{\sum(N_1/H_1)}{\sum(N_f/H_f)}} \tag{6-61}$$

式中：$\sum(N_f/H_f)$——各框架柱轴心压力设计值与柱子高度比值之和；

$\sum(N_1/H_1)$——各摇摆柱轴心压力设计值与柱子高度比值之和。

摇摆柱的计算长度取其几何长度。

b. 当与计算柱同层的其他柱或与计算柱连接的上下层柱的稳定承载力有潜力时，可利用这些柱的支持作用，对计算柱的计算长度进行折减，提供支持作用的柱的计算长度系数则应相应增大。

c. 当梁与柱的连接为半刚性构造时，确定柱计算长度应考虑节点连接的特性。

2)多层等截面框架柱在框架平面内的计算长度

多层多跨框架的失稳形式也分为无侧移失稳[图6-13a)]和有侧移失稳[图6-13b)]两种情况，计算时的基本假定与单层框架相同。在实用工程设计中，引入了简化杆端约束条件的假定，即将框架简化为如图6-13c)、d)所示的计算单元，只考虑与柱子直接相连构件的约束作用。在确定柱的计算长度时，假设柱子开始失稳时相交于上下两端点的横梁对柱子提供的约束弯矩，按线刚度比值K_1和K_2分配给柱子。这里，K_1为相交于柱上端节点的横梁线刚度之和与柱线刚度之和的比值；K_2为相交于柱下端节点的横梁线刚度之和与柱线刚度之和的比值。以图6-13中的12杆为例，则

$$K_1 = \frac{I_1/l_1 + I_2/l_2}{I'''/H_3 + I''/H_2} \tag{6-62}$$

$$K_2 = \frac{I_3/l_1 + I_4/l_2}{I''/H_2 + I'/H_1} \tag{6-63}$$

多层框架的计算长度系数μ见附表5-2(无侧移框架)和附表5-1(有侧移框架)。柱与基础刚接时，从理论上来说$K_2=\infty$；但考虑到实际工程情况，取$K_2\geqslant 10$时的μ值。亦可采用下列近似公式计算。

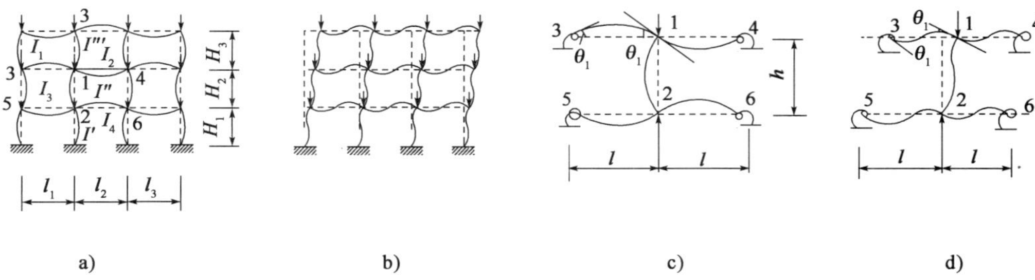

图 6-13 多层框架的失稳形式

(1)无侧移失稳

$$\mu = \frac{3 + 1.4(K_1 + K_2) + 0.64K_1K_2}{3 + 2(K_1 + K_2) + 1.28K_1K_2} \tag{6-64}$$

对无侧移单层框架柱或多层框架的底层柱,则上式分为如下情况:

柱脚刚性固接时,$K_2 = 10$

$$\mu = \frac{0.74 + 0.34K_1}{1 + 0.643K_1}$$

柱脚铰接时,$K_2 = 0$

$$\mu = \frac{3 + 1.4K_1}{3 + 2K_1}$$

(2)有侧移失稳

$$\mu = \sqrt{\frac{7.5K_1K_2 + 4(K_1 + K_2) + 1.6}{7.5K_1K_2 + K_1 + K_2}} \tag{6-65}$$

对单层有侧移框架柱或多层框架的底层柱,则上式分为如下情况:

柱脚刚性固接时,$K_2 = 10$

$$\mu = \sqrt{\frac{7.9K_1 + 4.16}{7.6K_1 + 1}}$$

柱脚铰接时,$K_2 = 0$

$$\mu = \sqrt{4 + \frac{1.6}{K_1}}$$

如将理论式和近似式进行比较,可以看出误差很小。

3)单层单阶变截面柱的计算长度

对于常用单阶柱,其计算长度是分段计算的。由于单层框架在框架平面内无法设置防止框架侧移的支撑,一般按有侧移情况计算。

对上端铰接、下端固定的单阶柱,其上下两段的计算长度可各乘以相应的计算长度系数 μ_1 和 μ_2。下段柱的计算长度 μ_2 根据上下段柱刚度之比 $K_1 = \frac{I_1H_2}{I_2H_1}$ 及参数 $\eta_1 = \frac{H_1}{H_2}\sqrt{\frac{N_1I_2}{N_2I_1}}$,按附表 5-4 查得。

上段柱的计算长度系数:$\mu_1 = \frac{\mu_2}{\eta_1}$。

4)框架柱在框架平面外的计算长度

框架柱在框架平面外的计算长度一般由支撑构件的设置情况确定。支撑体系提供柱在平面外的支撑点,这些支承点应能阻止柱在框架平面外发生侧移,柱在平面外的计算长度即取决于支承点间的距离。

6.5.2 实腹式压弯构件的设计流程

1)截面形式

对实腹式压弯构件,要按受力大小、使用要求和构造要求选择合适的截面形式。当承受的弯矩较小时,其截面形式一般和轴心受压构件相同,可采用对称截面;当弯矩较大时,宜采用在弯矩作用平面内截面高度较大的双轴对称截面,或采用截面一侧翼缘加大的单轴对称截面图6-14)。在满足局部稳定、使用要求和构造要求时,截面应尽量符合宽肢薄壁以及弯矩作用平面内和平面外的整体稳定性相等的原则,从而节省钢材。

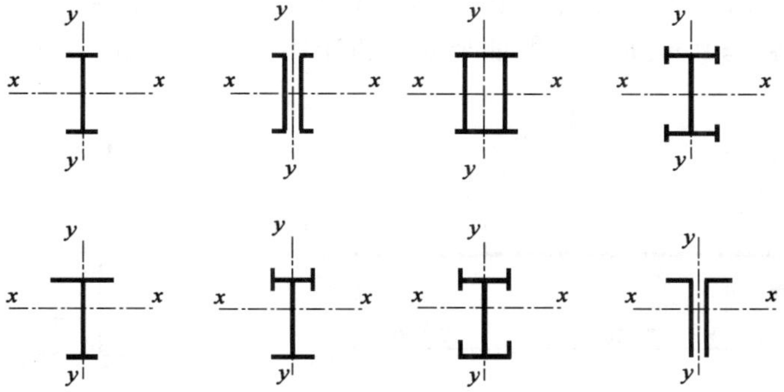

图6-14 承受较大弯矩的实腹式压弯构件的截面形式

2)截面选择及验算

压弯构件设计时,需首先选定截面的形式,再根据构件所承受的轴力 N、弯矩 M 和构件的计算长度 l_{0x}、l_{0y} 初步确定截面的尺寸,然后进行强度、整体稳定、局部稳定和刚度的验算。由于压弯构件的验算式中所涉及的未知量较多,根据估计所初选出来的截面尺寸不一定合适,因而初选的截面尺寸往往需要进行多次调整和重复验算,直到满意为止。初选截面时,可参考已有的类似设计进行估算。对初选截面需做如下估算:

(1)强度验算

根据设计的内容选择相应的公式进行计算,按式(6-8)或式(6-9)进行计算。

(2)刚度计算

压弯构件的长细比不应超过第5章中轴心受压构件相应规定的容许长细比。

(3)整体稳定验算

弯矩作用平面内的稳定性按式(6-20)或式(6-22)计算,弯矩作用平面外的稳定性按式(6-33)或式(6-34)验算。

(4)局部稳定验算

工字形、T形截面和箱形截面受压翼缘外伸板按式(5-58)计算,箱形截面在两腹板之间的受压翼缘按式(5-62)计算。工字形截面腹板按式(6-47)或式(6-48)计算;箱形截面腹板按式

(6-47)或式(6-48)计算,结果还应乘以0.8,且不小于$40\sqrt{235/f_y}$;T形截面腹板,当最大压应力作用在腹板自由边时,按式(6-52)或式(6-53)计算,当最大压应力作用在腹板与翼缘连接处时,按式(6-50)或式(6-51)计算。

公路钢结构桥梁设计时,同其轴心受压构件局部稳定验算相同,按式(5-66)和式(5-67)验算。

实腹式压弯构件的构造要求与实腹式轴心受压构件相似。当腹板$h_0/t_w>80$时,为防止腹板在施工和运输中发生变形,应设置间距不大于$3h_0$的横向加劲肋。另外,设有纵向加劲肋的同时也应设置横向加劲肋,加劲肋的截面选择同轴心受压构件。为保持截面形状不变,提高构件抗扭刚度,防止施工和运输过程中发生变形,实腹式压弯构件在受有较大水平力处和运输单元的端部应设置横隔,构件较长时,应设置中间横隔,设置方法同轴心受压构件。压弯构件设置侧向支撑,当截面高度较小时,可在腹板加横肋或横隔连接支撑;当截面高度较大或受力较大时,则应在两个翼缘平面内同时设置支撑。

[**例题6-2**] 验算如图6-15所示压弯构件的强度、整体稳定和局部稳定。钢材为Q345,翼缘为焰切边。$\gamma_0=1$,有集中荷载设计值$F=180\text{kN}$,轴心压力设计值为$N=1\ 200\text{kN}$。弯曲平面内的计算长度$l_{0x}=10\text{m}$,垂直于弯曲平面内的计算长度$l_{0y}=5\text{m}$。(按《公路钢结构桥梁设计规范》验算。)

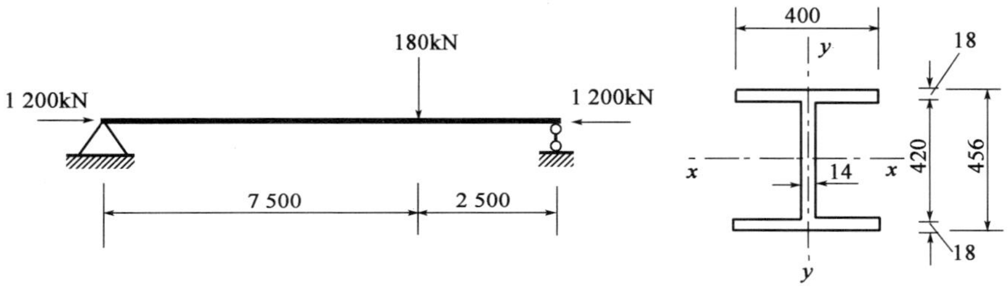

图6-15 例题6-2图(尺寸单位:mm)

解:查附表1-1b)得$f_d=270\text{MPa}$。

由题知,简支梁跨径$l=10\text{m}$,由附录12知考虑剪力滞影响的受拉下翼缘板有效宽度计算的等效跨径为$l=10\text{m}$,并按附录12计算有效宽度b^s_{ey}。

$$\frac{b_y}{l}=\frac{200}{10\times10^3}=0.02<0.5$$

$$b^s_{e,1}=b^s_{e,2}=b_y=200(\text{mm})$$

$$b^s_{ey}=\sum_{i=1}^{2}b^s_{e,i}=400(\text{mm})$$

故剪力滞效应对受拉下翼缘板无影响;同理,对受压上翼缘板亦无影响,即$\rho^s=1$。

上翼缘板为三边简支一边自由受压板,弹性屈曲系数k取0.425,由式(附12-5)计算上翼缘板的相对宽厚比$\overline{\lambda}_p=0.23<0.4$,所以上翼缘板局部稳定折减系数$\rho=1$,上翼缘板有效截面宽度$b^y_{e,1}=b^y_{e,2}=\rho b_s=200\text{mm}$。故局部稳定对受压上翼缘板无影响,所以$A_{eff}=A$。

①计算截面的几何特征。

毛截面面积:

$$A=2\times400\times18+420\times14=20\ 280(\text{mm}^2)$$

毛截面惯性矩:

$$I_y = \frac{1}{12}(2 \times 18 \times 400^3 + 400 \times 14^3) = 192.1 \times 10^6(\mathrm{mm}^4)$$

$$I_x = \frac{1}{12} \times 14 \times 420^3 + 2 \times 400 \times 18 \times \left(\frac{420}{2} + \frac{18}{2}\right)^2 = 771.1 \times 10^6(\mathrm{mm}^4)$$

毛截面抵抗矩：

$$W_y = \frac{192.1 \times 10^6}{200} = 960\,500(\mathrm{mm}^3), W_x = \frac{777.1 \times 10^6 \times 2}{420 + 2 \times 18} = 3\,408\,333(\mathrm{mm}^3)$$

毛截面绕 x 轴、y 轴的回转半径分别为：

$$i_y = \sqrt{\frac{I_y}{A}} = \sqrt{\frac{192.1 \times 10^6}{20\,280}} = 97.3(\mathrm{mm}), i_x = \sqrt{\frac{I_x}{A}} = \sqrt{\frac{777.1 \times 10^6}{20\,280}} = 195.8(\mathrm{mm})$$

毛截面绕 x 轴、y 轴的长细比分别为：

$$\lambda_y = \frac{l_{0y}}{i_y} = \frac{5 \times 10^3}{97.3} = 51.4, \lambda_x = \frac{l_{0x}}{i_x} = \frac{10 \times 10^3}{195.8} = 51.1$$

②强度验算。

构件最大弯矩计算值：$M_{x1} = \frac{1}{10} \times 180 \times 2.5 \times 7.5 = 337.5(\mathrm{kN \cdot m})$

轴力计算值：$N = 1\,200\mathrm{kN}$

则有：$\frac{N}{A_{\mathrm{eff}} f_{\mathrm{d}}} + \frac{M_{x1}}{W_{x,\mathrm{eff}} f_{\mathrm{d}}} = \frac{1\,200 \times 10^3}{20\,280 \times 270} + \frac{337.5 \times 10^6}{3\,408\,333 \times 270} = 0.59 < 1$

满足要求。

③弯矩作用平面内整体稳定计算。

构件中部1/3跨径范围内的最大弯矩计算值：

$$M_{x2} = \frac{1}{10} \times 180 \times 2.5 \times \frac{2}{3} \times 10 = 300(\mathrm{kN \cdot m})$$

构件在轴心压力作用下绕 x 轴发生整体弯曲失稳的临界轴力：

$$N_{\mathrm{cr},x} = \frac{\pi^2 EA}{\lambda_x^2} = \frac{\pi^2 \times 2.06 \times 10^5 \times 20\,280}{51.1^2} = 15\,790(\mathrm{kN})$$

相对长细比：

$$\bar{\lambda}_x = \frac{\lambda_x}{\pi}\sqrt{\frac{f_y}{E}} = \frac{51.1}{\pi}\sqrt{\frac{345}{2.06 \times 10^5}} = 0.67 > 0.2$$

查表6-2可知，等效弯矩系数 $\beta_{\mathrm{m}x} = 0.95$，查附表4-3可知截面分类为b类，查附表4-2可知，整体稳定折减系数的计算参数 $\alpha_x = 0.35$。

则由式(5-53)可计算出轴心受压构件的整体稳定折减系数 $\chi_x = 0.796$。

$$\frac{N}{\chi_x A_{\mathrm{eff}} f_{\mathrm{d}}} + \frac{\beta_{\mathrm{m}x} M_{x2}}{W_{x,\mathrm{eff}} f_{\mathrm{d}}\left(1 - \frac{N}{N_{\mathrm{cr},x}}\right)} = \frac{1\,200 \times 10^3}{0.796 \times 20\,280 \times 270} + \frac{285 \times 10^6}{3\,408\,333 \times 270 \times \left(1 - \frac{1\,200}{15\,790}\right)}$$

$$= 0.61 < 1$$

满足要求。

④弯矩作用平面外整体稳定计算。

H型钢简支梁绕 y 轴发生弯曲失稳的临界荷载 $N_{\mathrm{cr},y}$ 为：

$$N_{cr,y}=\frac{\pi^2 EA}{\lambda_y^2}=\frac{\pi^2\times 2.06\times 10^5\times 20\,280}{51.4^2}=15\,607(\text{kN})$$

根据式(6-30),H 型钢简支梁在弯矩 M_x 作用下发生弯扭失稳的临界弯矩 $M_{cr,x}$ 为:

$$M_{cr,x}=\pi\sqrt{1+\pi^2\frac{EI_y}{GI_t}\left(\frac{h}{2l}\right)^2}\frac{\sqrt{EI_yGI_t}}{l}$$

$$=\pi\sqrt{1+\pi^2\frac{2.06\times 10^5\times 192.1\times 10^6}{79\,230\times 1.8\times 10^6}\left(\frac{456}{2\times 10\,000}\right)^2}\times\frac{\sqrt{2.06\times 10^5\times 192.1\times 10^6\times 79\,230\times 1.8\times 10^6}}{10\,000}$$

$$=1\,162(\text{kN}\cdot\text{m})$$

绕 x 轴相对长细比为:

$$\bar{\lambda}_{LT,x}=\sqrt{\frac{W_{x,eff}f_d}{M_{cr,x}}}=\sqrt{\frac{3\,408\,333\times 270}{1\,162\times 10^6}}=0.890$$

查附表 4-3 可知截面分类为 c 类,查附表 4-2 得 $\alpha_y=0.5$。在弯矩 M_x 单独作用时,构件发生弯扭失稳的整体折减系数 $\chi_{LT,x}$ 为:

$$\varepsilon_{0M_x}=\alpha_y(\bar{\lambda}_{LT,x}^2-0.2)=0.5\times(0.890-0.2)=0.345$$

$$\chi_{LT,x}=\frac{1}{2}\left\{1+\frac{1}{\bar{\lambda}_{LT,x}^2}(1+\varepsilon_{0M_x})-\sqrt{\left[1+\frac{1}{\bar{\lambda}_{LT,x}^2}(1+\varepsilon_{0M_x})\right]^2-\frac{4}{\bar{\lambda}_{LT,x}^2}}\right\}$$

$$=\frac{1}{2}\left\{1+\frac{1}{0.890^2}\times(1+0.345)-\sqrt{\left[1+\frac{1}{0.890^2}\times(1+0.345)\right]^2-\frac{4}{0.890^2}}\right\}$$

$$=0.602$$

在轴力 N 单独作用时,由式(5-53)计算出相对长细比 $\bar{\lambda}_y=0.67<0.2$,等效偏心率 $\varepsilon_{0N}=0.235$,构件发生平面外弯曲失稳的整体稳定折减系数 $\chi_y=0.74$。

由式(6-34)进行压弯构件在弯矩作用平面外的稳定性为:

$$\frac{N}{\chi_y Af_d}+\beta_{mx}\frac{M_{x2}}{\chi_{LT,x}W_xf_d\left(1-\frac{N_d}{N_{cr,y}}\right)}$$

$$=\frac{1\,200\times 10^3}{0.74\times 20\,280\times 270}+0.95\times\frac{300\times 10^6}{0.602\times 3\,408\,333\times 270\times\left(1-\frac{1\,200}{15\,607}\right)}$$

$$=0.85<1$$

满足要求。

⑤局部稳定验算。

腹板 $b=420\text{mm}$、$t=14\text{mm}$,则 $\frac{b}{t}=\frac{420}{14}=30\leqslant 30\sqrt{\frac{345}{f_y}}=30$,满足要求。

翼缘板 $b=200\text{mm}$、$t=18\text{mm}$,则 $\frac{b}{t}=\frac{200}{18}=11.1\leqslant 12\sqrt{\frac{345}{f_y}}=12$,满足要求。

⑥刚度验算。

由上述计算可知,$\lambda_x<[\lambda]=100$,$\lambda_y<[\lambda]=100$,故构件满足刚度要求。

［例题 6-3］ 验算如图 6-6 所示双轴对称加焊接工字形压弯构件的整体稳定和局部稳定。钢材为 Q235A，翼缘为焰切边。跨中作用有集中荷载设计值 $F = 150kN$，轴心压力设计值 $N = 1\ 200kN$。

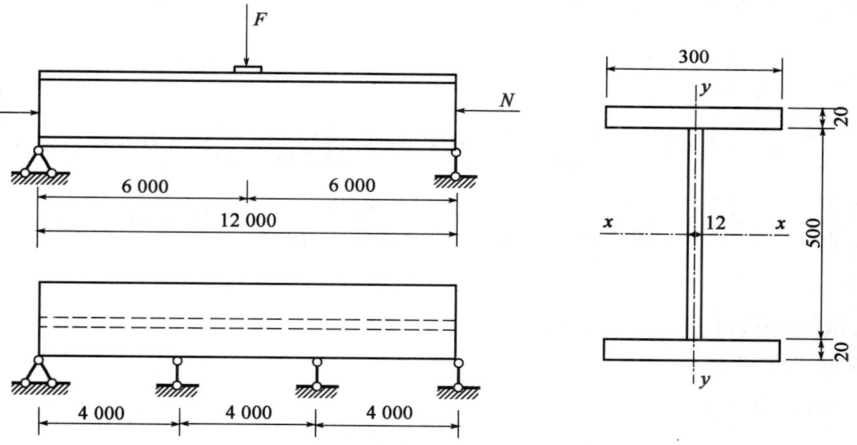

图 6-16　例题 6-3 图（尺寸单位：mm）

解：（1）验算整体稳定

①计算内力。

$$N = 1\ 200kN$$

$$M_x = Fl/4 = 150 \times 12/4 = 450(kN \cdot m)$$

②计算截面几何特征。

$$A = 300 \times 20 \times 2 + 500 \times 12 = 18\ 000(mm^2)$$

$$I_x = (300 \times 540^3 - 288 \times 500^3)/12 = 9.366 \times 10^8(mm^4)$$

$$I_y = 2 \times (20 \times 300^3)/12 + (500 \times 12^3)/12 = 9.007\ 2 \times 10^7(mm^4)$$

$$i_x = \sqrt{I_x/A} = \sqrt{9.366 \times 10^8/18\ 000} = 228.11(mm)$$

$$i_y = \sqrt{I_y/A} = \sqrt{9.007\ 2 \times 10^7/18\ 000} = 70.74(mm)$$

$$W_{1x} = \frac{I_x}{h/2} = \frac{9.366 \times 10^8}{540/2} = 3.468\ 9 \times 10^6(mm^3)$$

$$\lambda_x = l_{0x}/i_x = 12\ 000/228.11 = 52.6, \lambda_y = l_{0y}/i_y = 4\ 000/70.74 = 56.5$$

对 x、y 轴均为 b 类截面，查附表 4-1 得：$\varphi_x = 0.843, \varphi_y = 0.824$。

③弯矩作用平面内整体稳定计算。

查附录 3，可得 $\gamma_x = 1.05$

$$N'_{Ex} = \frac{\pi^2 EA}{1.1\lambda_x^2} = \frac{\pi^2 \times 2.06 \times 10^5 \times 18\ 000}{1.1 \times 52.6^2} = 12\ 012.54(kN)$$

$$\beta_{mx} = 1.0$$

$$\frac{N}{\varphi_x A} + \frac{\beta_{mx} M_x}{\gamma_x W_{1x}\left(1 - 0.8\frac{N}{N'_{Ex}}\right)}$$

$$= \frac{1\ 200 \times 10^3}{0.843 \times 18\ 000} + \frac{1.0 \times 450 \times 10^6}{1.05 \times 3.468\ 9 \times 10^6 \times \left(1 - 0.8 \times \frac{1\ 200}{12\ 012.54}\right)}$$

$$=213.4(\text{N/mm}^2) < f = 215\text{N/mm}^2$$

满足要求。

④弯矩作用平面外整体稳定计算：

$$\beta_{tx} = 1.0$$

$$\eta = 1.0$$

$$\varphi_b = 1.07 - \frac{\lambda_y^2}{44\ 000} \cdot \frac{f_y}{235} = 1.07 - \frac{56.5^2}{44\ 000} \times \frac{235}{235} = 0.997$$

$$\frac{N}{\varphi_y A} + \eta \frac{\beta_{tx} M_x}{\varphi_b W_{1x}} = \frac{1\ 200 \times 10^3}{0.824 \times 18\ 000} + \frac{1.0 \times 450 \times 10^6}{0.997 \times 3.468\ 9 \times 10^6} = 211(\text{N/mm}^2) < f = 215\text{N/mm}^2$$

满足要求。

因此，该压弯构件整体稳定满足要求。

(2)验算局部稳定

①翼缘局部稳定验算：

$$\frac{b}{t} = \frac{144}{20} = 7.2 < 13\sqrt{\frac{235}{235}} = 13(\text{满足要求})$$

②腹板局部稳定验算：

$$\lambda_x = 52.6$$

$$\sigma_{\max} = \frac{N}{A} + \frac{M_x}{I_x} \cdot \frac{h_0}{2} = \frac{1\ 200 \times 10^3}{18\ 000} + \frac{450 \times 10^6}{9.366 \times 10^8} \times \frac{500}{2} = 186.78(\text{N/mm}^2)$$

$$\sigma_{\min} = \frac{N}{A} - \frac{M_x}{I_x} \cdot \frac{h_0}{2} = \frac{1\ 200 \times 10^3}{18\ 000} - \frac{450 \times 10^6}{9.366 \times 10^8} \times \frac{500}{2} = 53.45(\text{N/mm}^2)$$

$$\alpha_0 = \frac{\sigma_{\max} - \sigma_{\min}}{\sigma_{\max}} = \frac{186.78 - (-53.45)}{186.78} = 1.286 < 1.6\text{，则}$$

$$\frac{h_0}{t_w} = \frac{500}{12} = 41.67 < (16 \times 1.286 + 0.5 \times 52.6 + 25) \times \sqrt{\frac{235}{235}} = 71.876$$

满足要求。

因此，该压弯构件也满足局部稳定要求。

6.6 格构式压弯构件的设计

格构式压弯构件广泛应用于厂房的框架柱和高大的独立支柱，构件的截面可以设计成双轴对称或单轴对称。当弯矩较大时，常采用不对称截面，并将截面较大的分肢放在较大压力的一侧。由于在弯矩作用平面内的截面宽度较大，故分肢之间的联系常采用缀条，较少采用缀板。

格构式压弯构件由于有实轴和虚轴之分，无论在强度、刚度、整体稳定和局部稳定等方面的计算都有一些特点。

6.6.1 弯矩绕虚轴作用的格构式压弯构件

格构式压弯构件当弯矩绕虚轴(x 轴)作用时，如图 6-17 所示，应进行弯矩作用平面内的整体稳定计算和分肢的稳定计算。

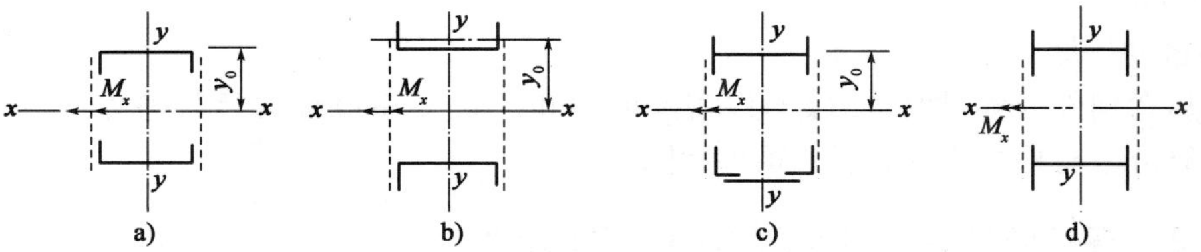

图 6-17　格构式压弯构件的截面形式

1）弯矩作用平面内的整体稳定计算

弯矩绕虚轴作用的格构式压弯构件，由于截面中部空心，不能考虑塑性的发展，故弯矩作用平面内的整体稳定计算适宜采用边缘屈服准则，即按下式计算：

$$\frac{N}{\varphi_x A}+\frac{\beta_{mx}M_x}{W_{1x}\left(1-\varphi_x\frac{N}{N'_{Ex}}\right)}\leqslant f \tag{6-66}$$

式中，$W_{1x}=I_x/y_0$，I_x 为对 x 轴的毛截面惯性矩，y_0 为由 x 轴到压力较大分肢轴线的距离或者到压力较大分肢腹板边缘的距离，两者取较大值；φ_x 为轴心受压构件的整体稳定系数，由对虚轴的换算长细比 λ_{0x} 确定。

2）分肢的稳定计算

弯矩绕虚轴作用的压弯构件，在弯矩作用平面内的整体稳定性一般由分肢的稳定计算得到保证，故不必再计算整个构件在弯矩作用平面外的整体稳定性。

将整个构件视为一平行弦桁架，将构件的两个分肢看作桁架体系的弦杆，如图 6-18 所示，两分肢的轴心力按下列公式计算：

分肢 1

$$N_1=N\frac{y_2}{a}+\frac{M_x}{a} \tag{6-67}$$

分肢 2

$$N_2=N-N_1 \tag{6-68}$$

缀条式压弯构件的分肢按轴心受压构件计算。分肢的计算长度，在缀条平面内（1-1 轴）取缀条体系的节间长度图（6-18）；在缀条平面外，取整个构件两侧向支撑点间的距离。

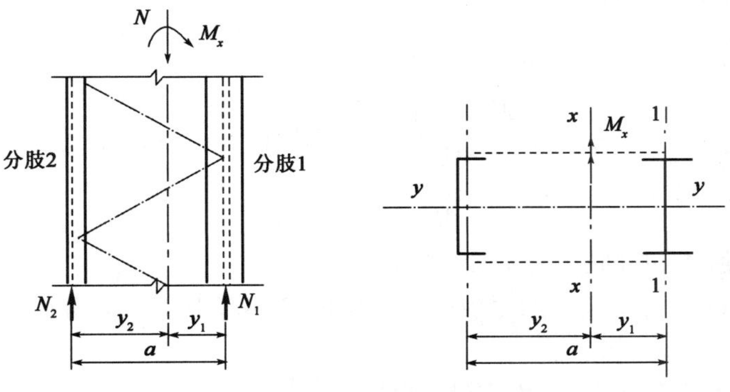

图 6-18　分肢的内力计算

进行缀板式压弯构件的分肢计算时，除轴心力 N_1（或 N_2）外，还应考虑由缀板的剪力作用引起的局部弯矩，按实腹式压弯构件验算单肢的稳定性。在缀板平面内分肢的计算长度（1-1

轴)取缀板间净距。

3)缀材的计算

计算压弯构件的缀材时,应取构件实际剪力和按式(5-84)计算所得剪力两者中的较大值。其计算方法与格构式轴心受压构件相同。

6.6.2 弯矩绕实轴作用的格构式压弯构件

当弯矩作用在与缀材面垂直的主平面内时,如图6-19中M_y所示。构件绕实轴产生弯曲失稳,其受力性能与实腹式压弯构件完全相同。因此,弯矩绕实轴作用的格构式压弯构件,弯矩作用平面内和平面外的整体稳定计算均与实腹式构件相同,在计算弯矩作用平面外的整体稳定时,长细比应取换算长细比,整体稳定系数取$\varphi_b=1.0$。

缀材(缀板或缀条)所受剪力按式(5-84)计算。

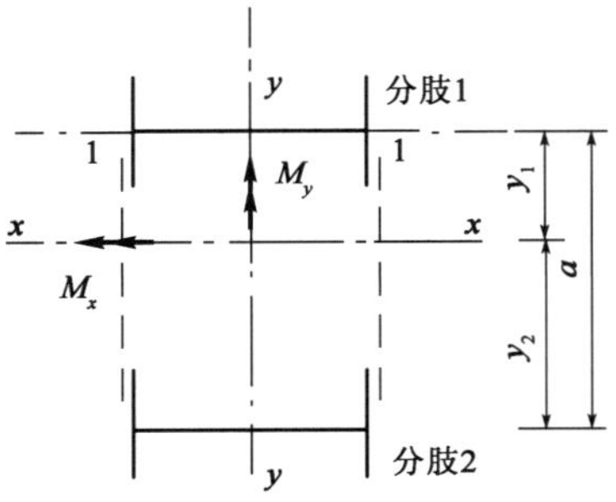

图6-19 双向受弯格构柱

6.6.3 双向受弯的格构式压弯构件

弯矩作用在两个主平面内的双肢格构式压弯构件图6-19),其稳定性按下列规定计算。

1)整体稳定计算

《钢结构设计规范》采用与边缘屈服准则导出的弯矩绕虚轴作用的格构式压弯构件弯矩作用平面内整体稳定计算式相衔接的直线式进行计算:

$$\frac{N}{\varphi_x A}+\frac{\beta_{mx}M_x}{W_{1x}\left(1-\varphi_x\frac{N}{N'_{Ex}}\right)}+\frac{\beta_{ty}M_y}{W_{1y}}\leqslant f \tag{6-69}$$

式中,W_{1y}为在M_y作用下对较大受压纤维的毛截面模量,其他系数与实腹式压弯构件相同,但对虚轴(x轴)的系数应采用换算长细比λ_{0x}确定。

2)分肢的稳定计算

分肢按实腹式压弯构件计算其稳定性,在轴力和弯矩共同作用下产生的内力按以下原则分配:N和M_x在两分肢产生的轴心力N_1和N_2按式(6-67)和式(6-68)分别计算;M_y在两分肢间的分配按下列公式计算:

分肢1的弯矩

$$M_{y1}=\frac{I_1/y_1}{I_1/y_1+I_2/y_2}\cdot M_y \tag{6-70}$$

分肢2的弯矩

$$M_{y2}=M_y-M_{y1} \tag{6-71}$$

式中:I_1、I_2——分肢1和分肢2对y轴的惯性矩。

对缀板式压弯构件,还应考虑缀板剪力产生的局部弯矩M_{x1},其分肢稳定按双向压弯构件计算。

对格构式柱,不论截面大小,均应设置横隔。

[**例题6-4**] 如图6-20所示一单向压弯格构式双肢缀板柱,截面为热轧普通工字钢2I36a,无削弱,材料为Q235钢。柱在弯矩作用平面内有侧移,其计算长度为$l_{0x}=16.8$m,在弯

矩作用平面外的计算长度为 $l_{0y}=6\text{m}$。承受的荷载设计值为：轴心压力 $N=1\ 180\text{kN}$，弯矩 $M_x=130\text{kN}\cdot\text{m}$，剪力 $V=22\text{kN}$。E43 型焊条，手工焊。试验算该缀板柱的稳定性。

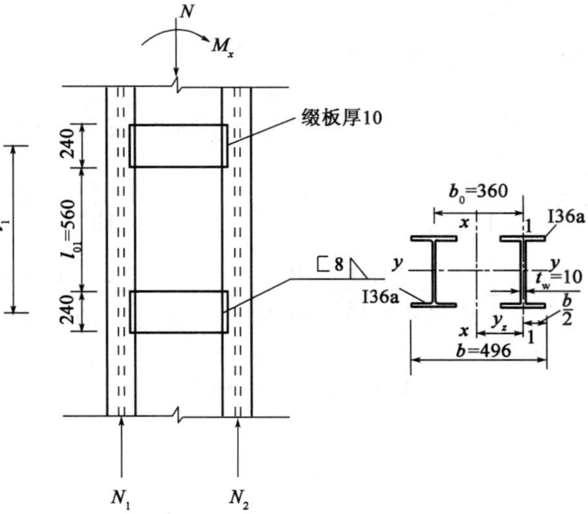

图 6-20 例题 6-4 图(尺寸单位：cm)

解：查附表 7-1，得一个热轧普通工字钢 I36a 的截面几何特性为：$A_1=76.48\text{cm}^2$，对强轴即柱截面实轴 y 轴的回转半径 $i_{y1}=14.4\text{cm}$，对最小刚度轴 1-1 的惯性矩 I_1、截面模量 W_1 和回转半径 i_1 分别为 $I_1=555\text{cm}^4$、$W_1=81.6\text{cm}^3$ 和 $i_1=2.69\text{cm}$；腹板厚 $t_w=10\text{mm}$，翼缘宽 $b_1=136\text{mm}$、厚 $t=15.8\text{mm}<16\text{mm}$，$f=215\text{N/mm}^2$。

(1)截面的几何特征

$$A=2A_1=2\times 76.48=152.96(\text{cm}^2)$$

$$I_x=2\left[I_1+A_1\left(\frac{b_0}{2}\right)^2\right]=2\times\left[555+76.48\times\left(\frac{36}{2}\right)^2\right]=50\ 669(\text{cm}^4)$$

$$i_x=\sqrt{\frac{I_x}{A}}=\sqrt{\frac{50\ 663}{152.96}}=18.20(\text{cm})$$

(2)强度验算

格构式构件对虚轴 x 轴的截面塑性发展系数 $\gamma_x=1.0$

截面无削弱，于是有 $A_n=A$、$W_{nx}=W_x$

截面模量：$W_x=\dfrac{2I_x}{b}=\dfrac{2\times 50\ 669}{49.6}=2\ 043(\text{cm}^3)$

$$\frac{N}{A_n}+\frac{M_x}{\gamma_x W_{nx}}=\frac{1\ 180\times 10^3}{152.96\times 10^2}+\frac{130\times 10^6}{1.0\times 2\ 043\times 10^3}=140.8(\text{N/mm}^2)<f=215\text{N/mm}^2(\text{适用})。$$

(3)弯矩作用平面内的整体稳定性

分肢对最小刚度轴 1-1 的计算长度 l_{01} 和长细比 λ_1 分别为：

$$l_{01}=56\text{cm},\lambda_1=\frac{l_{01}}{i_1}=\frac{56}{2.69}=20.8$$

柱对截面虚轴 x 轴的长细比 λ_x 和换算长细比 λ_{0x} 分别为：

$$\lambda_x = \frac{l_{0x}}{i_x} = \frac{16.8 \times 10^2}{18.20} = 92.3, \lambda_{0x} = \sqrt{\lambda_x^2 + \lambda_1^2} = \sqrt{92.3^2 + 20.8^2} = 94.6$$

查附表 4-1 可得稳定系数 $\varphi_x = 0.590$（b 类截面）

等效弯矩系数取有侧移时，$\beta_{mx} = 1.0$，$W_{1x} = \dfrac{I_x}{y_c} = \dfrac{I_x}{b_0/2} = \dfrac{50\ 669}{36/2} = 2\ 815(\text{cm}^3)$

欧拉临界设计值：$N'_{Ex} = \dfrac{\pi^2 EA}{1.1\lambda_{0x}^2} = \dfrac{\pi^2 \times 2.06 \times 10^5 \times 152.96 \times 10^2}{1.1 \times 94.6^2 \times 10^3} = 3\ 156(\text{kN})$

$$\frac{N}{\varphi_x A} + \frac{\beta_{mx} M_x}{W_{1x}\left(1 - \varphi_x \dfrac{N}{N'_{Ex}}\right)} = \frac{1\ 180 \times 10^3}{0.590 \times 152.96 \times 10^2} + \frac{1.0 \times 130 \times 10^6}{2\ 815 \times 10^3 \times \left(1 - 0.590 \times \dfrac{1\ 180}{3\ 159}\right)}$$

$$= 190(\text{MPa}) < f = 215\text{MPa}$$

（4）分肢的稳定性

①分肢内力。

分肢承受的轴心压力为：

$$N_1 = \frac{N}{2} + \frac{M_x}{b_0} = \frac{1\ 180}{2} + \frac{130 \times 10^3}{360} = 951.1(\text{kN})$$

柱的计算剪力为：

$$V = \frac{Af}{85}\sqrt{\frac{f_y}{235}} = \frac{152.96 \times 10^2 \times 215}{85 \times 10^3} \times \sqrt{\frac{235}{235}} = 38.7(\text{kN}) > V = 22\text{kN}$$

$V = 38.7\text{kN}$ 大于柱的实际剪力，所以取 $V = 38.7\text{kN}$ 计算分肢承受的弯矩 M_1 为：

$$M_1 = 2\left(\frac{V_1}{2} \cdot \frac{l_1}{2}\right) = \frac{Vl_1}{4} = \frac{38.7 \times (560 + 240) \times 10^{-3}}{4} = 7.74(\text{kN} \cdot \text{m})$$

式中，l_1 为相邻两缀板之间的轴线距离。

②分肢在弯矩作用平面内的稳定性。

由上面计算可知：$\lambda_1 = 20.8$。

欧拉临界设计值为：

$$N'_{E1} = \frac{\pi^2 EA}{1.1\lambda_1^2} = \frac{\pi^2 \times 2.06 \times 10^5 \times 76.48 \times 10^2}{1.1 \times 20.8^2 \times 10^3} = 32\ 640(\text{kN})$$

查附表 4-1 得，$\varphi_x = 0.968$（b 类截面）；查附录 3 得，截面塑性发展系数 $\gamma_1 = 1.20$；等效弯矩系数取有侧移时，$\beta_{mx} = 1.0$。

$$\frac{N_1}{\varphi_1 A_1} + \frac{\beta_{m1} M_1}{\gamma_1 W_1\left(1 - 0.8\dfrac{N}{N'_{E1}}\right)}$$

$$= \frac{951.1 \times 10^3}{0.968 \times 76.48 \times 10^2} + \frac{1.0 \times 7.74 \times 10^6}{1.2 \times 81.2 \times 10^3 \times \left(1 - 0.8 \times \dfrac{951.1}{32\ 640}\right)}$$

$$= 209.8(\text{MPa}) < 215\text{MPa}$$

满足要求。

③分肢在弯矩作用平面外的稳定性。

由 $\lambda_{y1}=\dfrac{l_{0y}}{i_{y1}}=\dfrac{600}{14.4}=41.7$，查附录4-1可得，$\varphi_{y1}=0.938$；弯矩系数取 $\beta_{t1}=0.85$；受弯构件整体稳定系数 $\varphi_b=1.0$。

$$\frac{N_1}{\varphi_{y1}A_1}+\eta\frac{\beta_{t1}M_1}{\varphi_b W_1}=\frac{951.1\times10^3}{0.938\times76.48\times10^2}+\frac{1.0\times0.85\times7.74\times10^6}{1.0\times81.2\times10^3}$$

$$=213.6(\text{MPa})<f=215\text{MPa}$$

满足要求。

因分肢是热轧工字钢，其局部稳定性不必验算。

(5)刚度验算

最大长细比：$\lambda_{max}=\max\{\lambda_{0x},\lambda_1,\lambda_{y1}\}=94.6<[\lambda]=150$，满足要求。

【思考题】

6.1 试述压弯构件弯矩作用平面外失稳的概念。

6.2 单轴对称的压弯构件和双轴对称的压弯构件弯矩作用平面内稳定验算内容是否相同？

6.3 压弯构件需要验算哪些项目？

6.4 在压弯构件整体稳定计算公式中，β_{mx} 和 β_{tx} 分别表示什么？如何取值？

6.5 压弯构件弯矩作用平面内稳定验算公式中各符号的意义及取值。

6.6 格构式压弯构件和轴心受压构件的缀材计算有何异同之处？

6.7 压弯构件长5m，采用Q235轧制工字钢I25a，两端铰接并在跨中有一个侧向支撑点，承受静力荷载设计值：轴心压力 $N=200$kN，跨中横向集中荷载50kN。验算该构件的强度和稳定是否满足要求。

6.8 如图6-21所示为两端铰支焊接工字形截面压弯杆件，杆长 $l=10$m，已知截面 $I_x=32\,997\text{cm}^4$，$A=84.8\text{cm}^2$，b类截面，钢材Q235，$f=215\text{N/mm}^2$，$E=2.06\times10^5$MPa。作用于杆上的轴向压力和杆端弯矩如图6-21所示，试由弯矩作用平面内的稳定性确定该杆能承受的最大弯矩 M。

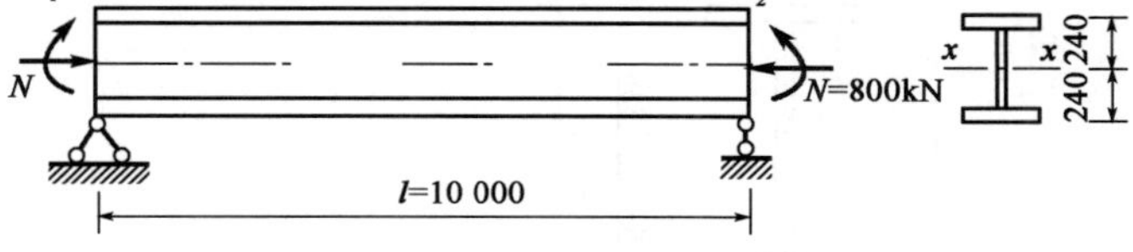

图6-21 思考题6.8图(尺寸单位:mm)

6.9 如图6-22所示压弯构件长12m，承受轴心压力设计值 $N=1\,800$kN，构件中部作用有横向荷载，其设计值为 $F=540$kN。在弯矩作用平面外有两个侧向支撑(在构件的三分点处)，钢材为 Q235，翼缘为焰切边，试验算该构件的整体稳定性。

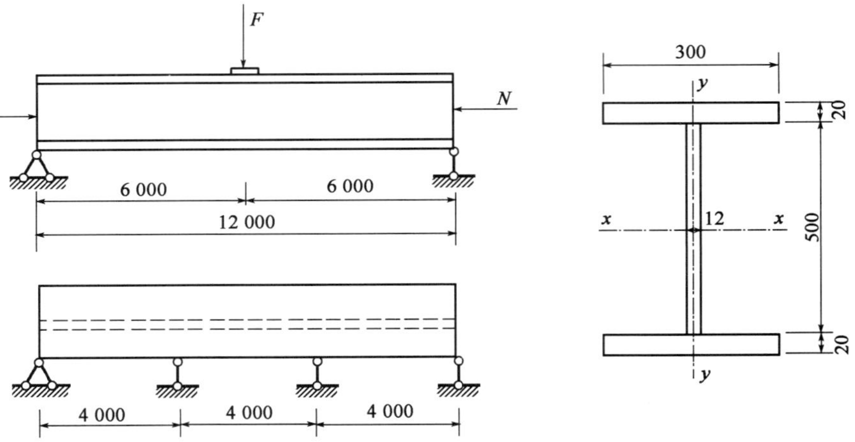

图 6-22　思考题 6.9 图（尺寸单位：mm）

6.10　焊接工字形截面柱，翼缘为焰切边。柱上端作用有荷载设计值，轴心压力 $N=2\,000\text{kN}$，水平力 $H=75\text{kN}$。柱上端自由，下端固定，侧向支撑和截面尺寸如图 6-23 所示，钢材采用 Q235，试验算柱的整体稳定性。

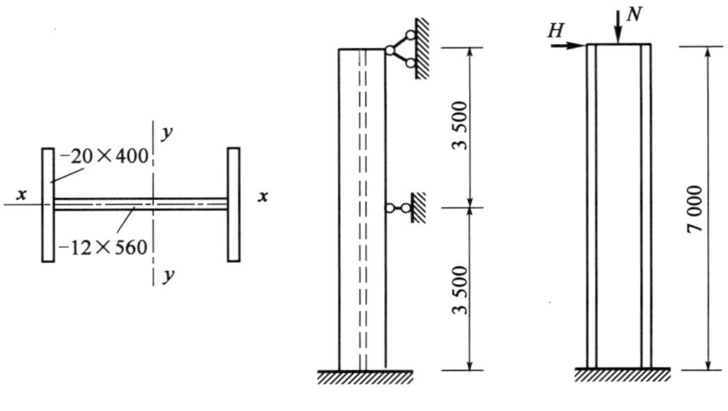

图 6-23　思考题 6.10 图（尺寸单位：mm）

6.11　已知压弯构件承受内力设计值 $N=800\text{kN}$，$M_x=400\text{kN}\cdot\text{m}$，$\lambda_x=95$，截面尺寸如图 6-24 所示，钢材采用 Q345，试验算翼缘和腹板的局部稳定性。

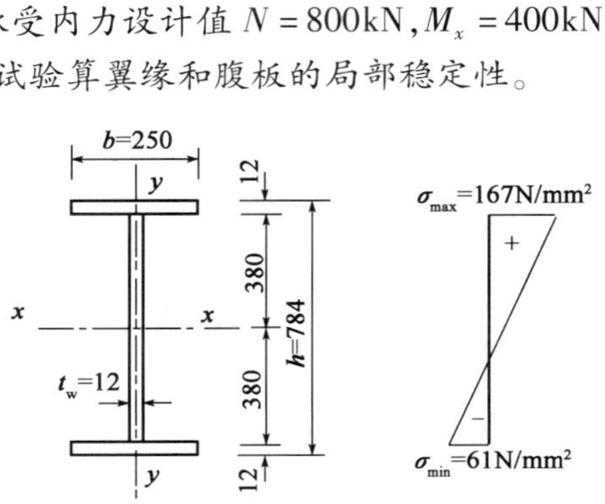

图 6-24　思考题 6.11 图（尺寸单位：mm）

6.12 格构式压弯构件，其截面及缀条布置如图 6-25 所示。构件两端铰接，计算长度 $l_{0x}=l_{0y}=600\text{cm}$。缀条采用角钢∟ 70×4，缀条倾角为 45°，构件轴心压力设计值 $N=450\text{kN}$，弯矩绕虚轴作用，钢材采用 Q235，试计算该构件能承受的最大弯矩设计值。

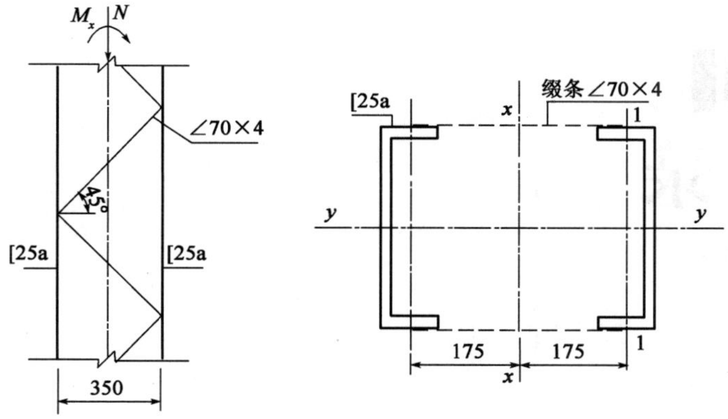

图 6-25 思考题 6.12 图(尺寸单位:mm)

附　　录

附录 1　钢材和连接的强度设计值

钢材的强度设计值（N/mm^2）

［选自《钢结构设计规范》（GB 50017—2003）］　　附表 1-1a）

钢材		抗拉、抗压和抗弯 f	抗剪 f_v	端面承压（刨平顶紧）f_{ce}
牌号	厚度或直径（mm）			
Q235 钢	≤16	215	125	325
	>16～40	205	120	
	>40～60	200	115	
	>60～100	190	110	
Q345 钢	≤16	310	180	400
	>16～35	295	170	
	>35～50	265	155	
	>50～100	250	145	

续上表

钢　材		抗拉、抗压和抗弯 f	抗剪 f_v	端面承压(刨平顶紧) f_{ce}
牌号	厚度或直径(mm)			
Q390 钢	≤16	350	205	415
	>16~35	335	190	
	>35~50	315	180	
	>50~100	295	170	
Q420 钢	≤16	380	220	440
	>16~35	360	210	
	>35~50	340	195	
	>50~100	325	185	

注:表中厚度系指计算点的钢材厚度,对轴心受拉和轴心受压构件系指截面中较厚板件的厚度。

钢材的强度设计值(N/mm^2)

[选自《公路钢结构桥梁设计规范》(JTG D64—2015)]　　附表1-1b)

钢　材		抗拉、抗压和抗弯 f_d	抗剪 f_{vd}	端面承压(刨平顶紧) f_{cd}
牌号	厚度(mm)			
Q235 钢	≤16	190	110	280
	>16~40	180	105	
	>40~100	170	100	
Q345 钢	≤16	275	160	355
	>16~40	270	155	
	>40~63	260	150	
	>63~80	250	145	
	>80~100	245	140	
Q390 钢	≤16	310	180	370
	>16~40	295	170	
	>40~63	280	160	
	>63~100	265	150	
Q420 钢	≤16	335	195	390
	>16~40	320	185	
	>40~63	305	175	
	>63~100	290	165	

注:表中厚度指计算点的钢材厚度,对轴心受拉和轴心受压构件指截面中较厚板件的厚度。

焊缝的强度设计值（N/mm²）

［选自《钢结构设计规范》（GB 50017—2003）］　　附表 1-2a）

焊接方法和焊条型号	构件钢材		对接焊缝				角焊缝
	牌号	厚度或直径（mm）	抗压 f_c^w	焊缝质量为下列等级时，抗拉 f_t^w		抗剪 f_v^w	抗拉、抗压和抗剪 f_f^w
				一级、二级	三级		
自动焊、半自动焊和E43 型焊条的手工焊	Q235	≤16	215	215	185	125	160
		>16～40	205	205	175	120	
		>40～60	200	200	170	115	
		>60～100	190	190	160	110	
自动焊、半自动焊和E50 型焊条的手工焊	Q345	≤16	310	310	265	180	200
		>16～35	295	295	250	170	
		>35～50	265	265	225	155	
		>50～100	250	250	210	145	
自动焊、半自动焊和E55 型焊条的手工焊	Q390	≤16	350	350	300	205	220
		>16～35	335	335	285	190	
		>35～50	315	315	270	180	
		>50～100	295	295	250	170	
自动焊、半自动焊和E55 型焊条的手工焊	Q420	≤16	380	380	320	220	220
		>16～35	360	360	305	210	
		>35～50	340	340	290	195	
		>50～100	325	325	275	185	

注：1. 自动焊和半自动焊所采用的焊丝和焊剂，应保证其熔敷金属抗拉强度不低于相应手工焊条的数值。
2. 焊缝质量等级应符合现行国家标准《钢结构工程质量验收规范》（GB 50205）的规定。其中厚度小于 8mm 的钢材的对接焊缝，不宜用超声波探伤确定焊缝质量等级。
3. 对接焊缝抗弯受压区强度设计值取 f_c^w，抗弯受压区强度设计值取 f_t^w。
4. 同附表 1-1 注。

焊缝的强度设计值（N/mm²）

［选自《公路钢结构桥梁设计规范》（JTG D64—2015）］　　附表 1-2b）

焊接方法和焊条型号	构件钢材		对接焊缝				角焊缝
	牌号	厚度或直径（mm）	抗压 f_{cd}^w	抗拉 f_{td}^w 焊缝质量等级		抗剪 f_{vd}^w	抗拉、抗压和抗剪 f_{td}^w
				一级、二级	三级		
自动焊、半自动焊和E43 型焊条的手工焊	Q235	≤16	190	190	160	110	140
		>16～40	180	180	155	105	
		>40～100	170	170	145	100	
自动焊、半自动焊和E50 型焊条的手工焊	Q345	≤16	275	275	235	160	175
		>16～40	270	270	230	155	
		>40～63	260	260	220	150	

续上表

焊接方法和焊条型号	构件钢材		对接焊缝				角焊缝
	牌号	厚度或直径(mm)	抗压 f_{cd}^{w}	抗拉 f_{td}^{w} 焊缝质量等级 一级、二级	抗拉 f_{td}^{w} 焊缝质量等级 三级	抗剪 f_{vd}^{w}	抗拉、抗压和抗剪 f_{td}^{w}
自动焊、半自动焊和E50型焊条的手工焊	Q345	>63~80	250	250	215	145	175
		>80~100	245	245	210	140	
自动焊、半自动焊和E55型焊条的手工焊	Q390	≤16	310	310	265	180	200
		>16~40	295	295	250	170	
		>40~63	280	280	240	160	
		>63~100	265	265	225	150	
	Q420	≤16	335	335	285	195	200
		>16~40	320	320	270	185	
		>40~63	305	305	260	175	
		>63~100	290	290	245	165	

注:1. 对接焊缝受弯时,在受压区的抗弯强度值取 f_{cd}^{w},在受拉区的抗弯强度设计值取 f_{td}^{w}。

2. 焊缝质量等级应符合现行《钢结构工程施工质量验收规范》(GB 50205)的规定。其中厚度小于8mm的钢材的对接焊缝,不宜用超声波探伤确定焊缝质量等级。

螺栓连接的强度设计值(N/mm^2)

[选自《钢结构设计规范》(GB 50017—2003)]　　附表1-3a)

螺栓的性能等级、锚栓和构件钢材的牌号		普通螺栓 C级螺栓 抗拉 f_t^b	普通螺栓 C级螺栓 抗剪 f_v^b	普通螺栓 C级螺栓 压承 f_c^b	普通螺栓 A级、B级螺栓 抗拉 f_t^b	普通螺栓 A级、B级螺栓 抗剪 f_v^b	普通螺栓 A级、B级螺栓 压承 f_c^b	锚栓 抗拉 f_t^b	承压型连接高强度螺栓 抗拉 f_t^b	承压型连接高强度螺栓 抗剪 f_v^b	承压型连接高强度螺栓 压承 f_c^b
普通螺栓	4.6级、4.8级	170	140	—	—	—	—	—	—	—	—
	5.6级	—	—	—	210	190	—	—	—	—	—
	8.8级	—	—	—	400	320	—	—	—	—	—
锚栓	Q235钢	—	—	—	—	—	—	140	—	—	—
	Q345钢	—	—	—	—	—	—	180	—	—	—
承压型连接高强螺栓	8.8级	—	—	—	—	—	—	—	400	250	—
	10.9级	—	—	—	—	—	—	—	500	310	—
构件	Q235钢	—	—	305	—	—	405	—	—	—	470
	Q345钢	—	—	385	—	—	510	—	—	—	590
	Q390钢	—	—	400	—	—	530	—	—	—	615
	Q420钢	—	—	425	—	—	560	—	—	—	655

注:1. A级螺栓用于 $d \leq 24$mm 和 $l \leq 10d$ 或 $l \leq 150$mm(按较小值)的螺栓;B级螺栓用于 $d > 24$mm 或 $l > 10d$ 或 $l > 150$mm(按较小值)的螺栓。d 为公称直径,l 为公称长度。

2. A、B级螺栓孔的精度和孔壁表面粗糙度,C级螺栓孔的允许偏差和孔壁表面粗糙度,均应符合现行国家标准《钢结构工程质量验收规范》(GB 50205)的要求。

螺栓连接的强度设计值(N/mm²)

[选自《公路钢结构桥梁设计规范》(JTG D64—2015)] 附表 1-3b)

螺栓的性能等级、螺栓和构件钢材的牌号		普通螺栓						锚栓
		C级			A、B级			
		抗拉 f_t^b	抗剪 f_v^b	压承 f_c^b	抗拉 f_t^b	抗剪 f_v^b	压承 f_c^b	抗拉 f_t^b
普通螺栓	4.6级、4.8级	145	120	—	—	—	—	—
	5.6级	—	—	—	185	165	—	—
	8.8级	—	—	—	350	280	—	—
锚栓	Q235钢	—	—	—	—	—	—	125
	Q345钢	—	—	—	—	—	—	160
构件	Q235钢	—	—	265	—	—	350	—
	Q345钢	—	—	340	—	—	450	—
	Q390钢	—	—	355	—	—	470	—
	Q420钢	—	—	380	—	—	500	—

注:A、B级螺栓孔的精度和孔壁表面粗糙度,C级螺栓孔的允许偏差和孔壁表面粗糙度,均应符合现行国家标准《钢结构施工工程质量验收规范》(GB 50205)的要求。

结构构件或连接设计强度的折减系数 附表 1-4

项次	情况	折减系数
1	单面连接的角钢	
	(1)按轴心受压计算强度和连接	0.85
	(2)按轴心受压计算稳定性	
	等边角钢	$0.6+0.0015\lambda$,但不大于1.0
	短边相连的不等边角钢	$0.5+0.0025\lambda$,但不大于1.0
	长边相连的不等边角钢	0.7
2	跨度≥60m桁架的受压杆和端部受压腹杆	0.95
3	无垫板的单面施焊对接焊缝	0.85
4	施工条件较差的高空安装焊缝和铆钉连接	0.90
5	沉头和半沉头铆钉连接	0.80

注:1. λ 为长细比,对中间无联系的单角钢压杆,应按最小回转半径计算;当 $\lambda<20$ 时,取 $\lambda=20$。

2. 当几种情况同时出现时,其折减系数应连乘。

附录2　受弯构件的容许挠度

受弯构件的容许挠度

［选自《钢结构设计规范》(GB 50017—2003)］　　附表2-1

项　　次	构 件 类 型	挠度容许值	
		$[\nu_T]$	$[\nu_Q]$
1	吊车梁和吊车桁架(按自重和起重量最大的一台吊车计算挠度) (1)手动吊车和单梁吊车(含悬挂吊车) (2)轻级工作制桥式吊车 (3)中级工作制桥式吊车 (4)重级工作制桥式吊车	 $l/500$ $l/800$ $l/1\ 000$ $l/1\ 200$	 — — — —
2	手动或电动葫芦的轨道梁	$l/400$	
3	有重轨(重量≥38kg/m)轨道的工作平台梁 有轻轨(重量≤24kg/m)轨道的工作平台梁	$l/600$ $l/400$	
4	楼(屋)盖梁或桁架,工作平台梁(第3项除外)和平台梁 (1)主梁或桁架(包括设有悬挂起重设备的梁和桁架) (2)抹灰顶篷的次梁 (3)除(1)、(2)外的其他梁 (4)屋盖檩条 支承无积灰的瓦楞铁和石棉瓦者 支承压型金属板、有积灰的瓦楞铁和石棉瓦等屋面者 支承其他屋面材料者 (5)平台板	 $l/400$ $l/250$ $l/250$ $l/150$ $l/200$ $l/200$ $l/150$	 $l/500$ $l/350$ $l/300$ — — — —
5	墙梁构件 (1)支柱 (2)抗风桁架(作为连续支柱的支承时) (3)砌体墙的横梁(水平方向) (4)支承压型金属板、瓦楞铁和石棉瓦墙面的横梁(水平方向) (5)带有玻璃窗的横梁(竖直和水平方向)	 — — — — $l/200$	 $l/400$ $l/1\ 000$ $l/300$ $l/200$ $l/200$

注:1. l 为受弯构件的跨度(对悬臂梁和伸臂梁为悬伸长度的2倍)。
　2. $[\nu_T]$为全部荷载标准值产生的挠度(如有起拱减去拱度)的容许值;$[\nu_Q]$为可变荷载标准值产生的挠度容许值。

钢桥竖向挠度限值

［选自《公路钢结构桥梁设计规范》(JTG D64—2015)］　　附表2-2

桥梁结构形式	简支或连续桁架	简支或连续板梁	梁的悬臂端部	斜拉梁主梁	悬索梁加劲梁
限值	$l/500$	$l/500$	$l_1/300$	$l/400$	$l/250$

注:1. 表中 l 为计算跨度,l_1 为悬臂长度。
　2. 当荷载作用于一个跨径内可能引起该跨径正负挠度时,计算跨度应为正负挠度绝对值之和。
　3. 挠度按毛截面计算。

附录3 截面塑性发展系数

附表 3-1

项　次	截面形式	γ_x	γ_y
1	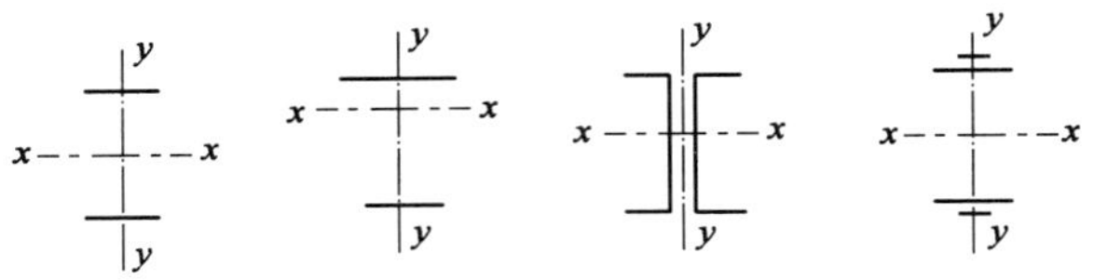	1.05	1.2
2	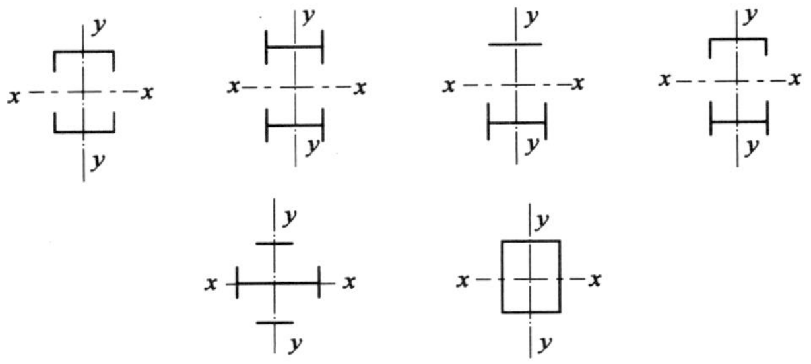		1.05
3	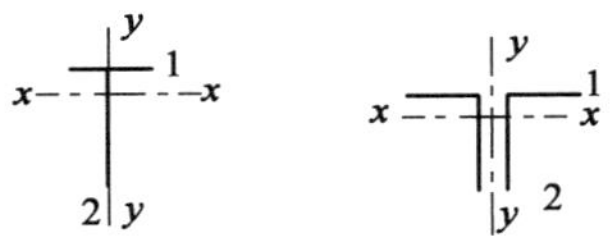	$\gamma_{x1}=1.05$ $\gamma_{x2}=1.2$	1.2
4	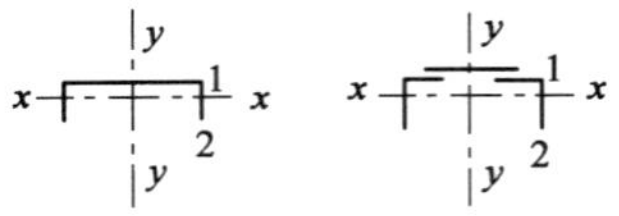		1.05
5	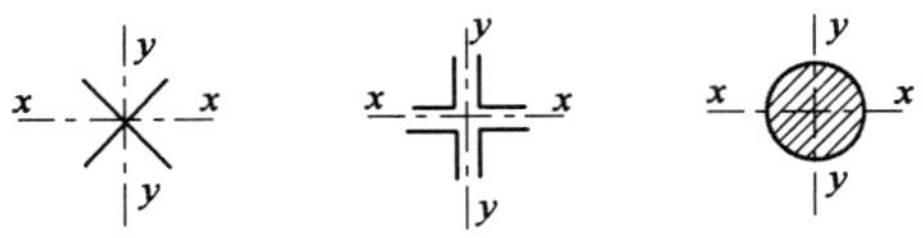	1.2	1.2
6	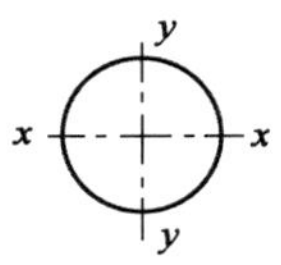	1.15	1.15

续上表

项　次	截面形式	γ_x	γ_y
7	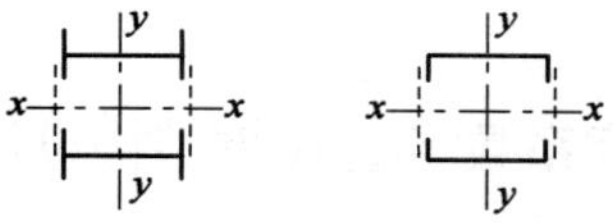	1.0	1.05
8	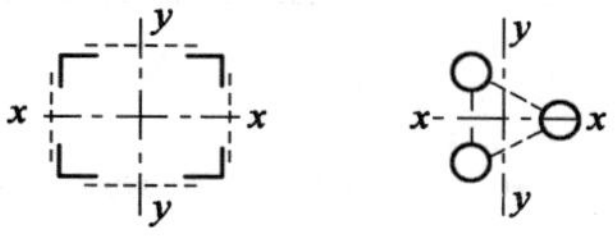		1.0

注：当压弯构件受压翼缘的自由外伸宽度与其厚度之比大于 $13\sqrt{235/f_y}$，应取 $\gamma_x=1.0$。

附录 4　轴心受压构件的稳定系数

附录 4.1　轴心受压构件稳定系数[选自《钢结构设计规范》(GB 50017—2003)]

a 类截面的轴心受压构件的稳定系数 φ　　附表 4-1a)

$\lambda\sqrt{\frac{f_y}{235}}$	0	1	2	3	4	5	6	7	8	9
0	1.000	1.000	1.000	1.000	0.999	0.999	0.998	0.998	0.997	0.996
10	0.995	0.994	0.993	0.992	0.991	0.989	0.988	0.986	0.985	0.983
20	0.981	0.979	0.977	0.976	0.974	0.972	0.970	0.968	0.966	0.964
30	0.963	0.961	0.959	0.957	0.955	0.952	0.950	0.948	0.946	0.944
40	0.941	0.939	0.937	0.934	0.932	0.929	0.927	0.924	0.921	0.919
50	0.916	0.913	0.910	0.907	0.904	0.900	0.897	0.894	0.890	0.886
60	0.883	0.879	0.875	0.871	0.876	0.863	0.858	0.854	0.849	0.844
70	0.839	0.834	0.829	0.824	0.818	0.813	0.807	0.801	0.795	0.789
80	0.783	0.776	0.770	0.763	0.757	0.750	0.743	0.736	0.728	0.721
90	0.714	0.706	0.699	0.691	0.684	0.676	0.668	0.661	0.653	0.654
100	0.638	0.630	0.622	0.615	0.607	0.600	0.592	0.585	0.577	0.570
110	0.563	0.555	0.548	0.541	0.534	0.527	0.52	0.514	0.507	0.500
120	0.494	0.488	0.481	0.475	0.469	0.463	0.457	0.451	0.445	0.440
130	0.434	0.429	0.423	0.418	0.412	0.407	0.402	0.397	0.392	0.387
140	0.383	0.378	0.373	0.369	0.364	0.360	0.356	0.351	0.347	0.343
150	0.339	0.335	0.331	0.327	0.323	0.320	0.316	0.312	0.309	0.305
160	0.302	0.298	0.295	0.292	0.289	0.285	0.282	0.279	0.276	0.273
170	0.270	0.267	0.264	0.262	0.259	0.256	0.253	0.251	0.248	0.246
180	0.243	0.241	0.238	0.236	0.233	0.231	0.229	0.226	0.224	0.222
190	0.220	0.218	0.215	0.213	0.211	0.209	0.207	0.205	0.203	0.201
200	0.199	0.198	0.196	0.194	0.192	0.190	0.189	0.187	0.185	0.183
210	0.182	0.180	0.179	0.177	0.175	0.174	0.172	0.171	0.169	0.168
220	0.166	0.165	0.164	0.162	0.161	0.159	0.158	0.157	0.155	0.154
230	0.153	0.152	0.150	0.149	0.148	0.147	0.146	0.144	0.143	0.142
240	0.141	0.140	0.139	0.138	0.136	0.135	0.134	0.133	0.132	0.131
250	0.130									

b 类截面的轴心受压构件的稳定系数 φ　　　　附表 4-1b)

$\lambda\sqrt{\frac{f_y}{235}}$	0	1	2	3	4	5	6	7	8	9
0	1.000	1.000	1.000	0.999	0.999	0.998	0.997	0.996	0.995	0.994
10	0.992	0.991	0.989	0.987	0.985	0.983	0.981	0.978	0.976	0.973
20	0.97	0.967	0.963	0.960	0.957	0.953	0.950	0.946	0.943	0.939
30	0.936	0.932	0.929	0.925	0.922	0.918	0.914	0.910	0.906	0.903
40	0.899	0.895	0.891	0.887	0.882	0.878	0.874	0.870	0.865	0.861
50	0.856	0.852	0.847	0.842	0.838	0.833	0.828	0.823	0.818	0.813
60	0.807	0.802	0.797	0.791	0.786	0.780	0.774	0.769	0.763	0.757
70	0.751	0.745	0.739	0.732	0.726	0.720	0.714	0.707	0.701	0.694
80	0.688	0.681	0.675	0.668	0.661	0.655	0.648	0.641	0.625	0.628
90	0.621	0.614	0.608	0.601	0.594	0.588	0.581	0.575	0.568	0.561
100	0.555	0.549	0.542	0.536	0.529	0.523	0.517	0.511	0.505	0.499
110	0.493	0.487	0.481	0.475	0.470	0.464	0.458	0.453	0.447	0.442
120	0.437	0.432	0.426	0.421	0.416	0.411	0.406	0.402	0.397	0.392
130	0.387	0.383	0.378	0.374	0.370	0.365	0.361	0.357	0.353	0.349
140	0.345	0.341	0.337	0.333	0.329	0.326	0.322	0.318	0.315	0.311
150	0.308	0.304	0.301	0.298	0.295	0.291	0.288	0.285	0.282	0.279
160	0.276	0.273	0.270	0.267	0.265	0.262	0.259	0.256	0.254	0.251
170	0.249	0.246	0.244	0.241	0.239	0.236	0.234	0.232	0.229	0.227
180	0.225	0.223	0.220	0.218	0.216	0.214	0.212	0.210	0.208	0.206
190	0.204	0.202	0.200	0.198	0.197	0.195	0.193	0.191	0.190	0.188
200	0.186	0.184	0.183	0.181	0.180	0.178	0.176	0.175	0.173	0.172
210	0.170	0.169	0.167	0.166	0.165	0.163	0.162	0.160	0.159	0.158
220	0.156	0.155	0.154	0.153	0.151	0.150	0.149	0.148	0.146	0.145
230	0.144	0.143	0.142	0.141	0.140	0.138	0.137	0.136	0.135	0.134
240	0.133	0.132	0.131	0.130	0.129	0.128	0.127	0.126	0.125	0.124
250	0.123									

c 类截面的轴心受压构件的稳定系数 φ 附表 4-1c)

$\lambda\sqrt{\frac{f_y}{235}}$	0	1	2	3	4	5	6	7	8	9
0	1.000	1.000	1.000	0.999	0.999	0.998	0.997	0.996	0.995	0.993
10	0.992	0.99	0.988	0.986	0.983	0.981	0.978	0.976	0.973	0.97
20	0.996	0.959	0.953	0.947	0.94	0.934	0.928	0.921	0.915	0.909
30	0.902	0.896	0.890	0.884	0.877	0.871	0.865	0.858	0.852	0.846
40	0.839	0.833	0.826	0.820	0.814	0.807	0.801	0.794	0.788	0.781
50	0.775	0.768	0.762	0.755	0.748	0.742	0.735	0.729	0.722	0.715
60	0.709	0.702	0.695	0.689	0.682	0.676	0.669	0.662	0.656	0.649
70	0.643	0.636	0.629	0.623	0.616	0.610	0.604	0.597	0.591	0.584
80	0.578	0.572	0.566	0.559	0.553	0.547	0.541	0.535	0.529	0.523
90	0.517	0.511	0.505	0.500	0.494	0.488	0.483	0.477	0.472	0.467
100	0.463	0.458	0.454	0.449	0.445	0.441	0.436	0.432	0.428	0.423
110	0.419	0.415	0.411	0.407	0.403	0.399	0.395	0.391	0.387	0.383
120	0.379	0.375	0.371	0.367	0.364	0.360	0.356	0.353	0.349	0.346
130	0.342	0.339	0.335	0.332	0.328	0.325	0.322	0.319	0.315	0.312
140	0.309	0.306	0.303	0.300	0.297	0.294	0.291	0.288	0.285	0.282
150	0.280	0.277	0.274	0.271	0.269	0.266	0.264	0.261	0.258	0.256
160	0.254	0.251	0.249	0.246	0.244	0.242	0.239	0.237	0.235	0.233
170	0.23	0.228	0.226	0.224	0.222	0.22	0.218	0.216	0.214	0.212
180	0.21	0.208	0.206	0.205	0.203	0.201	0.199	0.197	0.196	0.194
190	0.192	0.19	0.189	0.187	0.186	0.184	0.182	0.181	0.179	0.178
200	0.176	0.175	0.173	0.172	0.170	0.169	0.168	0.166	0.165	0.163
210	0.162	0.161	0.159	0.158	0.157	0.156	0.154	0.153	0.152	0.151
220	0.150	0.148	0.147	0.146	0.145	0.144	0.143	0.142	0.140	0.139
230	0.138	0.137	0.136	0.135	0.134	0.133	0.132	0.131	0.130	0.129
240	0.128	0.127	0.126	0.125	0.124	0.124	0.123	0.122	0.121	0.120
250	0.119									

d 类截面的轴心受压构件的稳定系数 φ 　　附表 4-1d)

$\lambda\sqrt{\frac{f_y}{235}}$	0	1	2	3	4	5	6	7	8	9
0	1.000	1.000	0.999	0.999	0.998	0.996	0.994	0.992	0.990	0.987
10	0.984	0.981	0.978	0.974	0.969	0.965	0.960	0.955	0.949	0.944
20	0.937	0.927	0.918	0.909	0.900	0.891	0.883	0.874	0.865	0.857
30	0.848	0.840	0.831	0.823	0.815	0.807	0.799	0.790	0.782	0.774
40	0.766	0.759	0.751	0.743	0.735	0.728	0.720	0.712	0.705	0.697
50	0.690	0.683	0.675	0.668	0.661	0.654	0.646	0.639	0.632	0.625
60	0.618	0.612	0.605	0.598	0.591	0.585	0.578	0.572	0.565	0.559
70	0.552	0.546	0.540	0.534	0.528	0.522	0.516	0.510	0.504	0.498
80	0.493	0.487	0.481	0.476	0.470	0.465	0.460	0.454	0.449	0.444
90	0.439	0.434	0.429	0.424	0.419	0.414	0.410	0.405	0.401	0.397
100	0.394	0.390	0.387	0.383	0.380	0.376	0.373	0.370	0.336	0.363
110	0.359	0.356	0.353	0.350	0.346	0.343	0.340	0.337	0.334	0.331
120	0.328	0.325	0.322	0.319	0.316	0.313	0.310	0.307	0.304	0.301
130	0.299	0.296	0.293	0.290	0.288	0.285	0.282	0.280	0.277	0.275
140	0.272	0.270	0.267	0.265	0.262	0.260	0.258	0.255	0.253	0.251
150	0.248	0.246	0.244	0.242	0.240	0.237	0.235	0.233	0.231	0.229
160	0.227	0.225	0.223	0.221	0.219	0.217	0.215	0.213	0.212	0.210
170	0.208	0.206	0.204	0.203	0.201	0.199	0.197	0.196	0.194	0.192
180	0.191	0.189	0.188	0.186	0.184	0.183	0.181	0.180	0.178	0.177
190	0.176	0.174	0.173	0.171	0.170	0.168	0.167	0.166	0.164	0.163
200	0.162									

附录 4.2　轴心受压构件整体稳定折减系数的计算[选自《公路钢结构桥梁设计规范》(JTG D64—2015)]

轴心受压构件整体稳定折减系数，应根据构件的长细比、钢材屈服强度和附表 4-2、附表 4-3 的截面分类按下式计算：

$$\begin{cases}\bar{\lambda} \leqslant 0.2 \text{ 时}: \chi = 1 \\ \bar{\lambda} > 0.2 \text{ 时}: \chi = \dfrac{1}{2}\left\{1 + \dfrac{1}{\bar{\lambda}^2}(1+\varepsilon_0) - \sqrt{\left[1 + \dfrac{1}{\bar{\lambda}^2}(1+\varepsilon_0)^2 - \dfrac{4}{\bar{\lambda}^2}\right]}\right\}\end{cases}$$

其中，按相对长细比 $\bar{\lambda}$ 按下式计算：

$$\bar{\lambda} = \sqrt{\frac{f_y}{\sigma_{E,cr}}} = \frac{\lambda}{\pi}\sqrt{\frac{f_y}{E}}$$

$$\varepsilon_0 = \alpha(\bar{\lambda} - 0.2)$$

$$\sigma_{E,cr} = \frac{\pi^2 E}{\lambda^2}$$

式中：$\sigma_{E,cr}$——轴心受压构件弹性稳定欧拉应力；

λ——轴心受压构件长细比；

α——参数。

轴心受压构件整体稳定折减系数的计算参数 α 表 附表 4-2

屈曲曲线类型	a	b	c	d
参数 α	0.2	0.35	0.5	0.8

轴心受压构件整体稳定折减系数截面分类 附表 4-3

<table>
<tr><th colspan="2">横截面形式</th><th colspan="2">限 制 条 件</th><th>屈曲方向</th><th>屈曲曲线类型（附图 4-1）</th></tr>
<tr><td rowspan="3">轧制截面</td><td rowspan="3">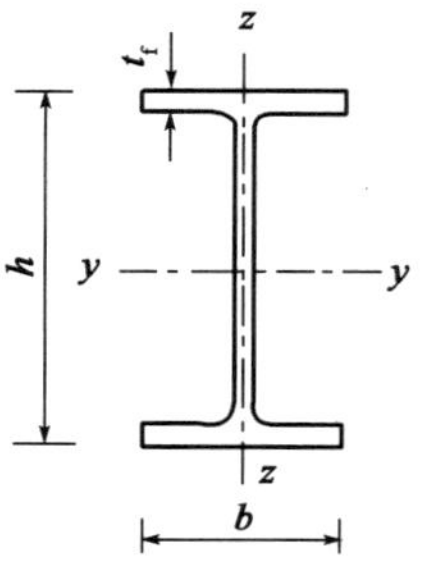</td><td rowspan="2">$h/b>1.2$</td><td>$t_f \leqslant 40$mm</td><td>y 轴
z 轴</td><td>a
b</td></tr>
<tr><td>40mm $< t_f \leqslant 100$mm</td><td>y 轴
z 轴</td><td>b
c</td></tr>
<tr><td>$h/b \leqslant 1.2$</td><td>$t_f \leqslant 100$mm</td><td>y 轴
z 轴</td><td>b
c</td></tr>
<tr><td rowspan="2">焊接 I 型截面</td><td rowspan="2">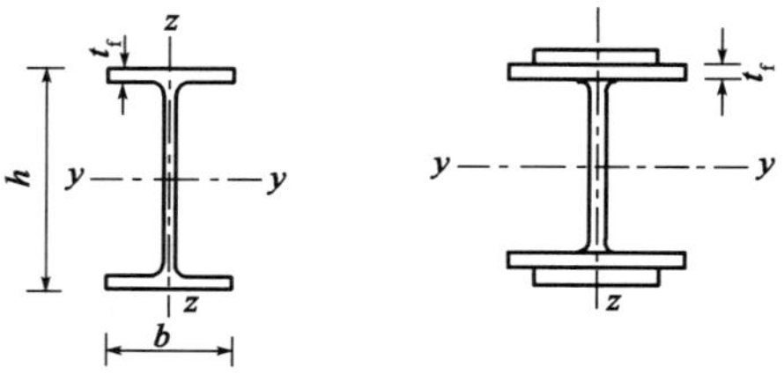</td><td colspan="2">$t_f \leqslant 40$mm</td><td>y 轴
z 轴</td><td>b
c</td></tr>
<tr><td colspan="2">$t_f > 40$mm</td><td>y 轴
z 轴</td><td>b
c</td></tr>
<tr><td rowspan="2">空心截面</td><td rowspan="2">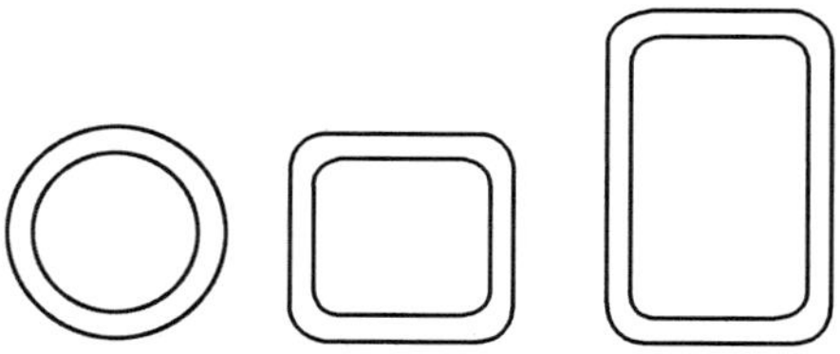</td><td colspan="2">热轧</td><td>任意</td><td>a</td></tr>
<tr><td colspan="2">冷弯</td><td>任意</td><td>c</td></tr>
<tr><td rowspan="2">焊接箱形截面</td><td rowspan="2">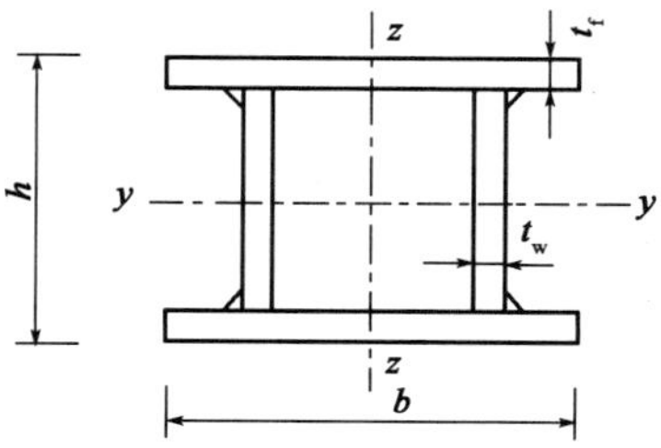</td><td colspan="2">一般截面
（空心截面除外）</td><td>任意</td><td>b</td></tr>
<tr><td colspan="2">宽焊缝 $h_f > 0.5t_f$
$\frac{b}{t_f} < 30$
$\frac{h}{t_w} < 30$</td><td>任意</td><td>c</td></tr>
</table>

续上表

横截面形式		限 制 条 件	屈曲方向	屈曲曲线类型（附图 4-1）
槽形、T 形截面	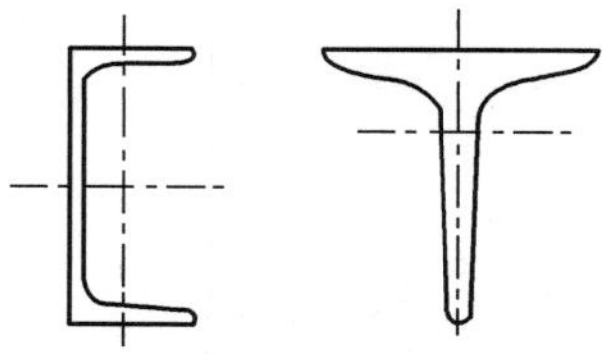	任意	任意	c
L 形截面	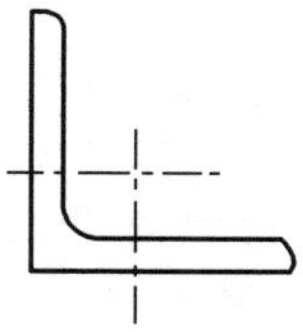	任意	任意	b

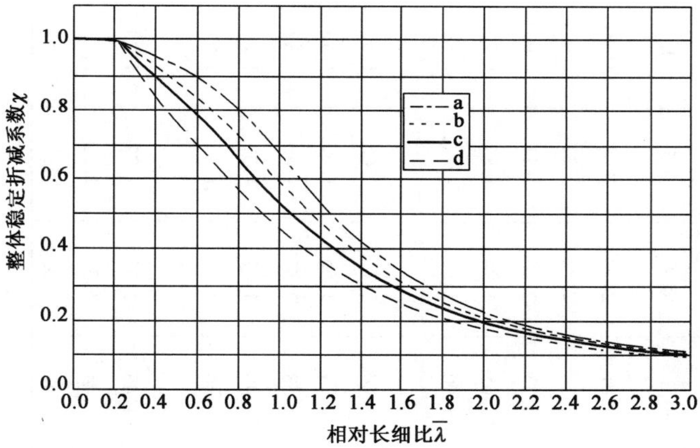

附图 4-1　轴心受压构件整体稳定折减系数

附录5　柱的计算长度系数

有侧移框架柱的计算长度数μ

附表 5-1

K_2 \ K_1	0	0.05	0.1	0.2	0.3	0.4	0.5	1	2	3	4	5	≥10
0	∞	6.02	4.46	3.42	3.01	2.78	2.64	2.33	2.17	2.11	2.08	2.07	2.03
0.05	6.02	4.16	3.47	2.86	2.58	2.42	2.31	2.07	1.94	1.90	1.87	1.86	1.83
0.1	4.46	3.47	3.01	2.56	2.33	2.20	2.11	1.90	1.79	1.75	1.73	1.72	1.70
0.2	3.42	2.86	2.56	2.23	2.05	1.94	1.87	1.70	1.60	1.57	1.55	1.54	1.52
0.3	3.01	2.58	2.33	2.05	1.90	1.80	1.74	1.58	1.49	1.46	1.45	1.44	1.42
0.4	2.78	2.42	2.20	1.94	1.80	1.71	1.65	1.50	1.42	1.39	1.37	1.37	1.35
0.5	2.64	2.31	2.11	1.87	1.74	1.65	1.59	1.45	1.37	1.34	1.32	1.32	1.30
1	2.33	2.07	1.90	1.70	1.58	1.50	1.45	1.32	1.24	1.21	1.20	1.19	1.17
2	2.17	1.94	1.79	1.60	1.49	1.42	1.37	1.24	1.16	1.14	1.12	1.12	1.10
3	2.11	1.90	1.75	1.57	1.46	1.39	1.34	1.21	1.14	1.11	1.10	1.09	1.07
4	2.08	1.87	1.73	1.55	1.45	1.37	1.32	1.20	1.12	1.10	1.08	1.08	1.06
5	2.07	1.86	1.72	1.54	1.44	1.37	1.32	1.19	1.12	1.09	1.08	1.07	1.05
≥10	2.03	1.83	1.70	1.52	1.42	1.35	1.30	1.17	1.1	1.07	1.06	1.05	1.03

注:1. 表中的计算长度系数μ值按下式算得:

$$\left[36K_1K_2-\left(\frac{\pi}{\mu}\right)^2\right]\sin\frac{\pi}{\mu}+6(K_1+K_2)\frac{\pi}{\mu}.\cos\frac{\pi}{\mu}=0$$

式中,K_1、K_2分别为相交于柱上端、柱下端的横梁线刚度之和与柱线刚度之和的比值。当横梁远端为铰接时,应将横梁线刚度乘以0.5;当横梁远端为嵌固时,则应乘以2/3。

2. 当横梁与柱铰接时,取横梁线刚度为零。

3. 对底层框架柱,当柱与基础铰接时,取$K_2=0$(对平板支座可取$K_2=0.1$);当柱与基础刚接时,取$K_2=10$。

无侧移框架柱的计算长度系数μ

附表 5-2

K_2 \ K_1	0	0.05	0.1	0.2	0.3	0.4	0.5	1	2	3	4	5	≥10
0	1.000	0.990	0.981	0.964	0.949	0.935	0.922	0.875	0.820	0.791	0.773	0.760	0.732
0.05	0.990	0.981	0.971	0.955	0.940	0.926	0.914	0.867	0.814	0.784	0.766	0.754	0.726
0.1	0.981	0.971	0.962	0.946	0.931	0.918	0.906	0.860	0.807	0.778	0.760	0.748	0.721
0.2	0.964	0.955	0.946	0.930	0.916	0.903	0.891	0.846	0.795	0.767	0.749	0.737	0.711
0.3	0.949	0.940	0.931	0.916	0.902	0.889	0.878	0.834	0.784	0.756	0.739	0.728	0.701
0.4	0.935	0.926	0.918	0.903	0.889	0.877	0.866	0.823	0.774	0.747	0.730	0.719	0.693
0.5	0.922	0.914	0.906	0.891	0.878	0.866	0.855	0.813	0.765	0.738	0.721	0.710	0.685
1	0.875	0.867	0.860	0.846	0.834	0.823	0.813	0.774	0.729	0.704	0.688	0.677	0.654
2	0.820	0.814	0.807	0.795	0.784	0.774	0.765	0.729	0.686	0.663	0.648	0.638	0.615
3	0.791	0.784	0.778	0.767	0.756	0.747	0.738	0.704	0.663	0.640	0.625	0.616	0.593
4	0.773	0.766	0.76	0.749	0.739	0.730	0.721	0.688	0.648	0.625	0.611	0.601	0.580
5	0.760	0.754	0.748	0.737	0.728	0.719	0.710	0.677	0.638	0.616	0.601	0.592	0.570
≥10	0.732	0.726	0.721	0.711	0.701	0.693	0.685	0.654	0.615	0.593	0.580	0.570	0.549

注:1. 表中的计算长度系数μ值按下式算得:

$$\left[\left(\frac{\pi}{\mu}\right)^2+2(K_1+K_2)-4K_1K_2\right]\frac{\pi}{\mu}\cdot\sin\frac{\pi}{\mu}-2\left[(K_1+K_2)\left(\frac{\pi}{\mu}\right)^2+4K_1K_2\right]\cos\frac{\pi}{\mu}+8K_1K_2=0$$

式中,K_1、K_2 分别为相交于柱上端、柱下端的横梁线刚度之和与柱线刚度之和的比值。当横梁远端为铰接时,应将横梁线刚度乘以 1.5;当横梁远端为嵌固时,则应乘以 2.0。

2. 当横梁与柱铰接时,取横梁线刚度为零。

3. 对底层框架柱,当柱与基础铰接时,取 $K_2=0$(对平板支座可取 $K_2=0.1$);当柱与基础刚接时,取 $K_2=10$。

附表 5-3

柱上端为自由的单阶柱下段的计算长度系数μ

简图	η_1 \ K_1	0.06	0.08	0.10	0.12	0.14	0.16	0.18	0.20	0.22	0.24	0.26	0.28	0.3	0.4	0.5	0.6	0.7	0.8
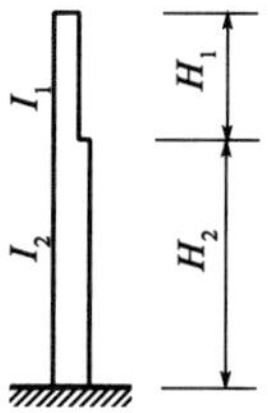	0.2	2.00	2.01	2.01	2.01	2.01	2.01	2.01	2.02	2.02	2.02	2.02	2.02	2.02	2.03	2.04	2.05	2.06	2.07
	0.3	2.01	2.02	2.02	2.02	2.03	2.03	2.03	2.04	2.04	2.05	2.05	2.05	2.06	2.08	2.10	2.12	2.13	2.15
	0.4	2.02	2.03	2.04	2.04	2.05	2.06	2.07	2.07	2.08	2.09	2.09	2.10	2.11	2.14	2.18	2.21	2.25	2.28
	0.5	2.04	2.05	2.06	2.07	2.09	2.10	2.11	2.12	2.13	2.15	2.16	2.17	2.18	2.24	2.29	2.35	2.40	2.45
	0.6	2.06	2.08	2.10	2.12	2.14	2.16	2.18	2.19	2.21	2.23	2.25	2.26	2.28	2.36	2.44	2.52	2.59	2.66
	0.7	2.10	2.13	2.16	2.18	2.21	2.24	2.26	2.29	2.31	2.34	2.36	2.38	2.41	2.52	2.62	2.72	2.81	2.90
	0.8	2.15	2.20	2.24	2.27	2.31	2.34	2.38	2.41	2.44	2.47	2.50	2.53	2.56	2.70	2.82	2.94	3.06	3.16
	0.9	2.24	2.29	2.35	2.39	2.44	2.48	2.52	2.56	2.60	2.63	2.67	2.71	2.74	2.90	3.05	3.19	3.32	3.44
	1.0	2.36	2.43	2.48	2.54	2.59	2.64	2.69	2.73	2.77	2.82	2.86	2.90	2.94	3.12	3.29	3.45	3.59	3.74
	1.2	2.69	2.76	2.83	2.89	2.95	3.01	3.07	3.12	3.17	3.22	3.27	3.32	3.37	3.59	3.80	3.99	4.17	4.34
	1.4	3.07	3.14	3.22	3.29	3.36	3.42	3.48	3.55	3.61	3.66	3.72	3.78	3.83	4.09	4.33	4.56	4.77	4.97
	1.6	3.47	3.55	3.63	3.71	3.78	3.85	3.92	3.99	4.07	4.12	4.18	4.25	4.31	4.61	4.88	5.14	5.38	5.62
	1.8	3.88	3.97	4.05	4.13	4.21	4.29	4.37	4.44	4.52	4.59	4.66	4.73	4.80	5.13	5.44	5.73	6.00	6.26
	2.0	4.29	4.39	4.48	4.57	4.65	4.74	4.82	4.90	4.99	5.07	5.14	5.22	5.30	5.66	6.00	6.32	6.63	6.92
	2.2	4.71	4.81	4.91	5.00	5.10	5.19	5.28	5.37	5.46	5.54	5.63	5.71	5.80	6.19	6.57	6.92	7.26	7.58
	2.4	5.13	5.24	5.34	5.44	5.54	5.64	5.74	5.84	5.93	6.03	6.12	6.21	6.30	6.73	7.14	7.52	7.89	8.24
	2.6	5.55	5.66	5.77	5.88	5.99	6.10	6.2	6.31	6.41	6.51	6.61	6.71	6.80	7.27	7.71	8.13	8.52	8.90
	2.8	5.97	6.09	6.21	6.33	6.44	6.55	6.67	6.78	6.89	6.99	7.10	7.21	7.31	7.81	8.28	8.73	9.16	9.57
	3.0	6.39	6.52	6.64	6.77	6.89	7.01	7.13	7.25	7.37	7.48	7.59	7.71	7.82	8.35	8.86	9.34	9.80	10.24

注:表中的计算长度系数μ值按下式计算:

$$\eta_1 K_1 \tan\frac{\pi}{\mu}\cdot\tan\frac{\pi\eta_1}{\mu}-1=0$$

$$k_1=\frac{I_1}{I_2}\cdot\frac{H_2}{H_1},\eta_1=\frac{H_1}{H_2}\sqrt{\frac{N_1}{N_2}\cdot\frac{I_2}{I_1}}$$

式中:N_1——上段柱的轴心力;

N_2——下段柱的轴心力。

柱上端可移动但不转动的单阶柱下段的计算长度系数 μ

附表 5-4

简图	K_1 / η_1	0.06	0.08	0.10	0.12	0.14	0.16	0.18	0.20	0.22	0.24	0.26	0.28	0.3	0.4	0.5	0.6	0.7	0.8
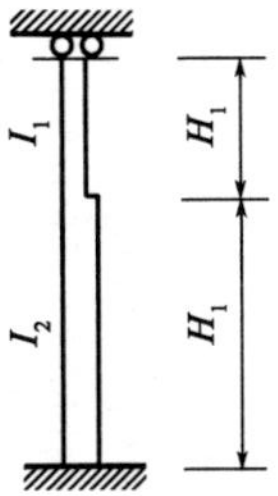	0.2	1.96	1.94	1.93	1.91	1.90	1.89	1.88	1.86	1.85	1.84	1.83	1.82	1.81	1.76	1.72	1.68	1.65	1.62
	0.3	1.96	1.94	1.93	1.92	1.91	1.89	1.88	1.87	1.86	1.85	1.84	1.83	1.82	1.77	1.73	1.70	1.66	1.63
	0.4	1.96	1.95	1.94	1.92	1.91	1.90	1.89	1.88	1.87	1.86	1.85	1.84	1.83	1.79	1.75	1.72	1.68	1.66
	0.5	1.96	1.95	1.94	1.93	1.92	1.91	1.90	1.89	1.88	1.87	1.86	1.85	1.85	1.81	1.77	1.74	1.71	1.69
	0.6	1.97	1.96	1.95	1.94	1.93	1.92	1.91	1.90	1.90	1.89	1.88	1.87	1.87	1.83	1.80	1.78	1.75	1.73
	0.7	1.97	1.97	1.96	1.95	1.94	1.94	1.93	1.92	1.92	1.91	1.90	1.90	1.89	1.86	1.84	1.82	1.80	1.78
	0.8	1.98	1.98	1.97	1.96	1.96	1.95	1.95	1.94	1.94	1.93	1.93	1.93	1.92	1.90	1.88	1.87	1.86	1.84
	0.9	1.99	1.99	1.98	1.98	1.98	1.97	1.97	1.97	1.97	1.96	1.96	1.96	1.96	1.95	1.94	1.93	1.92	1.92
	1.0	2.00	2.00	2.00	2.00	2.00	2.00	2.00	2.00	2.00	2.00	2.00	2.00	2.00	2.00	2.00	2.00	2.00	2.00
	1.2	2.03	2.04	2.04	2.05	2.06	2.07	2.07	2.08	2.08	2.09	2.10	2.10	2.11	2.13	2.15	2.17	2.18	2.20
	1.4	2.07	2.09	2.11	2.12	2.14	2.16	2.17	2.18	2.2	2.21	2.22	2.23	2.24	2.29	2.33	2.37	2.40	2.42
	1.6	2.13	2.16	2.19	2.22	2.25	2.27	2.30	2.32	2.34	2.36	2.37	2.39	2.41	2.48	2.54	2.59	2.63	2.67
	1.8	2.22	2.27	2.31	2.35	2.39	2.42	2.45	2.48	2.50	2.53	2.55	2.57	2.59	2.69	2.76	2.83	2.88	2.93
	2.0	2.35	2.41	2.46	2.50	2.55	2.59	2.62	2.66	2.69	2.72	2.75	2.77	2.80	2.91	3.00	3.08	3.14	3.20
	2.2	2.51	2.57	2.63	2.68	2.73	2.77	2.81	2.85	2.89	2.92	2.95	2.98	3.01	3.14	3.25	3.33	3.41	3.47
	2.4	2.68	2.75	2.81	2.87	2.92	2.97	3.01	3.05	3.09	3.13	3.17	3.20	3.24	3.38	3.50	3.59	3.68	3.75
	2.6	2.87	2.94	3.00	3.06	3.12	3.17	3.22	3.27	3.31	3.35	3.39	3.43	3.46	3.62	3.75	3.86	3.95	4.03
	2.8	3.06	3.14	3.20	3.27	3.33	3.38	3.43	3.48	3.53	3.58	3.62	3.66	3.70	3.87	4.01	4.13	4.23	4.32
	3.0	3.26	3.34	3.41	3.47	3.54	3.60	3.65	3.70	3.75	3.80	3.85	3.89	3.93	4.12	4.27	4.40	4.51	4.61

注：表中的计算长度系数 μ 值按下式计算：

$$\tan\frac{\pi\eta_1}{\mu} + \eta_1 K_1 \tan\frac{\pi}{\mu} = 0$$

$$K_1 = \frac{I_1}{I_2}\cdot\frac{H_2}{H_1},\eta_1 = \frac{H_1}{H_2}\sqrt{\frac{N_1}{N_2}\cdot\frac{I_2}{I_1}}$$

式中：N_1——上段柱的轴心力；

N_2——下段柱的轴心力。

附录6 疲劳计算的构件和连接分类

构件和连接分类

［选自《钢结构设计规范》(GB 50017—2003)］ 附表6-1

项次	简 图	说 明	类别
1	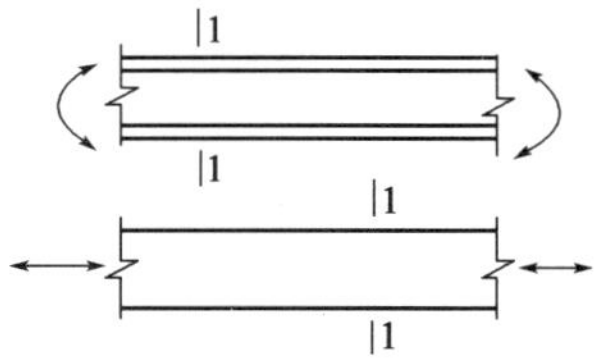	无连接处的主体金属 (1)轧制型钢 (2)钢板 ①两边为轧制边或刨边； ②两侧为自动、半自动切割边(切割质量标准应符合现行《钢结构工程施工质量验收规范》(GB 50205)	 1 1 2
2	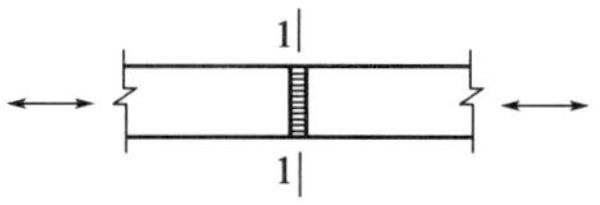	横向对接焊缝附近的主体金属 (1)符合现行国家标准《钢结构工程施工质量验收规范》(GB 50205)的一级焊缝 (2)经加工、磨平的一级焊缝	3 2
3	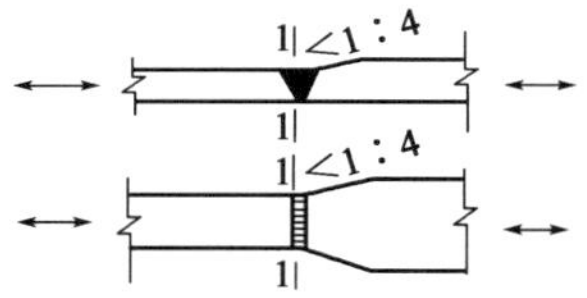	不同厚度(或宽度)横向对接焊缝附近的主体金属、焊缝,加工成平滑过渡并符合一级焊缝标准	2
4	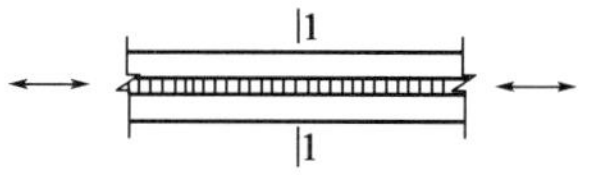	纵向对接焊缝附近的主体金属、焊缝符合二级焊缝标准	2
5	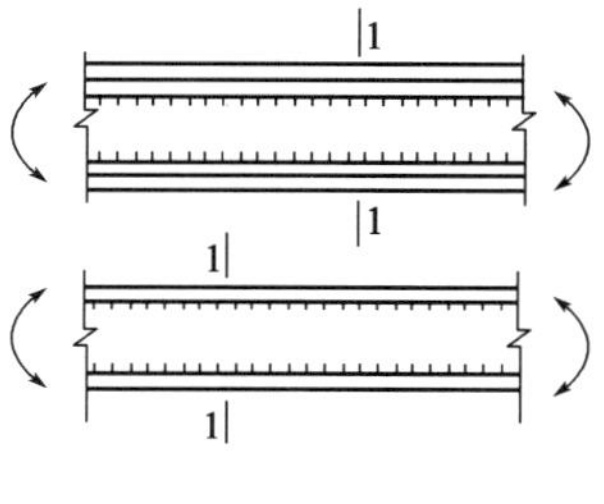	翼缘连接焊缝附近的金属 (1)翼缘板与腹板的连接焊缝 ①自动焊,二级T形对接和角接组合焊缝； ②自动焊,角焊缝,外观质量标准符合二级； ③手工焊,角焊缝,外观质量标准符合二级。 (2)双层翼缘板之间的连接焊缝 ①自动焊,角焊缝,外观质量标准符合二级； ②手工焊,角焊缝,外观质量标准符合二级	 2 3 4 3 4
6	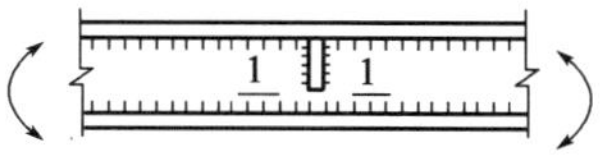	横向加劲肋端部附近的主体金属 (1)肋端不断弧(采用回焊) (2)肋端断弧	 4 5

续上表

项次	简　图	说　明	类别
7	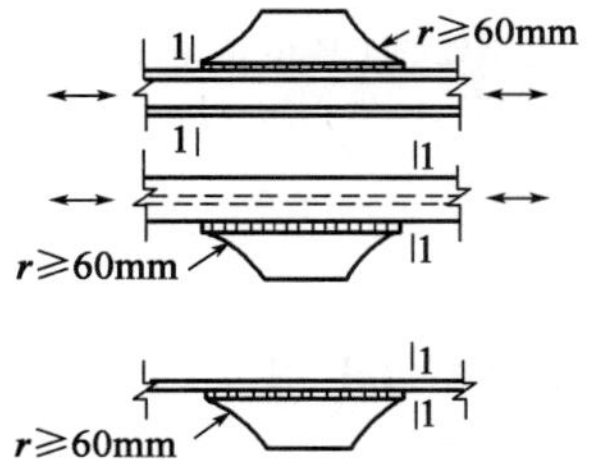	梯形节点板用对接焊缝焊于梁翼缘、腹板以及桁架构件处的主体金属，过渡处在焊后铲平、磨光、圆滑过渡，不得有焊接起弧、灭弧缺陷	5
8	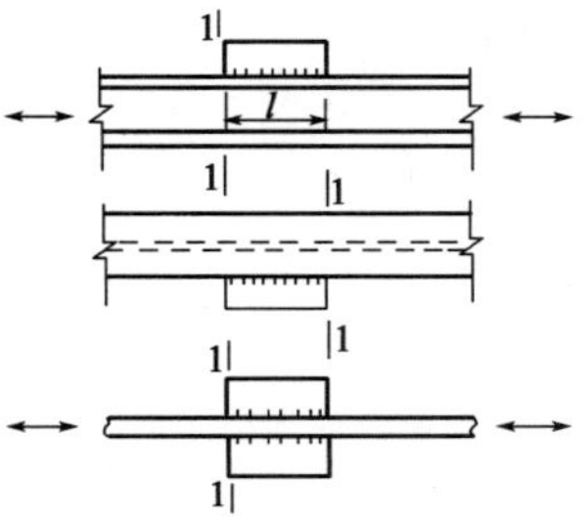	矩形节点板焊接与构件翼缘或腹板处的主体金属，$l > 150$mm	7
9	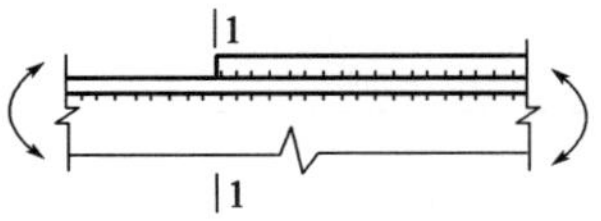	翼缘板中断处的主体金属（板端有正面焊缝）	7
10		向正面角焊缝过渡处的主体金属	6
11	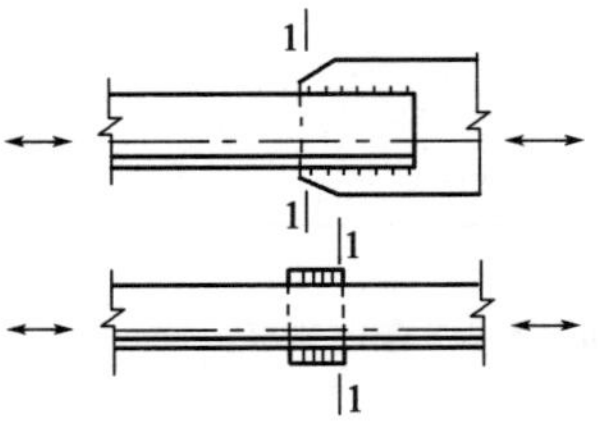	两侧面角焊缝连接端部的主体金属	8
12	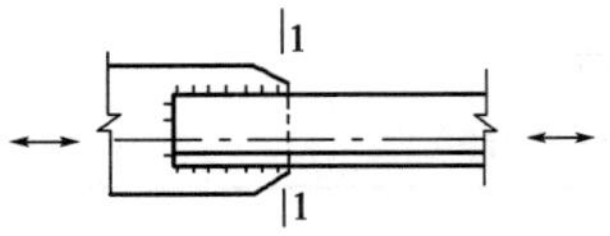	三面围焊的角焊缝端部主体金属	7
13	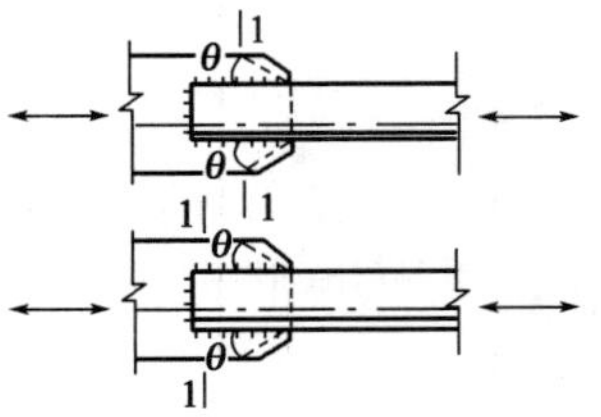	三面围焊或两侧面角焊缝连接的节点板主体金属（节点板计算宽度按应力扩散角 $\theta = 30°$ 考虑）	7

续上表

项次	简　图	说　明	类别
14	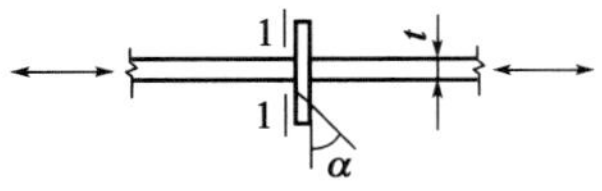	K 形坡口、T 形对接与角接组合焊缝型处的主体金属，两板轴线偏离小于 0.15t，焊缝为二级，焊趾角 $\alpha \leq 45°$	5
15	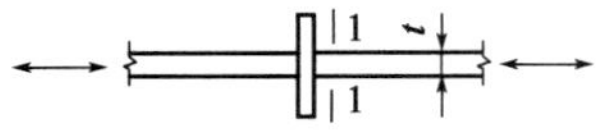	十字接头角焊缝处的主体金属，两板轴线偏离小于 0.15t	7
16	角焊缝	按有效截面确定的剪应力幅计算	8
17	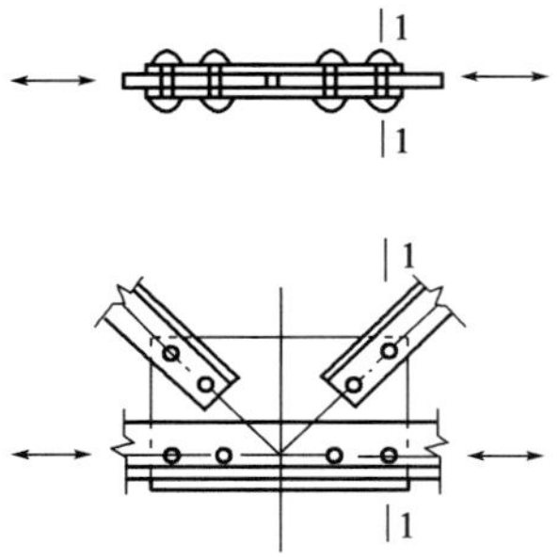	铆钉连接处的主体金属	3
18	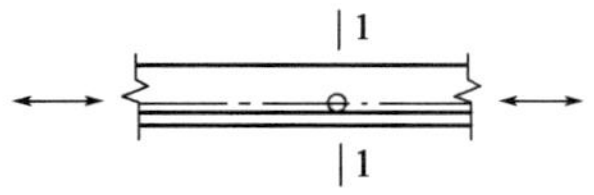	连系螺栓和虚孔处的主体金属	3
19	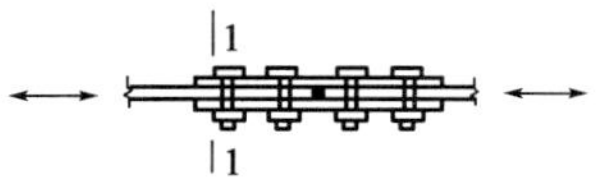	高强度螺栓摩擦型连接处的主体金属	2

注：1. 所有对接焊缝均需焊透。
2. 角焊缝应符合现行《钢结构设计规范》(GB 50017—2003)第 8.2.7 条和第 8.2.8 条的要求。
3. 第 16 项中的剪应力幅 $\Delta\tau = \tau_{max} - \tau_{min}$，其中 τ_{max} 的正值为：与 τ_{max} 同方向时，取正值；与 τ_{max} 反方向时，取负值。
4. 第 17、18 项中的应力应以净截面面积计算，第 19 项应以毛截面面积计算。

基材构件和机械紧固件接头疲劳细节

［选自《公路钢结构桥梁设计规范》(JTG D64—2015)］　　附表 6-2a)

细节类别	构 造 细 节	说　明	要　求
160	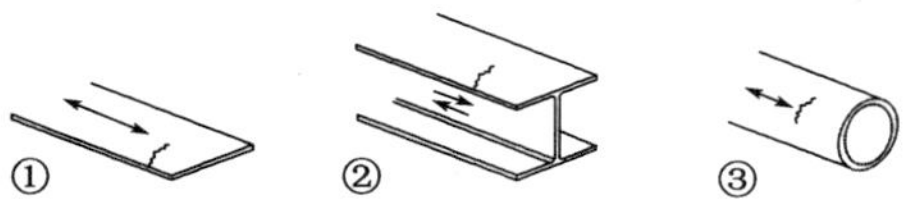	轧制与冲压件： ①钢板与扁钢； ②轧制型钢； ③矩形或圆形截面的无缝钢管	①～③：打磨除去刃边、表面与轧制缺陷，使构件表面光滑平顺

续上表

细节类别	构造细节	说明	要求	
140	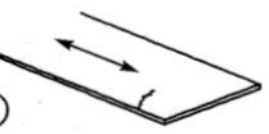 ④	切割或气割钢板: ④切割或机械气割修整的材料; ⑤机械气割材料仅边缘带有浅且规则线痕或手工气割材料在气割后修整除去边缘不连续	④除去所有可见的边缘不连续; 通过机械加工或打磨切割区域,除去所有毛边; 仅允许存在平行受力方向的机械刮痕(例如打磨加工刮痕); ④和⑤:通过打磨改善凹角(坡度≤1/4)或计算时采用适当的应力集中系数; 无补焊修补	
125	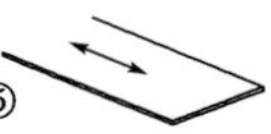 ⑤			
构造细节①~⑤如果由耐候钢制造,其细节类别应降低一个等级				
100 $m=5$	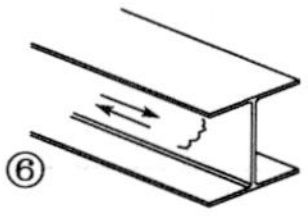 ⑥ 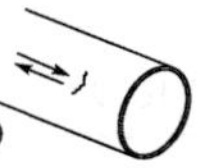 ⑦	⑥和⑦:构造细节同①、②、③的轧制与冲压件	⑥和⑦:剪应力按下式计算: $\tau=\dfrac{VS(t)}{It}$	
110	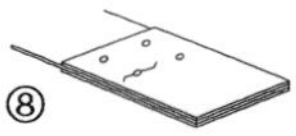 ⑧	⑧采用摩擦型高强度螺栓的双面对称接头	⑧Δσ按毛截面计算	⑧~⑬螺栓间距应满足表3-4b中的要求
		⑧采用摩擦型注脂螺栓的双面对称接头	⑧Δσ按毛截面计算	
90	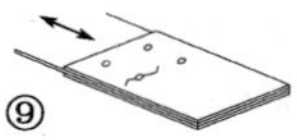 ⑨	⑨采用A、B级螺栓的双面接头	⑨Δσ按净截面计算	
		⑨采用非摩擦型注脂螺栓的双面连接	⑨Δσ按净截面计算	
	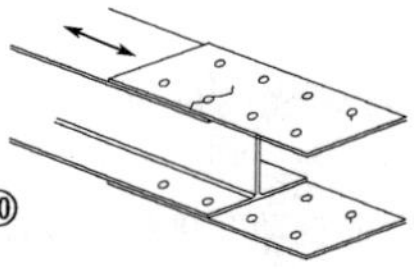 ⑩	⑩采用摩擦型高强度螺栓的单面连接	⑩Δσ按毛截面计算	
		⑩采用摩擦型注脂螺栓的单面连接	⑩Δσ按毛截面计算	
	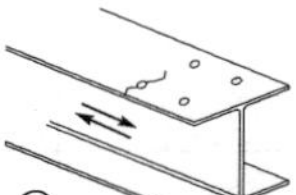 ⑪	⑪承受弯曲与轴力组合作用的带孔构件	⑪Δσ按净截面计算	
80	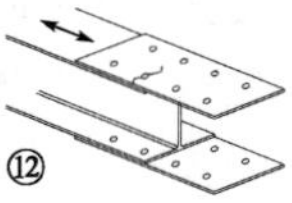 ⑫	⑫采用A、B级螺栓的单面连接	⑫Δσ按净截面计算	
		⑫采用非摩擦型注脂螺栓的单面连接	⑫Δσ按净截面计算	
50	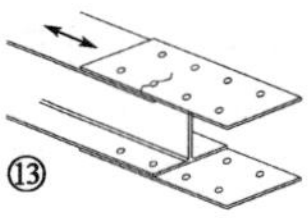 ⑬	⑬采用C级螺栓的单面或双面对接连接,栓孔为普通清孔方式,受力方向保持不变	⑬Δσ按净截面计算	

续上表

细节类别	构造细节	说　明	要　求
50	**当ϕ>30mm时，考虑尺寸效应** $k_s=(30/\phi)^{0.25}$ 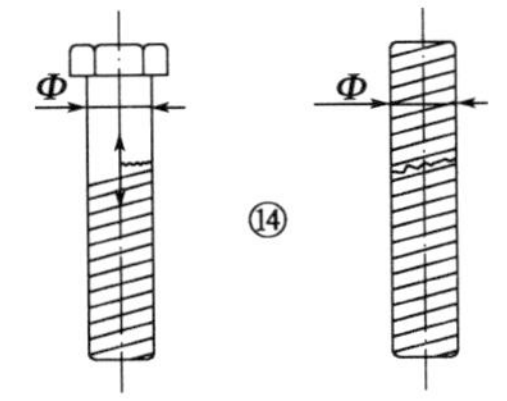	⑭轧制或带有螺纹的受拉螺栓和螺杆	⑭$\Delta\sigma$ 采用螺栓的有效直径计算面积。 必须考虑由撬力和其他因素导致的拉力和弯矩。 对摩擦型螺栓，应考虑应力幅折减
100 $m=5$	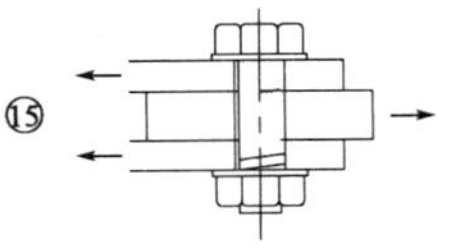	单剪或双剪螺栓： 螺纹不在剪切面内。 ⑮A、B 级螺栓，单向受力的 C 级螺栓（螺栓等级 5.6、8.8 或 10.9）	⑮$\Delta\tau$ 按螺杆毛截面积计算

焊接截面疲劳细节

［选自《公路钢结构桥梁设计规范》（JTG D64—2015）］　　附表 6-2b）

细节类别	构造细节	说　明	要　求
125	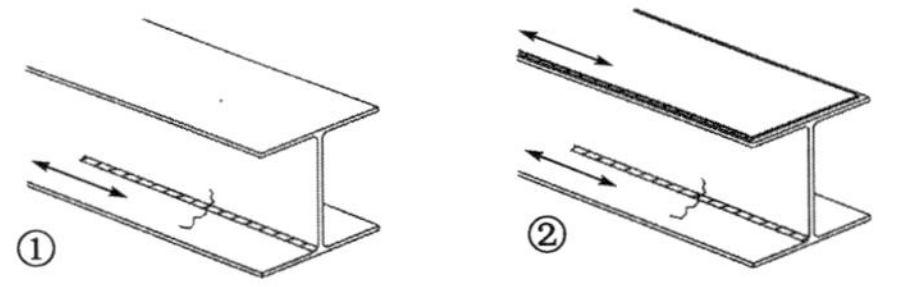	连续纵向焊缝： ①双面自动对接焊。 ②自动角焊缝。盖板端部按附表 6-2 中细节⑥或⑦验算	①和②：除非对起焊/终焊位置进行焊后处理并用可靠方法验证修复效果，不适于起焊/终焊位置
110	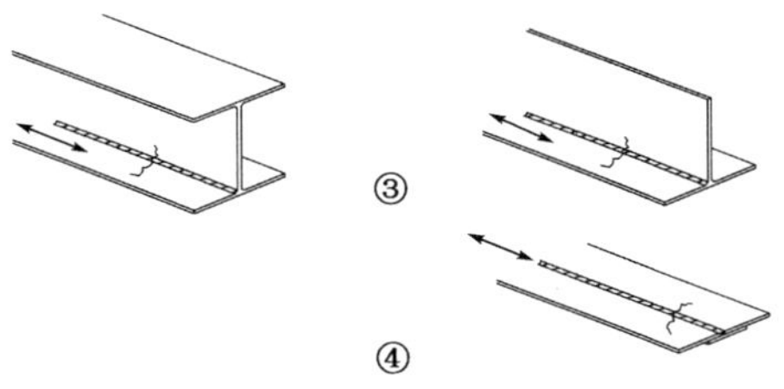	③自动双面对接焊缝或角焊缝，包含起焊/终焊位置。 ④带有垫片的单面自动对接焊缝，不含起焊/终焊位置	④如果包含起焊/终焊位置，细节类别采用 100
100	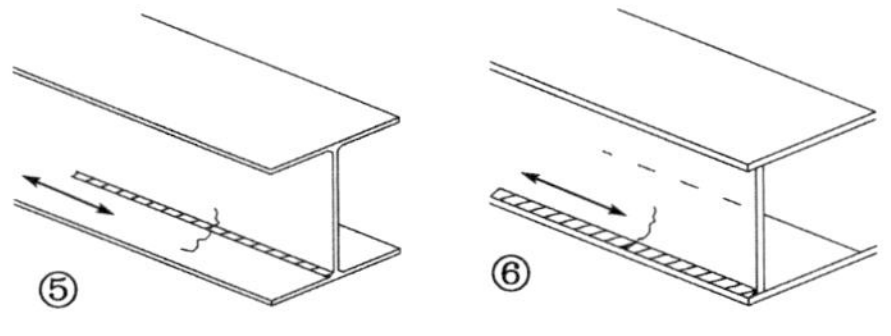	⑤手工焊。 ⑥单侧对接焊缝，尤其对于箱梁	⑤～⑥腹板与翼缘板间必密贴，腹板边缘根部熔透而无烧漏
100	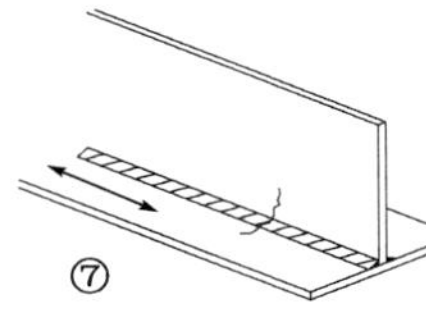	⑦对细节①～⑥中焊缝修整后的状态	⑦当采用专业打磨除去所有明显的缺陷，并经过充分核查后，可以按原来细节类别验算

续上表

细节类别	构造细节	说　明	要　求
80	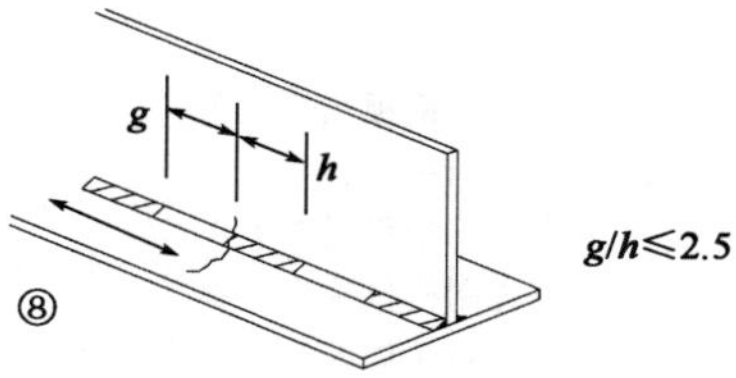	⑧间断的纵向角焊缝	⑧Δσ 根据翼缘中的正应力计算
70	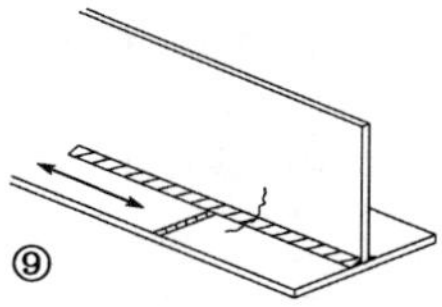	⑨纵向对接焊缝、角焊缝或带有直径不超过60mm的过焊孔的间断焊缝。 过焊孔高度若大于60mm见附表6-2d中①	⑨Δσ 根据翼缘中的正应力计算
125	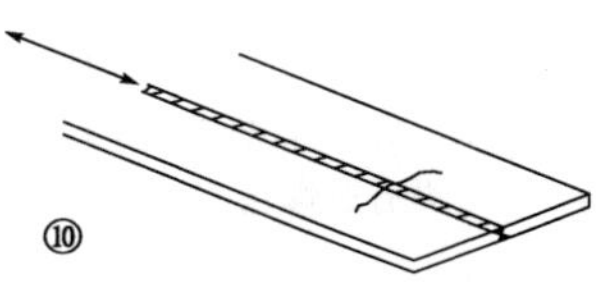	⑩纵向对接焊缝，两侧沿受力方向打磨平齐，Ⅰ级焊缝	
110		⑩不打磨，且不包含起焊/终焊位置	
90		⑩包含起焊/终焊位置	
140	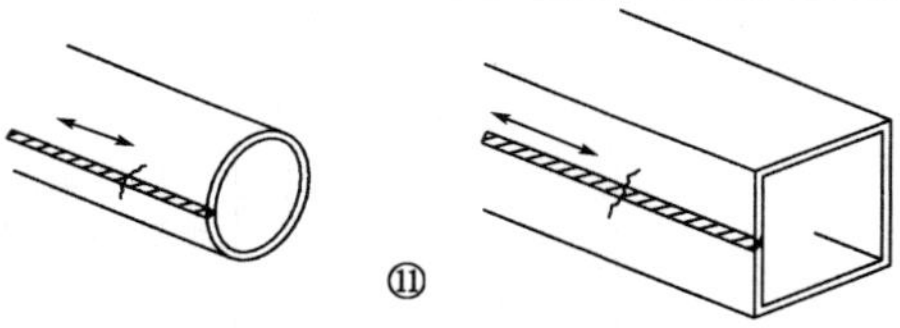	⑪空心截面自动纵向密封焊缝	⑪壁厚 $t \leq 12.5$mm
125		⑪空心截面自动纵向密封焊缝，不包含起焊/终焊位置	⑪壁厚 $t > 12.5$mm
90		⑪包含起焊/终焊位置	

横向对接焊缝

［选自《公路钢结构桥梁设计规范》(JTG D64—2015)］　　附表6-2c)

细节类别	构造细节		说　明	要　求
110	尺寸效应： $t > 25$mm $k_s = \left(\frac{25}{t}\right)^{0.2}$	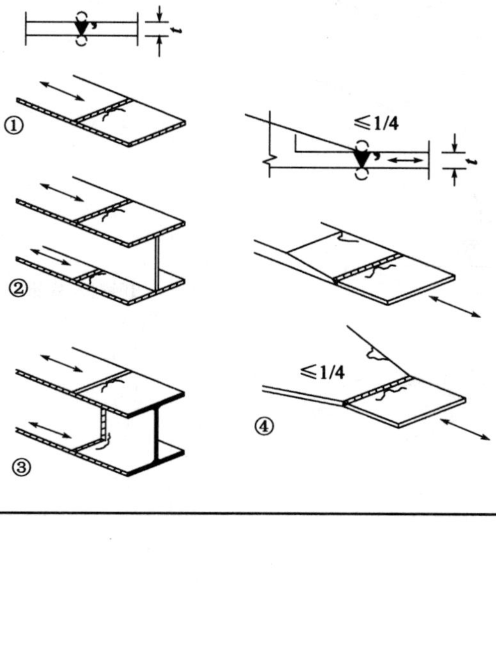	无垫板： ①钢板与扁钢的横向拼接； ②板梁装配前翼缘板间或腹板间的横向拼接； ③轧制截面横向全截面对接焊缝，不设过焊孔； ④钢板或扁钢的横向拼接，宽度或厚度方向坡度≤1/4	所有焊缝沿箭头方向打磨平齐； 使用引弧板，移除后板边沿受力方向打磨平齐； 两侧施焊，实施无损检测。 ③只适用于轧制截面接头，截面截断后再重新焊接

续上表

细节类别	构造细节	说明	要求
90	尺寸效应： $t>25\text{mm}$ $k_s=\left(\frac{25}{t}\right)^{0.2}$	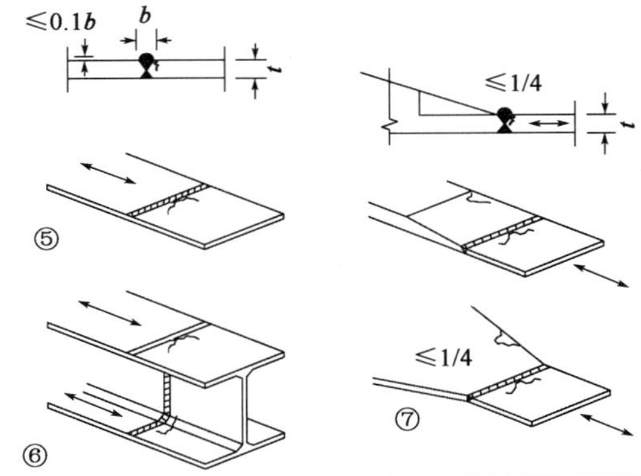	⑤钢板与扁钢的横向拼接； ⑥未设过焊孔的轧制构件横向全截面对接焊缝； ⑦钢板或扁钢的横向拼接，接坡≤1/4。焊缝过渡处不必考虑坡度	焊缝余高不超过焊缝宽度的10%，且表面平滑过渡； 使用引弧板，移除后板边沿受力方向打磨平齐； 两侧施焊，实施无损检测。 ⑤和⑦采用平放施焊
90	尺寸效应： $t>25\text{mm}$ $k_s=\left(\frac{25}{t}\right)^{0.2}$	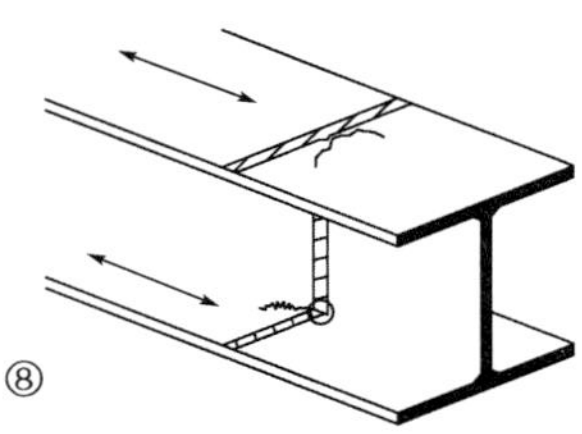	⑧同细节③，但设有过焊孔	所有焊缝沿箭头方向打磨平齐； 使用引弧板，移除后板边沿受力方向打磨平齐； 两侧施焊，实施无损检测。 型钢规格相同
80	尺寸效应： $t>25\text{mm}$ $k_s=\left(\frac{25}{t}\right)^{0.2}$	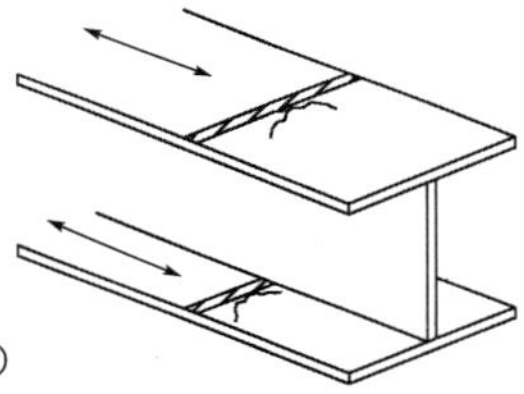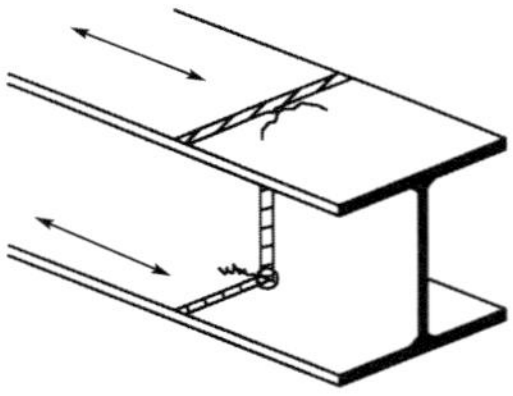	⑨无过焊孔的焊接板梁横向拼接。 ⑩设过焊孔的轧制型钢全截面横向对接焊缝	焊缝余高不超过焊缝宽度的20%，且表面平滑过渡； 焊缝不必磨平； 使用引弧板，移除后板边沿受力方向打磨平齐； 两侧施焊，实施无损检测。 ⑩焊缝余高不超过焊缝宽度的10%，且表面平滑过渡
80	尺寸效应： $t>25\text{mm}$ $k_s=\left(\frac{25}{t}\right)^{0.2}$	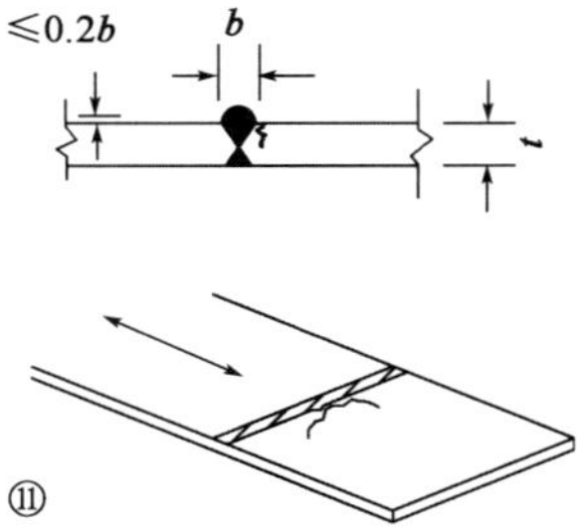	⑪钢板、扁钢、轧制型钢或板梁的横向拼接	焊缝余高不超过焊缝宽度的20%，且表面平滑过渡； 焊缝不必磨平； 使用引弧板，移除后板边沿受力方向打磨平齐； 两侧施焊，实施无损检测。 ⑩焊缝余高不超过焊缝宽度的10%，且表面平滑过渡

续上表

细节类别	构造细节		说　明	要　求
60		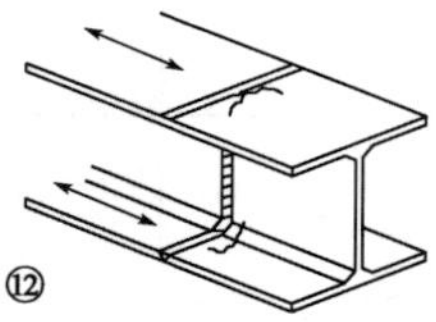	⑫不设过焊孔的轧制型钢全截面横向对接焊缝	使用引弧板，移除后板边沿受力方向打磨平齐； 两侧施焊
35		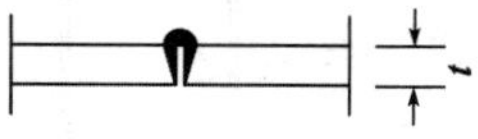	⑬单侧对接焊缝	⑬无垫板
70	尺寸效应： $t>25$mm $k_s=\left(\frac{25}{t}\right)^{0.2}$	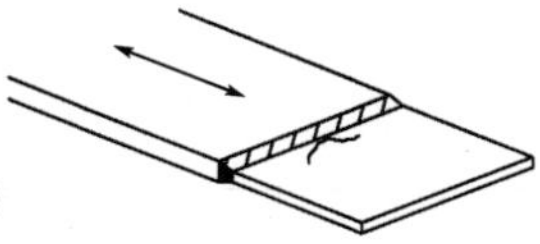	⑬单侧全熔透对接焊缝，采用超声波探伤	
70	尺寸效应： $t>25$mm $k_s=\left(\frac{25}{t}\right)^{0.2}$	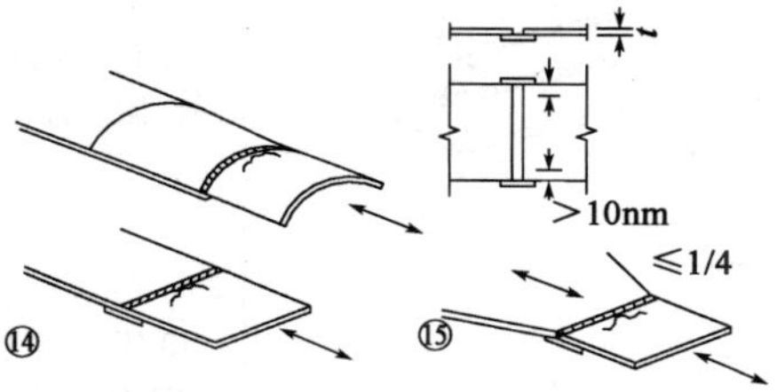	带垫板： ⑭横向拼接。 ⑮横向对接焊缝，宽度或厚度方向坡度≤1/4。 同样适用于弯板	⑭和⑮焊缝到板边距离≥10mm。 定位焊包含在对接焊缝内部
50		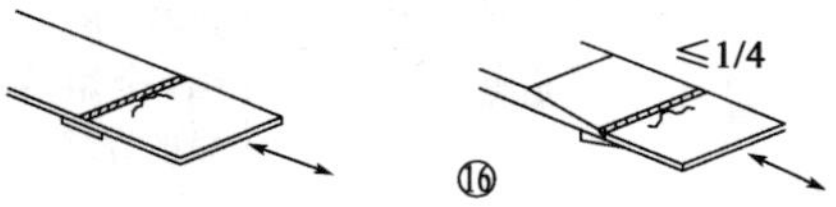	⑯永久垫板上的横向对接焊缝，宽度和厚度方向坡度≤1/4。 同样适用于弯板	⑯焊缝端部距板边＜10mm或无法保证焊缝与衬条间紧密贴合时
70	尺寸效应： $t>25$mm $k_s=\left(\frac{25}{t}\right)^{0.2}$	尺寸效应：$t>25$mm和（或）普通偏心坡度≤1/2 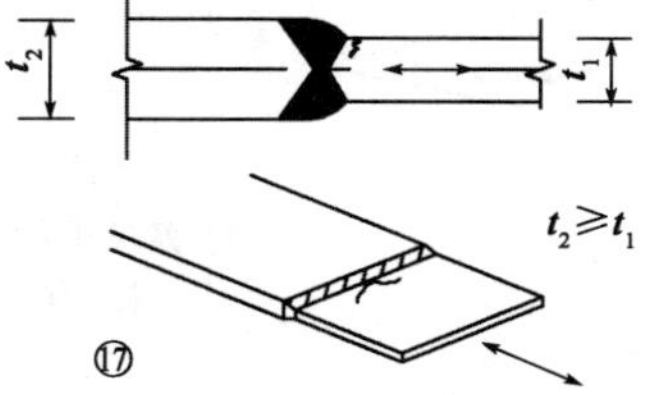 $k_s=\left(\frac{25}{t_1}\right)^{0.2}\Big/\left(1+\frac{6e}{t_1}\frac{t_1^{1.5}}{t_1^{1.5}+t_1^{1.5}}\right)$ 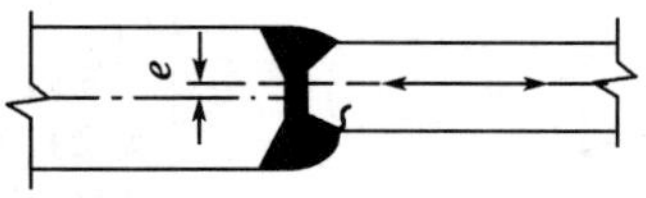 $t_2\geq t_1$	⑰不同厚度板横向对接焊缝，板间不设接坡，两板中心对齐	

焊接附连件与加劲肋

［选自《公路钢结构桥梁设计规范》(JTG D64—2015)］　　附表 6-2d)

细节类别	构造细节		说　明	要　求
80	$L \leqslant 50$mm	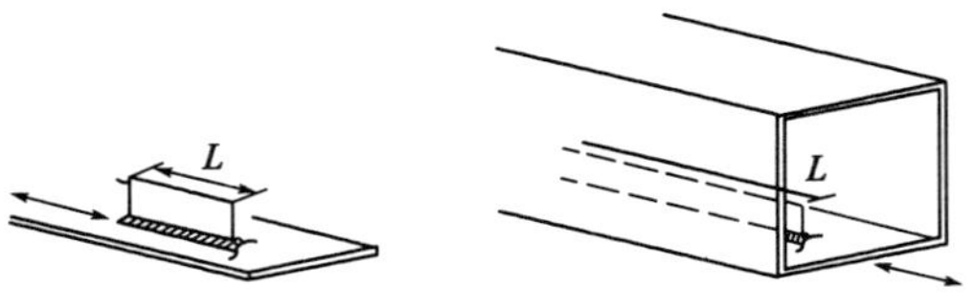 ①	纵向附连件; ①细节类别根据附连件长度进行变化	附连件的厚度必须小于其高度。否则参见附表 6-2e 的细节⑤或细节⑥
70	50mm $< L \leqslant 80$mm			
60	80mm $< L \leqslant 100$mm			
55	$L > 100$mm			
70	$L > 100$mm $\alpha < 45°$	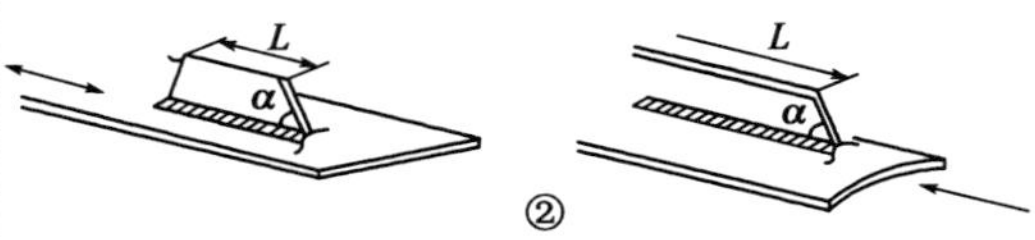 ②	②钢板或钢管的纵向附连件	
80	$r > 150$mm	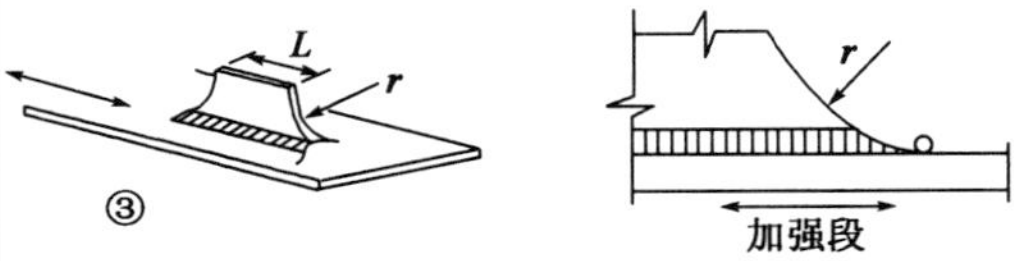 ③ 	③附连件与钢板或钢管通过纵向角焊缝连接，采用圆弧过渡；角焊缝端部加强(全熔透)，加强段的焊缝长度 $> r$	③和④：过渡圆弧在焊前加工，焊后采用沿箭头方向的打磨，除去焊趾
90	$\frac{r}{L} \geqslant \frac{1}{3}$或 $r > 150$mm	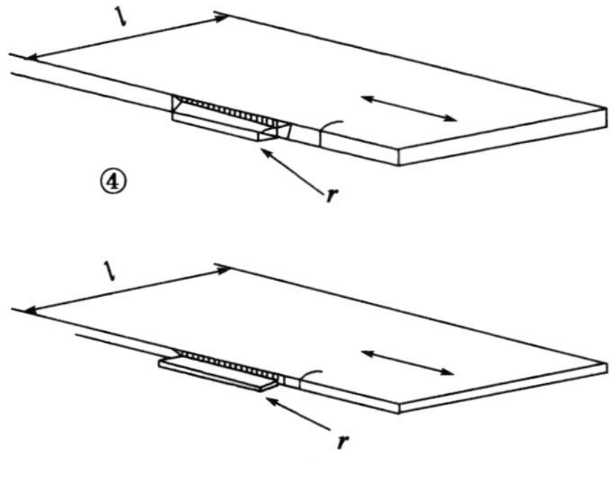 ④	④附连件与板或翼缘板的侧边焊接连接，有圆弧过渡	
70	$\frac{1}{6} \leqslant \frac{r}{L} \leqslant \frac{1}{3}$			
50	$\frac{r}{L} < \frac{1}{6}$			
40		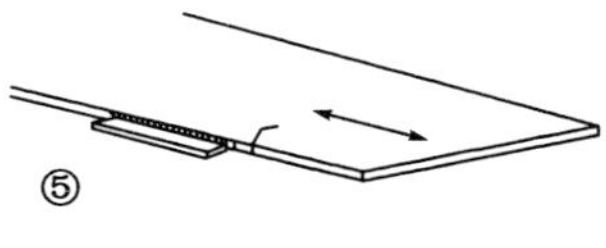 ⑤	⑤附连件与板或翼缘板的侧边焊接连接，无圆弧过渡	

续上表

<table>
<tr><th>细节类别</th><th colspan="2">构 造 细 节</th><th>说 明</th><th>要 求</th></tr>
<tr><td>80</td><td>l≤50mm</td><td rowspan="2">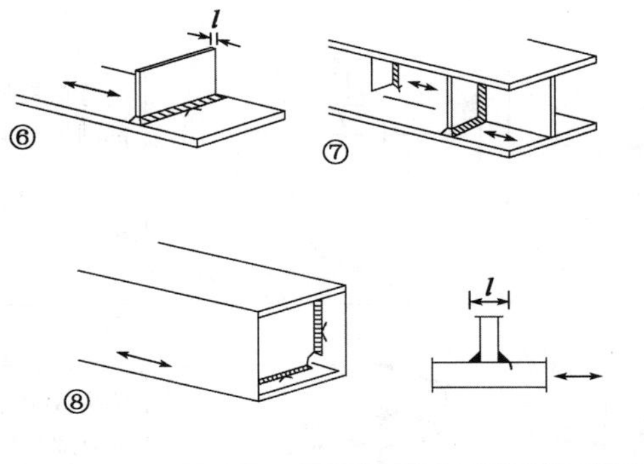</td><td rowspan="3">横向附连件：
⑥与板焊接。
⑦梁或板梁上的竖向加劲肋。
⑧与翼缘或腹板焊接的箱梁横隔板。可能不适用于较小空心截面。
此值同样适用于环状加劲肋。
⑨剪力钉在基材上的焊接</td><td rowspan="3">⑥和⑦：仔细打磨焊缝端部，除去所有咬边。
⑦如加劲肋在腹板上终止，Δ_σ 采用主应力计算，如图左焊缝所示</td></tr>
<tr><td>70</td><td>50mm＜l≤80mm</td></tr>
<tr><td>80</td><td colspan="2">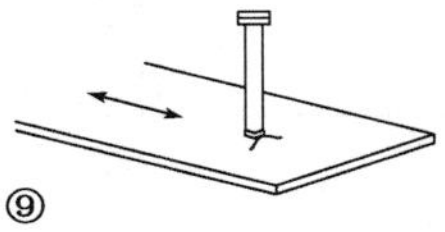</td></tr>
</table>

承载焊接接头

［选自《公路钢结构桥梁设计规范》（JTG D64—2015）］ 附表 6-2e）

<table>
<tr><th>细节类别</th><th colspan="2">构 造 细 节</th><th>说 明</th><th>要 求</th></tr>
<tr><td>80</td><td>l＜50mm</td><td rowspan="9">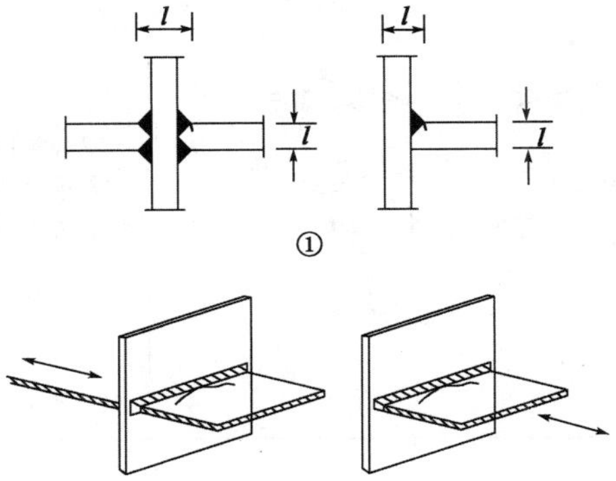</td><td rowspan="9">十字形和T形接头：
①全熔透对接焊缝或部分熔透对接焊的焊趾</td><td rowspan="9">②计算时应考虑应力集中系数。
③部分熔透接头要求两种疲劳评定：
第一，焊根按 $\Delta\sigma_w$ 和 $\Delta\tau_w$ 对应细节等级验算；
第二，焊趾开裂通过确定承载钢板的 $\Delta\sigma$ 计算。
①～③：承载钢板偏心不应超过中间板厚的15%</td></tr>
<tr><td>70</td><td>50mm＜l≤80mm</td></tr>
<tr><td>60</td><td>80mm＜l≤100mm</td></tr>
<tr><td>55</td><td>100mm＜l≤120mm</td></tr>
<tr><td>55</td><td>l＞120mm
t≤20mm</td></tr>
<tr><td>50</td><td>120mm＜l≤200mm
t ＞20mm
l ＞200mm
20mm＜t≤30mm</td></tr>
<tr><td>45</td><td>200mm＜l≤300mm
t ＞30mm
l ＞300mm
30mm＜t≤50mm</td></tr>
<tr><td>40</td><td>l ＞300mm
t ＞50mm</td></tr>
</table>

续上表

<table>
<tr><th>细节类别</th><th colspan="3">构造细节</th><th>说　明</th><th>要　求</th></tr>
<tr><td>同本表细节①</td><td colspan="3">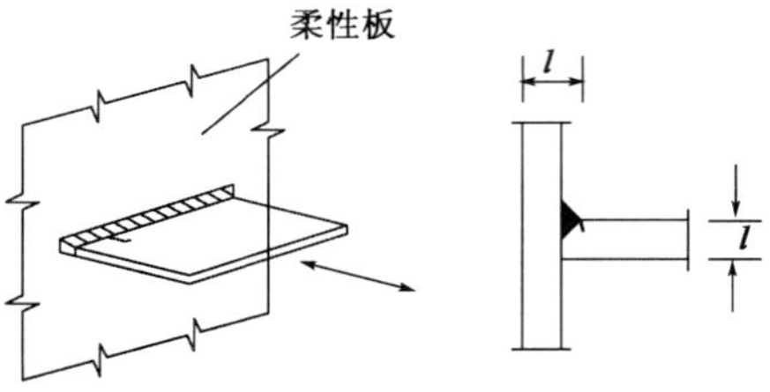
②</td><td>②钢板附连件端部的焊趾失效</td><td rowspan="2">②计算时应考虑应力集中系数。
③部分熔透接头要求两种疲劳评定：
第一，焊根按 $\Delta\sigma_w$ 和 $\Delta\tau_w$ 对应细节等级验算；
第二，焊趾开裂通过确定承载钢板的 $\Delta\sigma$ 计算。
①～③：承载钢板偏心不应超过中间板厚的 15%</td></tr>
<tr><td>35 *</td><td colspan="3">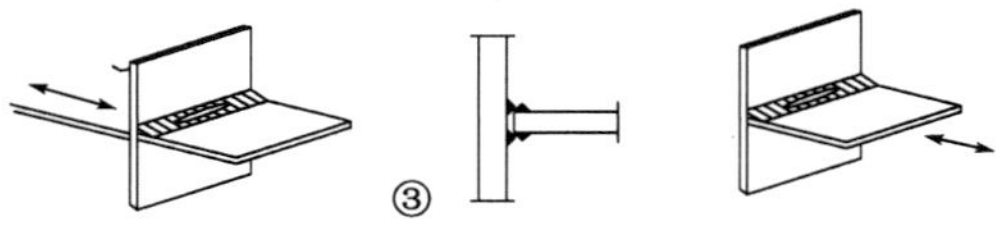
③</td><td>③部分熔透 T 形接头或角焊缝接头或有效全熔透 T 形对接接头的焊根失效</td></tr>
<tr><td>同本表细节①</td><td colspan="3">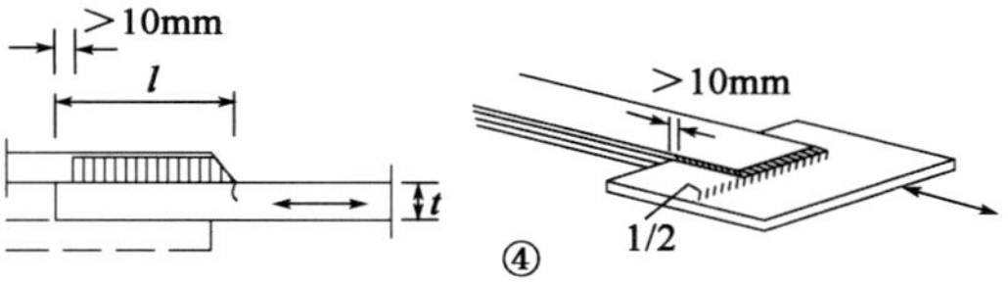
④
主要板件受力区域：坡度=1/2</td><td>搭接焊接接头：
④角焊缝围焊接头</td><td rowspan="2">④ $\Delta\sigma$ 的有效面积按 1/2 斜率计算（图中斜线）；
⑤计算搭接板中的 $\Delta\sigma$；
④和⑤：焊缝终点至板边距离大于 10mm；
焊缝剪切开裂应采用细节⑧验算</td></tr>
<tr><td>45 *</td><td colspan="3">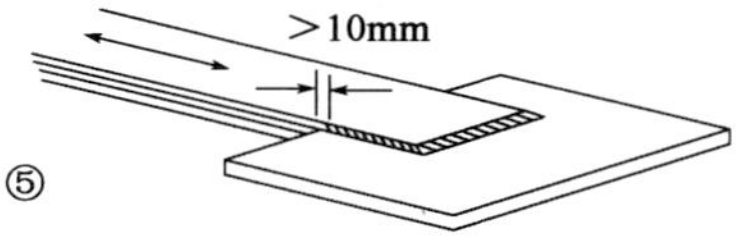
⑤</td><td>搭接：
⑤角焊缝围焊接头</td></tr>
<tr><td></td><td>$t_c < t$</td><td>$t_c \geq t$</td><td rowspan="6">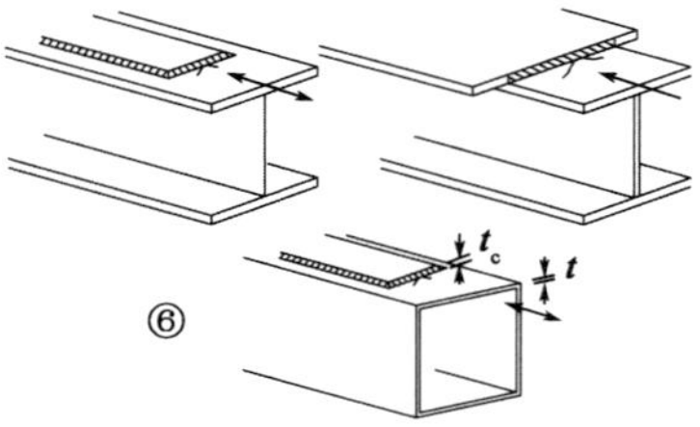
⑥</td><td rowspan="6">梁或板梁的盖板
⑥单缝或多缝焊接盖板末端</td><td rowspan="6">⑥如果盖板宽度超过翼缘板，需设置横向端焊缝，且焊缝应仔细打磨除去咬边；
盖板长度不得小于 300mm。对于更短附连件按细节①计算考虑尺寸效应</td></tr>
<tr><td>55 *</td><td>$t \leq 20$mm</td><td></td></tr>
<tr><td>50</td><td>20mm $< t \leq$ 30mm</td><td>$t \leq 20$mm</td></tr>
<tr><td>45</td><td>30mm $< t \leq$ 50mm</td><td>20mm $< t \leq$ 30mm</td></tr>
<tr><td>40</td><td>t >50mm</td><td>30mm $< t \leq$ 50mm</td></tr>
<tr><td>35</td><td></td><td>t >50mm</td></tr>
<tr><td>55</td><td colspan="3">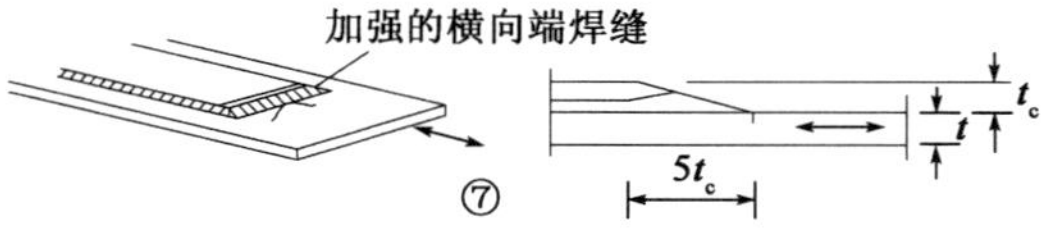
⑦</td><td>⑦梁或板梁的盖板。
加强焊缝最小长度为 $5t_c$</td><td>⑦横向端焊缝打磨平滑。另外，如果 t_c >20mm，板的前端打磨坡度 <1/4</td></tr>
</table>

续上表

细节类别	构造细节	说　明	要　求
80 $m=5$	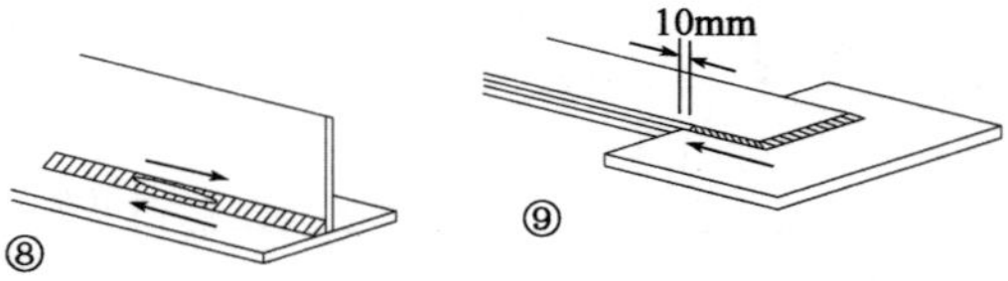⑧ ⑨	⑧传递剪力流的连续角焊缝，例如板梁中腹板和翼缘间的焊缝。 ⑨角焊缝围焊接头	⑧$\Delta\tau$ 按焊喉面积计算。 ⑨$\Delta\tau$ 按考虑焊缝总长的焊喉面积计算。焊缝端距板边超过10mm，也可参见上述细节④和细节⑤
90 $m=8$	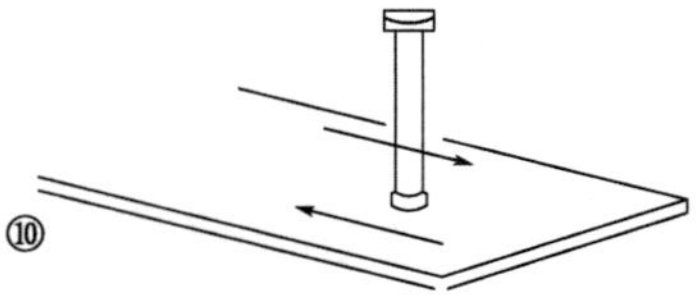⑩	焊接剪力钉： ⑩用于组合梁	⑩$\Delta\tau$ 按剪力钉的名义截面计算
70	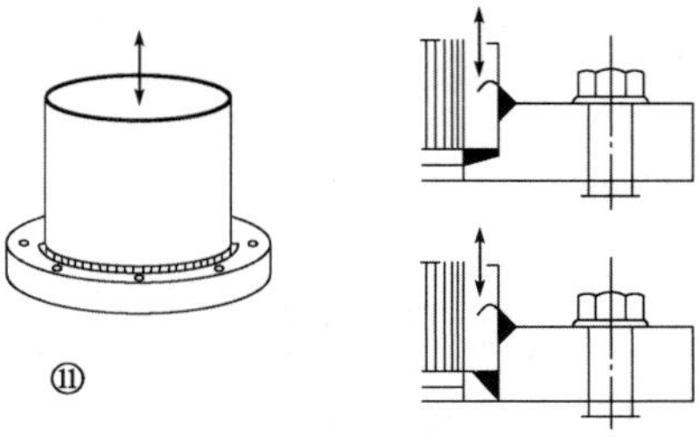⑪	⑪采用80%全熔透对接焊缝的管座接头	⑪打磨焊趾。$\Delta\sigma$ 按管的应力幅计算
40		⑪采用角焊缝的管座接头	⑪$\Delta\sigma$ 按管的应力幅计算

空心构件接头（$t\leqslant 12.5$mm）

［选自《公路钢结构桥梁设计规范》(JTG D64—2015)］　　附表 6-2f)

细节类别		构造细节	说　明	要　求
70		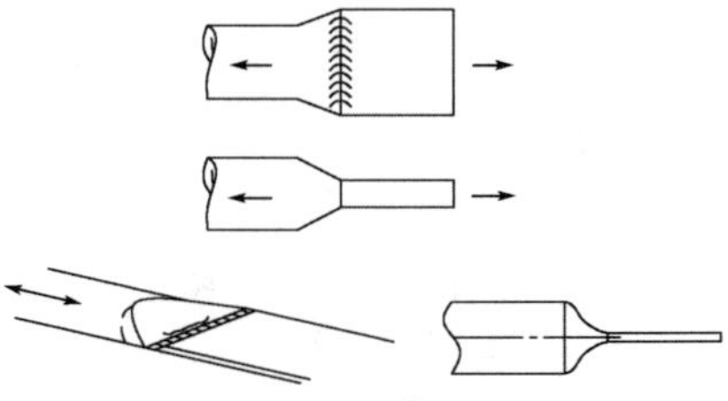①	①管板接头，钢管压平端与钢管对接焊缝（X形坡口）	①$\Delta\sigma$ 按管中应力幅计算； 仅当管径小于200mm时有效
70	$\alpha\leqslant 45°$	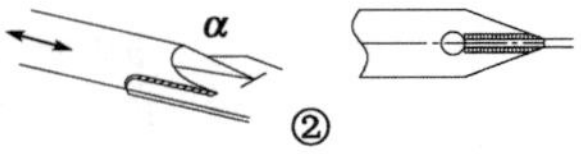②	②管板接头，钢管切口端与钢板焊接，切口端部设圆孔	②$\Delta\sigma$ 按管中应力幅计算； 焊缝剪切开裂应使用附表6-2e的细节⑧进行验算
60	$\alpha>45°$			

续上表

细节类别	构造细节	说明	要求
70	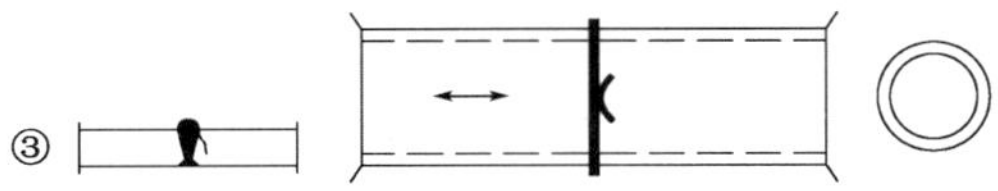	横向对接焊缝： ③圆形管间端对端对接焊缝连接	③和④：焊缝余高不大于焊缝宽度的10%，且平滑过渡； 构件放平焊接； 如果 $t>8$mm，细节类别应提高2个等级
55	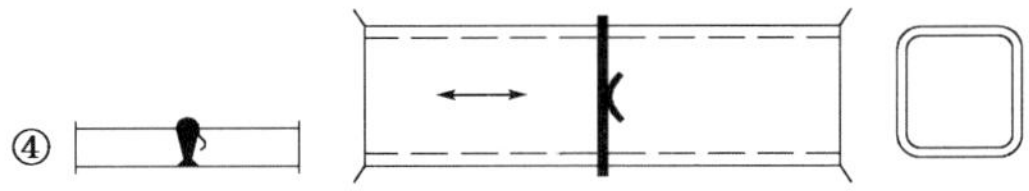	④方形管间端对端对接焊缝连接	
70	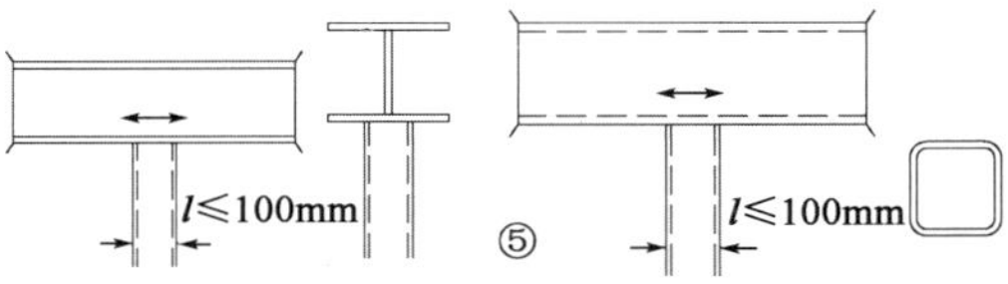	附连件焊接： ⑤圆形或矩形空心截面管与另一构件采用角焊缝连接	⑤非承载焊缝； 平行于应力方向的宽度 $l\leqslant100$mm； 其他情形见附表6-2d
50	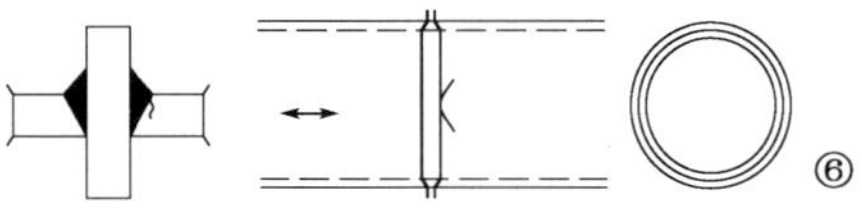	焊接拼接： ⑥圆管通过中间板端对端对接焊接	⑥和⑦： 承载焊缝； 如果 $t>8$mm，细节类别应提高1个等级
45	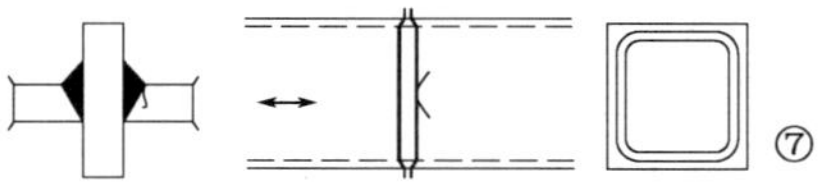	⑦矩形管通过中间板端对端对接焊接	
40	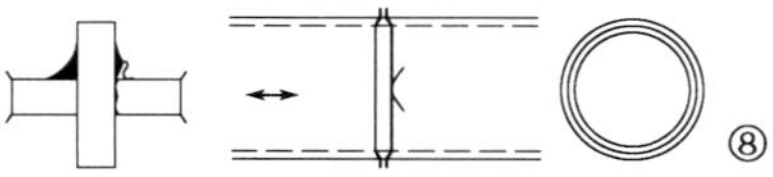	⑧圆形管通过中间板端对端角焊缝连接	⑧和⑨： 承载焊缝； 壁厚 $t\leqslant8$mm
35	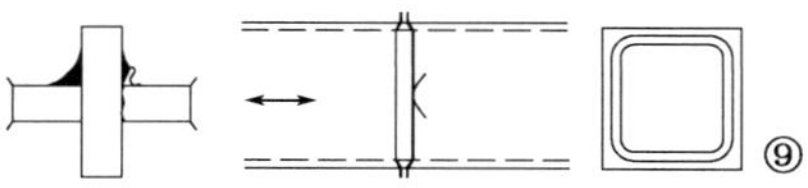	⑨矩形管通过中间板端对端角焊缝连接	

格构梁节点接头

［选自《公路钢结构桥梁设计规范》(JTG D64—2015)］ 附表 6-2g)

细节类别	构造细节		要　　求
90 $m=5$	$\frac{t_0}{t_i}\geqslant 2.0$	细节①(间隙接头)：圆形管的K形和N形接头 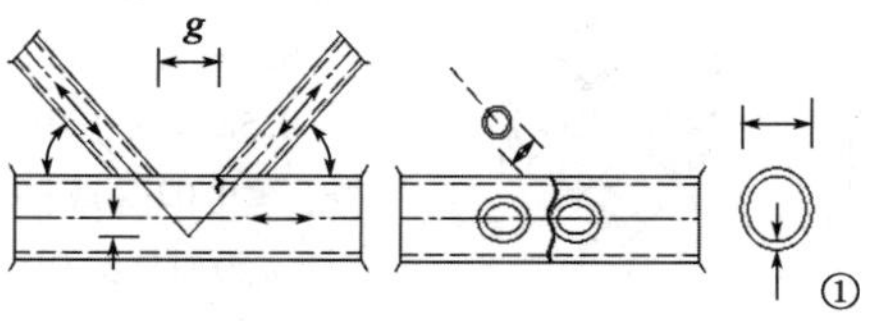 	①和②： 对主管和支管分别评估； t_0/t_i 的中间值按细节类别线性插值得到； 支管壁厚 $t\leqslant 8mm$ 时允许采用角焊缝； t_0、$t_i\leqslant 8\text{mm}$； $35°\leqslant\theta\leqslant 50°$； $b_0/t_0\times t_0/t_i\leqslant 25$ $d_0/t_0\times t_0/t_i\leqslant 25$； $0.4\leqslant b_i/b_0\leqslant 1.0$； $0.25\leqslant d_i/d_0\leqslant 1.0$； $b_0\leqslant 200\text{mm}$； $d_0\leqslant 300\text{mm}$； $-0.5h_0\leqslant e_{i/p}\leqslant 0.25h_0$； $-0.5d_0\leqslant e_{i/p}\leqslant 0.25d_0$； $e_{o/p}\leqslant 0.02b_0$ 或 $\leqslant 0.02d_0$。 ($e_{o/p}$为面外偏心) ②：$0.5(b_0-b_i)\leqslant g\leqslant 1.1(b_0-b_i)$， $g\geqslant 2t_0$
45 $m=5$	$\frac{t_0}{t_i}=1.0$		
70 $m=5$	$\frac{t_0}{t_i}\geqslant 2.0$	细节②(间隙接头)：圆形管的K形和N形接头 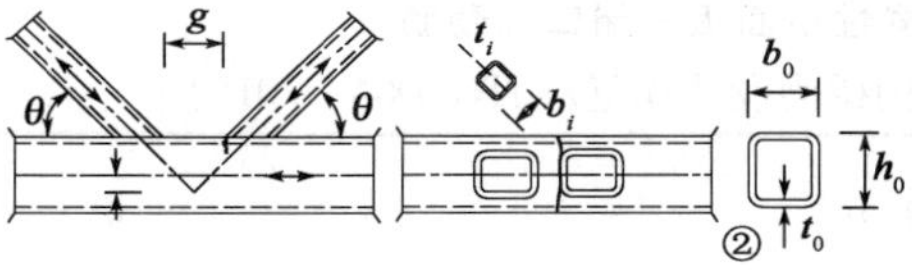 	
35 $m=5$	$\frac{t_0}{t_i}=1.0$		
70 $m=5$	$\frac{t_0}{t_i}\geqslant 1.4$	细节③(搭接接头)：圆形或矩形管K形接头 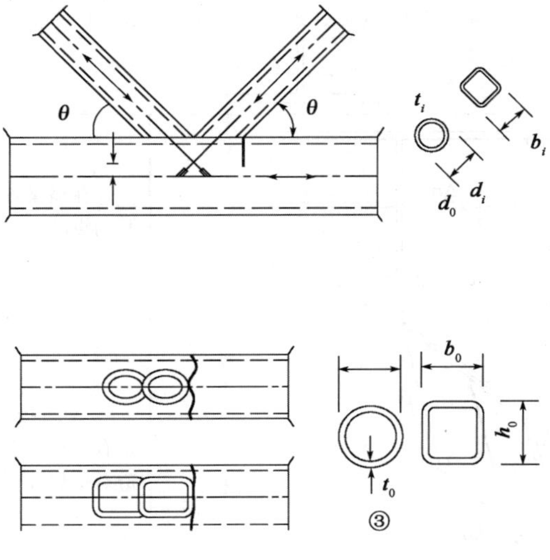 	③和④：$30\%\leqslant(q/p)\times 100\%\leqslant 100\%$； 对主管和支管分别评估； t_0/t_i 的中间值按细节类别线性插值得到； 支管壁厚 $t\leqslant 8\text{mm}$ 时允许采用角焊缝； t_0、$t_i\leqslant 8\text{mm}$； $35°\leqslant\theta\leqslant 50°$； $b_0/t_0\times t_0/t_i\leqslant 25$； $d_0/t_0\times t_0/t_i\leqslant 25$； $0.4\leqslant b_i/b_0\leqslant 1.0$； $0.25\leqslant d_i/d_0\leqslant 1.0$；
55 $m=5$	$\frac{t_0}{t_i}=1.0$		

续上表

细节类别	构造细节		要　求
70 $m=5$	$\frac{t_0}{t_i} \geq 1.4$	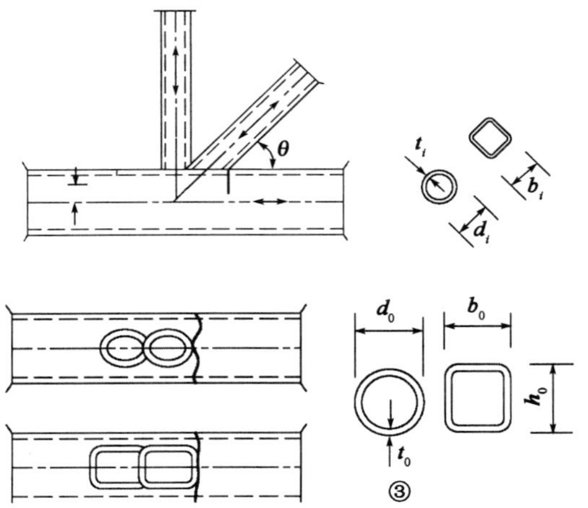	$b_0 \leq 200$mm； $d_0 \leq 300$mm； $-0.5h_0 \leq e_{i/p} \leq 0.25h_0$ $-0.5d_0 \leq e_{i/p} \leq 0.25d_0$ $e_{o/p} \leq 0.02b_0$ 或 $\leq 0.02d_0$ （$e_{o/p}$为面外偏心） p、q示意如下： 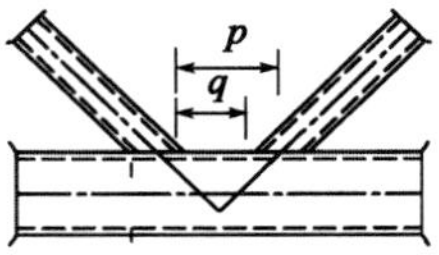
50 $m=5$	$\frac{t_0}{t_i} = 1.0$		

正交异性桥面板—闭口加劲肋

［选自《公路钢结构桥梁设计规范》(JTG D64—2015)］　　附表 6-2h)

细节类别	构造细节		说　明	要　求
80	$t \leq 12$mm	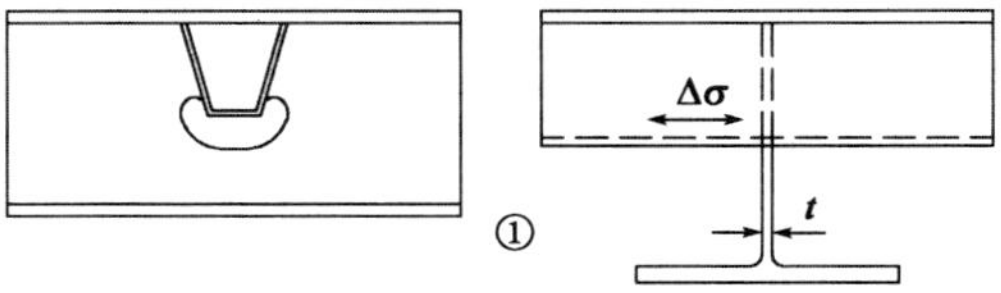	①纵肋通过横梁，纵肋下方挖孔	①Δσ 按上焊缝最下端位置计算
70	$t > 12$mm			
80	$t \leq 12$mm	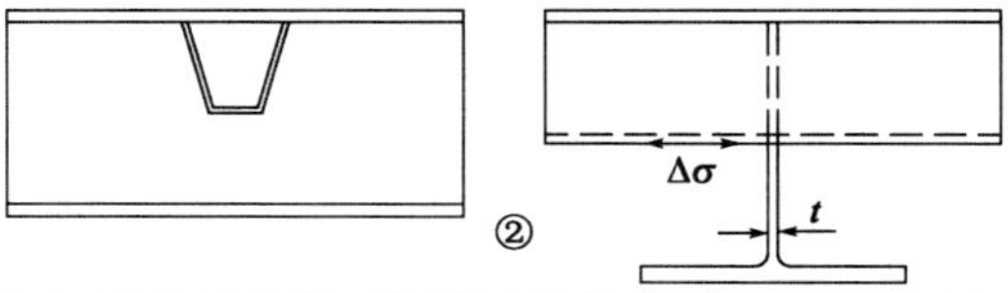	②纵肋通过横梁，纵肋下方不挖孔	②Δσ 按纵肋底端位置计算
70	$t > 12$mm			
35	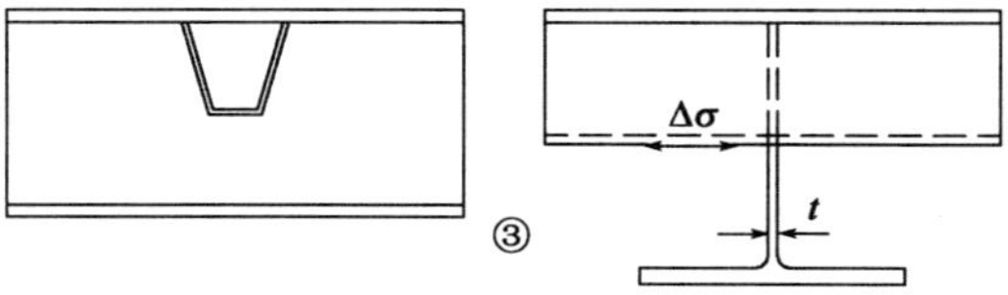		③在横梁处中断的纵肋	③Δσ 按纵肋底端位置计算
70	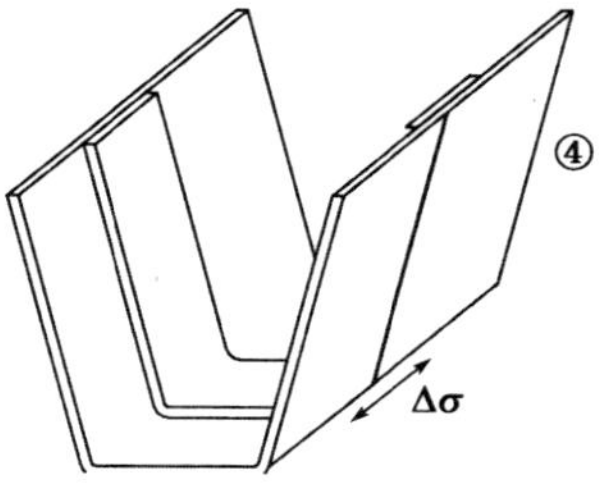		④纵肋接头，带有垫板的全熔透对接焊缝	④Δσ 按纵肋底端位置计算

续上表

细节类别	构造细节		说明	要求
110	打磨除去余高	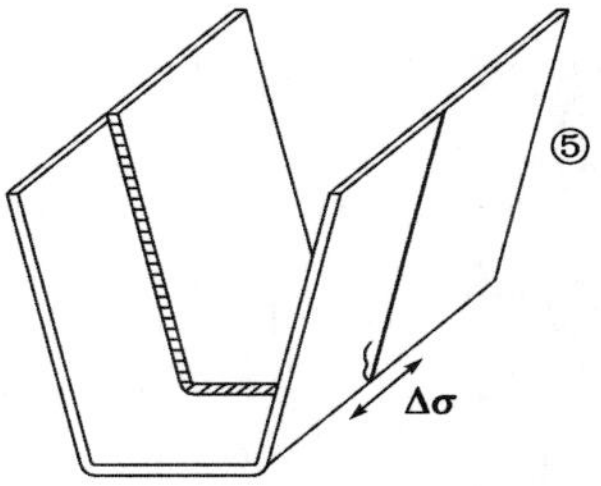	⑤纵肋全熔透对接焊缝，双面焊缝，无垫板	⑤$\Delta\sigma$按纵肋底端位置计算 在对接焊缝内部定位焊
90	余高小于0.1倍缝宽			
80	余高小于0.2倍缝宽			
70	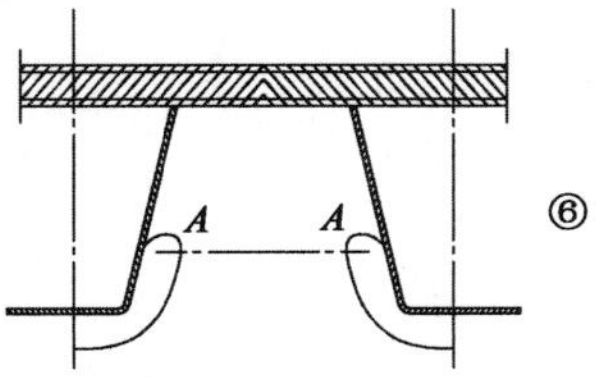		⑥横梁腹板开孔间最不利截面	⑥$\Delta\sigma$应考虑开孔的影响
70	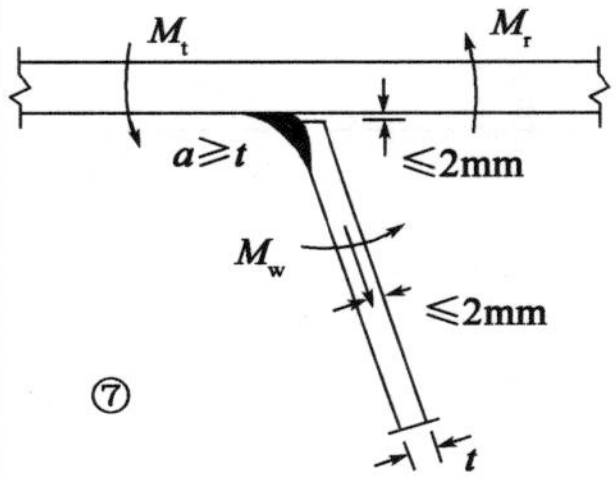	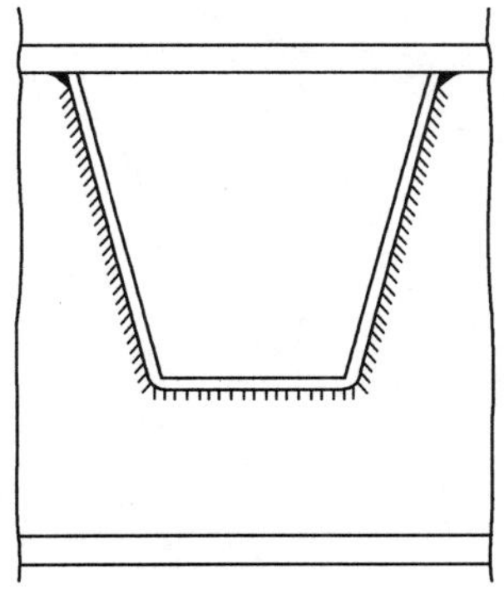	盖板与梯形或V形加劲肋的连接焊缝： ⑦部分熔透焊缝，$a \geqslant t$	⑦根据板内弯曲引起的正应力幅$\Delta\sigma$验算
50	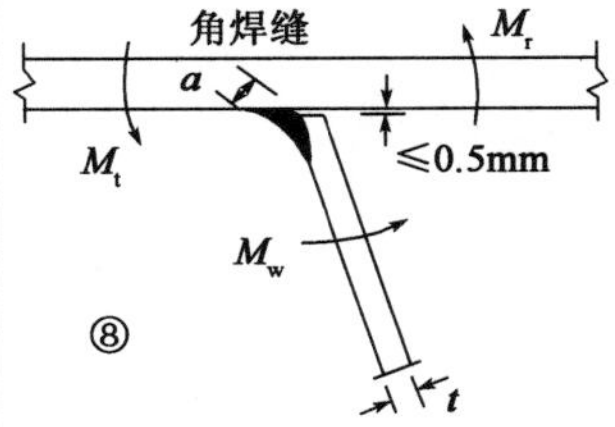		⑧角焊缝或除细节⑦以外的其他类型部分熔透焊缝	根据板内弯曲引起的正应力幅$\Delta\sigma$验算

正交异性桥面板——开口加劲肋

［选自《公路钢结构桥梁设计规范》(JTG D64—2015)］　　附表6-2i)

细节类别	构造细节		说明	要求
80	$t \leqslant 12$mm	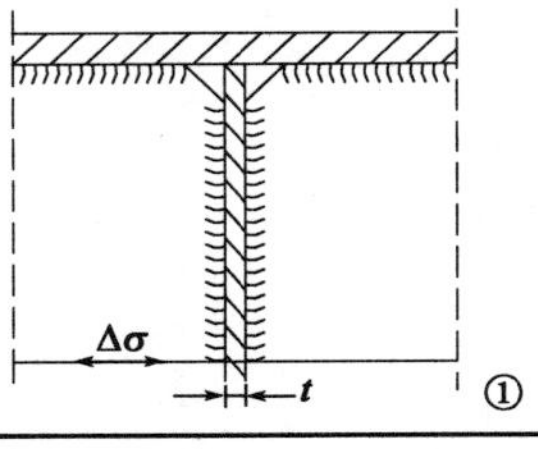	①连续纵肋与横梁的连接	①根据纵肋中的正应力幅$\Delta\sigma$评定
70	$t > 12$mm			

续上表

细节类别	构造细节	说明	要求
55	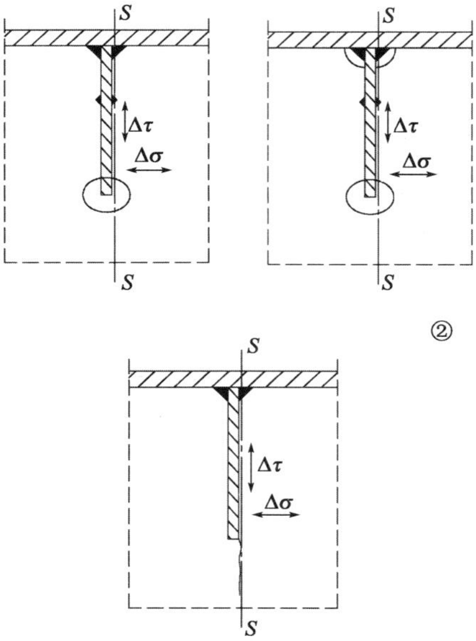 ②	②连续纵肋与横梁的连接 $\Delta\sigma = \frac{\Delta M_s}{W_{net,s}}$ $\Delta\tau = \frac{\Delta V_s}{A_{w,net,s}}$	②根据等效应力幅 $\Delta\sigma_{eq}$ 评定 $\Delta\sigma_{eq} = \frac{1}{2}(\Delta\sigma + \sqrt{\Delta\sigma^2 + 4\tau^2})$

附录7　型　钢　表

普 通 工 字 钢　　附表 7-1

符号：h-高度；b-翼缘宽度；
t_w-腹板厚度；t-翼缘平均厚；
I-惯性矩；W-截面模量；
i-回转半径；S-半截面的静力矩。
长度：型号 10 ~ 18　长 5 ~ 19m；
　　型号 20 ~ 63　长 6 ~ 19m

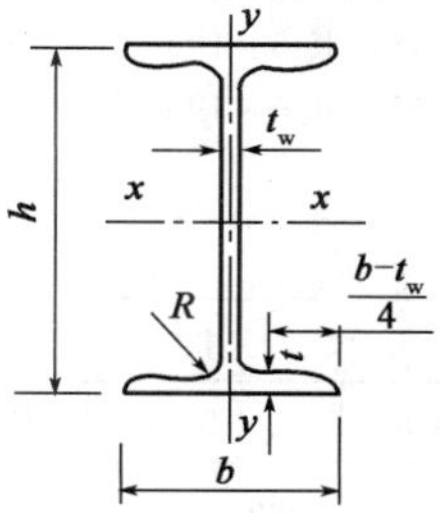

型号	尺寸					截面积	每米质量	x-x 轴				y-y 轴		
	h	b	t_w	t	R	(cm²)	(kg/m)	I_x	W_x	i_x	I_x/S_x	I_y	W_y	i_y
	mm							cm⁴	cm³	cm		cm⁴	cm³	cm
10	100	68	4.5	7.6	6.5	14.3	11.2	245	49	4.14	8.69	33	9.6	1.51
12.6	126	74	5.0	8.4	7.0	18.1	14.2	488	77	5.19	11.0	47	12.7	1.61
14	140	80	5.5	9.1	7.5	21.5	16.9	712	102	5.75	12.2	64	16.1	1.73
16	160	88	6.0	9.9	8.0	26.1	20.5	1127	141	6.57	13.9	93	21.1	1.89
18	180	94	6.5	10.7	8.5	30.7	24.1	1699	185	7.37	15.4	123	26.2	2.00
20 a	200	100	7.0	11.4	9.0	35.5	27.9	2369	237	8.16	17.4	158	31.6	2.11
20 b		102	9.0			39.5	31.1	2502	250	7.95	17.1	169	33.1	2.07
22 a	220	110	7.5	12.3	9.5	42.1	33.0	3406	310	8.99	19.2	226	41.1	2.32
22 b		112	9.5			46.5	36.5	3583	326	8.78	18.9	240	42.9	2.27
25 a	250	116	8.0	13.0	10.0	48.5	38.1	5017	401	10.2	21.7	280	48.4	2.40
25 b		118	10.0			53.5	42.0	5278	422	9.93	21.4	297	50.4	2.36
28 a	280	122	8.5	13.7	10.5	55.4	43.5	7115	508	11.3	24.3	344	56.4	2.49
28 b		124	10.5			61.0	47.9	7481	534	11.1	24.0	364	58.7	2.44
32 a	320	130	9.5	15.0	11.5	67.1	52.7	11080	692	12.8	27.7	459	70.6	2.62
32 b		132	11.5			73.5	57.7	11626	727	12.6	27.3	484	73.3	2.57
32 c		134	13.5			79.9	62.7	12173	761	12.3	26.9	510	76.1	2.53

续上表

符号：h-高度；b-翼缘宽度；
t_w-腹板厚度；t-翼缘平均厚；
I-惯性矩；W-截面模量；
i-回转半径；S-半截面的静力矩。
长度：型号 10 ~ 18　长 5 ~ 19m；
　　　型号 20 ~ 63　长 6 ~ 19m

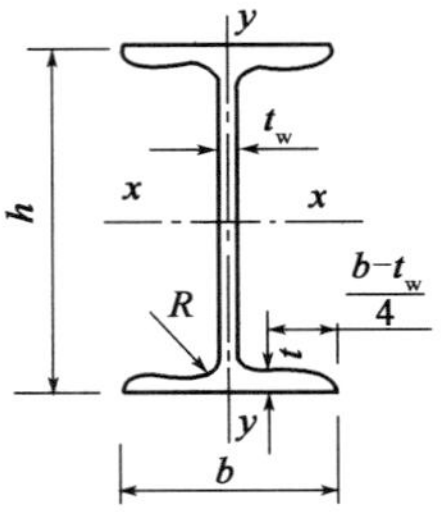

型号	尺寸 h (mm)	b	t_w	t	R	截面积 (cm^2)	每米质量 (kg/m)	x-x 轴 I_x (cm^4)	W_x (cm^3)	i_x (cm)	I_x/S_x	y-y 轴 I_y (cm^4)	W_y (cm^3)	i_y (cm)
36 a		136	10.0			76.4	60.0	15796	878	14.4	31.0	555	81.6	2.69
36 b	360	138	12.0	15.8	12.0	83.6	65.6	16574	921	14.1	30.6	584	84.6	2.64
36 c		140	14.0			90.8	71.3	17351	964	13.8	30.2	614	87.7	2.60
40 a		142	10.5			86.1	67.6	21714	1056	15.9	34.4	660	92.9	2.77
40 b	400	144	12.5	16.5	12.5	94.1	73.8	22781	1139	15.6	33.9	693	96.2	2.71
40 c		146	14.5			102	80.1	23847	1192	15.3	33.5	727	99.7	2.67
45 a		150	11.5			102	80.4	32241	1433	17.7	38.5	855	114	2.89
45 b	450	152	13.5	18.0	13.5	111	87.4	33759	1500	17.4	38.1	895	118	2.84
45 c		154	15.5			120	94.5	35278	1568	17.1	37.6	938	122	2.79
50 a		158	12.0			119	93.6	46472	1859	19.7	42.9	1122	142	3.07
50 b	500	160	14.0	20	14	129	101	48556	1942	19.4	42.3	1171	146	3.01
50 c		162	16.0			139	109	50639	2026	19.1	41.9	1224	151	2.96
56 a		166	12.5			135	106	65576	2342	22.0	47.9	1366	165	3.18
56 b	560	168	14.5	21	14.5	147	115	68503	2447	21.6	47.3	1424	170	3.12
56 c		170	16.5			158	124	71430	2551	21.3	46.8	1485	175	3.07
63 a		176	13.0			155	122	94004	2984	24.7	53.8	1702	194	3.32
63 b	630	178	15.0	22	15	167	131	98171	3117	24.2	53.2	1771	199	3.25
63 c		180	17.0			180	141	102339	3249	23.9	52.6	1842	205	3.20

H 型钢和 T 型钢

附表 7-2

符号：h- H 型钢截面高度；b-翼缘宽度；
t_1-腹板厚度；t_2翼缘厚度；W-截面模量；
i-回转半径；S-半截面的静力矩；I-惯性矩。
对 T 型钢：截面高度 h_T，截面面积 A_T，质量 q_T，惯性矩 I_{yT}等于相应 H 型钢的 1/2。
HW、HM、HN 分别代表宽翼缘、中翼缘、窄翼缘 H 型钢；
TW、TM，TN 分别代表各自 H 型钢剖分的 T 型钢

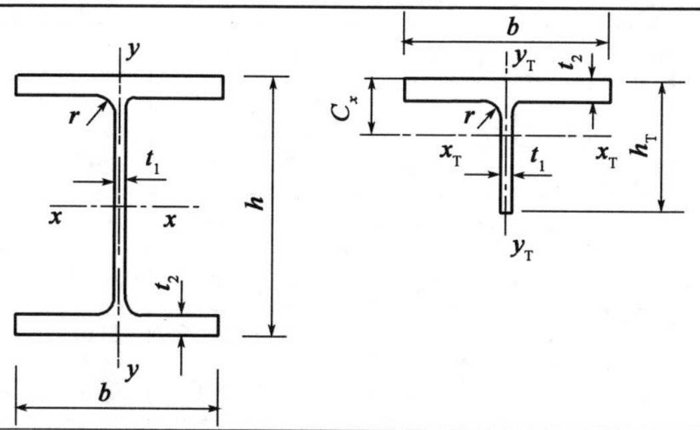

类别	H 型钢规格 ($h \times b \times t_1 \times t_2$)	截面积 A	每米质量 q	x-x 轴 I_x	x-x 轴 W_x	x-x 轴 i_x	y-y 轴 I_y	y-y 轴 W_y	i_y, i_{yT}	重心 C_x	x_T-x_T 轴 I_{xT}	x_T-x_T 轴 i_{xT}	T 型钢规格 ($h_T \times b \times t_1 \times t_2$)	类别
	H 型钢								H 和 T	T 型钢				
		cm^2	kg/m	cm^4	cm^2	cm	cm^2	cm^r	cm	cm	cm^4	cm		
HW	100×100×6×8	21.90	17.2	383	76.50	04.18	134.0	26.70	2.47	1.00	16.10	1.21	50×100×6×8	TW
	125×125×6.5×9	30.31	23.8	847	136	5.29	294	47.0	3.11	1.19	35.0	1.52	62.5×125×6.5×9	
	150×150×7×10	40.55	31.9	1660	221	6.39	564	75.1	3.73	1.37	66.4	1.81	75×150×7×10	
	175×175×7.5×11	51.43	40.3	2900	331	7.50	984	112	4.37	1.55	115	2.11	87.5×175×7.5×11	
	200×200×8×12	64.28	50.5	4770	477	8.61	1600	160	4.99	1.73	185	2.40	100×200×8×12	
	#200×204×12×12	72.28	56.7	5030	503	8.35	1700	167	4.85	2.09	256	2.66	#100×204×12×12	
	250×250×9×14	92.18	72.4	10800	867	10.8	3650	292	6.29	2.08	412	2.99	125×250×9×14	
	#250×255×14×14	104.7	82.2	11500	919	10.5	3880	304	6.09	2.58	589	3.36	#250×255×14×14	
	#294×302×12×12	108.3	85.0	17000	1160	12.5	5520	365	7.14	2.83	858	3.98	#147×302×12×12	
	300×300×10×15	120.4	94.5	20500	1370	13.1	6760	450	7.49	2.47	798	3.64	150×300×10×15	
	300×305×15×15	135.4	106	21600	1440	12.6	7100	466	7.24	3.02	1110	4.05	150×305×15×15	
	#344×348×10×16	146.0	115	33300	1940	15.1	11200	646	8.78	2.67	1230	4.11	#172×348×10×16	
	350×350×12×19	173.9	137	40300	2300	15.2	13600	776	8.84	2.86	1520	4.18	175×350×12×19	

续上表

符号：h- H 型钢截面高度；b-翼缘宽度；
t_1-腹板厚度；t_2翼缘厚度；W-截面模量；
i-回转半径；S-半截面的静力矩；I-惯性矩。
对 T 型钢：截面高度 h_T，截面面积 A_T，质量 q_T，惯性矩 I_{yT}等于相应 H 型钢的 1/2。
HW、HM、HN 分别代表宽翼缘、中翼缘、窄翼缘 H 型钢；
TW、TM、TN 分别代表各自 H 型钢剖分的 T 型钢

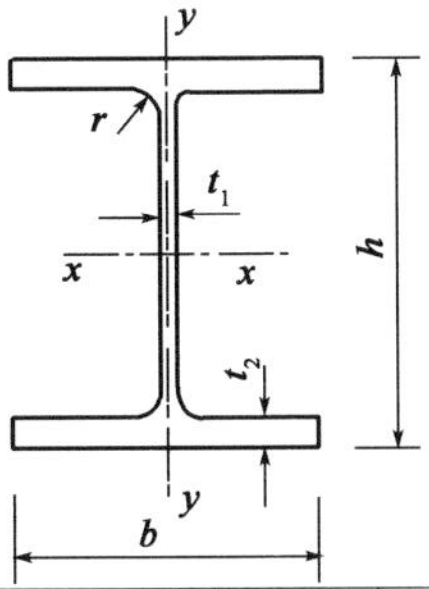

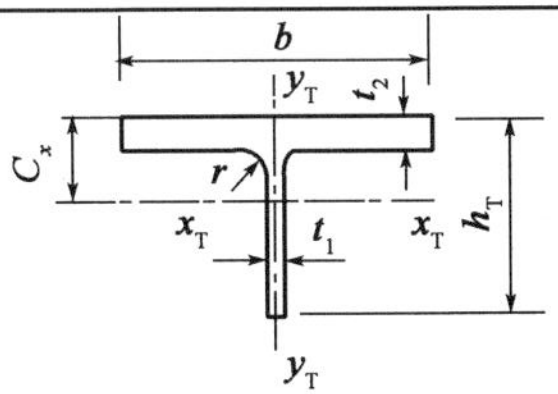

H 型钢										H 和 T	T 型钢				
类别	H 型钢规格 ($h \times b \times t_1 \times t_2$)	截面积 A	每米质量 q	x-x 轴			y-y 轴				重心 C_x	x_T-x_T轴		T 型钢规格 ($h_T \times b \times t_1 \times t_2$)	类别
				I_x	W_x	i_x	I_y	W_y	i_y, i_{yT}			I_{xT}	i_{xT}		
		cm^2	kg/m	cm^4	cm^2	cm	cm^2	cm^r	cm		cm	cm^4	cm		
HW	#388 × 402 × 15 × 15	179.2	141	49200	2540	16.6	16300	809	9.52		3.69	2480	5.26	#194 × 402 × 15 × 15	TW
	#394 × 398 × 11 × 18	187.6	147	56400	2860	17.3	18900	951	10.0		3.01	2050	4.67	#197 × 398 × 11 × 18	
	400 × 400 × 13 × 21	219.5	172	66900	3340	17.5	22400	1120	10.1		3.21	2480	4.75	200 × 400 × 13 × 21	
	#400 × 408 × 21 × 21	251.5	197	71100	3560	16.8	23800	1170	9.73		4.07	3650	5.39	#200 × 408 × 21 × 21	
	#414 × 405 × 18 × 28	296.2	233	93000	4490	17.7	31000	1530	10.2		3.68	3620	4.95	#207 × 405 × 18 × 28	
	#428 × 407 × 20 × 35	361.4	284	119000	5580	18.2	39400	1930	10.4		3.90	4380	4.92	#214 × 407 × 20 × 35	
HM	148 × 100 × 6 × 9	27.25	21.4	1040	140	6.17	151	30.2	2.35		1.55	51.7	1.95	74 × 100 × 6 × 9	HM
	194 × 150 × 6 × 9	39.76	31.2	2740	283	8.30	508	67.7	3.57		1.78	125	2.50	97 × 150 × 6 × 9	
	244 × 175 × 7 × 11	56.24	44.1	6120	502	10.4	985	113	4.18		2.27	289	3.20	122 × 175 × 7 × 11	
	294 × 200 × 8 × 12	73.03	57.3	11400	779	12.5	1600	160	4.69		2.82	572	3.69	147 × 200 × 8 × 12	
	340 × 250 × 9 × 14	101.5	79.7	21700	1280	14.6	3650	292	6.00		3.09	1020	4.48	170 × 250 × 9 × 14	
	390 × 300 × 10 × 16	136.7	107	38900	2000	16.9	7210	481	7.26		3.40	1730	5.03	195 × 300 × 10 × 16	
	440 × 300 × 11 × 18	157.4	124	56100	2550	18.9	8110	541	7.18		4.05	2680	5.84	220 × 300 × 11 × 18	

续上表

符号：h- H 型钢截面高度；b-翼缘宽度；
t_1-腹板厚度；t_2翼缘厚度；W-截面模量；
i-回转半径；S-半截面的静力矩；I-惯性矩。
对 T 型钢：截面高度 h_T，截面面积 A_T，质量 q_T，惯性矩 I_{yT}等于相应 H 型钢的 1/2。
HW、HM、HN 分别代表宽翼缘、中翼缘、窄翼缘 H 型钢；
TW、TM，TN 分别代表各自 H 型钢剖分的 T 型钢

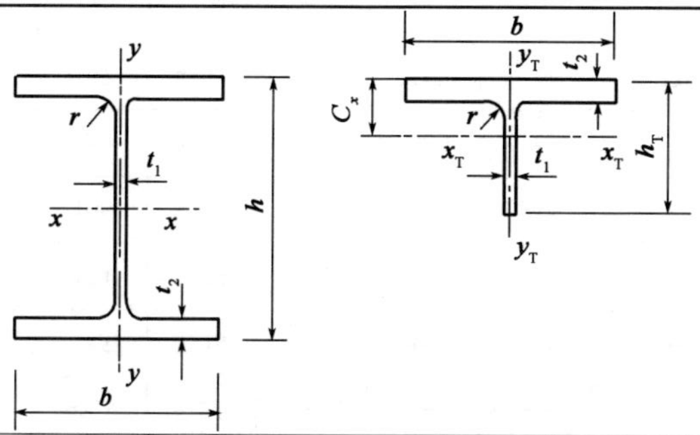

H 型钢										H 和 T	T 型钢				
类别	H 型钢规格 ($h \times b \times t_1 \times t_2$)	截面积 A	每米质量 q	x-x 轴			y-y 轴				重心 C_x	x_T-x_T轴		T 型钢规格 ($h_T \times b \times t_1 \times t_2$)	类别
				I_x	W_x	i_x	I_y	W_y	i_y, i_{yT}			I_{xT}	i_{xT}		
		cm^2	kg/m	cm^4	cm^2	cm	cm^2	cm^r	cm		cm	cm^4	cm		
HM	482×300×11×15	146.4	115	60800	2520	20.4	6770	451	6.80		4.90	3420	6.83	241×300×11×15	HM
	488×300×11×18	164.4	129	71400	2930	20.8	8120	541	7.03		4.65	3620	6.64	244×300×11×18	
	582×300×12×17	174.5	137	103000	3530	24.3	7670	511	6.63		6.39	6360	8.54	291×300×12×17	
	588×300×12×20	192.5	151	118000	4020	24.8	9020	601	6.85		6.08	6710	8.35	294×300×12×20	
	#594×302×14×23	222.4	175	137000	4620	24.9	10600	701	6.90		6.33	7920	8.44	#297×302×14×23	
HN	100×50×5×7	12.16	9.54	192	38.5	3.98	14.9	5.96	1.11		1.27	11.9	1.40	50×50×5×7	TN
	125×60×6×8	17.01	13.3	417	66.8	4.95	29.3	9.75	1.31		1.63	37.5	1.80	62.5×60×6×8	
	150×75×5×7	18.16	14.3	679	90.6	6.12	49.6	13.2	1.65		1.78	42.7	2.17	75×75×5×7	
	175×90×5×8	23.21	18.2	1220	140	7.26	97.6	21.7	2.05		1.92	70.7	2.47	87.5×90×5×8	
	198×99×4.5×7	23.59	18.5	1610	163	8.27	114	23.0	2.20		2.13	94.0	2.82	99×99×4.5×7	
	200×100×5.5×8	27.57	21.7	1880	188	8.25	134	26.8	2.21		2.27	115	2.88	100×100×5.5×8	
	248×124×5×8	32.89	25.8	3560	287	10.4	255	41.1	2.78		2.62	208	3.56	124×124×5×8	
	250×125×6×9	37.87	29.7	4080	326	10.4	294	47.0	2.79		2.78	249	3.62	125×125×6×9	

续上表

符号：h- H 型钢截面高度；b-翼缘宽度；
t_1-腹板厚度；t_2翼缘厚度；W-截面模量；
i-回转半径；S-半截面的静力矩；I-惯性矩。
对 T 型钢：截面高度 h_T，截面面积 A_T，质量 q_T，惯性矩 I_{yT}等于相应 H 型钢的 1/2。
HW、HM、HN 分别代表宽翼缘、中翼缘、窄翼缘 H 型钢；
TW、TM、TN 分别代表各自 H 型钢剖分的 T 型钢

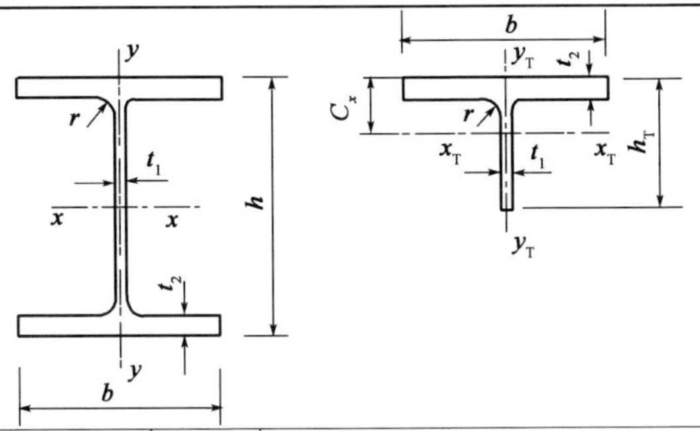

H 型钢										H 和 T	T 型钢				
类别	H 型钢规格 $(h \times b \times t_1 \times t_2)$	截面积 A	每米质量 q	x-x 轴			y-y 轴				重心 C_x	x_T-x_T轴		T 型钢规格 $(h_T \times b \times t_1 \times t_2)$	类别
				I_x	W_x	i_x	I_y	W_y	i_y, i_{yT}			I_{xT}	i_{xT}		
		cm^2	kg/m	cm^4	cm^2	cm	cm^2	cm^r	cm		cm	cm^4	cm		
HN	298×149×5.5×8	41.55	32.6	6460	433	12.4	443	59.4	3.26		3.22	395	4.36	149×149×5.5×8	TN
	300×150×6.5×9	47.53	37.3	7350	490	12.4	508	67.7	3.27		3.38	465	4.42	150×150×6.5×9	
	346×174×6×9	53.19	41.8	11200	649	14.5	792	91.0	3.86		3.68	681	5.06	173×174×6×9	
	350×175×7×11	63.66	50.0	13700	782	14.7	985	113	3.93		3.74	816	5.06	175×175×7×11	
	#400×150×8×13	71.12	55.8	18800	942	16.3	734	97.9	3.21		—	—	—	—	
	396×199×7×11	72.16	56.7	20000	1010	16.7	1450	145	4.48		4.17	1190	5.76	198×199×7×11	
	400×200×8×13	84.12	66.0	23700	1190	16.8	1740	174	4.54		4.23	1400	5.76	200×200×9×14	
	#450×150×9×14	83.41	65.5	27100	1200	18.0	793	106	3.08		—	—	—	—	
	446×199×8×12	84.95	66.7	29000	1300	18.5	1580	159	4.31		5.07	1880	6.65	223×199×8×12	
	450×200×9×14	97.41	76.5	33700	1500	18.6	1870	187	4.38		5.13	2160	6.66	225×200×9×14	
	#500×150×10×16	98.23	77.1	38500	1540	19.8	907	121	3.04		—	—	—	—	

续上表

符号：h- H 型钢截面高度；b-翼缘宽度；
t_1-腹板厚度；t_2翼缘厚度；W-截面模量；
i-回转半径；S-半截面的静力矩；I-惯性矩。
对 T 型钢：截面高度 h_T，截面面积 A_T，质量 q_T，惯性矩 I_{yT}等于相应 H 型钢的 1/2。
HW、HM、HN 分别代表宽翼缘、中翼缘、窄翼缘 H 型钢；
TW、TM，TN 分别代表各自 H 型钢剖分的 T 型钢

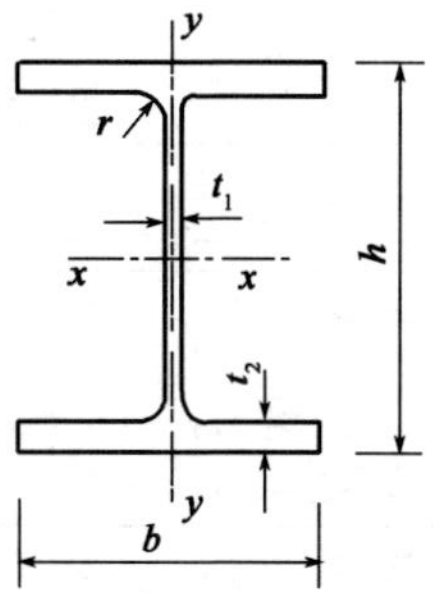

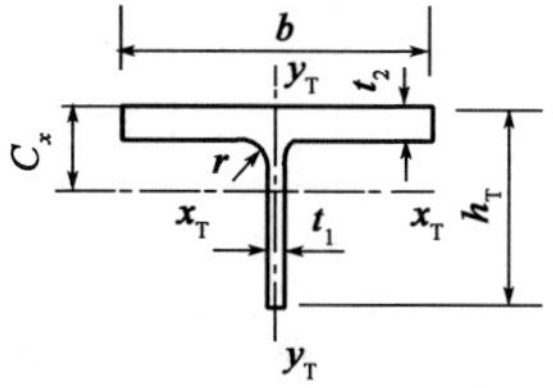

H 型钢										H 和 T	T 型钢				
类别	H 型钢规格 ($h\times b\times t_1\times t_2$)	截面积 A	每米质量 q	x-x 轴			y-y 轴				重心 C_x	x_T-x_T轴		T 型钢规格 ($h_T\times b\times t_1\times t_2$)	类别
				I_x	W_x	i_x	I_y	W_y	i_y, i_{yT}			I_{xT}	i_{xT}		
		cm^2	kg/m	cm^4	cm^2	cm	cm^2	cm^r	cm		cm	cm^4	cm		
HN	496×199×9×14	101.3	79.5	41900	1690	20.3	1840	185	4.27		5.90	2480	7.49	248×199×9×14	TN
	500×200×10×16	114.2	89.6	47800	1910	20.5	2140	214	4.33		5.96	3210	7.50	250×200×10×16	
	#506×201×11×19	131.3	103	56500	2230	20.8	2580	257	4.43		5.95	3670	7.48	#253×201×11×19	
	596×199×10×15	121.2	95.1	69300	2330	23.9	1980	199	4.04		7.76	5200	9.27	298×199×10×15	
	600×200×11×17	135.2	106	78200	2610	24.1	2280	228	4.11		7.81	5820	9.28	300×200×11×17	
	#606×201×12×20	153.3	120	91000	3000	24.4	2720	271	4.21		7.76	6580	9.26	#303×201×12×20	
	#692×300×13×20	211.5	166	172000	4980	28.6	9020	602	6.53		—	—	—	—	
	700×300×13×24	235.5	185	201000	5760	29.3	10800	722	6.78		—	—	—	—	

注："#"表示的规格为常用规格。

普 通 槽 钢 表 7-3

符号：h-高度；b-翼缘宽度；

t_w-腹板厚度；

t-翼缘平均厚；

I-惯性矩；

W_y-对应于翼缘肢尖的截面模量；

i-回转半径；

S-半截面的静力矩。

长度：型号 5～8 长 5～12m；

型号 10～18 长 5～19m；

型号 20～40 长 6～19m

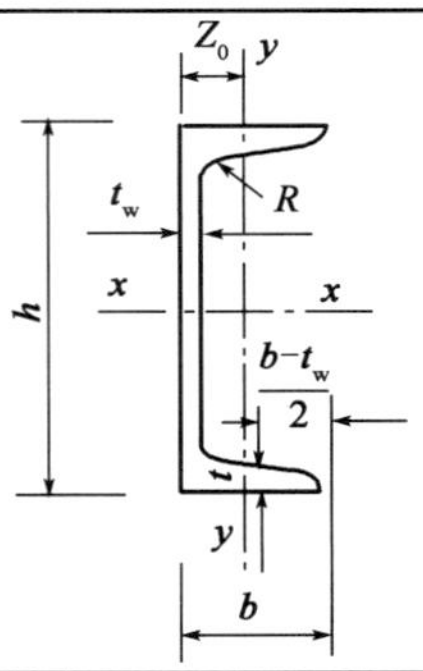

型号	尺寸					截面积	每米质量	x-x 轴			y-y 轴			y_1-y_1 轴	Z_0
	h	b	t_w	t	R	(cm²)	(kg/m)	I_x	W_x	i_x	I_y	W_y	i_y	I_{y1}	
	mm							cm⁴	cm³	cm	cm⁴	cm³	cm	cm⁴	cm
5	50	37	4.5	7.0	7.0	6.92	5.44	26	10.4	1.94	8.3	3.5	1.10	20.9	1.35
6.3	63	40	4.8	7.5	7.5	8.45	6.63	51	16.3	2.46	11.9	4.6	1.19	28.3	1.39
8	80	43	5.0	8.0	8.0	10.24	8.04	101	25.3	3.14	16.6	5.8	1.27	37.4	1.42
10	100	48	5.3	8.5	8.5	12.74	10.00	198	39.7	3.94	25.6	7.8	1.42	54.9	1.52
12.6	126	53	5.5	9.0	9.0	15.69	12.31	389	61.7	4.98	38.0	10.3	1.56	77.8	1.59
a		58	6.0	9.5	9.5	18.51	14.53	564	80.5	5.52	53.2	13.0	1.70	107.2	1.71
14	140														
b		60	8.0	9.5	9.5	21.31	16.73	609	87.1	5.35	61.2	14.1	1.69	120.6	1.67
a		63	6.5	10.0	10.0	21.95	17.23	866	108.3	6.28	73.4	16.3	1.83	144.1	1.79
16	160														
b		65	8.5	10.0	10.0	25.15	19.75	935	116.8	6.10	83.4	17.6	1.82	160.8	1.75
a		68	7.0	10.5	10.5	25.69	20.17	1273	141.4	7.04	98.6	20.0	1.96	189.7	1.88
18	180														
b		70	9.0	10.5	10.5	29.29	22.99	1370	152.2	6.84	111.0	21.5	1.95	210.1	1.84
a		73	7.0	11.0	11.0	28.83	22.63	1780	178.0	7.86	128.0	24.2	2.11	244.0	2.01
20	200														
b		75	9.0	11.0	11.0	32.83	25.77	1914	191.4	7.64	143.6	25.9	2.09	268.4	1.95
a		77	7.0	11.5	11.5	31.84	24.99	2394	217.6	8.67	157.8	28.2	2.23	298.2	2.10
22	220														
b		79	9.0	11.5	11.5	36.24	28.45	2571	233.8	8.42	176.5	30.1	2.21	326.3	2.03
a		78	7.0	12.0	12.0	34.91	27.40	3359	268.7	9.81	175.9	30.7	2.24	324.8	2.07
25b	250	80	9.0	12.0	12.0	39.91	31.33	3619	289.6	9.52	196.4	32.7	2.22	355.0	1.99
c		82	11.0	12.0	12.0	44.91	35.25	3880	310.4	9.30	215.9	34.6	2.19	388.6	1.96
a		82	7.5	12.5	12.5	40.02	31.24	4753	339.5	10.90	217.9	35.7	2.33	393.3	2.09
28b	280	84	9.5	12.5	12.5	45.62	35.81	5118	365.6	10.59	241.5	37.9	2.30	428.5	2.02
c		86	11.5	12.5	12.5	51.22	40.21	5484	391.7	10.35	264.1	40.0	2.27	467.3	1.99
a		88	8.0	14.0	14.0	48.50	38.07	7511	469.4	12.44	304.7	46.4	2.51	547.5	2.24
32b	320	90	10.0	14.0	14.0	54.90	43.10	8057	503.5	12.11	335.6	49.1	2.47	592.9	2.16
c		92	12.0	14.0	14.0	61.30	48.12	8603	537.7	11.85	365.0	51.6	2.44	642.7	2.13
a		96	9.0	16.0	16.0	60.89	47.80	11874	659.7	13.96	455.0	63.6	2.73	818.5	2.44
36b	360	98	11.0	16.0	16.0	68.09	53.45	12652	702.9	13.63	496.7	66.9	2.70	880.5	2.37
c		100	13.0	16.0	16.0	75.29	59.10	13429	746.1	13.36	536.6	70.0	2.67	948.0	2.34
a		100	10.5	18.0	18.0	75.04	58.91	17578	878.9	15.30	592.0	78.8	2.81	1057.9	2.49
40b	400	102	12.5	18.0	18.0	83.04	65.19	18644	932.2	14.98	640.6	82.6	2.78	1135.8	2.44
c		104	14.5	18.0	18.0	91.04	71.47	19711	985.6	14.71	687.8	86.2	2.75	1220.3	2.42

等边角钢

附表 7-4

角钢型号	单角钢 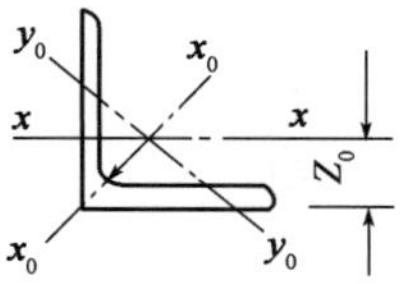										双角钢 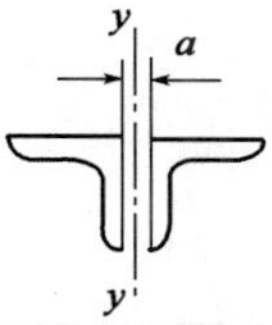				
	圆角 R	重心矩 Z_0	截面积	每米质量	惯性矩 I_x	截面模量		回转半径			I_y，当 a 为下列数值				
						W_x^{max}	W_x^{min}	i_x	i_{x0}	i_{y0}	6mm	8mm	10mm	12mm	14mm
	mm		cm^2	kg/m	cm^4	cm^2		cm			cm				
∠25×3	3.5	6.0	1.13	0.89	0.40	0.660	0.29	0.59	0.75	0.39	1.08	1.17	1.25	1.34	1.43
∠25×4		6.4	1.46	1.15	0.50	0.780	0.36	0.58	0.73	0.38	1.11	1.19	1.28	1.37	1.46
∠25×3	3.5	7.3	1.43	1.12	0.82	1.12	0.46	0.76	0.95	0.49	1.27	1.36	1.44	1.53	1.61
∠25×4		7.6	1.86	1.46	1.03	1.34	0.59	0.74	0.93	0.48	1.30	1.38	1.47	1.55	1.64
∠30×3	4.5	8.5	1.75	1.37	1.46	1.72	0.68	0.91	1.15	0.59	1.47	1.55	1.63	1.71	1.80
∠30×4		8.9	2.28	1.79	1.84	2.08	0.87	0.80	1.13	0.58	1.49	1.57	1.65	1.74	1.82
∠36×3	4.5	10.0	2.11	1.66	2.58	2.59	0.99	1.11	1.39	0.71	1.70	1.78	1.86	1.94	2.03
∠36×4		10.4	2.76	2.16	3.29	3.18	1.28	1.09	1.38	1.70	1.73	1.80	1.89	1.97	2.05
∠36×5		10.7	3.38	2.65	3.95	3.68	1.56	1.08	1.36	0.70	1.75	1.83	1.91	1.99	2.08
∠40×3	5	10.9	2.36	1.85	3.59	3.28	1.23	1.23	1.55	0.79	1.86	1.94	2.01	2.09	2.18
∠40×4		11.3	3.09	2.42	4.60	4.05	1.60	1.22	1.54	0.79	1.88	1.96	2.04	2.12	2.20
∠40×5		11.7	3.79	2.98	5.53	4.72	1.96	1.21	1.52	0.78	1.90	1.98	2.06	2.14	2.23
∠45×3	5	12.2	2.66	2.09	5.17	4.25	1.58	1.39	1.76	0.90	2.06	2.14	2.21	2.29	2.37
∠45×4		12.6	3.49	2.74	6.65	5.29	2.05	1.38	1.74	0.89	2.08	2.16	2.24	2.32	2.40
∠45×5		13.0	4.29	3.37	8.04	6.20	2.51	1.37	1.72	0.88	2.10	2.18	2.26	2.34	2.42
∠45×6		13.3	5.08	3.99	9.33	6.99	2.95	1.36	1.71	0.88	2.12	2.20	2.28	2.36	2.44
∠50×3	5.5	13.4	2.97	2.33	7.18	5.36	1.96	1.55	1.96	1.00	2.26	2.33	2.41	2.48	2.56
∠50×4		13.8	3.90	3.06	9.26	6.70	2.56	1.54	1.94	0.99	2.28	2.36	2.43	2.51	2.59
∠50×5		14.2	4.80	3.77	11.21	7.90	3.13	1.53	1.92	0.98	2.30	2.38	2.45	2.53	2.61
∠50×6		14.6	5.69	4.46	13.05	8.95	3.68	1.51	1.91	0.98	2.32	2.40	2.48	2.56	2.64
∠56×3	6	14.8	3.34	2.62	10.19	6.86	2.48	1.75	2.20	1.13	2.50	2.57	2.64	2.72	2.80
∠56×4		15.3	4.39	3.45	13.18	8.63	3.24	1.73	2.18	1.11	2.52	2.59	2.67	2.72	2.82
∠56×5		15.7	8.42	4.25	16.02	10.22	3.97	1.72	2.17	1.10	2.54	2.61	2.69	2.77	2.85
∠56×8		16.8	8.37	6.57	23.63	14.06	6.03	1.68	2.11	1.09	2.60	2.67	2.75	2.83	2.91

续上表

角钢型号	单角钢 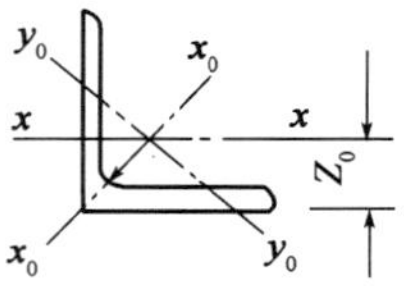										双角钢 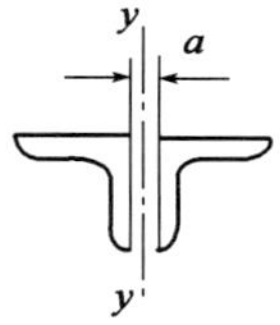				
	圆角 R	重心矩 Z_0	截面积	每米质量	惯性矩 I_x	截面模量		回转半径			I_y，当 a 为下列数值				
						W_x^{max}	W_x^{min}	i_x	i_{x0}	i_{y0}	6mm	8mm	10mm	12mm	14mm
	mm		cm^2	kg/m	cm^4	cm^2		cm			cm				
4		17.0	4.98	3.91	19.03	11.22	4.13	1.96	2.46	1.26	2.79	2.87	2.94	3.02	3.09
5		17.4	6.14	4.82	23.17	13.33	5.08	1.94	2.45	1.25	2.82	2.89	2.96	3.04	3.12
∠63×6	7	17.8	7.29	5.72	27.12	15.26	6.00	1.93	2.43	1.24	2.83	2.91	2.98	3.06	3.14
8		18.5	9.51	7.47	34.45	18.59	7.75	1.90	2.39	1.23	2.87	2.95	3.03	3.10	3.18
10		19.3	11.66	9.15	41.09	21.34	9.39	1.88	2.36	1.22	2.91	2.99	3.07	3.15	3.23
4		18.6	5.57	4.37	26.39	14.16	5.14	2.18	2.74	1.40	3.07	3.14	3.21	3.29	3.36
5		19.1	6.88	5.40	32.21	16.89	6.32	2.16	2.73	1.39	3.09	3.16	3.24	3.31	3.39
∠70×6	8	19.5	8.16	6.41	37.77	19.39	7.48	2.15	2.71	1.38	3.11	3.18	3.26	3.33	3.41
7		19.9	9.42	7.40	43.09	21.68	8.59	2.14	2.69	1.38	3.13	3.20	3.28	3.36	3.43
8		20.3	10.67	8.37	48.17	23.79	9.68	2.13	2.68	1.37	3.15	3.22	3.30	3.38	3.46
5		20.3	7.41	5.82	39.96	19.73	7.30	2.32	2.92	1.50	3.29	3.36	3.43	3.50	3.58
6		20.7	8.80	6.91	46.91	22.69	8.63	2.31	2.91	1.49	3.31	3.38	3.45	3.53	3.60
∠75×7	9	21.1	10.16	7.98	53.57	25.42	9.93	2.30	2.89	1.48	3.33	3.40	3.47	3.55	3.63
8		21.5	11.50	9.03	59.96	27.93	11.20	2.28	2.87	1.47	3.35	3.42	3.50	3.57	3.65
10		22.2	14.13	11.09	71.98	32.40	13.64	2.26	2.84	1.46	3.38	3.46	3.54	3.61	3.69
5		21.5	7.91	6.21	48.79	22.70	8.34	2.48	3.13	1.60	3.49	3.56	3.63	3.71	3.78
6		21.9	9.40	7.38	57.35	26.16	9.87	2.47	3.11	1.59	3.51	3.58	3.65	3.73	3.80
∠80×7	9	22.3	10.86	8.53	65.58	29.38	11.37	2.46	3.10	1.58	3.53	3.60	3.67	3.75	3.83
8		22.7	12.30	9.66	73.50	32.36	12.83	2.44	3.08	1.57	3.55	3.62	3.70	3.77	3.85
10		23.5	15.13	11.87	88.43	37.68	15.64	2.42	3.04	1.56	3.58	3.66	3.74	3.81	3.89
6		24.4	10.64	8.35	82.77	33.99	12.61	2.79	3.51	1.80	3.91	3.98	4.05	4.12	4.20
7		24.8	12.30	9.66	94.83	38.28	14.54	2.78	3.50	1.78	3.93	4.00	4.07	4.14	4.22
∠90×8	10	25.2	13.94	10.95	106.5	42.30	16.42	2.76	3.48	1.78	3.95	4.02	4.09	4.17	4.24
10		25.9	17.17	13.48	128.6	49.57	20.07	2.74	3.45	1.76	3.98	4.06	4.13	4.21	4.28
12		26.7	20.31	15.94	129.2	55.93	23.57	2.71	3.41	1.75	4.02	4.09	4.17	4.25	4.32
6		26.7	11.93	9.37	115.0	43.04	15.68	3.10	3.91	2.00	4.30	4.37	4.44	4.51	4.58
7		27.1	13.80	10.83	131.9	48.57	18.10	3.09	3.89	1.99	4.32	4.39	4.46	4.53	4.61
8		27.6	15.64	12.28	148.2	53.78	20.47	3.08	3.88	1.98	4.34	4.41	4.48	4.55	4.63
∠100×10	12	28.4	19.26	15.12	179.5	63.29	25.06	3.05	3.84	1.96	4.38	4.45	4.52	4.60	4.67
12		29.1	22.80	17.90	208.9	71.72	29.47	3.03	3.81	1.95	4.41	4.49	4.56	4.64	4.71
14		29.9	26.26	20.61	236.5	79.19	33.73	3.00	3.77	1.94	4.45	4.53	4.60	4.68	4.75
16		30.6	29.63	23.26	262.5	85.81	37.82	2.98	3.74	1.93	4.49	4.56	4.64	4.72	4.80

续上表

单角钢

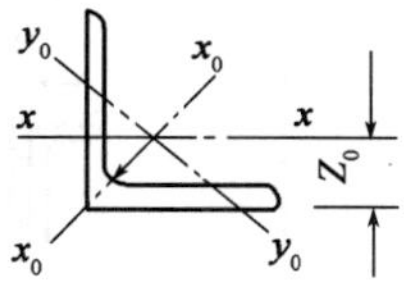

双角钢

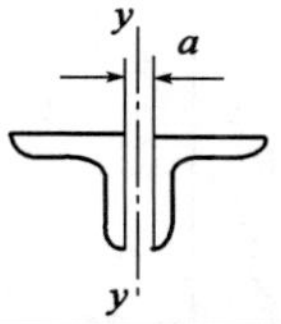

角钢型号	圆角 R	重心矩 Z_0	截面积	每米质量	惯性矩 I_x	截面模量 W_x^{max}	截面模量 W_x^{min}	回转半径 i_x	回转半径 i_{x0}	回转半径 i_{y0}	I_y，当 a 为下列数值 6mm	8mm	10mm	12mm	14mm
	mm	mm	cm^2	kg/m	cm^4	cm^2	cm^2	cm	cm	cm	cm	cm	cm	cm	cm
7		29.6	15.20	11.93	177.2	59.78	22.05	3.41	4.30	2.20	4.72	4.79	4.86	4.94	5.01
8		30.1	17.24	13.53	199.5	66.36	24.95	3.40	4.28	2.19	4.74	4.81	4.88	4.96	5.03
∠110×10	12	30.9	21.26	16.69	242.2	78.48	30.60	3.38	4.25	2.17	4.78	4.85	4.92	5.00	5.07
12		31.6	25.20	19.78	282.6	89.34	36.05	3.35	4.22	2.15	4.82	4.89	4.96	5.04	5.11
14		32.4	29.06	22.81	320.7	99.07	41.31	3.32	4.18	2.14	4.85	4.93	5.00	5.08	5.15
8		33.7	19.75	15.50	297.0	88.20	32.52	3.88	4.88	2.50	5.34	5.41	5.48	5.55	5.62
∠125×10	14	34.5	24.37	19.13	361.7	104.8	39.97	3.85	4.85	2.48	5.38	5.45	5.52	5.59	5.66
12		35.3	28.91	22.70	423.2	119.9	47.17	3.83	4.82	2.46	5.41	5.48	5.56	5.63	5.70
14		36.1	33.37	26.19	481.7	133.6	54.16	3.80	4.78	2.45	5.45	5.52	5.59	5.67	5.74
10		38.2	27.37	21.49	514.7	134.6	50.58	4.34	5.46	2.78	5.98	6.05	6.12	6.20	6.27
∠140×12	14	39.0	32.51	25.52	603.7	154.6	59.80	4.31	5.43	2.77	6.02	6.09	6.16	6.23	6.31
14		39.8	37.57	29.49	688.8	173.0	68.75	4.28	5.40	2.75	6.06	6.13	6.20	6.27	6.34
16		40.6	42.54	33.39	770.2	189.9	77.46	4.26	5.36	2.74	6.09	6.16	6.23	6.31	6.38
10		43.1	31.5	24.73	779.5	180.8	66.70	4.97	6.27	3.20	6.78	6.85	6.92	6.99	7.06
∠160×12	16	43.9	37.44	29.39	916.6	208.6	78.98	4.95	6.24	3.18	6.82	6.89	6.96	7.03	7.10
14		44.7	43.30	33.99	1048	234.4	90.95	4.92	6.20	3.16	6.86	6.93	7.00	7.07	7.14
16		45.5	49.07	38.52	1175	258.3	102.6	4.89	6.17	3.14	6.89	6.96	7.03	7.10	7.18
12		48.9	42.24	33.16	1321	270.0	100.8	5.59	7.05	3.58	7.63	7.70	7.77	7.84	7.91
14	16	49.7	48.90	38.38	1514	304.6	116.3	5.57	7.02	3.57	7.67	7.74	7.81	7.88	7.95
∠180×16		50.5	55.47	43.54	1701	336.9	131.4	5.54	6.98	3.55	7.70	7.77	7.84	7.91	7.98
18		51.3	61.95	48.63	1881	367.1	146.1	5.51	6.94	3.53	7.73	7.80	7.87	7.95	8.02
14		54.6	54.64	42.89	2104	385.1	144.7	6.20	7.82	3.98	8.47	8.54	8.61	8.67	8.75
16		55.4	62.01	48.68	2366	427.0	163.7	6.18	7.79	3.96	8.50	8.57	8.64	8.71	8.78
∠200×18	18	56.2	69.30	54.40	2621	466.5	182.2	6.15	7.75	3.94	8.53	8.60	8.67	8.75	8.82
20		56.9	76.50	60.06	2867	503.6	200.4	6.12	7.72	3.93	8.57	8.64	8.71	8.78	8.85
24		58.4	90.66	71.17	3338	571.5	235.8	6.07	7.64	3.90	8.63	8.71	8.78	8.85	8.92

不等边角钢 附表 7-5

角钢型号 $\angle B\times b\times t$	单角钢 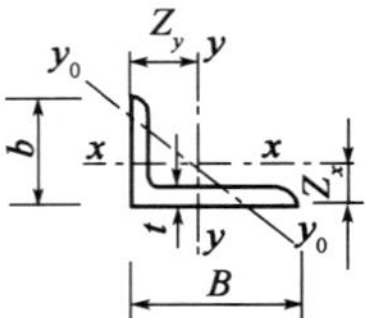								双角钢 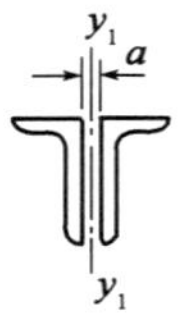				双角钢 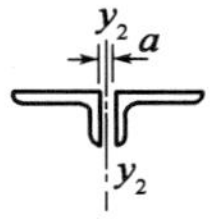			
	圆角 R	重心矩		截面积 A	每米质量	回转半径			i_{y1}，当 a 为下列数值				i_{y2}，当 a 为下列数值			
		Z_x	Z_y			i_x	i_y	i_{y0}	6mm	8mm	10mm	12mm	6mm	8mm	10mm	12mm
		mm		cm²	kg/m	cm			cm				cm			
∠25×16×3	3.5	4.2	8.6	1.16	0.91	0.44	0.78	0.34	0.84	0.93	1.02	1.11	1.40	1.48	1.57	1.66
4		4.6	9.0	1.50	1.18	0.43	0.77	0.34	0.87	0.96	1.05	1.14	1.42	1.51	1.60	1.68
∠32×20×3	3.5	4.9	10.8	1.49	1.17	0.55	1.01	0.43	0.97	1.05	1.14	1.23	1.71	1.79	1.88	1.96
4		5.3	11.2	1.94	1.52	0.54	1.00	0.43	0.99	1.08	1.16	1.25	1.74	1.82	1.90	1.99
∠40×25×3	4	5.9	13.2	1.89	1.48	0.70	1.28	0.54	1.13	1.21	1.30	1.38	2.07	2.14	2.23	2.31
4		6.3	13.7	2.47	1.94	0.69	1.26	0.54	1.16	1.24	1.32	1.41	2.09	2.17	2.25	2.34
∠45×28×3	5	6.4	14.7	2.15	1.69	0.79	1.44	0.61	1.23	1.31	1.39	1.47	2.28	2.36	2.44	2.52
4		6.8	15.1	2.81	2.20	0.78	1.43	0.60	1.25	1.33	1.41	1.50	2.31	2.39	2.47	2.55
∠50×32×3	5.5	7.3	16.0	2.43	1.91	0.91	1.60	0.70	1.37	1.45	1.53	1.61	2.49	2.56	2.64	2.72
4		7.7	16.5	3.18	2.49	0.90	1.59	0.69	1.40	1.47	1.55	1.64	2.51	2.59	2.67	2.75
∠56×36×3	6	8.0	17.8	2.74	2.15	1.03	1.80	0.79	1.51	1.59	1.66	1.74	2.75	2.82	2.90	2.98
4		8.5	18.2	3.59	2.82	1.02	1.79	0.78	1.53	1.61	1.69	1.77	2.77	2.85	2.93	3.01
5		8.8	18.7	4.42	3.47	1.01	1.77	0.78	1.56	1.63	1.71	1.79	2.80	2.88	2.96	3.04
∠63×40×4	7	9.2	20.4	4.06	3.19	1.14	2.02	0.88	1.66	1.74	1.81	1.89	3.09	3.16	3.24	3.32
5		9.5	20.8	4.99	3.92	1.12	2.00	0.87	1.68	1.76	1.84	1.92	3.11	3.19	3.27	3.35
6		9.9	21.2	5.91	4.64	1.11	1.99	0.86	1.71	1.78	1.86	1.94	3.13	3.21	2.29	3.37
7		10.3	21.6	6.80	5.34	1.10	1.97	0.86	1.73	1.81	1.89	1.97	3.16	3.24	3.32	3.40
∠70×45×4	7.5	10.2	22.3	4.55	3.57	1.29	2.25	0.99	1.84	1.91	1.99	2.07	3.39	3.46	3.54	3.62
5		10.6	22.8	5.61	4.40	1.28	2.23	0.98	1.86	1.94	2.01	2.09	3.41	3.49	3.57	3.64
6		11.0	23.2	6.64	5.22	1.26	2.22	0.97	1.88	1.96	2.04	2.11	3.44	3.51	3.59	3.67
7		11.3	23.6	7.66	6.01	1.25	2.20	0.97	1.90	1.98	2.06	2.14	3.46	3.54	3.61	3.69
∠75×50×5	8	11.7	24.0	6.13	4.81	1.43	2.39	1.09	2.06	2.13	2.20	2.28	3.60	3.68	3.76	3.83
6		12.1	24.4	7.26	5.70	1.42	2.38	1.08	2.08	2.15	2.23	2.30	3.63	3.70	3.78	3.86
8		12.9	25.2	9.47	7.43	1.40	2.35	1.07	2.12	2.19	2.27	2.35	3.67	3.75	3.83	3.91
10		13.6	26.0	11.6	9.10	1.38	2.33	1.06	2.16	2.24	2.31	2.40	3.71	3.79	3.87	3.95
∠80×50×5	8	11.4	26.0	6.38	5.00	1.42	2.57	1.10	2.02	2.09	2.17	2.24	3.88	3.95	4.03	4.10
6		11.8	26.5	7.56	5.93	1.41	2.55	1.09	2.04	2.11	2.19	2.27	3.90	3.98	4.05	4.13
7		12.1	26.9	8.72	6.85	1.39	2.54	1.08	2.06	2.13	2.21	2.29	3.92	4.00	4.08	4.16
8		12.5	27.3	9.87	7.75	1.38	2.52	1.07	2.08	2.15	2.23	2.31	3.94	4.02	4.10	4.18
∠90×56×5	9	12.5	29.1	7.21	5.66	1.59	2.90	1.23	2.22	2.29	2.36	2.44	4.32	4.39	4.47	4.55
6		12.9	29.5	8.56	6.72	1.58	2.88	1.22	2.24	2.31	2.39	2.46	4.34	4.42	4.50	4.57
7		13.3	30.0	9.88	7.76	1.57	2.87	1.22	2.26	2.33	2.41	2.49	4.37	4.44	4.52	4.60
8		13.6	30.4	11.2	8.78	1.56	2.85	1.21	2.28	2.35	2.43	2.51	4.39	4.47	4.54	4.62

续上表

角钢型号 $\angle B\times b\times t$	单角钢								双角钢				双角钢			
	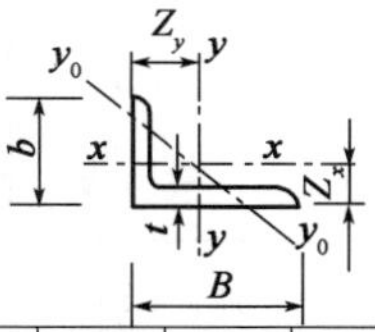								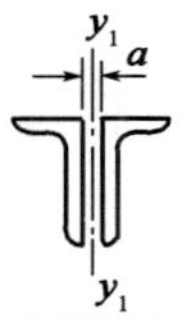				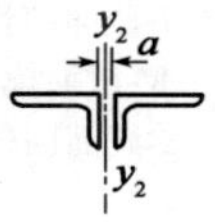			
	圆角 R	重心矩		截面积 A	每米质量	回转半径			i_{y1}，当 a 为下列数值				i_{y2}，当 a 为下列数值			
		Z_x	Z_y			i_x	i_y	i_{y0}	6mm	8mm	10mm	12mm	6mm	8mm	10mm	12mm
		mm		cm^2	kg/m	cm			cm				cm			
∠100×63× 6	10	14.3	32.4	9.62	7.55	1.79	3.21	1.38	2.49	2.56	2.63	2.71	4.77	4.85	4.92	5.00
7		14.7	32.8	11.1	8.72	1.78	3.20	1.37	2.51	2.58	2.65	2.73	4.80	4.87	4.95	5.03
8		15.0	33.2	12.6	9.88	1.77	3.18	1.37	2.53	2.60	2.67	2.75	4.82	4.90	4.97	5.05
10		15.8	34.0	15.5	12.1	1.75	3.15	1.35	2.57	2.64	2.72	2.79	4.86	4.84	5.02	5.10
∠100×20× 6	10	19.7	29.5	10.6	8.35	2.40	3.17	1.73	3.31	3.38	3.45	3.52	4.54	4.62	4.69	4.76
7		20.1	30.0	12.3	9.66	2.39	3.16	1.71	3.32	3.39	3.47	3.54	4.57	4.64	4.71	4.79
8		20.5	30.4	13.9	10.9	2.37	3.15	1.71	3.34	3.41	3.49	3.56	4.59	4.66	4.73	4.81
10		21.3	31.2	17.2	13.5	2.35	3.12	1.69	3.38	3.45	3.53	3.60	4.63	4.70	4.78	4.85
∠100×70× 6	10	15.7	35.3	10.6	8.35	2.01	3.54	1.54	2.74	2.81	2.88	2.96	5.21	5.29	5.36	5.44
7		16.1	35.7	12.3	9.66	2.00	3.53	1.53	2.76	2.83	2.90	2.98	5.24	5.31	5.39	5.46
8		16.5	36.2	13.9	10.9	1.98	3.51	1.53	2.78	2.85	2.92	3.00	5.26	5.34	5.41	5.49
10		17.2	37.0	17.2	13.5	1.96	3.48	1.51	2.82	2.89	2.96	3.04	5.30	5.38	5.46	5.53
∠125×80× 7	11	18.0	40.1	14.1	8.35	2.30	4.02	1.76	3.13	3.18	3.25	3.33	5.90	5.97	6.04	6.12
8		18.4	40.6	16.0	9.66	2.29	4.01	1.75	3.13	3.20	3.27	3.35	5.92	5.99	6.07	6.14
10		19.2	41.4	19.7	10.9	2.26	3.98	1.74	3.17	3.24	3.31	3.39	5.96	6.04	6.11	6.19
12		20.0	42.2	23.4	13.5	2.24	3.95	1.72	3.20	3.28	3.35	3.43	6.00	6.08	6.16	6.23
∠140×90× 8	12	20.4	45.0	18.0	11.1	2.59	4.50	1.98	3.49	3.56	3.63	3.70	6.58	6.65	6.73	6.80
10		21.2	45.8	22.3	12.6	2.56	4.47	1.96	3.52	2.59	3.66	3.73	6.62	6.70	6.77	6.85
12		21.9	46.6	26.4	15.5	2.54	4.44	1.95	3.56	3.63	3.70	3.77	6.66	6.74	6.81	6.89
14		22.7	47.4	30.5	18.3	2.51	4.42	1.94	3.59	3.66	3.74	3.81	6.70	6.78	6.86	6.93
∠160×100× 10	13	22.8	52.4	25.3	14.2	2.85	5.14	2.19	3.84	3.91	3.98	4.05	7.55	7.63	7.70	7.78
12		23.6	53.2	30.1	17.5	2.82	5.11	2.18	3.87	3.94	4.01	4.09	7.60	7.76	7.75	7.82
14		24.3	54.0	34.7	20.7	2.80	5.08	2.16	3.91	3.98	4.05	4.12	7.64	7.71	7.79	7.86
16		25.1	54.8	39.3	23.9	2.77	5.05	2.15	3.94	4.02	4.09	4.16	7.68	7.75	7.83	7.90
∠180×110× 10	14	24.4	58.9	28.4	19.9	3.13	5.81	2.42	4.16	4.23	4.30	4.36	8.49	8.56	8.63	8.71
12		25.2	59.8	33.7	23.6	3.10	5.78	2.40	4.19	4.26	4.33	4.40	8.53	8.60	8.68	8.75
14		25.9	60.6	39.0	27.2	3.08	5.75	2.39	4.23	4.30	4.37	4.44	8.57	8.64	8.72	8.79
16		26.7	61.4	44.1	30.8	3.05	5.72	2.37	4.26	4.33	4.40	4.47	8.61	8.68	8.76	8.84
∠200×125× 12	14	28.3	65.4	37.9	22.3	3.57	6.44	2.75	4.75	4.82	4.88	4.95	9.39	9.47	9.54	9.62
14		29.1	66.2	43.9	26.5	3.54	6.41	2.73	4.78	4.85	4.92	4.99	9.43	9.51	9.58	9.66
16		29.9	67.0	49.7	30.6	3.52	6.38	2.71	4.81	4.88	4.95	5.02	9.47	9.55	9.62	9.70
18		30.6	67.8	55.5	34.6	3.49	6.35	2.70	4.85	4.92	4.99	5.06	9.51	9.59	9.66	9.74

注：1. 一个角钢的惯性矩：$I_x = Ai_x^2$，$I_y = Ai_y^2$。

2. 一个角钢的截面模量：$W_x^{max} = I_x/Z_x$；$W_x^{min} = I_x/(b - Z_x)$；$W_y^{max} = I_x/Z_x$；$W_y^{min} = I_y/(b - Z_y)$。

热轧无缝钢管

附表 7-6

符号：*I*-截面惯性矩；

W-截面模量；

i-截面回转半径

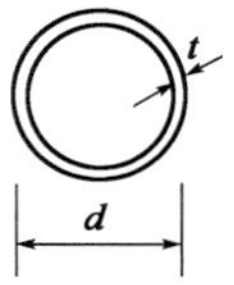

尺寸 d	尺寸 t	截面积 A	每米质量	截面特性 I	截面特性 W	截面特性 i
mm	mm	cm^2	kg/m	cm^4	cm^3	cm
32	2.5	2.32	1.82	2.54	1.59	1.05
	30	2.73	2.15	2.90	1.82	1.03
	3.5	3.13	2.46	3.23	2.02	1.02
	4.0	3.52	2.76	3.52	2.20	1.00
38	2.5	2.79	2.19	4.41	2.32	1.26
	3.0	3.30	2.59	5.09	2.68	1.24
	3.5	3.79	2.98	5.70	3.00	1.23
	4.0	4.27	3.35	6.26	3.29	1.21
42	2.5	3.10	2.44	6.07	2.89	1.40
	3.0	3.68	2.89	7.03	3.35	1.38
	3.5	4.23	3.32	7.91	3.77	1.37
	4.0	4.78	3.75	8.71	4.15	1.35
45	2.5	3.34	2.62	7.56	3.36	1.51
	3.0	3.96	3.11	8.77	3.90	1.49
	3.5	4.56	3.58	9.89	4.40	1.47
	4.0	5.15	4.04	10.93	4.86	1.46
50	2.5	3.73	2.93	10.55	4.22	1.68
	3.0	4.43	3.48	12.28	4.91	1.67
	3.5	5.11	4.01	13.90	5.56	1.65
	4.0	5.78	4.54	15.41	6.16	1.63
	4.5	6.43	5.05	16.81	6.72	1.62
	5.0	7.07	5.55	18.11	7.25	1.60
54	3.0	4.81	3.77	15.68	5.81	1.81
	3.5	5.55	4.36	17.79	6.59	1.79
	4.0	6.28	4.93	19.76	7.32	1.77
	4.5	7.00	5.49	21.61	8.00	1.76
	5.0	7.70	6.04	23.34	8.64	1.74
	5.5	8.38	6.58	24.96	9.24	1.73
	6.0	9.05	7.10	26.46	9.80	1.71
57	3.0	5.09	4.00	18.61	6.53	1.91
	3.5	5.88	4.62	21.14	7.42	1.90
	4.0	6.66	5.23	23.52	8.25	1.88
	4.5	7.42	5.83	25.76	9.04	1.86
	5.0	8.17	6.41	27.86	9.78	1.85
	5.5	8.90	6.99	29.87	10.47	1.83
	6.0	9.61	7.55	31.69	11.12	1.82
60	3.0	5.37	4.22	21.88	7.29	2.02
	3.5	6.21	4.88	24.88	8.29	2.00
	4.0	7.04	5.52	27.73	9.24	1.98
	4.5	7.85	6.16	30.41	10.14	1.97
	5.0	8.64	6.78	32.94	10..98	1.95
	5.5	9.42	7.39	35.32	11.77	1.94
	6.0	10.18	7.99	37.56	12.52	1.92
63.5	3.0	5.70	4.48	26.15	8.24	2.14
	3.5	6.60	5.18	29.79	9.38	2.12
	4.0	7.48	5.87	33.24	10.47	2.11
	4.5	8.34	6.55	36.60	11.50	2.09
	5.0	9.19	7.21	39.60	12.47	2.08
	5.5	10.02	7.87	42.52	13.39	2.06
	6.0	10.84	8.51	45.28	14.26	2.04
68	3.0	6.13	4.81	32.42	9.54	2.30
	3.5	7.09	5.57	36.99	10.88	2.28
	4.0	8.04	6.31	41.34	12.16	2.27
	4.5	8.98	7.05	45.47	13.37	2.25
	5.0	9.90	7.77	49.41	14.53	2.23
	5.5	10.80	8.48	53.14	15.63	2.22
	6.0	11.69	9.17	56.68	16.67	2.20
70	3.0	6.31	4.96	35.50	10.14	2.37
	3.5	7.31	5.74	40.53	11.58	2.35
	4.0	8.29	6.51	45.33	12.95	2.34
	4.5	9.26	7.27	49.89	14.26	2.32
	5.0	10.21	8.01	54.24	15.50	2.30
	5.5	11.14	8.75	58.38	16.68	2.29
	6.0	12.06	9.47	62.31	17.80	2.27
73	3.0	6.60	5.18	40.48	11.09	2.48
	3.5	7.64	6.00	46.26	12.67	2.46
	4.0	8.67	6.81	51.78	14.19	2.44
	4.5	9.68	7.60	57.04	15.63	2.43
	5.0	10.68	8.38	62.07	17.01	2.41
	5.5	11.66	9.16	66.87	18.32	2.39
	6.0	12.63	9.91	71.43	19.57	2.38
76	3.0	6.88	5.40	45.91	12.08	2.58
	3.5	7.97	6.26	52.50	13.82	2.57
	4.0	9.05	7.10	58.81	15.48	2.55
	4.5	10.11	7.93	64.85	17.07	2.53
	5.0	11.15	8.75	70.62	18.59	2.52
	5.5	12.18	9.56	76.14	20.04	2.50
	6.0	13.19	10.36	81.41	21.42	2.48
83	3.5	8.74	6.86	69.19	16.67	2.81
	4.0	9.93	7.79	77.64	18.71	2.80
	4.5	11.10	8.71	85.76	20.67	2.78
	5.0	12.25	9.62	93.56	22.54	2.76
	5.5	13.39	10.51	101.04	24.35	2.75
	6.0	14.51	11.39	108.22	26.08	2.73
	6.5	15.62	12.26	115.10	27.74	2.71
	7.0	16.71	13.12	121.69	29.32	2.70

续上表

符号：I-截面惯性矩；
W-截面模量；
i-截面回转半径

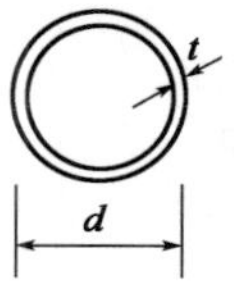

尺寸		截面积	每米质量	截面特性		
d	t	A		I	W	i
mm		cm^2	kg/m	cm^4	cm^3	cm
89	3.5	9.40	7.38	86.50	19.34	3.03
	4.0	10.68	8.38	96.68	21.73	3.01
	4.5	11.95	9.38	106.92	24.03	2.99
	5.0	13.19	10.36	116.79	26.24	2.98
	5.5	14.43	11.33	126.29	28.38	2.96
	6.0	15.65	12.28	135.43	30.43	2.94
	6.5	16.85	13.22	144.22	32.41	2.93
	7.0	18.03	14.16	152.67	34.31	2.91
95	3.5	10.06	7.90	105.45	22.20	3.24
	4.0	11.44	8.89	118.60	24.97	3.22
	4.5	12.79	10.04	131.31	27.64	3.20
	5.0	14.14	11.10	143.58	30.23	3.19
	5.5	15.46	12.14	155.43	32.72	3.17
	6.0	16.78	13.17	166.86	35.13	3.15
	6.5	18.07	14.19	177.89	37.45	3.14
	7.0	19.35	15.19	188.51	36.69	3.12
102	3.5	10.83	8.50	131.52	25.79	3.48
	4.0	12.32	9.67	148.09	29.04	3.47
	4.5	13.78	10.82	164.14	32.18	3.45
	5.0	15.24	11.96	179.68	35.23	3.43
	5.5	16.67	13.09	194.72	38.18	3.42
	6.0	18.10	14.21	209.28	41.03	3.40
	6.5	19.50	15.31	223.35	43.79	3.38
	7.0	20.89	16.40	236.96	46.46	3.37
114	4.0	13.82	10.85	209.35	36.73	3.89
	4.5	15.48	12.15	232.41	40.77	3.87
	5.0	17.12	13.44	254.81	44.70	3.86
	5.5	18.75	14.72	276.58	48.52	3.84
	6.0	20.36	15.98	297.73	52.23	3.82
	6.5	21.95	17.23	318.26	55.84	3.81
	7.0	23.53	18.47	338.19	59.33	3.79
	7.5	25.09	19.70	357.58	62.73	3.77
	8.0	26.64	20.91	376.30	66.02	3.76
121	4.0	14.70	11.54	251.87	41.63	4.14
	4.5	16.47	12.93	279.83	46.25	4.12
	5.0	18.22	14.30	307.05	50.75	4.11
	5.5	19.96	15.67	333.54	55.13	4.09
	6.0	21.68	17.02	359.32	59.39	4.07
	6.5	23.38	18.35	384.40	63.54	4.05
	7.0	25.07	19.68	408.80	67.57	4.04
	7.5	26.74	20.99	432.51	71.49	4.02
	8.0	28.40	22.29	455.57	75.30	4.01
127	4.0	15.46	12.13	292.61	46.08	4.35
	4.5	17.32	13.59	325.29	51.23	4.33
	5.0	19.16	15.04	357.14	56.24	4.32
	5.5	20.99	16.48	388.19	61.13	4.30
	6.0	22.81	17.90	418.44	65.90	4.28
	6.5	24.61	19.32	447.92	70.54	4.27
	7.0	26.39	20.72	476.63	75.06	4.25
	7.5	28.16	22.10	504.58	79.46	4.23
	8.0	29.91	23.48	531.80	83.75	4.22
133	4.0	16.21	12.73	337.53	50.76	4.56
	4.5	18.17	14.26	375.42	56.45	4.55
	5.0	20.11	15.78	412.40	62.02	4.53
	5.5	22.03	17.29	448.50	67.44	4.51
	6.0	23.94	18.79	483.72	72.47	4.50
	6.5	25.83	20.28	518.07	77.91	4.48
	7.0	27.71	21.75	551.58	82.94	4.46
	7.5	29.59	23.21	584.25	87.86	4.45
	8.0	31.42	24.66	616.11	92.65	4.43
140	4.5	19.16	15.04	440.12	62.87	4.79
	5.0	21.21	16.65	483.76	69.11	4.78
	5.5	23.24	18.24	526.40	75.20	4.76
	6.0	25.26	19.83	568.06	81.15	4.74
	6.5	27.26	21.40	608.76	86.97	4.73
	7.0	29.25	22.96	648.51	92.64	4.71
	7.5	31.22	24.51	687.32	98.19	4.69
	8.0	33.18	26.04	725.21	103.60	4.68
	9.0	37.04	29.08	789.29	114.04	4.64
	10	40.84	32.06	867.86	123.98	4.61
146	4.5	20.00	15.70	501.16	68.65	5.01
	5.0	22.15	17.39	551.10	75.49	4.99
	5.5	24.28	19.06	599.95	82.19	4.97
	6.0	26.39	20.72	647.73	88.73	4.95
	6.5	28.49	22.36	694.44	95.13	4.94
	7.0	30.57	24.00	740.12	101.39	4.92
	7.5	32.63	25.62	784.77	107.50	4.90
	8.0	34.68	27.23	828.41	113.48	4.89
	9.0	38.74	30.41	912.71	125.03	4.85
	10	42.73	33.54	993.16	136.05	4.82
152	4.5	20.85	16.37	567.61	74.69	5.22
	5.0	23.09	18.13	624.43	82.16	5.20
	5.5	25.31	19.87	680.06	89.48	5.18
	6.0	27.52	21.60	734.52	96.65	5.17
	6.5	29.71	23.32	787.82	103.66	5.15
	7.0	31.89	25.03	839.99	110.52	5.13
	7.5	34.05	26.73	891.03	117.24	5.12
	8.0	36.19	28.41	940.97	123.81	5.10
	9.0	40.43	31.74	1037.59	136.53	5.07
	10	44.61	35.02	1129.99	148.68	5.03
159	4.5	21.84	17.15	652.27	82.05	5.46
	5.0	24.19	18.99	717.88	90.30	5.45
	5.5	26.52	20.82	782.18	98.39	5.43
	6.0	28.84	22.64	845.19	106.31	5.41
	6.5	31.14	24.45	906.92	114.08	5.40
	7.0	33.43	26.24	967.41	121.69	5.38
	7.5	35.70	28.02	1026.65	129.14	5.36
	8.0	37.95	29.79	1084.67	136.44	5.35
	9.0	42.41	33.29	1197.12	150.58	5.31
	10	46.81	36.75	1304.88	164.14	5.28

续上表

符号：*I*-截面惯性矩；
W-截面模量；
i-截面回转半径

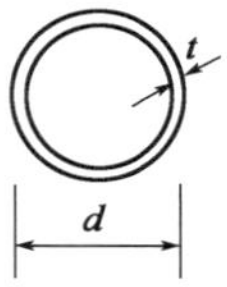

尺寸		截面积	每米质量	截面特性		
d	*t*	*A*		*I*	*W*	*i*
mm		cm^2	kg/m	cm^4	cm^3	cm
168	4.5	23.11	18.14	772.96	92.02	5.78
	5.0	25.60	20.10	851.14	101.33	5.77
	5.5	28.08	22.04	927.58	110.46	5.75
	6.0	30.54	23.97	1003.12	119.42	5.73
	6.5	32.98	25.89	1076.95	128.21	5.71
	7.0	35.41	27.79	1149.36	136.83	5.70
	7.5	37.82	29.69	1220.38	145.28	5.68
	8.0	40.21	31.57	1290.01	153.57	5.66
	9.0	44.96	35.29	1425.22	169.67	5.63
	10	49.64	38.97	1555.13	185.13	5.60
180	5.0	27.49	21.58	1053.17	117.02	6.19
	5.5	30.15	23.67	1148.79	127.64	6.17
	6.0	32.80	25.75	1242.72	138.08	6.16
	6.5	35.43	27.81	1335.00	148.33	6.14
	7.0	38.04	29.87	1425.63	158.40	6.12
	7.5	40.64	31.91	1514.64	168.29	6.10
	8.0	43.23	39.93	1602.04	178.00	6.09
	9.0	48.35	37.95	1772.12	196.90	6.05
	10	53.41	41.92	1936.01	215.21	6.02
	12	63.33	49.72	2245.84	249.54	5.95
194	5.0	26.69	23.31	1326.54	136.76	6.68
	5.5	32.57	25.57	1447.86	149.26	6.67
	6.0	35.44	27.82	1567.21	161.57	6.65
	6.5	38.29	30.06	1684.61	173.67	6.63
	7.0	41.12	32.28	1800.08	185.57	6.62
	7.5	43.94	34.50	1913.64	197.28	6.60
	8.0	46.75	36.70	2025.31	208.29	6.58
	9.0	52.31	41.06	2243.08	231.25	6.55
	10	57.81	45.38	2453.55	252.94	6.51
	12	68.61	53.86	2853.25	294.15	6.45
203	6.0	37.13	29.15	1803.07	177.64	6.97
	6.5	40.13	31.50	1938.81	191.02	6.95
	7.0	43.10	33.84	2072.43	204.18	6.93
	7.5	46.06	36.16	2203.94	217.14	6.92
	8.0	49.01	38.48	2333.37	229.89	6.90
	9.0	54.85	43.06	2586.08	254.79	6.87
	10	60.63	47.60	2830.72	278.89	6.83
	12	72.01	56.52	3296.49	324.78	6.77
	14	83.13	65.25	3732.07	367.69	6.70
	16	94.00	73.79	4138.78	407.76	6.64
219	6.0	40.15	31.52	2278.74	208.10	7.53
	6.5	43.39	34.06	2541.64	223.89	7.52
	7.0	46.62	36.60	2622.04	239.46	7.50
	7.5	49.83	39.12	2789.96	254.79	7.48
	8.0	53.03	41.63	2533.43	269.90	7.47
219	9.0	59.38	46.61	3279.12	299.46	7.43
	10	65.66	51.54	3593.29	328.15	7.40
	12	78.04	61.26	4193.81	383.00	7.33
	14	90.16	70.78	4758.50	434.57	7.26
	16	102.0	80.10	5288.81	483.00	7.20
245	6.5	48.70	38.23	3465.46	282.89	8.44
	7.0	52.34	41.08	3709.06	302.78	8.42
	7.5	55.96	43.93	3949.52	322.41	8.40
	8.0	59.56	46.76	4186.87	341.79	8.38
	9.0	66.73	52.38	4652.32	379.78	8.35
	10	73.83	57.95	5105.63	416.79	8.32
	12	87.84	68.95	5976.67	487.89	8.25
	14	101.60	79.76	6801.68	555.24	8.18
	16	115.11	90.36	7582.30	618.96	8.12
273	6.5	54.42	42.72	4834.18	354.15	9.42
	7.0	58.50	45.92	5177.30	379.29	9.41
	7.5	62.56	49.11	5516.47	404.14	9.39
	8.0	66.60	52.28	5851.71	428.70	9.37
	9.0	74.64	58.60	6510.56	476.96	9.34
	10	82.62	64.86	7154.09	524.11	9.31
	12	98.39	77.28	8396.14	615.10	9.24
	14	113.91	89.42	9579.75	701.81	9.17
	16	129.18	101.41	10706.79	784.38	9.10
299	7.5	68.68	53.92	7300.02	488.30	10.31
	8.0	73.14	57.41	7747.42	518.22	10.29
	9.0	82.00	64.37	8628.09	577.13	10.26
	10	90.79	71.27	9490.15	634.79	10.22
	12	108.20	84.93	11159.52	746.46	10.16
	14	125.35	98.40	12757.61	853.35	10.09
	16	142.25	111.67	14286.48	955.62	10.02
325	7.5	74.81	58.73	9431.80	580.42	11.23
	8.0	79.67	62.54	10013.92	616.24	11.21
	9.0	89.35	70.14	11161.33	686.85	11.18
	10	98.96	77.68	12286.52	756.09	11.14
	12	118.00	92.63	14471.45	890.55	11.07
	14	136.78	107.38	16570.98	1019.75	11.01
	16	155.32	121.93	18587.38	1143.84	10.94
351	8.0	86.21	67.67	12684.36	722.76	12.13
	9.0	96.70	75.91	14147.55	806.13	12.10
	10	107.13	84.10	15584.62	888.01	12.06
	12	127.80	100.32	18381.63	1047.39	11.99
	14	148.22	116.35	21077.86	1201.02	11.93
	16	168.39	132.19	23675.75	1349.05	11.86

续上表

符号：*I*-截面惯性矩；
W-截面模量；
i-截面回转半径

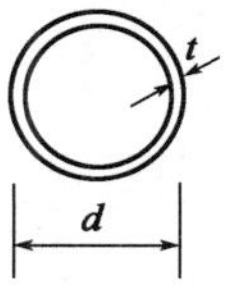

尺寸		截面积	每米	截面特性		
d	*t*	*A*	质量	*I*	*W*	*i*
mm		cm^2	kg/m	cm^4	cm^3	cm
32	2.2	1.88	1.48	2.13	1.33	1.06
	2.5	2.32	1.82	2.54	1.59	1.05
38	2.0	2.26	1.78	3.68	1.93	1.27
	2.5	2.79	2.19	4.41	2.32	1.26
40	2.0	2.39	1.87	4.32	2.16	1.35
	2.5	2.95	2.31	5.20	2.60	1.33
42	2.0	2.51	1.97	5.04	2.40	1.42
	2.5	3.10	2.44	6.07	2.89	1.40
45	2.0	2.70	2.12	6.26	2.78	1.52
	2.5	3.34	2.62	7.56	3.36	1.51
	3.0	3.96	3.11	8.77	3.90	1.49
51	2.0	3.08	2.42	9.26	3.63	1.73
	2.5	3.81	2.99	11.23	4.40	1.72
	3.0	4.52	3.55	13.08	5.13	1.70
	3.5	5.22	4.10	14.81	5.81	1.68
53	2.0	3.20	2.52	10.43	3.94	1.80
	2.5	3.97	3.11	12.67	4.78	1.79
	3.0	4.71	3.70	14.78	5.58	1.77
	3.5	5.44	4.27	16.75	6.32	1.75
57	2.0	3.46	2.71	13.08	4.59	1.95
	2.5	4.28	3.36	15.93	5.59	1.93
	3.0	5.09	4.00	18.61	6.53	1.91
	3.5	5.88	4.62	21.14	7.42	1.90
60	2.0	3.64	2.86	15.34	5.11	2.05
	2.5	4.52	3.55	18.70	6.32	2.03
	3.0	5.37	4.22	21.88	7.29	2.02
	3.5	6.21	4.88	24.88	8.29	2.00
63.5	2.0	3.86	3.03	18.29	5.76	2.18
	2.5	4.79	3.76	22.32	7.03	2.16
	3.0	5.70	4.48	26.15	8.24	2.14
	3.5	6.60	5.18	29.79	9.38	2.12
70	2.0	4.27	3.35	24.72	7.06	2.41
	2.5	5.30	4.16	30.23	8.64	2.39
	3.0	6.31	4.96	35.50	10.14	2.37
	3.5	7.31	5.74	40.53	11.58	2.35
	4.5	9.26	7.27	49.89	14.26	2.32
76	2.0	4.65	3.65	31.85	8.38	2.62
	2.5	5.77	4.53	39.03	10.27	2.60
	3.0	6.88	5.40	45.91	12.08	2.58
	3.5	7.97	6.26	52.50	13.82	2.57
	4.0	9.05	7.10	58.81	15.48	2.55
	4.5	10.11	7.93	64.85	17.07	2.53
83	2.0	5.09	4.00	41.76	10.06	2.86
	2.5	6.32	4.96	51.26	12.35	2.85
	3.0	7.54	5.92	60.40	14.56	2.83
	3.5	8.74	6.86	69.19	16.67	2.81
	4.0	9.93	7.79	77.64	18.17	2.80
	4.5	11.10	8.71	85.76	20.67	2.78

尺寸		截面积	每米	截面特性		
d	*t*	*A*	质量	*I*	*W*	*i*
mm		cm^2	kg/m	cm^4	cm^3	cm
89	2.0	5.47	4.29	51.75	11.63	3.08
	2.5	6.79	5.33	63.59	14.29	3.06
	3.0	8.11	6.36	75.02	16.86	3.04
	3.5	9.40	7.38	86.05	19.34	3.03
	4.0	10.68	8.38	96.68	21.73	3.01
	4.5	11.95	9.38	106.92	24.03	2.99
95	2.0	5.84	4.59	63.20	13.31	3.29
	2.5	7.26	5.70	77.76	16.37	3.27
	3.0	8.67	6.81	91.83	19.33	3.25
	3.5	10.06	7.90	105.45	22.20	3.24
102	2.0	6.28	4.93	78.57	15.41	3.54
	2.5	7.81	6.13	96.77	18.97	3.52
	3.0	9.33	7.32	114.42	22.43	3.50
	3.5	10.83	8.50	131.52	25.79	3.48
	4.0	12.32	9.67	148.09	29.04	3.47
	4.5	13.78	10.82	164.14	32.18	3.45
	5.0	15.24	11.96	179.68	35.23	3.43
108	3.0	9.90	7.77	136.49	25.28	3.71
	3.5	11.49	9.02	157.02	29.08	3.70
	4.0	13.07	10.26	176.95	32.77	3.68
114	3.0	10.46	8.21	161.24	28.29	3.93
	3.5	12.15	9.54	185.63	32.57	3.91
	4.0	13.82	10.85	209.35	36.73	3.89
	4.5	15.48	12.15	232.41	40.77	3.87
	5.0	17.12	13.44	254.81	77.70	3.86
121	3.0	11.12	8.73	193.69	32.01	4.17
	3.5	12.92	10.14	223.17	36.89	4.16
	4.0	14.70	11.54	251.87	41.63	4.14
127	3.0	11.69	9.17	224.75	35.39	4.39
	3.5	13.58	10.66	259.11	40.80	4.37
	4.0	15.46	12.13	292.61	46.08	4.35
	4.5	17.32	13.59	325.29	51.23	4.33
	5.0	19.16	15.04	357.14	56.24	4.32
133	3.5	14.24	11.18	298.71	44.92	4.58
	4.0	16.21	12.73	337.53	50.76	4.56
	4.5	18.17	14.26	375.42	56.45	4.55
	5.0	20.11	15.78	412.40	62.02	4.53
140	3.5	15.01	11.78	349.79	49.97	4.83
	4.0	17.09	13.42	395.47	56.50	4.81
	4.5	19.16	15.04	440.12	62.87	4.79
	5.0	21.21	16.65	483.76	69.11	4.78
	5.5	23.24	18.24	526.40	75.20	4.76
152	3.5	16.33	12.82	450.35	59.26	5.25
	4.0	18.60	14.16	509.59	67.05	5.23
	4.5	20.85	16.37	567061	74.69	5.22
	5.0	23.09	18.13	624.43	82.16	5.20
	5.5	25.31	19.87	680.06	89.48	5.18

附录 8　螺栓和锚栓规格

普通螺栓的有效直径与有效面积　　附表 8-1

螺栓外径(mm)	16	18	20	22	24	27	30
螺距(mm)	2	2.5	2.5	2.5	3	3	2.5
螺栓有效直径 d_e(mm)	14.236	15.654 5	17.654 5	19.654 5	21.184 5	24.185 4	26.716 3
螺栓有效截面积 A_e(mm^2)	156.7	192.5	244.8	303.4	352.5	459.4	556.6

螺 栓 规 格　　附表 8-2

形式		Ⅰ				Ⅱ				Ⅲ		
		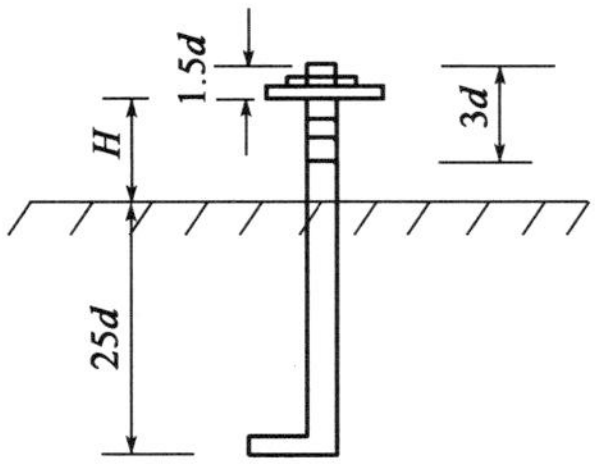				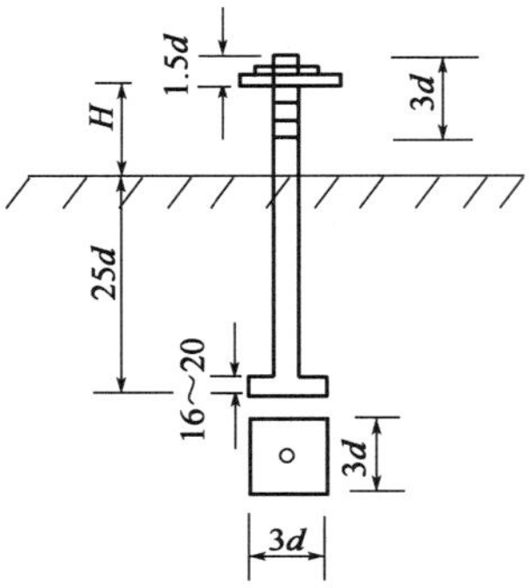				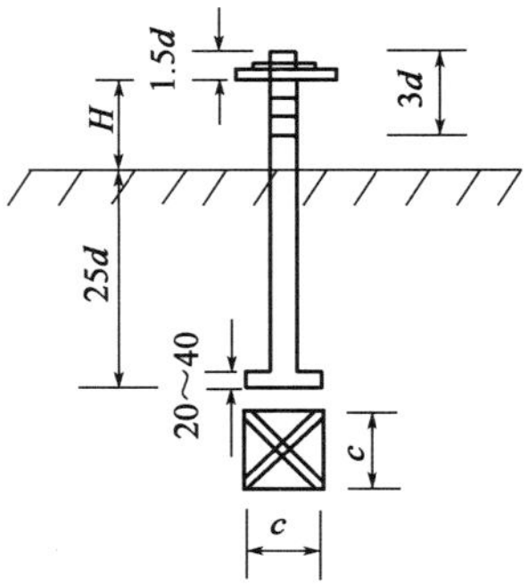		
螺栓直径 d(mm)		20	24	30	36	42	48	56	64	72	80	90
螺栓有效截面积(cm^2)		2.45	3.53	5.61	8.17	11.20	14.70	20.30	26.80	34.60	43.44	55.91
锚栓设计拉力(kN)(Q235)		34.3	49.4	78.5	114.1	156.9	206.2	284.2	375.2	484.4	608.2	782.7
Ⅲ型锚栓	锚板宽度(mm)					140	200	200	240	280	350	400
	锚板厚度(mm)					20	20	20	25	30	40	40

附录9　各种截面回转半径近似值

各种截面回转半径近似值　　附表9-1

$i_x=0.305h$ $i_y=0.305b$ $i_z=0.195h$	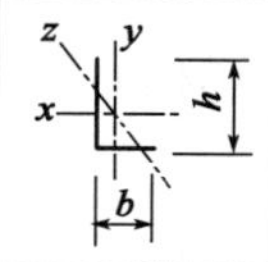	$i_x=0.40h$ $i_y=0.21b$	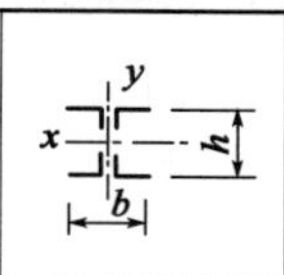	$i_x=0.38h$ $i_y=0.60b$	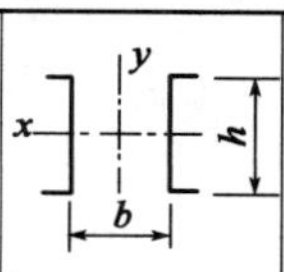	$i_x=0.41h$ $i_y=0.22b$	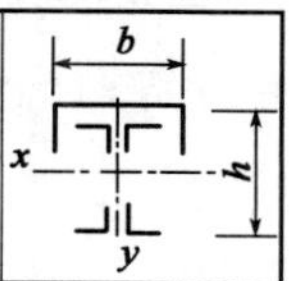
$i_x=0.32h$ $i_y=0.28b$ $i_z=0.09(h+b)$	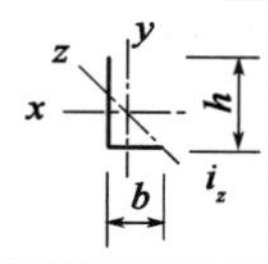	$i_x=0.45h$ $i_y=0.235b$	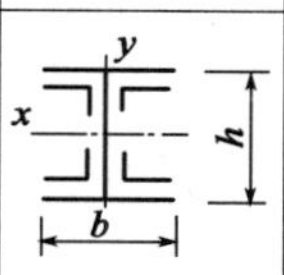	$i_x=0.385h$ $i_y=0.44b$	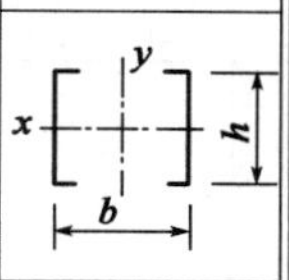	$i_x=0.32h$ $i_y=0.49b$	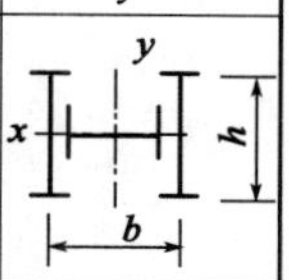
$i_x=0.30h$ $i_y=0.215b$	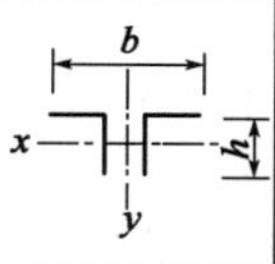	$i_x=0.44h$ $i_y=0.28b$	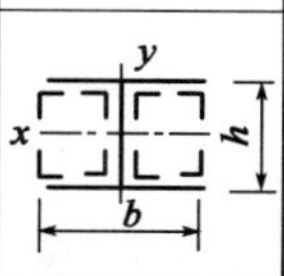	$i_x=0.32h$ $i_y=0.58b$	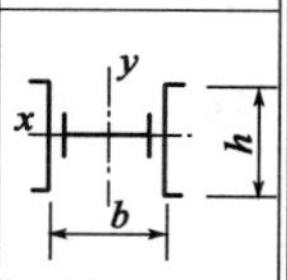	$i_x=0.29h$ $i_y=0.50b$	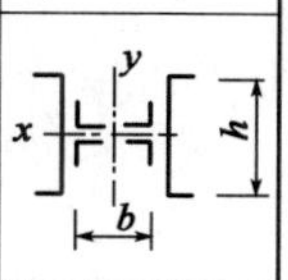
$i_x=0.32h$ $i_y=0.20b$	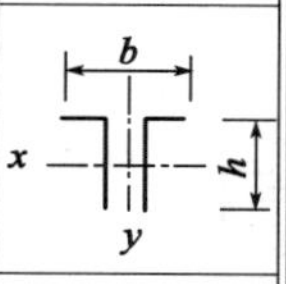	$i_x=0.43h$ $i_y=0.43b$	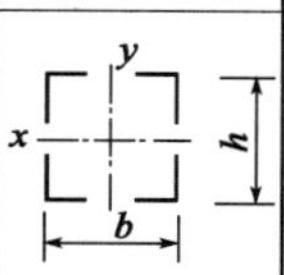	$i_x=0.32h$ $i_y=0.40b$	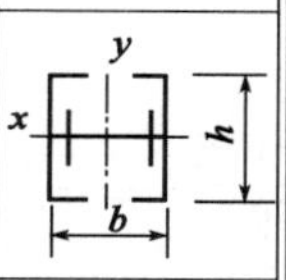	$i_x=0.29h$ $i_y=0.45b$	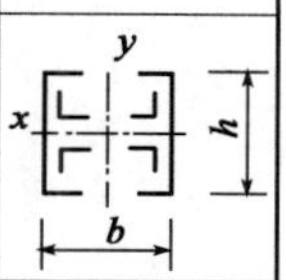
$i_x=0.28h$ $i_y=0.24b$	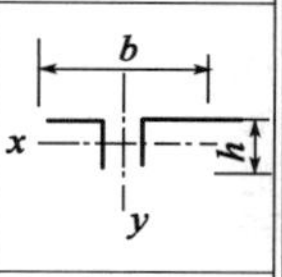	$i_x=0.395h$ $i_y=0.20b$	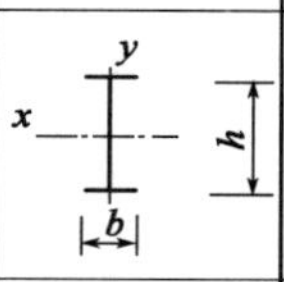	$i_x=0.32h$ $i_y=0.12b$	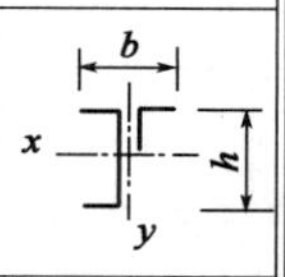	$i_x=0.29h$ $i_y=0.29b$	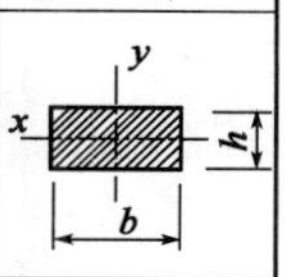
$i_x=0.30h$ $i_y=0.17b$	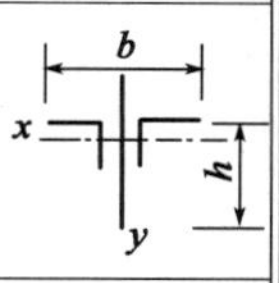	$i_x=0.42h$ $i_y=0.22b$	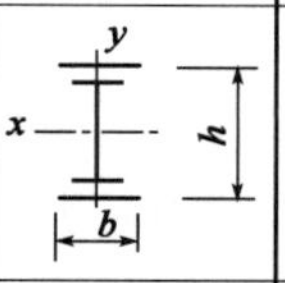	$i_x=0.44h$ $i_y=0.32b$	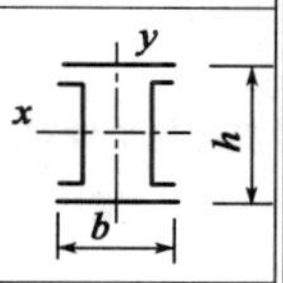	$i_x=0.205$ (h_1+h_2) $i_y=0.205$ (b_1+b_2)	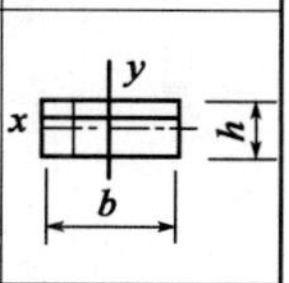
$i_x=0.28h$ $i_y=0.21b$	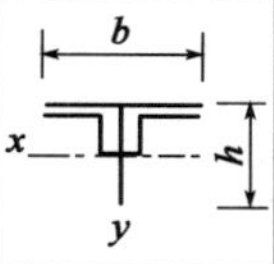	$i_x=0.43h$ $i_y=0.24b$	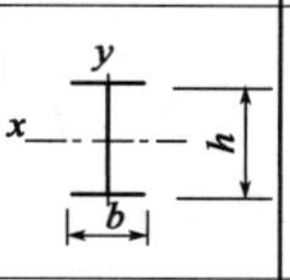	$i_x=0.44h$ $i_y=0.38b$	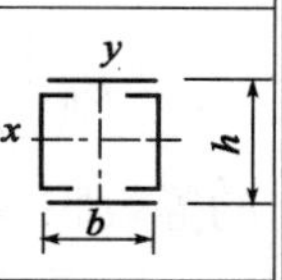	$i=0.25d$	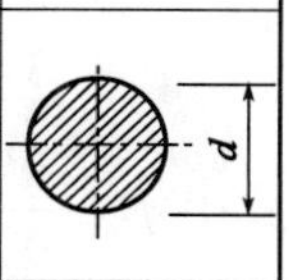
$i_x=0.215h$ $i_y=0.215b$ $i_z=0.185h$	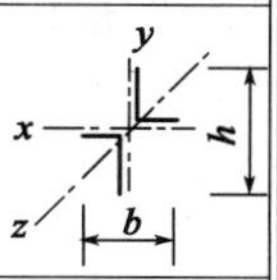	$i_x=0.365h$ $i_y=0.275b$	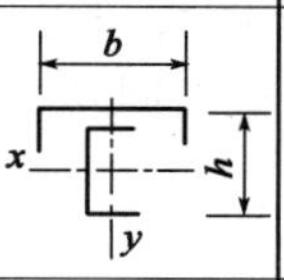	$i_x=0.37h$ $i_y=0.54b$	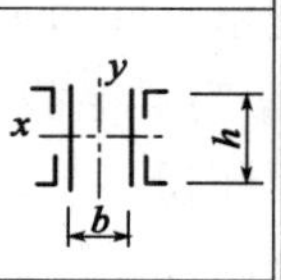	$i=0.175$ $(d+D)$	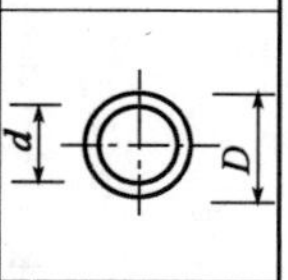
$i_x=0.215h$ $i_y=0.215b$	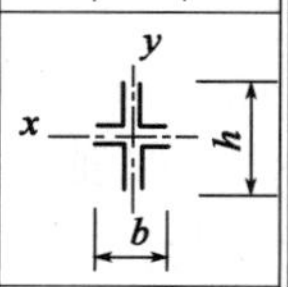	$i_x=0.35h$ $i_y=0.56b$	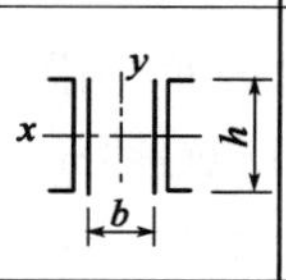	$i_x=0.37h$ $i_y=0.45b$	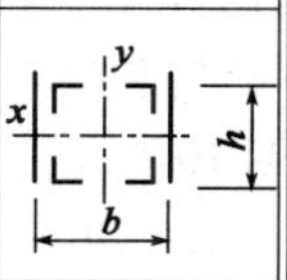	$i_x=0.39h$ $i_y=0.53b$	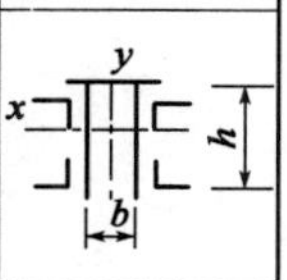
$i_x=0.45h$ $i_y=0.24b$	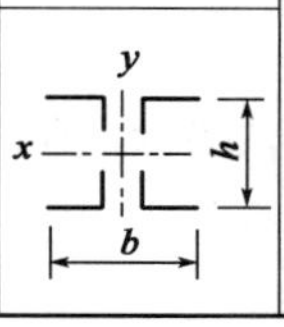	$i_x=0.385h$ $i_y=0.285b$	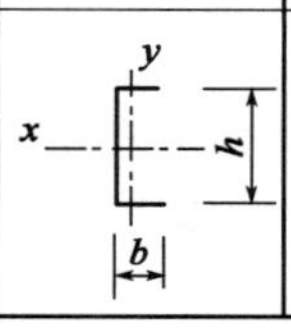	$i_x=0.40h$ $i_y=0.24b$	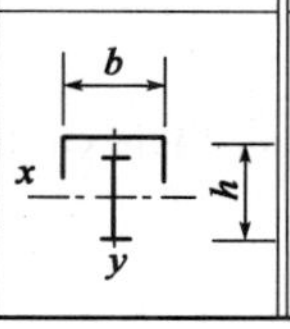	$i_x=0.395h$ $i_y=0.505b$	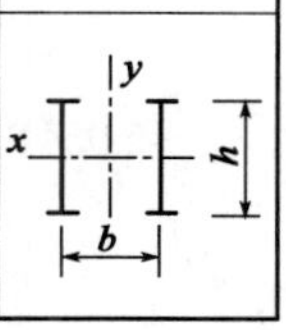

附录 10　梁的整体稳定系数

附录 10.1　等截面焊接工字钢和轧制 H 型钢简支梁

等截面焊接工字钢和轧制 H 型钢(附图 10-1)简支梁的整体稳定系数 φ_b 应按下式计算:

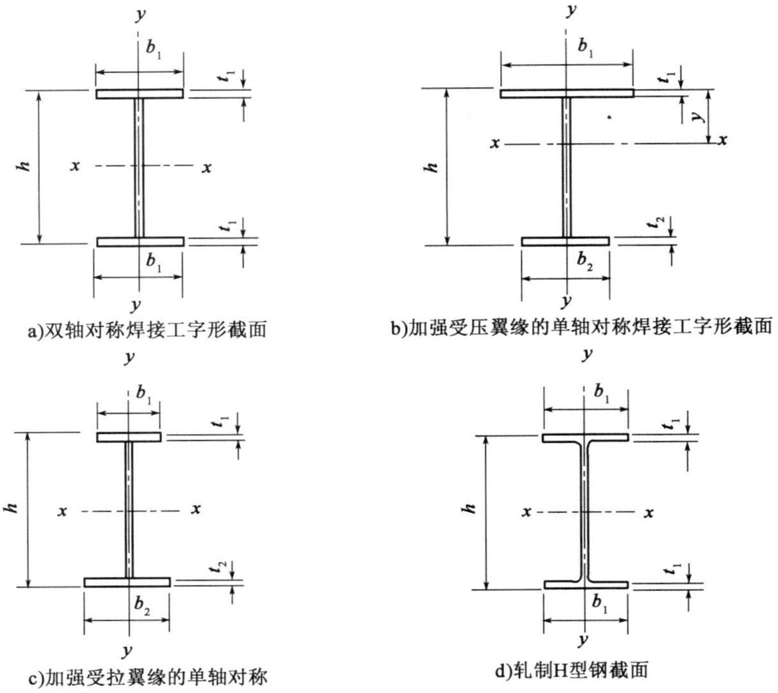

附图 10-1　焊接工字形和轧制 H 型钢截面

$$\varphi_b = \beta_b \frac{4\,320}{\lambda_y^2} \cdot \frac{Ah}{W_x}\left[\sqrt{1+\left(\frac{\lambda_y t_1}{4.4h}\right)^2}+\eta_b\right]\frac{235}{f_y} \tag{附 10-1}$$

式中:β_b——梁整体稳定的等效临界弯矩系数,按附表 10-1 采用;

λ_y——梁在侧向支承点间对截面弱轴 y-y 的长细比,$\lambda_y = l_1/i_y$,l_1 为受压翼缘侧向支承点间的距离,i_y 为梁毛截面对 y 轴的截面回转半径;

A——梁的毛截面面积;

h、t_1——梁截面的全高和受压翼缘厚度;

η_b——截面不对称影响系数。对双轴对称截面[附图 10-1a)、d)],$\eta_b = 0$;对单轴对称工字钢截面[附图 10-1b)、c)],加强受压翼缘:$\eta_b = 0.8(2\alpha_b - 1)$,加强受拉翼缘:$\eta_b = 2\alpha_b - 1$;其中,$\alpha_b = I_1/(I_1 + I_2)$,$I_1$ 和 I_2 分别为受压翼缘和受拉翼缘对 y 轴的惯性矩。

当按公式(附 10-1)算得的 φ_b 值大于 0.6 时,应用下式计算的 φ_b'代替 φ_b 值:

$$\varphi_b' = 1.07 - \frac{0.282}{\varphi_b} \leqslant 1.0 \tag{附 10-2}$$

注：公式（附 10-1）亦适用于等截面铆接（或高强度螺栓连接）简支梁，其受压翼缘厚度 t_1 包括翼缘角钢厚度在内。

H 型钢和等截面工字形简支梁的系数 β_b　　　附表 10-1

项次	侧向支承	荷载		$\xi\leq2.0$	$\xi>2.0$	适用范围
1	跨中无侧向支承	均布荷载作用在	上翼缘	$0.69+0.13\xi$	0.95	附图 10-1a)、b) 和 d) 的截面
2			下翼缘	$1.73-0.20\xi$	1.33	
3		集中荷载作用在	上翼缘	$0.73+0.18\xi$	1.09	
4			下翼缘	$2.23-0.28\xi$	1.67	
5	跨中有一个侧向支承点	均布荷载作用在	上翼缘	1.15		附图 10-1 中的所有截面
6			下翼缘	1.40		
7		集中荷载作用在截面高度上任意位置		1.75		
8	跨中有不少于两个等距离侧向支承点	任意荷载作用在	上翼缘	1.20		
9			下翼缘	1.40		
10	梁端有弯矩，但跨中无荷载作用			$1.75-1.05\left(\frac{M_2}{M_1}\right)+0.3\left(\frac{M_2}{M_1}\right)^2$，但 ≤2.3		

注：1. ξ 为参数，$\xi=\frac{l_1t_1}{b_1h}$，其中 l_1 为受压翼缘侧向支承点间的距离，b_1、t_1 和 h 如附图 10-1 所示。

2. M_1 和 M_2 为梁的端弯矩，使梁产生同向曲率时，M_1 和 M_2 取同号；产生反向曲率时，取异号，$|M_1|\geq|M_2|$。

3. 表中项次 3、4 和 7 的集中荷载是指一个或少数几个集中荷载位于跨中央附近的情况，对其他情况的集中荷载，应按表中项次 1、2、5、6 的数值采用。

4. 表中项次 8、9 的 β_b，当集中荷载作用在侧向支承点处时，取 $\beta_b=1.20$。

5. 荷载作用在上翼缘系指荷载作用点在翼缘表面，方向指向截面形心。

6. 对 $\alpha_b>0.8$ 的加强受压翼缘工字形截面，下列情况的 β_b 值应乘以相应的系数：

项次 1：当 $\xi\leq1.0$ 时，乘以 0.95；

项次 3：当 $\xi\leq0.5$ 时，乘以 0.90；当 $0.5<\xi\leq1.0$ 时，乘以 0.95。

附录 10.2　轧制普通工字钢简支梁

轧制普通工字钢简支梁的整体稳定系数 φ_b 应按附表 10-2 采用，当所得的 φ_b 值大于 0.6 时，应按公式（附 10-2）算得相应的 φ_b' 代替 φ_b 值。

轧制普通工字钢简支梁的 φ_b 值　　　附表 10-2

项次	荷载情况			工字钢型号	自由长度 l_1 (m) 2	3	4	5	6	7	8	9	10
1	跨中无侧向支承点的梁	集中荷载作用于	上翼缘	10 ~ 20	2.00	1.30	0.99	0.80	0.68	0.58	0.53	0.48	0.43
				22 ~ 32	2.40	1.48	1.09	0.86	0.72	0.62	0.54	0.49	0.45
				36 ~ 63	2.80	1.60	1.07	0.83	0.68	0.56	0.5	0.45	0.40
2			下翼缘	10 ~ 20	3.10	1.95	1.34	1.01	0.82	0.69	0.63	0.57	0.52
				22 ~ 40	5.50	2.80	1.84	1.37	1.07	0.86	0.73	0.64	0.56
				45 ~ 63	7.30	3.60	2.30	1.62	1.20	0.96	0.80	0.69	0.60

续上表

项次	荷载情况			工字钢型号	自由长度 l_1(m)								
					2	3	4	5	6	7	8	9	10
3	跨中无侧向支承点的梁	均布荷载作用于	上翼缘	10~20	1.70	1.12	0.84	0.68	0.57	0.50	0.45	0.41	0.37
				22~40	2.10	1.30	0.93	0.73	0.60	0.51	0.45	0.40	0.36
				45~63	2.60	1.45	0.97	0.73	0.59	0.50	0.44	0.38	0.35
4			下翼缘	10~20	2.50	1.55	1.08	0.83	0.68	0.56	0.52	0.47	0.42
				22~40	4.00	2.20	1.45	1.10	0.85	0.70	0.60	0.52	0.46
				45~63	5.60	2.80	1.80	1.25	0.95	0.78	0.65	0.55	0.49
5	跨中有侧向支承点的梁(不论荷载作用点在截面高度上的位置)			10~20	2.20	1.39	1.01	0.79	0.66	0.57	0.52	0.47	0.42
				22~40	3.00	1.80	1.24	0.96	0.76	0.65	0.56	0.49	0.43
				45~63	4.00	2.20	1.38	1.01	0.80	0.66	0.56	0.49	0.43

注:1. 同附表 10-1 的注 3、5。
2. 表中的 φ_b 适用于 Q235 钢。对其他钢号,表中数值应乘以 $235/f_y$。

附录 10.3 轧制槽钢简支梁

轧制槽钢简支梁的整体稳定系数,不论荷载的形式和荷载作用点在截面高度上的位置,均可按下式计算:

$$\varphi_b = \frac{570bt}{l_1 h} \cdot \frac{235}{f_y} \tag{附 10-3}$$

式中:h、b、t——槽钢截面的高度、翼缘宽度和厚度。

按公式(附 10-3)算得的 φ_b 大于 0.6 时,应按公式(附 10-2)算得相应的 φ_b' 代替 φ_b 值。

附录 10.4 双轴对称工字形等截面(含 H 型钢)悬臂梁

双轴对称工字形等截面(含 H 型钢)悬臂梁的整体稳定系数,可按公式(附 10-1)计算,但式中系数 β_b 应按附表 10-3 查得,$\lambda_y = l_1/i_y$(l_1 为悬臂梁的悬臂长度)。当求得的 φ_b 大于 0.6 时,应按公式(附 10-2)算得相应的 φ_b' 代替 φ_b 值。

双轴对称工字形等截面(含 H 型钢)悬臂梁的系数 β_b 附表 10-3

项次	荷载形式		$0.6 \leqslant \xi \leqslant 1.24$	$1.24 \leqslant \xi \leqslant 1.96$	$1.96 \leqslant \xi \leqslant 3.10$
1	自由端一个集中荷载作用在	上翼缘	$0.21 + 0.67\xi$	$0.72 + 0.26\xi$	$1.17 + 0.03\xi$
2		下翼缘	$2.94 - 0.65\xi$	$2.64 - 0.40\xi$	$2.15 - 0.15\xi$
3	均布荷载作用在上翼缘		$0.62 + 0.82\xi$	$1.25 + 0.31\xi$	$1.66 + 0.10\xi$

注:1. 本表是按支承端为固定的情况确定的,当用于由邻跨延伸出来的伸臂梁时,应在构造上采取措施加强支承处的抗扭能力。
2. 表中 ξ 意义见附表 10-1 注 1。

附录 10.5 受弯构件整体稳定系数的近似计算

均匀弯曲的受弯构件,当 $\lambda_y \leqslant 120\sqrt{235/f_y}$ 时,其整体稳定系数 φ_b 可按下列近似公式计算:

(1)工字形截面(含 H 型钢)。

双轴对称时:

$$\varphi_{\mathrm{b}} = 1.07 - \frac{\lambda_y^2}{44\,000} \cdot \frac{f_{\mathrm{y}}}{235} \tag{附 10-4}$$

单轴对称时:

$$\varphi_{\mathrm{b}} = 10.7 - \frac{W_x}{(2\alpha_{\mathrm{b}} + 0.1)Ah} \cdot \frac{\lambda_y^2}{14\,000} \cdot \frac{f_{\mathrm{y}}}{235} \tag{附 10-5}$$

(2)T 形截面(弯矩作用在对称轴平面,绕 x 轴)。

①弯矩使翼缘受压时:

双角钢 T 型截面

$$\varphi_{\mathrm{b}} = 1 - 0.001\,7\lambda_y \sqrt{\frac{f_{\mathrm{y}}}{235}} \tag{附 10-6}$$

部分 T 型钢和两板组合 T 形截面

$$\varphi_{\mathrm{b}} = 1 - 0.002\,2\lambda_y \sqrt{\frac{f_{\mathrm{y}}}{235}} \tag{附 10-7}$$

②弯矩使翼缘受拉且腹板宽厚比不大于 $18\sqrt{235/f_y}$:

$$\varphi_{\mathrm{b}} = 1 - 0.000\,5\lambda_y \sqrt{\frac{f_{\mathrm{y}}}{235}} \tag{附 10-8}$$

按公式(附 10-4)~公式(附 10-8)算得的 φ_{b} 值大于 0.6 时,不需按公式(附 10-2)换算成 φ_{b}' 值;当按公式(附 10-4)和公式(附 10-8)算得的 φ_{b} 值大于 1.0 时,取 $\varphi_{\mathrm{b}} = 1.0$。

附录11　建筑钢结构常用底漆、面漆表

建筑钢结构常用防锈底漆　　附表11-1

名　称	性　能	用　途	涂施方法	配套要求
红丹油性防锈漆	防锈性能好，漆膜坚固，防锈性能强，但干燥较慢	适用于钢结构防锈打底，但不能用于铝、锌表面	刷涂为主	与酯胶磁漆，酚醛磁漆，醇酸磁漆配套所用
铁红油性防锈漆	附着力强，防锈性较好，但次于红丹油性防锈漆	适用于防锈要求不高的钢结构表面防锈打底	刷涂为主	与酯胶磁漆，酚醛磁漆配套所用
红丹酚醛防锈漆	防锈性能好，漆膜坚固，附着力强，干燥较快	同红丹油性防锈漆	刷涂为主	与酚醛磁漆，醇酸磁漆配套所用
铁红酚醛防锈漆	附着力强，漆膜较软，耐磨性差，防锈性能次于红丹酚醛防锈漆	适用于防锈要求不甚高的钢结构表面防锈打底	刷涂或喷涂	与酚醛磁漆配套使用
铁红，灰酚醛底漆	漆膜有良好的附着力和一定的防锈性能	适用于防锈要求不甚高的钢结构表面防锈打底	刷涂或喷涂	与醇酸磁漆，纯酚醛磁漆配套所用
铁红纯酚酸底漆	有一定的防锈性能，耐水性好	适用于防锈要求不甚高的钢结构表面防锈打底	刷涂或喷涂	与醇酸磁漆，纯酚醛磁漆配套所用
各色硼钡酚醛防锈漆	具有良好的抗大气腐蚀性能，干燥快，施工方便，逐步代替了一部分红丹防锈漆使用，节约铅，无毒	适用于钢结构表面防锈打底	刷涂或喷涂	与酚醛磁漆，醇酸磁漆配套所用
铁红，灰酚胶底漆	漆膜坚硬，易打磨，并具有良好的附着力	适用于防锈要求不甚高的钢结构表面防锈打底	刷涂或喷涂	与调和漆，酚醛磁漆配套所用
红丹酚酸防锈漆	防锈性能好，漆膜坚固，附着力强，干燥较快	同红丹油性防锈漆	刷涂或喷涂	与酯胶磁漆，酚醛磁漆，醇酸磁漆配套所用
铁红醇酸底漆	具有良好的附着力和一定的防锈能力，在一般气候条件下耐久性好，但在湿热带气候和潮湿条件下耐久性差一些	适用于一般钢结构表面防锈打底	刷涂或喷涂	与醇酸磁漆、硝基磁漆、沥青漆、过氯乙烯漆等配套使用
乙烯磷化底漆	对钢材表面附着力极强，涂料中的磷酸盐可是钢材表面形成磷化膜，延长有机涂层的寿命	使用与钢结构表面防锈打底，可省去磷化或钝化处理，但不能代替一般底漆，不适用于碱性介质的环境中	刷涂或喷涂	其他防锈漆、底漆和面漆配套使用

续上表

名　称	性　能	用　途	涂施方法	配套要求
铁红过氯乙烯底漆	有一定的防锈性,及耐化学性,但对钢材的附着力不太好,若与磷化底漆配套使用,能耐海洋性及湿热带气候	适用于沿海地区和湿热带气候的钢结构表面打底	刷涂或喷涂	与磷化底漆和过氯乙烯防腐漆配套使用
铁红环氧酯底漆	漆面坚硬耐久,附着力良好,若与磷化底漆配套使用时,可提高漆膜的耐潮、耐盐务和防锈性能	适用于沿海地区和湿热带气候的钢结构表面打底	刷涂或喷涂	与磷化底漆和环氧磁漆、环氧防腐漆配套使用
云母氧化铁底漆	具有良好的热稳定性、耐碱性,防锈性能超过红丹和硼钡防锈漆,无毒,且价廉和原料来源丰富	适用于热度气候和湿热条件下的钢结构表面防锈打底	刷涂或喷涂	与各类面漆配套使用
无机富锌底漆	具有良好的耐水性,耐油性,耐溶剂性、耐热性及耐干湿交替的盐雾性能,有阴极保护作用,长期暴晒不老化	适用于水塔、水槽、油罐及海洋钢构筑物表面防锈打底	刷涂或喷涂	可兼作面漆,如与环氧磁漆、乙烯磁漆配套使用,效果更好

建筑钢结构常用面漆　　附表 11-2

名　称	性　能	用　途	涂施方法	配套要求
各色油性调和漆	耐候性较酯胶调和漆好,但干燥时间较长,漆膜较软	适用作室内一般钢结构的面漆	刷涂为主	
各色酯胶调和漆	干燥性能比油性调和漆好,漆膜较硬,有一定的耐水性	适用作室内一般钢结构的面漆	涂刷或喷涂	
各色酚醛磁漆	漆膜坚硬,光泽、附着力较好,但耐候性差	适用作室内一般钢结构的面漆	涂刷或喷涂	与酯胶底漆、红丹防锈漆、灰防锈漆和铁红防锈漆配套使用
各色纯酚醛磁漆	漆膜坚硬、耐水性、耐候性较好	适用作防腐和干燥交替的钢结构面漆	涂刷或喷涂	与各种防锈漆、酚醛底漆配套使用
各色醇酸磁漆	具有良好的耐候性和较好的附着力,但干燥较慢	适用作一般钢结构的面漆	涂刷或喷涂	先涂 1～2 道 C06－1 铁红醇酸底漆,再涂 C06－10 醇酸二道底漆,最后涂该漆
灰酚醛防锈漆	耐候性较好,有一定的防水性和防锈蚀性	适用作钢结构的面漆	涂刷或喷涂	与红丹或铁红类防锈漆配套使用

续上表

名　　称	性　　能	用　　途	涂 施 方 法	配 套 要 求
各色过氯乙烯防腐漆	具有优良的耐腐蚀和耐潮性。但附着力较差，如配套得好，可以弥补。若经 60 ~ 65℃ 烘烤 1 ~ 3h，其各种机械性能比硝基漆优越	适用于钢结构防酸雾介质腐蚀的面漆	涂刷或喷涂	与 X06 – 1 乙烯磷化底漆、C06 – 4 铁红过氯乙烯底漆配套使用
各色环氧硝基磁漆	耐候性良好，有较高的物理机械强度，耐油性良好	适用于湿热气候的钢结构防工业大气腐蚀的面漆	涂刷或喷涂	与环氧底漆配套使用
沥青清漆	具有良好的耐水、耐潮、耐腐蚀性能、但机械性能差、耐候性不好	适用于钢结构耐酸气腐蚀的打底和作面漆	涂刷或喷涂	底漆兼作面漆，一般涂 2 道
沥青耐酸漆	具有耐硫酸腐蚀的性能，并具有好的附着力	适用于室内钢结构防腐蚀的打底和作面漆	涂刷或喷涂	底漆兼作面漆，一般涂 2 道

附录 12　有效截面的计算

[选自《公路钢结构桥梁设计规范》(JTG D64—2015)]

在桥梁设计计算中为了简化计算,在计算正截面抗弯承载力时,我们常会把工字形、箱形截面以及空心板截面换算成等效 T 形截面来处理。典型的 T 形截面当其翼缘板的宽度增大,在荷载作用下产生弯曲变形时,因受剪切变形影响,在翼缘板宽度方向上纵向压应力的分布是不均匀的,离梁肋越远,压应力越小。其分布规律主要取决于截面与跨径(长度)的相对尺寸、翼板厚度、支承条件等。因此,根据等效受力原则,把与梁肋共同工作的翼板宽度限制在一定的范围内,称为受压翼板的有效宽度 b_e^p,也就是我们计算中所用到的 T 形截面的有效截面的宽度。在 b_e^p 宽度范围内的翼板,可以认为是全部参与工作(并假定其压应力是均布分布的)。而在这范围以外的部分,则不考虑它参与受力。

以 T 形截面为例,在计算截面的有效截面时,考虑到截面在不同受力状态下有效截面宽度 b_e^p 和有效截面面积 $A_{eff,c}$ 有所不同,根据《公路钢结构桥梁设计规范》规定,对有效截面的计算可分为以下三种情况:

(1)考虑局部稳定影响的受压加劲板的有效截面宽度 b_e^p 和有效截面面积 $A_{eff,c}$ 应按下列规定计算:

$$b_e^p = \sum_{i=1}^{n_p} b_{e,i}^p = \sum_{i=1}^{n_p} \rho_i b_i \tag{附 12-1}$$

$$A_{eff,c} = \sum_{i=1}^{n_p} b_{e,i}^p t_i + \sum A_{s,j} \tag{附 12-2}$$

式中:$b_{e,i}^p$——第 i 块受压板段考虑局部稳定影响的有效宽度(附图 12-1);

b_i、t_i——第 i 块受压板段或板元的宽度和厚度(附图 12-1);

n_p——被腹板或刚性加劲肋分割后的受压板段或板元数;

$\sum A_{s,j}$——有效宽度范围内的加劲肋的面积之和;

ρ_i——第 i 块受压板段或板元的局部稳定折减系数。

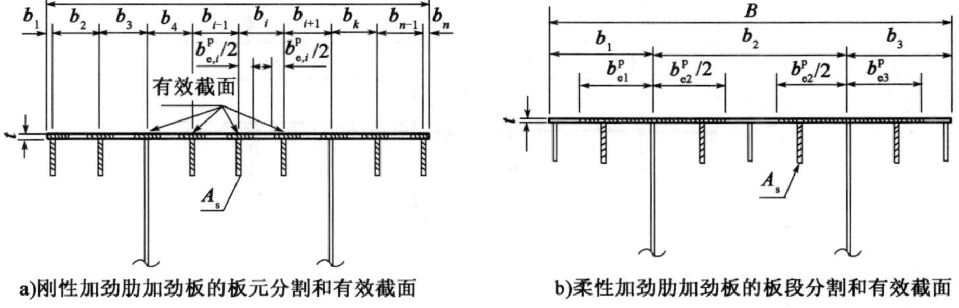

附图 12-1　考虑局部稳定影响的受压加劲板有效宽度示意图

轴心受压板段或板元的局部稳定折减系数 ρ 应按下列规定计算:

$$\begin{cases}\overline{\lambda}_p \leqslant 0.4 \text{时}:\rho = 1 \\ \overline{\lambda}_p > 0.4 \text{时}:\rho = \dfrac{1}{2}\left\{1 + \dfrac{1}{\overline{\lambda}_p^2}(1+\varepsilon_0) - \sqrt{\left[1 + \dfrac{1}{\overline{\lambda}_p^2}(1+\varepsilon_0)\right]^2 - \dfrac{4}{\overline{\lambda}_p^2}}\right\}\end{cases} \quad (\text{附 12-3})$$

$$\varepsilon_0 = 0.8(\overline{\lambda}_p - 0.4) \quad (\text{附 12-4})$$

$$\overline{\lambda}_p = \sqrt{\frac{f_y}{\sigma_{cr}}} = 1.05\left(\frac{b_p}{t}\right)\sqrt{\frac{f_y}{E}\left(\frac{1}{k}\right)} \quad (\text{附 12-5})$$

式中：$\overline{\lambda}_p$——相对宽厚比；

t——加劲板的母板厚度；

f_y——屈服强度；

E——弹性模量；

σ_{cr}——加劲板弹性屈曲欧拉应力；

b_p——加劲板局部稳定计算宽度，对开口刚性加劲肋，按加劲肋的间距 b_i 计算[附图 12-1a)]；对闭口刚性加劲肋，按加劲肋腹板间的间距计算；对柔性加劲肋，按腹板间距或腹板至悬臂端的宽度 b_i 计算[附图 12-1b)]；

k——加劲板的弹性屈曲系数。

(2)考虑剪力滞影响的受弯构件的受拉或受压翼缘的有效截面宽度和有效截面面积应按下列规定计算。

①考虑剪力滞影响的有效截面宽度 b_e^s 和有效截面面积 $A_{eff,s}$ 应按下式计算：

$$b_e^s = \sum_{i=1}^{n_s^p} b_{e,i}^s \quad (\text{附 12-6})$$

$$A_{eff,s} = \sum_{i=1}^{n_s^p} b_{e,i}^s t_i + \sum_{j=1}^{n_s} A_{s,j} \quad (\text{附 12-7})$$

式中：$b_{e,i}^s$——考虑剪力滞影响的第 i 块板段的翼缘有效宽度，如附图 12-2 所示；

t_i——第 i 块板件的厚度；

$A_{s,j}$——有效宽度内第 j 根加劲肋的面积；

n_s^p——翼缘被腹板分割后的板段数；

n_s——有效宽度内的加劲肋数量。

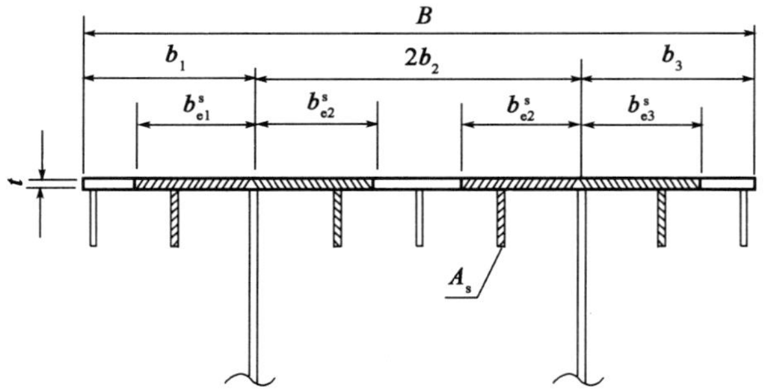

附图 12-2　考虑剪力滞影响的翼缘有效宽度示意图

② Ⅰ形、Π形和箱形梁桥的翼缘有效宽度 $b_{e,i}^s$ 按式(附 12-8)、式(附 12-9)计算，其适用条件见附表 12-1。

$$
\left.\begin{aligned}
b_{e,i}^{s} &= b_i & \frac{b_i}{l} &\leqslant 0.05\\
b_{e,i}^{s} &= \left(1.1 - 2\frac{b_i}{l}\right)b_i & 0.05 < \frac{b_i}{l} &< 0.30\\
b_{e,i}^{s} &= 0.15l & \frac{b_i}{l} &\geqslant 0.30
\end{aligned}\right\} \qquad (附 12\text{-}8)
$$

$$
\left.\begin{aligned}
b_{e,i}^{s} &= b_i & \frac{b_i}{l} &\leqslant 0.02\\
b_{e,i}^{s} &= \left[1.06 - 3.2\frac{b_i}{l} + 4.5\left(\frac{b_i}{l}\right)^2\right]b_i & 0.02 < \frac{b_i}{l} &< 0.30\\
b_{e,i}^{s} &= 0.15l & \frac{b_i}{l} &\geqslant 0.30
\end{aligned}\right\} \qquad (附 12\text{-}9)
$$

式中：$b_{e,i}^{s}$——翼缘有效宽度；

b_i——腹板间距的 1/2 或翼缘外伸肢为伸臂部分的宽度，如附图 12-2 所示；

l——等效跨径，见附表 12-1。

翼缘有效宽度计算的等效跨径 附表 12-1

<table>
<tr><th rowspan="2">类别</th><th rowspan="2">梁段号</th><th colspan="3">腹板单侧翼缘有效宽度计算</th><th rowspan="2">计 算 图 示</th></tr>
<tr><th>符号</th><th>适用公式</th><th>等效跨径 l</th></tr>
<tr><td>简支梁</td><td>①</td><td>$b_{e,i,L}^{s}$</td><td>式(附 12-8)</td><td>L</td><td>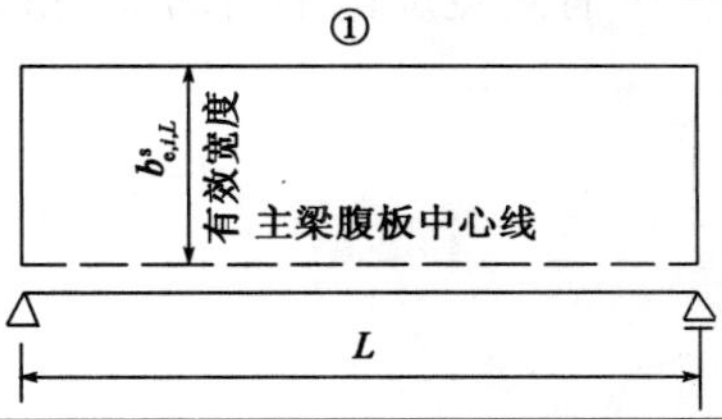
</td></tr>
<tr><td rowspan="5">连续梁</td><td>①</td><td>b_{e,i,L_1}^{s}</td><td rowspan="2">式(附 12-8)</td><td>$0.8L_1$</td><td rowspan="5">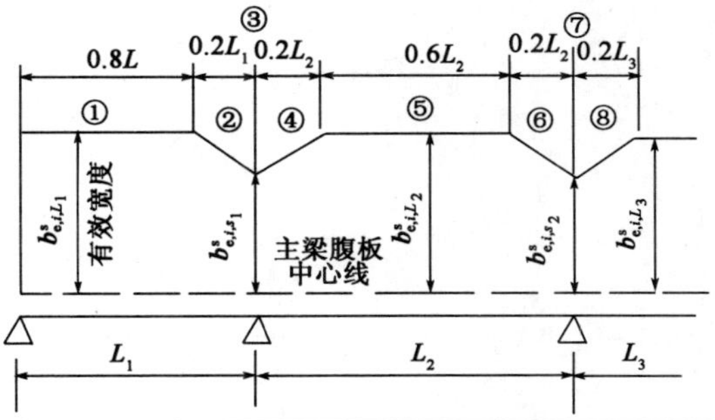
</td></tr>
<tr><td>⑤</td><td>b_{e,i,L_2}^{s}</td><td>$0.6L_2$</td></tr>
<tr><td>③</td><td>b_{e,i,s_1}^{s}</td><td rowspan="2">式(附 12-9)</td><td>$0.2(L_1 + L_2)$</td></tr>
<tr><td>⑦</td><td>b_{e,i,s_2}^{s}</td><td>$0.2(L_2 + L_3)$</td></tr>
<tr><td>②
④
⑥
⑧</td><td colspan="3">线性插值</td></tr>
<tr><td rowspan="4">悬臂梁</td><td>①</td><td>b_{e,i,L_1}^{s}</td><td>式(附 12-8)</td><td>$2L_1$</td><td rowspan="4">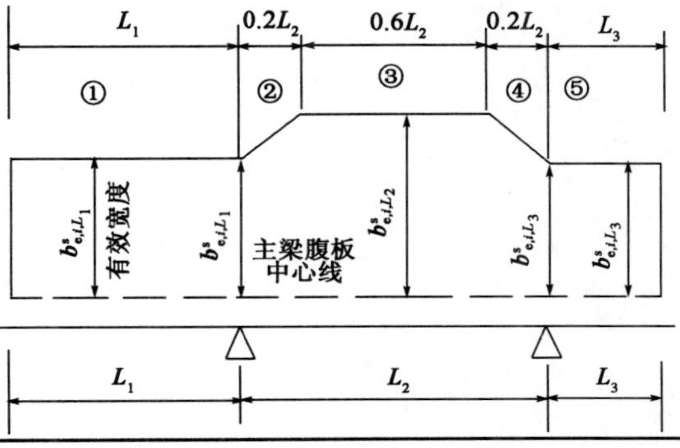
</td></tr>
<tr><td>③</td><td>b_{e,i,L_2}^{s}</td><td>式(附 12-8)</td><td>$0.6L_2$</td></tr>
<tr><td>⑤</td><td>b_{e,i,L_3}^{s}</td><td>式(附 12-8)</td><td>$2L_3$</td></tr>
<tr><td>②
④</td><td colspan="3">线性插值</td></tr>
</table>

(3)同时考虑剪力滞和局部稳定影响的受压翼缘有效截面宽度 b_e 和有效截面面积 A_{eff} 应按下式计算：

$$A_{eff}=\sum_{k=1}^{n_p}b_{e,k}t_k+\sum_{i=1}^{n_s}A_{s,i} \tag{附 12-10}$$

$$b_e=\sum_{k=1}^{n_p}b_{e,k} \tag{附 12-11}$$

$$b_{e,k}=\rho_k^s b_{e,k}^p$$

$$\rho_k^s=\frac{\sum b_{e,j}^s}{b_k} \tag{附 12-12}$$

式中：n_p——受压翼缘被腹板分割后的板段数；

t_k——第 k 块受压板段的厚度；

b_k——第 k 块受压板段的宽度，如附图 12-1 所示；

$b_{e,k}^p$——考虑局部稳定影响的第 k 块受压板段的有效宽度；

$\sum b_{e,j}^s$——考虑剪力滞影响的第 k 块受压板段的有效宽度之和；

$b_{e,k}$——考虑剪力滞和局部稳定影响的第 k 块受压板段的有效宽度；

ρ_k^s——考虑剪力滞影响的第 k 块受压板段的有效宽度折减系数；

$A_{s,i}$——有效宽度范围内第 i 根加劲肋的面积；

n_s——有效宽度范围内的加劲肋数量。

参考文献

[1] 中华人民共和国建设部. GB 500017—2003 钢结构设计规范[S]. 中国计划出版社, 2003.
[2] 中华人民共和国交通运输部. JTG D64—2015 公路钢结构桥梁设计规范[S]. 北京:人民交通出版社股份有限公司, 2015.
[3] 中华人民共和国住房和城乡建设部. GB 50009—2012 建筑结构荷载规范[S]. 北京:中国建筑工业出版社, 2012.
[4] 中华人民共和国住房和城乡建设部. GB 50661—2011 钢结构焊接规范[S]. 北京:中国建筑工业出版社, 2011.
[5] 中华人民共和国国家质量监督检验检疫总局. GB/T 8923.1—2011 涂覆涂料前钢材表面处理.表面清洁度的目视评定.第1部分:未涂覆过的钢材表面和全面清除原有涂层后的钢材表面的锈蚀等级和处理等级[S]. 北京:中国标准出版社, 2011.
[6] 中华人民共和国国家质量监督检验检疫总局. GB/T 985.1—2008 气焊、焊条电弧焊、气体保护焊和高能束焊的推荐坡口[S]. 北京:中国标准出版社, 2008.
[7] 中华人民共和国国家质量监督检验检疫总局. GB/T 985.2—2008 埋弧焊的推荐坡口[S]. 北京:中国标准出版社, 2008.
[8] 中华人民共和国建设部. GB 50046—2008 工业建筑防腐蚀设计规范[S]. 北京:中国计划出版社, 2008.
[9] 中华人民共和国国家质量监督检验检疫总局. GB/T 228.1—2010 金属材料 拉伸试验

第 1 部分:室温实验方法[S]. 北京:中国标准出版社, 2010.
[10] 沈祖炎, 陈扬骥, 陈以一. 钢结构基本原理[M]. 北京:中国建筑工业出版社, 2005.
[11] 陈绍蕃. 钢结构设计原理[M]. 北京:科学出版社, 2005.
[12] 丁阳. 钢结构设计原理[M]. 天津:天津大学出版社, 2011.
[13] 陈志华. 钢结构原理与设计[M]. 天津:天津大学出版社, 2011.
[14] 柴昶, 宋曼华. 钢结构设计与计算[M]. 北京:机械工业出版社, 2006.
[15] 武汉水利电力学院. 水工钢结构[M]. 北京:水利电力出版社, 1988.
[16] 李燕强. 钢结构设计原理学习辅导与习题集[M]. 成都:西南交通大学出版社, 2014.
[17] 曹双寅. 工程结构设计原理[M]. 南京:东南大学出版社, 2012.
[18] 董卫华. 钢结构[M]. 北京:高等教育出版社, 2003.
[19] 黄呈伟. 钢结构基本原理[M]. 重庆:重庆大学出版社, 2005.
[20] 刘声扬. 钢结构疑难释义[M]. 北京:中国建筑工业出版社, 2004.
[21] 欧艳华. 钢结构施工常见质量缺陷及预控措施[J]. 中华民居旬刊, 2010(12).
[22] 张庆风. 钢结构住宅设计与施工技术[M]. 北京:中国建筑工业出版社, 2003.
[23] 谭国良, 黄璞. 钢结构抗火计算[J]. 建材世界, 2005, 26(3):75-77.
[24] 沈祖炎等. 钢结构学[M]. 北京:中国建筑工业出版社, 2005.
[25] 熊维, 崔亚萍, 徐敬军. 方钢管混凝土的研究[J]. 河北建筑工程学院学报, 2005, 23(3):41-43.
[26] 王肇民, 宗听聪, 宣国梅. 钢结构设计原理[M]. 上海:同济大学出版社, 1997.
[27] 牟在根. 简明钢结构设计与计算[M]. 北京:人民交通出版社, 2005.
[28]《钢结构设计手册》委员会. 钢结构设计手册[M]. 北京:中国建筑工业出版社, 2004.
[29] 张成科. 钢结构设计与施工[M]. 北京:中国建筑工业出版社, 2000.
[30] 赵熙元. 建筑钢结构设计手册[M]. 北京:冶金工业出版社, 1995.
[31] 侯兆欣. GB 50205—2001《钢结构工程施工质量验收规范》强制性条文应用指南(1)[J]. 钢结构, 2002, 17(6):34-36.
[32] 郑廷银. 高层建筑钢结构[M]. 北京:中国建筑工业出版社, 2000.
[33] 秦效启. 钢结构技术规范、规程概论[M]. 上海:同济大学出版社, 1999.
[34] 叶见曙. 结构设计原理 : 公路与城市道路,桥梁工程专业用[M]. 北京:人民交通出版社, 2003.
[35] 万凤鸣,吴晓杰. 钢结构设计原理(十二五高等院校精品规划教材)[M]. 北京:北京理工大出版社, 2013.
[36] 崔佳, 魏明钟, 赵熙元,等. 钢结构设计规范理解与应用[M]. 北京:中国建筑工业出版社, 2004.
[37] 铁道专业设计院. 钢桥[M]. 北京:中国铁道出版社, 2003.

人民交通出版社股份有限公司 公路教育出版中心
土木工程/道路桥梁与渡河工程类本科及以上教材

一、专业基础课

1. 材料力学(郭应征) …………………………… 25 元
2. 理论力学(周志红) …………………………… 29 元
3. 理论力学(上册)(李银山) ………………… 52 元
4. 工程力学(郭应征) …………………………… 25 元
5. 结构力学(肖永刚) …………………………… 32 元
6. 材料力学(上册)(李银山) ………………… 49 元
7. 材料力学(下册)(李银山) ………………… 45 元
8. 材料力学(石晶) ……………………………… 42 元
9. 材料力学(少学时)(张新占) ……………… 36 元
10. 弹性力学(孔德森) ………………………… 20 元
11. 水力学(第二版)(王亚玲) ……………… 25 元
12. 结构动力学讲义(第二版)(曾庆元) …… 36 元
13. 土质学与土力学(第五版)(袁聚云) …… 35 元
14. 土木工程制图(第三版)(林国华) ……… 39 元
15. 土木工程制图习题集(第三版)(林国华) … 25 元
16. 土木工程制图(第二版)(丁建梅) ……… 39 元
17. 土木工程制图习题集(第二版)(丁建梅) … 22 元
18. ◆土木工程计算机绘图基础(第二版)(袁 果) ……………………………………… 45 元
19. ▲道路工程制图(第五版)(谢步瀛) …… 46 元
20. ▲道路工程制图习题集(第五版)(袁 果) … 28 元
21. 交通土建工程制图(第二版)(和丕壮) … 39 元
22. 交通土建工程制图习题集(第二版)(和丕壮) ……………………………………… 22 元
23. 工程制图(龚 伟) ………………………… 38 元
24. 工程制图习题集(龚 伟) ……………… 15 元
25. 现代土木工程(第二版)(付宏渊) ……… 59 元
26. 土木工程概论(项海帆) ………………… 32 元
27. 道路概论(第二版)(孙家驷) …………… 20 元
28. 桥梁工程概论(第三版)(罗 娜) ……… 32 元
29. 道路与桥梁工程概论(第二版)(黄晓明) …… 40 元
30. 道路与桥梁工程概论(第二版)(苏志忠) …… 49 元
31. 公路工程地质(第四版)(窦明健) ……… 30 元
32. 工程测量(胡伍生) ……………………… 25 元
33. 交通土木工程测量(第四版)(张坤宜) … 48 元
34. ◆测量学(第四版)(许娅娅) …………… 45 元
35. 测量学(姬玉华) ………………………… 34 元
36. 测量学实验及应用(孙国芳) …………… 19 元
37. 现代测量学(王腾军) …………………… 55 元
38. ◆道路工程材料(第五版)(李立寒) …… 45 元
39. ◆道路工程材料(第二版)(申爱琴) …… 48 元
40. ◆基础工程(第四版)(王晓谋) ………… 37 元
41. 基础工程(丁剑霆) ……………………… 40 元
42. ◆基础工程设计原理(袁聚云) ………… 36 元
43. 桥梁墩台与基础工程(第二版)(盛洪飞) …… 49 元
44. ▲结构设计原理(第三版)(叶见曙) …… 59 元
45. ◆Principle of Structural Design(结构设计原理)(第二版)(张建仁) ………………… 60 元
46. 混凝土结构设计原理(薛兴伟) ………… 45 元
47. ◆预应力混凝土结构设计原理(第二版)(李国平) ………………………………… 30 元
48. 专业英语(第三版)(李 嘉) …………… 39 元
49. 土木工程材料(孙 凌) ………………… 48 元
50. 岩体力学(晏长根) ……………………… 38 元
51. 道路与桥梁设计概念(程国柱) ………… 42 元
52. 道路建筑材料(第二版)(黄维蓉) ……… 49 元
53. 钢结构设计原理(任青阳) ……………… 48 元

二、专业核心课

1. ◆路基路面工程(第五版)(黄晓明) …… 65 元
2. 路基路面工程(何兆益) ………………… 45 元
3. ◆▲路基工程(第二版)(凌建明) ……… 25 元
4. ◆道路勘测设计(第四版)(许金良) …… 49 元
5. ◆道路勘测设计(第三版)(孙家驷) …… 52 元
6. 道路勘测设计(裴玉龙) ………………… 38 元
7. ◆公路施工组织及概预算(第三版)(王首绪) … 32 元
8. 公路施工组织与概预算(靳卫东) ……… 45 元
9. 公路施工组织与管理(赖少武) ………… 35 元
10. 公路工程施工组织学(第二版)(姚玉玲) …… 38 元
11. ◆桥梁工程(第二版)(姚玲森) ………… 62 元
12. 桥梁工程(土木、交通工程)(第四版)(邵旭东) ……………………………………… 65 元
13. ◆桥梁工程(上册)(第三版)(范立础) ……… 54 元
14. ◆桥梁工程(下册)(第三版)(顾安邦) ……… 49 元
15. 桥梁工程(第三版)(陈宝春) ………… 49 元
16. ◆桥涵水文(第五版)(高冬光) ……… 35 元
17. 水力学与桥涵水文(第二版)(叶镇国) …… 46 元
18. ◆公路小桥涵勘测设计(第五版)(孙家驷) ……………………………………… 35 元
19. ◆现代钢桥(上)(吴 冲) …………… 34 元
20. ◆钢桥(第二版)(徐君兰) …………… 45 元
21. 钢桥(吉伯海) ………………………… 53 元
22. ▲桥梁施工及组织管理(上)(第三版)(魏红一) ……………………………………… 45 元
23. ▲桥梁施工及组织管理(下)(第二版)(邬晓光) ……………………………………… 39 元
24. ◆隧道工程(第二版)(上)(王毅才) …… 65 元
25. 公路工程施工技术(第二版)(盛可鉴) …… 38 元
26. 桥梁施工(第二版)(徐 伟) ………… 49 元
27. ▲隧道工程(杨林德) ………………… 55 元
28. 道路与桥梁设计概论(程国柱) ……… 42 元
29. ◆桥梁工程控制(向中富) …………… 38 元
30. 桥梁结构电算(周水兴) ……………… 35 元
31. 桥梁结构电算(第二版)(石志源) …… 35 元
32. 土木工程施工(王丽荣) ……………… 58 元
33. 桥梁墩台与基础工程(盛洪飞) ……… 49 元

三、专业选修课

1. 土木规划学(石 京) ………………… 38 元
2. 道路规划与设计(符锌砂) …………… 46 元
3. ◆道路工程 (第二版)(严作人) …… 46 元
4. 道路工程(第三版)(凌天清) ……… 42 元
5. ◆高速公路(第三版)(方守恩) …… 34 元

注:◆教育部普通高等教育"十一五"、"十二五"国家级规划教材

▲建设部土建学科专业"十一五"规划教材